理工系のための
[詳解]線形代数演習

冨田耕史
長郷文和
日比野正樹
共著

学術図書出版社

はじめに

本書は，大学の教育課程における「線形代数学」の教科書『理工系のための [詳解] 線形代数入門』の演習書として書かれたものである．線形代数学は自然科学や情報科学，工学など多くの分野で応用されている学問であり，大学初学年で学ぶ大切な数学の１つである．さらに，線形代数などの大学における数学の理解には，理論とその具体的なイメージの習得が必要であり，適切な例題や演習を数多く学習することが必要である．しかしながら，大学初学年の限られた講義時間内だけでは，多くの例題を解いたり多くの演習に取り組むには不十分である．また，数学の習得には，自学自習時間は不可欠である．そのため，この演習書は，大学の講義の補助となる自習書として活用できるよう作成した演習書である．本書は，教科書『理工系のための [詳解] 線形代数入門』の補助的利用ができるよう，同じ見出し，同じ定義番号，同じ定理番号により基本的事項を提示し，例題・演習問題により構成されている．例題は，典型的な基本問題を使い，演習問題では，類似の問題を繰り返し演習できるように問題を準備した．また，自学自習がしやすいよう，すべての例題・演習問題に対しての解答は，ヒントではなく，解答例を詳細な計算を付けて記述した．さらに，各章末には，力試しができるよう，章末問題を用意した．これらの問題を解き進めることで，この演習書のみでも十分な繰り返し学習ができるようになっている．

本書の出版にあたって，いくつかの線形代数の教科書や演習書を参考にさせていただきました．特に，名城大学数学教室の皆さんには多くの助言をいただき，実際の定期試験で用いられている良質な問題の多くの採用を快諾して下さいました．ここに深く感謝致します．また，お世話くださいました学術図書出版社の発田孝夫氏をはじめ編集部の皆様に心より御礼申し上げます．

2021 年 10 月

著　者

目　次

問題と解答の目次

1

行列と連立 1 次方程式

§ 1.1　複素数

解説　実数全体からなる集合を $\mathbb{R}$ で表す．また，数 x を実数として考えることを $x \in \mathbb{R}$ で表す．一般に集合 A に数 a が属することを $a \in A$ と書く．また，a のことを 集合 A の**元**(げん)または**要素**(ようそ)という．数学で使う言葉の取り決めや約束を定めたものを**定義**(ていぎ)という．

複素数の定義　実数 x に対して，方程式 $x^2 = -1$ を形式的に解こうとすると，$x = \pm\sqrt{-1}$ となるが，そのような実数は存在しない．そこで新しい数の概念を導入する．

> **定義 1.1**　$i^2 = -1$ を満たす数 i を**虚数単位**(きょすうたんい)といい，実数 x, y に対して，$z = x + yi$ で表される数 z を**複素数**(ふくそすう)という．

$x + yi$ における和 $+$ と積 $y \cdot i$ は，ここでは実数における和，積と同じ性質をもつ．集合 $\mathbb{C}$ を複素数全体からなる集合とし，

$$\mathbb{C} := \{x + yi \mid x, y \in \mathbb{R},\ i^2 = -1\}$$

のように記述する．ここで，「:=」は，左辺のものを右辺で定めるときに使う記号である．また，集合 A が，

$$A := \{x \mid x \text{ を定める条件}\}$$

のように定義された場合，A の元は，中カッコ $\{\ \}$ のなかの条件を満たすものを考える．$z \in \mathbb{C}$ ならば，定義 1.1 により z は ある数 $x, y \in \mathbb{R}$ を使って，$z = x + yi$ と書くことができる．また，集合の包含関係により $\mathbb{C} \supset \mathbb{R}$ が成り立つ．一方，$z = x + yi$ において，$y \neq 0$ のとき，z は実数には属さない．このことを $z \notin \mathbb{R}$ と書く．$z \notin \mathbb{R}$ となる複素数 z を**虚数**(きょすう)といい，特に，$x = 0, y \neq 0$ のとき，すなわち $z = yi$ となるとき，z を**純虚数**(じゅんきょすう)という．

実部と虚部　複素数は，次の定義のように，実数の部分と虚数の部分とに分けて考える．

> **定義 1.2**　$\mathbb{C} \ni z = x + yi$ に対して，x を z の**実部**(じつぶ)といい，$\mathrm{Re}\,(z)$ で表す．また，y を z の**虚部**(きょぶ)といい，$\mathrm{Im}\,(z)$ で表す．

2 つの虚数が等しいかどうかは，その実部と虚部を用いて次のように定義される．

> **定義 1.3**　$\mathbb{C} \ni z_1 = x_1 + y_1 i, z_2 = x_2 + y_2 i$ に対して，$x_1 = x_2$ かつ $y_1 = y_2$ となるとき，またそのときに限り z_1 と z_2 は等しいといい，$z_1 = z_2$ で表す．

$z_1 = 1+i$, $z_2 = 1-i$ とすると, z_1 と z_2 は等しくない. このときは, $z_1 \neq z_2$ と書く. $\mathbb{C} \ni z = x+yi$ に対して, $x \neq 0$ または $y \neq 0$ であれば, $z \neq 0$ である.

定義 1.4　$\mathbb{C} \ni z = x+yi$ に対して, $x - yi$ を z の**共役複素数**(きょうやく)といい, $\overline{z}$ で表す.

複素数の四則演算(しそくえんざん)　複素数の四則演算は, 虚数単位 i を文字のように考えて, 文字式の計算と同様に定義する.

複素数の四則演算の計算方法を次のように定義にまとめておく. ただし, この定義を記憶しなくても, i を文字として文字式と同様に計算すればよい.

定義 1.5　$\mathbb{C} \ni z_1 = x_1 + y_1 i$, $z_2 = x_2 + y_2 i$ に対して, 四則演算を次のように定義する.

加法・減法：　$z_1 \pm z_2 := (x_1 \pm x_2) + (y_1 \pm y_2)i$,

乗法　　：　$z_1 z_2 := (x_1 x_2 - y_1 y_2) + (x_1 y_2 + x_2 y_1)i$,

除法　　：　$\dfrac{z_1}{z_2} := \dfrac{x_1 x_2 + y_1 y_2}{{x_2}^2 + {y_2}^2} + \dfrac{x_2 y_1 - x_1 y_2}{{x_2}^2 + {y_2}^2} i$,

(ただし $z_2 \neq 0$ すなわち $x_2 \neq 0$ または $y_2 \neq 0$ とする).

ここで, 共役複素数および複素数の四則演算について成り立つことを**定理**(ていり)としてまとめておく.

定理 1.1

(1)　$\mathbb{C} \ni z$ に対して, 次が成り立つ.

$$\overline{(\overline{z})} = z, \quad \mathrm{Re}\,(z) = \frac{z+\overline{z}}{2}, \quad \mathrm{Im}\,(z) = \frac{z-\overline{z}}{2i}.$$

(2)　$\mathbb{C} \ni z_1, z_2$ に対して, 次が成り立つ.

$$\overline{z_1 \pm z_2} = \overline{z_1} \pm \overline{z_2}, \quad \overline{z_1 z_2} = \overline{z_1}\ \overline{z_2}, \quad \overline{\left(\frac{z_1}{z_2}\right)} = \frac{\overline{z_1}}{\overline{z_2}} \quad (z_2 \neq 0).$$

定理 1.2　$\mathbb{C} \ni a, b, c$ および $\mathbb{R} \ni \alpha, \beta$ に対して, 次が成り立つ.

(1)　$a + b = b + a$,　(加法の交換律)

(2)　$(a+b)+c = a+(b+c)$,　(加法の結合律)

(3)　$a + 0 = 0 + a = a$,

(4)　$a + (-a) = (-a) + a = 0$,

(5)　$\alpha(a+b) = \alpha a + \alpha b$,　(分配律)

(6)　$(\alpha+\beta)a = \alpha a + \beta a$,　(分配律)

(7)　$\alpha(\beta a) = (\alpha\beta)a$,

(8)　$1a = a$.

定理 1.3　$\mathbb{C} \ni a, b$ に対して, 次が成り立つ.

$$ab = 0 \Longleftrightarrow a = 0 \text{ または } b = 0.$$

例題 1.1　次の複素数を $x+yi$ の形で表せ.

(1)　i^6　　(2)　$(1+i)^2$　　(3)　$\dfrac{-1+3i}{2-i}$

(4)　$(2+i)^3+(2-i)^3$

解答　(1)　$i^6 = i^2 \cdot i^2 \cdot i^2 = (-1)\cdot(-1)\cdot(-1) = -1.$

(2)　$(1+i)^2 = 1+2i+i^2 = 1+2i-1 = 2i.$

(3)　$$\frac{-1+3i}{2-i} = \frac{(-1+3i)(2+i)}{(2-i)(2+i)} = \frac{-2-i+6i+3i^2}{4-i^2} = \frac{-2-i+6i-3}{4+1}$$
$$= \frac{-5+5i}{5} = -1+i.$$

(4)　$$(2+i)^3+(2-i)^3 = (8+12i+6i^2+i^3)+(8-12i+6i^2-i^3)$$
$$= 16+12i^2 = 16-12 = 4.$$ ▮

例題 1.2　次の複素数を $a+b\,i$ の形に表せ.

(1)　$\dfrac{1}{1+\ i}$

(2)　$(\overline{2-3\,i})(1-\ i)^2$

解答

(1)　$$\frac{1}{1+\ i} = \frac{1-\ i}{(1+\ i)(1-\ i)} = \frac{1-\ i}{1^2-i^2} = \frac{1-i}{1+1} = \frac{1}{2}-\frac{1}{2}\,i.$$

(2)　$(\overline{2-3\,i})(1-i)^2 = (2+3\,i)(1-i)^2 = (2+3\,i)(1+i^2-2\,i) = (2+3\,i)(-2\,i) = -4\,i-6\,i^2 = 6-4\,i.$ ▮

例題 1.3　$z_1 = 1+4i,\ z_2 = 2-3i$ のとき

$$3z_1-2z_2,\qquad z_1z_2+2\,\overline{z_1},\qquad \frac{z_1}{z_2}$$

を $x+yi$ の形で表せ.

解答　$3z_1-2z_2$ について, z_1, z_2 にそれぞれ, $z_1 = 1+4i$, $z_2 = 2-3i$ を代入して計算すると,

$$3z_1-2z_2 = 3(1+4i)-2(2-3i) = 3+12i-4+6i$$
$$= -1+18i.$$

$z_1z_2+2\,\overline{z_1}$ については,

$$z_1z_2 = (1+4i)(2-3i) = 2-3i+8i-12i^2 = 2-3i+8i+12 = 14+5i,$$
$$2\,\overline{z_1} = 2(\overline{1+4i}) = 2(1-4i) = 2-8i$$

より

$$z_1z_2+2\,\overline{z_1} = 14+5i+2-8i$$
$$= 16-3i$$

を得る. 最後に, $\dfrac{z_1}{z_2}$ について, $\overline{z_2} = \overline{2-3i} = 2+3i$ より

$$\frac{z_1}{z_2} = \frac{1+4i}{2+3i} = \frac{(1+4i)(2-3i)}{(2+3i)(2-3i)} = \frac{2-3i+8i-12i^2}{4-9i^2} = \frac{2-3i+8i+12}{4+9}$$

$$= \frac{14+5i}{13} = \frac{14}{13} + \frac{5}{13}i.$$

■

◆◆演習問題 § 1.1 ◆◆

1. $z_1 = 3+2i$, $z_2 = -1+3i$ のとき

$$4z_1 + 2z_2, \qquad z_1\overline{z_2} - 2z_2, \qquad \frac{\overline{z_1}}{z_2}$$

を $x+yi$ の形で表せ.

2. $z_1 = 2+5i$, $z_2 = 3-7i$ のとき, 次の数を $x+yi$ の形で表せ.

(1)	$\overline{z_1}$	(2)	$\overline{z_2}$	(3)	z_1+z_2	(4)	$z_1+\overline{z_2}$
(5)	z_1-z_2	(6)	$z_1-\overline{z_2}$	(7)	${z_1}^2$	(8)	z_1z_2
(9)	${z_2}^2$	(10)	$z_1\overline{z_2}$	(11)	$\dfrac{z_1}{z_2}$	(12)	$\dfrac{z_2}{z_1}$
(13)	$\dfrac{z_1}{\overline{z_2}}$						

3. $2i(x-2i)^2 \in \mathbb{R}$ となるように $x \in \mathbb{R}$ を定めよ.

4. $\mathbb{C} \ni z$ に対して, $\mathrm{Re}\,(z) = 0$ のとき, $\overline{z} = -z$ となることを示せ.

5. $z^2 - \overline{z}^2$ と $\overline{z_1}z_2 - z_1\overline{z_2}$ が 0 でなければ純虚数になることを確かめよ.

◇演習問題の解答◇

1. $4z_1+2z_2,\ z_1\overline{z_2}-2z_2$ については,

$$4z_1+2z_2=4(3+2i)+2(-1+3i)=12+8i-2+6i=10+14i,$$

$$z_1\overline{z_2}-2z_2=(3+2i)(-1-3i)-2(-1+3i)=-3-2i-9i+6+2-6i=5-17i.$$

のように計算すればよい. また, $\dfrac{\overline{z_1}}{z_2}$ については,

$$\frac{\overline{z_1}}{z_2}=\frac{\overline{z_1}\,\overline{z_2}}{z_2\overline{z_2}}=\frac{(3-2i)(-1-3i)}{1^2+3^2}=\frac{-3+2i-9i-6}{10}=\frac{-9-7i}{10}=-\frac{9}{10}-\frac{7}{10}i$$

となる.

2. (1) $\overline{z_1}=\overline{2+5i}=2-5i$　　(2) $\overline{z_2}=\overline{3-7i}=3+7i$

(3) $z_1+z_2=(2+5i)+(3-7i)=5-2i$　　(4) $z_1+\overline{z_2}=2+5i+3+7i=5+12i$

(5) $z_1-z_2=(2+5i)-(3-7i)=-1+12i$

(6) $z_1-\overline{z_2}=(2+5i)-(3+7i)=-1-2i$

(7) ${z_1}^2=(2+5i)^2=4+20i+25i^2=4+20i-25=-21+20i$

(8) $z_1z_2=(2+5i)(3-7i)=6-14i+15i-35i^2=6-14i+15i+35=41+i$

(9) ${z_2}^2=(3-7i)^2=9-42i+49i^2=9-42i-49=-40-42i$

(10) $z_1\overline{z_2}=(2+5i)(3+7i)=6+14i+15i+35i^2=6+14i+15i-35=-29+29i$

(11) $\dfrac{z_1}{z_2}=\dfrac{z_1\overline{z_2}}{z_2\overline{z_2}}=\dfrac{-29+29i}{9+49}=\dfrac{-29+29i}{58}=-\dfrac{1}{2}+\dfrac{1}{2}i$

(12) $\dfrac{z_2}{z_1}=\dfrac{3-7i}{2+5i}=\dfrac{(3-7i)(2-5i)}{(2+5i)(2-5i)}=\dfrac{6-15i-14i+35i^2}{4-25i^2}$

$$=\frac{6-15i-14i-35}{4+25}=\frac{-29-29i}{29}=-1-i$$

(13) $\dfrac{z_1}{\overline{z_2}}=\dfrac{z_1z_2}{\overline{z_2}z_2}=\dfrac{41+i}{9+49}=\dfrac{41+i}{58}=\dfrac{41}{58}+\dfrac{1}{58}i$

3. $2i(x-2i)^2$ を $a+bi$ の形に書くと,

$$2i(x-2i)^2=2i(x^2-4xi-4)=2x^2i+8x-8i=8x+2(x^2-4)i$$

となる. ここで, $2i(x-2i)^2\in\mathbb{R}$ となるためには, $2(x^2-4)=0$ でなければならない. よって, $x=\pm2$ となる.

4. $z=a+bi\ (a,b\in\mathbb{R})$ とおくと, $\overline{z}=a-bi$ であり, $-z=-a-bi$ である. 仮定より, $\mathrm{Re}(z)=0$ であるから, $a=0$. ゆえに, $\overline{z}=0-bi=-bi$. また, $-z=-0-bi=-bi$. よって, $\overline{z}=-z$ を得る.

5. $z=a+bi\in\mathbb{C}\ (a,b\in\mathbb{R})$ とおくと,

$z^2-\overline{z}^2=(a+bi)^2-(a-bi)^2=\{(a+bi)+(a-bi)\}\{(a+bi)-(a-bi)\}=2a\cdot2bi=4abi.$

よって, $z^2-\overline{z}^2$ は, 0 ではないから純虚数である.

次に, $z_1=a_1+b_1i, z_2=a_2+b_2i\quad(a_1,b_1,a_2,b_2\in\mathbb{R})$ とおく. このとき,

$$\begin{aligned}\overline{z_1}z_2-z_1\overline{z_2}&=(a_1-b_1i)(a_2+b_2i)-(a_1+b_1i)(a_2-b_2i)\\&=a_1a_2-a_2b_1i+a_1b_2i+b_1b_2-(a_1a_2+a_2b_1i-a_1b_2i+b_1b_2)\\&=-2a_2b_1i+2a_1b_2i=2(a_1b_2-a_2b_1)i.\end{aligned}$$

よって, $\overline{z_1}z_2-z_1\overline{z_2}$ は, 0 ではないから純虚数である.

§ 1.2　複素平面

解説　2つの複素数に対して「等しい」という概念は，定義できるが，複素数には大小関係はない．複素平面の概念を導入し，複素数を計量するための道具をいくつか定義する．

複素平面

> **定義 1.6**　$\mathbb{C} \ni z = x + yi$ を平面上の座標 (x, y) に対応させることで，平面全体を集合 $\mathbb{C}$ と同一視して考えることができる．このように，各点 (x, y) がそれぞれ1つの複素数と対応する平面を**複素平面**(ふくそへいめん)または**ガウス平面**という．

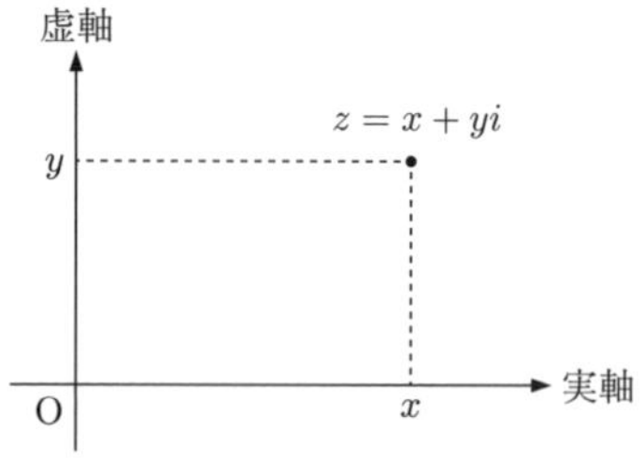

実数 x は，$x + 0 \cdot i$ と考えれば，複素平面において x 軸上の点に対応する．そこで，複素平面では，x 軸というかわりに，**実軸**(じつじく)という．また，純虚数 yi は，複素平面において y 軸上の点と対応するので，複素平面では，y 軸というかわりに，**虚軸**(きょじく)という．実軸と虚軸は，$0 = 0 + 0 \cdot i$ に対応する原点Oで直交する．

絶対値と偏角　複素数を複素平面の点だと考えると，複素数 $z = x + yi$ を表す点 (x, y) の位置は一意的に定まる．複素数に対して，次の定義のように，原点Oからの距離と，Oz と実軸の正の部分とのなす角が定まる．

> **定義 1.7**　$\mathbb{C} \ni z = x + yi$ を複素平面の点として考えるとき，原点Oと z との距離 $\sqrt{x^2 + y^2}$ を z の**絶対値**(ぜったいち)といい，$|z|$ で表す．また，$z \neq 0$ のとき，線分 Oz と実軸の正の向きとのなす角を z の**偏角**(へんかく)といい，$\arg(z)$ で表す．

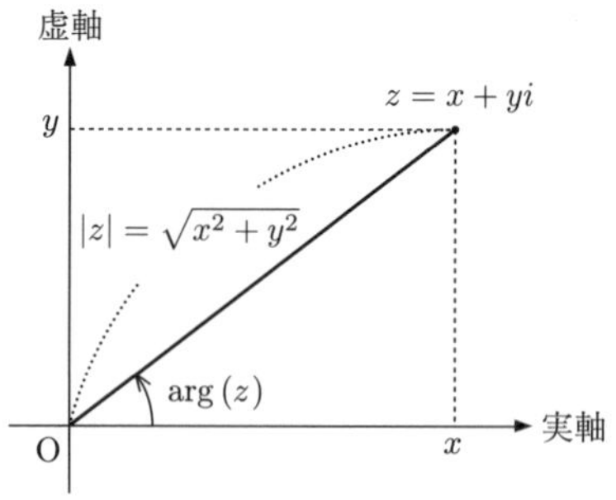

$z = x + yi$ のとき，$z\bar{z} = x^2 + y^2 = |z|^2$ であるから，$|z| > 0 \Longleftrightarrow z \neq 0$ が成り立つ．

また，$\theta = \arg(z)$ とおくと，$0 \leq \theta < \dfrac{\pi}{2}$ ならば $\theta = \tan^{-1} \dfrac{y}{x}$ である[1]．また，θ が z の偏角ならば $\theta + 2k\pi \ (k \in \mathbb{Z})$ も z の偏角となり，z の偏角は一意的には定まらない[2]．偏角を一意的に定めるために，通常は，$0 \leq \theta < 2\pi$ の範囲で考える．また，$|z|, \arg(z) \in \mathbb{R}$ であることに注意したい．

極形式　定義1.7のように，$\mathbb{C} \ni z$ が1つ定まると，z の絶対値と偏角が定まる．逆に，複素平面の原点からの距離と偏角を決めると，複素平面上の点 (x, y) として $z = x + yi \in \mathbb{C}$ が一意的に定まる．

---

[1] $\tan^{-1} \dfrac{y}{x}$ は，$\tan\theta = \dfrac{y}{x}$ となる θ の値のことで，$\tan^{-1}$ の部分はアークタンジェントと読む．

[2] ここで，$\mathbb{Z}$ は整数全体の集合であり，$(k \in \mathbb{Z})$ の部分は，$(k = 0, \pm 1, \pm 2, \ldots)$ を表す．

定義 1.8　$\mathbb{C} \ni z = x + yi\,(\neq 0)$ に対して, $r := |z|$, $\theta := \arg(z)$ とすると,

$$\begin{cases} x = r\cos\theta \\ y = r\sin\theta \end{cases}$$

であるから,

$$z = r(\cos\theta + i\sin\theta)$$

と書くことができる. z のこの表現方法を, **極形式**(きょくけいしき)または**極表示**(きょくひょうじ)という.

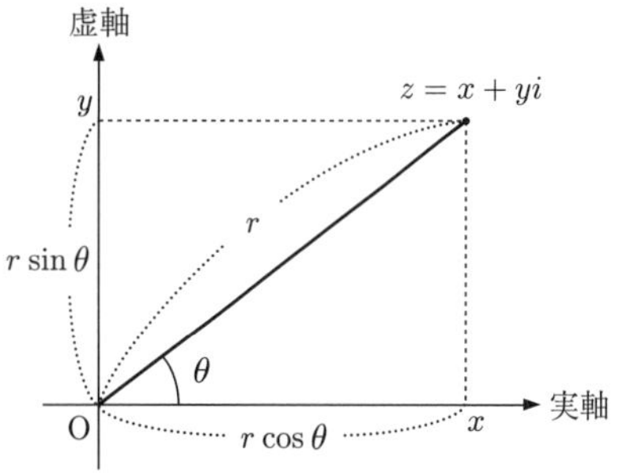

絶対値と偏角についての基本的な性質を定理としてまとめると次のようになる.

定理 1.4　$\mathbb{C} \ni z, z_1, z_2$ に対して, 次が成り立つ.

(1) $|\overline{z}| = |z|$,

(2) $|z_1 z_2| = |z_1| \cdot |z_2|$,

(3) $\left|\dfrac{z_1}{z_2}\right| = \dfrac{|z_1|}{|z_2|}$ $(z_2 \neq 0)$,

(4) $\arg(z_1 z_2) = \arg(z_1) + \arg(z_2)$ ($z_1 \neq 0$ かつ $z_2 \neq 0$),

(5) $\arg\left(\dfrac{z_1}{z_2}\right) = \arg(z_1) - \arg(z_2)$ ($z_1 \neq 0$ かつ $z_2 \neq 0$).

✎ 定理 1.4 の (2) を繰り返し使うと, $|z^n| = |\underbrace{z \cdot z \cdot \cdots \cdot z}_{n\text{ 個}}| = \underbrace{|z| \cdot |z| \cdot \cdots \cdot |z|}_{n\text{ 個}} = |z|^n$ が得られる.

ド・モアブルの公式　$z = r(\cos\theta + i\sin\theta)$ について, $z^n = r^n(\cos\theta + i\sin\theta)^n$, $n \in \mathbb{Z}$ を考察するには, ド・モアブルの公式が重要である.

定理 1.5 (ド・モアブルの公式)　$\mathbb{R} \ni \theta$, $\mathbb{Z} \ni n$ に対して, 次が成り立つ.

$$(\cos\theta + i\sin\theta)^n = \cos n\theta + i\sin n\theta.$$

1 の n 乗根　$\mathbb{C} \ni z$ に対して, 方程式 $f(z) = z^n - 1 = 0$ の解, すなわち $z^n = 1$ の解を **1 の n 乗根**という.

定理 1.6　$\mathbb{C} \ni z$ に対して, 方程式 $z^n = 1$ の解は,

$$\cos\frac{2k\pi}{n} + i\sin\frac{2k\pi}{n} \quad (k = 0, 1, \ldots, n-1)$$

で与えられる.

次の定理はたいへん重要であるので紹介しておく.

定理 1.7 (代数学の基本定理)　n 次多項式 $f(z) = a_n z^n + a_{n-1} z^{n-1} + \cdots + a_1 z + a_0$ ($a_i \in \mathbb{C}$, $a_n \neq 0$) に対して, 方程式 $f(z) = 0$ は, 複素数の範囲で必ず解をもつ. つまり, ある複素数

α_i $(i = 1, 2, \ldots, n)$ を使って，

$$f(z) = a_n(z - \alpha_1)(z - \alpha_2)\cdots(z - \alpha_n)$$

と書ける．

例題 1.4　次の複素数を極形式で表示せよ．ただし，偏角 θ は $0 \leq \theta < 2\pi$ で考えるものとする．

(1)　$-2 + 2\sqrt{3}\,i$　　(2)　$-3\sqrt{3} - 3i$

(3)　$(-2 + 2\sqrt{3}\,i)(-3\sqrt{3} - 3i)$　　(4)　$\dfrac{-3\sqrt{3} - 3i}{-2 + 2\sqrt{3}\,i}$

解答　(1)　$|-2 + 2\sqrt{3}\,i| = \sqrt{(-2)^2 + (2\sqrt{3})^2} = \sqrt{16} = 4$. 偏角 θ は $\theta = \dfrac{2}{3}\pi$. よって

$$-2 + 2\sqrt{3}\,i = 4\left(\cos\frac{2}{3}\pi + i\sin\frac{2}{3}\pi\right).$$

(2)　$|-3\sqrt{3} - 3i| = \sqrt{(-3\sqrt{3})^2 + (-3)^2} = \sqrt{36} = 6$. 偏角 θ は $\theta = \dfrac{7}{6}\pi$. よって

$$-3\sqrt{3} - 3i = 6\left(\cos\frac{7}{6}\pi + i\sin\frac{7}{6}\pi\right).$$

(3)　$|(-2 + 2\sqrt{3}\,i)(-3\sqrt{3} - 3i)| = |-2 + 2\sqrt{3}\,i| \cdot |-3\sqrt{3} - 3i| = 4 \cdot 6 = 24$.

$$\arg\{(-2 + 2\sqrt{3}\,i)(-3\sqrt{3} - 3i)\} = \arg(-2 + 2\sqrt{3}\,i) + \arg(-3\sqrt{3} - 3i)$$

$$= \frac{2}{3}\pi + \frac{7}{6}\pi = \frac{11}{6}\pi$$

よって

$$(-2 + 2\sqrt{3}\,i)(-3\sqrt{3} - 3i) = 24\left(\cos\frac{11}{6}\pi + i\sin\frac{11}{6}\pi\right).$$

(4)　$\left|\dfrac{-3\sqrt{3} - 3i}{-2 + 2\sqrt{3}\,i}\right| = \dfrac{|-3\sqrt{3} - 3i|}{|-2 + 2\sqrt{3}\,i|} = \dfrac{6}{4} = \dfrac{3}{2}$.

$$\arg\left(\frac{-3\sqrt{3} - 3i}{-2 + 2\sqrt{3}\,i}\right) = \arg(-3\sqrt{3} - 3i) - \arg(-2 + 2\sqrt{3}\,i) = \frac{7}{6}\pi - \frac{2}{3}\pi = \frac{1}{2}\pi.$$

よって

$$\frac{-3\sqrt{3} - 3i}{-2 + 2\sqrt{3}\,i} = \frac{3}{2}\left(\cos\frac{1}{2}\pi + i\sin\frac{1}{2}\pi\right).$$

∎

例題 1.5　複素数 $\alpha = -1 + i$ について以下の問に答えよ．

(1)　$|z - \alpha| \leq 1$ を満たす複素数 z を複素平面上に図示せよ．

(2)　α を極形式で表せ．

(3)　α^6 を計算せよ．

解答

(1)　$|z - \alpha| \leq 1$ は，複素平面上で，

α を中心とする半径 1 の円の境界を含む内部である．α は，複素平面上の点 $(-1,1)$ に対応するから，右図のようになる．

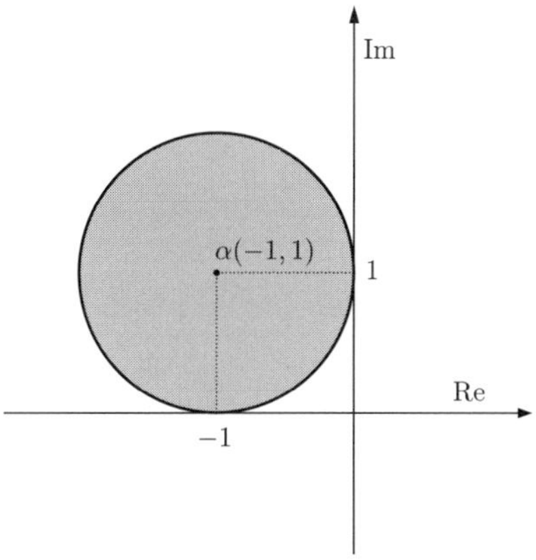

(2) $|\alpha| = \sqrt{1^2+1^2} = \sqrt{2}$ であり，$\arg\alpha = \dfrac{3}{4}\pi$ であるから，定義 1.8 より，α を極形式で表すと，$\sqrt{2}\left(\cos\dfrac{3}{4}\pi + i\sin\dfrac{3}{4}\pi\right)$ となる．

(3) (2) より α の極形式は，$\sqrt{2}\left(\cos\dfrac{3}{4}\pi + i\sin\dfrac{3}{4}\pi\right)$ で与えられるから，

$$\alpha^6 = (\sqrt{2})^6\left(\cos\frac{3}{4}\pi + i\sin\frac{3}{4}\pi\right)^6$$

である．また，ド・モアブルの公式 (定理 1.5) を使うと，

$$\alpha^6 = (\sqrt{2})^6\left\{\cos\left(6\cdot\frac{3}{4}\pi\right) + i\sin\left(6\cdot\frac{3}{4}\pi\right)\right\}$$
$$= 8\left(\cos\frac{9}{2}\pi + i\sin\frac{9}{2}\pi\right) = 8(0+\ i\cdot 1) = 8\,i.$$

∎

例題 1.6 次の方程式の解 $z \in \mathbb{C}$ をすべて求めよ．

(1) $z^6 = 1$ (2) $z^3 = i$ (3) $z^4 = -16$

解答 (1) $z^6 = 1$ の解は

$$\cos\frac{2k}{6}\pi + i\sin\frac{2k}{6}\pi \quad (k = 0,1,2,3,4,5)$$

の 6 個の複素数である．これらは $k = 0,\ 1,\ 2,\ 3,\ 4,\ 5$ に応じて

$$\cos 0 + i\sin 0,\quad \cos\frac{1}{3}\pi + i\sin\frac{1}{3}\pi,\quad \cos\frac{2}{3}\pi + i\sin\frac{2}{3}\pi,$$
$$\cos\pi + i\sin\pi,\quad \cos\frac{4}{3}\pi + i\sin\frac{4}{3}\pi,\quad \cos\frac{5}{3}\pi + i\sin\frac{5}{3}\pi$$

であるから，$x+yi$ の形で書けば，

$$1,\quad \frac{1}{2}+\frac{\sqrt{3}}{2}i,\quad -\frac{1}{2}+\frac{\sqrt{3}}{2}i,\quad -1,\quad -\frac{1}{2}-\frac{\sqrt{3}}{2}i,\quad \frac{1}{2}-\frac{\sqrt{3}}{2}i$$

である．

(2) $z = r(\cos\theta + i\sin\theta)$ とすると，$z^3 = r^3(\cos 3\theta + i\sin 3\theta)$ である．一方，i の極形式は

$$i = 1\cdot\left(\cos\left(\frac{1}{2}\pi + 2k\pi\right) + i\sin\left(\frac{1}{2}\pi + 2k\pi\right)\right) \quad (k \in \mathbb{Z})$$

である．よって $z^3 = i$ を満たすためには

$$r^3 = 1, \qquad 3\theta = \frac{1}{2}\pi + 2k\pi \quad (k \in \mathbb{Z})$$

でなければならない．ゆえに $r = 1,\ \theta = \dfrac{1}{6}\pi + \dfrac{2k}{3}\pi\ (k \in \mathbb{Z})$．$0 \leq \theta < 2\pi$ で考えればよいから，$z^3 = i$ の解は

$$\cos\left(\frac{1}{6}\pi + \frac{2k}{3}\pi\right) + i\sin\left(\frac{1}{6}\pi + \frac{2k}{3}\pi\right) \quad (k = 0, 1, 2)$$

の3個の複素数である．これらは $k = 0,\ 1,\ 2$ に応じて

$$\cos\frac{1}{6}\pi + i\sin\frac{1}{6}\pi, \qquad \cos\frac{5}{6}\pi + i\sin\frac{5}{6}\pi, \qquad \cos\frac{3}{2}\pi + i\sin\frac{3}{2}\pi$$

であるから，$x + yi$ の形で書けば，

$$\frac{\sqrt{3}}{2} + \frac{1}{2}i, \qquad -\frac{\sqrt{3}}{2} + \frac{1}{2}i, \qquad -i$$

である．

(3)　$z = r(\cos\theta + i\sin\theta)$ とすると，$z^4 = r^4(\cos 4\theta + i\sin 4\theta)$ である．一方，-16 の極形式は

$$-16 = 16 \cdot (\cos(\pi + 2k\pi) + i\sin(\pi + 2k\pi)) \quad (k \in \mathbb{Z})$$

である．よって $z^4 = -16$ を満たすためには

$$r^4 = 16, \qquad 4\theta = \pi + 2k\pi \quad (k \in \mathbb{Z})$$

でなければならない．ゆえに $r = 2,\ \theta = \dfrac{1}{4}\pi + \dfrac{2k}{4}\pi\ (k \in \mathbb{Z})$．$0 \leq \theta < 2\pi$ で考えればよいから，$z^4 = -16$ の解は

$$2\left(\cos\left(\frac{1}{4}\pi + \frac{2k}{4}\pi\right) + i\sin\left(\frac{1}{4}\pi + \frac{2k}{4}\pi\right)\right) \quad (k = 0, 1, 2, 3)$$

の4個の複素数である．これらは $k = 0,\ 1,\ 2,\ 3$ に応じて

$$2\left(\cos\frac{1}{4}\pi + i\sin\frac{1}{4}\pi\right), \quad 2\left(\cos\frac{3}{4}\pi + i\sin\frac{3}{4}\pi\right),$$

$$2\left(\cos\frac{5}{4}\pi + i\sin\frac{5}{4}\pi\right), \quad 2\left(\cos\frac{7}{4}\pi + i\sin\frac{7}{4}\pi\right)$$

であるから，$x + yi$ の形で書けば，

$$\sqrt{2} + \sqrt{2}\,i, \qquad -\sqrt{2} + \sqrt{2}\,i, \qquad -\sqrt{2} - \sqrt{2}\,i, \qquad \sqrt{2} - \sqrt{2}\,i$$

である．　∎

◆◆演習問題 § 1.2 ◆◆

1. 次の複素数を極形式で表示せよ．ただし，偏角 θ は $0 \leq \theta < 2\pi$ で考えるものとする．

(1) $2+2i$　　(2) $-2+2i$

(3) $-2-2i$　　(4) $2-2i$

(5) $3+\sqrt{3}\,i$　　(6) $-3+\sqrt{3}\,i$

(7) $-3-\sqrt{3}\,i$　　(8) $3-\sqrt{3}\,i$

(9) $4+4\sqrt{3}\,i$　　(10) $-4+4\sqrt{3}\,i$

(11) $-4-4\sqrt{3}\,i$　　(12) $4-4\sqrt{3}\,i$

(13) $(2+2i)(-3+\sqrt{3}\,i)$　　(14) $(3+\sqrt{3}\,i)(4-4\sqrt{3}\,i)$

(15) $(4+4\sqrt{3}\,i)(-2-2i)$　　(16) $(2+2i)(3+\sqrt{3}\,i)(4+4\sqrt{3}\,i)$

(17) $\dfrac{-2-2i}{-3+\sqrt{3}\,i}$　　(18) $\dfrac{3-\sqrt{3}\,i}{4+4\sqrt{3}\,i}$

2. 次の方程式の解 $z \in \mathbb{C}$ をすべて求めよ．

(1) $z^8 = 1$　　(2) $z^6 = -64$

(3) $z^3 = -27i$

3. $z = 2+i$ のとき，次の値を $x+yi$ の形で表せ．

(1) $z^3 - 6z^2 + 8z - 13$　　(2) $z - 4 + \dfrac{4}{z}$

4. $\mathbb{C} \ni z, w$ について，$|z| = 2$ のとき，$2|\overline{z} - \overline{w}| = |4 - \overline{z}w|$ を示せ．

◇演習問題の解答◇

1. (1) $|2+2i| = \sqrt{2^2+2^2} = 2\sqrt{2}$. 偏角 θ は $\theta = \dfrac{1}{4}\pi$.

よって $2+2i = 2\sqrt{2}\left(\cos\dfrac{1}{4}\pi + i\sin\dfrac{1}{4}\pi\right)$.

(2) $|-2+2i| = \sqrt{(-2)^2+2^2} = 2\sqrt{2}$. 偏角 θ は $\theta = \dfrac{3}{4}\pi$.

よって $-2+2i = 2\sqrt{2}\left(\cos\dfrac{3}{4}\pi + i\sin\dfrac{3}{4}\pi\right)$.

(3) $|-2-2i| = \sqrt{(-2)^2+(-2)^2} = 2\sqrt{2}$. 偏角 θ は $\theta = \dfrac{5}{4}\pi$.

よって $-2-2i = 2\sqrt{2}\left(\cos\dfrac{5}{4}\pi + i\sin\dfrac{5}{4}\pi\right)$.

(4) $|2-2i| = \sqrt{2^2+(-2)^2} = 2\sqrt{2}$. 偏角 θ は $\theta = \dfrac{7}{4}\pi$.

よって $2-2i = 2\sqrt{2}\left(\cos\dfrac{7}{4}\pi + i\sin\dfrac{7}{4}\pi\right)$.

(5) $|3+\sqrt{3}\,i| = \sqrt{3^2+(\sqrt{3}\,)^2} = 2\sqrt{3}$. 偏角 θ は $\theta = \dfrac{1}{6}\pi$.

よって $3+\sqrt{3}\,i = 2\sqrt{3}\left(\cos\dfrac{1}{6}\pi + i\sin\dfrac{1}{6}\pi\right)$.

(6) $|-3+\sqrt{3}\,i| = \sqrt{(-3)^2+(\sqrt{3}\,)^2} = 2\sqrt{3}$. 偏角 θ は $\theta = \dfrac{5}{6}\pi$.

よって $-3+\sqrt{3}\,i = 2\sqrt{3}\left(\cos\dfrac{5}{6}\pi + i\sin\dfrac{5}{6}\pi\right)$.

(7) $|-3-\sqrt{3}\,i| = \sqrt{(-3)^2+(-\sqrt{3}\,)^2} = 2\sqrt{3}$. 偏角 θ は $\theta = \dfrac{7}{6}\pi$.

よって $-3-\sqrt{3}\,i = 2\sqrt{3}\left(\cos\dfrac{7}{6}\pi + i\sin\dfrac{7}{6}\pi\right)$.

(8) $|3-\sqrt{3}\,i| = \sqrt{3^2+(-\sqrt{3}\,)^2} = 2\sqrt{3}$. 偏角 θ は $\theta = \dfrac{11}{6}\pi$.

よって $3-\sqrt{3}\,i = 2\sqrt{3}\left(\cos\dfrac{11}{6}\pi + i\sin\dfrac{11}{6}\pi\right)$.

(9) $|4+4\sqrt{3}\,i| = \sqrt{4^2+(4\sqrt{3}\,)^2} = 8$. 偏角 θ は $\theta = \dfrac{1}{3}\pi$.

よって $4+4\sqrt{3}\,i = 8\left(\cos\dfrac{1}{3}\pi + i\sin\dfrac{1}{3}\pi\right)$.

(10) $|-4+4\sqrt{3}\,i| = \sqrt{(-4)^2+(4\sqrt{3}\,)^2} = 8$. 偏角 θ は $\theta = \dfrac{2}{3}\pi$.

よって $-4+4\sqrt{3}\,i = 8\left(\cos\dfrac{2}{3}\pi + i\sin\dfrac{2}{3}\pi\right)$.

(11) $|-4-4\sqrt{3}\,i| = \sqrt{(-4)^2+(-4\sqrt{3}\,)^2} = 8$. 偏角 θ は $\theta = \dfrac{4}{3}\pi$.

よって $-4-4\sqrt{3}\,i = 8\left(\cos\dfrac{4}{3}\pi + i\sin\dfrac{4}{3}\pi\right)$.

(12) $|4-4\sqrt{3}\,i| = \sqrt{4^2+(-4\sqrt{3}\,)^2} = 8$. 偏角 θ は $\theta = \dfrac{5}{3}\pi$.

よって $4-4\sqrt{3}\,i = 8\left(\cos\dfrac{5}{3}\pi + i\sin\dfrac{5}{3}\pi\right)$.

(13)　$|(2+2i)(-3+\sqrt{3}\,i)| = |2+2i|\cdot|-3+\sqrt{3}\,i| = 2\sqrt{2}\cdot 2\sqrt{3} = 4\sqrt{6}$.

$\arg\{(2+2i)(-3+\sqrt{3}\,i)\} = \arg(2+2i) + \arg(-3+\sqrt{3}\,i) = \frac{1}{4}\pi + \frac{5}{6}\pi = \frac{13}{12}\pi$.

よって $(2+2i)(-3+\sqrt{3}\,i) = 4\sqrt{6}\left(\cos\frac{13}{12}\pi + i\sin\frac{13}{12}\pi\right)$.

(14)　$|(3+\sqrt{3}\,i)(4-4\sqrt{3}\,i)| = |3+\sqrt{3}\,i|\cdot|4-4\sqrt{3}\,i| = 2\sqrt{3}\cdot 8 = 16\sqrt{3}$.

$\arg\{(3+\sqrt{3}\,i)(4-4\sqrt{3}\,i)\} = \arg(3+\sqrt{3}\,i) + \arg(4-4\sqrt{3}\,i) = \frac{1}{6}\pi + \frac{5}{3}\pi = \frac{11}{6}\pi$.

よって $(3+\sqrt{3}\,i)(4-4\sqrt{3}\,i) = 16\sqrt{3}\left(\cos\frac{11}{6}\pi + i\sin\frac{11}{6}\pi\right)$.

(15)　$|(4+4\sqrt{3}\,i)(-2-2i)| = |4+4\sqrt{3}\,i|\cdot|-2-2i| = 8\cdot 2\sqrt{2} = 16\sqrt{2}$.

$\arg\{(4+4\sqrt{3}\,i)(-2-2i)\} = \arg(4+4\sqrt{3}\,i) + \arg(-2-2i) = \frac{1}{3}\pi + \frac{5}{4}\pi = \frac{19}{12}\pi$.

よって $(4+4\sqrt{3}\,i)(-2-2i) = 16\sqrt{2}\left(\cos\frac{19}{12}\pi + i\sin\frac{19}{12}\pi\right)$.

(16)　$|(2+2i)(3+\sqrt{3}\,i)(4+4\sqrt{3}\,i)| = |2+2i|\cdot|3+\sqrt{3}\,i|\cdot|4+4\sqrt{3}\,i| = 2\sqrt{2}\cdot 2\sqrt{3}\cdot 8$
$= 32\sqrt{6}$.

$\arg\{(2+2i)(3+\sqrt{3}\,i)(4+4\sqrt{3}\,i)\} = \arg(2+2i) + \arg(3+\sqrt{3}\,i) + \arg(4+4\sqrt{3}\,i)$
$= \frac{1}{4}\pi + \frac{1}{6}\pi + \frac{1}{3}\pi = \frac{3}{4}\pi$.

よって $(2+2i)(3+\sqrt{3}\,i)(4+4\sqrt{3}\,i) = 32\sqrt{6}\left(\cos\frac{3}{4}\pi + i\sin\frac{3}{4}\pi\right)$.

(17)　$\left|\dfrac{-2-2i}{-3+\sqrt{3}\,i}\right| = \dfrac{|-2-2i|}{|-3+\sqrt{3}\,i|} = \dfrac{2\sqrt{2}}{2\sqrt{3}} = \dfrac{\sqrt{6}}{3}$.

$\arg\left(\dfrac{-2-2i}{-3+\sqrt{3}\,i}\right) = \arg(-2-2i) - \arg(-3+\sqrt{3}\,i) = \frac{5}{4}\pi - \frac{5}{6}\pi = \frac{5}{12}\pi$.

よって $\dfrac{-2-2i}{-3+\sqrt{3}\,i} = \dfrac{\sqrt{6}}{3}\left(\cos\frac{5}{12}\pi + i\sin\frac{5}{12}\pi\right)$.

(18)　$\left|\dfrac{3-\sqrt{3}\,i}{4+4\sqrt{3}\,i}\right| = \dfrac{|3-\sqrt{3}\,i|}{|4+4\sqrt{3}\,i|} = \dfrac{2\sqrt{3}}{8} = \dfrac{\sqrt{3}}{4}$.

$\arg\left(\dfrac{3-\sqrt{3}\,i}{4+4\sqrt{3}\,i}\right) = \arg(3-\sqrt{3}\,i) - \arg(4+4\sqrt{3}\,i) = \frac{11}{6}\pi - \frac{1}{3}\pi = \frac{3}{2}\pi$.

よって $\dfrac{3-\sqrt{3}\,i}{4+4\sqrt{3}\,i} = \dfrac{\sqrt{3}}{4}\left(\cos\frac{3}{2}\pi + i\sin\frac{3}{2}\pi\right)$.

2.　(1)　$z^8 = 1$ の解は

$$\cos\frac{2k}{8}\pi + i\sin\frac{2k}{8}\pi \qquad (k = 0,1,2,3,4,5,6,7)$$

の 8 個の複素数である．これらは $k = 0,\ 1,\ 2,\ 3,\ 4,\ 5$ に応じて

$$\cos 0 + i\sin 0,\quad \cos\frac{1}{4}\pi + i\sin\frac{1}{4}\pi,\quad \cos\frac{1}{2}\pi + i\sin\frac{1}{2}\pi,\quad \cos\frac{3}{4}\pi + i\sin\frac{3}{4}\pi,$$

$$\cos\pi + i\sin\pi,\quad \cos\frac{5}{4}\pi + i\sin\frac{5}{4}\pi,\quad \cos\frac{3}{2}\pi + i\sin\frac{3}{2}\pi,\quad \cos\frac{7}{4}\pi + i\sin\frac{7}{4}\pi$$

であるから，$x+yi$ の形で書けば，

$$1,\quad \frac{\sqrt{2}}{2} + \frac{\sqrt{2}}{2}i,\quad i,\quad -\frac{\sqrt{2}}{2} + \frac{\sqrt{2}}{2}i,\quad -1,\quad -\frac{\sqrt{2}}{2} - \frac{\sqrt{2}}{2}i,\quad -i,\quad \frac{\sqrt{2}}{2} - \frac{\sqrt{2}}{2}i$$

である．

(2) $z = r(\cos\theta + i\sin\theta)$ とすると，$z^6 = r^6(\cos 6\theta + i\sin 6\theta)$ である．一方，-64 の極形式は

$$-64 = 64 \cdot (\cos(\pi + 2k\pi) + i\sin(\pi + 2k\pi)) \qquad (k \in \mathbb{Z})$$

である．よって $z^6 = -64$ を満たすためには

$$r^6 = 64, \qquad 6\theta = \pi + 2k\pi \qquad (k \in \mathbb{Z})$$

でなければならない．ゆえに $r = 2$, $\theta = \dfrac{1}{6}\pi + \dfrac{2k}{6}\pi$ $(k \in \mathbb{Z})$．$0 \leq \theta < 2\pi$ で考えればよいから，$z^6 = -64$ の解は

$$2\left(\cos\left(\frac{1}{6}\pi + \frac{2k}{6}\pi\right) + i\sin\left(\frac{1}{6}\pi + \frac{2k}{6}\pi\right)\right) \qquad (k = 0, 1, 2, 3, 4, 5)$$

の 6 個の複素数である．これらは $k = 0,\ 1,\ 2,\ 3,\ 4,\ 5$ に応じて

$$2\left(\cos\frac{1}{6}\pi + i\sin\frac{1}{6}\pi\right), \quad 2\left(\cos\frac{1}{2}\pi + i\sin\frac{1}{2}\pi\right), \quad 2\left(\cos\frac{5}{6}\pi + i\sin\frac{5}{6}\pi\right),$$

$$2\left(\cos\frac{7}{6}\pi + i\sin\frac{7}{6}\pi\right), \quad 2\left(\cos\frac{3}{2}\pi + i\sin\frac{3}{2}\pi\right), \quad 2\left(\cos\frac{11}{6}\pi + i\sin\frac{11}{6}\pi\right)$$

であるから，$x + yi$ の形で書けば，

$$\sqrt{3} + i, \qquad 2i, \qquad -\sqrt{3} + i, \qquad -\sqrt{3} - i, \qquad -2i, \qquad \sqrt{3} - i$$

である．

(3) $z = r(\cos\theta + i\sin\theta)$ とすると，$z^3 = r^3(\cos 3\theta + i\sin 3\theta)$ である．一方，$-27i$ の極形式は

$$-27i = 27\left(\cos\left(\frac{3}{2}\pi + 2k\pi\right) + i\sin\left(\frac{3}{2}\pi + 2k\pi\right)\right) \qquad (k \in \mathbb{Z})$$

である．よって $z^3 = -27i$ を満たすためには

$$r^3 = 27, \qquad 3\theta = \frac{3}{2}\pi + 2k\pi \qquad (k \in \mathbb{Z})$$

でなければならない．ゆえに $r = 3$, $\theta = \dfrac{1}{2}\pi + \dfrac{2k}{3}\pi$ $(k \in \mathbb{Z})$．$0 \leq \theta < 2\pi$ で考えればよいから，$z^3 = -27i$ の解は

$$3\left(\cos\left(\frac{1}{2}\pi + \frac{2k}{3}\pi\right) + i\sin\left(\frac{1}{2}\pi + \frac{2k}{3}\pi\right)\right) \qquad (k = 0, 1, 2)$$

の 3 個の複素数である．これらは $k = 0,\ 1,\ 2$ に応じて

$$3\left(\cos\frac{1}{2}\pi + i\sin\frac{1}{2}\pi\right), \qquad 3\left(\cos\frac{7}{6}\pi + i\sin\frac{7}{6}\pi\right), \qquad 3\left(\cos\frac{11}{6}\pi + i\sin\frac{11}{6}\pi\right)$$

であるから，$x + yi$ の形で書けば，

$$3i, \qquad -\frac{3\sqrt{3}}{2} - \frac{3}{2}i, \qquad \frac{3\sqrt{3}}{2} - \frac{3}{2}i$$

である．

3. (1) $z^2 = (2+i)^2 = 4 + 4i + i^2 = 4 + 4i - 1 = 3 + 4i.$

$z^3 = z^2 \cdot z = (3+4i)(2+i) = 6 + 3i + 8i + 4i^2 = 6 + 3i + 8i - 4 = 2 + 11i.$

よって

$$\begin{aligned} z^3 - 6z^2 + 8z - 13 &= 2 + 11i - 6(3+4i) + 8(2+i) - 13 \\ &= 2 + 11i - 18 - 24i + 16 + 8i - 13 \\ &= -13 - 5i. \end{aligned}$$

(2) $\dfrac{4}{z} = \dfrac{4}{2+i} = \dfrac{4(2-i)}{(2+i)(2-i)} = \dfrac{8-4i}{4-i^2} = \dfrac{8-4i}{4+1} = \dfrac{8}{5} - \dfrac{4}{5}i.$

よって

$$\begin{aligned} z - 4 + \frac{4}{z} &= 2 + i - 4 + \frac{8}{5} - \frac{4}{5}i \\ &= -\frac{2}{5} + \frac{1}{5}i. \end{aligned}$$

4. $|z| = 2$ より $|z|^2 = 4$ すなわち $z\overline{z} = 4$. よって

$4 - \overline{z}w = z\overline{z} - \overline{z}w = \overline{z}(z - w)$

となるので

$|4 - \overline{z}w| = |\overline{z}(z - w)| = |\overline{z}||z - w|.$

ここで $|\overline{z}| = |z| = 2$ であることを使えば上式より

$|4 - \overline{z}w| = |\overline{z}||z - w| = 2|z - w|$

が得られる.

一方, $\overline{z} - \overline{w} = \overline{z - w}$ であることと $|\overline{z - w}| = |z - w|$ であることを使えば

$|\overline{z} - \overline{w}| = |\overline{z - w}| = |z - w|$

となるので

$2|\overline{z} - \overline{w}| = 2|z - w|.$

したがって $2|\overline{z} - \overline{w}|$, $|4 - \overline{z}w|$ ともに $2|z - w|$ に等しくなって $2|\overline{z} - \overline{w}| = |4 - \overline{z}w|$ を得る.

§ 1.3　行列の定義, 和とスカラー倍

解説　行列を次のように定義する.

行列の定義

> **定義 1.9**　$\mathbb{N} \ni m, n$ に対して, mn 個の数 a_{ij} $(i = 1, 2, 3, \ldots, m,\ j = 1, 2, 3, \ldots, n)$ を次のように長方形にならべて括弧でまとめたものを**行列**（ぎょうれつ）という.
>
> $$\begin{pmatrix} a_{11} & a_{12} & \cdots & a_{1n} \\ a_{21} & a_{22} & \cdots & a_{2n} \\ \vdots & \vdots & \ddots & \vdots \\ a_{m1} & a_{m2} & \cdots & a_{mn} \end{pmatrix}.$$
>
> 行列の横の数のならびを**行**, 縦の数のならびを**列**といい, 上のほうから, 第1行, 第2行, ..., 第 m 行, 左のほうから, 第1列, 第2列, ..., 第 n 列という. 特に, m 行 n 列からなる行列を $m \times n$ **行列**, (m, n) **型の行列**, m **行** n **列の行列**などという. また, 行列を構成する数を**成分**といい, 第 i 行と 第 j 列の交点にある成分 a_{ij} を行列の (i, j) **成分**という.
>
> $$\begin{array}{c} \\ \\ \\ 第\,i\,行 \\ \\ \\ \end{array}\ \begin{array}{c} \qquad\qquad\qquad\qquad 第\,j\,列 \\ \begin{pmatrix} a_{11} & a_{12} & \cdots & a_{1j} & \cdots & a_{1n} \\ a_{21} & a_{22} & \cdots & a_{2j} & \cdots & a_{2n} \\ \vdots & \vdots & & \vdots & & \vdots \\ a_{i1} & a_{i2} & \cdots & a_{ij} & \cdots & a_{in} \\ \vdots & \vdots & & \vdots & & \vdots \\ a_{m1} & a_{m2} & \cdots & a_{mj} & \cdots & a_{mn} \end{pmatrix} \end{array}$$
>
> 上のような行列を一般に (a_{ij}) と略記する. 特に $m \times n$ 行列であることを明記する場合は, $(a_{ij})_{1 \leq i \leq m, 1 \leq j \leq n}$ と略記する.

行列を1つの文字で表すときは, 通常 $A, B, C, \ldots$ などの大文字を使って, $A = (a_{ij})$, $B = (b_{ij})$ などのように書く.

実行列と複素行列

> **定義 1.10**　行列 A の成分として実数のみを考えるとき, A は**実行列**（じつ）といい, A の成分に複素数をゆるすとき, A は**複素行列**（ふくそ）であるという.

(m, n) 型の実行列全体の集合を $M(m, n, \mathbb{R})$, (m, n) 型の複素行列全体の集合を $M(m, n, \mathbb{C})$ のように書く. また, 単に (m, n) 型の行列全体の集合を表したいときは, $M(m, n)$ と書く.

列ベクトルと行ベクトル　1行だけの行列や1列だけの行列も特別な考察の対象である. そこで, 次のように名前が付けられている.

定義 1.11　1 行だけからなる $1 \times n$ 行列 $\begin{pmatrix} a_1 & a_2 & \cdots & a_n \end{pmatrix}$ を $\boldsymbol{n}$ **項行ベクトル**といい,

1 列だけからなる $m \times 1$ 行列 $\begin{pmatrix} a_1 \\ a_2 \\ \vdots \\ a_m \end{pmatrix}$ を $\boldsymbol{m}$ **項列ベクトル**という.

正方行列　次に定義する行数と列数が一致する行列は扱いやすい特別な行列である.

定義 1.12　$\mathbb{N} \ni n$ に対して, 行列 A が $A \in M(n, n)$ となるとき, 行列 A は n 次**正方行列**であるという. n 次正方行列全体の集合を M_n と書く.

✎ n 次実正方行列全体の集合, n 次複素正方行列全体の集合をそれぞれ $M_n(\mathbb{R})$, $M_n(\mathbb{C})$ などと書く.

行列の相等（そうとう）　ここでは, 2 つの行列に対して「等しい」ことを定義する.

定義 1.13　$\mathbb{N} \ni m, n$ に対して, 2 つの行列 A, B がともに $A, B \in M(m, n)$ となるとき, A と B は, **同じ型の行列**であるという. また, $A = (a_{ij})$, $B = (b_{ij})$ が同じ型の行列のとき, すべての i, j $(1 \leq i \leq m,\ 1 \leq j \leq n)$ に対して,

$$a_{ij} = b_{ij}$$

が成り立つとき, 行列 A と B は等しいといい, $A = B$ と書く.　等しくないときには, $A \neq B$ と書く.

行列の和とスカラー倍　行列に対して, 次の和 (定義 1.14) とスカラー倍 (定義 1.15) は, 行列の基本的な演算となる.

定義 1.14　同じ型の 2 つの行列 $A = (a_{ij}), B = (b_{ij}) \in M(m, n)$ に対して, A と B の対応する成分どうしの和を成分とする行列を A と B の**和**といい, $A + B$ で表す.

$$A + B := (a_{ij} + b_{ij}) = \begin{pmatrix} a_{11} + b_{11} & a_{12} + b_{12} & \cdots & a_{1n} + b_{1n} \\ a_{21} + b_{21} & a_{22} + b_{22} & \cdots & a_{2n} + b_{2n} \\ \vdots & \vdots & & \vdots \\ a_{m1} + b_{m1} & a_{m2} + b_{m2} & \cdots & a_{mn} + b_{mn} \end{pmatrix}.$$

定義 1.15　行列 $A \in M(m,n)$ と $c \in \mathbb{R}$ に対して, A の各成分を c 倍したものを成分とする行列を cA と書き, 行列の**スカラー倍**という.

$$cA := (ca_{ij}) = \begin{pmatrix} ca_{11} & ca_{12} & \cdots & ca_{1n} \\ ca_{21} & ca_{22} & \cdots & ca_{2n} \\ \vdots & \vdots & & \vdots \\ ca_{m1} & ca_{m2} & \cdots & ca_{mn} \end{pmatrix}.$$

通常, A の (-1) によるスカラー倍 $(-1)A$ は, $-A$ と書き, $B+(-A)$ は $B-A$ と書く. また, すべての成分が 0 となる $m \times n$ 行列を**零行列**(れいぎょうれつ)といい, $O_{m,n}$ または 単に O と書く.

$$O_{m,n} := \begin{pmatrix} 0 & 0 & \cdots & 0 \\ \vdots & \vdots & & \vdots \\ 0 & 0 & \cdots & 0 \end{pmatrix} = O.$$

次の定理は, 定義 1.14, 1.15 にしたがった計算により確かめられる.

定理 1.8　行列 $A, B, C \in M(m,n)$ と スカラー $c, d \in \mathbb{R}$ に対して, 次の (1) から (8) が成り立つ.

(1) $A+B = B+A$,

(2) $(A+B)+C = A+(B+C)$,

(3) $A+O = O+A = A$,

(4) $A+(-A) = (-A)+A = O$,

(5) $c(A+B) = cA+cB$,

(6) $(c+d)A = cA+dA$,

(7) $(cd)A = c(dA)$,

(8) $1A = A$.

例題 1.7　次の行列を計算せよ.

(1) $\begin{pmatrix} 1 & 0 \\ 1 & 1 \\ -1 & 1 \end{pmatrix} + \begin{pmatrix} -3 & 1 \\ 2 & 1 \\ 1 & 1 \end{pmatrix}$　　(2) $2\begin{pmatrix} 1 & 2 & 3 \\ -1 & 0 & 1 \end{pmatrix} - \begin{pmatrix} 1 & 0 & 1 \\ 1 & 1 & 1 \end{pmatrix}$

解答

(1) $$\begin{pmatrix} 1 & 0 \\ 1 & 1 \\ -1 & 1 \end{pmatrix} + \begin{pmatrix} -3 & 1 \\ 2 & 1 \\ 1 & 1 \end{pmatrix} = \begin{pmatrix} 1+(-3) & 0+1 \\ 1+2 & 1+1 \\ -1+1 & 1+1 \end{pmatrix} = \begin{pmatrix} -2 & 1 \\ 3 & 2 \\ 0 & 2 \end{pmatrix}.$$

(2) $$2\begin{pmatrix} 1 & 2 & 3 \\ -1 & 0 & 1 \end{pmatrix} - \begin{pmatrix} 1 & 0 & 1 \\ 1 & 1 & 1 \end{pmatrix} = \begin{pmatrix} 2 & 4 & 6 \\ -2 & 0 & 2 \end{pmatrix} - \begin{pmatrix} 1 & 0 & 1 \\ 1 & 1 & 1 \end{pmatrix}$$

$$= \begin{pmatrix} 2-1 & 4-0 & 6-1 \\ -2-1 & 0-1 & 2-1 \end{pmatrix} = \begin{pmatrix} 1 & 4 & 5 \\ -3 & -1 & 1 \end{pmatrix}.$$ ∎

例題 1.8 $A = \begin{pmatrix} 2 & 0 \\ 3 & 1 \end{pmatrix}$, $B = \begin{pmatrix} 1 & -1 \\ 0 & 2 \end{pmatrix}$, $C = \begin{pmatrix} -3 & 1 \\ 2 & -4 \end{pmatrix}$ のとき, 次の行列を求めよ.

(1) $A+B$　　(2) $A-C$

(3) $2B-A$　　(4) $2(A+2B)+3A$

(5) $3(2A-C)+5C$　　(6) $2(2B-C)-C$

(7) $2(A+4B-3C)-3(A+2B-2C)$

解答 (1) $A+B = \begin{pmatrix} 2 & 0 \\ 3 & 1 \end{pmatrix} + \begin{pmatrix} 1 & -1 \\ 0 & 2 \end{pmatrix} = \begin{pmatrix} 2+1 & 0-1 \\ 3+0 & 1+2 \end{pmatrix} = \begin{pmatrix} 3 & -1 \\ 3 & 3 \end{pmatrix}.$

(2) $A-C = \begin{pmatrix} 2 & 0 \\ 3 & 1 \end{pmatrix} - \begin{pmatrix} -3 & 1 \\ 2 & -4 \end{pmatrix} = \begin{pmatrix} 2+3 & 0-1 \\ 3-2 & 1+4 \end{pmatrix} = \begin{pmatrix} 5 & -1 \\ 1 & 5 \end{pmatrix}.$

(3) $2B-A = 2\begin{pmatrix} 1 & -1 \\ 0 & 2 \end{pmatrix} - \begin{pmatrix} 2 & 0 \\ 3 & 1 \end{pmatrix} = \begin{pmatrix} 2 & -2 \\ 0 & 4 \end{pmatrix} - \begin{pmatrix} 2 & 0 \\ 3 & 1 \end{pmatrix}$

$$= \begin{pmatrix} 2-2 & -2-0 \\ 0-3 & 4-1 \end{pmatrix} = \begin{pmatrix} 0 & -2 \\ -3 & 3 \end{pmatrix}.$$

(4) $2(A+2B)+3A = 2A+4B+3A = 5A+4B = 5\begin{pmatrix} 2 & 0 \\ 3 & 1 \end{pmatrix} + 4\begin{pmatrix} 1 & -1 \\ 0 & 2 \end{pmatrix}$

$$= \begin{pmatrix} 10 & 0 \\ 15 & 5 \end{pmatrix} + \begin{pmatrix} 4 & -4 \\ 0 & 8 \end{pmatrix} = \begin{pmatrix} 10+4 & 0-4 \\ 15+0 & 5+8 \end{pmatrix} = \begin{pmatrix} 14 & -4 \\ 15 & 13 \end{pmatrix}.$$

(5) $3(2A-C)+5C = 6A-3C+5C = 6A+2C = 6\begin{pmatrix} 2 & 0 \\ 3 & 1 \end{pmatrix} + 2\begin{pmatrix} -3 & 1 \\ 2 & -4 \end{pmatrix}$

$$= \begin{pmatrix} 12 & 0 \\ 18 & 6 \end{pmatrix} + \begin{pmatrix} -6 & 2 \\ 4 & -8 \end{pmatrix} = \begin{pmatrix} 12-6 & 0+2 \\ 18+4 & 6-8 \end{pmatrix} = \begin{pmatrix} 6 & 2 \\ 22 & -2 \end{pmatrix}.$$

(6) $2(2B-C)-C = 4B-2C-C = 4B-3C = 4\begin{pmatrix} 1 & -1 \\ 0 & 2 \end{pmatrix} - 3\begin{pmatrix} -3 & 1 \\ 2 & -4 \end{pmatrix}$

$$= \begin{pmatrix} 4 & -4 \\ 0 & 8 \end{pmatrix} - \begin{pmatrix} -9 & 3 \\ 6 & -12 \end{pmatrix} = \begin{pmatrix} 4+9 & -4-3 \\ 0-6 & 8+12 \end{pmatrix}$$

$$= \begin{pmatrix} 13 & -7 \\ -6 & 20 \end{pmatrix}.$$

(7) $2(A+4B-3C)-3(A+2B-2C) = 2A+8B-6C-3A-6B+6C$

$$= -A+2B = \begin{pmatrix} 0 & -2 \\ -3 & 3 \end{pmatrix}.$$ [(3) と同じ.] ∎

◆演習問題 § 1.3 ◆

1. 次の計算をせよ．

(1) $3\begin{pmatrix} 4 & 5 \\ 3 & 7 \end{pmatrix} + 2\begin{pmatrix} -2 & 0 \\ 9 & 8 \end{pmatrix}$

(2) $-4\begin{pmatrix} 2 & 0 & -4 \\ -3 & 2 & 5 \end{pmatrix} + \begin{pmatrix} 1 & -7 & 0 \\ 8 & -2 & 4 \end{pmatrix}$

(3) $\begin{pmatrix} 5 & -12 \\ 7 & 8 \\ 2 & -4 \end{pmatrix} - 3\begin{pmatrix} 8 & 4 \\ -2 & 7 \\ -10 & 8 \end{pmatrix}$

(4) $2\begin{pmatrix} 2 & 3 & 9 \\ 0 & -8 & 7 \\ 4 & 5 & 3 \end{pmatrix} - 5\begin{pmatrix} -2 & 3 & 4 \\ 0 & 5 & 11 \\ 4 & 1 & 3 \end{pmatrix}$

(5) $-3\begin{pmatrix} 2 & 4 & 5 & -2 \\ -3 & 1 & 0 & 8 \\ 13 & 3 & 4 & -3 \end{pmatrix} - 4\begin{pmatrix} 5 & 7 & -8 & 1 \\ 3 & -2 & 10 & 2 \\ 4 & -3 & -5 & 3 \end{pmatrix}$

2. $A = \begin{pmatrix} 3 & 0 & 2 \\ 1 & 4 & 3 \\ -2 & 3 & 1 \end{pmatrix}$, $B = \begin{pmatrix} 1 & -2 & 0 \\ 5 & 3 & 2 \\ 3 & 4 & 1 \end{pmatrix}$, $C = \begin{pmatrix} 6 & 1 & 3 \\ 0 & 2 & -4 \\ 4 & 3 & 2 \end{pmatrix}$ のとき，次の行列を求めよ．

(1) $A + B$　　(2) $A - C$
(3) $A + 2B + 3C$　　(4) $2(A + 3B) + 2A$
(5) $4(A - 2C) + 5C$　　(6) $3(A + B) + 2(C - A)$
(7) $5(2A+B-3C)-2(3A+5B-4C)$

3. $A = \begin{pmatrix} a & 3 & 7 \\ 0 & b & 4 \\ 5 & 1 & c \end{pmatrix}$, $B = \begin{pmatrix} 5 & d & 3 \\ -3 & -2 & e \\ f & 0 & 2 \end{pmatrix}$, $C = \begin{pmatrix} 1 & 0 & 2 \\ g & 4 & -3 \\ -5 & h & 3 \end{pmatrix}$ とする．

$$2A - 4B + 3C = \begin{pmatrix} -13 & 2 & i \\ 33 & 16 & -5 \\ -21 & i & 7 \end{pmatrix}$$

が成り立つとき，$a, b, c, d, e, f, g, h, i$ を求めよ．

◇演習問題の解答◇

1. (1) $3\begin{pmatrix} 4 & 5 \\ 3 & 7 \end{pmatrix} + 2\begin{pmatrix} -2 & 0 \\ 9 & 8 \end{pmatrix} = \begin{pmatrix} 12 & 15 \\ 9 & 21 \end{pmatrix} + \begin{pmatrix} -4 & 0 \\ 18 & 16 \end{pmatrix} = \begin{pmatrix} 8 & 15 \\ 27 & 37 \end{pmatrix}.$

(2) $$-4\begin{pmatrix} 2 & 0 & -4 \\ -3 & 2 & 5 \end{pmatrix} + \begin{pmatrix} 1 & -7 & 0 \\ 8 & -2 & 4 \end{pmatrix}$$

$$= \begin{pmatrix} -8 & 0 & 16 \\ 12 & -8 & -20 \end{pmatrix} + \begin{pmatrix} 1 & -7 & 0 \\ 8 & -2 & 4 \end{pmatrix} = \begin{pmatrix} -7 & -7 & 16 \\ 20 & -10 & -16 \end{pmatrix}.$$

(3) $$\begin{pmatrix} 5 & -12 \\ 7 & 8 \\ 2 & -4 \end{pmatrix} - 3\begin{pmatrix} 8 & 4 \\ -2 & 7 \\ -10 & 8 \end{pmatrix} = \begin{pmatrix} 5 & -12 \\ 7 & 8 \\ 2 & -4 \end{pmatrix} - \begin{pmatrix} 24 & 12 \\ -6 & 21 \\ -30 & 24 \end{pmatrix}$$

$$= \begin{pmatrix} -19 & -24 \\ 13 & -13 \\ 32 & -28 \end{pmatrix}.$$

(4) $$2\begin{pmatrix} 2 & 3 & 9 \\ 0 & -8 & 7 \\ 4 & 5 & 3 \end{pmatrix} - 5\begin{pmatrix} -2 & 3 & 4 \\ 0 & 5 & 11 \\ 4 & 1 & 3 \end{pmatrix}$$

$$= \begin{pmatrix} 4 & 6 & 18 \\ 0 & -16 & 14 \\ 8 & 10 & 6 \end{pmatrix} - \begin{pmatrix} -10 & 15 & 20 \\ 0 & 25 & 55 \\ 20 & 5 & 15 \end{pmatrix} = \begin{pmatrix} 14 & -9 & -2 \\ 0 & -41 & -41 \\ -12 & 5 & -9 \end{pmatrix}.$$

(5) $$-3\begin{pmatrix} 2 & 4 & 5 & -2 \\ -3 & 1 & 0 & 8 \\ 13 & 3 & 4 & -3 \end{pmatrix} - 4\begin{pmatrix} 5 & 7 & -8 & 1 \\ 3 & -2 & 10 & 2 \\ 4 & -3 & -5 & 3 \end{pmatrix}$$

$$= \begin{pmatrix} -6 & -12 & -15 & 6 \\ 9 & -3 & 0 & -24 \\ -39 & -9 & -12 & 9 \end{pmatrix} - \begin{pmatrix} 20 & 28 & -32 & 4 \\ 12 & -8 & 40 & 8 \\ 16 & -12 & -20 & 12 \end{pmatrix}$$

$$= \begin{pmatrix} -26 & -40 & 17 & 2 \\ -3 & 5 & -40 & -32 \\ -55 & 3 & 8 & -3 \end{pmatrix}.$$

2. (1) $$A + B = \begin{pmatrix} 3 & 0 & 2 \\ 1 & 4 & 3 \\ -2 & 3 & 1 \end{pmatrix} + \begin{pmatrix} 1 & -2 & 0 \\ 5 & 3 & 2 \\ 3 & 4 & 1 \end{pmatrix} = \begin{pmatrix} 4 & -2 & 2 \\ 6 & 7 & 5 \\ 1 & 7 & 2 \end{pmatrix}.$$

(2) $$A - C = \begin{pmatrix} 3 & 0 & 2 \\ 1 & 4 & 3 \\ -2 & 3 & 1 \end{pmatrix} - \begin{pmatrix} 6 & 1 & 3 \\ 0 & 2 & -4 \\ 4 & 3 & 2 \end{pmatrix} = \begin{pmatrix} -3 & -1 & -1 \\ 1 & 2 & 7 \\ -6 & 0 & -1 \end{pmatrix}.$$

(3) $A+2B+3C=\begin{pmatrix} 3 & 0 & 2 \\ 1 & 4 & 3 \\ -2 & 3 & 1 \end{pmatrix}+2\begin{pmatrix} 1 & -2 & 0 \\ 5 & 3 & 2 \\ 3 & 4 & 1 \end{pmatrix}+3\begin{pmatrix} 6 & 1 & 3 \\ 0 & 2 & -4 \\ 4 & 3 & 2 \end{pmatrix}$

$$=\begin{pmatrix} 3 & 0 & 2 \\ 1 & 4 & 3 \\ -2 & 3 & 1 \end{pmatrix}+\begin{pmatrix} 2 & -4 & 0 \\ 10 & 6 & 4 \\ 6 & 8 & 2 \end{pmatrix}+\begin{pmatrix} 18 & 3 & 9 \\ 0 & 6 & -12 \\ 12 & 9 & 6 \end{pmatrix}$$

$$=\begin{pmatrix} 23 & -1 & 11 \\ 11 & 16 & -5 \\ 16 & 20 & 9 \end{pmatrix}.$$

(4) $2(A+3B)+2A=4A+6B=4\begin{pmatrix} 3 & 0 & 2 \\ 1 & 4 & 3 \\ -2 & 3 & 1 \end{pmatrix}+6\begin{pmatrix} 1 & -2 & 0 \\ 5 & 3 & 2 \\ 3 & 4 & 1 \end{pmatrix}$

$$=\begin{pmatrix} 12 & 0 & 8 \\ 4 & 16 & 12 \\ -8 & 12 & 4 \end{pmatrix}+\begin{pmatrix} 6 & -12 & 0 \\ 30 & 18 & 12 \\ 18 & 24 & 6 \end{pmatrix}=\begin{pmatrix} 18 & -12 & 8 \\ 34 & 34 & 24 \\ 10 & 36 & 10 \end{pmatrix}.$$

(5) $4(A-2C)+5C=4A-3C=4\begin{pmatrix} 3 & 0 & 2 \\ 1 & 4 & 3 \\ -2 & 3 & 1 \end{pmatrix}-3\begin{pmatrix} 6 & 1 & 3 \\ 0 & 2 & -4 \\ 4 & 3 & 2 \end{pmatrix}$

$$=\begin{pmatrix} 12 & 0 & 8 \\ 4 & 16 & 12 \\ -8 & 12 & 4 \end{pmatrix}-\begin{pmatrix} 18 & 3 & 9 \\ 0 & 6 & -12 \\ 12 & 9 & 6 \end{pmatrix}=\begin{pmatrix} -6 & -3 & -1 \\ 4 & 10 & 24 \\ -20 & 3 & -2 \end{pmatrix}.$$

(6) $3(A+B)+2(C-A)=A+3B+2C$

$$=\begin{pmatrix} 3 & 0 & 2 \\ 1 & 4 & 3 \\ -2 & 3 & 1 \end{pmatrix}+3\begin{pmatrix} 1 & -2 & 0 \\ 5 & 3 & 2 \\ 3 & 4 & 1 \end{pmatrix}+2\begin{pmatrix} 6 & 1 & 3 \\ 0 & 2 & -4 \\ 4 & 3 & 2 \end{pmatrix}$$

$$=\begin{pmatrix} 3 & 0 & 2 \\ 1 & 4 & 3 \\ -2 & 3 & 1 \end{pmatrix}+\begin{pmatrix} 3 & -6 & 0 \\ 15 & 9 & 6 \\ 9 & 12 & 3 \end{pmatrix}+\begin{pmatrix} 12 & 2 & 6 \\ 0 & 4 & -8 \\ 8 & 6 & 4 \end{pmatrix}$$

$$=\begin{pmatrix} 18 & -4 & 8 \\ 16 & 17 & 1 \\ 15 & 21 & 8 \end{pmatrix}.$$

(7) $5(2A+B-3C)-2(3A+5B-4C)=4A-5B-7C$

$$=4\begin{pmatrix} 3 & 0 & 2 \\ 1 & 4 & 3 \\ -2 & 3 & 1 \end{pmatrix}-5\begin{pmatrix} 1 & -2 & 0 \\ 5 & 3 & 2 \\ 3 & 4 & 1 \end{pmatrix}-7\begin{pmatrix} 6 & 1 & 3 \\ 0 & 2 & -4 \\ 4 & 3 & 2 \end{pmatrix}$$

$$= \begin{pmatrix} 12 & 0 & 8 \\ 4 & 16 & 12 \\ -8 & 12 & 4 \end{pmatrix} - \begin{pmatrix} 5 & -10 & 0 \\ 25 & 15 & 10 \\ 15 & 20 & 5 \end{pmatrix} - \begin{pmatrix} 42 & 7 & 21 \\ 0 & 14 & -28 \\ 28 & 21 & 14 \end{pmatrix}$$

$$= \begin{pmatrix} -35 & 3 & -13 \\ -21 & -13 & 30 \\ -51 & -29 & -15 \end{pmatrix}.$$

3. $$2A - 4B + 3C = 2\begin{pmatrix} a & 3 & 7 \\ 0 & b & 4 \\ 5 & 1 & c \end{pmatrix} - 4\begin{pmatrix} 5 & d & 3 \\ -3 & -2 & e \\ f & 0 & 2 \end{pmatrix} + 3\begin{pmatrix} 1 & 0 & 2 \\ g & 4 & -3 \\ -5 & h & 3 \end{pmatrix}$$

$$= \begin{pmatrix} 2a & 6 & 14 \\ 0 & 2b & 8 \\ 10 & 2 & 2c \end{pmatrix} - \begin{pmatrix} 20 & 4d & 12 \\ -12 & -8 & 4e \\ 4f & 0 & 8 \end{pmatrix} + \begin{pmatrix} 3 & 0 & 6 \\ 3g & 12 & -9 \\ -15 & 3h & 9 \end{pmatrix}$$

$$= \begin{pmatrix} 2a-17 & -4d+6 & 8 \\ 3g+12 & 2b+20 & -4e-1 \\ -4f-5 & 3h+2 & 2c+1 \end{pmatrix}$$

より

$$\begin{pmatrix} 2a-17 & -4d+6 & 8 \\ 3g+12 & 2b+20 & -4e-1 \\ -4f-5 & 3h+2 & 2c+1 \end{pmatrix} = \begin{pmatrix} -13 & 2 & i \\ 33 & 16 & -5 \\ -21 & i & 7 \end{pmatrix}.$$

よって

$$\begin{aligned} &2a-17=-13, \quad && -4d+6=2, \quad && 8=i, \\ &3g+12=33, && 2b+20=16, && -4e-1=-5, \\ &-4f-5=-21, && 3h+2=i, && 2c+1=7. \end{aligned}$$

これらを解いて

$$a=2, \quad b=-2, \quad c=3, \quad d=1, \quad e=1, \quad f=4, \quad g=7, \quad h=2, \quad i=8.$$

§ 1.4　行列の積, 転置行列

解説　**行列の積**の定義をする.「特別な行列どうしの場合のみ積を定義」していることと, 2つの行列 A, B の積 AB が定義できても,「一般には, $AB \neq BA$」であることを理解して, 行列の積が計算できるようにすることが大切である.

行列の積　積の結果の (i, j) 成分に注意しながら学習するとよい.

定義 1.16　2つの行列 A, B の積 AB は, A の列の数と B の行の数が等しいときに限り定義し, $A = (a_{ij}) \in M(\ell, m)$, $B = (b_{ij}) \in M(m, n)$ とするとき, $AB = (c_{ij}) \in M(\ell, n)$ を

$$AB := \text{第}\,i\,\text{行}\begin{pmatrix} a_{11} & a_{12} & \cdots & a_{1m} \\ \cdots & \cdots & \cdots & \\ a_{i1} & a_{i2} & \cdots & a_{im} \\ \cdots & \cdots & \cdots & \\ a_{\ell 1} & a_{\ell 2} & \cdots & a_{\ell m} \end{pmatrix} \overset{\text{第}\,j\,\text{列}}{\begin{pmatrix} b_{11} & & b_{1j} & & b_{1n} \\ b_{21} & \vdots & b_{2j} & \vdots & b_{2n} \\ \vdots & \vdots & \vdots & \vdots & \vdots \\ b_{m1} & & b_{mj} & & b_{mn} \end{pmatrix}}$$

$$= \text{第}\,i\,\text{行}\overset{\text{第}\,j\,\text{列}}{\begin{pmatrix} c_{11} & c_{12} & \cdots & c_{1j} & \cdots & c_{1n} \\ \vdots & & & \vdots & & \vdots \\ c_{i1} & c_{i2} & \cdots & c_{ij} & \cdots & c_{in} \\ \vdots & & & \vdots & & \vdots \\ c_{\ell 1} & c_{\ell 2} & \cdots & c_{\ell j} & \cdots & c_{\ell n} \end{pmatrix}},$$

$$c_{ij} = \sum_{k=1}^{m} a_{ik} b_{kj} = a_{i1} b_{1j} + a_{i2} b_{2j} + \cdots + a_{im} b_{mj} \tag{1.1}$$

$$(i = 1, 2, \ldots, \ell, \quad j = 1, 2, \ldots, n)$$

で定める.

✎ 和 $\displaystyle\sum_{k=1}^{m} a_{ik} b_{kj}$ は, k ($k = 1, \ldots, m$) のみを動かす和であることに注意したい. また, 積 AB の各成分は, それぞれ (1.1) 式で計算する必要がある. 積の結果が $\ell \times n$ 行列になることも大切である.

$\mathbb{R} \ni a, b$ について, $a \neq 0$ かつ $b \neq 0$ ならば $ab \neq 0$ が成り立つが, 行列の場合は, 一般には成り立たない. $A \neq O$ かつ $B \neq O$ のときに $AB = O$ となる A, B を**零因子**(れいいんし)という. 行列の積の性質をまとめると次の定理 1.9 のようになる.

定理 1.9　行列 A, B, C について, 和と積がすべて定義されるとき, 次が成り立つ.

(1)　$(AB)C = A(BC)$,

(2)　$A(B + C) = AB + AC$,

(3)　$(A+B)C = AC + BC$,

(4)　$c(AB) = (cA)B = A(cB)$, $c \in \mathbb{R}$.

転置行列　ここでは, 行列の行と列を入れかえるとどうなるかを考察する.

定義 1.17　行列 $A = (a_{ij}) \in M(m, n)$ の行と列を入れかえて得られる $n \times m$ 行列を A の**転置行列**(てんち)といい, ${}^tA$ で表す.

$$A = \begin{pmatrix} a_{11} & a_{12} & \cdots & a_{1n} \\ a_{21} & a_{22} & \cdots & a_{2n} \\ & \cdots & & \\ a_{m1} & a_{m2} & \cdots & a_{mn} \end{pmatrix} \text{ ならば } {}^tA = \begin{pmatrix} a_{11} & a_{21} & & a_{m1} \\ a_{12} & a_{22} & \vdots & a_{m2} \\ \vdots & \vdots & & \vdots \\ a_{1n} & a_{2n} & & a_{mn} \end{pmatrix} \text{ である.}$$

定理 1.10　行列 A, B について次が成り立つ.

(1)　${}^t({}^tA) = A$,

(2)　${}^t(A+B) = {}^tA + {}^tB$ (A, B は同じ型とする),

(3)　${}^t(AB) = {}^tB\,{}^tA$ (積 AB が定義されているものとする),

(4)　${}^t(cA) = c\,{}^tA$ ($c \in \mathbb{R}$).

定理 1.10(3) は, A, B の積の順序に注意が必要である.

例題 1.9　$A = \begin{pmatrix} 2 & 1 & 3 \\ -1 & 4 & 6 \end{pmatrix}$, $B = \begin{pmatrix} 0 & -1 & 7 \\ 1 & 4 & 1 \end{pmatrix}$, $C = \begin{pmatrix} 3 & 8 \\ -1 & 2 \\ 7 & -1 \end{pmatrix}$ とする. 積が定義される場合に, AB , AC, CA を計算せよ.

解答　AB は定義されない.

$$AC = \begin{pmatrix} 2 & 1 & 3 \\ -1 & 4 & 6 \end{pmatrix}\begin{pmatrix} 3 & 8 \\ -1 & 2 \\ 7 & -1 \end{pmatrix}$$

$$= \begin{pmatrix} 2\cdot 3 + 1\cdot(-1) + 3\cdot 7 & 2\cdot 8 + 1\cdot 2 + 3\cdot(-1) \\ (-1)\cdot 3 + 4\cdot(-1) + 6\cdot 7 & (-1)\cdot 8 + 4\cdot 2 + 6\cdot(-1) \end{pmatrix} = \begin{pmatrix} 26 & 15 \\ 35 & -6 \end{pmatrix}.$$

$$CA = \begin{pmatrix} 3 & 8 \\ -1 & 2 \\ 7 & -1 \end{pmatrix}\begin{pmatrix} 2 & 1 & 3 \\ -1 & 4 & 6 \end{pmatrix}$$

$$= \begin{pmatrix} 3\cdot 2 + 8\cdot(-1) & 3\cdot 1 + 8\cdot 4 & 3\cdot 3 + 8\cdot 6 \\ (-1)\cdot 2 + 2\cdot(-1) & (-1)\cdot 1 + 2\cdot 4 & (-1)\cdot 3 + 2\cdot 6 \\ 7\cdot 2 + (-1)\cdot(-1) & 7\cdot 1 + (-1)\cdot 4 & 7\cdot 3 + (-1)\cdot 6 \end{pmatrix} = \begin{pmatrix} -2 & 35 & 57 \\ -4 & 7 & 9 \\ 15 & 3 & 15 \end{pmatrix}.$$ ∎

例題 1.10　行列 $A = \begin{pmatrix} 1 & 0 & -1 \\ 1 & 2 & 1 \end{pmatrix}$, $B = \begin{pmatrix} 2 & 1 \\ 1 & -2 \\ 1 & 0 \end{pmatrix}$ について以下を計算せよ．

(1)　AB　　(2)　BA　　(3)　${}^tA + 2B$

解答

(1)　$$AB = \begin{pmatrix} 1 & 0 & -1 \\ 1 & 2 & 1 \end{pmatrix}\begin{pmatrix} 2 & 1 \\ 1 & -2 \\ 1 & 0 \end{pmatrix} = \begin{pmatrix} 2+0+(-1) & 1+0+0 \\ 2+2+1 & 1+(-4)+0 \end{pmatrix} = \begin{pmatrix} 1 & 1 \\ 5 & -3 \end{pmatrix}.$$

(2)　$$BA = \begin{pmatrix} 2 & 1 \\ 1 & -2 \\ 1 & 0 \end{pmatrix}\begin{pmatrix} 1 & 0 & -1 \\ 1 & 2 & 1 \end{pmatrix} = \begin{pmatrix} 2+1 & 0+2 & -2+1 \\ 1+(-2) & 0+(-4) & -1+(-2) \\ 1+0 & 0+0 & -1+0 \end{pmatrix}$$
$$= \begin{pmatrix} 3 & 2 & -1 \\ -1 & -4 & -3 \\ 1 & 0 & -1 \end{pmatrix}.$$

(3)　$${}^tA + 2B = {}^t\begin{pmatrix} 1 & 0 & -1 \\ 1 & 2 & 1 \end{pmatrix} + 2\begin{pmatrix} 2 & 1 \\ 1 & -2 \\ 1 & 0 \end{pmatrix} = \begin{pmatrix} 1 & 1 \\ 0 & 2 \\ -1 & 1 \end{pmatrix} + \begin{pmatrix} 4 & 2 \\ 2 & -4 \\ 2 & 0 \end{pmatrix}$$
$$= \begin{pmatrix} 1+4 & 1+2 \\ 0+2 & 2+(-4) \\ -1+2 & 1+0 \end{pmatrix} = \begin{pmatrix} 5 & 3 \\ 2 & -2 \\ 1 & 1 \end{pmatrix}.$$ ∎

◆◆演習問題 § 1.4◆◆

1. 次の行列を計算せよ.

(1) $\begin{pmatrix} 5 & 4 \\ 3 & 1 \end{pmatrix}\begin{pmatrix} 2 & 1 & 0 \\ -1 & 4 & 3 \end{pmatrix}$　　(2) $\begin{pmatrix} 2 & 1 & 3 \\ -2 & 4 & -1 \end{pmatrix}\begin{pmatrix} 1 & 5 \\ 8 & -2 \\ -7 & -1 \end{pmatrix}$

(3) $\begin{pmatrix} 3 & 5 & 1 & 4 \end{pmatrix}\begin{pmatrix} -2 \\ -3 \\ 5 \\ 1 \end{pmatrix}$　　(4) $\begin{pmatrix} -2 \\ -3 \\ 5 \\ 1 \end{pmatrix}\begin{pmatrix} 3 & 5 & 1 & 4 \end{pmatrix}$

(5) $\begin{pmatrix} 2 & 0 & 1 \\ -4 & 3 & 2 \\ 3 & -7 & 0 \\ 5 & 1 & -8 \end{pmatrix}\begin{pmatrix} 3 & 2 \\ 5 & 9 \\ 3 & -1 \end{pmatrix}$

2.

$$A = \begin{pmatrix} 3 & -4 \\ -2 & 5 \end{pmatrix}, \quad B = \begin{pmatrix} 2 & 4 \\ 1 & -3 \\ 5 & 0 \end{pmatrix}, \quad C = \begin{pmatrix} 3 & 0 & -7 \\ -2 & 4 & 1 \end{pmatrix},$$

$$P = \begin{pmatrix} 8 \\ 5 \\ 2 \end{pmatrix}, \quad Q = \begin{pmatrix} 2 & -3 & 9 \end{pmatrix}, \quad R = \begin{pmatrix} -4 & 0 & 1 \\ 2 & 3 & 6 \\ 1 & 7 & 4 \end{pmatrix}$$

のとき, 次の行列を求めよ.

(1) AC　　(2) ${}^tAC$　　(3) BA

(4) $B\,{}^tA$　　(5) $(BA)C$　　(6) PQ

(7) QP　　(8) ${}^tQ\,{}^tP$　　(9) QR

(10) $C(RP)$　　(11) $(C\,{}^tR)B$　　(12) $(Q(BC+R))P$

3. $A = \begin{pmatrix} 2 & a \\ 3 & 5 \end{pmatrix}$, $B = \begin{pmatrix} 4 & b \\ 1 & 5 \end{pmatrix}$, $C = \begin{pmatrix} d & 3d \\ c & 2c \end{pmatrix}$ とする. $AB = C$ が成り立つとき, a, b, c, d を求めよ.

◇演習問題の解答◇

1. (1) $\begin{pmatrix} 5 & 4 \\ 3 & 1 \end{pmatrix}\begin{pmatrix} 2 & 1 & 0 \\ -1 & 4 & 3 \end{pmatrix}$

$$= \begin{pmatrix} 5\cdot 2+4\cdot(-1) & 5\cdot 1+4\cdot 4 & 5\cdot 0+4\cdot 3 \\ 3\cdot 2+1\cdot(-1) & 3\cdot 1+1\cdot 4 & 3\cdot 0+1\cdot 3 \end{pmatrix} = \begin{pmatrix} 6 & 21 & 12 \\ 5 & 7 & 3 \end{pmatrix}.$$

(2) $\begin{pmatrix} 2 & 1 & 3 \\ -2 & 4 & -1 \end{pmatrix}\begin{pmatrix} 1 & 5 \\ 8 & -2 \\ -7 & -1 \end{pmatrix}$

$$= \begin{pmatrix} 2\cdot 1+1\cdot 8+3\cdot(-7) & 2\cdot 5+1\cdot(-2)+3\cdot(-1) \\ (-2)\cdot 1+4\cdot 8+(-1)\cdot(-7) & (-2)\cdot 5+4\cdot(-2)+(-1)\cdot(-1) \end{pmatrix}$$

$$= \begin{pmatrix} -11 & 5 \\ 37 & -17 \end{pmatrix}.$$

(3) $\begin{pmatrix} 3 & 5 & 1 & 4 \end{pmatrix}\begin{pmatrix} -2 \\ -3 \\ 5 \\ 1 \end{pmatrix}$

$$= \begin{pmatrix} 3\cdot(-2)+5\cdot(-3)+1\cdot 5+4\cdot 1 \end{pmatrix} = \begin{pmatrix} -12 \end{pmatrix}.$$

(4) $\begin{pmatrix} -2 \\ -3 \\ 5 \\ 1 \end{pmatrix}\begin{pmatrix} 3 & 5 & 1 & 4 \end{pmatrix}$

$$= \begin{pmatrix} (-2)\cdot 3 & (-2)\cdot 5 & (-2)\cdot 1 & (-2)\cdot 4 \\ (-3)\cdot 3 & (-3)\cdot 5 & (-3)\cdot 1 & (-3)\cdot 4 \\ 5\cdot 3 & 5\cdot 5 & 5\cdot 1 & 5\cdot 4 \\ 1\cdot 3 & 1\cdot 5 & 1\cdot 1 & 1\cdot 4 \end{pmatrix}$$

$$= \begin{pmatrix} -6 & -10 & -2 & -8 \\ -9 & -15 & -3 & -12 \\ 15 & 25 & 5 & 20 \\ 3 & 5 & 1 & 4 \end{pmatrix}.$$

(5) $\begin{pmatrix} 2 & 0 & 1 \\ -4 & 3 & 2 \\ 3 & -7 & 0 \\ 5 & 1 & -8 \end{pmatrix}\begin{pmatrix} 3 & 2 \\ 5 & 9 \\ 3 & -1 \end{pmatrix}$

$$= \begin{pmatrix} 2\cdot 3+0\cdot 5+1\cdot 3 & 2\cdot 2+0\cdot 9+1\cdot(-1) \\ (-4)\cdot 3+3\cdot 5+2\cdot 3 & (-4)\cdot 2+3\cdot 9+2\cdot(-1) \\ 3\cdot 3+(-7)\cdot 5+0\cdot 3 & 3\cdot 2+(-7)\cdot 9+0\cdot(-1) \\ 5\cdot 3+1\cdot 5+(-8)\cdot 3 & 5\cdot 2+1\cdot 9+(-8)\cdot(-1) \end{pmatrix}$$

$$= \begin{pmatrix} 9 & 3 \\ 9 & 17 \\ -26 & -57 \\ -4 & 27 \end{pmatrix}.$$

2. (1) $AC = \begin{pmatrix} 3 & -4 \\ -2 & 5 \end{pmatrix}\begin{pmatrix} 3 & 0 & -7 \\ -2 & 4 & 1 \end{pmatrix}$

$$= \begin{pmatrix} 3\cdot 3 + (-4)\cdot(-2) & 3\cdot 0 + (-4)\cdot 4 & 3\cdot(-7) + (-4)\cdot 1 \\ (-2)\cdot 3 + 5\cdot(-2) & (-2)\cdot 0 + 5\cdot 4 & (-2)\cdot(-7) + 5\cdot 1 \end{pmatrix}$$

$$= \begin{pmatrix} 17 & -16 & -25 \\ -16 & 20 & 19 \end{pmatrix}.$$

(2) ${}^t\!AC = \begin{pmatrix} 3 & -2 \\ -4 & 5 \end{pmatrix}\begin{pmatrix} 3 & 0 & -7 \\ -2 & 4 & 1 \end{pmatrix}$

$$= \begin{pmatrix} 3\cdot 3 + (-2)\cdot(-2) & 3\cdot 0 + (-2)\cdot 4 & 3\cdot(-7) + (-2)\cdot 1 \\ (-4)\cdot 3 + 5\cdot(-2) & (-4)\cdot 0 + 5\cdot 4 & (-4)\cdot(-7) + 5\cdot 1 \end{pmatrix}$$

$$= \begin{pmatrix} 13 & -8 & -23 \\ -22 & 20 & 33 \end{pmatrix}.$$

(3) $BA = \begin{pmatrix} 2 & 4 \\ 1 & -3 \\ 5 & 0 \end{pmatrix}\begin{pmatrix} 3 & -4 \\ -2 & 5 \end{pmatrix}$

$$= \begin{pmatrix} 2\cdot 3 + 4\cdot(-2) & 2\cdot(-4) + 4\cdot 5 \\ 1\cdot 3 + (-3)\cdot(-2) & 1\cdot(-4) + (-3)\cdot 5 \\ 5\cdot 3 + 0\cdot(-2) & 5\cdot(-4) + 0\cdot 5 \end{pmatrix} = \begin{pmatrix} -2 & 12 \\ 9 & -19 \\ 15 & -20 \end{pmatrix}.$$

(4) $B\,{}^t\!A = \begin{pmatrix} 2 & 4 \\ 1 & -3 \\ 5 & 0 \end{pmatrix}\begin{pmatrix} 3 & -2 \\ -4 & 5 \end{pmatrix}$

$$= \begin{pmatrix} 2\cdot 3 + 4\cdot(-4) & 2\cdot(-2) + 4\cdot 5 \\ 1\cdot 3 + (-3)\cdot(-4) & 1\cdot(-2) + (-3)\cdot 5 \\ 5\cdot 3 + 0\cdot(-4) & 5\cdot(-2) + 0\cdot 5 \end{pmatrix} = \begin{pmatrix} -10 & 16 \\ 15 & -17 \\ 15 & -10 \end{pmatrix}.$$

(5) (3) の結果より $BA = \begin{pmatrix} -2 & 12 \\ 9 & -19 \\ 15 & -20 \end{pmatrix}$ だから

$$(BA)C = \begin{pmatrix} -2 & 12 \\ 9 & -19 \\ 15 & -20 \end{pmatrix}\begin{pmatrix} 3 & 0 & -7 \\ -2 & 4 & 1 \end{pmatrix}$$

$$= \begin{pmatrix} (-2)\cdot 3 + 12\cdot(-2) & (-2)\cdot 0 + 12\cdot 4 & (-2)\cdot(-7) + 12\cdot 1 \\ 9\cdot 3 + (-19)\cdot(-2) & 9\cdot 0 + (-19)\cdot 4 & 9\cdot(-7) + (-19)\cdot 1 \\ 15\cdot 3 + (-20)\cdot(-2) & 15\cdot 0 + (-20)\cdot 4 & 15\cdot(-7) + (-20)\cdot 1 \end{pmatrix}$$

$$= \begin{pmatrix} -30 & 48 & 26 \\ 65 & -76 & -82 \\ 85 & -80 & -125 \end{pmatrix}.$$

または $(BA)C = B(AC)$ と $AC = \begin{pmatrix} 17 & -16 & -25 \\ -16 & 20 & 19 \end{pmatrix}$ ((1) の結果) を使って

$$(BA)C = B(AC) = \begin{pmatrix} 2 & 4 \\ 1 & -3 \\ 5 & 0 \end{pmatrix}\begin{pmatrix} 17 & -16 & -25 \\ -16 & 20 & 19 \end{pmatrix}$$

$$= \begin{pmatrix} 2\cdot 17 + 4\cdot(-16) & 2\cdot(-16)+4\cdot 20 & 2\cdot(-25)+4\cdot 19 \\ 1\cdot 17+(-3)\cdot(-16) & 1\cdot(-16)+(-3)\cdot 20 & 1\cdot(-25)+(-3)\cdot 19 \\ 5\cdot 17+0\cdot(-16) & 5\cdot(-16)+0\cdot 20 & 5\cdot(-25)+0\cdot 19 \end{pmatrix}$$

$$= \begin{pmatrix} -30 & 48 & 26 \\ 65 & -76 & -82 \\ 85 & -80 & -125 \end{pmatrix}$$

と計算してもよい.

(6)　$PQ = \begin{pmatrix} 8 \\ 5 \\ 2 \end{pmatrix}\begin{pmatrix} 2 & -3 & 9 \end{pmatrix} = \begin{pmatrix} 8\cdot 2 & 8\cdot(-3) & 8\cdot 9 \\ 5\cdot 2 & 5\cdot(-3) & 5\cdot 9 \\ 2\cdot 2 & 2\cdot(-3) & 2\cdot 9 \end{pmatrix}$

$$= \begin{pmatrix} 16 & -24 & 72 \\ 10 & -15 & 45 \\ 4 & -6 & 18 \end{pmatrix}.$$

(7)　$QP = \begin{pmatrix} 2 & -3 & 9 \end{pmatrix}\begin{pmatrix} 8 \\ 5 \\ 2 \end{pmatrix} = \begin{pmatrix} 2\cdot 8+(-3)\cdot 5+9\cdot 2 \end{pmatrix} = \begin{pmatrix} 19 \end{pmatrix}.$

(8)　${}^tQ\,{}^tP = \begin{pmatrix} 2 \\ -3 \\ 9 \end{pmatrix}\begin{pmatrix} 8 & 5 & 2 \end{pmatrix} = \begin{pmatrix} 2\cdot 8 & 2\cdot 5 & 2\cdot 2 \\ (-3)\cdot 8 & (-3)\cdot 5 & (-3)\cdot 2 \\ 9\cdot 8 & 9\cdot 5 & 9\cdot 2 \end{pmatrix}$

$$= \begin{pmatrix} 16 & 10 & 4 \\ -24 & -15 & -6 \\ 72 & 45 & 18 \end{pmatrix}.$$

または ${}^tQ\,{}^tP = {}^t(PQ)$ と $PQ = \begin{pmatrix} 16 & -24 & 72 \\ 10 & -15 & 45 \\ 4 & -6 & 18 \end{pmatrix}$ ((6) の結果) を使って

$${}^tQ\,{}^tP = {}^t(PQ) = {}^t\begin{pmatrix} 16 & -24 & 72 \\ 10 & -15 & 45 \\ 4 & -6 & 18 \end{pmatrix} = \begin{pmatrix} 16 & 10 & 4 \\ -24 & -15 & -6 \\ 72 & 45 & 18 \end{pmatrix}$$

と計算してもよい.

(9)　$QR = \begin{pmatrix} 2 & -3 & 9 \end{pmatrix}\begin{pmatrix} -4 & 0 & 1 \\ 2 & 3 & 6 \\ 1 & 7 & 4 \end{pmatrix}$

$= \begin{pmatrix} 2\cdot(-4)+(-3)\cdot 2+9\cdot 1 & 2\cdot 0+(-3)\cdot 3+9\cdot 7 & 2\cdot 1+(-3)\cdot 6+9\cdot 4 \end{pmatrix}$

$= \begin{pmatrix} -5 & 54 & 20 \end{pmatrix}.$

(10)　$RP = \begin{pmatrix} -4 & 0 & 1 \\ 2 & 3 & 6 \\ 1 & 7 & 4 \end{pmatrix}\begin{pmatrix} 8 \\ 5 \\ 2 \end{pmatrix} = \begin{pmatrix} (-4)\cdot 8+0\cdot 5+1\cdot 2 \\ 2\cdot 8+3\cdot 5+6\cdot 2 \\ 1\cdot 8+7\cdot 5+4\cdot 2 \end{pmatrix}$

$$= \begin{pmatrix} -30 \\ 43 \\ 51 \end{pmatrix}$$

より

$$C(RP) = \begin{pmatrix} 3 & 0 & -7 \\ -2 & 4 & 1 \end{pmatrix} \begin{pmatrix} -30 \\ 43 \\ 51 \end{pmatrix} = \begin{pmatrix} 3\cdot(-30)+0\cdot 43+(-7)\cdot 51 \\ (-2)\cdot(-30)+4\cdot 43+1\cdot 51 \end{pmatrix}$$

$$= \begin{pmatrix} -447 \\ 283 \end{pmatrix}.$$

または $C(RP) = (CR)P$ であることと

$$CR = \begin{pmatrix} 3 & 0 & -7 \\ -2 & 4 & 1 \end{pmatrix} \begin{pmatrix} -4 & 0 & 1 \\ 2 & 3 & 6 \\ 1 & 7 & 4 \end{pmatrix}$$

$$= \begin{pmatrix} 3\cdot(-4)+0\cdot 2+(-7)\cdot 1 & 3\cdot 0+0\cdot 3+(-7)\cdot 7 & 3\cdot 1+0\cdot 6+(-7)\cdot 4 \\ (-2)\cdot(-4)+4\cdot 2+1\cdot 1 & (-2)\cdot 0+4\cdot 3+1\cdot 7 & (-2)\cdot 1+4\cdot 6+1\cdot 4 \end{pmatrix}$$

$$= \begin{pmatrix} -19 & -49 & -25 \\ 17 & 19 & 26 \end{pmatrix}$$

から

$$C(RP) = (CR)P = \begin{pmatrix} -19 & -49 & -25 \\ 17 & 19 & 26 \end{pmatrix} \begin{pmatrix} 8 \\ 5 \\ 2 \end{pmatrix}$$

$$= \begin{pmatrix} (-19)\cdot 8+(-49)\cdot 5+(-25)\cdot 2 \\ 17\cdot 8+19\cdot 5+26\cdot 2 \end{pmatrix} = \begin{pmatrix} -447 \\ 283 \end{pmatrix}$$

と計算してもよい.

(11)　$$C\,{}^{t}R = \begin{pmatrix} 3 & 0 & -7 \\ -2 & 4 & 1 \end{pmatrix} \begin{pmatrix} -4 & 2 & 1 \\ 0 & 3 & 7 \\ 1 & 6 & 4 \end{pmatrix}$$

$$= \begin{pmatrix} 3\cdot(-4)+0\cdot 0+(-7)\cdot 1 & 3\cdot 2+0\cdot 3+(-7)\cdot 6 & 3\cdot 1+0\cdot 7+(-7)\cdot 4 \\ (-2)\cdot(-4)+4\cdot 0+1\cdot 1 & (-2)\cdot 2+4\cdot 3+1\cdot 6 & (-2)\cdot 1+4\cdot 7+1\cdot 4 \end{pmatrix}$$

$$= \begin{pmatrix} -19 & -36 & -25 \\ 9 & 14 & 30 \end{pmatrix}$$

より

$$(C\,{}^{t}R)B = \begin{pmatrix} -19 & -36 & -25 \\ 9 & 14 & 30 \end{pmatrix} \begin{pmatrix} 2 & 4 \\ 1 & -3 \\ 5 & 0 \end{pmatrix}$$

$$= \begin{pmatrix} (-19)\cdot 2+(-36)\cdot 1+(-25)\cdot 5 & (-19)\cdot 4+(-36)\cdot(-3)+(-25)\cdot 0 \\ 9\cdot 2+14\cdot 1+30\cdot 5 & 9\cdot 4+14\cdot(-3)+30\cdot 0 \end{pmatrix}$$

$$= \begin{pmatrix} -199 & 32 \\ 182 & -6 \end{pmatrix}.$$

または $(C\,{}^{t}R)B = C({}^{t}RB)$ であることと

$$
{}^tRB = \begin{pmatrix} -4 & 2 & 1 \\ 0 & 3 & 7 \\ 1 & 6 & 4 \end{pmatrix} \begin{pmatrix} 2 & 4 \\ 1 & -3 \\ 5 & 0 \end{pmatrix}
$$

$$
= \begin{pmatrix} (-4)\cdot 2 + 2\cdot 1 + 1\cdot 5 & (-4)\cdot 4 + 2\cdot(-3) + 1\cdot 0 \\ 0\cdot 2 + 3\cdot 1 + 7\cdot 5 & 0\cdot 4 + 3\cdot(-3) + 7\cdot 0 \\ 1\cdot 2 + 6\cdot 1 + 4\cdot 5 & 1\cdot 4 + 6\cdot(-3) + 4\cdot 0 \end{pmatrix}
$$

$$
= \begin{pmatrix} -1 & -22 \\ 38 & -9 \\ 28 & -14 \end{pmatrix}
$$

から

$$
(C\,{}^tR)B = C({}^tRB) = \begin{pmatrix} 3 & 0 & -7 \\ -2 & 4 & 1 \end{pmatrix} \begin{pmatrix} -1 & -22 \\ 38 & -9 \\ 28 & -14 \end{pmatrix}
$$

$$
= \begin{pmatrix} 3\cdot(-1) + 0\cdot 38 + (-7)\cdot 28 & 3\cdot(-22) + 0\cdot(-9) + (-7)\cdot(-14) \\ (-2)\cdot(-1) + 4\cdot 38 + 1\cdot 28 & (-2)\cdot(-22) + 4\cdot(-9) + 1\cdot(-14) \end{pmatrix}
$$

$$
= \begin{pmatrix} -199 & 32 \\ 182 & -6 \end{pmatrix}
$$

と計算してもよい.

(12) $BC = \begin{pmatrix} 2 & 4 \\ 1 & -3 \\ 5 & 0 \end{pmatrix} \begin{pmatrix} 3 & 0 & -7 \\ -2 & 4 & 1 \end{pmatrix}$

$$
= \begin{pmatrix} 2\cdot 3 + 4\cdot(-2) & 2\cdot 0 + 4\cdot 4 & 2\cdot(-7) + 4\cdot 1 \\ 1\cdot 3 + (-3)\cdot(-2) & 1\cdot 0 + (-3)\cdot 4 & 1\cdot(-7) + (-3)\cdot 1 \\ 5\cdot 3 + 0\cdot(-2) & 5\cdot 0 + 0\cdot 4 & 5\cdot(-7) + 0\cdot 1 \end{pmatrix}
$$

$$
= \begin{pmatrix} -2 & 16 & -10 \\ 9 & -12 & -10 \\ 15 & 0 & -35 \end{pmatrix}
$$

より

$$
BC + R = \begin{pmatrix} -2 & 16 & -10 \\ 9 & -12 & -10 \\ 15 & 0 & -35 \end{pmatrix} + \begin{pmatrix} -4 & 0 & 1 \\ 2 & 3 & 6 \\ 1 & 7 & 4 \end{pmatrix} = \begin{pmatrix} -6 & 16 & -9 \\ 11 & -9 & -4 \\ 16 & 7 & -31 \end{pmatrix}
$$

となるので

$$
Q(BC+R) = \begin{pmatrix} 2 & -3 & 9 \end{pmatrix} \begin{pmatrix} -6 & 16 & -9 \\ 11 & -9 & -4 \\ 16 & 7 & -31 \end{pmatrix}
$$

$$
= \begin{pmatrix} -12 - 33 + 144 & 32 + 27 + 63 & -18 + 12 - 279 \end{pmatrix}
$$

$$
= \begin{pmatrix} 99 & 122 & -285 \end{pmatrix}.
$$

よって

$$
(Q(BC+R))P = \begin{pmatrix} 99 & 122 & -285 \end{pmatrix} \begin{pmatrix} 8 \\ 5 \\ 2 \end{pmatrix}
$$

$$= \begin{pmatrix} 792 + 610 - 570 \end{pmatrix} = \begin{pmatrix} 832 \end{pmatrix}.$$

3. $AB = \begin{pmatrix} 2 & a \\ 3 & 5 \end{pmatrix}\begin{pmatrix} 4 & b \\ 1 & 5 \end{pmatrix} = \begin{pmatrix} 2 \cdot 4 + a \cdot 1 & 2 \cdot b + a \cdot 5 \\ 3 \cdot 4 + 5 \cdot 1 & 3 \cdot b + 5 \cdot 5 \end{pmatrix}$

$$= \begin{pmatrix} a + 8 & 2b + 5a \\ 17 & 3b + 25 \end{pmatrix}$$

より

$$\begin{pmatrix} a + 8 & 2b + 5a \\ 17 & 3b + 25 \end{pmatrix} = \begin{pmatrix} d & 3d \\ c & 2c \end{pmatrix}.$$

よって

$$a + 8 = d, \qquad 2b + 5a = 3d, \qquad 17 = c, \qquad 3b + 25 = 2c.$$

これを解いて

$$a = 9, \qquad b = 3, \qquad c = 17, \qquad d = 17.$$

§ 1.5　正方行列と正則行列

解説

正方行列　行列をより扱いやすい数学的な対象としてとらえるために, 常に和や積が定義される都合のよい場合を考察する. 定義 1.12 で定義した正方行列は, 和と積が常に定義され, 実数などの数と同じように扱いやすい行列である.

積について, 定義 1.16 により, $A, B \in M_n$ ならば $AB, BA \in M_n$ となるから, 同じ $A \in M_n$ を何度掛けても n 次正方行列となる. そこで,

$$A^k := \underbrace{AA \cdots A}_{k\ 個}$$

で k 個の A の積を定義し, A の k 乗という. $A^k A = A^{k+1}$ である.

$\mathbb{R} \ni a, b$ に対して, $(a+b)(a-b) = a^2 - b^2$ が成り立つが, 正方行列 A, B に対しては $(A+B)(A-B) = A^2 - B^2$ は一般には成り立たない. 理由は, A, B が正方行列であっても, $AB = BA$ が成り立つとは限らないからである.

対角行列と単位行列　対角行列と単位行列は正方行列のなかで基本的な行列である.

定義 1.18　n 次正方行列 $A = \begin{pmatrix} a_{11} & a_{12} & \cdots & a_{1n} \\ a_{21} & a_{22} & & \vdots \\ \vdots & & \ddots & \\ a_{n1} & \cdots & & a_{nn} \end{pmatrix}$ において, 左上から右下に対角線上にならぶ成分 $a_{11}, a_{22}, \ldots, a_{nn}$ を A の**対角成分**(たいかく)という.

定義 1.19　正方行列 $A \in M_n$ について, A の対角成分以外の成分がすべて 0 であるとき, A を**対角行列**という. また, 0 となる成分全体を, 大きな文字を使って次のように略記することがある.

$$\begin{pmatrix} a_{11} & & & \\ & a_{22} & & \huge O \\ & & \ddots & \\ \huge O & & & a_{nn} \end{pmatrix}.$$

定義 1.20　対角成分がすべて 1 である対角行列を**単位行列**(たんいぎょうれつ)といい, E で表す.

$$E := \begin{pmatrix} 1 & & & \\ & 1 & & \huge O \\ & & \ddots & \\ \huge O & & & 1 \end{pmatrix}.$$

✎　E が n 次であるとき，E_n と次数を明記することがある．

次に定義する記号 δ_{ij} を，**クロネッカーのδ**（デルタ）という．

$$\delta_{ij} := \begin{cases} 1 & i = j \text{ のとき}, \\ 0 & i \neq j \text{ のとき}. \end{cases}$$

クロネッカーの δ を使えば，単位行列 E は，$E = (\delta_{ij})$ と書くことができる．

定義 1.21　スカラー $a \in \mathbb{R}$ に対して，aE を**スカラー行列**という．

$$aE = \begin{pmatrix} a & & & \\ & a & & O \\ & & \ddots & \\ O & & & a \end{pmatrix}$$

定理 1.11　$A, B, E \in M_n$ について次が成り立つ．

(1)　$AE = EA = A$ (E は単位行列)．

(2)　A, B が対角行列ならば，$AB = BA$ である．

正則行列　$A, B \in M_n$ と 未知の $X \in M_n$ に対して，$AX = B$ を満たす X を求めることはできるであろうか．もし，$A^{-1}A = E$ となるような $A^{-1} \in M_n$ が存在すれば，定理 1.11 の (1) より，$EX = X$ であるから，$AX = B$ の辺々左から A^{-1} を掛けて，$X = A^{-1}B$ として X を求めることができる．そこで，次の行列を定義する．

定義 1.22　$A \in M_n$ に対して，

$$AX = E = XA$$

となる n 次正方行列 X が存在するとき，X を A の**逆行列**（ぎゃくぎょうれつ）といい，A は逆行列をもつという．ここで，X を A^{-1} と書く．

定義 1.23　$M_n \ni A$ が逆行列をもつとき，A は**正則行列**（せいそく）であるという．

$$A \text{ が正則行列} \iff AA^{-1} = A^{-1}A = E.$$

定理 1.12　A, B が正則行列であるとき，次が成り立つ．

(1)　A の逆行列 A^{-1} は正則行列で，$(A^{-1})^{-1} = A$．

(2)　AB は正則行列で，$(AB)^{-1} = B^{-1}A^{-1}$．

(3)　A の転置行列 ${}^tA$ は正則行列で，$({}^tA)^{-1} = {}^t(A^{-1})$．

✎　$M_n \ni A$ が正則行列のとき，A^{-1} の k 個の積 $(A^{-1})^k = \underbrace{A^{-1}A^{-1}\cdots A^{-1}}_{k \text{ 個}}$ を A^{-k} と書く．$A^0 := E$ と定めれば，実数のときと同様に，$k, \ell \in \mathbb{Z}$ に対して，指数法則

$$A^kA^\ell = A^{k+\ell}, (A^k)^\ell = A^{k\ell}$$

が成り立つ.

2次の正方行列の正則性の判定は次の定理で与えられる.

定理 1.13　$M_2 \ni A$ に対して,

$$A = \begin{pmatrix} a & b \\ c & d \end{pmatrix} \text{ が正則行列} \iff ad - bc \neq 0$$

が成り立つ. このとき, A の逆行列は,

$$A^{-1} = \frac{1}{ad-bc}\begin{pmatrix} d & -b \\ -c & a \end{pmatrix}$$

で与えられる.

対称行列と交代行列, 直交行列

定義 1.24　$M_n \ni A$ が, ${}^tA = A$ を満たすとき, A を**対称**(たいしょう)**行列**といい, ${}^tA = -A$ を満たすとき, A を**交代**(こうたい)**行列**という.

定理 1.14　任意の $A \in M_n$ に対して, $A + {}^tA$ は対称行列であり, $A - {}^tA$ は交代行列となる.

次の定義は特別な実行列である.

定義 1.25　$M_n \ni A$ が $A^{-1} = {}^tA$ を満たすとき, すなわち,

$${}^tAA = A{}^tA = E$$

を満たすとき, A を**直交**(ちょっこう)**行列** (または**実ユニタリ行列**) という.

例題 1.11

$$A = \begin{pmatrix} 2 & 0 \\ -1 & 3 \end{pmatrix}, \quad B = \begin{pmatrix} -1 & -3 \\ 0 & 2 \end{pmatrix}$$

のとき, 次の行列を求めよ.

(1)　A^2	(2)　A^3
(3)　A^4	(4)　AB
(5)　BA	(6)　$(A+B)(A-B)$
(7)　$(A-B)(A+B)$	(8)　$A^2 - B^2$
(9)　$A^3 - B^3$	

解答　(1)　$A^2 = \begin{pmatrix} 2 & 0 \\ -1 & 3 \end{pmatrix}\begin{pmatrix} 2 & 0 \\ -1 & 3 \end{pmatrix}$

$$= \begin{pmatrix} 2\cdot 2+0\cdot(-1) & 2\cdot 0+0\cdot 3 \\ (-1)\cdot 2+3\cdot(-1) & (-1)\cdot 0+3\cdot 3 \end{pmatrix} = \begin{pmatrix} 4 & 0 \\ -5 & 9 \end{pmatrix}.$$

(2)　(1) の結果から

$$A^3 = A^2 A = \begin{pmatrix} 4 & 0 \\ -5 & 9 \end{pmatrix}\begin{pmatrix} 2 & 0 \\ -1 & 3 \end{pmatrix}$$

$$= \begin{pmatrix} 4\cdot 2+0\cdot(-1) & 4\cdot 0+0\cdot 3 \\ (-5)\cdot 2+9\cdot(-1) & (-5)\cdot 0+9\cdot 3 \end{pmatrix} = \begin{pmatrix} 8 & 0 \\ -19 & 27 \end{pmatrix}.$$

(3)　(2) の結果から

$$A^4 = A^3 A = \begin{pmatrix} 8 & 0 \\ -19 & 27 \end{pmatrix}\begin{pmatrix} 2 & 0 \\ -1 & 3 \end{pmatrix}$$

$$= \begin{pmatrix} 8\cdot 2+0\cdot(-1) & 8\cdot 0+0\cdot 3 \\ (-19)\cdot 2+27\cdot(-1) & (-19)\cdot 0+27\cdot 3 \end{pmatrix} = \begin{pmatrix} 16 & 0 \\ -65 & 81 \end{pmatrix}.$$

(4)　$AB = \begin{pmatrix} 2 & 0 \\ -1 & 3 \end{pmatrix}\begin{pmatrix} -1 & -3 \\ 0 & 2 \end{pmatrix}$

$$= \begin{pmatrix} 2\cdot(-1)+0\cdot 0 & 2\cdot(-3)+0\cdot 2 \\ (-1)\cdot(-1)+3\cdot 0 & (-1)\cdot(-3)+3\cdot 2 \end{pmatrix} = \begin{pmatrix} -2 & -6 \\ 1 & 9 \end{pmatrix}.$$

(5)　$BA = \begin{pmatrix} -1 & -3 \\ 0 & 2 \end{pmatrix}\begin{pmatrix} 2 & 0 \\ -1 & 3 \end{pmatrix}$

$$= \begin{pmatrix} (-1)\cdot 2+(-3)\cdot(-1) & (-1)\cdot 0+(-3)\cdot 3 \\ 0\cdot 2+2\cdot(-1) & 0\cdot 0+2\cdot 3 \end{pmatrix} = \begin{pmatrix} 1 & -9 \\ -2 & 6 \end{pmatrix}.$$

(6)　$(A+B)(A-B) = A^2 - AB + BA - B^2$. ここで

$$B^2 = \begin{pmatrix} -1 & -3 \\ 0 & 2 \end{pmatrix}\begin{pmatrix} -1 & -3 \\ 0 & 2 \end{pmatrix}$$

$$= \begin{pmatrix} (-1)\cdot(-1)+(-3)\cdot 0 & (-1)\cdot(-3)+(-3)\cdot 2 \\ 0\cdot(-1)+2\cdot 0 & 0\cdot(-3)+2\cdot 2 \end{pmatrix} = \begin{pmatrix} 1 & -3 \\ 0 & 4 \end{pmatrix}$$

であるから, (1), (4), (5) の結果より

$$(A+B)(A-B) = A^2 - AB + BA - B^2$$

$$= \begin{pmatrix} 4 & 0 \\ -5 & 9 \end{pmatrix} - \begin{pmatrix} -2 & -6 \\ 1 & 9 \end{pmatrix} + \begin{pmatrix} 1 & -9 \\ -2 & 6 \end{pmatrix} - \begin{pmatrix} 1 & -3 \\ 0 & 4 \end{pmatrix}$$

$$= \begin{pmatrix} 4+2+1-1 & 0+6-9+3 \\ -5-1-2-0 & 9-9+6-4 \end{pmatrix} = \begin{pmatrix} 6 & 0 \\ -8 & 2 \end{pmatrix}.$$

(7)　(1), (4), (5) の結果と (6) の計算中に求めた B^2 の結果から

$$(A-B)(A+B) = A^2 + AB - BA - B^2$$

$$= \begin{pmatrix} 4 & 0 \\ -5 & 9 \end{pmatrix} + \begin{pmatrix} -2 & -6 \\ 1 & 9 \end{pmatrix} - \begin{pmatrix} 1 & -9 \\ -2 & 6 \end{pmatrix} - \begin{pmatrix} 1 & -3 \\ 0 & 4 \end{pmatrix}$$

$$= \begin{pmatrix} 4-2-1-1 & 0-6+9+3 \\ -5+1+2-0 & 9+9-6-4 \end{pmatrix} = \begin{pmatrix} 0 & 6 \\ -2 & 8 \end{pmatrix}.$$

(8)　(1) の結果と (6) の計算中に求めた B^2 の結果から

$$A^2 - B^2 = \begin{pmatrix} 4 & 0 \\ -5 & 9 \end{pmatrix} - \begin{pmatrix} 1 & -3 \\ 0 & 4 \end{pmatrix} = \begin{pmatrix} 4-1 & 0+3 \\ -5-0 & 9-4 \end{pmatrix} = \begin{pmatrix} 3 & 3 \\ -5 & 5 \end{pmatrix}.$$

(9)　まず B^3 を計算する. (6) の計算中に求めた B^2 の結果から

$$B^3 = B^2B = \begin{pmatrix} 1 & -3 \\ 0 & 4 \end{pmatrix}\begin{pmatrix} -1 & -3 \\ 0 & 2 \end{pmatrix}$$
$$= \begin{pmatrix} 1\cdot(-1)+(-3)\cdot 0 & 1\cdot(-3)+(-3)\cdot 2 \\ 0\cdot(-1)+4\cdot 0 & 0\cdot(-3)+4\cdot 2 \end{pmatrix} = \begin{pmatrix} -1 & -9 \\ 0 & 8 \end{pmatrix}$$

となるから, (2) の結果より

$$A^3 - B^3 = \begin{pmatrix} 8 & 0 \\ -19 & 27 \end{pmatrix} - \begin{pmatrix} -1 & -9 \\ 0 & 8 \end{pmatrix}$$
$$= \begin{pmatrix} 8+1 & 0+9 \\ -19-0 & 27-8 \end{pmatrix} = \begin{pmatrix} 9 & 9 \\ -19 & 19 \end{pmatrix}.$$ ∎

例題 1.12　$M_2 \ni A = \begin{pmatrix} a & b \\ 0 & 0 \end{pmatrix}$ に対して, $A^n = \begin{pmatrix} a^n & a^{n-1}b \\ 0 & 0 \end{pmatrix}$ が成り立つことを証明せよ.

解答　$$A^n = \begin{pmatrix} a^n & a^{n-1}b \\ 0 & 0 \end{pmatrix} \quad \cdots\cdots \quad (*)$$

がすべての $n \in \mathbb{N}$ に対して成り立つことを, n に関する数学的帰納法で証明する.

(I)　$n = 1$ のときは, 明らかに $(*)$ は成り立つ.

(II)　$n = k$ のときに $(*)$ が成り立つと仮定する. このとき

$$A^{k+1} = A^kA = \begin{pmatrix} a^k & a^{k-1}b \\ 0 & 0 \end{pmatrix}\begin{pmatrix} a & b \\ 0 & 0 \end{pmatrix} = \begin{pmatrix} a^k\cdot a+0 & a^k\cdot b+0 \\ 0 & 0 \end{pmatrix}$$
$$= \begin{pmatrix} a^{k+1} & a^kb \\ 0 & 0 \end{pmatrix} = \begin{pmatrix} a^{k+1} & a^{(k+1)-1}b \\ 0 & 0 \end{pmatrix}$$

となって, $n = k+1$ のときも $(*)$ は成り立つ. したがって, $(*)$ はすべての $n \in \mathbb{N}$ に対して成り立つ. ∎

例題 1.13　次の行列が正則行列かどうか調べて, 正則行列のときは, その逆行列を計算せよ.

(1) $\begin{pmatrix} 3 & 1 \\ 2 & 1 \end{pmatrix}$　(2) $\begin{pmatrix} 2 & 4 \\ -3 & -6 \end{pmatrix}$　(3) $\begin{pmatrix} 2 & 4 \\ 1 & 3 \end{pmatrix}$

(4) $\begin{pmatrix} -2 & -6 \\ 3 & 9 \end{pmatrix}$　(5) $\begin{pmatrix} -1 & 2 \\ -2 & 5 \end{pmatrix}$　(6) $\begin{pmatrix} 3 & -3 \\ -5 & 2 \end{pmatrix}$

解答　(1) $A = \begin{pmatrix} 3 & 1 \\ 2 & 1 \end{pmatrix}$ とおく. $3\cdot 1 - 1\cdot 2 = 1 \neq 0$ より A は正則行列であり,

$$A^{-1} = \frac{1}{1}\begin{pmatrix} 1 & -1 \\ -2 & 3 \end{pmatrix} = \begin{pmatrix} 1 & -1 \\ -2 & 3 \end{pmatrix}.$$

(2)　$A = \begin{pmatrix} 2 & 4 \\ -3 & -6 \end{pmatrix}$ とおく. $2\cdot(-6) - 4\cdot(-3) = 0$ より A は正則行列ではない.

(3)　$A = \begin{pmatrix} 2 & 4 \\ 1 & 3 \end{pmatrix}$ とおく. $2\cdot 3 - 4\cdot 1 = 2 \neq 0$ より A は正則行列であり,

$$A^{-1} = \frac{1}{2}\begin{pmatrix} 3 & -4 \\ -1 & 2 \end{pmatrix} = \begin{pmatrix} 3/2 & -2 \\ -1/2 & 1 \end{pmatrix}.$$

(4)　$A = \begin{pmatrix} -2 & -6 \\ 3 & 9 \end{pmatrix}$ とおく. $(-2)\cdot 9 - (-6)\cdot 3 = 0$ より A は正則行列ではない.

(5)　$A = \begin{pmatrix} -1 & 2 \\ -2 & 5 \end{pmatrix}$ とおく. $(-1)\cdot 5 - 2\cdot(-2) = -1 \neq 0$ より A は正則行列であり,

$$A^{-1} = \frac{1}{-1}\begin{pmatrix} 5 & -2 \\ 2 & -1 \end{pmatrix} = \begin{pmatrix} -5 & 2 \\ -2 & 1 \end{pmatrix}.$$

(6)　$A = \begin{pmatrix} 3 & -3 \\ -5 & 2 \end{pmatrix}$ とおく. $3\cdot 2 - (-3)\cdot(-5) = -9 \neq 0$ より A は正則行列であり,

$$A^{-1} = \frac{1}{-9}\begin{pmatrix} 2 & 3 \\ 5 & 3 \end{pmatrix} = \begin{pmatrix} -2/9 & -1/3 \\ -5/9 & -1/3 \end{pmatrix}.$$ ■

例題 1.14　次の行列が正則行列かどうか調べて, 正則行列のときは, その逆行列を計算せよ.

(1) $\begin{pmatrix} 8 & 6 \\ 9 & 7 \end{pmatrix}$　(2) $\begin{pmatrix} 6 & -9 \\ -8 & 12 \end{pmatrix}$　(3) $\begin{pmatrix} 2 & -3 \\ 5 & -9 \end{pmatrix}$

解答　(1)　$A = \begin{pmatrix} 8 & 6 \\ 9 & 7 \end{pmatrix}$ とおく. $8\cdot 7 - 6\cdot 9 = 2 \neq 0$ より A は正則行列であり,

$$A^{-1} = \frac{1}{2}\begin{pmatrix} 7 & -6 \\ -9 & 8 \end{pmatrix} = \begin{pmatrix} 7/2 & -3 \\ -9/2 & 4 \end{pmatrix}.$$

(2)　$A = \begin{pmatrix} 6 & -9 \\ -8 & 12 \end{pmatrix}$ とおく. $6\cdot 12 - (-9)\cdot(-8) = 0$ より A は正則行列ではない.

(3)　$A = \begin{pmatrix} 2 & -3 \\ 5 & -9 \end{pmatrix}$ とおく. $2\cdot(-9) - (-3)\cdot 5 = -3 \neq 0$ より A は正則行列であり,

$$A^{-1} = \frac{1}{-3}\begin{pmatrix} -9 & 3 \\ -5 & 2 \end{pmatrix} = \begin{pmatrix} 3 & -1 \\ 5/3 & -2/3 \end{pmatrix}.$$ ■

例題 1.15　(1)　$A = \begin{pmatrix} 2 & 2a-1 & 5 \\ c & 1 & a \\ b & 3c-2 & 3 \end{pmatrix}$ が対称行列であるとき, a, b, c の値を求めよ.

(2)　$B = \begin{pmatrix} 0 & 3b+5 & 6 \\ c+3 & 0 & 2b \\ -6 & 4 & a \end{pmatrix}$ が交代行列であるとき, a, b, c の値を求めよ.

解答　(1)　${}^tA = \begin{pmatrix} 2 & c & b \\ 2a-1 & 1 & 3c-2 \\ 5 & a & 3 \end{pmatrix}$ で, $A = {}^tA$ であるから

$$\begin{pmatrix} 2 & 2a-1 & 5 \\ c & 1 & a \\ b & 3c-2 & 3 \end{pmatrix} = \begin{pmatrix} 2 & c & b \\ 2a-1 & 1 & 3c-2 \\ 5 & a & 3 \end{pmatrix}.$$

よって, a, b, c についての連立方程式 $2a-1=c$, $b=5$, $3c-2=a$ が得られる. これを解いて

$(a, b, c) = (1, 5, 1)$.

(2) $^tB = \begin{pmatrix} 0 & c+3 & -6 \\ 3b+5 & 0 & 4 \\ 6 & 2b & a \end{pmatrix}$ で, $B = -^tB$ であるから

$$\begin{pmatrix} 0 & 3b+5 & 6 \\ c+3 & 0 & 2b \\ -6 & 4 & a \end{pmatrix} = \begin{pmatrix} 0 & -c-3 & 6 \\ -3b-5 & 0 & -4 \\ -6 & -2b & -a \end{pmatrix}.$$

よって, a, b, c についての連立方程式 $3b+5 = -c-3$, $2b = -4$, $a = -a$ が得られる．これを解いて $(a, b, c) = (0, -2, -2)$. ▮

例題 1.16　(1)　$A = \begin{pmatrix} a & \dfrac{2}{\sqrt{5}} \\ b & -\dfrac{1}{\sqrt{5}} \end{pmatrix}$ が直交行列となるように, a, b の値を求めよ.

(2)　$B = \begin{pmatrix} \dfrac{2}{\sqrt{5}} & \dfrac{7}{3\sqrt{30}} & a \\ 0 & \dfrac{5}{3\sqrt{30}} & b \\ -\dfrac{1}{\sqrt{5}} & \dfrac{14}{3\sqrt{30}} & c \end{pmatrix}$ が直交行列となるように, a, b, c の値を求めよ.

解答　(1)　$^tA = \begin{pmatrix} a & b \\ \dfrac{2}{\sqrt{5}} & -\dfrac{1}{\sqrt{5}} \end{pmatrix}$ で, $A\,^tA = E$ であるから

$$\begin{pmatrix} a & \dfrac{2}{\sqrt{5}} \\ b & -\dfrac{1}{\sqrt{5}} \end{pmatrix} \begin{pmatrix} a & b \\ \dfrac{2}{\sqrt{5}} & -\dfrac{1}{\sqrt{5}} \end{pmatrix} = \begin{pmatrix} 1 & 0 \\ 0 & 1 \end{pmatrix}.$$

よって $\begin{pmatrix} a^2 + \dfrac{4}{5} & ab - \dfrac{2}{5} \\ ab - \dfrac{2}{5} & b^2 + \dfrac{1}{5} \end{pmatrix} = \begin{pmatrix} 1 & 0 \\ 0 & 1 \end{pmatrix}$ となって, a, b についての連立方程式

$$a^2 + \frac{4}{5} = 1,\ ab - \frac{2}{5} = 0,\ b^2 + \frac{1}{5} = 1$$

が得られる．これを解いて, $(a, b) = \left(\dfrac{1}{\sqrt{5}}, \dfrac{2}{\sqrt{5}}\right), \left(-\dfrac{1}{\sqrt{5}}, -\dfrac{2}{\sqrt{5}}\right)$.

(2)　$^tB = \begin{pmatrix} \dfrac{2}{\sqrt{5}} & 0 & -\dfrac{1}{\sqrt{5}} \\ \dfrac{7}{3\sqrt{30}} & \dfrac{5}{3\sqrt{30}} & \dfrac{14}{3\sqrt{30}} \\ a & b & c \end{pmatrix}$ で, $B\,^tB = E$ であるから

$$\begin{pmatrix} \frac{2}{\sqrt{5}} & \frac{7}{3\sqrt{30}} & a \\ 0 & \frac{5}{3\sqrt{30}} & b \\ -\frac{1}{\sqrt{5}} & \frac{14}{3\sqrt{30}} & c \end{pmatrix}\begin{pmatrix} \frac{2}{\sqrt{5}} & 0 & -\frac{1}{\sqrt{5}} \\ \frac{7}{3\sqrt{30}} & \frac{5}{3\sqrt{30}} & \frac{14}{3\sqrt{30}} \\ a & b & c \end{pmatrix} = \begin{pmatrix} 1 & 0 & 0 \\ 0 & 1 & 0 \\ 0 & 0 & 1 \end{pmatrix}.$$

よって $\begin{pmatrix} \frac{53}{54}+a^2 & \frac{7}{54}+ab & -\frac{1}{27}+ac \\ \frac{7}{54}+ab & \frac{5}{54}+b^2 & \frac{7}{27}+bc \\ -\frac{1}{27}+ac & \frac{7}{27}+bc & \frac{25}{27}+c^2 \end{pmatrix} = \begin{pmatrix} 1 & 0 & 0 \\ 0 & 1 & 0 \\ 0 & 0 & 1 \end{pmatrix}$ となって, a, b, c についての連立方程式

$$\frac{53}{54}+a^2=1,\ \frac{7}{54}+ab=0,\ -\frac{1}{27}+ac=0,\ \frac{5}{54}+b^2=1,\ \frac{7}{27}+bc=0,\ \frac{25}{27}+c^2=1$$

が得られる. これを解いて

$$(a,b,c)=\left(\frac{1}{3\sqrt{6}}, -\frac{7}{3\sqrt{6}}, \frac{2}{3\sqrt{6}}\right), \left(-\frac{1}{3\sqrt{6}}, \frac{7}{3\sqrt{6}}, -\frac{2}{3\sqrt{6}}\right).$$

∎

例題 1.17　行列 $A = \begin{pmatrix} 2 & -1 & 4 \\ 4 & 3 & -5 \\ 0 & -3 & 1 \end{pmatrix}$ を対称行列と交代行列の和に表せ.

解答　$A + {}^tA$ は対称行列, $A - {}^tA$ は交代行列であるから, $A = \frac{1}{2}\{(A + {}^tA) + (A - {}^tA)\}$ として考えればよい.

$$A + {}^tA = \begin{pmatrix} 2 & -1 & 4 \\ 4 & 3 & -5 \\ 0 & -3 & 1 \end{pmatrix} + \begin{pmatrix} 2 & 4 & 0 \\ -1 & 3 & -3 \\ 4 & -5 & 1 \end{pmatrix} = \begin{pmatrix} 2+2 & -1+4 & 4+0 \\ 4+(-1) & 3+3 & -5+(-3) \\ 0+4 & -3+(-5) & 1+1 \end{pmatrix}$$

$$= \begin{pmatrix} 4 & 3 & 4 \\ 3 & 6 & -8 \\ 4 & -8 & 2 \end{pmatrix}$$

である. また,

$$A - {}^tA = \begin{pmatrix} 2 & -1 & 4 \\ 4 & 3 & -5 \\ 0 & -3 & 1 \end{pmatrix} - \begin{pmatrix} 2 & 4 & 0 \\ -1 & 3 & -3 \\ 4 & -5 & 1 \end{pmatrix} = \begin{pmatrix} 2-2 & -1-4 & 4-0 \\ 4-(-1) & 3-3 & -5-(-3) \\ 0-4 & -3-(-5) & 1-1 \end{pmatrix}$$

$$= \begin{pmatrix} 0 & -5 & 4 \\ 5 & 0 & -2 \\ -4 & 2 & 0 \end{pmatrix}$$

である. 以上より, A は, 対称行列と交代行列の和として,

$$A = \frac{1}{2}\left\{\begin{pmatrix} 4 & 3 & 4 \\ 3 & 6 & -8 \\ 4 & -8 & 2 \end{pmatrix} + \begin{pmatrix} 0 & -5 & 4 \\ 5 & 0 & -2 \\ -4 & 2 & 0 \end{pmatrix}\right\}$$

のように表すことができる.

∎

◆◆演習問題 § 1.5 ◆◆

1.

$$A=\begin{pmatrix}3&1\\0&-2\end{pmatrix},\quad B=\begin{pmatrix}-2&0\\-1&4\end{pmatrix}$$

のとき, 次の行列を求めよ.

(1) A^2　(2) A^3
(3) B^2　(4) B^3
(5) AB　(6) BA
(7) $(A+B)(A-B)$　(8) A^2-B^2
(9) $(A+B)^2$　(10) $A^2+2AB+B^2$
(11) $(A-B)^3$　(12) $A^3-3A^2B+3AB^2-B^3$
(13) A^3-B^3　(14) $(A-B)(A^2+AB+B^2)$

2. 次の行列 A に対して, A^2, A^3, A^6, A^{12} を求めよ.

(1) $A=\begin{pmatrix}1&1\\-1&0\end{pmatrix}$　(2) $A=\begin{pmatrix}0&-1&0\\0&0&-1\\-1&0&0\end{pmatrix}$

(3) $A=\begin{pmatrix}0&1&0&0&0\\1&0&0&0&0\\0&0&0&1&0\\0&0&0&0&1\\0&0&1&0&0\end{pmatrix}$　(4) $A=\begin{pmatrix}0&-1&0&0&0\\1&0&0&0&0\\0&0&0&-1&0\\0&0&0&0&1\\0&0&-1&0&0\end{pmatrix}$

3. $M_3\ni A=\begin{pmatrix}a&0&0\\0&b&0\\c&0&0\end{pmatrix}$ に対して $A^n=\begin{pmatrix}a^n&0&0\\0&b^n&0\\a^{n-1}c&0&0\end{pmatrix}$ が成り立つことを証明せよ.

4. 次の行列が正則行列かどうか調べて, 正則行列のときは, その逆行列を計算せよ.

(1) $\begin{pmatrix}1&4\\1&5\end{pmatrix}$　(2) $\begin{pmatrix}7&-21\\-5&15\end{pmatrix}$　(3) $\begin{pmatrix}8&5\\4&3\end{pmatrix}$

(4) $\begin{pmatrix}13&-8\\-5&3\end{pmatrix}$　(5) $\begin{pmatrix}6&4\\-8&-7\end{pmatrix}$　(6) $\begin{pmatrix}1/7&3/14\\2/3&5/6\end{pmatrix}$

5. $A=\begin{pmatrix}4&-2&5&7\\-3&8&1&9\\6&0&9&-4\\2&5&-7&1\end{pmatrix}$ を対称行列と交代行列の和で表せ.

6. (1) $A=\begin{pmatrix}3&a&4\\2&5&ac\\2a-b&-8&1\end{pmatrix}$ が対称行列であるとき, a, b, c の値を求めよ.

(2) $B=\begin{pmatrix}0&a+b&9&a-b-1\\2a+b&b-c&e&f+g\\cd&2&0&f+4g\\a+3b&3f+g&f-g-2&g-h\end{pmatrix}$ が交代行列であるとき, a, b, c, d, e, f,

g, h の値を求めよ．

7. (1) $A = \begin{pmatrix} \frac{4}{5} & a \\ \frac{3}{5} & b \end{pmatrix}$ が直交行列となるように，a, b の値を求めよ．

(2) $B = \begin{pmatrix} \frac{1}{\sqrt{3}} & -\frac{1}{\sqrt{3}} & -\frac{1}{\sqrt{3}} \\ \frac{7}{\sqrt{114}} & -\frac{1}{\sqrt{114}} & \frac{8}{\sqrt{114}} \\ a & b & c \end{pmatrix}$ が直交行列となるように，a, b, c の値を求めよ．

◇演習問題の解答◇

1. (1) $A^2 = \begin{pmatrix} 3 & 1 \\ 0 & -2 \end{pmatrix}\begin{pmatrix} 3 & 1 \\ 0 & -2 \end{pmatrix}$

$$= \begin{pmatrix} 3\cdot 3+1\cdot 0 & 3\cdot 1+1\cdot(-2) \\ 0\cdot 3+(-2)\cdot 0 & 0\cdot 1+(-2)\cdot(-2) \end{pmatrix} = \begin{pmatrix} 9 & 1 \\ 0 & 4 \end{pmatrix}.$$

(2) (1) の結果から

$$A^3 = A^2A = \begin{pmatrix} 9 & 1 \\ 0 & 4 \end{pmatrix}\begin{pmatrix} 3 & 1 \\ 0 & -2 \end{pmatrix}$$

$$= \begin{pmatrix} 9\cdot 3+1\cdot 0 & 9\cdot 1+1\cdot(-2) \\ 0\cdot 3+4\cdot 0 & 0\cdot 1+4\cdot(-2) \end{pmatrix} = \begin{pmatrix} 27 & 7 \\ 0 & -8 \end{pmatrix}.$$

(3) $B^2 = \begin{pmatrix} -2 & 0 \\ -1 & 4 \end{pmatrix}\begin{pmatrix} -2 & 0 \\ -1 & 4 \end{pmatrix}$

$$= \begin{pmatrix} (-2)\cdot(-2)+0\cdot(-1) & (-2)\cdot 0+0\cdot 4 \\ (-1)\cdot(-2)+4\cdot(-1) & (-1)\cdot 0+4\cdot 4 \end{pmatrix} = \begin{pmatrix} 4 & 0 \\ -2 & 16 \end{pmatrix}.$$

(4) (3) の結果から

$$B^3 = B^2B = \begin{pmatrix} 4 & 0 \\ -2 & 16 \end{pmatrix}\begin{pmatrix} -2 & 0 \\ -1 & 4 \end{pmatrix}$$

$$= \begin{pmatrix} 4\cdot(-2)+0\cdot(-1) & 4\cdot 0+0\cdot 4 \\ (-2)\cdot(-2)+16\cdot(-1) & (-2)\cdot 0+16\cdot 4 \end{pmatrix} = \begin{pmatrix} -8 & 0 \\ -12 & 64 \end{pmatrix}.$$

(5) $AB = \begin{pmatrix} 3 & 1 \\ 0 & -2 \end{pmatrix}\begin{pmatrix} -2 & 0 \\ -1 & 4 \end{pmatrix}$

$$= \begin{pmatrix} 3\cdot(-2)+1\cdot(-1) & 3\cdot 0+1\cdot 4 \\ 0\cdot(-2)+(-2)\cdot(-1) & 0\cdot 0+(-2)\cdot 4 \end{pmatrix} = \begin{pmatrix} -7 & 4 \\ 2 & -8 \end{pmatrix}.$$

(6) $BA = \begin{pmatrix} -2 & 0 \\ -1 & 4 \end{pmatrix}\begin{pmatrix} 3 & 1 \\ 0 & -2 \end{pmatrix}$

$$= \begin{pmatrix} (-2)\cdot 3+0\cdot 0 & (-2)\cdot 1+0\cdot(-2) \\ (-1)\cdot 3+4\cdot 0 & (-1)\cdot 1+4\cdot(-2) \end{pmatrix} = \begin{pmatrix} -6 & -2 \\ -3 & -9 \end{pmatrix}.$$

(7) $A+B = \begin{pmatrix} 3 & 1 \\ 0 & -2 \end{pmatrix} + \begin{pmatrix} -2 & 0 \\ -1 & 4 \end{pmatrix} = \begin{pmatrix} 1 & 1 \\ -1 & 2 \end{pmatrix}$,

$$A-B = \begin{pmatrix} 3 & 1 \\ 0 & -2 \end{pmatrix} - \begin{pmatrix} -2 & 0 \\ -1 & 4 \end{pmatrix} = \begin{pmatrix} 5 & 1 \\ 1 & -6 \end{pmatrix}$$

より

$$(A+B)(A-B) = \begin{pmatrix} 1 & 1 \\ -1 & 2 \end{pmatrix}\begin{pmatrix} 5 & 1 \\ 1 & -6 \end{pmatrix}$$

$$= \begin{pmatrix} 1\cdot 5+1\cdot 1 & 1\cdot 1+1\cdot(-6) \\ (-1)\cdot 5+2\cdot 1 & (-1)\cdot 1+2\cdot(-6) \end{pmatrix} = \begin{pmatrix} 6 & -5 \\ -3 & -13 \end{pmatrix}.$$

または $(A+B)(A-B) = A^2 - AB + BA - B^2$ であることと (1), (3), (5), (6) の結果から

$(A+B)(A-B) = A^2 - AB + BA - B^2$

$$= \begin{pmatrix} 9 & 1 \\ 0 & 4 \end{pmatrix} - \begin{pmatrix} -7 & 4 \\ 2 & -8 \end{pmatrix} + \begin{pmatrix} -6 & -2 \\ -3 & -9 \end{pmatrix} - \begin{pmatrix} 4 & 0 \\ -2 & 16 \end{pmatrix}$$

$$= \begin{pmatrix} 9+7-6-4 & 1-4-2-0 \\ 0-2-3+2 & 4+8-9-16 \end{pmatrix} = \begin{pmatrix} 6 & -5 \\ -3 & -13 \end{pmatrix}$$

と計算してもよい.

(8)　(1), (3) の結果から

$$A^2 - B^2 = \begin{pmatrix} 9 & 1 \\ 0 & 4 \end{pmatrix} - \begin{pmatrix} 4 & 0 \\ -2 & 16 \end{pmatrix} = \begin{pmatrix} 9-4 & 1-0 \\ 0+2 & 4-16 \end{pmatrix} = \begin{pmatrix} 5 & 1 \\ 2 & -12 \end{pmatrix}.$$

(9)　(7) の計算中に求めた $A+B$ の結果から

$$(A+B)^2 = \begin{pmatrix} 1 & 1 \\ -1 & 2 \end{pmatrix}\begin{pmatrix} 1 & 1 \\ -1 & 2 \end{pmatrix}$$

$$= \begin{pmatrix} 1\cdot 1 + 1\cdot(-1) & 1\cdot 1 + 1\cdot 2 \\ (-1)\cdot 1 + 2\cdot(-1) & (-1)\cdot 1 + 2\cdot 2 \end{pmatrix} = \begin{pmatrix} 0 & 3 \\ -3 & 3 \end{pmatrix}.$$

または $(A+B)^2 = (A+B)(A+B) = A^2 + AB + BA + B^2$ であることと (1), (3), (5), (6) の結果から

$$(A+B)^2 = A^2 + AB + BA + B^2$$

$$= \begin{pmatrix} 9 & 1 \\ 0 & 4 \end{pmatrix} + \begin{pmatrix} -7 & 4 \\ 2 & -8 \end{pmatrix} + \begin{pmatrix} -6 & -2 \\ -3 & -9 \end{pmatrix} + \begin{pmatrix} 4 & 0 \\ -2 & 16 \end{pmatrix}$$

$$= \begin{pmatrix} 9-7-6+4 & 1+4-2+0 \\ 0+2-3-2 & 4-8-9+16 \end{pmatrix} = \begin{pmatrix} 0 & 3 \\ -3 & 3 \end{pmatrix}$$

と計算してもよい.

(10)　(1), (3), (5) の結果から

$$A^2 + 2AB + B^2 = \begin{pmatrix} 9 & 1 \\ 0 & 4 \end{pmatrix} + 2\begin{pmatrix} -7 & 4 \\ 2 & -8 \end{pmatrix} + \begin{pmatrix} 4 & 0 \\ -2 & 16 \end{pmatrix}$$

$$= \begin{pmatrix} 9-14+4 & 1+8+0 \\ 0+4-2 & 4-16+16 \end{pmatrix} = \begin{pmatrix} -1 & 9 \\ 2 & 4 \end{pmatrix}.$$

(11)　(7) の計算中に求めた $A-B$ の結果から

$$(A-B)^2 = \begin{pmatrix} 5 & 1 \\ 1 & -6 \end{pmatrix}\begin{pmatrix} 5 & 1 \\ 1 & -6 \end{pmatrix}$$

$$= \begin{pmatrix} 5\cdot 5 + 1\cdot 1 & 5\cdot 1 + 1\cdot(-6) \\ 1\cdot 5 + (-6)\cdot 1 & 1\cdot 1 + (-6)\cdot(-6) \end{pmatrix} = \begin{pmatrix} 26 & -1 \\ -1 & 37 \end{pmatrix}$$

となるから

$$(A-B)^3 = (A-B)^2(A-B) = \begin{pmatrix} 26 & -1 \\ -1 & 37 \end{pmatrix}\begin{pmatrix} 5 & 1 \\ 1 & -6 \end{pmatrix}$$

$$= \begin{pmatrix} 26\cdot 5 + (-1)\cdot 1 & 26\cdot 1 + (-1)\cdot(-6) \\ (-1)\cdot 5 + 37\cdot 1 & (-1)\cdot 1 + 37\cdot(-6) \end{pmatrix} = \begin{pmatrix} 129 & 32 \\ 32 & -223 \end{pmatrix}.$$

(12)　(1), (3) の結果から

$$A^2B = \begin{pmatrix} 9 & 1 \\ 0 & 4 \end{pmatrix}\begin{pmatrix} -2 & 0 \\ -1 & 4 \end{pmatrix}$$

$$= \begin{pmatrix} 9\cdot(-2)+1\cdot(-1) & 9\cdot 0+1\cdot 4 \\ 0\cdot(-2)+4\cdot(-1) & 0\cdot 0+4\cdot 4 \end{pmatrix} = \begin{pmatrix} -19 & 4 \\ -4 & 16 \end{pmatrix},$$

$$AB^2 = \begin{pmatrix} 3 & 1 \\ 0 & -2 \end{pmatrix}\begin{pmatrix} 4 & 0 \\ -2 & 16 \end{pmatrix}$$

$$= \begin{pmatrix} 3\cdot 4+1\cdot(-2) & 3\cdot 0+1\cdot 16 \\ 0\cdot 4+(-2)\cdot(-2) & 0\cdot 0+(-2)\cdot 16 \end{pmatrix} = \begin{pmatrix} 10 & 16 \\ 4 & -32 \end{pmatrix}$$

となるから, これと (2), (4) の結果より

$$A^3-3A^2B+3AB^2-B^3$$

$$= \begin{pmatrix} 27 & 7 \\ 0 & -8 \end{pmatrix} - 3\begin{pmatrix} -19 & 4 \\ -4 & 16 \end{pmatrix} + 3\begin{pmatrix} 10 & 16 \\ 4 & -32 \end{pmatrix} - \begin{pmatrix} -8 & 0 \\ -12 & 64 \end{pmatrix}$$

$$= \begin{pmatrix} 27+57+30+8 & 7-12+48-0 \\ 0+12+12+12 & -8-48-96-64 \end{pmatrix} = \begin{pmatrix} 122 & 43 \\ 36 & -216 \end{pmatrix}.$$

(13)　(2), (4) の結果から

$$A^3-B^3 = \begin{pmatrix} 27 & 7 \\ 0 & -8 \end{pmatrix} - \begin{pmatrix} -8 & 0 \\ -12 & 64 \end{pmatrix}$$

$$= \begin{pmatrix} 27+8 & 7-0 \\ 0+12 & -8-64 \end{pmatrix} = \begin{pmatrix} 35 & 7 \\ 12 & -72 \end{pmatrix}.$$

(14)　(7) の計算中に求めたように $A-B = \begin{pmatrix} 5 & 1 \\ 1 & -6 \end{pmatrix}$ であり, また (1), (3), (5) の結果から

$$A^2+AB+B^2 = \begin{pmatrix} 9 & 1 \\ 0 & 4 \end{pmatrix} + \begin{pmatrix} -7 & 4 \\ 2 & -8 \end{pmatrix} + \begin{pmatrix} 4 & 0 \\ -2 & 16 \end{pmatrix}$$

$$= \begin{pmatrix} 9-7+4 & 1+4+0 \\ 0+2-2 & 4-8+16 \end{pmatrix} = \begin{pmatrix} 6 & 5 \\ 0 & 12 \end{pmatrix}$$

となるから

$$(A-B)(A^2+AB+B^2) = \begin{pmatrix} 5 & 1 \\ 1 & -6 \end{pmatrix}\begin{pmatrix} 6 & 5 \\ 0 & 12 \end{pmatrix}$$

$$= \begin{pmatrix} 5\cdot 6+1\cdot 0 & 5\cdot 5+1\cdot 12 \\ 1\cdot 6+(-6)\cdot 0 & 1\cdot 5+(-6)\cdot 12 \end{pmatrix} = \begin{pmatrix} 30 & 37 \\ 6 & -67 \end{pmatrix}.$$

2.　(1)　$A^2 = \begin{pmatrix} 0 & 1 \\ -1 & -1 \end{pmatrix}$, $A^3 = \begin{pmatrix} -1 & 0 \\ 0 & -1 \end{pmatrix}$, $A^6 = \begin{pmatrix} 1 & 0 \\ 0 & 1 \end{pmatrix}$,

$A^{12} = \begin{pmatrix} 1 & 0 \\ 0 & 1 \end{pmatrix}$.

(2)　$A^2 = \begin{pmatrix} 0 & 0 & 1 \\ 1 & 0 & 0 \\ 0 & 1 & 0 \end{pmatrix}$, $A^3 = \begin{pmatrix} -1 & 0 & 0 \\ 0 & -1 & 0 \\ 0 & 0 & -1 \end{pmatrix}$, $A^6 = \begin{pmatrix} 1 & 0 & 0 \\ 0 & 1 & 0 \\ 0 & 0 & 1 \end{pmatrix}$,

$A^{12} = \begin{pmatrix} 1 & 0 & 0 \\ 0 & 1 & 0 \\ 0 & 0 & 1 \end{pmatrix}$.

(3) $A^2 = \begin{pmatrix} 1 & 0 & 0 & 0 & 0 \\ 0 & 1 & 0 & 0 & 0 \\ 0 & 0 & 0 & 0 & 1 \\ 0 & 0 & 1 & 0 & 0 \\ 0 & 0 & 0 & 1 & 0 \end{pmatrix}$, $A^3 = \begin{pmatrix} 0 & 1 & 0 & 0 & 0 \\ 1 & 0 & 0 & 0 & 0 \\ 0 & 0 & 1 & 0 & 0 \\ 0 & 0 & 0 & 1 & 0 \\ 0 & 0 & 0 & 0 & 1 \end{pmatrix}$,

$$A^6 = \begin{pmatrix} 1 & 0 & 0 & 0 & 0 \\ 0 & 1 & 0 & 0 & 0 \\ 0 & 0 & 1 & 0 & 0 \\ 0 & 0 & 0 & 1 & 0 \\ 0 & 0 & 0 & 0 & 1 \end{pmatrix}, A^{12} = \begin{pmatrix} 1 & 0 & 0 & 0 & 0 \\ 0 & 1 & 0 & 0 & 0 \\ 0 & 0 & 1 & 0 & 0 \\ 0 & 0 & 0 & 1 & 0 \\ 0 & 0 & 0 & 0 & 1 \end{pmatrix}.$$

(4) $A^2 = \begin{pmatrix} -1 & 0 & 0 & 0 & 0 \\ 0 & -1 & 0 & 0 & 0 \\ 0 & 0 & 0 & 0 & -1 \\ 0 & 0 & -1 & 0 & 0 \\ 0 & 0 & 0 & 1 & 0 \end{pmatrix}$, $A^3 = \begin{pmatrix} 0 & 1 & 0 & 0 & 0 \\ -1 & 0 & 0 & 0 & 0 \\ 0 & 0 & 1 & 0 & 0 \\ 0 & 0 & 0 & 1 & 0 \\ 0 & 0 & 0 & 0 & 1 \end{pmatrix}$,

$$A^6 = \begin{pmatrix} -1 & 0 & 0 & 0 & 0 \\ 0 & -1 & 0 & 0 & 0 \\ 0 & 0 & 1 & 0 & 0 \\ 0 & 0 & 0 & 1 & 0 \\ 0 & 0 & 0 & 0 & 1 \end{pmatrix}, A^{12} = \begin{pmatrix} 1 & 0 & 0 & 0 & 0 \\ 0 & 1 & 0 & 0 & 0 \\ 0 & 0 & 1 & 0 & 0 \\ 0 & 0 & 0 & 1 & 0 \\ 0 & 0 & 0 & 0 & 1 \end{pmatrix}.$$

3. $A^n = \begin{pmatrix} a^n & 0 & 0 \\ 0 & b^n & 0 \\ a^{n-1}c & 0 & 0 \end{pmatrix}$ $\cdots\cdots$ $(*)$

がすべての $n \in \mathbb{N}$ に対して成り立つことを, n に関する数学的帰納法で証明する.

(I) $n = 1$ のときは, 明らかに $(*)$ は成り立つ.

(II) $n = k$ のときに $(*)$ が成り立つと仮定する. このとき

$$A^{k+1} = A^k A = \begin{pmatrix} a^k & 0 & 0 \\ 0 & b^k & 0 \\ a^{k-1}c & 0 & 0 \end{pmatrix} \begin{pmatrix} a & 0 & 0 \\ 0 & b & 0 \\ c & 0 & 0 \end{pmatrix}$$

$$= \begin{pmatrix} a^k \cdot a + 0 \cdot 0 + 0 \cdot c & a^k \cdot 0 + 0 \cdot b + 0 \cdot 0 & a^k \cdot 0 + 0 \cdot 0 + 0 \cdot 0 \\ 0 \cdot a + b^k \cdot 0 + 0 \cdot c & 0 \cdot 0 + b^k \cdot b + 0 \cdot 0 & 0 \cdot 0 + b^k \cdot 0 + 0 \cdot 0 \\ a^{k-1}c \cdot a + 0 \cdot 0 + 0 \cdot c & a^{k-1}c \cdot 0 + 0 \cdot b + 0 \cdot 0 & a^{k-1}c \cdot 0 + 0 \cdot 0 + 0 \cdot 0 \end{pmatrix}$$

$$= \begin{pmatrix} a^{k+1} & 0 & 0 \\ 0 & b^{k+1} & 0 \\ a^k c & 0 & 0 \end{pmatrix} = \begin{pmatrix} a^{k+1} & 0 & 0 \\ 0 & b^{k+1} & 0 \\ a^{(k+1)-1}c & 0 & 0 \end{pmatrix}$$

となって, $n = k+1$ のときも $(*)$ は成り立つ. したがって, $(*)$ はすべての $n \in \mathbb{N}$ に対して成り立つ.

4. (1) $A = \begin{pmatrix} 1 & 4 \\ 1 & 5 \end{pmatrix}$ とおく. $1 \cdot 5 - 4 \cdot 1 = 1 \neq 0$ より A は正則行列であり,

$$A^{-1} = \frac{1}{1} \begin{pmatrix} 5 & -4 \\ -1 & 1 \end{pmatrix} = \begin{pmatrix} 5 & -4 \\ -1 & 1 \end{pmatrix}.$$

(2) $A=\begin{pmatrix} 7 & -21 \\ -5 & 15 \end{pmatrix}$ とおく．$7\cdot 15-(-21)\cdot(-5)=0$ より A は正則行列ではない．

(3) $A=\begin{pmatrix} 8 & 5 \\ 4 & 3 \end{pmatrix}$ とおく．$8\cdot 3-5\cdot 4=4\neq 0$ より A は正則行列であり，

$$A^{-1}=\frac{1}{4}\begin{pmatrix} 3 & -5 \\ -4 & 8 \end{pmatrix}=\begin{pmatrix} 3/4 & -5/4 \\ -1 & 2 \end{pmatrix}.$$

(4) $A=\begin{pmatrix} 13 & -8 \\ -5 & 3 \end{pmatrix}$ とおく．$13\cdot 3-(-8)\cdot(-5)=-1$ より A は正則行列であり，

$$A^{-1}=\frac{1}{-1}\begin{pmatrix} 3 & 8 \\ 5 & 13 \end{pmatrix}=\begin{pmatrix} -3 & -8 \\ -5 & -13 \end{pmatrix}.$$

(5) $A=\begin{pmatrix} 6 & 4 \\ -8 & -7 \end{pmatrix}$ とおく．$6\cdot(-7)-4\cdot(-8)=-10\neq 0$ より A は正則行列であり，

$$A^{-1}=\frac{1}{-10}\begin{pmatrix} -7 & -4 \\ 8 & 6 \end{pmatrix}=\begin{pmatrix} 7/10 & 2/5 \\ -4/5 & -3/5 \end{pmatrix}.$$

(6) $A=\begin{pmatrix} 1/7 & 3/14 \\ 2/3 & 5/6 \end{pmatrix}$ とおく．$\dfrac{1}{7}\cdot\dfrac{5}{6}-\dfrac{3}{14}\cdot\dfrac{2}{3}=-\dfrac{1}{42}\neq 0$ より A は正則行列であり，

$$A^{-1}=-42\begin{pmatrix} 5/6 & -3/14 \\ -2/3 & 1/7 \end{pmatrix}=\begin{pmatrix} -35 & 9 \\ 28 & -6 \end{pmatrix}.$$

5. $B=\dfrac{1}{2}(A+{}^tA)$, $C=\dfrac{1}{2}(A-{}^tA)$ とおけば，B は対称行列，C は交代行列で，$A=B+C$ となる．B, C を求めよう．

$${}^tA=\begin{pmatrix} 4 & -3 & 6 & 2 \\ -2 & 8 & 0 & 5 \\ 5 & 1 & 9 & -7 \\ 7 & 9 & -4 & 1 \end{pmatrix} \text{より}$$

$$B=\frac{1}{2}\left\{\begin{pmatrix} 4 & -2 & 5 & 7 \\ -3 & 8 & 1 & 9 \\ 6 & 0 & 9 & -4 \\ 2 & 5 & -7 & 1 \end{pmatrix}+\begin{pmatrix} 4 & -3 & 6 & 2 \\ -2 & 8 & 0 & 5 \\ 5 & 1 & 9 & -7 \\ 7 & 9 & -4 & 1 \end{pmatrix}\right\}$$

$$=\frac{1}{2}\begin{pmatrix} 8 & -5 & 11 & 9 \\ -5 & 16 & 1 & 14 \\ 11 & 1 & 18 & -11 \\ 9 & 14 & -11 & 2 \end{pmatrix}=\begin{pmatrix} 4 & -5/2 & 11/2 & 9/2 \\ -5/2 & 8 & 1/2 & 7 \\ 11/2 & 1/2 & 9 & -11/2 \\ 9/2 & 7 & -11/2 & 1 \end{pmatrix},$$

$$C=\frac{1}{2}\left\{\begin{pmatrix} 4 & -2 & 5 & 7 \\ -3 & 8 & 1 & 9 \\ 6 & 0 & 9 & -4 \\ 2 & 5 & -7 & 1 \end{pmatrix}-\begin{pmatrix} 4 & -3 & 6 & 2 \\ -2 & 8 & 0 & 5 \\ 5 & 1 & 9 & -7 \\ 7 & 9 & -4 & 1 \end{pmatrix}\right\}$$

$$=\frac{1}{2}\begin{pmatrix} 0 & 1 & -1 & 5 \\ -1 & 0 & 1 & 4 \\ 1 & -1 & 0 & 3 \\ -5 & -4 & -3 & 0 \end{pmatrix}=\begin{pmatrix} 0 & 1/2 & -1/2 & 5/2 \\ -1/2 & 0 & 1/2 & 2 \\ 1/2 & -1/2 & 0 & 3/2 \\ -5/2 & -2 & -3/2 & 0 \end{pmatrix}.$$

よって

$$A=\begin{pmatrix} 4 & -2 & 5 & 7 \\ -3 & 8 & 1 & 9 \\ 6 & 0 & 9 & -4 \\ 2 & 5 & -7 & 1 \end{pmatrix}$$

$$=\begin{pmatrix} 4 & -5/2 & 11/2 & 9/2 \\ -5/2 & 8 & 1/2 & 7 \\ 11/2 & 1/2 & 9 & -11/2 \\ 9/2 & 7 & -11/2 & 1 \end{pmatrix}+\begin{pmatrix} 0 & 1/2 & -1/2 & 5/2 \\ -1/2 & 0 & 1/2 & 2 \\ 1/2 & -1/2 & 0 & 3/2 \\ -5/2 & -2 & -3/2 & 0 \end{pmatrix}.$$

6. (1) ${}^tA=\begin{pmatrix} 3 & 2 & 2a-b \\ a & 5 & -8 \\ 4 & ac & 1 \end{pmatrix}$ で, $A={}^tA$ であるから

$$\begin{pmatrix} 3 & a & 4 \\ 2 & 5 & ac \\ 2a-b & -8 & 1 \end{pmatrix}=\begin{pmatrix} 3 & 2 & 2a-b \\ a & 5 & -8 \\ 4 & ac & 1 \end{pmatrix}.$$

よって $a=2,\ 2a-b=4,\ ac=-8$ が得られる．これを解いて $(a,b,c)=(2,0,-4)$.

(2) ${}^tB=\begin{pmatrix} 0 & 2a+b & cd & a+3b \\ a+b & b-c & 2 & 3f+g \\ 9 & e & 0 & f-g-2 \\ a-b-1 & f+g & f+4g & g-h \end{pmatrix}$ で, $B=-{}^tB$ であるから

$$\begin{pmatrix} 0 & a+b & 9 & a-b-1 \\ 2a+b & b-c & e & f+g \\ cd & 2 & 0 & f+4g \\ a+3b & 3f+g & f-g-2 & g-h \end{pmatrix}$$

$$=\begin{pmatrix} 0 & -2a-b & -cd & -a-3b \\ -a-b & -b+c & -2 & -3f-g \\ -9 & -e & 0 & -f+g+2 \\ -a+b+1 & -f-g & -f-4g & -g+h \end{pmatrix}$$

よって, $3a+2b=0,\ 2a+2b=1,\ b-c=0,\ cd=-9,\ e=-2,\ 2f+g=0,\ 2f+3g=2,$ $g-h=0$ が得られる．これを解いて

$$(a,b,c,d,e,f,g,h)=\left(-1,\frac{3}{2},\frac{3}{2},-6,-2,-\frac{1}{2},1,1\right).$$

7. (1) ${}^tA=\begin{pmatrix} \frac{4}{5} & \frac{3}{5} \\ a & b \end{pmatrix}$ で, $A\,{}^tA=E$ であるから

$$\begin{pmatrix} \frac{4}{5} & a \\ \frac{3}{5} & b \end{pmatrix}\begin{pmatrix} \frac{4}{5} & \frac{3}{5} \\ a & b \end{pmatrix}=\begin{pmatrix} 1 & 0 \\ 0 & 1 \end{pmatrix}.$$

よって $\begin{pmatrix} a^2+\frac{16}{25} & ab+\frac{12}{25} \\ ab+\frac{12}{25} & b^2+\frac{9}{25} \end{pmatrix}=\begin{pmatrix} 1 & 0 \\ 0 & 1 \end{pmatrix}$ となって, $a,\ b$ についての連立方程式

$$a^2+\frac{16}{25}=1,\ ab+\frac{12}{25}=0,\ b^2+\frac{9}{25}=1$$

が得られる．これを解いて，$(a,b)=\left(\frac{3}{5},-\frac{4}{5}\right),\left(-\frac{3}{5},\frac{4}{5}\right)$.

(2)　$${}^tB=\begin{pmatrix}\frac{1}{\sqrt{3}} & \frac{7}{\sqrt{114}} & a\\ -\frac{1}{\sqrt{3}} & -\frac{1}{\sqrt{114}} & b\\ -\frac{1}{\sqrt{3}} & \frac{8}{\sqrt{114}} & c\end{pmatrix}$$ で，$B\,{}^tB=E$ であるから

$$\begin{pmatrix}\frac{1}{\sqrt{3}} & -\frac{1}{\sqrt{3}} & -\frac{1}{\sqrt{3}}\\ \frac{7}{\sqrt{114}} & -\frac{1}{\sqrt{114}} & \frac{8}{\sqrt{114}}\\ a & b & c\end{pmatrix}\begin{pmatrix}\frac{1}{\sqrt{3}} & \frac{7}{\sqrt{114}} & a\\ -\frac{1}{\sqrt{3}} & -\frac{1}{\sqrt{114}} & b\\ -\frac{1}{\sqrt{3}} & \frac{8}{\sqrt{114}} & c\end{pmatrix}=\begin{pmatrix}1&0&0\\0&1&0\\0&0&1\end{pmatrix}.$$

よって

$$\begin{pmatrix}1 & 0 & \frac{1}{\sqrt{3}}(a-b-c)\\ 0 & 1 & \frac{1}{\sqrt{114}}(7a-b+8c)\\ \frac{1}{\sqrt{3}}(a-b-c) & \frac{1}{\sqrt{114}}(7a-b+8c) & a^2+b^2+c^2\end{pmatrix}=\begin{pmatrix}1&0&0\\0&1&0\\0&0&1\end{pmatrix}$$ と

なって，a, b, c についての連立方程式

$$a-b-c=0,\quad 7a-b+8c=0,\quad a^2+b^2+c^2=1$$

が得られる．これを解いて

$$(a,b,c)=\left(\frac{3}{\sqrt{38}},\frac{5}{\sqrt{38}},-\frac{2}{\sqrt{38}}\right),\quad \left(-\frac{3}{\sqrt{38}},-\frac{5}{\sqrt{38}},\frac{2}{\sqrt{38}}\right).$$

§ 1.6　行列式の定義，サラスの方法

解説　行列式は，各正方行列に対して定まる値であり，後の節で，正則行列かどうかの判定 (逆行列をもつかどうかの判定) などに利用する重要な値である．行列式は行列を計るための値である．行列と行列式を混同しないように学習したい．

定義 1.26　$M_2 \ni A = \begin{pmatrix} a & b \\ c & d \end{pmatrix}$ に対して，$ad-bc$ を A の**行列式**(ぎょうれつしき)といい，$\begin{vmatrix} a & b \\ c & d \end{vmatrix}$，$|A|$ または，$\det(A)$ で表す．

✎　$M_2 \ni A$ に対して，$|A|$ を次数をつけて 2 次の行列式ということもある．

行列式は，さまざまな場面で行列の性質を判定するときに利用する．

順列と転倒数　定義 1.27, 1.28 の順列と転倒数を使って，n 次正方行列の行列式を定める．

定義 1.27　1 から n までの自然数を任意の順序で一列に並べたものを $\{1,2,3,\ldots,n\}$ の**順列**(じゅんれつ)といい，

$$(p_1\ p_2\ \cdots\ p_n)$$

で表す．

定義 1.28　順列 $(p_1\ p_2\ \cdots\ p_n)$ において，i 番目の自然数 p_i に対して，$p_j < p_i\ (i < j \leq n)$ となるような p_j の個数を $k_i\ (1 \leq i \leq n-1)$ とするとき，その個数の和

$$\sum_{i=1}^{n-1} k_i = k_1 + k_2 + \cdots + k_{n-1}$$

を順列 $(p_1\ p_2\ \cdots\ p_n)$ の**転倒数**(てんとうすう)という．

この転倒数を使って，次のように順列に符号を定義する．この符号が，行列式の定義において大切なものとなる．

定義 1.29　順列 $(p_1\ p_2\ \cdots\ p_n)$ に対して，

$$\varepsilon(p_1\ p_2\ \cdots\ p_n) := \begin{cases} 1 & (p_1\ p_2\ \cdots\ p_n) \text{ の転倒数が偶数}, \\ -1 & (p_1\ p_2\ \cdots\ p_n) \text{ の転倒数が奇数}, \end{cases}$$

で $\varepsilon(p_1\ p_2\ \cdots\ p_n)$ を定めて，**順列** $(p_1\ p_2\ \cdots\ p_n)$ **の符号**という．

定理 1.15　順列の隣り合う 1 組の数のならびの順序を入れかえると，順列の符号は変わる：

$$\varepsilon(p_1\ p_2\ \cdots\ p_i\ p_{i+1}\ \cdots\ p_n) = -\varepsilon(p_1\ p_2\ \cdots\ p_{i+1}\ p_i\ \cdots\ p_n) \quad (1 \leq i \leq n-1).$$

行列式の定義　ここでは，$A \in M_n$ に対して，行列式を定義する．まず，行列の各行から，

列番号が重ならないように成分を1つずつ取り出して掛けたもののすべての場合を考える.このとき,各項で選択した成分の列番号がつくる順列の符号を掛けて,すべてを足しあわせたものを,以下のように行列式と定義する.

定義 1.30　$M_n \ni A = (a_{ij})$ に対して, A の**行列式**を

$$\begin{vmatrix} a_{11} & a_{12} & \cdots & a_{1n} \\ a_{21} & a_{22} & \cdots & a_{2n} \\ \vdots & & \cdots & \vdots \\ a_{n1} & a_{n2} & \cdots & a_{nn} \end{vmatrix} := \sum_{(p_1\ p_2\ \cdots\ p_n)} \varepsilon(p_1\ p_2\ \cdots\ p_n) a_{1p_1} a_{2p_2} \cdots a_{np_n}$$

で定義する. ここで, $\displaystyle\sum_{(p_1\ p_2\ \cdots\ p_n)}$ は $n!$ 個の $\{1, 2, \ldots, n\}$ のすべての順列に関する和である. A の行列式を $|A|$ または $\det(A)$ などで表す.

サラスの方法　2次と3次の行列については, 下の図で示す**サラスの方法**を使って順列の符号を記憶するとよい.

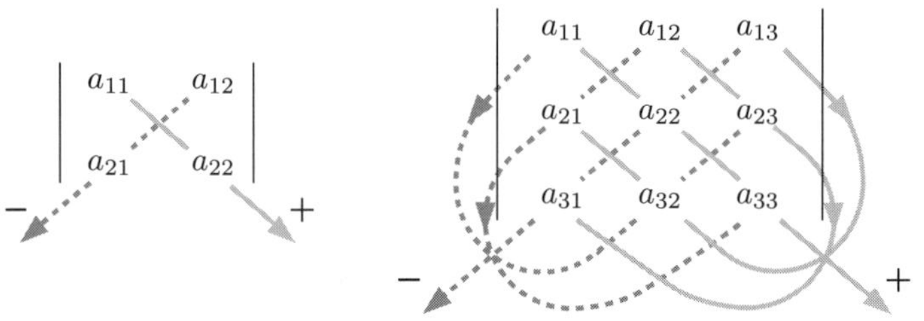

サラスの方法は, 4次以上の行列式には利用できない. たとえば, $\begin{vmatrix} a_{11} & a_{12} & a_{13} & a_{14} \\ a_{21} & a_{22} & a_{23} & a_{24} \\ a_{31} & a_{32} & a_{33} & a_{34} \\ a_{41} & a_{42} & a_{43} & a_{44} \end{vmatrix}$ について, サラスの方法を4次に拡張して考えた場合, $a_{12}a_{23}a_{34}a_{41}$ の符号は $+1$ である. ところが, 定義 1.30 にしたがって計算する場合, $a_{12}a_{23}a_{34}a_{41}$ に対応する順列は $(2\ 3\ 4\ 1)$ となり, 転倒数は, $k_1 + k_2 + k_3 = 1 + 1 + 1 = 3$ であるから, $\varepsilon(2\ 3\ 4\ 1) = -1$ である.

例題 1.18　次の順列の転倒数と符号を求めよ.

(1)　$(4\ 3\ 1\ 2)$　　(2)　$(2\ 4\ 3\ 1)$　　(3)　$(3\ 5\ 1\ 4\ 2)$

(4)　$(4\ 2\ 5\ 3\ 1)$　　(5)　$(1\ 3\ 4\ 2\ 6\ 5)$　　(6)　$(6\ 5\ 4\ 3\ 2\ 1)$

解答　(1)　$k_1 = 3,\ k_2 = 2,\ k_3 = 0$ より転倒数は $3 + 2 + 0 = 5$ (奇数). 符号は $\varepsilon(4\ 3\ 1\ 2) = -1$.

(2)　$k_1 = 1,\ k_2 = 2,\ k_3 = 1$ より転倒数は $1 + 2 + 1 = 4$ (偶数). 符号は $\varepsilon(2\ 4\ 3\ 1) = 1$.

(3)　$k_1 = 2,\ k_2 = 3,\ k_3 = 0,\ k_4 = 1$ より転倒数は $2+3+0+1 = 6$ (偶数). 符号は $\varepsilon(3\ 5\ 1\ 4\ 2) = 1$.

(4)　$k_1 = 3,\ k_2 = 1,\ k_3 = 2,\ k_4 = 1$ より転倒数は $3+1+2+1 = 7$ (奇数). 符号は $\varepsilon(4\ 2\ 5\ 3\ 1) = -1$.

(5)　$k_1 = 0,\ k_2 = 1,\ k_3 = 1,\ k_4 = 0,\ k_5 = 1$ より転倒数は $0 + 1 + 1 + 0 + 1 = 3$ (奇数). 符号は

$\varepsilon(1\ 3\ 4\ 2\ 6\ 5) = -1$.

(6)　$k_1 = 5,\ k_2 = 4,\ k_3 = 3,\ k_4 = 2,\ k_5 = 1$ より転倒数は $5+4+3+2+1 = 15$ (奇数). 符号は $\varepsilon(6\ 5\ 4\ 3\ 2\ 1) = -1$. ∎

例題 1.19　次の行列 A の行列式 $|A|$ を求めよ.

(1)　$A = \begin{pmatrix} 3 & 4 \\ 1 & 2 \end{pmatrix}$　(2)　$A = \begin{pmatrix} 2 & 1 \\ -4 & -2 \end{pmatrix}$

(3)　$A = \begin{pmatrix} 8 & 2 & -4 \\ 3 & 1 & -2 \\ -6 & -2 & 8 \end{pmatrix}$　(4)　$A = \begin{pmatrix} 1 & 3 & 4 \\ 2 & 5 & 1 \\ -1 & -1 & 10 \end{pmatrix}$

解答　(1)　$|A| = \begin{vmatrix} 3 & 4 \\ 1 & 2 \end{vmatrix} = 3 \cdot 2 - 4 \cdot 1 = 6 - 4 = 2.$

(2)　$|A| = \begin{vmatrix} 2 & 1 \\ -4 & -2 \end{vmatrix} = 2 \cdot (-2) - 1 \cdot (-4) = -4 + 4 = 0.$

(3)　$$|A| = \begin{vmatrix} 8 & 2 & -4 \\ 3 & 1 & -2 \\ -6 & -2 & 8 \end{vmatrix}$$
$$= 8 \cdot 1 \cdot 8 + 2 \cdot (-2) \cdot (-6) + (-4) \cdot 3 \cdot (-2) - 8 \cdot (-2) \cdot (-2) - 2 \cdot 3 \cdot 8 - (-4) \cdot 1 \cdot (-6)$$
$$= 64 + 24 + 24 - 32 - 48 - 24 = 8.$$

(4)　$$|A| = \begin{vmatrix} 1 & 3 & 4 \\ 2 & 5 & 1 \\ -1 & -1 & 10 \end{vmatrix}$$
$$= 1 \cdot 5 \cdot 10 + 3 \cdot 1 \cdot (-1) + 4 \cdot 2 \cdot (-1) - 1 \cdot 1 \cdot (-1) - 3 \cdot 2 \cdot 10 - 4 \cdot 5 \cdot (-1)$$
$$= 50 - 3 - 8 + 1 - 60 + 20 = 0.$$ ∎

例題 1.20　次の行列式を計算せよ.

(1)　$\begin{vmatrix} 2 & 1 \\ 3 & 1 \end{vmatrix}$　(2)　$\begin{vmatrix} 1 & 0 & -3 \\ -2 & 1 & 4 \\ 2 & 3 & -1 \end{vmatrix}$　(3)　$\begin{vmatrix} 1 & -2 & 0 & 3 \\ 2 & 0 & -1 & 1 \\ -1 & 4 & 2 & 1 \\ 0 & 1 & -3 & 2 \end{vmatrix}$

解答

(1)　2 次の行列式に対して, サラスの方法を使うと,

$$\begin{vmatrix} 2 & 1 \\ 3 & 1 \end{vmatrix} = 2 \cdot 1 - 3 \cdot 1 = 2 - 3 = -1$$

のように計算できる.

(2)　(1) と同様に, サラスの方法を使うと,

$$\begin{vmatrix} 1 & 0 & -3 \\ -2 & 1 & 4 \\ 2 & 3 & -1 \end{vmatrix} = 1 \cdot 1 \cdot (-1) + 0 \cdot 4 \cdot 2 + (-3) \cdot (-2) \cdot 3 - ((-3) \cdot 1 \cdot 2 + 0 \cdot (-2) \cdot (-1) + 1 \cdot 4 \cdot 3) =$$

$-1+0+18-(-6+0+12)=17-6=11$

のように計算できる.

(3) 4次の行列式であるから, (1), (2) のようにサラスの方法を使うことはできない. そこで, 定義1.30にしたがって計算する.

$\{1,2,3,4\}$ の順列は, 全部で24個であり, それらは,

$$\begin{array}{lllll}(1\ 2\ 3\ 4), & (1\ 2\ 4\ 3), & (1\ 3\ 2\ 4), & (1\ 3\ 4\ 2), & (1\ 4\ 2\ 3),\\ (1\ 4\ 3\ 2), & (2\ 1\ 3\ 4), & (2\ 1\ 4\ 3), & (2\ 3\ 1\ 4), & (2\ 3\ 4\ 1),\\ (2\ 4\ 1\ 3), & (2\ 4\ 3\ 1), & (3\ 1\ 2\ 4), & (3\ 1\ 4\ 2), & (3\ 2\ 1\ 4),\\ (3\ 2\ 4\ 1), & (3\ 4\ 1\ 2), & (3\ 4\ 2\ 1), & (4\ 1\ 2\ 3), & (4\ 1\ 3\ 2),\\ (4\ 2\ 1\ 3), & (4\ 2\ 3\ 1), & (4\ 3\ 1\ 2), & (4\ 3\ 2\ 1) & \end{array}$$

である. $(1\ 2\ 3\ 4)$ の転倒数は, $k_1=0$, $k_2=0$, $k_3=0$ であるから, $k_1+k_2+k_3=0$ の偶数となる. よって, その符号は, $\varepsilon(1\ 2\ 3\ 4)=1$ である. ここで, 定理1.15を使うと, 順列の隣合う1組の数のならびを入れかえると符号は反転するから, $\varepsilon(1\ 2\ 3\ 4)=1=-\varepsilon(1\ 2\ 4\ 3)=\varepsilon(1\ 4\ 2\ 3)=-\varepsilon(1\ 4\ 3\ 2)=\varepsilon(1\ 3\ 4\ 2)=-\varepsilon(1\ 3\ 2\ 4)$ である. このことに注意して, 符号を計算すると,

$$\begin{array}{lllll}\varepsilon(1\ 2\ 3\ 4)=1, & \varepsilon(1\ 2\ 4\ 3)=-1, & \varepsilon(1\ 3\ 2\ 4)=-1, & \varepsilon(1\ 3\ 4\ 2)=1, & \varepsilon(1\ 4\ 2\ 3)=1,\\ \varepsilon(1\ 4\ 3\ 2)=-1, & \varepsilon(2\ 1\ 3\ 4)=-1, & \varepsilon(2\ 1\ 4\ 3)=1, & \varepsilon(2\ 3\ 1\ 4)=1, & \varepsilon(2\ 3\ 4\ 1)=-1,\\ \varepsilon(2\ 4\ 1\ 3)=-1, & \varepsilon(2\ 4\ 3\ 1)=1, & \varepsilon(3\ 1\ 2\ 4)=1, & \varepsilon(3\ 1\ 4\ 2)=-1, & \varepsilon(3\ 2\ 1\ 4)=-1,\\ \varepsilon(3\ 2\ 4\ 1)=1, & \varepsilon(3\ 4\ 1\ 2)=1, & \varepsilon(3\ 4\ 2\ 1)=-1, & \varepsilon(4\ 1\ 2\ 3)=-1, & \varepsilon(4\ 1\ 3\ 2)=1,\\ \varepsilon(4\ 2\ 1\ 3)=1, & \varepsilon(4\ 2\ 3\ 1)=-1, & \varepsilon(4\ 3\ 1\ 2)=-1, & \varepsilon(4\ 3\ 2\ 1)=1 & \end{array}$$

となる. よって, 定義1.30により,

$$\begin{aligned}&\begin{vmatrix}1 & -2 & 0 & 3\\ 2 & 0 & -1 & 1\\ -1 & 4 & 2 & 1\\ 0 & 1 & -3 & 2\end{vmatrix}\\
&=\varepsilon(1\ 2\ 3\ 4)\cdot 1\cdot 0\cdot 2\cdot 2+\varepsilon(1\ 2\ 4\ 3)\cdot 1\cdot 0\cdot 1\cdot(-3)+\varepsilon(1\ 3\ 2\ 4)\cdot 1\cdot(-1)\cdot 4\cdot 2\\
&\quad+\varepsilon(1\ 3\ 4\ 2)\cdot 1\cdot(-1)\cdot 1\cdot 1+\varepsilon(1\ 4\ 2\ 3)\cdot 1\cdot 1\cdot 4\cdot(-3)+\varepsilon(1\ 4\ 3\ 2)\cdot 1\cdot 1\cdot 2\cdot 1\\
&\quad+\varepsilon(2\ 1\ 3\ 4)\cdot(-2)\cdot 2\cdot 2\cdot 2+\varepsilon(2\ 1\ 4\ 3)\cdot(-2)\cdot 2\cdot 1\cdot(-3)\\
&\quad+\varepsilon(2\ 3\ 1\ 4)\cdot(-2)\cdot(-1)\cdot(-1)\cdot 2+\varepsilon(2\ 3\ 4\ 1)\cdot(-2)\cdot(-1)\cdot 1\cdot 0\\
&\quad+\varepsilon(2\ 4\ 1\ 3)\cdot(-2)\cdot 1\cdot(-1)\cdot(-3)+\varepsilon(2\ 4\ 3\ 1)\cdot(-2)\cdot 1\cdot 2\cdot 0\\
&\quad+\varepsilon(3\ 1\ 2\ 4)\cdot 0\cdot 2\cdot 4\cdot 2+\varepsilon(3\ 1\ 4\ 2)\cdot 0\cdot 2\cdot 1\cdot 1+\varepsilon(3\ 2\ 1\ 4)\cdot 0\cdot 0\cdot(-1)\cdot 2\\
&\quad+\varepsilon(3\ 2\ 4\ 1)\cdot 0\cdot 0\cdot 1\cdot 0+\varepsilon(3\ 4\ 1\ 2)\cdot 0\cdot 1\cdot(-1)\cdot 1+\varepsilon(3\ 4\ 2\ 1)\cdot 0\cdot 1\cdot 4\cdot 0\\
&\quad+\varepsilon(4\ 1\ 2\ 3)\cdot 3\cdot 2\cdot 4\cdot(-3)+\varepsilon(4\ 1\ 3\ 2)\cdot 3\cdot 2\cdot 2\cdot 1+\varepsilon(4\ 2\ 1\ 3)\cdot 3\cdot 0\cdot(-1)\cdot(-3)\\
&\quad+\varepsilon(4\ 2\ 3\ 1)\cdot 3\cdot 0\cdot 2\cdot 0+\varepsilon(4\ 3\ 1\ 2)\cdot 3\cdot(-1)\cdot(-1)\cdot 1+\varepsilon(4\ 3\ 2\ 1)\cdot 3\cdot(-1)\cdot 4\cdot 0\\
&=+0-0-(-8)+(-1)+(-12)-2\\
&\quad-(-16)+12+(-4)-0-(-6)+0\\
&\quad+0-0-0+0+0-0\\
&\quad-(-72)+12+0-0-3+0\\
&=-7+30+0+81=104\end{aligned}$$

を得る. ∎

例題 1.21　次の等式を満たす x を求めよ．

(1) $\begin{vmatrix} x & 2 \\ 5 & 4 \end{vmatrix} = -2$　　(2) $\begin{vmatrix} x & 4 \\ 3 & x+1 \end{vmatrix} = 0$

(3) $\begin{vmatrix} 4 & 3 & 1 \\ x & 1 & 0 \\ x^2 & -2 & 3 \end{vmatrix} = 0$　　(4) $\begin{vmatrix} x & 1 & 1 \\ 1 & x-1 & 1 \\ 1 & 1 & x+1 \end{vmatrix} = -1$

解答　(1) $\begin{vmatrix} x & 2 \\ 5 & 4 \end{vmatrix} = x \cdot 4 - 2 \cdot 5 = 4x - 10$ より, $4x - 10 = -2$, すなわち $4x - 8 = 0$. これを解いて $x = 2$.

(2) $\begin{vmatrix} x & 4 \\ 3 & x+1 \end{vmatrix} = x(x+1) - 4 \cdot 3 = x^2 + x - 12$ より, $x^2 + x - 12 = 0$. これを解いて $x = 3,\ -4$.

(3)

$$\begin{vmatrix} 4 & 3 & 1 \\ x & 1 & 0 \\ x^2 & -2 & 3 \end{vmatrix} = 4 \cdot 1 \cdot 3 + 3 \cdot 0 \cdot x^2 + 1 \cdot x \cdot (-2) - 4 \cdot 0 \cdot (-2) - 3 \cdot x \cdot 3 - 1 \cdot 1 \cdot x^2$$

$$= 12 + 0 - 2x - 0 - 9x - x^2 = -x^2 - 11x + 12$$

より, $-x^2 - 11x + 12 = 0$, すなわち $x^2 + 11x - 12 = 0$. これを解いて $x = 1,\ -12$.

(4)

$$\begin{vmatrix} x & 1 & 1 \\ 1 & x-1 & 1 \\ 1 & 1 & x+1 \end{vmatrix}$$

$$= x(x-1)(x+1) + 1 \cdot 1 \cdot 1 + 1 \cdot 1 \cdot 1 - x \cdot 1 \cdot 1 - 1 \cdot 1 \cdot (x+1) - 1 \cdot (x-1) \cdot 1$$

$$= x^3 - 4x + 2$$

より, $x^3 - 4x + 2 = -1$, すなわち $x^3 - 4x + 3 = 0$. これを解いて $x = 1,\ \dfrac{-1 \pm \sqrt{13}}{2}$.　∎

例題 1.22　連立 1 次方程式

$$\begin{cases} ax + by = k \\ cx + dy = \ell \end{cases}$$

の解 x, y は, $\begin{vmatrix} a & b \\ c & d \end{vmatrix} \neq 0$ のときは

$$x = \frac{\begin{vmatrix} k & b \\ \ell & d \end{vmatrix}}{\begin{vmatrix} a & b \\ c & d \end{vmatrix}}, \quad y = \frac{\begin{vmatrix} a & k \\ c & \ell \end{vmatrix}}{\begin{vmatrix} a & b \\ c & d \end{vmatrix}}$$

で与えられる．この公式を用いて, 次の連立 1 次方程式の解を求めよ．

(1) $\begin{cases} 7x + 3y = 2 \\ 9x + 4y = 3 \end{cases}$　　(2) $\begin{cases} -x + 4y = -5 \\ -2x + 3y = 10 \end{cases}$

解答　(1)　$x = \dfrac{\begin{vmatrix} 2 & 3 \\ 3 & 4 \end{vmatrix}}{\begin{vmatrix} 7 & 3 \\ 9 & 4 \end{vmatrix}} = \dfrac{-1}{1} = -1,\ y = \dfrac{\begin{vmatrix} 7 & 2 \\ 9 & 3 \end{vmatrix}}{\begin{vmatrix} 7 & 3 \\ 9 & 4 \end{vmatrix}} = \dfrac{3}{1} = 3.$

(2)　$x = \dfrac{\begin{vmatrix} -5 & 4 \\ 10 & 3 \end{vmatrix}}{\begin{vmatrix} -1 & 4 \\ -2 & 3 \end{vmatrix}} = \dfrac{-55}{5} = -11,\ y = \dfrac{\begin{vmatrix} -1 & -5 \\ -2 & 10 \end{vmatrix}}{\begin{vmatrix} -1 & 4 \\ -2 & 3 \end{vmatrix}} = \dfrac{-20}{5} = -4.$ ∎

◆◆演習問題 § 1.6 ◆◆

1. 次の順列の転倒数と符号を求めよ.

(1)　(1 3 2)　　(2)　(2 3 1 4)　　(3)　(3 5 2 4 1)

(4)　(4 2 6 1 5 3)　　(5)　(5 7 2 1 3 6 4)　　(6)　(8 7 6 5 4 3 2 1)

2. 次の行列 A の行列式 $|A|$ を求めよ.

(1)　$A = \begin{pmatrix} -3 & 4 \\ 8 & -5 \end{pmatrix}$　　(2)　$A = \begin{pmatrix} 3 & -7 \\ -6 & 14 \end{pmatrix}$

(3)　$A = \dfrac{1}{3}\begin{pmatrix} 2 & 4 \\ 5 & 1 \end{pmatrix}$　　(4)　$A = \begin{pmatrix} 3 & 6 & -9 \\ -8 & -13 & 24 \\ 4 & 6 & -11 \end{pmatrix}$

(5)　$A = \begin{pmatrix} -9 & 14 & 1 \\ -4 & 5 & -2 \\ -6 & 13 & 8 \end{pmatrix}$

3. 次の等式を満たす x を求めよ.

(1)　$\begin{vmatrix} x & 4 \\ 7 & 3 \end{vmatrix} = -4$　　(2)　$\begin{vmatrix} x & x+2 \\ 10 & x+11 \end{vmatrix} = 0$

(3)　$\begin{vmatrix} x & 2 & 1 \\ x^2 & -1 & 3 \\ x^3 & 6 & 17 \end{vmatrix} = 0$　　(4)　$\begin{vmatrix} x-1 & 1 & x+1 \\ -1 & x & -1 \\ x+1 & 1 & x-1 \end{vmatrix} = -x^4 - 8$

4. 次の等式を満たす a, b を求めよ.

$$\begin{vmatrix} a & 1 \\ b & 2 \end{vmatrix} = 4, \qquad \begin{vmatrix} a & -1 & b \\ 1 & 2 & -1 \\ b & 1 & a \end{vmatrix} = 0.$$

5. 連立1次方程式

$$\begin{cases} ax + by = k \\ cx + dy = l \end{cases}$$

の解 x, y は, $\begin{vmatrix} a & b \\ c & d \end{vmatrix} \neq 0$ のときは

$$x = \frac{\begin{vmatrix} k & b \\ l & d \end{vmatrix}}{\begin{vmatrix} a & b \\ c & d \end{vmatrix}}, \qquad y = \frac{\begin{vmatrix} a & k \\ c & l \end{vmatrix}}{\begin{vmatrix} a & b \\ c & d \end{vmatrix}}$$

で与えられる. この公式を用いて, 次の連立 1 次方程式の解を求めよ.

(1) $\begin{cases} 4x + 5y = 7 \\ 5x + 6y = 8 \end{cases}$　　(2) $\begin{cases} 2x + 7y = 64 \\ 9x - 8y = -28 \end{cases}$

6. $\begin{vmatrix} a & b & 0 & 0 \\ c & d & 0 & 0 \\ 0 & 0 & e & f \\ 0 & 0 & g & h \end{vmatrix} = \begin{vmatrix} a & b \\ c & d \end{vmatrix} \cdot \begin{vmatrix} e & f \\ g & h \end{vmatrix}$ が成り立つことを証明せよ.

◇演習問題の解答◇

1. (1) $k_1=0, k_2=1$ より転倒数は $0+1=1$ (奇数). 符号は $\varepsilon(1\ 3\ 2)=-1$.

(2) $k_1=1, k_2=1, k_3=0$ より転倒数は $1+1+0=2$ (偶数). 符号は $\varepsilon(2\ 3\ 1\ 4)=1$.

(3) $k_1=2, k_2=3, k_3=1, k_4=1$ より転倒数は $2+3+1+1=7$ (奇数). 符号は $\varepsilon(3\ 5\ 2\ 4\ 1)=-1$.

(4) $k_1=3, k_2=1, k_3=3, k_4=0, k_5=1$ より転倒数は $3+1+3+0+1=8$ (偶数). 符号は $\varepsilon(4\ 2\ 6\ 1\ 5\ 3)=1$.

(5) $k_1=4, k_2=5, k_3=1, k_4=0, k_5=0, k_6=1$ より転倒数は $4+5+1+0+0+1=11$ (奇数). 符号は $\varepsilon(5\ 7\ 2\ 1\ 3\ 6\ 4)=-1$.

(6) $k_1=7, k_2=6, k_3=5, k_4=4, k_5=3, k_6=2, k_7=1$ より転倒数は $7+6+5+4+3+2+1=28$ (偶数). 符号は $\varepsilon(8\ 7\ 6\ 5\ 4\ 3\ 2\ 1)=1$.

2. (1) $|A|=\begin{vmatrix} -3 & 4 \\ 8 & -5 \end{vmatrix}=(-3)\cdot(-5)-4\cdot 8=15-32=-17.$

(2) $|A|=\begin{vmatrix} 3 & -7 \\ -6 & 14 \end{vmatrix}=3\cdot 14-(-7)\cdot(-6)=42-42=0.$

(3) $A=\begin{pmatrix} 2/3 & 4/3 \\ 5/3 & 1/3 \end{pmatrix}$ より

$$|A|=\begin{vmatrix} 2/3 & 4/3 \\ 5/3 & 1/3 \end{vmatrix}=\frac{2}{3}\cdot\frac{1}{3}-\frac{4}{3}\cdot\frac{5}{3}=\frac{2}{9}-\frac{20}{9}=-2.$$

(4) $|A|=\begin{vmatrix} 3 & 6 & -9 \\ -8 & -13 & 24 \\ 4 & 6 & -11 \end{vmatrix}$

$$\begin{aligned}&=3\cdot(-13)\cdot(-11)+6\cdot 24\cdot 4+(-9)\cdot(-8)\cdot 6\\&\quad -3\cdot 24\cdot 6-6\cdot(-8)\cdot(-11)-(-9)\cdot(-13)\cdot 4\\&=429+576+432-432-528-468=9.\end{aligned}$$

(5) $|A|=\begin{vmatrix} -9 & 14 & 1 \\ -4 & 5 & -2 \\ -6 & 13 & 8 \end{vmatrix}$

$$\begin{aligned}&=(-9)\cdot 5\cdot 8+14\cdot(-2)\cdot(-6)+1\cdot(-4)\cdot 13\\&\quad -(-9)\cdot(-2)\cdot 13-14\cdot(-4)\cdot 8-1\cdot 5\cdot(-6)\\&=-360+168-52-234+448+30=0.\end{aligned}$$

3. (1) $\begin{vmatrix} x & 4 \\ 7 & 3 \end{vmatrix}=x\cdot 3-4\cdot 7=3x-28$ より, $3x-28=-4$, すなわち $3x=24$. これを解いて $x=8$.

(2) $\begin{vmatrix} x & x+2 \\ 10 & x+11 \end{vmatrix}=x(x+11)-(x+2)\cdot 10=x^2+x-20$ より, $x^2+x-20=0$. これを解いて $x=4, -5$.

(3) $\begin{vmatrix} x & 2 & 1 \\ x^2 & -1 & 3 \\ x^3 & 6 & 17 \end{vmatrix}$

$$= x\cdot(-1)\cdot 17 + 2\cdot 3\cdot x^3 + 1\cdot x^2\cdot 6 - x\cdot 3\cdot 6 - 2\cdot x^2\cdot 17 - 1\cdot(-1)\cdot x^3$$
$$= -17x + 6x^3 + 6x^2 - 18x - 34x^2 + x^3 = 7x^3 - 28x^2 - 35x$$

より, $7x^3 - 28x^2 - 35x = 0$, すなわち $x^3 - 4x^2 - 5x = 0$. これを解いて $x = -1,\ 0,\ 5$.

(4) $$\begin{vmatrix} x-1 & 1 & x+1 \\ -1 & x & -1 \\ x+1 & 1 & x-1 \end{vmatrix}$$
$$= (x-1)\cdot x\cdot(x-1) + 1\cdot(-1)\cdot(x+1) + (x+1)\cdot(-1)\cdot 1$$
$$- (x-1)\cdot(-1)\cdot 1 - 1\cdot(-1)\cdot(x-1) - (x+1)\cdot x\cdot(x+1)$$
$$= x(x-1)^2 - (x+1) - (x+1) + (x-1) + (x-1) - x(x+1)^2$$
$$= -4x^2 - 4$$

より, $-4x^2 - 4 = -x^4 - 8$, すなわち $x^4 - 4x^2 + 4 = 0$. これを解いて $x = \pm\sqrt{2}$.

4. $\begin{vmatrix} a & 1 \\ b & 2 \end{vmatrix} = a\cdot 2 - 1\cdot b = 2a - b$ より

$2a - b = 4 \cdots\cdots$ ①

$$\begin{vmatrix} a & -1 & b \\ 1 & 2 & -1 \\ b & 1 & a \end{vmatrix} = a\cdot 2\cdot a + (-1)\cdot(-1)\cdot b + b\cdot 1\cdot 1 - a\cdot(-1)\cdot 1 - (-1)\cdot 1\cdot a - b\cdot 2\cdot b$$
$$= 2a^2 + b + b + a + a - 2b^2 = 2a^2 - 2b^2 + 2a + 2b$$

より, $2a^2 - 2b^2 + 2a + 2b = 0$, すなわち

$a^2 - b^2 + a + b = 0 \cdots\cdots$ ②

①, ② を解いて, $(a, b) = (5, 6),\ \left(\frac{4}{3}, -\frac{4}{3}\right)$.

5. (1) $x = \dfrac{\begin{vmatrix} 7 & 5 \\ 8 & 6 \end{vmatrix}}{\begin{vmatrix} 4 & 5 \\ 5 & 6 \end{vmatrix}} = \dfrac{2}{-1} = -2,\ y = \dfrac{\begin{vmatrix} 4 & 7 \\ 5 & 8 \end{vmatrix}}{\begin{vmatrix} 4 & 5 \\ 5 & 6 \end{vmatrix}} = \dfrac{-3}{-1} = 3.$

(2) $x = \dfrac{\begin{vmatrix} 64 & 7 \\ -28 & -8 \end{vmatrix}}{\begin{vmatrix} 2 & 7 \\ 9 & -8 \end{vmatrix}} = \dfrac{-316}{-79} = 4,\ y = \dfrac{\begin{vmatrix} 2 & 64 \\ 9 & -28 \end{vmatrix}}{\begin{vmatrix} 2 & 7 \\ 9 & -8 \end{vmatrix}} = \dfrac{-632}{-79} = 8.$

6. $A = \begin{pmatrix} a_{11} & a_{12} & a_{13} & a_{14} \\ a_{21} & a_{22} & a_{23} & a_{24} \\ a_{31} & a_{32} & a_{33} & a_{34} \\ a_{41} & a_{42} & a_{43} & a_{44} \end{pmatrix} = \begin{pmatrix} a & b & 0 & 0 \\ c & d & 0 & 0 \\ 0 & 0 & e & f \\ 0 & 0 & g & h \end{pmatrix}$ とおく.

A の行列式 $|A|$ の定義式において

$$\varepsilon(p_1\ p_2\ p_3\ p_4)a_{1p_1}a_{2p_2}a_{3p_3}a_{4p_4}$$

の項は次の (i) ~ (viii) の場合, すべて 0 になる:

(i) $p_1 = 3$.
(ii) $p_1 = 4$.
(iii) $p_2 = 3$.
(iv) $p_2 = 4$.
(v) $p_3 = 1$.
(vi) $p_3 = 2$.
(vii) $p_4 = 1$.
(viii) $p_4 = 2$.

よって

$$\begin{aligned}|A| &= \varepsilon(1\ 2\ 3\ 4)a_{11}a_{22}a_{33}a_{44} + \varepsilon(1\ 2\ 4\ 3)a_{11}a_{22}a_{34}a_{43} \\ &\quad + \varepsilon(2\ 1\ 3\ 4)a_{12}a_{21}a_{33}a_{44} + \varepsilon(2\ 1\ 4\ 3)a_{12}a_{21}a_{34}a_{43} \\ &= adeh - adfg - bceh + bcfg \\ &= ad(eh - fg) - bc(eh - fg) = (ad - bc)(eh - fg) \\ &= \begin{vmatrix} a & b \\ c & d \end{vmatrix} \cdot \begin{vmatrix} e & f \\ g & h \end{vmatrix}\end{aligned}$$

を得る.

§ 1.7　行列式の基本性質

次の定理は, 4 次以上の行列式を計算するときに必要となる.

定理 1.16　$M_n \ni A = (a_{ij})$ の 1 行目について, a_{11} 以外がすべて 0 のとき, n 次の行列式 $|A|$ の計算は, $n-1$ 次の行列式の計算に帰着できる:

$$|A| = \begin{vmatrix} a_{11} & 0 & 0 & \cdots & 0 \\ a_{21} & a_{22} & a_{23} & \cdots & a_{2n} \\ a_{31} & a_{32} & a_{33} & \cdots & a_{3n} \\ & & & \cdots & \\ a_{n1} & a_{n2} & a_{n3} & \cdots & a_{nn} \end{vmatrix} = a_{11} \begin{vmatrix} a_{22} & a_{23} & \cdots & a_{2n} \\ a_{32} & a_{33} & \cdots & a_{3n} \\ & & \cdots & \\ a_{n2} & a_{n3} & \cdots & a_{nn} \end{vmatrix}.$$

定理 1.16 は, 4 次より小さな次数にも適用できる.

定理 1.17　$M_n \ni A$ に対して, $|{}^tA| = |A|$ が成り立つ.

次に特徴のある行列をいくつか定義する.

定義 1.31　$M_n \ni A = (a_{ij})$ について, $a_{ij} = 0\ (i > j)$ となる行列を**上**(うえ)**三角行列**といい,

$$A = \begin{pmatrix} a_{11} & & & * \\ & a_{22} & & \\ & & \ddots & \\ O & & & a_{nn} \end{pmatrix}$$

$a_{ij} = 0\ (i < j)$ となる行列を**下**(した)**三角行列**という.

$$A = \begin{pmatrix} a_{11} & & & O \\ & a_{22} & & \\ & & \ddots & \\ * & & & a_{nn} \end{pmatrix}$$

両方あわせて**三角行列** という.

✎ ここで, 行列のなかの大きな $*$ 記号は, 0 でない成分も含むいくつかの成分をまとめて書くときに使う.

定理 1.18　$M_n \ni A = (a_{ij})$ の 1 列目について, a_{11} 以外がすべて 0 のとき, n 次の行列式 $|A|$ の計算は次のように $n-1$ 次の行列式の計算に帰着できる:

$$|A| = \begin{vmatrix} a_{11} & a_{12} & a_{13} & \cdots & a_{1n} \\ 0 & a_{22} & a_{23} & \cdots & a_{2n} \\ 0 & a_{32} & a_{33} & \cdots & a_{3n} \\ \vdots & \vdots & \vdots & & \vdots \\ 0 & a_{n2} & a_{n3} & \cdots & a_{nn} \end{vmatrix} = a_{11} \begin{vmatrix} a_{22} & a_{23} & \cdots & a_{2n} \\ a_{32} & a_{33} & \cdots & a_{3n} \\ \vdots & \vdots & & \vdots \\ a_{n2} & a_{n3} & \cdots & a_{nn} \end{vmatrix}.$$

行列式の基本性質　次の定理は, 行列式の計算をするために利用することになる.

定理 1.19 (行列式の基本性質)　n 次の行列式について, 次の (I)~(V) が成り立つ.

(I)　ある行のすべての成分が共通因子をもつとき, その因子はくくり出すことができる:

$$\begin{vmatrix} a_{11} & a_{12} & \cdots & a_{1n} \\ & & \cdots & \\ ca_{i1} & ca_{i2} & \cdots & ca_{in} \\ & & \cdots & \\ a_{n1} & a_{n2} & \cdots & a_{nn} \end{vmatrix} = c \begin{vmatrix} a_{11} & a_{12} & \cdots & a_{1n} \\ & & \cdots & \\ a_{i1} & a_{i2} & \cdots & a_{in} \\ & & \cdots & \\ a_{n1} & a_{n2} & \cdots & a_{nn} \end{vmatrix}.$$

(II)　1つの行における和は分解できる. また, その逆もできる:

$$\begin{vmatrix} a_{11} & a_{12} & \cdots & a_{1n} \\ & & \cdots & \\ a_{i1}+a'_{i1} & a_{i2}+a'_{i2} & \cdots & a_{in}+a'_{in} \\ & & \cdots & \\ a_{n1} & a_{n2} & \cdots & a_{nn} \end{vmatrix} = \begin{vmatrix} a_{11} & a_{12} & \cdots & a_{1n} \\ & & \cdots & \\ a_{i1} & a_{i2} & \cdots & a_{in} \\ & & \cdots & \\ a_{n1} & a_{n2} & \cdots & a_{nn} \end{vmatrix} + \begin{vmatrix} a_{11} & a_{12} & \cdots & a_{1n} \\ & & \cdots & \\ a'_{i1} & a'_{i2} & \cdots & a'_{in} \\ & & \cdots & \\ a_{n1} & a_{n2} & \cdots & a_{nn} \end{vmatrix}.$$

(III)　行列式の2つの行を入れかえると, 行列式の符号が変わる:

$$\begin{matrix} \\ \\ \text{第}\,k\,\text{行} \\ \\ \text{第}\,\ell\,\text{行} \\ \\ \\ \end{matrix} \begin{vmatrix} a_{11} & a_{12} & \cdots & a_{1n} \\ & & \cdots & \\ a_{k1} & a_{k2} & \cdots & a_{kn} \\ & & \cdots & \\ a_{\ell 1} & a_{\ell 2} & \cdots & a_{\ell n} \\ & & \cdots & \\ a_{n1} & a_{n2} & \cdots & a_{nn} \end{vmatrix} = - \begin{vmatrix} a_{11} & a_{12} & \cdots & a_{1n} \\ & & \cdots & \\ a_{\ell 1} & a_{\ell 2} & \cdots & a_{\ell n} \\ & & \cdots & \\ a_{k1} & a_{k2} & \cdots & a_{kn} \\ & & \cdots & \\ a_{n1} & a_{n2} & \cdots & a_{nn} \end{vmatrix}.$$

(IV)　同じ行をもつ行列式の値は 0 となる:

$$\begin{vmatrix} a_{11} & a_{12} & \cdots & a_{1n} \\ & & \cdots & \\ a_{i1} & a_{i2} & \cdots & a_{in} \\ & & \cdots & \\ a_{i1} & a_{i2} & \cdots & a_{in} \\ & & \cdots & \\ a_{n1} & a_{n2} & \cdots & a_{nn} \end{vmatrix} = 0.$$

(V)　行列式の 1 つの行に他の行の定数倍を加えても行列式の値は変わらない:

$$\begin{array}{r} \\ \\ \text{第 } k \text{ 行} \\ \\ \text{第 } \ell \text{ 行} \\ \\ \\ \end{array} \begin{vmatrix} a_{11} & a_{12} & \cdots & a_{1n} \\ & & \cdots & \\ a_{k1} + ca_{\ell 1} & a_{k2} + ca_{\ell 2} & \cdots & a_{kn} + ca_{\ell n} \\ & & \cdots & \\ a_{\ell 1} & a_{\ell 2} & \cdots & a_{\ell n} \\ & & \cdots & \\ a_{n1} & a_{n2} & \cdots & a_{nn} \end{vmatrix} = \begin{vmatrix} a_{11} & a_{12} & \cdots & a_{1n} \\ & & \cdots & \\ a_{k1} & a_{k2} & \cdots & a_{kn} \\ & & \cdots & \\ a_{\ell 1} & a_{\ell 2} & \cdots & a_{\ell n} \\ & & \cdots & \\ a_{n1} & a_{n2} & \cdots & a_{nn} \end{vmatrix}.$$

(V) は, 行列式の計算の際に特によく使う性質となる. (I)～(V) の性質は, 行についての性質であるが, 定理 1.17 より転置行列の行列式はもとの行列の行列式と等しいから, (I)～(V) の性質は, 行を列におきかえても成り立つ. また, 定理 1.16 より, 行列のある行 (または列) のすべての成分が 0 のとき, その行列の行列式は 0 となる. この演習書では, 行列式の計算において, どの性質を使ったかがわかるよう, 矢印などで示すことにする.

後の例題にあるように, 定理 1.16, 定理 1.18 および定理 1.19 の行列式の基本性質を使って, 行列式の因数分解ができる場合がある.

行列の積と行列式　2 つの正方行列の積の行列式について, 次の定理 1.20 が成り立つ.

定理 1.20　$M_n \ni A, B$ に対して, 次が成り立つ.

$$|AB| = |A||B|.$$

例題 1.23　次の行列 A の行列式 $|A|$ を求めよ.

(1)　$A = \begin{pmatrix} 4 & 0 & 0 & 0 \\ 3 & 2 & 8 & 2 \\ -1 & 0 & 6 & -4 \\ 5 & 0 & 1 & 3 \end{pmatrix}$　　(2)　$A = \begin{pmatrix} 1 & 2 & 1 & 3 \\ -1 & 0 & 2 & -4 \\ 2 & 3 & -1 & 0 \\ -3 & -5 & 1 & 2 \end{pmatrix}$

解答　(1)　$|A| = \begin{vmatrix} 4 & 0 & 0 & 0 \\ 3 & 2 & 8 & 2 \\ -1 & 0 & 6 & -4 \\ 5 & 0 & 1 & 3 \end{vmatrix} \underset{(\text{定理 } 1.16)}{\overset{\text{次数下げ}}{=}} 4 \cdot \begin{vmatrix} 2 & 8 & 2 \\ 0 & 6 & -4 \\ 0 & 1 & 3 \end{vmatrix}$

$$\underset{(\text{定理 } 1.18)}{\overset{\text{次数下げ}}{=}} 4 \cdot 2 \cdot \begin{vmatrix} 6 & -4 \\ 1 & 3 \end{vmatrix} = 8 \cdot \begin{vmatrix} 6 & -4 \\ 1 & 3 \end{vmatrix} = 8(6 \cdot 3 - (-4) \cdot 1) = 8 \cdot 22 = 176.$$

(2)　$|A| = \begin{matrix} \\ \\ \\ \times 3 \end{matrix} \begin{vmatrix} 1 & 2 & 1 & 3 \\ -1 & 0 & 2 & -4 \\ 2 & 3 & -1 & 0 \\ -3 & -5 & 1 & 2 \end{vmatrix} \begin{matrix} \\ \times 1 \\ \times(-2) \\ \\ \end{matrix} = \begin{vmatrix} 1 & 2 & 1 & 3 \\ 0 & 2 & 3 & -1 \\ 0 & -1 & -3 & -6 \\ 0 & 1 & 4 & 11 \end{vmatrix} \underset{(\text{定理 } 1.18)}{\overset{\text{次数下げ}}{=}} \begin{vmatrix} 2 & 3 & -1 \\ -1 & -3 & -6 \\ 1 & 4 & 11 \end{vmatrix}$

$$= -\begin{vmatrix} 1 & 4 & 11 \\ -1 & -3 & -6 \\ 2 & 3 & -1 \end{vmatrix} \begin{matrix} \\ \times 1 \\ \times(-2) \end{matrix} = -\begin{vmatrix} 1 & 4 & 11 \\ 0 & 1 & 5 \\ 0 & -5 & -23 \end{vmatrix} \underset{(\text{定理 } 1.18)}{\overset{\text{次数下げ}}{=}} -\begin{vmatrix} 1 & 5 \\ -5 & -23 \end{vmatrix}$$

$$= -(1 \cdot (-23) - 5 \cdot (-5)) = -2.$$

∎

例題 1.24　次の行列式の値を求めよ.

(1)　$\begin{vmatrix} 5 & -9 \\ 3 & 7 \end{vmatrix}$　　(2)　$\begin{vmatrix} 1 & 5 & -1 \\ 3 & 4 & 1 \\ -1 & 6 & 1 \end{vmatrix}$

(3)　$\begin{vmatrix} 0 & 2 & 0 & 0 \\ -1 & 5 & -1 & 3 \\ 0 & -7 & 0 & 2 \\ 5 & 0 & 2 & 1 \end{vmatrix}$　　(4)　$\begin{vmatrix} 1 & -1 & 2 & 0 \\ 2 & -1 & 1 & 1 \\ -1 & 1 & 0 & 1 \\ 1 & 1 & 2 & 1 \end{vmatrix}$

解答

(1)　サラスの方法を使ってもよいが, 行列式の基本性質 (定理 1.19) を使って計算する.

$$\begin{vmatrix} 5 & -9 \\ 3 & 7 \end{vmatrix} \times(-1) = \begin{vmatrix} 2 & -16 \\ 3 & 7 \end{vmatrix} \overset{\text{共通因子}}{=} 2 \begin{vmatrix} 1 & -8 \\ 3 & 7 \end{vmatrix} \times(-3) = 2 \begin{vmatrix} 1 & -8 \\ 0 & 31 \end{vmatrix} = 2 \cdot 1 \cdot 31 = 62.$$

✎　途中, ① 行目に共通因子 2 を見つけて, 2 をくくり出すことで, $(1,1)$ 成分を 1 にしている. 共通因子がない場合は分数となるが, そのまま進めてもよい. また, この場合は, 共通因子 2 をくくり出すかわりに, ②行 + ① × (-1) を行って, $(2,1)$ 成分に 1 をつくり, さらに, ①行 ↔ ② とすることで, $(1,1)$ 成分を 1 にすることもできる.

(2)　(1) と同様, サラスの方法のかわりに, 行列式の基本性質を利用して計算する.

$$\begin{matrix} \\ \times 1 \\ \\ \end{matrix} \begin{vmatrix} 1 & 5 & -1 \\ 3 & 4 & 1 \\ -1 & 6 & 1 \end{vmatrix} \begin{matrix} \\ \times 1 \\ \\ \end{matrix} = \begin{vmatrix} 1 & 5 & -1 \\ 4 & 9 & 0 \\ 0 & 11 & 0 \end{vmatrix} = -\begin{vmatrix} -1 & 5 & 1 \\ 0 & 9 & 4 \\ 0 & 11 & 0 \end{vmatrix} \overset{\substack{\text{定理 } 1.18 \\ \text{次数下げ}}}{=} -(-1) \cdot \begin{vmatrix} 9 & 4 \\ 11 & 0 \end{vmatrix} =$$

$$-\begin{vmatrix} 4 & 9 \\ 0 & 11 \end{vmatrix} = -(4 \cdot 11) = -44.$$

(3)　0 の成分が多い行あるいは列に注目して, 行列式の基本性質を利用することを考える.

$$\begin{vmatrix} 0 & 2 & 0 & 0 \\ -1 & 5 & -1 & 3 \\ 0 & -7 & 0 & 2 \\ 5 & 0 & 2 & 1 \end{vmatrix} = -\begin{vmatrix} 2 & 0 & 0 & 0 \\ 5 & -1 & -1 & 3 \\ -7 & 0 & 0 & 2 \\ 0 & 5 & 2 & 1 \end{vmatrix} = \begin{vmatrix} 2 & 0 & 0 & 0 \\ 5 & 3 & -1 & -1 \\ -7 & 2 & 0 & 0 \\ 0 & 1 & 2 & 5 \end{vmatrix}$$

$$= -\begin{vmatrix} 2 & 0 & 0 & 0 \\ -7 & 2 & 0 & 0 \\ 5 & 3 & -1 & -1 \\ 0 & 1 & 2 & 5 \end{vmatrix} \overset{\times(-1)}{} = -\begin{vmatrix} 2 & 0 & 0 & 0 \\ -7 & 2 & 0 & 0 \\ 5 & 3 & -1 & 0 \\ 0 & 1 & 2 & 3 \end{vmatrix}$$

$$\overset{\text{定理 1.16}}{=} -(2\cdot 2\cdot(-1)\cdot 3) = -(-12) = 12.$$

(4)　行列式の基本性質を使って, 行あるいは列に 0 の成分を増やして, 定理 1.16, 定理 1.18 の「次数下げ」をすることを考える.

$$\begin{vmatrix} 1 & -1 & 2 & 0 \\ 2 & -1 & 1 & 1 \\ -1 & 1 & 0 & 1 \\ 1 & 1 & 2 & 1 \end{vmatrix} \begin{matrix} \\ \\ \times(-1) \\ \end{matrix} = \begin{vmatrix} 1 & -1 & 2 & 0 \\ 2 & -1 & 1 & 1 \\ -3 & 2 & -1 & 0 \\ -1 & 2 & 1 & 0 \end{vmatrix} = -\begin{vmatrix} 2 & -1 & 1 & 1 \\ 1 & -1 & 2 & 0 \\ -3 & 2 & -1 & 0 \\ -1 & 2 & 1 & 0 \end{vmatrix}$$

$$= \begin{vmatrix} 1 & -1 & 1 & 2 \\ 0 & -1 & 2 & 1 \\ 0 & 2 & -1 & -3 \\ 0 & 2 & 1 & -1 \end{vmatrix} \overset{\text{次数下げ}}{=} \begin{vmatrix} -1 & 2 & 1 \\ 2 & -1 & -3 \\ 2 & 1 & -1 \end{vmatrix} \times 2$$

$$= \begin{vmatrix} -1 & 2 & 1 \\ 0 & 3 & -1 \\ 0 & 5 & 1 \end{vmatrix} \overset{\text{次数下げ}}{=} (-1)\cdot\begin{vmatrix} 3 & -1 \\ 5 & 1 \end{vmatrix}$$

$$\overset{\text{サラス}}{=} -(3\cdot 1 - ((-1)\cdot 5)) = -(3+5) = -8.$$ ∎

例題 1.25　$A = \begin{pmatrix} 1 & -2 & 3 & 2 \\ 5 & -9 & 12 & 8 \\ 1 & 0 & -2 & 1 \\ 7 & -10 & 11 & 11 \end{pmatrix}$, $B = \begin{pmatrix} -17 & -4 & -11 & 7 \\ -13 & -5 & -11 & 7 \\ -6 & -2 & -5 & 3 \\ 5 & 0 & 2 & -1 \end{pmatrix}$ のとき,

$|A|$, $|B|$, $|{}^tB\,{}^tA|$ を求めよ.

解答

$$|A| = \begin{vmatrix} 1 & -2 & 3 & 2 \\ 5 & -9 & 12 & 8 \\ 1 & 0 & -2 & 1 \\ 7 & -10 & 11 & 11 \end{vmatrix} \begin{matrix} \\ \times(-5) \\ \times(-1) \\ \times(-7) \end{matrix} = \begin{vmatrix} 1 & -2 & 3 & 2 \\ 0 & 1 & -3 & -2 \\ 0 & 2 & -5 & -1 \\ 0 & 4 & -10 & -3 \end{vmatrix} = \begin{vmatrix} 1 & -3 & -2 \\ 2 & -5 & -1 \\ 4 & -10 & -3 \end{vmatrix} \begin{matrix} \\ \times(-2) \\ \times(-4) \end{matrix}$$

$$= \begin{vmatrix} 1 & -3 & -2 \\ 0 & 1 & 3 \\ 0 & 2 & 5 \end{vmatrix} = \begin{vmatrix} 1 & 3 \\ 2 & 5 \end{vmatrix} = 1\cdot 5 - 3\cdot 2 = -1.$$

$$|B| = \begin{vmatrix} -17 & -4 & -11 & 7 \\ -13 & -5 & -11 & 7 \\ -6 & -2 & -5 & 3 \\ 5 & 0 & 2 & -1 \end{vmatrix} = \begin{vmatrix} 1 & 2 & 4 & -2 \\ -1 & -1 & -1 & 1 \\ -6 & -2 & -5 & 3 \\ -1 & -2 & -3 & 2 \end{vmatrix}$$

$$= \begin{vmatrix} 1 & 2 & 4 & -2 \\ 0 & 1 & 3 & -1 \\ 0 & 10 & 19 & -9 \\ 0 & 0 & 1 & 0 \end{vmatrix} = \begin{vmatrix} 1 & 3 & -1 \\ 10 & 19 & -9 \\ 0 & 1 & 0 \end{vmatrix} = \begin{vmatrix} 1 & 3 & -1 \\ 0 & -11 & 1 \\ 0 & 1 & 0 \end{vmatrix}$$

$$= \begin{vmatrix} -11 & 1 \\ 1 & 0 \end{vmatrix} = (-11)\cdot 0 - 1\cdot 1 = -1.$$

$$|{}^tB\,{}^tA| = |{}^tB|\cdot|{}^tA| = |B|\cdot|A| = (-1)\cdot(-1) = 1.$$

例題 1.26　次の行列式を因数分解せよ．

$$\begin{vmatrix} a+b+c & -c & -b \\ -c & a+b+c & -a \\ -b & -a & a+b+c \end{vmatrix}$$

解答　行列式の基本性質を使って, 行や列の共通因子のくくり出しや, 次数下げを行うことで, 因数分解された形で行列式を計算すればよい．

$$\begin{vmatrix} a+b+c & -c & -b \\ -c & a+b+c & -a \\ -b & -a & a+b+c \end{vmatrix} = \begin{vmatrix} a+b & -c & -b \\ a+b & a+b+c & -a \\ -a-b & -a & a+b+c \end{vmatrix}$$

$$\overset{\text{定理 1.19(I)}}{=} (a+b)\begin{vmatrix} 1 & -c & -b \\ 1 & a+b+c & -a \\ -1 & -a & a+b+c \end{vmatrix}$$

$$= (a+b)\begin{vmatrix} 1 & -c & -b \\ 0 & a+b+2c & -a+b \\ 0 & -a-c & a+c \end{vmatrix}$$

$$\overset{\text{次数下げ}}{=} (a+b)\begin{vmatrix} a+b+2c & -a+b \\ -a-c & a+c \end{vmatrix}$$

$$\overset{\text{定理 1.19(I)}}{=} (a+b)(a+c)\begin{vmatrix} a+b+2c & -a+b \\ -1 & 1 \end{vmatrix}$$

$$= (a+b)(a+c)\begin{vmatrix} 2(b+c) & -a+b \\ 0 & 1 \end{vmatrix}$$

$$= 2(a+b)(b+c)(c+a).$$

✎　サラスの方法は, 行列式を因数分解するというよりは, 式の展開に対応することになる. まずは, 行列式の基本性質で共通因子が出せないか考えるとよい．

例題 1.27　$A = \begin{pmatrix} 0 & a & b \\ b & 0 & c \\ c & a & 0 \end{pmatrix}$, $B = \begin{pmatrix} a & b & 0 \\ b & 0 & c \\ 0 & c & a \end{pmatrix}$ を使って, 等式

$$\begin{vmatrix} ab+bc & ab & ca \\ c^2 & ab+ca & b^2 \\ ab & ca & bc+ca \end{vmatrix} = \begin{vmatrix} a^2+b^2 & ab & bc \\ ab & b^2+c^2 & ca \\ bc & ca & c^2+a^2 \end{vmatrix}$$

を証明せよ.

解答　$A^2 = \begin{pmatrix} 0 & a & b \\ b & 0 & c \\ c & a & 0 \end{pmatrix}\begin{pmatrix} 0 & a & b \\ b & 0 & c \\ c & a & 0 \end{pmatrix} = \begin{pmatrix} ab+bc & ab & ca \\ c^2 & ab+ca & b^2 \\ ab & ca & bc+ca \end{pmatrix}$ より

$$\begin{vmatrix} ab+bc & ab & ca \\ c^2 & ab+ca & b^2 \\ ab & ca & bc+ca \end{vmatrix} = \begin{vmatrix} 0 & a & b \\ b & 0 & c \\ c & a & 0 \end{vmatrix}^2 = (ac^2+b^2a)^2 = a^2(b^2+c^2)^2.$$

一方, $B^2 = \begin{pmatrix} a & b & 0 \\ b & 0 & c \\ 0 & c & a \end{pmatrix}\begin{pmatrix} a & b & 0 \\ b & 0 & c \\ 0 & c & a \end{pmatrix} = \begin{pmatrix} a^2+b^2 & ab & bc \\ ab & b^2+c^2 & ca \\ bc & ca & c^2+a^2 \end{pmatrix}$ より

$$\begin{vmatrix} a^2+b^2 & ab & bc \\ ab & b^2+c^2 & ca \\ bc & ca & c^2+a^2 \end{vmatrix} = \begin{vmatrix} a & b & 0 \\ b & 0 & c \\ 0 & c & a \end{vmatrix}^2 = (-ac^2-b^2a)^2 = a^2(b^2+c^2)^2.$$

したがって

$$\begin{vmatrix} ab+bc & ab & ca \\ c^2 & ab+ca & b^2 \\ ab & ca & bc+ca \end{vmatrix} = \begin{vmatrix} a^2+b^2 & ab & bc \\ ab & b^2+c^2 & ca \\ bc & ca & c^2+a^2 \end{vmatrix} = a^2(b^2+c^2)^2$$

を得る. ∎

例題 1.28　A が直交行列のとき, $|A| = \pm 1$ であることを証明せよ.

解答　A は直交行列であるから ${}^tAA = E$. よって $|{}^tAA| = |E|$. ここで

$$|{}^tAA| = |{}^tA| \cdot |A| = |A| \cdot |A| = |A|^2,$$
$$|E| = 1$$

であるから, したがって $|A|^2 = 1$. よって $|A| = \pm 1$ である. ∎

◆◆演習問題 § 1.7 ◆◆

1. 次の行列 A の行列式 $|A|$ を求めよ.

(1) $A = \begin{pmatrix} 1 & 2 & -2 & 3 \\ -3 & -5 & 6 & -9 \\ 3 & 1 & -5 & 9 \\ 2 & 5 & -10 & 8 \end{pmatrix}$　　(2) $A = \begin{pmatrix} 0 & 5 & 1 & 2 \\ 3 & 4 & -3 & 7 \\ -1 & 7 & 6 & -12 \\ 5 & 1 & 3 & -6 \end{pmatrix}$

(3) $A = \begin{pmatrix} 1 & 2 & 3 & 4 \\ 12 & 13 & 14 & 5 \\ 11 & 16 & 15 & 6 \\ 10 & 9 & 8 & 7 \end{pmatrix}$　　(4) $A = \begin{pmatrix} 1 & 2 & 3 & 4 & 5 \\ 6 & 7 & 8 & 9 & 10 \\ 11 & 12 & 13 & 14 & 15 \\ 16 & 17 & 18 & 19 & 20 \\ 21 & 22 & 23 & 24 & 25 \end{pmatrix}$

2. $A = \begin{pmatrix} 3 & 9 & -2 & 12 \\ -3 & -2 & -6 & -9 \\ 4 & 2 & 10 & 12 \\ -1 & 2 & -6 & -2 \end{pmatrix}$, $B = \begin{pmatrix} 9 & 12 & 17 & 14 \\ -3 & 5 & -3 & 16 \\ 7 & 2 & 16 & -1 \\ -4 & -3 & -11 & -5 \end{pmatrix}$ のとき, $|A|$, $|B|$, $|{}^tB\,{}^tA|$ を求めよ.

3. 次の等式を証明せよ.

(1) $\begin{vmatrix} a & a & 2a \\ a & a+b & 2a+b \\ 2a & 2a+b & 4a+b+c \end{vmatrix} = abc$

(2) $\begin{vmatrix} a^2+a^3 & c^3 & c^2 \\ a^3+b^3 & b^2 & b^3 \\ 2a^3+b^3 & b^2+c^3 & b^3+c^2 \end{vmatrix} = a^2b^2c^2(1-bc)$

(3) $\begin{vmatrix} a & a & a & b \\ b & a & a & a \\ a & b & a & a \\ a & a & b & a \end{vmatrix} = (a-b)^3(3a+b)$

(4) $\begin{vmatrix} a+b+c+4d & 3d & 3d & 3d \\ 3a & 4a+b+c+d & 3a & 3a \\ 3b & 3b & a+4b+c+d & 3b \\ 3c & 3c & 3c & a+b+4c+d \end{vmatrix}$
$= 4(a+b+c+d)^4$

(5) $\begin{vmatrix} 1 & 1 & 1 & 1 & 1 \\ 1 & x & x & x & y \\ 1 & y & x & x & x \\ 1 & x & y & x & x \\ 1 & x & x & y & x \end{vmatrix} = (x-y)^3(3x+y-4)$

4. $A = \begin{pmatrix} a & b \\ b & a \end{pmatrix}$, $B = \begin{pmatrix} x & y \\ y & x \end{pmatrix}$ を使って

$$(ax+by)^2-(ay+bx)^2 = (a+b)(a-b)(x+y)(x-y)$$

を証明せよ.

5. $A = \begin{pmatrix} a & b & c \\ c & a & b \\ b & c & a \end{pmatrix}$, $B = \begin{pmatrix} a & c & b \\ b & a & c \\ c & b & a \end{pmatrix}$ を使って

$$(a^2+b^2+c^2)^3 + 2(ab+bc+ca)^3 - 3(a^2+b^2+c^2)(ab+bc+ca)^2 = (a^3+b^3+c^3-3abc)^2$$

を証明せよ．

6. $A = \begin{pmatrix} b & 0 & a \\ c & a & 0 \\ 0 & b & c \end{pmatrix}$ を使って次の等式を証明せよ．

(1) $\begin{vmatrix} b^2 & ab & a(b+c) \\ c(a+b) & a^2 & ca \\ bc & b(c+a) & c^2 \end{vmatrix} = 4a^2b^2c^2$

(2) $\begin{vmatrix} b(b^2+ca) & ab(a+b+c) & a(b^2+bc+c^2) \\ c(a^2+ab+b^2) & a(a^2+bc) & ca(a+b+c) \\ bc(a+b+c) & b(c^2+ca+a^2) & c(c^2+ab) \end{vmatrix} = 8a^3b^3c^3$

◇演習問題の解答◇

1. (1)
$$|A| = \begin{vmatrix} 1 & 2 & -2 & 3 \\ -3 & -5 & 6 & -9 \\ 3 & 1 & -5 & 9 \\ 2 & 5 & -10 & 8 \end{vmatrix} = \begin{vmatrix} 1 & 2 & -2 & 3 \\ 0 & 1 & 0 & 0 \\ 0 & -5 & 1 & 0 \\ 0 & 1 & -6 & 2 \end{vmatrix}$$

$$\overset{\text{次数下げ}}{=} \begin{vmatrix} 1 & 0 & 0 \\ -5 & 1 & 0 \\ 1 & -6 & 2 \end{vmatrix} \overset{\text{次数下げ}}{=} \begin{vmatrix} 1 & 0 \\ -6 & 2 \end{vmatrix} = 1\cdot 2 - 0\cdot(-6) = 2.$$

(2)
$$|A| = \begin{vmatrix} 0 & 5 & 1 & 2 \\ 3 & 4 & -3 & 7 \\ -1 & 7 & 6 & -12 \\ 5 & 1 & 3 & -6 \end{vmatrix} = -\begin{vmatrix} -1 & 7 & 6 & -12 \\ 3 & 4 & -3 & 7 \\ 0 & 5 & 1 & 2 \\ 5 & 1 & 3 & -6 \end{vmatrix}$$

$$= -\begin{vmatrix} -1 & 7 & 6 & -12 \\ 0 & 25 & 15 & -29 \\ 0 & 5 & 1 & 2 \\ 0 & 36 & 33 & -66 \end{vmatrix} \overset{\text{次数下げ}}{=} \begin{vmatrix} 25 & 15 & -29 \\ 5 & 1 & 2 \\ 36 & 33 & -66 \end{vmatrix} = -\begin{vmatrix} 15 & 25 & -29 \\ 1 & 5 & 2 \\ 33 & 36 & -66 \end{vmatrix}$$

$$= \begin{vmatrix} 1 & 5 & 2 \\ 15 & 25 & -29 \\ 33 & 36 & -66 \end{vmatrix} = \begin{vmatrix} 1 & 5 & 2 \\ 0 & -50 & -59 \\ 0 & -129 & -132 \end{vmatrix} \overset{\text{次数下げ}}{=} \begin{vmatrix} -50 & -59 \\ -129 & -132 \end{vmatrix}$$

$$= (-50)\cdot(-132) - (-59)\cdot(-129) = -1011.$$

(3)
$$|A| = \begin{vmatrix} 1 & 2 & 3 & 4 \\ 12 & 13 & 14 & 5 \\ 11 & 16 & 15 & 6 \\ 10 & 9 & 8 & 7 \end{vmatrix} = \begin{vmatrix} 1 & 2 & 3 & 4 \\ 0 & -11 & -22 & -43 \\ 0 & -6 & -18 & -38 \\ 0 & -11 & -22 & -33 \end{vmatrix}$$

$$\overset{\text{次数下げ}}{=} \begin{vmatrix} -11 & -22 & -43 \\ -6 & -18 & -38 \\ -11 & -22 & -33 \end{vmatrix} \overset{\text{共通因子}}{=} (-11)\cdot \begin{vmatrix} -11 & -22 & -43 \\ -6 & -18 & -38 \\ 1 & 2 & 3 \end{vmatrix}$$

$$= 11\cdot \begin{vmatrix} 1 & 2 & 3 \\ -6 & -18 & -38 \\ -11 & -22 & -43 \end{vmatrix} = 11\cdot \begin{vmatrix} 1 & 2 & 3 \\ 0 & -6 & -20 \\ 0 & 0 & -10 \end{vmatrix} \overset{\text{次数下げ}}{=} 11\cdot \begin{vmatrix} -6 & -20 \\ 0 & -10 \end{vmatrix}$$

$$= 11\cdot\{(-6)\cdot(-10) - (-20)\cdot 0\} = 660.$$

(4)
$$|A| = \begin{vmatrix} 1 & 2 & 3 & 4 & 5 \\ 6 & 7 & 8 & 9 & 10 \\ 11 & 12 & 13 & 14 & 15 \\ 16 & 17 & 18 & 19 & 20 \\ 21 & 22 & 23 & 24 & 25 \end{vmatrix} = \begin{vmatrix} 1 & 2 & 3 & 4 & 5 \\ 0 & -5 & -10 & -15 & -20 \\ 0 & -10 & -20 & -30 & -40 \\ 0 & -15 & -30 & -45 & -60 \\ 0 & -20 & -40 & -60 & -80 \end{vmatrix}$$

$$\overset{\text{次数下げ}}{=} \begin{vmatrix} -5 & -10 & -15 & -20 \\ -10 & -20 & -30 & -40 \\ -15 & -30 & -45 & -60 \\ -20 & -40 & -60 & -80 \end{vmatrix} = \begin{vmatrix} -5 & -10 & -15 & -20 \\ 0 & 0 & 0 & 0 \\ 0 & 0 & 0 & 0 \\ 0 & 0 & 0 & 0 \end{vmatrix}$$

$$\overset{\text{次数下げ}}{=} (-5) \cdot \begin{vmatrix} 0 & 0 & 0 \\ 0 & 0 & 0 \\ 0 & 0 & 0 \end{vmatrix} = 0.$$

2. $$|A| = \begin{vmatrix} 3 & 9 & -2 & 12 \\ -3 & -2 & -6 & -9 \\ 4 & 2 & 10 & 12 \\ -1 & 2 & -6 & -2 \end{vmatrix} = - \begin{vmatrix} -1 & 2 & -6 & -2 \\ -3 & -2 & -6 & -9 \\ 4 & 2 & 10 & 12 \\ 3 & 9 & -2 & 12 \end{vmatrix} \begin{matrix} \\ \times(-3) \\ \times 4 \\ \times 3 \end{matrix}$$

$$= - \begin{vmatrix} -1 & 2 & -6 & -2 \\ 0 & -8 & 12 & -3 \\ 0 & 10 & -14 & 4 \\ 0 & 15 & -20 & 6 \end{vmatrix} \overset{\text{次数下げ}}{=} \begin{vmatrix} -8 & 12 & -3 \\ 10 & -14 & 4 \\ 15 & -20 & 6 \end{vmatrix} \times 2$$

$$= \begin{vmatrix} -8 & 12 & -3 \\ 10 & -14 & 4 \\ -1 & 4 & 0 \end{vmatrix} = - \begin{vmatrix} -1 & 4 & 0 \\ 10 & -14 & 4 \\ -8 & 12 & -3 \end{vmatrix} \begin{matrix} \\ \times 10 \\ \times(-8) \end{matrix} = - \begin{vmatrix} -1 & 4 & 0 \\ 0 & 26 & 4 \\ 0 & -20 & -3 \end{vmatrix}$$

$$\overset{\text{次数下げ}}{=} \begin{vmatrix} 26 & 4 \\ -20 & -3 \end{vmatrix} = 26 \cdot (-3) - 4 \cdot (-20) = 2.$$

$$|B| = \begin{vmatrix} 9 & 12 & 17 & 14 \\ -3 & 5 & -3 & 16 \\ 7 & 2 & 16 & -1 \\ -4 & -3 & -11 & -5 \end{vmatrix} \times 2 = \begin{vmatrix} 1 & 6 & -5 & 4 \\ -3 & 5 & -3 & 16 \\ 7 & 2 & 16 & -1 \\ -4 & -3 & -11 & -5 \end{vmatrix} \begin{matrix} \\ \times 3 \\ \times(-7) \\ \times 4 \end{matrix}$$

$$= \begin{vmatrix} 1 & 6 & -5 & 4 \\ 0 & 23 & -18 & 28 \\ 0 & -40 & 51 & -29 \\ 0 & 21 & -31 & 11 \end{vmatrix} \overset{\text{次数下げ}}{=} \begin{vmatrix} 23 & -18 & 28 \\ -40 & 51 & -29 \\ 21 & -31 & 11 \end{vmatrix} \times(-1)$$

$$= \begin{vmatrix} 2 & 13 & 17 \\ -40 & 51 & -29 \\ 21 & -31 & 11 \end{vmatrix} \begin{matrix} \\ \times 20 \\ \times(-10) \end{matrix} = \begin{vmatrix} 2 & 13 & 17 \\ 0 & 311 & 311 \\ 1 & -161 & -159 \end{vmatrix}$$

$$= - \begin{vmatrix} 1 & -161 & -159 \\ 0 & 311 & 311 \\ 2 & 13 & 17 \end{vmatrix} \times(-2) = - \begin{vmatrix} 1 & -161 & -159 \\ 0 & 311 & 311 \\ 0 & 335 & 335 \end{vmatrix}$$

$$\overset{\text{次数下げ}}{=} - \begin{vmatrix} 311 & 311 \\ 335 & 335 \end{vmatrix} = 311 \cdot 335 - 311 \cdot 335 = 0.$$

$$|{}^tB\,{}^tA| = |{}^tB| \cdot |{}^tA| = |B| \cdot |A| = 0 \cdot 2 = 0.$$

3. (1) $$\begin{vmatrix} a & a & 2a \\ a & a+b & 2a+b \\ 2a & 2a+b & 4a+b+c \end{vmatrix} \overset{\text{共通因子}}{=} a \cdot \begin{vmatrix} 1 & 1 & 2 \\ a & a+b & 2a+b \\ 2a & 2a+b & 4a+b+c \end{vmatrix} \begin{matrix} \\ \times(-a) \\ \times(-2a) \end{matrix}$$

$$= a \cdot \begin{vmatrix} 1 & 1 & 2 \\ 0 & b & b \\ 0 & b & b+c \end{vmatrix} \overset{\text{次数下げ}}{=} a \cdot \begin{vmatrix} b & b \\ b & b+c \end{vmatrix} \overset{\text{共通因子}}{=} ab \cdot \begin{vmatrix} 1 & 1 \\ b & b+c \end{vmatrix}$$

$$= ab \cdot \{(b+c) - b\} = abc.$$

(2)
$$\begin{vmatrix} a^2+a^3 & c^3 & c^2 \\ a^3+b^3 & b^2 & b^3 \\ 2a^3+b^3 & b^2+c^3 & b^3+c^2 \end{vmatrix} \overset{\times 1}{} = \begin{vmatrix} a^2+2a^3+b^3 & b^2+c^3 & b^3+c^2 \\ a^3+b^3 & b^2 & b^3 \\ 2a^3+b^3 & b^2+c^3 & b^3+c^2 \end{vmatrix} \overset{\times(-1)}{}$$

$$= \begin{vmatrix} a^2 & 0 & 0 \\ a^3+b^3 & b^2 & b^3 \\ 2a^3+b^3 & b^2+c^3 & b^3+c^2 \end{vmatrix} \overset{\text{次数下げ}}{=} a^2 \cdot \begin{vmatrix} b^2 & b^3 \\ b^2+c^3 & b^3+c^2 \end{vmatrix}$$

$$\overset{\text{共通因子}}{=} a^2b^2 \cdot \begin{vmatrix} 1 & b \\ b^2+c^3 & b^3+c^2 \end{vmatrix} = a^2b^2\{(b^3+c^2)-b(b^2+c^3)\} = a^2b^2(c^2-bc^3)$$

$$= a^2b^2c^2(1-bc).$$

(3)
$$\begin{vmatrix} a & a & a & b \\ b & a & a & a \\ a & b & a & a \\ a & a & b & a \end{vmatrix} = \begin{vmatrix} 3a+b & a & a & b \\ 3a+b & a & a & a \\ 3a+b & b & a & a \\ 3a+b & a & b & a \end{vmatrix} \overset{\text{共通因子}}{=} (3a+b) \cdot \begin{vmatrix} 1 & a & a & b \\ 1 & a & a & a \\ 1 & b & a & a \\ 1 & a & b & a \end{vmatrix}$$

(×1, ×1, ×1; ×(−1), ×(−1), ×(−1))

$$= (3a+b) \cdot \begin{vmatrix} 1 & a & a & b \\ 0 & 0 & 0 & a-b \\ 0 & -a+b & 0 & a-b \\ 0 & 0 & -a+b & a-b \end{vmatrix}$$

$$\overset{\text{次数下げ}}{=} (3a+b) \cdot \begin{vmatrix} 0 & 0 & a-b \\ -a+b & 0 & a-b \\ 0 & -a+b & a-b \end{vmatrix} = (3a+b)(a-b)(-a+b)^2$$

$$= (a-b)^3(3a+b).$$

(4)
$$\begin{vmatrix} a+b+c+4d & 3d & 3d & 3d \\ 3a & 4a+b+c+d & 3a & 3a \\ 3b & 3b & a+4b+c+d & 3b \\ 3c & 3c & 3c & a+b+4c+d \end{vmatrix}$$

(×1, ×1, ×1)

$$= \begin{vmatrix} 4(a+b+c+d) & 4(a+b+c+d) & 4(a+b+c+d) & 4(a+b+c+d) \\ 3a & 4a+b+c+d & 3a & 3a \\ 3b & 3b & a+4b+c+d & 3b \\ 3c & 3c & 3c & a+b+4c+d \end{vmatrix}$$

(×(−1), ×(−1), ×(−1))

$$\overset{\text{共通因子}}{=} 4(a+b+c+d) \cdot \begin{vmatrix} 1 & 1 & 1 & 1 \\ 3a & 4a+b+c+d & 3a & 3a \\ 3b & 3b & a+4b+c+d & 3b \\ 3c & 3c & 3c & a+b+4c+d \end{vmatrix}$$

$$= 4(a+b+c+d) \cdot \begin{vmatrix} 1 & 0 & 0 & 0 \\ 3a & a+b+c+d & 0 & 0 \\ 3b & 0 & a+b+c+d & 0 \\ 3c & 0 & 0 & a+b+c+d \end{vmatrix}$$

$$\overset{\text{次数下げ}}{=} 4(a+b+c+d)\cdot\begin{vmatrix} a+b+c+d & 0 & 0 \\ 0 & a+b+c+d & 0 \\ 0 & 0 & a+b+c+d \end{vmatrix}$$

$$= 4(a+b+c+d)^4.$$

(5)

$$\begin{array}{r} \\ \\ \times(-1) \\ \\ \times(-1) \end{array}\begin{vmatrix} 1 & 1 & 1 & 1 & 1 \\ 1 & x & x & x & y \\ 1 & y & x & x & x \\ 1 & x & y & x & x \\ 1 & x & x & y & x \end{vmatrix}\begin{array}{l} \\ \leftarrow\times(-1) \\ \leftarrow\times(-1) \\ \\ \\ \end{array} = \begin{vmatrix} 1 & 1 & 1 & 1 & 1 \\ 0 & x-1 & x-1 & x-1 & y-1 \\ 0 & y-1 & x-1 & x-1 & x-1 \\ 0 & x-1 & y-1 & x-1 & x-1 \\ 0 & x-1 & x-1 & y-1 & x-1 \end{vmatrix}$$

$$\overset{\text{次数下げ}}{=} \begin{vmatrix} x-1 & x-1 & x-1 & y-1 \\ y-1 & x-1 & x-1 & x-1 \\ x-1 & y-1 & x-1 & x-1 \\ x-1 & x-1 & y-1 & x-1 \end{vmatrix}$$

$$\overset{(3)\text{より}}{=} \{(x-1)-(y-1)\}^3\cdot\{3(x-1)+(y-1)\}$$

$$= (x-y)^3(3x+y-4).$$

4. $|A| = \begin{vmatrix} a & b \\ b & a \end{vmatrix} = a^2-b^2 = (a+b)(a-b)$, $|B| = \begin{vmatrix} x & y \\ y & x \end{vmatrix} = x^2-y^2 = (x+y)(x-y)$ より

$$|A||B| = (a+b)(a-b)(x+y)(x-y).$$

一方,

$$AB = \begin{pmatrix} a & b \\ b & a \end{pmatrix}\begin{pmatrix} x & y \\ y & x \end{pmatrix} = \begin{pmatrix} ax+by & ay+bx \\ bx+ay & by+ax \end{pmatrix}$$

$$= \begin{pmatrix} ax+by & ay+bx \\ ay+bx & ax+by \end{pmatrix}$$

より

$$|AB| = \begin{vmatrix} ax+by & ay+bx \\ ay+bx & ax+by \end{vmatrix} = (ax+by)^2-(ay+bx)^2.$$

以上のことと $|AB| = |A||B|$ から

$$(ax+by)^2-(ay+bx)^2 = (a+b)(a-b)(x+y)(x-y)$$

が得られる.

5. $|A| = \begin{vmatrix} a & b & c \\ c & a & b \\ b & c & a \end{vmatrix} = a^3+b^3+c^3-3abc$, $|B| = \begin{vmatrix} a & c & b \\ b & a & c \\ c & b & a \end{vmatrix} = a^3+b^3+c^3-3abc$ より

$$|A||B| = (a^3+b^3+c^3-3abc)^2.$$

一方,

$$AB = \begin{pmatrix} a & b & c \\ c & a & b \\ b & c & a \end{pmatrix}\begin{pmatrix} a & c & b \\ b & a & c \\ c & b & a \end{pmatrix}$$

$$= \begin{pmatrix} a^2+b^2+c^2 & ac+ba+cb & ab+bc+ca \\ ca+ab+bc & c^2+a^2+b^2 & cb+ac+ba \\ ba+cb+ac & bc+ca+ab & b^2+c^2+a^2 \end{pmatrix}$$

$$= \begin{pmatrix} a^2+b^2+c^2 & ab+bc+ca & ab+bc+ca \\ ab+bc+ca & a^2+b^2+c^2 & ab+bc+ca \\ ab+bc+ca & ab+bc+ca & a^2+b^2+c^2 \end{pmatrix}$$

より

$$|AB| = \begin{vmatrix} a^2+b^2+c^2 & ab+bc+ca & ab+bc+ca \\ ab+bc+ca & a^2+b^2+c^2 & ab+bc+ca \\ ab+bc+ca & ab+bc+ca & a^2+b^2+c^2 \end{vmatrix}$$

$$\overset{\text{サラス}}{=} (a^2+b^2+c^2)^3 + 2(ab+bc+ca)^3 - 3(a^2+b^2+c^2)(ab+bc+ca)^2.$$

以上のことと $|AB| = |A||B|$ から

$$(a^2+b^2+c^2)^3 + 2(ab+bc+ca)^3 - 3(a^2+b^2+c^2)(ab+bc+ca)^2$$
$$= (a^3+b^3+c^3-3abc)^2$$

が得られる.

6. (1) $A^2 = \begin{pmatrix} b & 0 & a \\ c & a & 0 \\ 0 & b & c \end{pmatrix}\begin{pmatrix} b & 0 & a \\ c & a & 0 \\ 0 & b & c \end{pmatrix}$

$$= \begin{pmatrix} b^2 & ab & a(b+c) \\ c(a+b) & a^2 & ca \\ bc & b(c+a) & c^2 \end{pmatrix}$$

より

$$\begin{vmatrix} b^2 & ab & a(b+c) \\ c(a+b) & a^2 & ca \\ bc & b(c+a) & c^2 \end{vmatrix} = \begin{vmatrix} b & 0 & a \\ c & a & 0 \\ 0 & b & c \end{vmatrix}^2 = (2abc)^2 = 4a^2b^2c^2.$$

(2) $A^3 = A^2A = \begin{pmatrix} b^2 & ab & a(b+c) \\ c(a+b) & a^2 & ca \\ bc & b(c+a) & c^2 \end{pmatrix}\begin{pmatrix} b & 0 & a \\ c & a & 0 \\ 0 & b & c \end{pmatrix}$

$$= \begin{pmatrix} b(b^2+ca) & ab(a+b+c) & a(b^2+bc+c^2) \\ c(a^2+ab+b^2) & a(a^2+bc) & ca(a+b+c) \\ bc(a+b+c) & b(c^2+ca+a^2) & c(c^2+ab) \end{pmatrix}$$

より

$$\begin{vmatrix} b(b^2+ca) & ab(a+b+c) & a(b^2+bc+c^2) \\ c(a^2+ab+b^2) & a(a^2+bc) & ca(a+b+c) \\ bc(a+b+c) & b(c^2+ca+a^2) & c(c^2+ab) \end{vmatrix} = \begin{vmatrix} b & 0 & a \\ c & a & 0 \\ 0 & b & c \end{vmatrix}^3$$
$$= (2abc)^3 = 8a^3b^3c^3.$$

§ 1.8　行列式の展開

解説

小行列式と余因子　$n(n \geq 2)$ 次の行列 A について, 適当な行と列をそれぞれ 1 行, 1 列ずつ取り除くと, A の成分で構成された, A とは別の $n-1$ 次の行列が得られる.

定義 1.32　$M_n \ni A = (a_{ij})$ の第 i 行と第 j 列を取り除いて得られる $n-1$ 次の行列の行列式を A の (i,j) 小行列式(しょう)といい, Δ_{ij} で表す:

$$\Delta_{ij} := \begin{vmatrix} a_{11} & \cdots & a_{1(j-1)} & a_{1(j+1)} & \cdots & a_{1n} \\ \vdots & & \vdots & \vdots & & \vdots \\ a_{(i-1)1} & \cdots & a_{(i-1)(j-1)} & a_{(i-1)(j+1)} & \cdots & a_{(i-1)n} \\ a_{(i+1)1} & \cdots & a_{(i+1)(j-1)} & a_{(i+1)(j+1)} & \cdots & a_{(i+1)n} \\ \vdots & & \vdots & \vdots & & \vdots \\ a_{n1} & \cdots & a_{n(j-1)} & a_{n(j+1)} & \cdots & a_{nn} \end{vmatrix} \quad (1 \leq i, j \leq n).$$

定義 1.33　$M_n \ni A$ について, A の (i,j) 小行列式を $(-1)^{i+j}$ 倍したものを A の (i,j) **余因子**(よいんし)といい, A_{ij} で表す:

$$A_{ij} := (-1)^{i+j}\Delta_{ij}.$$

行列式の展開

定理 1.21　$M_n \ni A = (a_{ij})$ について, A の行列式 $|A|$ は, 次のように展開することができる:

(1)　第 i 行についての展開

$$|A| = a_{i1}A_{i1} + a_{i2}A_{i2} + \cdots + a_{in}A_{in} \quad (i = 1, 2, \ldots, n),$$

(2)　第 j 列についての展開

$$|A| = a_{1j}A_{1j} + a_{2j}A_{2j} + \cdots + a_{nj}A_{nj} \quad (j = 1, 2, \ldots, n).$$

行列式の値は, 定理 1.21 を使って, どの行で展開しても, どの列で展開しても同じ結果を得ることができる. さらに, 定理 1.19 の行列式の基本性質を使って, 特定の行または特定の列に 0 の成分が多くなるようにしてから, 定理 1.21 を適用すれば, 行列式は効率よく計算できる.

例題 1.29　(1)　行列 $A = \begin{pmatrix} 3 & 1 & -5 \\ -2 & 4 & 3 \\ 1 & -2 & 1 \end{pmatrix}$ に対して, 余因子 A_{11}, A_{12}, A_{13} を求め, それらを用いて A の行列式 $|A|$ を求めよ.

(2) 行列 $A=\begin{pmatrix} 7 & 0 & 3 & 6 \\ 1 & 1 & 0 & 3 \\ 0 & -2 & 1 & -4 \\ 6 & 4 & 0 & 14 \end{pmatrix}$ に対して, 余因子 A_{13}, A_{33} を求め, それらを用いて A の行列式 $|A|$ を求めよ.

解答 (1) 指定された余因子を求めると,

$$A_{11}=(-1)^{1+1}\Delta_{11}=\begin{vmatrix} 4 & 3 \\ -2 & 1 \end{vmatrix}=10, \quad A_{12}=(-1)^{1+2}\Delta_{12}=-\begin{vmatrix} -2 & 3 \\ 1 & 1 \end{vmatrix}=-(-5)=5,$$

$$A_{13}=(-1)^{1+3}\Delta_{13}=\begin{vmatrix} -2 & 4 \\ 1 & -2 \end{vmatrix}=0$$

となる. よって,

$|A|=a_{11}A_{11}+a_{12}A_{12}+a_{13}A_{13}=3\cdot 10+1\cdot 5+(-5)\cdot 0=35.$

(2) $$A_{13}=(-1)^{1+3}\Delta_{13}=\begin{vmatrix} 1 & 1 & 3 \\ 0 & -2 & -4 \\ 6 & 4 & 14 \end{vmatrix}=-28-24+0+16-0+36=0.$$

$$A_{33}=(-1)^{3+3}\Delta_{33}=\begin{vmatrix} 7 & 0 & 6 \\ 1 & 1 & 3 \\ 6 & 4 & 14 \end{vmatrix}=98+0+24-84-0-36=2.$$

よって

$$|A|=a_{13}A_{13}+a_{23}A_{23}+a_{33}A_{33}+a_{43}A_{43}=3\cdot 0+0\cdot A_{23}+1\cdot 2+0\cdot A_{43}=2.$$ ∎

例題 1.30 次の行列式を求めよ.

(1) $\begin{vmatrix} 2 & 1 \\ -1 & 2 \end{vmatrix}$ (2) $\begin{vmatrix} 1 & 0 & 1 \\ 2 & -1 & 2 \\ -1 & 1 & 1 \end{vmatrix}$ (3) $\begin{vmatrix} 1 & 0 & 3 & 1 \\ -2 & 0 & 0 & 2 \\ -1 & -3 & 2 & 1 \\ 2 & 0 & -1 & 2 \end{vmatrix}$

解答

(1) サラスの方法を使ってもよいが, 行列式の展開 (定理 1.21) を使って計算する.

$A=\begin{pmatrix} 2 & 1 \\ -1 & 2 \end{pmatrix}$ として, $|A|$ の第 1 列展開をするために, A の $(1,1)$ 余因子 A_{11} と $(2,1)$ 余因子 A_{21} を計算する.

$A_{11}=(-1)^{1+1}\Delta_{11}=\det((2))=2$, $A_{21}=(-1)^{2+1}\Delta_{21}=-\det((1))=-1$ であるから,

$$|A|=2A_{11}+(-1)A_{21}=2\cdot 2+(-1)\cdot(-1)=4+1=5$$

を得る.

(2) (1) と同様に行列式の展開を使って計算する. $B=\begin{pmatrix} 1 & 0 & 1 \\ 2 & -1 & 2 \\ -1 & 1 & 1 \end{pmatrix}$ として, 0 の多い成分の行または列で展開すると計算がしやすくなる. この場合は, 第 1 行展開か, 第 2 列展開で考えればよい. 第 1 行展開をすると,

$$|B|=1\cdot B_{11}+0\cdot B_{12}+1\cdot B_{13}=B_{11}+B_{13}$$

であるから, B の $(1,1)$ 余因子 B_{11} と, $(1,3)$ 余因子 B_{13} を求めればよいことがわかる. ここで,

$$B_{11} = (-1)^{1+1}\begin{vmatrix} -1 & 2 \\ 1 & 1 \end{vmatrix} = (-1)\cdot 1 - 2\cdot 1 = -1-2 = -3,$$

$$B_{13} = (-1)^{1+3}\begin{vmatrix} 2 & -1 \\ -1 & 1 \end{vmatrix} = 2\cdot 1 - (-1)\cdot(-1) = 2-1 = 1$$

であるから, $|B| = -3+1 = -2$ となる.

(3) $C = \begin{pmatrix} 1 & 0 & 3 & 1 \\ -2 & 0 & 0 & 2 \\ -1 & -3 & 2 & 1 \\ 2 & 0 & -1 & 2 \end{pmatrix}$ として, 0 の成分が多い行か列での展開を考える. そこで, 第 2 列展開をすると,

$$|C| = 0\cdot C_{12} + 0\cdot C_{22} + (-3)\cdot C_{32} + 0\cdot C_{42} = (-3)\cdot C_{32}$$

となるから, C の $(3,2)$ 余因子 C_{32} のみ計算すれば求められることがわかる.

$$C_{32} = (-1)^{3+2}\begin{vmatrix} 1 & 3 & 1 \\ -2 & 0 & 2 \\ 2 & -1 & 2 \end{vmatrix} \overset{\times 1}{=} -\begin{vmatrix} 1 & 3 & 2 \\ -2 & 0 & 0 \\ 2 & -1 & 4 \end{vmatrix} \overset{\text{第 2 行展開}}{=} -(-2)\cdot(-1)^{2+1}\begin{vmatrix} 3 & 2 \\ -1 & 4 \end{vmatrix}$$

$$= -2(3\cdot 4 - 2\cdot(-1)) = -2(12+2) = -2\cdot 14 = -28$$

であるから, $|C| = -3\cdot(-28) = 84$ である. ∎

◆◆演習問題 § 1.8 ◆◆

1. $A = \begin{pmatrix} -1 & -2 & -3 \\ 4 & 5 & 6 \\ -7 & -8 & -9 \end{pmatrix}$ の余因子をすべて (9 個) 求めよ.

2. $A = \begin{pmatrix} 1 & 2 & 3 & 4 \\ 5 & 1 & 3 & 4 \\ 5 & 6 & 1 & 4 \\ 5 & 6 & 7 & 1 \end{pmatrix}$ の余因子をすべて (16 個) 求めよ.

3. 次の行列 A に対して指定された余因子を計算し, それらを用いて行列式 $|A|$ を求めよ.

(1) $A = \begin{pmatrix} 2 & 3 & -1 \\ 4 & -2 & 0 \\ 3 & 5 & 7 \end{pmatrix}$

[余因子 A_{13}, A_{33} を計算]

(2) $A = \begin{pmatrix} 4 & 2 & 5 & 3 \\ 0 & 0 & -3 & 0 \\ 8 & -2 & 1 & -4 \\ -2 & 3 & 1 & 7 \end{pmatrix}$

[余因子 A_{23} を計算]

(3) $A = \begin{pmatrix} 3 & 0 & 5 & 8 \\ -1 & 2 & 7 & 2 \\ 4 & 0 & -3 & 6 \\ 2 & -5 & 4 & -8 \end{pmatrix}$

[余因子 A_{22}, A_{42} を計算]

(4) $A = \begin{pmatrix} 7 & 8 & 12 & 1 \\ 1 & -3 & 1 & 8 \\ -4 & 1 & 3 & 10 \\ 1 & 5 & -8 & 0 \end{pmatrix}$

[余因子 A_{41}, A_{42}, A_{43} を計算]

(5) $A = \begin{pmatrix} 3 & 4 & 0 & 8 & 5 \\ 2 & 0 & 0 & 1 & -2 \\ 5 & -1 & 0 & 2 & 1 \\ 4 & 3 & 7 & 2 & 3 \\ 1 & 0 & 0 & 7 & 8 \end{pmatrix}$

[余因子 A_{43} を計算]

(6) $A = \begin{pmatrix} 1 & 5 & 4 & 7 & 3 \\ 3 & 0 & 0 & 2 & 0 \\ 1 & 3 & 2 & 10 & 4 \\ 9 & 2 & -3 & 5 & 2 \\ 1 & 7 & 6 & 4 & 2 \end{pmatrix}$

[余因子 A_{21}, A_{24} を計算]

◇演習問題の解答◇

1. A の余因子をすべて求めると次のようになる.

$$A_{11}=(-1)^{1+1}\Delta_{11}=\begin{vmatrix} 5 & 6 \\ -8 & -9 \end{vmatrix}=3,\quad A_{12}=(-1)^{1+2}\Delta_{12}=-\begin{vmatrix} 4 & 6 \\ -7 & -9 \end{vmatrix}=-6,$$

$$A_{13}=(-1)^{1+3}\Delta_{13}=\begin{vmatrix} 4 & 5 \\ -7 & -8 \end{vmatrix}=3,\quad A_{21}=(-1)^{2+1}\Delta_{21}=-\begin{vmatrix} -2 & -3 \\ -8 & -9 \end{vmatrix}=-(-6)=6,$$

$$A_{22}=(-1)^{2+2}\Delta_{22}=\begin{vmatrix} -1 & -3 \\ -7 & -9 \end{vmatrix}=-12,\ A_{23}=(-1)^{2+3}\Delta_{23}=-\begin{vmatrix} -1 & -2 \\ -7 & -8 \end{vmatrix}=-(-6)=6,$$

$$A_{31}=(-1)^{3+1}\Delta_{31}=\begin{vmatrix} -2 & -3 \\ 5 & 6 \end{vmatrix}=3,\quad A_{32}=(-1)^{3+2}\Delta_{32}=-\begin{vmatrix} -1 & -3 \\ 4 & 6 \end{vmatrix}=-6,$$

$$A_{33}=(-1)^{3+3}\Delta_{33}=\begin{vmatrix} -1 & -2 \\ 4 & 5 \end{vmatrix}=3.$$

2. A の余因子をすべて計算すると次のようになる.

$$A_{11}=(-1)^{1+1}\Delta_{11}=\begin{vmatrix} 1 & 3 & 4 \\ 6 & 1 & 4 \\ 6 & 7 & 1 \end{vmatrix}=171,\qquad A_{12}=(-1)^{1+2}\Delta_{12}=-\begin{vmatrix} 5 & 3 & 4 \\ 5 & 1 & 4 \\ 5 & 7 & 1 \end{vmatrix}=-30,$$

$$A_{13}=(-1)^{1+3}\Delta_{13}=\begin{vmatrix} 5 & 1 & 4 \\ 5 & 6 & 4 \\ 5 & 6 & 1 \end{vmatrix}=-75,\qquad A_{14}=(-1)^{1+4}\Delta_{14}=-\begin{vmatrix} 5 & 1 & 3 \\ 5 & 6 & 1 \\ 5 & 6 & 7 \end{vmatrix}=-150,$$

$$A_{21}=(-1)^{2+1}\Delta_{21}=-\begin{vmatrix} 2 & 3 & 4 \\ 6 & 1 & 4 \\ 6 & 7 & 1 \end{vmatrix}=-144,\ A_{22}=(-1)^{2+2}\Delta_{22}=\begin{vmatrix} 1 & 3 & 4 \\ 5 & 1 & 4 \\ 5 & 7 & 1 \end{vmatrix}=138,$$

$$A_{23}=(-1)^{2+3}\Delta_{23}=-\begin{vmatrix} 1 & 2 & 4 \\ 5 & 6 & 4 \\ 5 & 6 & 1 \end{vmatrix}=-12,\ A_{24}=(-1)^{2+4}\Delta_{24}=\begin{vmatrix} 1 & 2 & 3 \\ 5 & 6 & 1 \\ 5 & 6 & 7 \end{vmatrix}=-24,$$

$$A_{31}=(-1)^{3+1}\Delta_{31}=\begin{vmatrix} 2 & 3 & 4 \\ 1 & 3 & 4 \\ 6 & 7 & 1 \end{vmatrix}=-25,\qquad A_{32}=(-1)^{3+2}\Delta_{32}=-\begin{vmatrix} 1 & 3 & 4 \\ 5 & 3 & 4 \\ 5 & 7 & 1 \end{vmatrix}=-100,$$

$$A_{33}=(-1)^{3+3}\Delta_{33}=\begin{vmatrix} 1 & 2 & 4 \\ 5 & 1 & 4 \\ 5 & 6 & 1 \end{vmatrix}=107,\qquad A_{34}=(-1)^{3+4}\Delta_{34}=-\begin{vmatrix} 1 & 2 & 3 \\ 5 & 1 & 3 \\ 5 & 6 & 7 \end{vmatrix}=-24,$$

$$A_{41}=(-1)^{4+1}\Delta_{41}=-\begin{vmatrix} 2 & 3 & 4 \\ 1 & 3 & 4 \\ 6 & 1 & 4 \end{vmatrix}=-8,\quad A_{42}=(-1)^{4+2}\Delta_{42}=\begin{vmatrix} 1 & 3 & 4 \\ 5 & 3 & 4 \\ 5 & 1 & 4 \end{vmatrix}=-32,$$

$$A_{43}=(-1)^{4+3}\Delta_{43}=-\begin{vmatrix} 1 & 2 & 4 \\ 5 & 1 & 4 \\ 5 & 6 & 4 \end{vmatrix}=-80\ ,\ A_{44}=(-1)^{4+4}\Delta_{44}=\begin{vmatrix} 1 & 2 & 3 \\ 5 & 1 & 3 \\ 5 & 6 & 1 \end{vmatrix}=78.$$

3. (1) 指定された A の余因子を計算すると,

$$A_{13}=(-1)^{1+3}\Delta_{13}=\begin{vmatrix} 4 & -2 \\ 3 & 5 \end{vmatrix}=26,\quad A_{33}=(-1)^{3+3}\Delta_{33}=\begin{vmatrix} 2 & 3 \\ 4 & -2 \end{vmatrix}=-16$$

となる. よって,

$$|A|=a_{13}A_{13}+a_{23}A_{23}+a_{33}A_{33}=(-1)\cdot 26+0\cdot A_{23}+7\cdot(-16)=-138.$$

(2) A の指定された余因子を計算すると，

$$A_{23}=(-1)^{2+3}\Delta_{23}=-\begin{vmatrix}4&2&3\\8&-2&-4\\-2&3&7\end{vmatrix}=-(-56+16+72+48-112-12)$$

$$=44.$$

よって，

$$|A|=a_{21}A_{21}+a_{22}A_{22}+a_{23}A_{23}+a_{24}A_{24}=0\cdot A_{21}+0\cdot A_{22}+(-3)\cdot 44+0\cdot A_{24}$$

$$=-132.$$

(3) 指定された A の余因子を計算すると，

$$A_{22}=(-1)^{2+2}\Delta_{22}=\begin{vmatrix}3&5&8\\4&-3&6\\2&4&-8\end{vmatrix}=72+60+128-72+160+48=396,$$

$$A_{42}=(-1)^{4+2}\Delta_{42}=\begin{vmatrix}3&5&8\\-1&7&2\\4&-3&6\end{vmatrix}=126+40+24+18+30-224=14.$$

よって，

$$|A|=a_{12}A_{12}+a_{22}A_{22}+a_{32}A_{32}+a_{42}A_{42}=0\cdot A_{12}+2\cdot 396+0\cdot A_{32}+(-5)\cdot 14$$

$$=722.$$

(4) $$A_{41}=(-1)^{4+1}\Delta_{41}=-\begin{vmatrix}8&12&1\\-3&1&8\\1&3&10\end{vmatrix}=-(80+96-9-192+360-1)=-334,$$

$$A_{42}=(-1)^{4+2}\Delta_{42}=\begin{vmatrix}7&12&1\\1&1&8\\-4&3&10\end{vmatrix}=70-384+3-168-120+4=-595,$$

$$A_{43}=(-1)^{4+3}\Delta_{43}=-\begin{vmatrix}7&8&1\\1&-3&8\\-4&1&10\end{vmatrix}=-(-210-256+1-56-80-12)=613.$$

よって，

$$|A|=a_{41}A_{41}+a_{42}A_{42}+a_{43}A_{43}+a_{44}A_{44}$$

$$=1\cdot(-334)+5\cdot(-595)+(-8)\cdot 613+0\cdot A_{44}=-8213.$$

(5) $$A_{43}=(-1)^{4+3}\Delta_{43}=-\begin{vmatrix}3&4&8&5\\2&0&1&-2\\5&-1&2&1\\1&0&7&8\end{vmatrix}=\begin{vmatrix}5&-1&2&1\\2&0&1&-2\\3&4&8&5\\1&0&7&8\end{vmatrix}$$

$$=-\begin{vmatrix}-1&5&2&1\\0&2&1&-2\\4&3&8&5\\0&1&7&8\end{vmatrix}\overset{\times 4}{}=-\begin{vmatrix}-1&5&2&1\\0&2&1&-2\\0&23&16&9\\0&1&7&8\end{vmatrix}\overset{\text{次数下げ}}{=}\begin{vmatrix}2&1&-2\\23&16&9\\1&7&8\end{vmatrix}$$

$$= 256 + 9 - 322 - 126 - 184 + 32 = -335.$$

よって,

$$\begin{aligned}|A| &= a_{13}A_{13} + a_{23}A_{23} + a_{33}A_{33} + a_{43}A_{43} + a_{53}A_{53} \\ &= 0 \cdot A_{13} + 0 \cdot A_{23} + 0 \cdot A_{33} + 7 \cdot (-335) + 0 \cdot A_{53} = -2345.\end{aligned}$$

(6)

$$A_{21} = (-1)^{2+1}\Delta_{21} = -\begin{vmatrix} \overset{\curvearrowleft \times(-1)}{5} & 4 & 7 & 3 \\ 3 & 2 & 10 & 4 \\ 2 & -3 & 5 & 2 \\ 7 & 6 & 4 & 2 \end{vmatrix} = -\begin{vmatrix} 1 & 4 & 7 & 3 \\ 1 & 2 & 10 & 4 \\ 5 & -3 & 5 & 2 \\ 1 & 6 & 4 & 2 \end{vmatrix}\begin{array}{l} \\ \leftarrow \times(-1) \\ \leftarrow \times(-5) \\ \leftarrow \times(-1) \end{array}$$

$$= -\begin{vmatrix} 1 & 4 & 7 & 3 \\ 0 & -2 & 3 & 1 \\ 0 & -23 & -30 & -13 \\ 0 & 2 & -3 & -1 \end{vmatrix} \overset{\text{次数下げ}}{=} -\begin{vmatrix} -2 & 3 & 1 \\ -23 & -30 & -13 \\ 2 & -3 & -1 \end{vmatrix}\begin{array}{l} \times 1 \\ \\ \leftarrow \end{array}$$

$$= -\begin{vmatrix} -2 & 3 & 1 \\ -23 & -30 & -13 \\ 0 & 0 & 0 \end{vmatrix} = 0.$$

$$A_{24} = (-1)^{2+4}\Delta_{24} = \begin{array}{r} \times(-1) \\ \\ \times(-9) \rightarrow \\ \rightarrow \end{array}\begin{vmatrix} 1 & 5 & 4 & 3 \\ 1 & 3 & 2 & 4 \\ 9 & 2 & -3 & 2 \\ 1 & 7 & 6 & 2 \end{vmatrix}\begin{array}{l} \\ \leftarrow \times(-1) \\ \\ \\ \end{array} = \begin{vmatrix} 1 & 5 & 4 & 3 \\ 0 & -2 & -2 & 1 \\ 0 & -43 & -39 & -25 \\ 0 & 2 & 2 & -1 \end{vmatrix}$$

$$\overset{\text{次数下げ}}{=} \begin{vmatrix} -2 & -2 & 1 \\ -43 & -39 & -25 \\ 2 & 2 & -1 \end{vmatrix}\begin{array}{l} \times 1 \\ \\ \leftarrow \end{array} = \begin{vmatrix} -2 & -2 & 1 \\ -43 & -39 & -25 \\ 0 & 0 & 0 \end{vmatrix} = 0.$$

よって,

$$\begin{aligned}|A| &= a_{21}A_{21} + a_{22}A_{22} + a_{23}A_{23} + a_{24}A_{24} + a_{25}A_{25} \\ &= 3 \cdot 0 + 0 \cdot A_{22} + 0 \cdot A_{23} + 2 \cdot 0 + 0 \cdot A_{25} = 0.\end{aligned}$$

§ 1.9　逆行列とクラメルの公式

解説　n 次の正方行列に対して, 前節の定理 1.21 は次のように書き換えることができる.

定理 1.22　$M_n \ni A = (a_{ij})$ について, 次が成り立つ.

(1) $a_{k1}A_{\ell 1} + a_{k2}A_{\ell 2} + \cdots + a_{kn}A_{\ell n} = \begin{cases} |A| & (k = \ell) \\ 0 & (k \neq \ell) \end{cases}$

(2) $a_{1k}A_{1\ell} + a_{2k}A_{2\ell} + \cdots + a_{nk}A_{n\ell} = \begin{cases} |A| & (k = \ell) \\ 0 & (k \neq \ell) \end{cases}$

n 次正方行列の逆行列　記述を簡単にするために, いくつか用語を準備する.

定義 1.34　$M_n \ni A$ に対して, (i, j) 余因子 A_{ij} を (i, j) 成分とする行列 $\widetilde{A}$ の転置行列 ${}^t\widetilde{A}$ を A の**余因子行列**という:

$${}^t\widetilde{A} := \begin{pmatrix} A_{11} & A_{21} & \cdots & A_{n1} \\ A_{12} & A_{22} & \cdots & A_{n2} \\ \vdots & \vdots & & \vdots \\ A_{1n} & A_{2n} & \cdots & A_{nn} \end{pmatrix}.$$

次の定理 1.23 は, 正則行列となるための必要十分条件と逆行列の計算方法として重要である.

定理 1.23　$M_n \ni A$ に対して,

$$A \text{が正則行列} \iff |A| \neq 0$$

が成り立つ. 特に, A が正則行列のとき,

$$A^{-1} = \frac{1}{|A|}{}^t\widetilde{A} = \frac{1}{|A|}\begin{pmatrix} A_{11} & A_{21} & \cdots & A_{n1} \\ A_{12} & A_{22} & \cdots & A_{n2} \\ \vdots & \vdots & & \vdots \\ A_{1n} & A_{2n} & \cdots & A_{nn} \end{pmatrix}$$

であり, $|A^{-1}| = |A|^{-1}$ である.

クラメルの公式　行列式を使って連立方程式を解くことを考える.

定義 1.35　$x_1, x_2, \ldots, x_n$ を未知数とする n 元連立1次方程式

$$\begin{cases} a_{11}x_1 + a_{12}x_2 + \cdots + a_{1n}x_n = b_1 \\ a_{21}x_1 + a_{22}x_2 + \cdots + a_{2n}x_n = b_2 \\ \qquad\cdots \\ a_{n1}x_1 + a_{n2}x_2 + \cdots + a_{nn}x_n = b_n \end{cases} \tag{1.2}$$

に対して, その係数をならべた行列

$$A = \begin{pmatrix} a_{11} & a_{12} & \cdots & a_{1n} \\ a_{21} & a_{22} & \cdots & a_{2n} \\ & \cdots & & \\ a_{n1} & a_{n2} & \cdots & a_{nn} \end{pmatrix}$$

を連立 1 次方程式 (1.2) の**係数**(けいすう)**行列**という.

$$\boldsymbol{x} = \begin{pmatrix} x_1 \\ x_2 \\ \vdots \\ x_n \end{pmatrix}, \ \boldsymbol{b} = \begin{pmatrix} b_1 \\ b_2 \\ \vdots \\ b_n \end{pmatrix}$$ とすれば, (1.2) 式は, 行列の積を使って

$$A\boldsymbol{x} = \boldsymbol{b}$$

と表される. 係数行列 A が正則行列となるとき, 次の定理 1.24 のように, 各変数 x_i は, 行列式を使って計算することができる.

定理 1.24 (クラメルの公式) n 元連立 1 次方程式

$$\begin{cases} a_{11}x_1 + a_{12}x_2 + \cdots + a_{1n}x_n = b_1 \\ a_{21}x_1 + a_{22}x_2 + \cdots + a_{2n}x_n = b_2 \\ \qquad \cdots \\ a_{n1}x_1 + a_{n2}x_2 + \cdots + a_{nn}x_n = b_n \end{cases}$$

について, 係数行列 A が $|A| \neq 0$ を満たすならば, この連立方程式は, ただ 1 組の解をもち, 各変数 x_j は,

$$x_j = \frac{1}{|A|} \begin{vmatrix} a_{11} & \cdots & b_1 & \cdots & a_{1n} \\ a_{21} & \cdots & b_2 & \cdots & a_{2n} \\ \vdots & & \vdots & & \vdots \\ a_{n1} & \cdots & b_n & \cdots & a_{nn} \end{vmatrix} \quad (j = 1, 2, \ldots, n)$$

第 j 列

と書くことができる.

解が正しく求められたかどうかは, もとの連立方程式に代入して確認すればよい.

例題 1.31 行列 $A = \begin{pmatrix} 2 & 0 & 1 \\ 1 & 2 & 1 \\ 0 & 1 & 2 \end{pmatrix}$ の逆行列 A^{-1} を余因子を計算して求めよ.

解答　A の行列式を計算すると, $|A| = \begin{vmatrix} 2 & 0 & 1 \\ 1 & 2 & 1 \\ 0 & 1 & 2 \end{vmatrix} = 8+0+1-0-0-2 = 7 \neq 0$ であるから, A は正則行列である. 次に, A の余因子を計算すると,

$$A_{11} = \begin{vmatrix} 2 & 1 \\ 1 & 2 \end{vmatrix} = 3, \quad A_{12} = -\begin{vmatrix} 1 & 1 \\ 0 & 2 \end{vmatrix} = -2, \quad A_{13} = \begin{vmatrix} 1 & 2 \\ 0 & 1 \end{vmatrix} = 1,$$

$$A_{21} = -\begin{vmatrix} 0 & 1 \\ 1 & 2 \end{vmatrix} = 1, \quad A_{22} = \begin{vmatrix} 2 & 1 \\ 0 & 2 \end{vmatrix} = 4, \quad A_{23} = -\begin{vmatrix} 2 & 0 \\ 0 & 1 \end{vmatrix} = -2,$$

$$A_{31} = \begin{vmatrix} 0 & 1 \\ 2 & 1 \end{vmatrix} = -2, \quad A_{32} = -\begin{vmatrix} 2 & 1 \\ 1 & 1 \end{vmatrix} = -1, \quad A_{33} = \begin{vmatrix} 2 & 0 \\ 1 & 2 \end{vmatrix} = 4$$

であるから, A の余因子行列は,

$${}^t\widetilde{A} = \begin{pmatrix} A_{11} & A_{21} & A_{31} \\ A_{12} & A_{22} & A_{32} \\ A_{13} & A_{23} & A_{33} \end{pmatrix} = \begin{pmatrix} 3 & 1 & -2 \\ -2 & 4 & -1 \\ 1 & -2 & 4 \end{pmatrix}$$

となる. よって, 定理 1.23 より, A の逆行列は,

$$A^{-1} = \frac{1}{|A|}\,{}^t\widetilde{A} = \frac{1}{7}\begin{pmatrix} 3 & 1 & -2 \\ -2 & 4 & -1 \\ 1 & -2 & 4 \end{pmatrix}$$

である. ∎

例題 1.32　クラメルの公式を用いて次の連立1次方程式の解を求めよ.

(1) $\begin{cases} 2x + y = 3 \\ 7x + 4y = 5 \end{cases}$　　(2) $\begin{cases} 3x + 2y = 10 \\ 8x + 5y = 7 \end{cases}$

(3) $\begin{cases} -3x_1 - 2x_2 - 5x_3 = 4 \\ 2x_1 + x_2 + 4x_3 = 7 \\ -6x_1 - 4x_2 - 9x_3 = -5 \end{cases}$　　(4) $\begin{cases} 2x_1 - 8x_2 - 4x_3 = -4 \\ 3x_1 - x_3 = 8 \\ 9x_1 + 2x_2 - 2x_3 = 20 \end{cases}$

解答　(1) $\begin{vmatrix} 2 & 1 \\ 7 & 4 \end{vmatrix} = 1$ より, クラメルの公式から

$$x = \frac{1}{1}\begin{vmatrix} 3 & 1 \\ 5 & 4 \end{vmatrix} = 7. \quad y = \frac{1}{1}\begin{vmatrix} 2 & 3 \\ 7 & 5 \end{vmatrix} = -11.$$

よって, $(x, y) = (7, -11)$.

(2) $\begin{vmatrix} 3 & 2 \\ 8 & 5 \end{vmatrix} = -1$ より, クラメルの公式から

$$x = \frac{1}{-1}\begin{vmatrix} 10 & 2 \\ 7 & 5 \end{vmatrix} = -36. \quad y = \frac{1}{-1}\begin{vmatrix} 3 & 10 \\ 8 & 7 \end{vmatrix} = -(-59) = 59.$$

よって, $(x, y) = (-36, 59)$.

(3) $\begin{vmatrix} -3 & -2 & -5 \\ 2 & 1 & 4 \\ -6 & -4 & -9 \end{vmatrix} = 27+48+40-48-36-30 = 1$ より, クラメルの公式から

$$x_1 = \frac{1}{1}\begin{vmatrix} 4 & -2 & -5 \\ 7 & 1 & 4 \\ -5 & -4 & -9 \end{vmatrix} = -36+40+140+64-126-25 = 57.$$

$$x_2 = \frac{1}{1} \begin{vmatrix} -3 & 4 & -5 \\ 2 & 7 & 4 \\ -6 & -5 & -9 \end{vmatrix} = 189 - 96 + 50 - 60 + 72 - 210 = -55.$$

$$x_3 = \frac{1}{1} \begin{vmatrix} -3 & -2 & 4 \\ 2 & 1 & 7 \\ -6 & -4 & -5 \end{vmatrix} = 15 + 84 - 32 - 84 - 20 + 24 = -13.$$

よって, $(x_1, x_2, x_3) = (57, -55, -13)$.

(4) $\begin{vmatrix} 2 & -8 & -4 \\ 3 & 0 & -1 \\ 9 & 2 & -2 \end{vmatrix} = 0 + 72 - 24 + 4 - 48 - 0 = 4$ より, クラメルの公式から

$$x_1 = \frac{1}{4} \begin{vmatrix} -4 & -8 & -4 \\ 8 & 0 & -1 \\ 20 & 2 & -2 \end{vmatrix} = \frac{1}{4} \cdot (0 + 160 - 64 - 8 - 128 - 0) = -10.$$

$$x_2 = \frac{1}{4} \begin{vmatrix} 2 & -4 & -4 \\ 3 & 8 & -1 \\ 9 & 20 & -2 \end{vmatrix} = \frac{1}{4} \cdot (-32 + 36 - 240 + 40 - 24 + 288) = 17.$$

$$x_3 = \frac{1}{4} \begin{vmatrix} 2 & -8 & -4 \\ 3 & 0 & 8 \\ 9 & 2 & 20 \end{vmatrix} = \frac{1}{4} \cdot (0 - 576 - 24 - 32 + 480 - 0) = -38.$$

よって, $(x_1, x_2, x_3) = (-10, 17, -38)$.

例題 1.33　次の連立 1 次方程式をクラメルの公式を用いて解け.

$$\begin{cases} ax_1 + x_2 + x_3 = a \\ x_1 + ax_2 + x_3 = a \\ x_1 + x_2 + ax_3 = a \end{cases}$$

ただし, a は $a \neq 1, -2$ を満たす定数である.

解答　係数行列は, $A = \begin{pmatrix} a & 1 & 1 \\ 1 & a & 1 \\ 1 & 1 & a \end{pmatrix}$ であるから, A の行列式は,

$$|A| = \overset{\times(-a)}{\underset{}{\begin{vmatrix} a & 1 & 1 \\ 1 & a & 1 \\ 1 & 1 & a \end{vmatrix}}} \overset{\times(-1)}{=} \begin{vmatrix} a & 1 & 1 \\ 1-a & a-1 & 0 \\ 1-a^2 & 1-a & 0 \end{vmatrix} \overset{\text{第 3 列展開}}{=} 1 \cdot (-1)^{1+3} \begin{vmatrix} 1-a & a-1 \\ 1-a^2 & 1-a \end{vmatrix}$$

$$\overset{\text{共通因子}}{=} (a-1)^2 \begin{vmatrix} -1 & 1 \\ -a-1 & -1 \end{vmatrix} = (a-1)^2 \begin{vmatrix} -1 & 0 \\ -a-1 & -a-2 \end{vmatrix} = (a-1)^2(a+2)$$

のように因数分解できる. ここで, $a \neq 1, -2$ であるから, $|A| \neq 0$. ゆえに, 定理 1.24 によりクラメルの公式が使えて,

$$x_1 = \frac{1}{|A|} \overset{\times(-1)}{\underset{}{\begin{vmatrix} a & 1 & 1 \\ a & a & 1 \\ a & 1 & a \end{vmatrix}}} \overset{\times(-1)}{=} \frac{1}{|A|} \begin{vmatrix} a & 1 & 1 \\ 0 & a-1 & 0 \\ 0 & 0 & a-1 \end{vmatrix} = \frac{a(a-1)^2}{(a+2)(a-1)^2} = \frac{a}{a+2},$$

$$x_2 = \frac{1}{|A|} \left(\begin{vmatrix} a & a & 1 \\ 1 & a & 1 \\ 1 & a & a \end{vmatrix} \overset{\times(-1)}{} \right) \overset{\times(-1)}{=} \frac{1}{|A|} \begin{vmatrix} a & a & 1 \\ 1-a & 0 & 0 \\ 1-a & 0 & a-1 \end{vmatrix} \overset{\text{第 2 列展開}}{=} \frac{a(-1)^{1+2}}{|A|} \begin{vmatrix} 1-a & 0 \\ 1-a & a-1 \end{vmatrix}$$

$$= \frac{-a(a-1)(1-a)}{|A|} = \frac{a(a-1)^2}{(a-1)^2(a+2)} = \frac{a}{a+2},$$

$$x_3 = \frac{1}{|A|} \left(\begin{vmatrix} a & 1 & a \\ 1 & a & a \\ 1 & 1 & a \end{vmatrix} \overset{\times(-1)}{} \right) \overset{\times(-1)}{=} \frac{1}{|A|} \begin{vmatrix} a & 1 & a \\ 1-a & a-1 & 0 \\ 1-a & 0 & 0 \end{vmatrix} \overset{\text{第 3 列展開}}{=} \frac{a(-1)^{1+3}}{|A|} \begin{vmatrix} 1-a & a-1 \\ 1-a & 0 \end{vmatrix}$$

$$\overset{\text{サラス}}{=} \frac{a(a-1)^2}{|A|} = \frac{a}{a+2}.$$

以上より, 与えられた連立方程式の解は, $x_1 = x_2 = x_3 = \dfrac{a}{a+2}$, ただし, $a \neq 1, -2$. ▮

◆◆演習問題 § 1.9 ◆◆

1. 定理 1.23 を用いて次の行列 A が正則行列かどうか調べて, 正則行列のときは, その逆行列 A^{-1} を計算せよ.

(1) $A = \begin{pmatrix} 6 & 5 \\ 19 & 16 \end{pmatrix}$　　　　(2) $A = \begin{pmatrix} -14 & -5 \\ -3 & -1 \end{pmatrix}$

(3) $A = \begin{pmatrix} 8 & -2 \\ -24 & 6 \end{pmatrix}$　　　　(4) $A = \begin{pmatrix} 4 & 3 \\ 5 & -2 \end{pmatrix}$

(5) $A = \begin{pmatrix} 1 & 2 & -3 \\ -2 & -3 & 6 \\ 3 & 5 & -8 \end{pmatrix}$　　(6) $A = \begin{pmatrix} -1 & -2 & 4 \\ 7 & 13 & -28 \\ -6 & -4 & 23 \end{pmatrix}$

(7) $A = \begin{pmatrix} 2 & 5 & -3 \\ -3 & -1 & 4 \\ 1 & 9 & -2 \end{pmatrix}$　　(8) $A = \begin{pmatrix} 2 & 6 & -8 \\ -4 & -10 & 16 \\ -2 & -12 & 10 \end{pmatrix}$

(9) $A = \begin{pmatrix} 1 & 2 & 3 & 4 \\ 5 & 1 & 3 & 4 \\ 5 & 6 & 1 & 4 \\ 5 & 6 & 7 & 1 \end{pmatrix}$

2. クラメルの公式を用いて次の連立 1 次方程式の解を求めよ.

(1) $\begin{cases} 3x_1 + 7x_2 = 8 \\ 2x_1 + 5x_2 = 4 \end{cases}$　　　(2) $\begin{cases} 5x_1 - 9x_2 = -32 \\ -11x_1 + 7x_2 = -32 \end{cases}$

(3) $\begin{cases} 9x_1 - 2x_2 + 4x_3 = 3 \\ -8x_1 - 15x_2 = -5 \\ 2x_1 - x_2 + x_3 = 7 \end{cases}$　　(4) $\begin{cases} x_1 + 2x_2 - 3x_3 = 0 \\ 3x_1 + 5x_2 - 9x_3 = -777 \\ x_1 + 6x_2 - 2x_3 = 3885 \end{cases}$

(5) $\begin{cases} 2x_1 - x_2 + 3x_3 - 4x_4 = 5 \\ -3x_1 + 2x_2 + x_3 + 5x_4 = -4 \\ x_1 + 4x_2 - 3x_3 + 2x_4 = -5 \\ 5x_1 + 2x_2 + 4x_3 - x_4 = 3 \end{cases}$

◇演習問題の解答◇

1. (1) $|A| = \begin{vmatrix} 6 & 5 \\ 19 & 16 \end{vmatrix} = 1 \neq 0$ より A は正則行列であり,

$$A^{-1} = \frac{1}{1}\begin{pmatrix} 16 & -5 \\ -19 & 6 \end{pmatrix} = \begin{pmatrix} 16 & -5 \\ -19 & 6 \end{pmatrix}.$$

(2) $|A| = \begin{vmatrix} -14 & -5 \\ -3 & -1 \end{vmatrix} = -1 \neq 0$ より A は正則行列であり,

$$A^{-1} = \frac{1}{-1}\begin{pmatrix} -1 & 5 \\ 3 & -14 \end{pmatrix} = \begin{pmatrix} 1 & -5 \\ -3 & 14 \end{pmatrix}.$$

(3) $|A| = \begin{vmatrix} 8 & -2 \\ -24 & 6 \end{vmatrix} = 0$ より A は正則行列ではない.

(4) $|A| = \begin{vmatrix} 4 & 3 \\ 5 & -2 \end{vmatrix} = -23 \neq 0$ より A は正則行列であり,

$$A^{-1} = \frac{1}{-23}\begin{pmatrix} -2 & -3 \\ -5 & 4 \end{pmatrix} = \frac{1}{23}\begin{pmatrix} 2 & 3 \\ 5 & -4 \end{pmatrix}.$$

(5) $|A| = \begin{vmatrix} 1 & 2 & -3 \\ -2 & -3 & 6 \\ 3 & 5 & -8 \end{vmatrix} = 24 + 36 + 30 - 30 - 32 - 27 = 1 \neq 0$ より A は正則行列である.

$$A_{11} = \begin{vmatrix} -3 & 6 \\ 5 & -8 \end{vmatrix} = -6, \quad A_{12} = -\begin{vmatrix} -2 & 6 \\ 3 & -8 \end{vmatrix} = 2, \quad A_{13} = \begin{vmatrix} -2 & -3 \\ 3 & 5 \end{vmatrix} = -1,$$

$$A_{21} = -\begin{vmatrix} 2 & -3 \\ 5 & -8 \end{vmatrix} = 1, \quad A_{22} = \begin{vmatrix} 1 & -3 \\ 3 & -8 \end{vmatrix} = 1, \quad A_{23} = -\begin{vmatrix} 1 & 2 \\ 3 & 5 \end{vmatrix} = 1,$$

$$A_{31} = \begin{vmatrix} 2 & -3 \\ -3 & 6 \end{vmatrix} = 3, \quad A_{32} = -\begin{vmatrix} 1 & -3 \\ -2 & 6 \end{vmatrix} = 0, \quad A_{33} = \begin{vmatrix} 1 & 2 \\ -2 & -3 \end{vmatrix} = 1$$

より,

$$A^{-1} = \frac{1}{|A|}\begin{pmatrix} A_{11} & A_{21} & A_{31} \\ A_{12} & A_{22} & A_{32} \\ A_{13} & A_{23} & A_{33} \end{pmatrix} = \begin{pmatrix} -6 & 1 & 3 \\ 2 & 1 & 0 \\ -1 & 1 & 1 \end{pmatrix}.$$

(6) $|A| = \begin{vmatrix} -1 & -2 & 4 \\ 7 & 13 & -28 \\ -6 & -4 & 23 \end{vmatrix} = -299 - 336 - 112 + 112 + 322 + 312 = -1$ より A は正則行列である.

$$A_{11} = \begin{vmatrix} 13 & -28 \\ -4 & 23 \end{vmatrix} = 187, \quad A_{12} = -\begin{vmatrix} 7 & -28 \\ -6 & 23 \end{vmatrix} = 7, \quad A_{13} = \begin{vmatrix} 7 & 13 \\ -6 & -4 \end{vmatrix} = 50,$$

$$A_{21} = -\begin{vmatrix} -2 & 4 \\ -4 & 23 \end{vmatrix} = 30, \quad A_{22} = \begin{vmatrix} -1 & 4 \\ -6 & 23 \end{vmatrix} = 1, \quad A_{23} = -\begin{vmatrix} -1 & -2 \\ -6 & -4 \end{vmatrix} = 8,$$

$$A_{31} = \begin{vmatrix} -2 & 4 \\ 13 & -28 \end{vmatrix} = 4, \quad A_{32} = -\begin{vmatrix} -1 & 4 \\ 7 & -28 \end{vmatrix} = 0, \quad A_{33} = \begin{vmatrix} -1 & -2 \\ 7 & 13 \end{vmatrix} = 1$$

より,

$$A^{-1} = \frac{1}{|A|}\begin{pmatrix} A_{11} & A_{21} & A_{31} \\ A_{12} & A_{22} & A_{32} \\ A_{13} & A_{23} & A_{33} \end{pmatrix} = \frac{1}{-1}\begin{pmatrix} 187 & 30 & 4 \\ 7 & 1 & 0 \\ 50 & 8 & 1 \end{pmatrix} = \begin{pmatrix} -187 & -30 & -4 \\ -7 & -1 & 0 \\ -50 & -8 & -1 \end{pmatrix}.$$

(7) $|A| = \begin{vmatrix} 2 & 5 & -3 \\ -3 & -1 & 4 \\ 1 & 9 & -2 \end{vmatrix} = 4 + 20 + 81 - 72 - 30 - 3 = 0$ より A は正則行列ではない.

(8) $|A| = \begin{vmatrix} 2 & 6 & -8 \\ -4 & -10 & 16 \\ -2 & -12 & 10 \end{vmatrix} = -200 - 192 - 384 + 384 + 240 + 160 = 8 \neq 0$ より A は正則行列である.

$$A_{11} = \begin{vmatrix} -10 & 16 \\ -12 & 10 \end{vmatrix} = 92, \quad A_{12} = -\begin{vmatrix} -4 & 16 \\ -2 & 10 \end{vmatrix} = 8, \quad A_{13} = \begin{vmatrix} -4 & -10 \\ -2 & -12 \end{vmatrix} = 28,$$

$$A_{21} = -\begin{vmatrix} 6 & -8 \\ -12 & 10 \end{vmatrix} = 36, \quad A_{22} = \begin{vmatrix} 2 & -8 \\ -2 & 10 \end{vmatrix} = 4, \quad A_{23} = -\begin{vmatrix} 2 & 6 \\ -2 & -12 \end{vmatrix} = 12,$$

$$A_{31} = \begin{vmatrix} 6 & -8 \\ -10 & 16 \end{vmatrix} = 16, \quad A_{32} = -\begin{vmatrix} 2 & -8 \\ -4 & 16 \end{vmatrix} = 0, \quad A_{33} = \begin{vmatrix} 2 & 6 \\ -4 & -10 \end{vmatrix} = 4$$

より,

$$A^{-1} = \frac{1}{|A|}\begin{pmatrix} A_{11} & A_{21} & A_{31} \\ A_{12} & A_{22} & A_{32} \\ A_{13} & A_{23} & A_{33} \end{pmatrix} = \frac{1}{8}\begin{pmatrix} 92 & 36 & 16 \\ 8 & 4 & 0 \\ 28 & 12 & 4 \end{pmatrix} = \frac{1}{2}\begin{pmatrix} 23 & 9 & 4 \\ 2 & 1 & 0 \\ 7 & 3 & 1 \end{pmatrix}.$$

(9) $$A| = \begin{vmatrix} 1 & 2 & 3 & 4 \\ 5 & 1 & 3 & 4 \\ 5 & 6 & 1 & 4 \\ 5 & 6 & 7 & 1 \end{vmatrix} \times(-1) \times(-1) = \begin{vmatrix} 1 & 2 & 3 & 4 \\ 5 & 1 & 3 & 4 \\ 0 & 5 & -2 & 0 \\ 0 & 5 & 4 & -3 \end{vmatrix} \times(-5)$$

$$= \begin{vmatrix} 1 & 2 & 3 & 4 \\ 0 & -9 & -12 & -16 \\ 0 & 5 & -2 & 0 \\ 0 & 5 & 4 & -3 \end{vmatrix} \overset{\text{次数下げ}}{=} \begin{vmatrix} -9 & -12 & -16 \\ 5 & -2 & 0 \\ 5 & 4 & -3 \end{vmatrix}$$

$$= -54 + 0 - 320 - 0 - 180 - 160 = -714 \neq 0$$

より A は正則行列である. また §1.8 演習問題 2 の結果より

$$\begin{aligned} &A_{11} = 171, && A_{12} = -30, && A_{13} = -75, && A_{14} = -150, \\ &A_{21} = -144, && A_{22} = 138, && A_{23} = -12, && A_{24} = -24, \\ &A_{31} = -25, && A_{32} = -100, && A_{33} = 107, && A_{34} = -24, \\ &A_{41} = -8, && A_{42} = -32, && A_{43} = -80, && A_{44} = 78 \end{aligned}$$

であるから

$$A = \frac{1}{|A|}\begin{pmatrix} A_{11} & A_{21} & A_{31} & A_{41} \\ A_{12} & A_{22} & A_{32} & A_{42} \\ A_{13} & A_{23} & A_{33} & A_{43} \\ A_{14} & A_{24} & A_{34} & A_{44} \end{pmatrix} = \frac{1}{-714}\begin{pmatrix} 171 & -144 & -25 & -8 \\ -30 & 138 & -100 & -32 \\ -75 & -12 & 107 & -80 \\ -150 & -24 & -24 & 78 \end{pmatrix}$$

$$= \frac{1}{714}\begin{pmatrix} -171 & 144 & 25 & 8 \\ 30 & -138 & 100 & 32 \\ 75 & 12 & -107 & 80 \\ 150 & 24 & 24 & -78 \end{pmatrix}.$$

2. (1) $\begin{vmatrix} 3 & 7 \\ 2 & 5 \end{vmatrix} = 1$ より, クラメルの公式から

$$x_1 = \frac{1}{1}\begin{vmatrix} 8 & 7 \\ 4 & 5 \end{vmatrix} = 12. \qquad x_2 = \frac{1}{1}\begin{vmatrix} 3 & 8 \\ 2 & 4 \end{vmatrix} = -4.$$

よって, $(x_1, x_2) = (12, -4)$.

(2) $\begin{vmatrix} 5 & -9 \\ -11 & 7 \end{vmatrix} = -64$ より, クラメルの公式から

$$x_1 = \frac{1}{-64}\begin{vmatrix} -32 & -9 \\ -32 & 7 \end{vmatrix} = \frac{1}{2}\begin{vmatrix} 1 & -9 \\ 1 & 7 \end{vmatrix} = 8.$$

$$x_2 = \frac{1}{-64}\begin{vmatrix} 5 & -32 \\ -11 & -32 \end{vmatrix} = \frac{1}{2}\begin{vmatrix} 5 & 1 \\ -11 & 1 \end{vmatrix} = 8.$$

よって, $(x_1, x_2) = (8, 8)$.

(3) $\begin{vmatrix} 9 & -2 & 4 \\ -8 & -15 & 0 \\ 2 & -1 & 1 \end{vmatrix} = -135 + 0 + 32 - 0 - 16 + 120 = 1$ より, クラメルの公式から

$$x_1 = \frac{1}{1}\begin{vmatrix} 3 & -2 & 4 \\ -5 & -15 & 0 \\ 7 & -1 & 1 \end{vmatrix} = -45 + 0 + 20 - 0 - 10 + 420 = 385.$$

$$x_2 = \frac{1}{1}\begin{vmatrix} 9 & 3 & 4 \\ -8 & -5 & 0 \\ 2 & 7 & 1 \end{vmatrix} = -45 + 0 - 224 - 0 + 24 + 40 = -205.$$

$$x_3 = \frac{1}{1}\begin{vmatrix} 9 & -2 & 3 \\ -8 & -15 & -5 \\ 2 & -1 & 7 \end{vmatrix} = -945 + 20 + 24 - 45 - 112 + 90 = -968.$$

よって, $(x_1, x_2, x_3) = (385, -205, -968)$.

(4) $\begin{vmatrix} 1 & 2 & -3 \\ 3 & 5 & -9 \\ 1 & 6 & -2 \end{vmatrix} = -10 - 18 - 54 + 54 + 12 + 15 = -1$ より, クラメルの公式から

$$x_1 = \frac{1}{-1}\begin{vmatrix} 0 & 2 & -3 \\ -777 & 5 & -9 \\ 3885 & 6 & -2 \end{vmatrix} = -777 \cdot \begin{vmatrix} 0 & 2 & -3 \\ -1 & 5 & -9 \\ 5 & 6 & -2 \end{vmatrix}$$

$$= -777 \cdot (0 - 90 + 18 - 0 - 4 + 75) = 777.$$

$$x_2 = \frac{1}{-1}\begin{vmatrix} 1 & 0 & -3 \\ 3 & -777 & -9 \\ 1 & 3885 & -2 \end{vmatrix} = -777 \cdot \begin{vmatrix} 1 & 0 & -3 \\ 3 & -1 & -9 \\ 1 & 5 & -2 \end{vmatrix}$$

$$= -777 \cdot (2 + 0 - 45 + 45 - 0 - 3) = 777.$$

$$x_3 = \frac{1}{-1}\begin{vmatrix} 1 & 2 & 0 \\ 3 & 5 & -777 \\ 1 & 6 & 3885 \end{vmatrix} = -777 \cdot \begin{vmatrix} 1 & 2 & 0 \\ 3 & 5 & -1 \\ 1 & 6 & 5 \end{vmatrix}$$

$$= -777 \cdot (25 - 2 + 0 + 6 - 30 - 0) = 777.$$

よって, $(x_1, x_2, x_3) = (777, 777, 777)$.

(5)
$$\begin{vmatrix} 2 & -1 & 3 & -4 \\ -3 & 2 & 1 & 5 \\ 1 & 4 & -3 & 2 \\ 5 & 2 & 4 & -1 \end{vmatrix} = -\begin{vmatrix} -1 & 2 & 3 & -4 \\ 2 & -3 & 1 & 5 \\ 4 & 1 & -3 & 2 \\ 2 & 5 & 4 & -1 \end{vmatrix} \begin{matrix} \\ \times 2 \\ \times 4 \\ \times 2 \end{matrix}$$

$$= -\begin{vmatrix} -1 & 2 & 3 & -4 \\ 0 & 1 & 7 & -3 \\ 0 & 9 & 9 & -14 \\ 0 & 9 & 10 & -9 \end{vmatrix} \overset{\text{次数下げ}}{=} \begin{vmatrix} 1 & 7 & -3 \\ 9 & 9 & -14 \\ 9 & 10 & -9 \end{vmatrix} = -283$$

より, クラメルの公式から

$$x_1 = \frac{1}{-283}\begin{vmatrix} 5 & -1 & 3 & -4 \\ -4 & 2 & 1 & 5 \\ -5 & 4 & -3 & 2 \\ 3 & 2 & 4 & -1 \end{vmatrix}, \quad x_2 = \frac{1}{-283}\begin{vmatrix} 2 & 5 & 3 & -4 \\ -3 & -4 & 1 & 5 \\ 1 & -5 & -3 & 2 \\ 5 & 3 & 4 & -1 \end{vmatrix},$$

$$x_3 = \frac{1}{-283}\begin{vmatrix} 2 & -1 & 5 & -4 \\ -3 & 2 & -4 & 5 \\ 1 & 4 & -5 & 2 \\ 5 & 2 & 3 & -1 \end{vmatrix}, \quad x_4 = \frac{1}{-283}\begin{vmatrix} 2 & -1 & 3 & 5 \\ -3 & 2 & 1 & -4 \\ 1 & 4 & -3 & -5 \\ 5 & 2 & 4 & 3 \end{vmatrix}.$$

ここで

$$\begin{vmatrix} 5 & -1 & 3 & -4 \\ -4 & 2 & 1 & 5 \\ -5 & 4 & -3 & 2 \\ 3 & 2 & 4 & -1 \end{vmatrix} = -\begin{vmatrix} -1 & 5 & 3 & -4 \\ 2 & -4 & 1 & 5 \\ 4 & -5 & -3 & 2 \\ 2 & 3 & 4 & -1 \end{vmatrix} \begin{matrix} \\ \times 2 \\ \times 4 \\ \end{matrix}$$

$$= -\begin{vmatrix} -1 & 5 & 3 & -4 \\ 0 & 6 & 7 & -3 \\ 0 & 15 & 9 & -14 \\ 0 & 13 & 10 & -9 \end{vmatrix} \overset{\text{次数下げ}}{=} \begin{vmatrix} 6 & 7 & -3 \\ 15 & 9 & -14 \\ 13 & 10 & -9 \end{vmatrix} = -74,$$

$$\begin{vmatrix} 2 & 5 & 3 & -4 \\ -3 & -4 & 1 & 5 \\ 1 & -5 & -3 & 2 \\ 5 & 3 & 4 & -1 \end{vmatrix} = -\begin{vmatrix} 1 & -5 & -3 & 2 \\ -3 & -4 & 1 & 5 \\ 2 & 5 & 3 & -4 \\ 5 & 3 & 4 & -1 \end{vmatrix} \begin{matrix} \\ \times 3 \\ \times(-2) \\ \times(-5) \end{matrix}$$

$$= -\begin{vmatrix} 1 & -5 & -3 & 2 \\ 0 & -19 & -8 & 11 \\ 0 & 15 & 9 & -8 \\ 0 & 28 & 19 & -11 \end{vmatrix} \overset{\text{次数下げ}}{=} -\begin{vmatrix} -19 & -8 & 11 \\ 15 & 9 & -8 \\ 28 & 19 & -11 \end{vmatrix} = 172,$$

$$\begin{vmatrix} 2 & -1 & 5 & -4 \\ -3 & 2 & -4 & 5 \\ 1 & 4 & -5 & 2 \\ 5 & 2 & 3 & -1 \end{vmatrix} = -\begin{vmatrix} -1 & 2 & 5 & -4 \\ 2 & -3 & -4 & 5 \\ 4 & 1 & -5 & 2 \\ 2 & 5 & 3 & -1 \end{vmatrix} \begin{matrix} \\ \times 2 \\ \times 4 \\ \times 2 \end{matrix}$$

$$= -\begin{vmatrix} -1 & 2 & 5 & -4 \\ 0 & 1 & 6 & -3 \\ 0 & 9 & 15 & -14 \\ 0 & 9 & 13 & -9 \end{vmatrix} \overset{\text{次数下げ}}{=} \begin{vmatrix} 1 & 6 & -3 \\ 9 & 15 & -14 \\ 9 & 13 & -9 \end{vmatrix} = -169,$$

$$\overset{\curvearrowleft\!\curvearrowright}{\begin{vmatrix} 2 & -1 & 3 & 5 \\ -3 & 2 & 1 & -4 \\ 1 & 4 & -3 & -5 \\ 5 & 2 & 4 & 3 \end{vmatrix}} = - \begin{array}{r} \times 2 \\ \big(\\ \big(\\ \searrow \end{array} \begin{vmatrix} -1 & 2 & 3 & 5 \\ 2 & -3 & 1 & -4 \\ 4 & 1 & -3 & -5 \\ 2 & 5 & 4 & 3 \end{vmatrix} \begin{array}{l} \big) \\ \leftarrow \times 2 \\ \leftarrow \times 4 \\ \end{array} = - \begin{vmatrix} -1 & 2 & 3 & 5 \\ 0 & 1 & 7 & 6 \\ 0 & 9 & 9 & 15 \\ 0 & 9 & 10 & 13 \end{vmatrix}$$

$$\overset{\text{次数下げ}}{=} \begin{vmatrix} 1 & 7 & 6 \\ 9 & 9 & 15 \\ 9 & 10 & 13 \end{vmatrix} = 147$$

であるから

$$x_1 = \frac{1}{-283} \cdot (-74) = \frac{74}{283}, \qquad x_2 = \frac{1}{-283} \cdot 172 = -\frac{172}{283},$$

$$x_3 = \frac{1}{-283} \cdot (-169) = \frac{169}{283}, \qquad x_4 = \frac{1}{-283} \cdot 147 = -\frac{147}{283}.$$

よって, $(x_1, x_2, x_3, x_4) = \left(\dfrac{74}{283}, -\dfrac{172}{283}, \dfrac{169}{283}, -\dfrac{147}{283} \right)$.

§ 1.10　行列の基本変形

解説　行列を使って連立方程式を解くための準備をする.

行列の基本変形　次の行列に対する変形は, 連立方程式の消去法に対応するものとなる.

定義 1.36　行列に対して行う次の (I) ~ (III) の操作を**行基本変形**(ぎょうきほんへんけい)という.

(I)　ある行に 0 でない定数を掛ける,

(II)　2つの行を入れかえる,

(III)　ある行の定数倍を他の行に加える.

行列 A に有限回の行基本変形を行って行列 B を得ることを

$$A \longrightarrow B$$

によって表す.

簡単のため, この演習書では, 適宜

(I)　行列の 第 k 行を c 倍する変形を ⓚ $\times c$,

(II)　第 k 行と第 ℓ 行を入れかえる変形を ⓚ $\leftrightarrow$ ⓛ

(III)　第 k 行に第 ℓ 行の c 倍を加える変形を ⓚ $+$ ⓛ $\times c$

と表記することにする. また, 計算途中に矢印などにより変形操作を明示する.

定義 1.37　行列 $A = \begin{pmatrix} a_{11} & a_{12} & \cdots & a_{1n} \\ a_{21} & a_{22} & \cdots & a_{2n} \\ & \cdots & & \\ a_{m1} & a_{m2} & \cdots & a_{mn} \end{pmatrix} \in M(m,n)$ を列ベクトル $\boldsymbol{a}_1 = \begin{pmatrix} a_{11} \\ a_{21} \\ \vdots \\ a_{m1} \end{pmatrix}, \boldsymbol{a}_2 = \begin{pmatrix} a_{12} \\ a_{22} \\ \vdots \\ a_{m2} \end{pmatrix}, \ldots, \boldsymbol{a}_n = \begin{pmatrix} a_{1n} \\ a_{2n} \\ \vdots \\ a_{mn} \end{pmatrix}$ を使って $A = (\boldsymbol{a}_1 \ \boldsymbol{a}_2 \ \cdots \ \boldsymbol{a}_n)$ で表し, A の列ベクトルへの**分割**という.

$M(m,n) \ni A = (a_{ij})$ と列ベクトル $\boldsymbol{b} = \begin{pmatrix} b_1 \\ b_2 \\ \vdots \\ b_m \end{pmatrix}$ を横にならべてできる $m \times (n+1)$ 行列は, $\boldsymbol{a}_1 = \begin{pmatrix} a_{11} \\ a_{21} \\ \vdots \\ a_{m1} \end{pmatrix}, \boldsymbol{a}_2 = \begin{pmatrix} a_{12} \\ a_{22} \\ \vdots \\ a_{m2} \end{pmatrix}, \ldots, \boldsymbol{a}_n = \begin{pmatrix} a_{1n} \\ a_{2n} \\ \vdots \\ a_{mn} \end{pmatrix}$ を使って, $(\boldsymbol{a}_1 \ \boldsymbol{a}_2 \ \cdots \ \boldsymbol{a}_n \ \boldsymbol{b})$ と書

くことができる．列ベクトルへの分割と同様に，行列 A と列ベクトル $\boldsymbol{b}$ への分割と考えれば，これを $(A\ \boldsymbol{b})$ と書くこともできる．

定義 1.38 連立方程式

$$\begin{cases} a_{11}x_1 + a_{12}x_2 + \cdots + a_{1n}x_n = b_1 \\ \cdots \\ a_{m1}x_1 + a_{m2}x_2 + \cdots + a_{mn}x_n = b_m \end{cases} \tag{1.3}$$

を，係数行列 $A = \begin{pmatrix} a_{11} & a_{12} & \cdots & a_{1n} \\ & \cdots & & \\ a_{m1} & a_{m2} & \cdots & a_{mn} \end{pmatrix}$，$\boldsymbol{x} = \begin{pmatrix} x_1 \\ \vdots \\ x_n \end{pmatrix}$，$\boldsymbol{b} = \begin{pmatrix} b_1 \\ \vdots \\ b_m \end{pmatrix}$ を使って

$A\boldsymbol{x} = \boldsymbol{b}$ で表すとき，$(A\ \boldsymbol{b})$ を連立方程式 (1.3) の**拡大係数行列**（かくだいけいすう）といい，$\widehat{A}$ で表す．

定理 1.25 n 行の式からなる n 元連立 1 次方程式

$$\begin{cases} a_{11}x_1 + a_{12}x_2 + \cdots + a_{1n}x_n = b_1 \\ a_{21}x_1 + a_{22}x_2 + \cdots + a_{2n}x_n = b_2 \\ \cdots \\ a_{n1}x_1 + a_{n2}x_2 + \cdots + a_{nn}x_n = b_n \end{cases} \tag{1.4}$$

について，(1.4) の拡大係数行列 $\widehat{A} = (A\ \boldsymbol{b})$ が，行基本変形を使って，

$$\widehat{A} \longrightarrow (E\ \boldsymbol{c}) = \left(\begin{array}{cccc|c} 1 & & & O & c_1 \\ & 1 & & & c_2 \\ & & \ddots & & \vdots \\ O & & & 1 & c_n \end{array}\right)$$

と変形できるとき，連立方程式 (1.4) の解は，$\begin{pmatrix} x_1 \\ x_2 \\ \vdots \\ x_n \end{pmatrix} = \begin{pmatrix} c_1 \\ c_2 \\ \vdots \\ c_n \end{pmatrix}$ である．

基本行列　行基本変形を形式的に扱うために基本行列を導入する．

定義 1.39　n 次の単位行列 E_n に対して，行基本変形を行って得られる次の $P_k(c)$, $P_{k\ell}$, $P_{k\ell}(c)$ を E_n についての**基本行列**(きほんぎょうれつ)という．

(I)　E_n の第 k 行を c 倍する $(c \neq 0)$.

$$E_n \longrightarrow P_k(c) := \begin{pmatrix} 1 & & & & & & \\ & \ddots & & & & O & \\ & & 1 & & & & \\ & & & c & & & \\ & & & & 1 & & \\ & O & & & & \ddots & \\ & & & & & & 1 \end{pmatrix} \begin{matrix} \\ \\ \\ \text{第 } k \text{ 行} \\ \\ \\ \\ \end{matrix}$$

(II)　E_n の第 k 行と第 ℓ 行を入れかえる．

$$E_n \longrightarrow P_{k\ell} := \begin{pmatrix} 1 & & & & & & & & & & \\ & \ddots & & & & & & & O & & \\ & & 1 & & & & & & & & \\ & & & 0 & \cdots & \cdots & \cdots & 1 & & & \\ & & & \vdots & 1 & & & \vdots & & & \\ & & & \vdots & & \ddots & & \vdots & & & \\ & & & \vdots & & & 1 & \vdots & & & \\ & & & 1 & \cdots & \cdots & \cdots & 0 & & & \\ & & & & & & & & 1 & & \\ & O & & & & & & & & \ddots & \\ & & & & & & & & & & 1 \end{pmatrix} \begin{matrix} \\ \\ \\ \text{第 } k \text{ 行} \\ \\ \\ \\ \text{第 } \ell \text{ 行} \\ \\ \\ \\ \end{matrix}$$

(III)　E_n の第 k 行に第 ℓ 行の c 倍を加える．

1)　$k < \ell$ のとき，

$$E_n \longrightarrow P_{k\ell}(c) := \begin{pmatrix} 1 & & & & & & \\ & \ddots & & & & O & \\ & & 1 & \cdots & c & & \\ & & & \ddots & \vdots & & \\ & & & & 1 & & \\ & & O & & & \ddots & \\ & & & & & & 1 \end{pmatrix} \begin{matrix} \\ \\ \text{第 } k \text{ 行} \\ \\ \text{第 } \ell \text{ 行} \\ \\ \\ \end{matrix}$$

2)　$k > \ell$ のとき,

$$E_n \longrightarrow P_{k\ell}(c) := \begin{pmatrix} 1 & & & & & \\ & \ddots & & & O & \\ & & 1 & & & \\ & & \vdots & \ddots & & \\ & & c & \cdots & 1 & \\ & O & & & \ddots & \\ & & & & & 1 \end{pmatrix} \begin{matrix} \\ \\ \text{第}\,\ell\,\text{行} \\ \\ \text{第}\,k\,\text{行} \\ \\ \\ \end{matrix}$$

行列 A に行基本変形を行うことと, A の左から基本行列を掛けることとは同値である.

定理 1.26　$M(m,n) \ni A$ に対して, m 次単位行列 E_m についての基本行列を $P_k(c)$, $P_{k\ell}$, $P_{k\ell}(c)$ とするとき, それぞれ,

(I)　A の第 k 行を c 倍することにより, $A \longrightarrow P_k(c)A$,

(II)　A の第 k 行と第 ℓ 行を入れかえることにより, $A \longrightarrow P_{k\ell}A$,

(III)　A の第 k 行に第 ℓ 行の c 倍を加えることにより, $A \longrightarrow P_{k\ell}(c)A$

をそれぞれ得る.

最後に, 基本行列の性質として次の定理 1.27 を紹介する.

定理 1.27　n 次単位行列 E_n についての基本行列 $P_k(c)$, $P_{k\ell}$, $P_{k\ell}(c)$ は, いずれも正則行列で, 逆行列は, それぞれ次の基本行列である.

$$P_k(c)^{-1} = P_k(c^{-1}), \quad {P_{k\ell}}^{-1} = P_{k\ell}, \quad P_{k\ell}(c)^{-1} = P_{k\ell}(-c).$$

例題 1.34　行列の行基本変形を用いて次の連立 1 次方程式の解を求めよ.

(1) $\begin{cases} x_1 + 2x_2 + x_3 = 9 \\ 3x_1 + 7x_2 + 5x_3 = 28 \\ -2x_1 - 4x_2 - x_3 = -19 \end{cases}$　　(2) $\begin{cases} x_1 + 3x_2 + 2x_3 = -1 \\ -x_1 + 2x_2 + 4x_3 = -12 \\ 2x_1 - 3x_2 + x_3 = -2 \end{cases}$

解答　(1)　拡大係数行列に行基本変形を施していく:

$$\left(\begin{array}{ccc|c} 1 & 2 & 1 & 9 \\ 3 & 7 & 5 & 28 \\ -2 & -4 & -1 & -19 \end{array}\right) \begin{matrix} \times(-3) \\ \times 2 \end{matrix} \longrightarrow \left(\begin{array}{ccc|c} 1 & 2 & 1 & 9 \\ 0 & 1 & 2 & 1 \\ 0 & 0 & 1 & -1 \end{array}\right) \times(-2)$$

$$\longrightarrow \left(\begin{array}{ccc|c} 1 & 0 & -3 & 7 \\ 0 & 1 & 2 & 1 \\ 0 & 0 & 1 & -1 \end{array}\right) \begin{matrix} \times 3 \\ \times(-2) \end{matrix} \longrightarrow \left(\begin{array}{ccc|c} 1 & 0 & 0 & 4 \\ 0 & 1 & 0 & 3 \\ 0 & 0 & 1 & -1 \end{array}\right).$$

よって, $(x_1, x_2, x_3) = (4, 3, -1)$.

(2)　拡大係数行列に行基本変形を施していく:

$$
\left(\begin{array}{ccc|c} 1 & 3 & 2 & -1 \\ -1 & 2 & 4 & -12 \\ 2 & -3 & 1 & -2 \end{array}\right){\scriptstyle \times(-2),\ \times 1}
\longrightarrow
\left(\begin{array}{ccc|c} 1 & 3 & 2 & -1 \\ 0 & 5 & 6 & -13 \\ 0 & -9 & -3 & 0 \end{array}\right){\scriptstyle \times 2}
$$

$$
\longrightarrow
\left(\begin{array}{ccc|c} 1 & 3 & 2 & -1 \\ 0 & 5 & 6 & -13 \\ 0 & 1 & 9 & -26 \end{array}\right)
\longrightarrow
\left(\begin{array}{ccc|c} 1 & 3 & 2 & -1 \\ 0 & 1 & 9 & -26 \\ 0 & 5 & 6 & -13 \end{array}\right){\scriptstyle \times(-3),\ \times(-5)}
$$

$$
\longrightarrow
\left(\begin{array}{ccc|c} 1 & 0 & -25 & 77 \\ 0 & 1 & 9 & -26 \\ 0 & 0 & -39 & 117 \end{array}\right){\scriptstyle \times\left(\frac{-1}{39}\right)}
\longrightarrow
\left(\begin{array}{ccc|c} 1 & 0 & -25 & 77 \\ 0 & 1 & 9 & -26 \\ 0 & 0 & 1 & -3 \end{array}\right){\scriptstyle \times 25,\ \times(-9)}
$$

$$
\longrightarrow
\left(\begin{array}{ccc|c} 1 & 0 & 0 & 2 \\ 0 & 1 & 0 & 1 \\ 0 & 0 & 1 & -3 \end{array}\right).
$$

よって, $(x_1, x_2, x_3) = (2, 1, -3)$. ∎

例題 1.35　連立 1 次方程式 $\begin{cases} -4x_1 - 9x_2 = -4 \\ -2x_1 + 3x_2 - 6x_3 = -2 \\ 4x_1 + 6x_3 = 3 \end{cases}$ の解を行基本変形を使って求めよ.

解答　拡大係数行列 $\widehat{A}$ は次のように行基本変形により変形することができる.

$$
\widehat{A} =
\left(\begin{array}{ccc|c} -4 & -9 & 0 & -4 \\ -2 & 3 & -6 & -2 \\ 4 & 0 & 6 & 3 \end{array}\right){\scriptstyle \times(-2),\ \times 2}
\longrightarrow
\left(\begin{array}{ccc|c} 0 & -15 & 12 & 0 \\ -2 & 3 & -6 & -2 \\ 0 & 6 & -6 & -1 \end{array}\right)
$$

$$
\longrightarrow
\left(\begin{array}{ccc|c} -2 & 3 & -6 & -2 \\ 0 & -15 & 12 & 0 \\ 0 & 6 & -6 & -1 \end{array}\right){\scriptstyle \times \frac{1}{3}}
\longrightarrow
\left(\begin{array}{ccc|c} -2 & 3 & -6 & -2 \\ 0 & -5 & 4 & 0 \\ 0 & 6 & -6 & -1 \end{array}\right){\scriptstyle \times 1}
$$

$$
\longrightarrow
\left(\begin{array}{ccc|c} -2 & 3 & -6 & -2 \\ 0 & -5 & 4 & 0 \\ 0 & 1 & -2 & -1 \end{array}\right){\scriptstyle \times(-3),\ \times 5}
\longrightarrow
\left(\begin{array}{ccc|c} -2 & 0 & 0 & 1 \\ 0 & 0 & -6 & -5 \\ 0 & 1 & -2 & -1 \end{array}\right){\scriptstyle \times\left(-\frac{1}{2}\right),\ \times\left(-\frac{1}{6}\right)}
$$

$$
\longrightarrow
\left(\begin{array}{ccc|c} 1 & 0 & 0 & -\frac{1}{2} \\ 0 & 0 & 1 & \frac{5}{6} \\ 0 & 1 & -2 & -1 \end{array}\right){\scriptstyle \times 2}
\longrightarrow
\left(\begin{array}{ccc|c} 1 & 0 & 0 & -\frac{1}{2} \\ 0 & 0 & 1 & \frac{5}{6} \\ 0 & 1 & 0 & \frac{2}{3} \end{array}\right)
\longrightarrow
\left(\begin{array}{ccc|c} 1 & 0 & 0 & -\frac{1}{2} \\ 0 & 1 & 0 & \frac{2}{3} \\ 0 & 0 & 1 & \frac{5}{6} \end{array}\right).
$$

よって, $(x_1, x_2, x_3) = \left(-\frac{1}{2}, \frac{2}{3}, \frac{5}{6}\right)$. ∎

例題 1.36 $A = \begin{pmatrix} -3 & 3 & -11 \\ -2 & -1 & -8 \\ -1 & -2 & -6 \end{pmatrix}$ に対して ③ × (−1), ① ↔ ③, ② + ① × 2, ③ + ① × 3, ③ + ② × (−3) を順に行って

$$A \longrightarrow PA$$

を得るとき, P と PA を求めよ.

解答 3 次単位行列 E_3 についての基本行列 $P_3(-1)$, P_{13}, $P_{21}(2)$, $P_{31}(3)$, $P_{32}(-3)$ を使えば, 定理 1.26 により $P = P_{32}(-3)P_{31}(3)P_{21}(2)P_{13}P_3(-1)$ であるから,

$$P = \begin{pmatrix} 1 & 0 & 0 \\ 0 & 1 & 0 \\ 0 & -3 & 1 \end{pmatrix}\begin{pmatrix} 1 & 0 & 0 \\ 0 & 1 & 0 \\ 3 & 0 & 1 \end{pmatrix}\begin{pmatrix} 1 & 0 & 0 \\ 2 & 1 & 0 \\ 0 & 0 & 1 \end{pmatrix}\begin{pmatrix} 0 & 0 & 1 \\ 0 & 1 & 0 \\ 1 & 0 & 0 \end{pmatrix}\begin{pmatrix} 1 & 0 & 0 \\ 0 & 1 & 0 \\ 0 & 0 & -1 \end{pmatrix}$$

$$= \begin{pmatrix} 0 & 0 & -1 \\ 0 & 1 & -2 \\ 1 & -3 & 3 \end{pmatrix}.$$

また

$$PA = \begin{pmatrix} 0 & 0 & -1 \\ 0 & 1 & -2 \\ 1 & -3 & 3 \end{pmatrix}\begin{pmatrix} -3 & 3 & -11 \\ -2 & -1 & -8 \\ -1 & -2 & -6 \end{pmatrix} = \begin{pmatrix} 1 & 2 & 6 \\ 0 & 3 & 4 \\ 0 & 0 & -5 \end{pmatrix}.$$

∎

◆◆演習問題 § 1.10 ◆◆

1. 行列の行基本変形を用いて次の連立1次方程式の解を求めよ.

(1) $\begin{cases} x_1 - 3x_2 + 4x_3 = 8 \\ 2x_1 - x_2 + 3x_3 = 11 \\ -x_1 + 2x_2 - 5x_3 = -11 \end{cases}$　　(2) $\begin{cases} 2x_1 + x_2 + 3x_3 = -26 \\ x_1 - 5x_2 + 2x_3 = 6 \\ 3x_1 + 4x_3 = -30 \end{cases}$

(3) $\begin{cases} x_1 - x_2 + 2x_3 - 3x_4 = -1 \\ -x_1 + 2x_2 + x_3 + x_4 = 3 \\ -x_1 + 3x_2 + 2x_3 - x_4 = 3 \\ x_1 + x_2 + 4x_3 + x_4 = 7 \end{cases}$　　(4) $\begin{cases} 5x_1 + x_2 + 2x_3 - 3x_4 = 5 \\ 4x_1 - 3x_2 + 2x_3 + 5x_4 = 4 \\ 3x_1 + 2x_2 + 4x_3 - x_4 = 3 \\ 2x_1 - x_2 + 3x_3 + x_4 = 2 \end{cases}$

2. (1) $A = \begin{pmatrix} 2 & 3 & 1 \\ 1 & 4 & 2 \end{pmatrix}$ に対して ① $\leftrightarrow$ ②, ② $+$ ① $\times (-2)$ を順に行って $A \to PA$ を得るとき, P と PA を求めよ.

(2) $A = \begin{pmatrix} 1 & -3 & 5 & 1 \\ 2 & 0 & 2 & 1 \\ 1 & -9 & 13 & 2 \end{pmatrix}$ に対して ② $+$ ① $\times (-2)$, ③ $+$ ① $\times (-1)$, ③ $+$ ② を順に行って $A \to PA$ を得るとき, P と PA を求めよ.

(3) $A = \begin{pmatrix} 0 & 2 & -1 & 0 \\ 3 & 3 & 1 & 0 \\ 1 & 6 & -2 & -4 \\ 0 & 8 & -4 & 1 \end{pmatrix}$ に対して ① $\leftrightarrow$ ③, ② $+$ ① $\times (-3)$, ② $+$ ③ $\times 8$, ① $+$ ② $\times (-6)$, ③ $+$ ② $\times (-2)$, ④ $+$ ② $\times (-8)$, ① $+$ ③ $\times (-4)$, ② $+$ ③, ④ $+$ ③ $\times (-4)$, ① $+$ ④ $\times (-20)$, ② $+$ ④ $\times 12$, ③ $+$ ④ $\times 24$ を順に行って $A \to PA$ を得るとき, P と PA を求めよ.

◇演習問題の解答◇

1. (1) 拡大係数行列に行基本変形を施していく:

$$
\times 1\left(\begin{array}{ccc|c} 1 & -3 & 4 & 8 \\ 2 & -1 & 3 & 11 \\ -1 & 2 & -5 & -11 \end{array}\right)\times(-2) \longrightarrow \left(\begin{array}{ccc|c} 1 & -3 & 4 & 8 \\ 0 & 5 & -5 & -5 \\ 0 & -1 & -1 & -3 \end{array}\right)\times\frac{1}{5}
$$

$$
\longrightarrow \left(\begin{array}{ccc|c} 1 & -3 & 4 & 8 \\ 0 & 1 & -1 & -1 \\ 0 & -1 & -1 & -3 \end{array}\right)\times 1 \longrightarrow \left(\begin{array}{ccc|c} 1 & -3 & 4 & 8 \\ 0 & 1 & -1 & -1 \\ 0 & 0 & -2 & -4 \end{array}\right)\times\left(-\frac{1}{2}\right)
$$

$$
\longrightarrow \left(\begin{array}{ccc|c} 1 & -3 & 4 & 8 \\ 0 & 1 & -1 & -1 \\ 0 & 0 & 1 & 2 \end{array}\right)\times 3 \longrightarrow \left(\begin{array}{ccc|c} 1 & 0 & 1 & 5 \\ 0 & 1 & -1 & -1 \\ 0 & 0 & 1 & 2 \end{array}\right)\begin{matrix}\times(-1) \\ \times 1\end{matrix}
$$

$$
\longrightarrow \left(\begin{array}{ccc|c} 1 & 0 & 0 & 3 \\ 0 & 1 & 0 & 1 \\ 0 & 0 & 1 & 2 \end{array}\right).
$$

よって, $(x_1, x_2, x_3) = (3, 1, 2)$.

(2) 拡大係数行列に行基本変形を施していく:

$$
\left(\begin{array}{ccc|c} 2 & 1 & 3 & -26 \\ 1 & -5 & 2 & 6 \\ 3 & 0 & 4 & -30 \end{array}\right) \longrightarrow \left(\begin{array}{ccc|c} 1 & -5 & 2 & 6 \\ 2 & 1 & 3 & -26 \\ 3 & 0 & 4 & -30 \end{array}\right)\begin{matrix}\times(-2) \\ \times(-3)\end{matrix}
$$

$$
\longrightarrow \left(\begin{array}{ccc|c} 1 & -5 & 2 & 6 \\ 0 & 11 & -1 & -38 \\ 0 & 15 & -2 & -48 \end{array}\right)\times\frac{1}{11} \longrightarrow \left(\begin{array}{ccc|c} 1 & -5 & 2 & 6 \\ 0 & 1 & -1/11 & -38/11 \\ 0 & 15 & -2 & -48 \end{array}\right)\begin{matrix}\times 5 \\ \times(-15)\end{matrix}
$$

$$
\longrightarrow \left(\begin{array}{ccc|c} 1 & 0 & 17/11 & -124/11 \\ 0 & 1 & -1/11 & -38/11 \\ 0 & 0 & -7/11 & 42/11 \end{array}\right)\times\left(\frac{-11}{7}\right) \longrightarrow \left(\begin{array}{ccc|c} 1 & 0 & 17/11 & -124/11 \\ 0 & 1 & -1/11 & -38/11 \\ 0 & 0 & 1 & -6 \end{array}\right)\begin{matrix}\times\left(-\frac{17}{11}\right) \\ \times\frac{1}{11}\end{matrix}
$$

$$
\longrightarrow \left(\begin{array}{ccc|c} 1 & 0 & 0 & -2 \\ 0 & 1 & 0 & -4 \\ 0 & 0 & 1 & -6 \end{array}\right).
$$

よって, $(x_1, x_2, x_3) = (-2, -4, -6)$.

(3) 拡大係数行列に行基本変形を施していく:

$$
\left(\begin{array}{cccc|c} 1 & -1 & 2 & -3 & -1 \\ -1 & 2 & 1 & 1 & 3 \\ -1 & 3 & 2 & -1 & 3 \\ 1 & 1 & 4 & 1 & 7 \end{array}\right)\begin{matrix}\times 1 \\ \times 1 \\ \times(-1)\end{matrix} \longrightarrow \left(\begin{array}{cccc|c} 1 & -1 & 2 & -3 & -1 \\ 0 & 1 & 3 & -2 & 2 \\ 0 & 2 & 4 & -4 & 2 \\ 0 & 2 & 2 & 4 & 8 \end{array}\right)\begin{matrix}\times 1 \\ \times(-2) \\ \times(-2)\end{matrix}
$$

$$\longrightarrow \left(\begin{array}{cccc:c} 1 & 0 & 5 & -5 & 1 \\ 0 & 1 & 3 & -2 & 2 \\ 0 & 0 & -2 & 0 & -2 \\ 0 & 0 & -4 & 8 & 4 \end{array}\right)\times\left(\frac{-1}{2}\right) \longrightarrow \left(\begin{array}{cccc:c} 1 & 0 & 5 & -5 & 1 \\ 0 & 1 & 3 & -2 & 2 \\ 0 & 0 & 1 & 0 & 1 \\ 0 & 0 & -4 & 8 & 4 \end{array}\right) \begin{matrix}\times(-5) \\ \times(-3) \\ \\ \times 4\end{matrix}$$

$$\longrightarrow \left(\begin{array}{cccc:c} 1 & 0 & 0 & -5 & -4 \\ 0 & 1 & 0 & -2 & -1 \\ 0 & 0 & 1 & 0 & 1 \\ 0 & 0 & 0 & 8 & 8 \end{array}\right)\times\frac{1}{8} \longrightarrow \left(\begin{array}{cccc:c} 1 & 0 & 0 & -5 & -4 \\ 0 & 1 & 0 & -2 & -1 \\ 0 & 0 & 1 & 0 & 1 \\ 0 & 0 & 0 & 1 & 1 \end{array}\right) \begin{matrix}\times 5 \\ \times 2 \\ \\ \\ \end{matrix}$$

$$\longrightarrow \left(\begin{array}{cccc:c} 1 & 0 & 0 & 0 & 1 \\ 0 & 1 & 0 & 0 & 1 \\ 0 & 0 & 1 & 0 & 1 \\ 0 & 0 & 0 & 1 & 1 \end{array}\right).$$

よって, $(x_1, x_2, x_3, x_4) = (1, 1, 1, 1)$.

(4)　拡大係数行列に行基本変形を施していく:

$$\left(\begin{array}{cccc:c} 5 & 1 & 2 & -3 & 5 \\ 4 & -3 & 2 & 5 & 4 \\ 3 & 2 & 4 & -1 & 3 \\ 2 & -1 & 3 & 1 & 2 \end{array}\right)\times(-1) \longrightarrow \left(\begin{array}{cccc:c} 1 & 4 & 0 & -8 & 1 \\ 4 & -3 & 2 & 5 & 4 \\ 3 & 2 & 4 & -1 & 3 \\ 2 & -1 & 3 & 1 & 2 \end{array}\right) \begin{matrix} \\ \times(-4) \\ \times(-3) \\ \times(-2)\end{matrix}$$

$$\longrightarrow \times(-2)\left(\begin{array}{cccc:c} 1 & 4 & 0 & -8 & 1 \\ 0 & -19 & 2 & 37 & 0 \\ 0 & -10 & 4 & 23 & 0 \\ 0 & -9 & 3 & 17 & 0 \end{array}\right)\times(-1) \longrightarrow \left(\begin{array}{cccc:c} 1 & 4 & 0 & -8 & 1 \\ 0 & -1 & -4 & 3 & 0 \\ 0 & -1 & 1 & 6 & 0 \\ 0 & -9 & 3 & 17 & 0 \end{array}\right)\times(-1)$$

$$\longrightarrow \times 9\left(\begin{array}{cccc:c} 1 & 4 & 0 & -8 & 1 \\ 0 & 1 & 4 & -3 & 0 \\ 0 & -1 & 1 & 6 & 0 \\ 0 & -9 & 3 & 17 & 0 \end{array}\right) \begin{matrix}\times(-4) \\ \\ \times 1 \\ \\ \end{matrix} \longrightarrow \left(\begin{array}{cccc:c} 1 & 0 & -16 & 4 & 1 \\ 0 & 1 & 4 & -3 & 0 \\ 0 & 0 & 5 & 3 & 0 \\ 0 & 0 & 39 & -10 & 0 \end{array}\right)\times(-8)$$

$$\longrightarrow \left(\begin{array}{cccc:c} 1 & 0 & -16 & 4 & 1 \\ 0 & 1 & 4 & -3 & 0 \\ 0 & 0 & 5 & 3 & 0 \\ 0 & 0 & -1 & -34 & 0 \end{array}\right) \longrightarrow \left(\begin{array}{cccc:c} 1 & 0 & -16 & 4 & 1 \\ 0 & 1 & 4 & -3 & 0 \\ 0 & 0 & -1 & -34 & 0 \\ 0 & 0 & 5 & 3 & 0 \end{array}\right)\times(-1)$$

$$\longrightarrow \times 16\left(\begin{array}{cccc:c} 1 & 0 & -16 & 4 & 1 \\ 0 & 1 & 4 & -3 & 0 \\ 0 & 0 & 1 & 34 & 0 \\ 0 & 0 & 5 & 3 & 0 \end{array}\right) \begin{matrix} \\ \times(-4) \\ \\ \times(-5)\end{matrix} \longrightarrow \left(\begin{array}{cccc:c} 1 & 0 & 0 & 548 & 1 \\ 0 & 1 & 0 & -139 & 0 \\ 0 & 0 & 1 & 34 & 0 \\ 0 & 0 & 0 & -167 & 0 \end{array}\right)\times\left(\frac{-1}{167}\right)$$

$$\longrightarrow \begin{matrix}\times(-548) \\ \times 139\end{matrix}\left(\begin{array}{cccc:c} 1 & 0 & 0 & 548 & 1 \\ 0 & 1 & 0 & -139 & 0 \\ 0 & 0 & 1 & 34 & 0 \\ 0 & 0 & 0 & 1 & 0 \end{array}\right)\times(-34) \longrightarrow \left(\begin{array}{cccc:c} 1 & 0 & 0 & 0 & 1 \\ 0 & 1 & 0 & 0 & 0 \\ 0 & 0 & 1 & 0 & 0 \\ 0 & 0 & 0 & 1 & 0 \end{array}\right).$$

よって, $(x_1, x_2, x_3, x_4) = (1, 0, 0, 0)$.

2. (1)　2次正方行列 E_2 についての基本行列 P_{12}, $P_{21}(-2)$ を使えば, 定理 1.26 により $P = P_{21}(-2)P_{12}$ であるから,

$$P = \begin{pmatrix} 1 & 0 \\ -2 & 1 \end{pmatrix}\begin{pmatrix} 0 & 1 \\ 1 & 0 \end{pmatrix} = \begin{pmatrix} 0 & 1 \\ 1 & -2 \end{pmatrix}.$$

また

$$PA = \begin{pmatrix} 0 & 1 \\ 1 & -2 \end{pmatrix}\begin{pmatrix} 2 & 3 & 1 \\ 1 & 4 & 2 \end{pmatrix} = \begin{pmatrix} 1 & 4 & 2 \\ 0 & -5 & -3 \end{pmatrix}.$$

(2)　3次正方行列 E_3 についての基本行列 $P_{21}(-2)$, $P_{31}(-1)$, $P_{32}(1)$ を使えば, 定理 1.26 により $P = P_{32}(1)P_{31}(-1)P_{21}(-2)$ であるから,

$$P = \begin{pmatrix} 1 & 0 & 0 \\ 0 & 1 & 0 \\ 0 & 1 & 1 \end{pmatrix}\begin{pmatrix} 1 & 0 & 0 \\ 0 & 1 & 0 \\ -1 & 0 & 1 \end{pmatrix}\begin{pmatrix} 1 & 0 & 0 \\ -2 & 1 & 0 \\ 0 & 0 & 1 \end{pmatrix} = \begin{pmatrix} 1 & 0 & 0 \\ -2 & 1 & 0 \\ -3 & 1 & 1 \end{pmatrix}.$$

また

$$PA = \begin{pmatrix} 1 & 0 & 0 \\ -2 & 1 & 0 \\ -3 & 1 & 1 \end{pmatrix}\begin{pmatrix} 1 & -3 & 5 & 1 \\ 2 & 0 & 2 & 1 \\ 1 & -9 & 13 & 2 \end{pmatrix} = \begin{pmatrix} 1 & -3 & 5 & 1 \\ 0 & 6 & -8 & -1 \\ 0 & 0 & 0 & 0 \end{pmatrix}.$$

(3)　4次単位行列 E_4 についての基本行列 P_{13}, $P_{21}(-3)$, $P_{23}(8)$, $P_{12}(-6)$, $P_{32}(-2)$, $P_{42}(-8)$, $P_{13}(-4)$, $P_{23}(1)$, $P_{43}(-4)$, $P_{14}(-20)$, $P_{24}(12)$, $P_{34}(24)$ を使えば, 定理 1.26 により

$$\begin{aligned} P = {} & P_{34}(24)P_{24}(12)P_{14}(-20)P_{43}(-4)P_{23}(1)P_{13}(-4)P_{42}(-8)P_{32}(-2)P_{12}(-6) \\ & \times P_{23}(8)P_{21}(-3)P_{13} \end{aligned}$$

であるから,

$$\begin{aligned} P = {} & \begin{pmatrix} 1 & 0 & 0 & 0 \\ 0 & 1 & 0 & 0 \\ 0 & 0 & 1 & 24 \\ 0 & 0 & 0 & 1 \end{pmatrix}\begin{pmatrix} 1 & 0 & 0 & 0 \\ 0 & 1 & 0 & 12 \\ 0 & 0 & 1 & 0 \\ 0 & 0 & 0 & 1 \end{pmatrix}\begin{pmatrix} 1 & 0 & 0 & -20 \\ 0 & 1 & 0 & 0 \\ 0 & 0 & 1 & 0 \\ 0 & 0 & 0 & 1 \end{pmatrix} \\ & \times \begin{pmatrix} 1 & 0 & 0 & 0 \\ 0 & 1 & 0 & 0 \\ 0 & 0 & 1 & 0 \\ 0 & 0 & -4 & 1 \end{pmatrix}\begin{pmatrix} 1 & 0 & 0 & 0 \\ 0 & 1 & 1 & 0 \\ 0 & 0 & 1 & 0 \\ 0 & 0 & 0 & 1 \end{pmatrix}\begin{pmatrix} 1 & 0 & -4 & 0 \\ 0 & 1 & 0 & 0 \\ 0 & 0 & 1 & 0 \\ 0 & 0 & 0 & 1 \end{pmatrix} \\ & \times \begin{pmatrix} 1 & 0 & 0 & 0 \\ 0 & 1 & 0 & 0 \\ 0 & 0 & 1 & 0 \\ 0 & -8 & 0 & 1 \end{pmatrix}\begin{pmatrix} 1 & 0 & 0 & 0 \\ 0 & 1 & 0 & 0 \\ 0 & -2 & 1 & 0 \\ 0 & 0 & 0 & 1 \end{pmatrix}\begin{pmatrix} 1 & -6 & 0 & 0 \\ 0 & 1 & 0 & 0 \\ 0 & 0 & 1 & 0 \\ 0 & 0 & 0 & 1 \end{pmatrix} \\ & \times \begin{pmatrix} 1 & 0 & 0 & 0 \\ 0 & 1 & 8 & 0 \\ 0 & 0 & 1 & 0 \\ 0 & 0 & 0 & 1 \end{pmatrix}\begin{pmatrix} 1 & 0 & 0 & 0 \\ -3 & 1 & 0 & 0 \\ 0 & 0 & 1 & 0 \\ 0 & 0 & 0 & 1 \end{pmatrix}\begin{pmatrix} 0 & 0 & 1 & 0 \\ 0 & 1 & 0 & 0 \\ 1 & 0 & 0 & 0 \\ 0 & 0 & 0 & 1 \end{pmatrix} \end{aligned}$$

$$= \begin{pmatrix} 92 & 2 & -5 & -20 \\ -55 & -1 & 3 & 12 \\ -111 & -2 & 6 & 24 \\ -4 & 0 & 0 & 1 \end{pmatrix}.$$

また

$$PA = \begin{pmatrix} 92 & 2 & -5 & -20 \\ -55 & -1 & 3 & 12 \\ -111 & -2 & 6 & 24 \\ -4 & 0 & 0 & 1 \end{pmatrix} \begin{pmatrix} 0 & 2 & -1 & 0 \\ 3 & 3 & 1 & 0 \\ 1 & 6 & -2 & -4 \\ 0 & 8 & -4 & 1 \end{pmatrix} = \begin{pmatrix} 1 & 0 & 0 & 0 \\ 0 & 1 & 0 & 0 \\ 0 & 0 & 1 & 0 \\ 0 & 0 & 0 & 1 \end{pmatrix}.$$

§ 1.11　行列の階数

解説　行列の重要な不変量の 1 つに階数があげられる．行列式と同様に階数を使って正則性の判定を行うことができる．

階段行列と階数

定義 1.40

$$A_r = \left(\begin{array}{cccccc} & \underline{\big|\, a_{1i_1}} & \cdots & & & \\ & & \underline{\big|\, a_{2i_2}} & \cdots & * & \\ & & & \ddots & & \\ & & & & \underline{\big|\, a_{ri_r}} & \cdots \\ & & O & & & \end{array}\right) \quad (a_{1i_1}, a_{2i_2}, \ldots, a_{ri_r} \neq 0)$$

のように，左下に 0 の成分が，段の高さがすべて 1 行分となるように r 段の階段状にならんでいる行列を r 階の**階段行列**（かいだんぎょうれつ）という．特に，階段行列 A_r の各行の 0 でない最左端の (k, i_k) 成分 a_{ki_k} $(k = 1, 2, \ldots, r)$ について，各 a_{ki_k} が 1 で 第 i_k 列の他の成分がすべて 0 となる階段行列を**簡約階段行列**（かんやくかいだんぎょうれつ）(**被約階段行列**（ひやくかいだんぎょうれつ）) という．ここで，$r = 0$ に対しては $A_0 = O$ とする．

上の定義において，r 階の r は，太い横線 (階段状の床の部分) ━━ の数を数えればよい．

定理 1.28　任意の行列 $A = (a_{ij}) \in M(m, n)$ に有限回の行基本変形を行って階段行列 A_r $(0 \leq r \leq m)$ に変形することができる．すなわち，

$$A \longrightarrow PA = A_r$$

となる正則行列 P が存在する．

定義 1.41　$M(m, n) \ni A$ について，A に行基本変形を繰り返し行って

$$A \longrightarrow A_r$$

と r 階の階段行列に変形されるとき，r を行列 A の**階数**または**ランク**といい，$r = \operatorname{rank} A$ と書く．

ランクは行基本変形の仕方によらず，行列に対して一意的に定まる．零行列 O に対しては，$\operatorname{rank} O = 0$ である．

次の定理 1.29 は，階数を使った正則性の判定の方法を与える．

定理 1.29　$M_n \ni A$ に対して，次の (1) から (3) は同値である．

(1)　A は正則行列である．

(2)　$\operatorname{rank} A = n$.

(3)　A は単位行列 E_n についての有限個の基本行列の積で表すことができる．

基本変形による逆行列の計算　定理 1.29 により, 行基本変形を使って逆行列を計算することができる.

定理 1.30　$M_n \ni A$ が正則行列のとき, A の右側に n 次単位行列 E_n をならべた $n \times 2n$ 行列 $(A\ E_n)$ に対して, $A \longrightarrow E_n$ となる行基本変形を行えば,

$$(A\ E_n) \longrightarrow (E_n\ A^{-1})$$

として, A^{-1} を小行列にもつ $n \times 2n$ 行列に変形できる.

行列 A に対して, 定理 1.30 の方法による A の逆行列の計算が, 途中で不可能となるとき, A は正則行列ではない.

例題 1.37　次の行列 A の階数 $\mathrm{rank}\,A$ を求めよ.

(1) $A = \begin{pmatrix} 1 & 2 \\ 5 & 3 \end{pmatrix}$　　(2) $A = \begin{pmatrix} 3 & -12 & 6 \\ -1 & 4 & -2 \end{pmatrix}$

(3) $A = \begin{pmatrix} 1 & 3 & -2 \\ -2 & -4 & 9 \\ 1 & 5 & 7 \end{pmatrix}$　　(4) $A = \begin{pmatrix} -2 & -6 & -3 & -2 \\ 1 & 3 & 2 & 0 \\ 3 & 9 & 9 & -6 \end{pmatrix}$

解答　(1) $A = \begin{pmatrix} 1 & 2 \\ 5 & 3 \end{pmatrix} \xrightarrow{\times(-5)} \begin{pmatrix} 1 & 2 \\ 0 & -7 \end{pmatrix}$.

よって, $\mathrm{rank}\,A = 2$.

(2) $A = \begin{pmatrix} 3 & -12 & 6 \\ -1 & 4 & -2 \end{pmatrix} \longrightarrow \begin{pmatrix} -1 & 4 & -2 \\ 3 & -12 & 6 \end{pmatrix} \xrightarrow{\times 3} \begin{pmatrix} -1 & 4 & -2 \\ 0 & 0 & 0 \end{pmatrix}$.

よって, $\mathrm{rank}\,A = 1$.

(3) $A = \begin{pmatrix} 1 & 3 & -2 \\ -2 & -4 & 9 \\ 1 & 5 & 7 \end{pmatrix} \xrightarrow{\times 2,\ \times(-1)} \begin{pmatrix} 1 & 3 & -2 \\ 0 & 2 & 5 \\ 0 & 2 & 9 \end{pmatrix} \xrightarrow{\times(-1)} \begin{pmatrix} 1 & 3 & -2 \\ 0 & 2 & 5 \\ 0 & 0 & 4 \end{pmatrix}$.

よって, $\mathrm{rank}\,A = 3$.

(4) $A = \begin{pmatrix} -2 & -6 & -3 & -2 \\ 1 & 3 & 2 & 0 \\ 3 & 9 & 9 & -6 \end{pmatrix} \longrightarrow \begin{pmatrix} 1 & 3 & 2 & 0 \\ -2 & -6 & -3 & -2 \\ 3 & 9 & 9 & -6 \end{pmatrix} \xrightarrow{\times 2,\ \times(-3)}$

$\longrightarrow \begin{pmatrix} 1 & 3 & 2 & 0 \\ 0 & 0 & 1 & -2 \\ 0 & 0 & 3 & -6 \end{pmatrix} \xrightarrow{\times(-3)} \begin{pmatrix} 1 & 3 & 2 & 0 \\ 0 & 0 & 1 & -2 \\ 0 & 0 & 0 & 0 \end{pmatrix}$.

よって, $\mathrm{rank}\,A = 2$. ∎

例題 1.38　行列 $A = \begin{pmatrix} 1 & 1 & 1 \\ 1 & 2 & 3 \\ 1 & x & x^2 \end{pmatrix}$ の階数を求めよ.

解答　A に対して, 行基本変形を行うと,

$$A = \begin{pmatrix} 1 & 1 & 1 \\ 1 & 2 & 3 \\ 1 & x & x^2 \end{pmatrix} \begin{matrix} \times(-1) \\ \times(-1) \end{matrix} \longrightarrow \begin{pmatrix} 1 & 1 & 1 \\ 0 & 1 & 2 \\ 0 & x-1 & x^2-1 \end{pmatrix} \times(-(x-1)) \longrightarrow \begin{pmatrix} 1 & 1 & 1 \\ 0 & 1 & 2 \\ 0 & 0 & x^2-2x+1 \end{pmatrix}$$

$$= \begin{pmatrix} 1 & 1 & 1 \\ 0 & 1 & 2 \\ 0 & 0 & (x-1)^2 \end{pmatrix}$$

のように変形される. よって, $x=1$ のとき, $\operatorname{rank} A = 2$ であり, $x \neq 1$ のとき $\operatorname{rank} A = 3$ となる. ▮

例題 1.39　次の行列 A の逆行列 A^{-1} を, 行基本変形を用いて求めよ.

(1)　$A = \begin{pmatrix} 4 & -8 & 9 \\ -1 & 3 & -3 \\ 3 & -6 & 7 \end{pmatrix}$　　　(2)　$A = \begin{pmatrix} -2 & 0 & 8 \\ 1 & -1 & -2 \\ 3 & -7 & 0 \end{pmatrix}$

解答　(1)

$$\left(\begin{array}{ccc|ccc} 4 & -8 & 9 & 1 & 0 & 0 \\ -1 & 3 & -3 & 0 & 1 & 0 \\ 3 & -6 & 7 & 0 & 0 & 1 \end{array}\right) \longrightarrow \left(\begin{array}{ccc|ccc} -1 & 3 & -3 & 0 & 1 & 0 \\ 4 & -8 & 9 & 1 & 0 & 0 \\ 3 & -6 & 7 & 0 & 0 & 1 \end{array}\right) \times(-1)$$

$$\longrightarrow \left(\begin{array}{ccc|ccc} 1 & -3 & 3 & 0 & -1 & 0 \\ 4 & -8 & 9 & 1 & 0 & 0 \\ 3 & -6 & 7 & 0 & 0 & 1 \end{array}\right) \begin{matrix} \times(-3) \\ \times(-4) \end{matrix} \longrightarrow \left(\begin{array}{ccc|ccc} 1 & -3 & 3 & 0 & -1 & 0 \\ 0 & 4 & -3 & 1 & 4 & 0 \\ 0 & 3 & -2 & 0 & 3 & 1 \end{array}\right) \times(-1)$$

$$\longrightarrow \left(\begin{array}{ccc|ccc} 1 & -3 & 3 & 0 & -1 & 0 \\ 0 & 1 & -1 & 1 & 1 & -1 \\ 0 & 3 & -2 & 0 & 3 & 1 \end{array}\right) \begin{matrix} \times 3 \\ \times(-3) \end{matrix} \longrightarrow \left(\begin{array}{ccc|ccc} 1 & 0 & 0 & 3 & 2 & -3 \\ 0 & 1 & -1 & 1 & 1 & -1 \\ 0 & 0 & 1 & -3 & 0 & 4 \end{array}\right) \times 1$$

$$\longrightarrow \left(\begin{array}{ccc|ccc} 1 & 0 & 0 & 3 & 2 & -3 \\ 0 & 1 & 0 & -2 & 1 & 3 \\ 0 & 0 & 1 & -3 & 0 & 4 \end{array}\right).$$

よって, $A^{-1} = \begin{pmatrix} 3 & 2 & -3 \\ -2 & 1 & 3 \\ -3 & 0 & 4 \end{pmatrix}$.

(2)

$$\left(\begin{array}{ccc|ccc} -2 & 0 & 8 & 1 & 0 & 0 \\ 1 & -1 & -2 & 0 & 1 & 0 \\ 3 & -7 & 0 & 0 & 0 & 1 \end{array}\right) \longrightarrow \left(\begin{array}{ccc|ccc} 1 & -1 & -2 & 0 & 1 & 0 \\ -2 & 0 & 8 & 1 & 0 & 0 \\ 3 & -7 & 0 & 0 & 0 & 1 \end{array}\right) \begin{matrix} \times 2 \\ \times(-3) \end{matrix}$$

$$\longrightarrow \left(\begin{array}{ccc|ccc} 1 & -1 & -2 & 0 & 1 & 0 \\ 0 & -2 & 4 & 1 & 2 & 0 \\ 0 & -4 & 6 & 0 & -3 & 1 \end{array}\right) \times(-2) \longrightarrow \left(\begin{array}{ccc|ccc} 1 & -1 & -2 & 0 & 1 & 0 \\ 0 & -2 & 4 & 1 & 2 & 0 \\ 0 & 0 & -2 & -2 & -7 & 1 \end{array}\right) \begin{matrix} \times(-1) \\ \times 2 \end{matrix}$$

$$\longrightarrow \left(\begin{array}{ccc|ccc} 1 & -1 & 0 & 2 & 8 & -1 \\ 0 & -2 & 0 & -3 & -12 & 2 \\ 0 & 0 & -2 & -2 & -7 & 1 \end{array}\right) \begin{matrix} \\ \times\left(-\frac{1}{2}\right) \\ \times\left(-\frac{1}{2}\right) \end{matrix}$$

$$\longrightarrow \left(\begin{array}{ccc|ccc} 1 & -1 & 0 & 2 & 8 & -1 \\ 0 & 1 & 0 & 3/2 & 6 & -1 \\ 0 & 0 & 1 & 1 & 7/2 & -1/2 \end{array}\right) \times 1$$

$$\longrightarrow \left(\begin{array}{ccc|ccc} 1 & 0 & 0 & 7/2 & 14 & -2 \\ 0 & 1 & 0 & 3/2 & 6 & -1 \\ 0 & 0 & 1 & 1 & 7/2 & -1/2 \end{array}\right).$$

よって, $A^{-1} = \begin{pmatrix} 7/2 & 14 & -2 \\ 3/2 & 6 & -1 \\ 1 & 7/2 & -1/2 \end{pmatrix} = \dfrac{1}{2}\begin{pmatrix} 7 & 28 & -4 \\ 3 & 12 & -2 \\ 2 & 7 & -1 \end{pmatrix}$. ∎

例題 1.40　行列 $\begin{pmatrix} 1 & 2 & -2 \\ -1 & 0 & 1 \\ 2 & 1 & -2 \end{pmatrix}$ の逆行列を求めよ.

解答　$A = \begin{pmatrix} 1 & 2 & -2 \\ -1 & 0 & 1 \\ 2 & 1 & -2 \end{pmatrix}$ に対して, $(A\ E)$ の行基本変形 $(A\ E) \longrightarrow (E\ A^{-1})$ により逆行列を求める.

$$(A\ E) = \left(\begin{array}{ccc|ccc} 1 & 2 & -2 & 1 & 0 & 0 \\ -1 & 0 & 1 & 0 & 1 & 0 \\ 2 & 1 & -2 & 0 & 0 & 1 \end{array}\right) \begin{matrix} \times 1,\ \times(-2) \end{matrix} \longrightarrow \left(\begin{array}{ccc|ccc} 1 & 2 & -2 & 1 & 0 & 0 \\ 0 & 2 & -1 & 1 & 1 & 0 \\ 0 & -3 & 2 & -2 & 0 & 1 \end{array}\right) \begin{matrix} \times(-1),\ \times 1 \end{matrix}$$

$$\longrightarrow \left(\begin{array}{ccc|ccc} 1 & 0 & -1 & 0 & -1 & 0 \\ 0 & 2 & -1 & 1 & 1 & 0 \\ 0 & -1 & 1 & -1 & 1 & 1 \end{array}\right) \longrightarrow \left(\begin{array}{ccc|ccc} 1 & 0 & -1 & 0 & -1 & 0 \\ 0 & -1 & 1 & -1 & 1 & 1 \\ 0 & 2 & -1 & 1 & 1 & 0 \end{array}\right) \times 2$$

$$\longrightarrow \left(\begin{array}{ccc|ccc} 1 & 0 & -1 & 0 & -1 & 0 \\ 0 & -1 & 1 & -1 & 1 & 1 \\ 0 & 0 & 1 & -1 & 3 & 2 \end{array}\right) \begin{matrix} \times 1,\ \times(-1) \end{matrix} \longrightarrow \left(\begin{array}{ccc|ccc} 1 & 0 & 0 & -1 & 2 & 2 \\ 0 & -1 & 0 & 0 & -2 & -1 \\ 0 & 0 & 1 & -1 & 3 & 2 \end{array}\right) \times(-1)$$

$$\longrightarrow \left(\begin{array}{ccc|ccc} 1 & 0 & 0 & -1 & 2 & 2 \\ 0 & 1 & 0 & 0 & 2 & 1 \\ 0 & 0 & 1 & -1 & 3 & 2 \end{array}\right)$$

となるから, A の逆行列は, $A^{-1} = \begin{pmatrix} -1 & 2 & 2 \\ 0 & 2 & 1 \\ -1 & 3 & 2 \end{pmatrix}$ である. ∎

◆◆演習問題 § 1.11 ◆◆

1. 次の行列 A の階数 $\operatorname{rank} A$ を求めよ．

(1) $A=\begin{pmatrix} 3 & 4 \\ 2 & 8 \end{pmatrix}$　(2) $A=\begin{pmatrix} -2 & 6 & 4 \\ 1 & -3 & -2 \end{pmatrix}$

(3) $A=\begin{pmatrix} 4 & 7 \\ 3 & 8 \\ -2 & 5 \end{pmatrix}$　(4) $A=\begin{pmatrix} 1 & 2 & -3 \\ -1 & 4 & 2 \\ -2 & 3 & 1 \end{pmatrix}$

(5) $A=\begin{pmatrix} 1 & 3 & -2 & 2 \\ 5 & 7 & 1 & 6 \\ 3 & 1 & 5 & 2 \end{pmatrix}$　(6) $A=\begin{pmatrix} 2 & 1 & 4 \\ 3 & 2 & -3 \\ 5 & -2 & 1 \\ -1 & 3 & 5 \end{pmatrix}$

(7) $A=\begin{pmatrix} 1 & -1 & 2 & -2 \\ 2 & 1 & -4 & 4 \\ 0 & -5 & 2 & -3 \\ -3 & 1 & 0 & 1 \end{pmatrix}$　(8) $A=\begin{pmatrix} 1 & 4 & -2 & -1 & 3 \\ 2 & 8 & -4 & -2 & 6 \\ 1 & 4 & -2 & -1 & 3 \\ 3 & 12 & -6 & -3 & 9 \end{pmatrix}$

2. 次の行列 A の逆行列 A^{-1} を, 行基本変形を用いて求めよ．

(1) $A=\begin{pmatrix} 5 & 3 \\ 7 & 4 \end{pmatrix}$　(2) $A=\begin{pmatrix} -8 & 4 \\ 3 & -2 \end{pmatrix}$

(3) $A=\begin{pmatrix} 1 & 4 & 3 \\ 4 & 7 & 8 \\ 2 & 6 & 5 \end{pmatrix}$　(4) $A=\begin{pmatrix} -2 & 5 & 3 \\ 1 & 4 & -6 \\ 3 & -8 & 7 \end{pmatrix}$

(5) $A=\begin{pmatrix} 0 & 0 & 3 & 2 \\ 1 & 2 & 5 & 4 \\ -1 & -1 & 2 & 1 \\ -4 & -1 & 1 & 0 \end{pmatrix}$

◇演習問題の解答◇

1. (1) $A=\begin{pmatrix}3&4\\2&8\end{pmatrix}\times(-1)\longrightarrow\begin{pmatrix}1&-4\\2&8\end{pmatrix}\times(-2)\longrightarrow\begin{pmatrix}1&-4\\0&16\end{pmatrix}$.

よって, $\operatorname{rank}A=2$.

(2) $A=\begin{pmatrix}-2&6&4\\1&-3&-2\end{pmatrix}\longrightarrow\begin{pmatrix}1&-3&-2\\-2&6&4\end{pmatrix}\times 2\longrightarrow\begin{pmatrix}1&-3&-2\\0&0&0\end{pmatrix}$.

よって, $\operatorname{rank}A=1$.

(3) $A=\begin{pmatrix}4&7\\3&8\\-2&5\end{pmatrix}\times 2,\ \times 1\longrightarrow\begin{pmatrix}0&17\\1&13\\-2&5\end{pmatrix}\longrightarrow\begin{pmatrix}1&13\\0&17\\-2&5\end{pmatrix}\times 2$

$\longrightarrow\begin{pmatrix}1&13\\0&17\\0&31\end{pmatrix}\times\left(\frac{-31}{17}\right)\longrightarrow\begin{pmatrix}1&13\\0&17\\0&0\end{pmatrix}$.

よって, $\operatorname{rank}A=2$.

(4) $A=\begin{pmatrix}1&2&-3\\-1&4&2\\-2&3&1\end{pmatrix}\times 1,\ \times 2\longrightarrow\begin{pmatrix}1&2&-3\\0&6&-1\\0&7&-5\end{pmatrix}\times(-1)\longrightarrow\begin{pmatrix}1&2&-3\\0&-1&4\\0&7&-5\end{pmatrix}\times 7$

$\longrightarrow\begin{pmatrix}1&2&-3\\0&-1&4\\0&0&23\end{pmatrix}$.

よって, $\operatorname{rank}A=3$.

(5) $A=\begin{pmatrix}1&3&-2&2\\5&7&1&6\\3&1&5&2\end{pmatrix}\times(-3),\ \times(-5)\longrightarrow\begin{pmatrix}1&3&-2&2\\0&-8&11&-4\\0&-8&11&-4\end{pmatrix}\times(-1)$

$\longrightarrow\begin{pmatrix}1&3&-2&2\\0&-8&11&-4\\0&0&0&0\end{pmatrix}$.

よって, $\operatorname{rank}A=2$.

(6) $A=\begin{pmatrix}2&1&4\\3&2&-3\\5&-2&1\\-1&3&5\end{pmatrix}\longrightarrow\begin{pmatrix}-1&3&5\\3&2&-3\\5&-2&1\\2&1&4\end{pmatrix}\times 3,\ \times 5,\ \times 2\longrightarrow\begin{pmatrix}-1&3&5\\0&11&12\\0&13&26\\0&7&14\end{pmatrix}\times(-2)$

$\longrightarrow\begin{pmatrix}-1&3&5\\0&11&12\\0&-1&-2\\0&7&14\end{pmatrix}\longrightarrow\begin{pmatrix}-1&3&5\\0&-1&-2\\0&11&12\\0&7&14\end{pmatrix}\times 11,\ \times 7\longrightarrow\begin{pmatrix}-1&3&5\\0&-1&-2\\0&0&-10\\0&0&0\end{pmatrix}$.

よって, $\operatorname{rank}A=3$.

(7) $A=\begin{pmatrix}1&-1&2&-2\\2&1&-4&4\\0&-5&2&-3\\-3&1&0&1\end{pmatrix}\longrightarrow\begin{pmatrix}1&-1&2&-2\\0&3&-8&8\\0&-5&2&-3\\0&-2&6&-5\end{pmatrix}$

$\longrightarrow\begin{pmatrix}1&-1&2&-2\\0&1&-2&3\\0&-5&2&-3\\0&-2&6&-5\end{pmatrix}\longrightarrow\begin{pmatrix}1&-1&2&-2\\0&1&-2&3\\0&0&-8&12\\0&0&2&1\end{pmatrix}$

$\longrightarrow\begin{pmatrix}1&-1&2&-2\\0&1&-2&3\\0&0&2&1\\0&0&-8&12\end{pmatrix}\longrightarrow\begin{pmatrix}1&-1&2&-2\\0&1&-2&3\\0&0&2&1\\0&0&0&16\end{pmatrix}.$

よって, $\operatorname{rank} A=4$.

(8) $A=\begin{pmatrix}1&4&-2&-1&3\\2&8&-4&-2&6\\1&4&-2&-1&3\\3&12&-6&-3&9\end{pmatrix}\longrightarrow\begin{pmatrix}1&4&-2&-1&3\\0&0&0&0&0\\0&0&0&0&0\\0&0&0&0&0\end{pmatrix}.$

よって, $\operatorname{rank} A=1$.

2. (1) $\left(\begin{array}{cc|cc}5&3&1&0\\7&4&0&1\end{array}\right)\longrightarrow\left(\begin{array}{cc|cc}5&3&1&0\\2&1&-1&1\end{array}\right)$

$\longrightarrow\left(\begin{array}{cc|cc}1&1&3&-2\\2&1&-1&1\end{array}\right)\longrightarrow\left(\begin{array}{cc|cc}1&1&3&-2\\0&-1&-7&5\end{array}\right)$

$\longrightarrow\left(\begin{array}{cc|cc}1&1&3&-2\\0&1&7&-5\end{array}\right)\longrightarrow\left(\begin{array}{cc|cc}1&0&-4&3\\0&1&7&-5\end{array}\right).$

よって, $A^{-1}=\begin{pmatrix}-4&3\\7&-5\end{pmatrix}$.

(2) $\left(\begin{array}{cc|cc}-8&4&1&0\\3&-2&0&1\end{array}\right)\longrightarrow\left(\begin{array}{cc|cc}1&-2&1&3\\3&-2&0&1\end{array}\right)\longrightarrow\left(\begin{array}{cc|cc}1&-2&1&3\\0&4&-3&-8\end{array}\right)$

$\longrightarrow\left(\begin{array}{cc|cc}1&-2&1&3\\0&1&-3/4&-2\end{array}\right)\longrightarrow\left(\begin{array}{cc|cc}1&0&-1/2&-1\\0&1&-3/4&-2\end{array}\right).$

よって, $A^{-1}=\begin{pmatrix}-1/2&-1\\-3/4&-2\end{pmatrix}=\dfrac{1}{4}\begin{pmatrix}-2&-4\\-3&-8\end{pmatrix}$.

(3) $\left(\begin{array}{ccc|ccc}1&4&3&1&0&0\\4&7&8&0&1&0\\2&6&5&0&0&1\end{array}\right)\longrightarrow\left(\begin{array}{ccc|ccc}1&4&3&1&0&0\\0&-9&-4&-4&1&0\\0&-2&-1&-2&0&1\end{array}\right)$

$\longrightarrow\left(\begin{array}{ccc|ccc}1&4&3&1&0&0\\0&1&1&6&1&-5\\0&-2&-1&-2&0&1\end{array}\right)\longrightarrow\left(\begin{array}{ccc|ccc}1&0&-1&-23&-4&20\\0&1&1&6&1&-5\\0&0&1&10&2&-9\end{array}\right)$

$$\longrightarrow \left(\begin{array}{ccc|ccc} 1 & 0 & 0 & -13 & -2 & 11 \\ 0 & 1 & 0 & -4 & -1 & 4 \\ 0 & 0 & 1 & 10 & 2 & -9 \end{array}\right).$$

よって, $A^{-1} = \begin{pmatrix} -13 & -2 & 11 \\ -4 & -1 & 4 \\ 10 & 2 & -9 \end{pmatrix}$.

(4) $$\left(\begin{array}{ccc|ccc} -2 & 5 & 3 & 1 & 0 & 0 \\ 1 & 4 & -6 & 0 & 1 & 0 \\ 3 & -8 & 7 & 0 & 0 & 1 \end{array}\right) \longrightarrow \left(\begin{array}{ccc|ccc} 1 & 4 & -6 & 0 & 1 & 0 \\ -2 & 5 & 3 & 1 & 0 & 0 \\ 3 & -8 & 7 & 0 & 0 & 1 \end{array}\right) \begin{matrix} \\ \times 2 \\ \times(-3) \end{matrix}$$

$$\longrightarrow \left(\begin{array}{ccc|ccc} 1 & 4 & -6 & 0 & 1 & 0 \\ 0 & 13 & -9 & 1 & 2 & 0 \\ 0 & -20 & 25 & 0 & -3 & 1 \end{array}\right) \begin{matrix} \\ \times 3 \\ \times 2 \end{matrix} \longrightarrow \left(\begin{array}{ccc|ccc} 1 & 4 & -6 & 0 & 1 & 0 \\ 0 & 39 & -27 & 3 & 6 & 0 \\ 0 & -40 & 50 & 0 & -6 & 2 \end{array}\right) \begin{matrix} \times 1 \\ \\ \\ \end{matrix}$$

$$\longrightarrow \left(\begin{array}{ccc|ccc} 1 & 4 & -6 & 0 & 1 & 0 \\ 0 & -1 & 23 & 3 & 0 & 2 \\ 0 & -40 & 50 & 0 & -6 & 2 \end{array}\right) \begin{matrix} \\ \times(-1) \\ \\ \end{matrix}$$

$$\longrightarrow \left(\begin{array}{ccc|ccc} 1 & 4 & -6 & 0 & 1 & 0 \\ 0 & 1 & -23 & -3 & 0 & -2 \\ 0 & -40 & 50 & 0 & -6 & 2 \end{array}\right) \begin{matrix} \times(-4) \\ \\ \times 40 \end{matrix}$$

$$\longrightarrow \left(\begin{array}{ccc|ccc} 1 & 0 & 86 & 12 & 1 & 8 \\ 0 & 1 & -23 & -3 & 0 & -2 \\ 0 & 0 & -870 & -120 & -6 & -78 \end{array}\right) \times \left(\frac{-1}{870}\right)$$

$$\longrightarrow \left(\begin{array}{ccc|ccc} 1 & 0 & 86 & 12 & 1 & 8 \\ 0 & 1 & -23 & -3 & 0 & -2 \\ 0 & 0 & 1 & 4/29 & 1/145 & 13/145 \end{array}\right) \begin{matrix} \times(-86) \\ \times 23 \\ \\ \end{matrix}$$

$$\longrightarrow \left(\begin{array}{ccc|ccc} 1 & 0 & 0 & 4/29 & 59/145 & 42/145 \\ 0 & 1 & 0 & 5/29 & 23/145 & 9/145 \\ 0 & 0 & 1 & 4/29 & 1/145 & 13/145 \end{array}\right).$$

よって, $A^{-1} = \begin{pmatrix} 4/29 & 59/145 & 42/145 \\ 5/29 & 23/145 & 9/145 \\ 4/29 & 1/145 & 13/145 \end{pmatrix} = \dfrac{1}{145} \begin{pmatrix} 20 & 59 & 42 \\ 25 & 23 & 9 \\ 20 & 1 & 13 \end{pmatrix}$.

(5) $$\left(\begin{array}{cccc|cccc} 0 & 0 & 3 & 2 & 1 & 0 & 0 & 0 \\ 1 & 2 & 5 & 4 & 0 & 1 & 0 & 0 \\ -1 & -1 & 2 & 1 & 0 & 0 & 1 & 0 \\ -4 & -1 & 1 & 0 & 0 & 0 & 0 & 1 \end{array}\right) \longrightarrow \left(\begin{array}{cccc|cccc} 1 & 2 & 5 & 4 & 0 & 1 & 0 & 0 \\ 0 & 0 & 3 & 2 & 1 & 0 & 0 & 0 \\ -1 & -1 & 2 & 1 & 0 & 0 & 1 & 0 \\ -4 & -1 & 1 & 0 & 0 & 0 & 0 & 1 \end{array}\right) \begin{matrix} \\ \\ \times 1 \\ \times 4 \end{matrix}$$

$$\longrightarrow \left(\begin{array}{cccc|cccc} 1 & 2 & 5 & 4 & 0 & 1 & 0 & 0 \\ 0 & 0 & 3 & 2 & 1 & 0 & 0 & 0 \\ 0 & 1 & 7 & 5 & 0 & 1 & 1 & 0 \\ 0 & 7 & 21 & 16 & 0 & 4 & 0 & 1 \end{array}\right)$$

$$\longrightarrow \left(\begin{array}{cccc|cccc} 1 & 2 & 5 & 4 & 0 & 1 & 0 & 0 \\ 0 & 1 & 7 & 5 & 0 & 1 & 1 & 0 \\ 0 & 0 & 3 & 2 & 1 & 0 & 0 & 0 \\ 0 & 7 & 21 & 16 & 0 & 4 & 0 & 1 \end{array}\right) \begin{matrix} \times(-2) \\ \\ \times(-7) \end{matrix}$$

$$\longrightarrow \left(\begin{array}{cccc|cccc} 1 & 0 & -9 & -6 & 0 & -1 & -2 & 0 \\ 0 & 1 & 7 & 5 & 0 & 1 & 1 & 0 \\ 0 & 0 & 3 & 2 & 1 & 0 & 0 & 0 \\ 0 & 0 & -28 & -19 & 0 & -3 & -7 & 1 \end{array}\right) \times 9$$

$$\longrightarrow \left(\begin{array}{cccc|cccc} 1 & 0 & -9 & -6 & 0 & -1 & -2 & 0 \\ 0 & 1 & 7 & 5 & 0 & 1 & 1 & 0 \\ 0 & 0 & 3 & 2 & 1 & 0 & 0 & 0 \\ 0 & 0 & -1 & -1 & 9 & -3 & -7 & 1 \end{array}\right) \times(-1)$$

$$\longrightarrow \left(\begin{array}{cccc|cccc} 1 & 0 & -9 & -6 & 0 & -1 & -2 & 0 \\ 0 & 1 & 7 & 5 & 0 & 1 & 1 & 0 \\ 0 & 0 & 3 & 2 & 1 & 0 & 0 & 0 \\ 0 & 0 & 1 & 1 & -9 & 3 & 7 & -1 \end{array}\right)$$

$$\longrightarrow \left(\begin{array}{cccc|cccc} 1 & 0 & -9 & -6 & 0 & -1 & -2 & 0 \\ 0 & 1 & 7 & 5 & 0 & 1 & 1 & 0 \\ 0 & 0 & 1 & 1 & -9 & 3 & 7 & -1 \\ 0 & 0 & 3 & 2 & 1 & 0 & 0 & 0 \end{array}\right) \begin{matrix} \times 9 \\ \times(-7) \\ \\ \times(-3) \end{matrix}$$

$$\longrightarrow \left(\begin{array}{cccc|cccc} 1 & 0 & 0 & 3 & -81 & 26 & 61 & -9 \\ 0 & 1 & 0 & -2 & 63 & -20 & -48 & 7 \\ 0 & 0 & 1 & 1 & -9 & 3 & 7 & -1 \\ 0 & 0 & 0 & -1 & 28 & -9 & -21 & 3 \end{array}\right) \times(-1)$$

$$\longrightarrow \left(\begin{array}{cccc|cccc} 1 & 0 & 0 & 3 & -81 & 26 & 61 & -9 \\ 0 & 1 & 0 & -2 & 63 & -20 & -48 & 7 \\ 0 & 0 & 1 & 1 & -9 & 3 & 7 & -1 \\ 0 & 0 & 0 & 1 & -28 & 9 & 21 & -3 \end{array}\right) \begin{matrix} \times(-3) \\ \times 2 \\ \times(-1) \\ \end{matrix}$$

$$\longrightarrow \left(\begin{array}{cccc|cccc} 1 & 0 & 0 & 0 & 3 & -1 & -2 & 0 \\ 0 & 1 & 0 & 0 & 7 & -2 & -6 & 1 \\ 0 & 0 & 1 & 0 & 19 & -6 & -14 & 2 \\ 0 & 0 & 0 & 1 & -28 & 9 & 21 & -3 \end{array}\right).$$

よって, $A^{-1} = \begin{pmatrix} 3 & -1 & -2 & 0 \\ 7 & -2 & -6 & 1 \\ 19 & -6 & -14 & 2 \\ -28 & 9 & 21 & -3 \end{pmatrix}.$

§ 1.12　連立1次方程式の解法

解説　一般の n 元連立1次方程式の解法として「はき出し法」についての演習の準備をする.

連立1次方程式　一般の n 元連立1次方程式は,

$$\begin{cases} a_{11}x_1 + a_{12}x_2 + \cdots + a_{1n}x_n = b_1 \\ a_{21}x_1 + a_{22}x_2 + \cdots + a_{2n}x_n = b_2 \\ \qquad\cdots \\ a_{m1}x_1 + a_{m2}x_2 + \cdots + a_{mn}x_n = b_m \end{cases}$$

と書くことができる. ここで, $A = \begin{pmatrix} a_{11} & a_{12} & \cdots & a_{1n} \\ a_{21} & a_{22} & \cdots & a_{2n} \\ & \cdots & & \\ a_{m1} & a_{m2} & \cdots & a_{mn} \end{pmatrix}$, $\boldsymbol{x} = \begin{pmatrix} x_1 \\ x_2 \\ \vdots \\ x_n \end{pmatrix}$, $\boldsymbol{b} = \begin{pmatrix} b_1 \\ b_2 \\ \vdots \\ b_m \end{pmatrix}$

とおけば, 行列の積を使って,

$$A\boldsymbol{x} = \boldsymbol{b} \tag{1.5}$$

と表示できる. (1.5) 式を満たす $\boldsymbol{x}$ を求めるのが目的となる.

定義 1.42　n 元連立1次方程式 $A\boldsymbol{x} = \boldsymbol{b}$ を満たす $\boldsymbol{x} = \begin{pmatrix} x_1 \\ \vdots \\ x_n \end{pmatrix}$ が存在するとき, $A\boldsymbol{x} = \boldsymbol{b}$ は解をもつといい, $\boldsymbol{x}$ を解という. そうでないとき, 連立方程式は解をもたないという.

特に, k 個の任意定数 $c_1, c_2, \ldots, c_k$ を使って, $x_1, x_2, \ldots, x_n$ のうちの k 個を $x_{i_1} = c_1$, $x_{i_2} = c_2$, $\ldots$, $x_{i_k} = c_k$ のように自由な値にすることで, $A\boldsymbol{x} = \boldsymbol{b}$ を満たす $\boldsymbol{x}$ が定まるとき, その $\boldsymbol{x}$ も解と考え, 任意定数の個数 k を**解の自由度**という.

連立方程式が解をもつときの必要十分条件と解の自由度の算出方法は次の定理で与えられる.

定理 1.31　n 元連立1次方程式の係数行列を A, 拡大係数行列を $\widehat{A} := (A\ \boldsymbol{b})$ とするとき,

$$A\boldsymbol{x} = \boldsymbol{b} \text{が解をもつ} \iff \operatorname{rank} A = \operatorname{rank} \widehat{A}$$

が成り立つ. さらに, $r = \operatorname{rank} A = \operatorname{rank} \widehat{A}$ とすると, $A\boldsymbol{x} = \boldsymbol{b}$ の解の自由度は $n - r$ である.

例題 1.41　次の連立1次方程式を解け. $\begin{cases} x_1 + 2x_2 + 4x_3 = 1 \\ x_1 + x_2 + x_3 = -3 \\ -2x_1 - 4x_2 - 8x_3 = -2 \end{cases}$

解答　与えられた連立方程式を $A\boldsymbol{x} = \boldsymbol{b}$ として, 拡大係数行列 $\widehat{A} = (A\ \boldsymbol{b})$ を行基本変形により階段行列にすると,

$$\widehat{A}=\left(\begin{array}{ccc:c} 1 & 2 & 4 & 1 \\ 1 & 1 & 1 & -3 \\ -2 & -4 & -8 & -2 \end{array}\right) \begin{array}{l} \\ \times(-1) \\ \times 2 \end{array} \longrightarrow \left(\begin{array}{ccc:c} 1 & 2 & 4 & 1 \\ 0 & -1 & -3 & -4 \\ 0 & 0 & 0 & 0 \end{array}\right) \begin{array}{l} \times 2 \\ \\ \\ \end{array} \longrightarrow \left(\begin{array}{ccc:c} 1 & 0 & -2 & -7 \\ 0 & -1 & -3 & -4 \\ 0 & 0 & 0 & 0 \end{array}\right)$$

となるから, $\operatorname{rank} A = \operatorname{rank} \widehat{A} = 2$ である．ここで, 定理 1.31 より, この連立方程式は解の自由度が $3 - \operatorname{rank} A = 3 - 2 = 1$ の解をもち,

$$\begin{cases} x_1 \quad\quad - 2x_3 = -7 \\ \quad -x_2 - 3x_3 = -4 \end{cases}$$

において, $x_3 = c$ とおくと, $x_1 = 2c - 7$ および $x_2 = -3c + 4$ を得る．したがって, 連立方程式の解 $\boldsymbol{x} = \begin{pmatrix} x_1 \\ x_2 \\ x_3 \end{pmatrix}$ は, $\boldsymbol{x} = \begin{pmatrix} 2c-7 \\ -3c+4 \\ c \end{pmatrix} = \begin{pmatrix} -7 \\ 4 \\ 0 \end{pmatrix} + c \begin{pmatrix} 2 \\ -3 \\ 1 \end{pmatrix}$ $(c:$ 任意定数$)$ となる．■

例題 1.42　連立 1 次方程式 $\begin{cases} x - 3y + 4z = -2 \\ 5x + 2y + 3z = k \\ 4x - y + 5z = 3 \end{cases}$ が解をもつように k の値を定めて, 解を求めよ．

解答　与えられた連立方程式を $A\boldsymbol{x} = \boldsymbol{b}$ として, 拡大係数行列 $\widehat{A} = (A\ \boldsymbol{b})$ を行基本変形により階段行にすると,

$$\widehat{A}=\left(\begin{array}{ccc:c} 1 & -3 & 4 & -2 \\ 5 & 2 & 3 & k \\ 4 & -1 & 5 & 3 \end{array}\right) \begin{array}{l} \\ \\ \times(-1) \end{array} \longrightarrow \begin{array}{l} \times 1 \\ \\ \\ \end{array} \left(\begin{array}{ccc:c} 1 & -3 & 4 & -2 \\ 5 & 2 & 3 & k \\ -1 & -3 & 2 & 3-k \end{array}\right) \begin{array}{l} \times(-5) \\ \\ \\ \end{array}$$

$$\longrightarrow \left(\begin{array}{ccc:c} 1 & -3 & 4 & -2 \\ 0 & 17 & -17 & k+10 \\ 0 & -6 & 6 & 1-k \end{array}\right) \begin{array}{l} \\ \\ \times 3 \end{array} \longrightarrow \left(\begin{array}{ccc:c} 1 & -3 & 4 & -2 \\ 0 & -1 & 1 & -2k+13 \\ 0 & -6 & 6 & 1-k \end{array}\right) \begin{array}{l} \\ \\ \times(-6) \end{array}$$

$$\longrightarrow \left(\begin{array}{ccc:c} 1 & -3 & 4 & -2 \\ 0 & -1 & 1 & -2k+13 \\ 0 & 0 & 0 & 11k-77 \end{array}\right) \begin{array}{l} \times(-3) \\ \\ \\ \end{array} \longrightarrow \left(\begin{array}{ccc:c} 1 & 0 & 1 & 6k-41 \\ 0 & -1 & 1 & -2k+13 \\ 0 & 0 & 0 & 11k-77 \end{array}\right)$$

となる．解をもつための必要十分条件は, 定理 1.31 より, $\operatorname{rank} A = \operatorname{rank} \widehat{A}$ であり, $\operatorname{rank} A = 2$ であるから, 連立方程式が解をもつためには, $11k - 77 = 0$ でなければならない．よって, $k = 7$ である．このとき, 解の自由度は $3 - \operatorname{rank} A = 3 - 2 = 1$ であるから,

$$\begin{cases} x \quad\quad + z = 1 \\ \quad -y + z = -1 \end{cases}$$

において, $z = c$ とおけば, $x = -c + 1$ および, $y = c + 1$ を得る．したがって, $k = 7$ における連立方程式の解 $\boldsymbol{x} = \begin{pmatrix} x \\ y \\ z \end{pmatrix}$ は, $\boldsymbol{x} = \begin{pmatrix} -c+1 \\ c+1 \\ c \end{pmatrix} = \begin{pmatrix} 1 \\ 1 \\ 0 \end{pmatrix} + c \begin{pmatrix} -1 \\ 1 \\ 1 \end{pmatrix}$ $[c:$ 任意定数$]$ となる．■

◆◆演習問題 § 1.12 ◆◆

1. はき出し法を用いて次の連立1次方程式が解をもつかどうか判定し, 解をもつ場合には, その解を求めよ.

(1) $\begin{cases} 2x_1 - 3x_2 = -11 \\ x_1 + 4x_2 = 22 \end{cases}$　(2) $\begin{cases} 3x_1 - 6x_2 = 7 \\ 2x_1 - 4x_2 = 5 \end{cases}$

(3) $\begin{cases} -4x_1 + 7x_2 = 1 \\ 8x_1 - 14x_2 = -2 \end{cases}$　(4) $\begin{cases} x_1 + 3x_2 + 2x_3 = 5 \\ -x_1 + 2x_2 + 4x_3 = 8 \\ 2x_1 + x_2 + 3x_3 = 12 \end{cases}$

(5) $\begin{cases} -x_1 + 4x_2 + 2x_3 = 2 \\ 3x_1 + x_2 + 5x_3 = 3 \\ -5x_1 + 7x_2 - x_3 = 2 \end{cases}$　(6) $\begin{cases} 3x_1 + 2x_2 + 8x_3 = 8 \\ x_1 - 2x_2 + 3x_3 = 7 \\ 5x_1 - 2x_2 + 14x_3 = 22 \end{cases}$

(7) $\begin{cases} 3x_1 - 9x_2 + 12x_3 = -6 \\ -4x_1 + 12x_2 - 16x_3 = 8 \\ 5x_1 - 15x_2 + 20x_3 = -10 \end{cases}$

(8) $\begin{cases} x_1 - 2x_2 + 3x_3 + 2x_4 = 1 \\ -2x_1 + x_2 + 2x_3 = 3 \\ -4x_1 + 3x_3 + 5x_4 = -2 \end{cases}$

(9) $\begin{cases} x_1 - 14x_2 + 7x_3 - 6x_4 = 5 \\ 2x_1 - 19x_2 + 9x_3 - 4x_4 = 10 \\ -9x_2 + x_3 - 9x_4 = 7 \\ 2x_1 - 27x_2 + 14x_3 - 11x_4 = -23 \end{cases}$

(10) $\begin{cases} 7x_1 + 3x_2 + 6x_3 + x_4 = 3 \\ 4x_1 + 7x_2 + x_3 + 3x_4 = 2 \\ 10x_1 - x_2 + 11x_3 - x_4 = 4 \\ 17x_1 + 2x_2 + 17x_3 = 7 \end{cases}$

2. 次の連立1次方程式が解をもつように a の値を定めよ. また, そのときの解を求めよ.

(1) $\begin{cases} 2x_1 - 5x_2 = 3 \\ -4x_1 + 10x_2 = a \end{cases}$　(2) $\begin{cases} 3x_1 - 6x_2 = 2a \\ 2x_1 - 4x_2 = a - 1 \end{cases}$

(3) $\begin{cases} 7x_1 + 8x_2 + 6x_3 = 11 \\ 3x_1 + 5x_2 + x_3 = 2 \\ 10x_1 + 2x_2 + 18x_3 = a \end{cases}$　(4) $\begin{cases} 4x_1 - 2x_2 - 2x_3 = a + 1 \\ -9x_1 + 8x_2 + x_3 = a + 2 \\ 11x_1 - 2x_2 - 9x_3 = a + 3 \end{cases}$

3. 次の連立1次方程式が解をもつように a, b の値を定めよ. また, そのときの解を求めよ.

(1) $\begin{cases} 3x - 2y + 5z = a + b \\ 9x - 6y + 15z = a \\ -6x + 4y - 10z = -2b + 1 \end{cases}$　(2) $\begin{cases} x + 4y + 2z + 3w = a + b \\ -4x + 12y + 6z + 16w = a + 1 \\ -3x + 2y + z + 5w = a - b \\ 9x + 8y + 4z - w = b + 1 \end{cases}$

◇演習問題の解答◇

1. (1)

$$\left(\begin{array}{cc:c} 2 & -3 & -11 \\ 1 & 4 & 22 \end{array}\right) \longrightarrow \left(\begin{array}{cc:c} 1 & 4 & 22 \\ 2 & -3 & -11 \end{array}\right) \xrightarrow{\times(-2)} \left(\begin{array}{cc:c} 1 & 4 & 22 \\ 0 & -11 & -55 \end{array}\right).$$

よって, 与えられた方程式は $\begin{cases} x_1 + 4x_2 = 22 & \cdots \text{(i)} \\ \quad -11x_2 = -55 & \cdots \text{(ii)} \end{cases}$ と同値になる. (ii) より $x_2 = 5$. よって (i) より $x_1 = 22 - 4x_2 = 22 - 4 \cdot 5 = 2$.

よって, $\begin{pmatrix} x_1 \\ x_2 \end{pmatrix} = \begin{pmatrix} 2 \\ 5 \end{pmatrix}$.

(2)

$$\left(\begin{array}{cc:c} 3 & -6 & 7 \\ 2 & -4 & 5 \end{array}\right) \xrightarrow{\times(-1)} \left(\begin{array}{cc:c} 1 & -2 & 2 \\ 2 & -4 & 5 \end{array}\right) \xrightarrow{\times(-2)} \left(\begin{array}{cc:c} 1 & -2 & 2 \\ 0 & 0 & 1 \end{array}\right).$$

よって, 解をもたない.

(3)

$$\left(\begin{array}{cc:c} -4 & 7 & 1 \\ 8 & -14 & -2 \end{array}\right) \xrightarrow{\times 2} \left(\begin{array}{cc:c} -4 & 7 & 1 \\ 0 & 0 & 0 \end{array}\right).$$

よって, 与えられた方程式は $-4x_1 + 7x_2 = 1$ と同値になる. また, 解の自由度は 1 である. したがって, $x_2 = 4c$ とおけば, $-4x_1 = 1 - 7x_2 = 1 - 28c$ となって $x_1 = -1/4 + 7c$.

よって, $\begin{pmatrix} x_1 \\ x_2 \end{pmatrix} = \begin{pmatrix} -1/4 + 7c \\ 4c \end{pmatrix} = \begin{pmatrix} -1/4 \\ 0 \end{pmatrix} + c\begin{pmatrix} 7 \\ 4 \end{pmatrix}$　[c : 任意定数] を得る.

(4)

$$\left(\begin{array}{ccc:c} 1 & 3 & 2 & 5 \\ -1 & 2 & 4 & 8 \\ 2 & 1 & 3 & 12 \end{array}\right) \xrightarrow{\times 1,\ \times(-2)} \left(\begin{array}{ccc:c} 1 & 3 & 2 & 5 \\ 0 & 5 & 6 & 13 \\ 0 & -5 & -1 & 2 \end{array}\right) \xrightarrow{\times 1} \left(\begin{array}{ccc:c} 1 & 3 & 2 & 5 \\ 0 & 5 & 6 & 13 \\ 0 & 0 & 5 & 15 \end{array}\right).$$

よって, 与えられた方程式は $\begin{cases} x_1 + 3x_2 + 2x_3 = 5 & \cdots \text{(i)} \\ \quad 5x_2 + 6x_3 = 13 & \cdots \text{(ii)} \\ \quad\quad 5x_3 = 15 & \cdots \text{(iii)} \end{cases}$ と同値になる. (iii) より $x_3 = 3$. よって (ii) より $5x_2 = 13 - 6x_3 = 13 - 6 \cdot 3 = -5$ となって $x_2 = -1$. したがって (i) より $x_1 = 5 - 3x_2 - 2x_3 = 5 - 3 \cdot (-1) - 2 \cdot 3 = 2$.

よって, $\begin{pmatrix} x_1 \\ x_2 \\ x_3 \end{pmatrix} = \begin{pmatrix} 2 \\ -1 \\ 3 \end{pmatrix}$.

(5)

$$\left(\begin{array}{ccc:c} -1 & 4 & 2 & 2 \\ 3 & 1 & 5 & 3 \\ -5 & 7 & -1 & 2 \end{array}\right) \xrightarrow{\times 3,\ \times(-5)} \left(\begin{array}{ccc:c} -1 & 4 & 2 & 2 \\ 0 & 13 & 11 & 9 \\ 0 & -13 & -11 & -8 \end{array}\right) \times 1$$

$$\longrightarrow\left(\begin{array}{ccc:c} -1 & 4 & 2 & 2 \\ 0 & 13 & 11 & 9 \\ 0 & 0 & 0 & 1 \end{array}\right).$$

よって, 解をもたない.

(6)

$$\left(\begin{array}{ccc:c} 3 & 2 & 8 & 8 \\ 1 & -2 & 3 & 7 \\ 5 & -2 & 14 & 22 \end{array}\right) \longrightarrow \left(\begin{array}{ccc:c} 1 & -2 & 3 & 7 \\ 3 & 2 & 8 & 8 \\ 5 & -2 & 14 & 22 \end{array}\right) \begin{matrix} \\ \times(-3) \\ \times(-5) \end{matrix}$$

$$\longrightarrow \left(\begin{array}{ccc:c} 1 & -2 & 3 & 7 \\ 0 & 8 & -1 & -13 \\ 0 & 8 & -1 & -13 \end{array}\right)\times(-1) \longrightarrow \left(\begin{array}{ccc:c} 1 & -2 & 3 & 7 \\ 0 & 8 & -1 & -13 \\ 0 & 0 & 0 & 0 \end{array}\right).$$

よって, 与えられた方程式は $\left\{\begin{array}{rcrcrcrcl} x_1 & - & 2x_2 & + & 3x_3 & = & 7 & \cdots & \text{(i)} \\ & & 8x_2 & - & x_3 & = & -13 & \cdots & \text{(ii)} \end{array}\right.$ と同値になる. ここで解の自由度は1だから, $x_2 = c$ とおけば, (ii) より $-x_3 = -13 - 8x_2 = -13 - 8c$ となって $x_3 = 13 + 8c$. よって (i) より $x_1 = 7 + 2x_2 - 3x_3 = 7 + 2c - 3(13 + 8c) = -32 - 22c$.

求める解は, $\begin{pmatrix} x_1 \\ x_2 \\ x_3 \end{pmatrix} = \begin{pmatrix} -32 - 22c \\ c \\ 13 + 8c \end{pmatrix} = \begin{pmatrix} -32 \\ 0 \\ 13 \end{pmatrix} + c\begin{pmatrix} -22 \\ 1 \\ 8 \end{pmatrix}$　[c : 任意定数] となる.

(7)

$$\left(\begin{array}{ccc:c} 3 & -9 & 12 & -6 \\ -4 & 12 & -16 & 8 \\ 5 & -15 & 20 & -10 \end{array}\right) \begin{matrix} \times\frac{1}{3} \\ \times\left(\frac{-1}{4}\right) \\ \times\frac{1}{5} \end{matrix} \longrightarrow \left(\begin{array}{ccc:c} 1 & -3 & 4 & -2 \\ 1 & -3 & 4 & -2 \\ 1 & -3 & 4 & -2 \end{array}\right) \begin{matrix} \times(-1) \\ \times(-1) \\ \end{matrix}$$

$$\longrightarrow \left(\begin{array}{ccc:c} 1 & -3 & 4 & -2 \\ 0 & 0 & 0 & 0 \\ 0 & 0 & 0 & 0 \end{array}\right).$$

よって, 与えられた方程式は $x_1 - 3x_2 + 4x_3 = -2$ と同値になる. また, 解の自由度は2である. したがって, $x_2 = c_1$, $x_3 = c_2$ とおけば, $x_1 = -2 + 3x_2 - 4x_3 = -2 + 3c_1 - 4c_2$.

ゆえに解は, $\begin{pmatrix} x_1 \\ x_2 \\ x_3 \end{pmatrix} = \begin{pmatrix} -2 + 3c_1 - 4c_2 \\ c_1 \\ c_2 \end{pmatrix} = \begin{pmatrix} -2 \\ 0 \\ 0 \end{pmatrix} + c_1\begin{pmatrix} 3 \\ 1 \\ 0 \end{pmatrix} + c_2\begin{pmatrix} -4 \\ 0 \\ 1 \end{pmatrix}$　[c_1, c_2 : 任意定数] となる.

(8)

$$\times 4\left(\begin{array}{cccc:c} 1 & -2 & 3 & 2 & 1 \\ -2 & 1 & 2 & 0 & 3 \\ -4 & 0 & 3 & 5 & -2 \end{array}\right) \begin{matrix} \times 2 \\ \\ \end{matrix} \longrightarrow \left(\begin{array}{cccc:c} 1 & -2 & 3 & 2 & 1 \\ 0 & -3 & 8 & 4 & 5 \\ 0 & -8 & 15 & 13 & 2 \end{array}\right)\times(-3)$$

$$\longrightarrow \left(\begin{array}{cccc:c} 1 & -2 & 3 & 2 & 1 \\ 0 & -3 & 8 & 4 & 5 \\ 0 & 1 & -9 & 1 & -13 \end{array}\right) \longrightarrow \left(\begin{array}{cccc:c} 1 & -2 & 3 & 2 & 1 \\ 0 & 1 & -9 & 1 & -13 \\ 0 & -3 & 8 & 4 & 5 \end{array}\right)\times 3$$

$$\longrightarrow \left(\begin{array}{cccc:c} 1 & -2 & 3 & 2 & 1 \\ 0 & 1 & -9 & 1 & -13 \\ 0 & 0 & -19 & 7 & -34 \end{array}\right).$$

よって, 与えられた方程式は $\left\{\begin{array}{rcrcrcrcl} x_1 & - & 2x_2 & + & 3x_3 & + & 2x_4 & = & 1 \quad \cdots \quad (\mathrm{i}) \\ & & x_2 & - & 9x_3 & + & x_4 & = & -13 \quad \cdots \quad (\mathrm{ii}) \\ & & & & -19x_3 & + & 7x_4 & = & -34 \quad \cdots \quad (\mathrm{iii}) \end{array}\right.$ と同値

になる. また, 解の自由度は 1 より, $x_4 = 19c$ とおけば, (iii) より $-19x_3 = -34 - 7x_4 = -34 - 7 \cdot 19c$ となって $x_3 = 34/19 + 7c$. よって (ii) より $x_2 = -13 + 9x_3 - x_4 = -13 + 9(34/19 + 7c) - 19c = 59/19 + 44c$. したがって (i) より $x_1 = 1 + 2x_2 - 3x_3 - 2x_4 = 1 + 2(59/19 + 44c) - 3(34/19 + 7c) - 2 \cdot 19c = 35/19 + 29c$.

ゆえに解は, $\begin{pmatrix} x_1 \\ x_2 \\ x_3 \\ x_4 \end{pmatrix} = \begin{pmatrix} 35/19 + 29c \\ 59/19 + 44c \\ 34/19 + 7c \\ 19c \end{pmatrix} = \begin{pmatrix} 35/19 \\ 59/19 \\ 34/19 \\ 0 \end{pmatrix} + c \begin{pmatrix} 29 \\ 44 \\ 7 \\ 19 \end{pmatrix}$　[c : 任意定数] となる.

(9)

$$\left(\begin{array}{cccc:c} 1 & -14 & 7 & -6 & 5 \\ 2 & -19 & 9 & -4 & 10 \\ 0 & -9 & 1 & -9 & 7 \\ 2 & -27 & 14 & -11 & -23 \end{array}\right) \begin{array}{l} \\ \times(-2) \\ \\ \times(-2) \end{array} \longrightarrow \left(\begin{array}{cccc:c} 1 & -14 & 7 & -6 & 5 \\ 0 & 9 & -5 & 8 & 0 \\ 0 & -9 & 1 & -9 & 7 \\ 0 & 1 & 0 & 1 & -33 \end{array}\right) \times 1$$

$$\longrightarrow \left(\begin{array}{cccc:c} 1 & -14 & 7 & -6 & 5 \\ 0 & 0 & -4 & -1 & 7 \\ 0 & -9 & 1 & -9 & 7 \\ 0 & 1 & 0 & 1 & -33 \end{array}\right) \longrightarrow \left(\begin{array}{cccc:c} 1 & -14 & 7 & -6 & 5 \\ 0 & 1 & 0 & 1 & -33 \\ 0 & -9 & 1 & -9 & 7 \\ 0 & 0 & -4 & -1 & 7 \end{array}\right) \times 9$$

$$\longrightarrow \left(\begin{array}{cccc:c} 1 & -14 & 7 & -6 & 5 \\ 0 & 1 & 0 & 1 & -33 \\ 0 & 0 & 1 & 0 & -290 \\ 0 & 0 & -4 & -1 & 7 \end{array}\right) \times 4 \longrightarrow \left(\begin{array}{cccc:c} 1 & -14 & 7 & -6 & 5 \\ 0 & 1 & 0 & 1 & -33 \\ 0 & 0 & 1 & 0 & -290 \\ 0 & 0 & 0 & -1 & -1153 \end{array}\right).$$

よって, 与えられた方程式は $\left\{\begin{array}{rcrcrcrcl} x_1 & - & 14x_2 & + & 7x_3 & - & 6x_4 & = & 5 \quad \cdots \quad (\mathrm{i}) \\ & & x_2 & & & + & x_4 & = & -33 \quad \cdots \quad (\mathrm{ii}) \\ & & & & x_3 & & & = & -290 \quad \cdots \quad (\mathrm{iii}) \\ & & & & & & -x_4 & = & -1153 \quad \cdots \quad (\mathrm{iv}) \end{array}\right.$ と同値

になる. (iv) より $x_4 = 1153$ であり, (iii) より $x_3 = -290$. また (ii) より $x_2 = -33 - x_4 = -33 - 1153 = -1186$. よって (i) より $x_1 = 5 + 14x_2 - 7x_3 + 6x_4 = 5 + 14 \cdot (-1186) - 7 \cdot (-290) + 6 \cdot 1153 = -7651$.

よって, $\begin{pmatrix} x_1 \\ x_2 \\ x_3 \\ x_4 \end{pmatrix} = \begin{pmatrix} -7651 \\ -1186 \\ -290 \\ 1153 \end{pmatrix}.$

(10)

$$\left(\begin{array}{rrrr|r} 7 & 3 & 6 & 1 & 3 \\ 4 & 7 & 1 & 3 & 2 \\ 10 & -1 & 11 & -1 & 4 \\ 17 & 2 & 17 & 0 & 7 \end{array}\right)\begin{array}{l} \curvearrowleft\times(-2) \\ \\ \\ \\ \end{array} \longrightarrow \left(\begin{array}{rrrr|r} -1 & -11 & 4 & -5 & -1 \\ 4 & 7 & 1 & 3 & 2 \\ 10 & -1 & 11 & -1 & 4 \\ 17 & 2 & 17 & 0 & 7 \end{array}\right)\begin{array}{l} \\ \swarrow\times 4 \\ \leftarrow\times 10 \\ \leftarrow\times 17 \end{array}$$

$$\longrightarrow \left(\begin{array}{rrrr|r} -1 & -11 & 4 & -5 & -1 \\ 0 & -37 & 17 & -17 & -2 \\ 0 & -111 & 51 & -51 & -6 \\ 0 & -185 & 85 & -85 & -10 \end{array}\right)\begin{array}{l} \\ \\ \swarrow\times(-3) \\ \leftarrow\times(-5) \end{array}$$

$$\longrightarrow \left(\begin{array}{rrrr|r} -1 & -11 & 4 & -5 & -1 \\ 0 & -37 & 17 & -17 & -2 \\ 0 & 0 & 0 & 0 & 0 \\ 0 & 0 & 0 & 0 & 0 \end{array}\right).$$

よって, 与えられた方程式は $\left\{\begin{array}{rcrcrcrcrl} -x_1 & - & 11x_2 & + & 4x_3 & - & 5x_4 & = & -1 & \cdots\ \text{(i)} \\ & & -37x_2 & + & 17x_3 & - & 17x_4 & = & -2 & \cdots\ \text{(ii)} \end{array}\right.$ と同値になる. ここで, 解の自由度は2であるから, $x_3 = 37c_1$, $x_4 = 37c_2$ とおけば, (ii) より $-37x_2 = -2-17x_3+17x_4 = -2-17\cdot 37c_1+17\cdot 37c_2$ となって $x_2 = 2/37+17c_1-17c_2$. よって (i) より $-x_1 = -1+11x_2-4x_3+5x_4 = -1+11(2/37+17c_1-17c_2)-4\cdot 37c_1+5\cdot 37c_2 = -15/37+39c_1-2c_2$ となって $x_1 = 15/37-39c_1+2c_2$. 以上のことから, 求める解は,

$$\begin{pmatrix} x_1 \\ x_2 \\ x_3 \\ x_4 \end{pmatrix} = \begin{pmatrix} 15/37-39c_1+2c_2 \\ 2/37+17c_1-17c_2 \\ 37c_1 \\ 37c_2 \end{pmatrix} = \begin{pmatrix} 15/37 \\ 2/37 \\ 0 \\ 0 \end{pmatrix} + c_1\begin{pmatrix} -39 \\ 17 \\ 37 \\ 0 \end{pmatrix} + c_2\begin{pmatrix} 2 \\ -17 \\ 0 \\ 37 \end{pmatrix}$$

[c_1, c_2 : 任意定数] となる.

2. (1)

$$\left(\begin{array}{rr|r} 2 & -5 & 3 \\ -4 & 10 & a \end{array}\right)\begin{array}{l} \times 2 \\ \swarrow \end{array}\longrightarrow \left(\begin{array}{rr|c} 2 & -5 & 3 \\ 0 & 0 & a+6 \end{array}\right).$$

よって, $a+6=0$ ならば, 与えられた方程式は解をもつ. したがって, 求める a は $a=-6$.

$a=-6$ のとき, 与えられた方程式は $2x_1-5x_2=3$ と同値になる. また, 解の自由度は1である. よって, $x_2 = 2c$ とおけば, $2x_1 = 3+5x_2 = 3+10c$ となって $x_1 = 3/2+5c$.

ゆえに方程式は, $a=-6$ のとき, 解 $\begin{pmatrix} x_1 \\ x_2 \end{pmatrix} = \begin{pmatrix} 3/2+5c \\ 2c \end{pmatrix} = \begin{pmatrix} 3/2 \\ 0 \end{pmatrix} + c\begin{pmatrix} 5 \\ 2 \end{pmatrix}$ [c : 任意定数] をもつ.

(2)

$$\left(\begin{array}{rr|c} 3 & -6 & 2a \\ 2 & -4 & a-1 \end{array}\right)\begin{array}{l} \curvearrowleft\times(-1) \\ \\ \end{array}\longrightarrow \left(\begin{array}{rr|c} 1 & -2 & a+1 \\ 2 & -4 & a-1 \end{array}\right)\begin{array}{l} \times(-2) \\ \swarrow \end{array}\longrightarrow \left(\begin{array}{rr|c} 1 & -2 & a+1 \\ 0 & 0 & -a-3 \end{array}\right).$$

よって, $-a-3=0$ ならば, 与えられた方程式は解の自由度が1の解をもつ. したがって, 求める a は $a=-3$.

$a=-3$ のとき, 与えられた方程式は $x_1-2x_2=-2$ と同値になる. よって, $x_2=c$ とおけば, $x_1 = -2+2x_2 = -2+2c$. ゆえに, 与えられた方程式は, $a=-3$ のとき, 解

$$\begin{pmatrix} x_1 \\ x_2 \end{pmatrix} = \begin{pmatrix} -2+2c \\ c \end{pmatrix} = \begin{pmatrix} -2 \\ 0 \end{pmatrix} + c\begin{pmatrix} 2 \\ 1 \end{pmatrix} \quad [c: \text{任意定数}]\ \text{をもつ.}$$

(3)

$$\left(\begin{array}{ccc|c} 7 & 8 & 6 & 11 \\ 3 & 5 & 1 & 2 \\ 10 & 2 & 18 & a \end{array}\right) \xrightarrow{\times(-2)} \left(\begin{array}{ccc|c} 1 & -2 & 4 & 7 \\ 3 & 5 & 1 & 2 \\ 10 & 2 & 18 & a \end{array}\right) \begin{matrix} \times(-3) \\ \times(-10) \end{matrix}$$

$$\longrightarrow \left(\begin{array}{ccc|c} 1 & -2 & 4 & 7 \\ 0 & 11 & -11 & -19 \\ 0 & 22 & -22 & a-70 \end{array}\right) \xrightarrow{\times(-2)} \left(\begin{array}{ccc|c} 1 & -2 & 4 & 7 \\ 0 & 11 & -11 & -19 \\ 0 & 0 & 0 & a-32 \end{array}\right).$$

よって, $a-32=0$ ならば, 与えられた方程式は解の自由度が 1 の解をもつ. したがって, 求める a は $a=32$.

$a=32$ のとき, 与えられた方程式は $\begin{cases} x_1 - 2x_2 + 4x_3 = 7 & \cdots \quad \text{(i)} \\ \qquad 11x_2 - 11x_3 = -19 & \cdots \quad \text{(ii)} \end{cases}$ と同値になる. $x_3=c$ とおけば, (ii) より $11x_2 = -19+11x_3 = -19+11c$ となって $x_2 = -19/11+c$. よって (i) より $x_1 = 7+2x_2-4x_3 = 7+2(-19/11+c)-4c = 39/11-2c$. ゆえに, 与えられた方程式は, $a=32$ のとき解 $\begin{pmatrix} x_1 \\ x_2 \\ x_3 \end{pmatrix} = \begin{pmatrix} 39/11-2c \\ -19/11+c \\ c \end{pmatrix} = \begin{pmatrix} 39/11 \\ -19/11 \\ 0 \end{pmatrix} + c\begin{pmatrix} -2 \\ 1 \\ 1 \end{pmatrix}$ [c : 任意定数] をもつ.

(4)

$$\left(\begin{array}{ccc|c} 4 & -2 & -2 & a+1 \\ -9 & 8 & 1 & a+2 \\ 11 & -2 & -9 & a+3 \end{array}\right) \xrightarrow{\times 2} \left(\begin{array}{ccc|c} 4 & -2 & -2 & a+1 \\ -1 & 4 & -3 & 3a+4 \\ 11 & -2 & -9 & a+3 \end{array}\right)$$

$$\longrightarrow \left(\begin{array}{ccc|c} -1 & 4 & -3 & 3a+4 \\ 4 & -2 & -2 & a+1 \\ 11 & -2 & -9 & a+3 \end{array}\right) \begin{matrix} \times 4 \\ \times 11 \end{matrix} \longrightarrow \left(\begin{array}{ccc|c} -1 & 4 & -3 & 3a+4 \\ 0 & 14 & -14 & 13a+17 \\ 0 & 42 & -42 & 34a+47 \end{array}\right) \times(-3)$$

$$\longrightarrow \left(\begin{array}{ccc|c} -1 & 4 & -3 & 3a+4 \\ 0 & 14 & -14 & 13a+17 \\ 0 & 0 & 0 & -5a-4 \end{array}\right).$$

よって, $-5a-4=0$ ならば, 与えられた方程式は解の自由度が 1 の解をもつ. したがって, 求める a は $a=-4/5$.

$a=-4/5$ のとき, 与えられた方程式は

$$\begin{cases} -x_1 + 4x_2 - 3x_3 = 8/5 & \cdots \quad \text{(i)} \\ \qquad 14x_2 - 14x_3 = 33/5 & \cdots \quad \text{(ii)} \end{cases}$$

と同値になる. $x_3=c$ とおけば, (ii) より $14x_2 = 33/5+14x_3 = 33/5+14c$ となって $x_2 = 33/70+c$. よって (i) より $-x_1 = 8/5-4x_2+3x_3 = 8/5-4(33/70+c)+3c = -2/7-c$ となって $x_1 = 2/7+c$. ゆえに, 与えられた方程式は, $a=-\dfrac{4}{5}$. $\begin{pmatrix} x_1 \\ x_2 \\ x_3 \end{pmatrix} = \begin{pmatrix} 2/7+c \\ 33/70+c \\ c \end{pmatrix} =$

$$\begin{pmatrix} 2/7 \\ 33/70 \\ 0 \end{pmatrix} + c \begin{pmatrix} 1 \\ 1 \\ 1 \end{pmatrix} \quad [c : \text{任意定数}] \text{ をもつ.}$$

3. (1)

$$\left(\begin{array}{ccc:c} 3 & -2 & 5 & a+b \\ 9 & -6 & 15 & a \\ -6 & 4 & -10 & -2b+1 \end{array}\right) \begin{matrix} \times(-3) \\ \times 2 \end{matrix} \longrightarrow \left(\begin{array}{ccc:c} 3 & -2 & 5 & a+b \\ 0 & 0 & 0 & -2a-3b \\ 0 & 0 & 0 & 2a+1 \end{array}\right).$$

よって, $-2a-3b=0$ かつ $2a+1=0$ ならば, 与えられた方程式は解の自由度が 2 の解をもつ. したがって, 求める a, b は $a=-1/2$, $b=1/3$.

$a=-1/2$, $b=1/3$ のとき, 与えられた方程式は $3x-2y+5z=-1/6$ と同値になる. よって $y=3c_1$, $z=3c_2$ とおけば, $3x=-1/6+2y-5z=-1/6+6c_1-15c_2$ となって $x=-1/18+2c_1-5c_2$. したがって, 与えられた方程式は $a=-\dfrac{1}{2}$, $b=\dfrac{1}{3}$ のとき, 解

$$\begin{pmatrix} x \\ y \\ z \end{pmatrix} = \begin{pmatrix} -1/18+2c_1-5c_2 \\ 3c_1 \\ 3c_2 \end{pmatrix} = \begin{pmatrix} -1/18 \\ 0 \\ 0 \end{pmatrix} + c_1 \begin{pmatrix} 2 \\ 3 \\ 0 \end{pmatrix} + c_2 \begin{pmatrix} -5 \\ 0 \\ 3 \end{pmatrix} \quad [c_1, c_2 : \text{任意定}$$

数] をもつ.

(2)

$$\times(-9)\left(\begin{array}{cccc:c} 1 & 4 & 2 & 3 & a+b \\ -4 & 12 & 6 & 16 & a+1 \\ -3 & 2 & 1 & 5 & a-b \\ 9 & 8 & 4 & -1 & b+1 \end{array}\right) \begin{matrix} \times 3 \\ \times 4 \end{matrix} \longrightarrow \left(\begin{array}{cccc:c} 1 & 4 & 2 & 3 & a+b \\ 0 & 28 & 14 & 28 & 5a+4b+1 \\ 0 & 14 & 7 & 14 & 4a+2b \\ 0 & -28 & -14 & -28 & -9a-8b+1 \end{array}\right)$$

$$\longrightarrow \left(\begin{array}{cccc:c} 1 & 4 & 2 & 3 & a+b \\ 0 & 14 & 7 & 14 & 4a+2b \\ 0 & 28 & 14 & 28 & 5a+4b+1 \\ 0 & -28 & -14 & -28 & -9a-8b+1 \end{array}\right) \begin{matrix} \times(-2) \\ \times 2 \end{matrix}$$

$$\longrightarrow \left(\begin{array}{cccc:c} 1 & 4 & 2 & 3 & a+b \\ 0 & 14 & 7 & 14 & 4a+2b \\ 0 & 0 & 0 & 0 & -3a+1 \\ 0 & 0 & 0 & 0 & -a-4b+1 \end{array}\right).$$

よって, $-3a+1=0$ かつ $-a-4b+1=0$ ならば, 与えられた方程式は解の自由度が 2 の解をもつ. したがって, 求める a, b は $a=1/3$, $b=1/6$.

$a=1/3$, $b=1/6$ のとき, 与えられた方程式は

$$\begin{cases} x + 4y + 2z + 3w = 1/2 & \cdots \text{(i)} \\ \quad\ \ 14y + 7z + 14w = 5/3 & \cdots \text{(ii)} \end{cases}$$

と同値になる. $z=2c_1$, $w=c_2$ とおけば, (ii) より $14y=5/3-7z-14w=5/3-14c_1-14c_2$ となって $y=5/42-c_1-c_2$. したがって (i) より $x=1/2-4y-2z-3w=1/2-4(5/42-c_1-c_2)-4c_1-3c_2=1/42+c_2$. ゆえに, 与えられた方程式は, $a=\dfrac{1}{3}$, $b=\dfrac{1}{6}$ のとき, 解

$$\begin{pmatrix} x \\ y \\ z \\ w \end{pmatrix} = \begin{pmatrix} 1/42 + c_2 \\ 5/42 - c_1 - c_2 \\ 2c_1 \\ c_2 \end{pmatrix} = \begin{pmatrix} 1/42 \\ 5/42 \\ 0 \\ 0 \end{pmatrix} + c_1 \begin{pmatrix} 0 \\ -1 \\ 2 \\ 0 \end{pmatrix} + c_2 \begin{pmatrix} 1 \\ -1 \\ 0 \\ 1 \end{pmatrix} \quad [c_1, c_2 : \text{任意定数}]$$

をもつ.

§ 1.13　同次連立1次方程式と応用

解説　連立方程式 $A\boldsymbol{x} = \mathbb{b}$ の右辺 $\mathbb{b}$ を $\mathbb{b} = \boldsymbol{o} = \begin{pmatrix} 0 \\ \vdots \\ 0 \end{pmatrix}$ として, n 元連立1次方程式

$$\begin{cases} a_{11}x_1 + a_{12}x_2 + \cdots + a_{1n}x_n = 0 \\ a_{21}x_1 + a_{22}x_2 + \cdots + a_{2n}x_n = 0 \\ \cdots \\ a_{m1}x_1 + a_{m2}x_2 + \cdots + a_{mn}x_n = 0 \end{cases}$$

を考える.

同次連立方程式

定義 1.43　すべての定数項が 0 となる連立1次方程式 $A\boldsymbol{x} = \boldsymbol{o}$ を**同次連立1次方程式**という.

rank $(A\ \boldsymbol{o})$ = rank A であるから, 定理 1.31 により, $A\boldsymbol{x} = \boldsymbol{o}$ は必ず解をもつ. 特に, $\boldsymbol{x} = \boldsymbol{o}$ は常に解となる. そこで, 次の言葉を定義する.

定義 1.44　同次連立1次方程式 $A\boldsymbol{x} = \boldsymbol{o}$ について, $\boldsymbol{x} = \boldsymbol{o}$ を**自明**(じめい)**な解**といい, $\boldsymbol{x} \neq \boldsymbol{o}$ となる解を**自明でない解** (または, **非**(ひ)**自明解**) という.

次の定理により, 階数を使って, 自明な解のみをもつかどうかの判定をすることができる.

定理 1.32　n 元同次連立1次方程式 $A\boldsymbol{x} = \boldsymbol{o}$ に対して,

(1)　$A\boldsymbol{x} = \boldsymbol{o}$ が自明でない解をもつ $\Longleftrightarrow$ rank $A < n$,

(2)　$A\boldsymbol{x} = \boldsymbol{o}$ が自明な解しかもたない $\Longleftrightarrow$ rank $A = n$.

任意定数を使って表した解のことを, その連立方程式の**一般解**(いっぱんかい)または, **一般解のパラメータ表示**という.

定義 1.45　n 元同次連立1次方程式 $A\boldsymbol{x} = \boldsymbol{o}$ の一般解が $n - r$ 個の任意定数を使って,

$$c_1\boldsymbol{x}_1 + c_2\boldsymbol{x}_2 + \cdots + c_{n-r}\boldsymbol{x}_{n-r}$$

と書けるとき, $\boldsymbol{x}_1, \boldsymbol{x}_2, \ldots, \boldsymbol{x}_{n-r}$ を $A\boldsymbol{x} = \boldsymbol{o}$ の**基本解**(きほんかい)という.　ここで, r = rank A である.

基本解のとり方は, 一意的でないが, その個数はとり方によらず一定である.

係数行列が正方行列となる同次連立1次方程式については, 階数による判定方法に加えて, 次の定理 1.33 のように, 行列式を使って判定することができる.

定理 1.33　$M_n \ni A$ について, n 元同次連立1次方程式を考えるとき,

(1)　$A\boldsymbol{x} = \boldsymbol{o}$ が自明でない解をもつ $\Longleftrightarrow |A| = 0$,

(2) $A\boldsymbol{x} = \boldsymbol{o}$ が自明な解しかもたない $\Longleftrightarrow |A| \neq 0$.

同次連立方程式の応用　次の定理 1.34 によって, 一般の連立 1 次方程式 (非同次連立 1 次方程式) の解は, 同次連立 1 次方程式の解を使って表すことができる.

定理 1.34　$A\boldsymbol{x} = \boldsymbol{b}$ の一般解 $\boldsymbol{x}$ は, $A\boldsymbol{x} = \boldsymbol{b}$ の 1 つの解 $\boldsymbol{x}_0$ と, $A\boldsymbol{x} = \boldsymbol{o}$ の一般解 $\boldsymbol{y}$ を使って,

$$\boldsymbol{x} = \boldsymbol{x}_0 + \boldsymbol{y}$$

と表される.

例題 1.43　次の同次連立 1 次方程式の解を求めよ.

(1) $\begin{cases} x_1 + 3x_2 + 5x_3 = 0 \\ -4x_1 + 2x_2 + x_3 = 0 \\ 11x_1 - 9x_2 - 8x_3 = 0 \end{cases}$　(2) $\begin{cases} 2x_1 - x_2 + 5x_3 = 0 \\ 7x_1 + 2x_2 + 8x_3 = 0 \\ 3x_1 + 4x_2 - 2x_3 = 0 \end{cases}$

解答　(1)

$$\left(\begin{array}{ccc|c} 1 & 3 & 5 & 0 \\ -4 & 2 & 1 & 0 \\ 11 & -9 & -8 & 0 \end{array}\right) \begin{matrix} \\ \times 4 \\ \times(-11) \end{matrix} \longrightarrow \left(\begin{array}{ccc|c} 1 & 3 & 5 & 0 \\ 0 & 14 & 21 & 0 \\ 0 & -42 & -63 & 0 \end{array}\right) \times 3 \longrightarrow \left(\begin{array}{ccc|c} 1 & 3 & 5 & 0 \\ 0 & 14 & 21 & 0 \\ 0 & 0 & 0 & 0 \end{array}\right).$$

よって, 与えられた方程式は $\begin{cases} x_1 + 3x_2 + 5x_3 = 0 & \cdots \text{(i)} \\ \qquad 14x_2 + 21x_3 = 0 & \cdots \text{(ii)} \end{cases}$ と同値になる. ここで, 解の自由度は 1 であるから, $x_3 = 2c$ とおけば, (ii) より $14x_2 = -21x_3 = -21 \cdot 2c = -42c$ となるので $x_2 = -3c$. よって (i) より $x_1 = -3x_2 - 5x_3 = -3 \cdot (-3c) - 5 \cdot 2c = -c$. ゆえに, 解は

$$\begin{pmatrix} x_1 \\ x_2 \\ x_3 \end{pmatrix} = \begin{pmatrix} -c \\ -3c \\ 2c \end{pmatrix} = c\begin{pmatrix} -1 \\ -3 \\ 2 \end{pmatrix}$$ [c : 任意定数] となる.

(2)

$$\left(\begin{array}{ccc|c} 2 & -1 & 5 & 0 \\ 7 & 2 & 8 & 0 \\ 3 & 4 & -2 & 0 \end{array}\right) \times(-1) \longrightarrow \left(\begin{array}{ccc|c} -1 & -5 & 7 & 0 \\ 7 & 2 & 8 & 0 \\ 3 & 4 & -2 & 0 \end{array}\right) \begin{matrix} \\ \times 7 \\ \times 3 \end{matrix}$$

$$\longrightarrow \left(\begin{array}{ccc|c} -1 & -5 & 7 & 0 \\ 0 & -33 & 57 & 0 \\ 0 & -11 & 19 & 0 \end{array}\right) \times(-3) \longrightarrow \left(\begin{array}{ccc|c} -1 & -5 & 7 & 0 \\ 0 & 0 & 0 & 0 \\ 0 & -11 & 19 & 0 \end{array}\right)$$

$$\longrightarrow \left(\begin{array}{ccc|c} -1 & -5 & 7 & 0 \\ 0 & -11 & 19 & 0 \\ 0 & 0 & 0 & 0 \end{array}\right).$$

よって, 与えられた方程式は $\begin{cases} -x_1 - 5x_2 + 7x_3 = 0 & \cdots \text{(i)} \\ \qquad -11x_2 + 19x_3 = 0 & \cdots \text{(ii)} \end{cases}$ と同値になる. また, 解の自由度は 1 であるから, $x_3 = 11c$ とおけば, (ii) より $11x_2 = 19x_3 = 19 \cdot 11c = 209c$ となるので

$x_2 = 19c$. よって (i) より $x_1 = -5x_2 + 7x_3 = -5\cdot 19c + 7\cdot 11c = -18c$.

したがって, 解は, $\begin{pmatrix} x_1 \\ x_2 \\ x_3 \end{pmatrix} = \begin{pmatrix} -18c \\ 19c \\ 11c \end{pmatrix} = c\begin{pmatrix} -18 \\ 19 \\ 11 \end{pmatrix}$　[c : 任意定数] となる.　■

例題 1.44　次の連立 1 次方程式の解を, 同次連立 1 次方程式の一般解を使って求めよ.

$$(1)\quad \left\{\begin{array}{rcrcrcr} 2x_1 & + & x_2 & - & 2x_3 & = & 11 \\ 4x_1 & + & 5x_2 & - & 3x_3 & = & 31 \\ -2x_1 & + & 2x_2 & + & 3x_3 & = & -2 \end{array}\right.$$

$$(2)\quad \left\{\begin{array}{rcrcrcrcr} x_1 & + & 3x_2 & + & 2x_3 & + & 4x_4 & = & 1 \\ 2x_1 & + & 8x_2 & + & 3x_3 & + & 9x_4 & = & 6 \\ x_1 & + & x_2 & + & 3x_3 & + & 3x_4 & = & -3 \\ 4x_1 & + & 14x_2 & + & 7x_3 & + & 17x_4 & = & 8 \end{array}\right.$$

解答　(1)

$$\overset{\times 1}{}\left(\begin{array}{rrr:r} 2 & 1 & -2 & 11 \\ 4 & 5 & -3 & 31 \\ -2 & 2 & 3 & -2 \end{array}\right)\overset{\times(-2)}{} \longrightarrow \left(\begin{array}{rrr:r} 2 & 1 & -2 & 11 \\ 0 & 3 & 1 & 9 \\ 0 & 3 & 1 & 9 \end{array}\right)_{\times(-1)}$$

$$\longrightarrow \left(\begin{array}{rrr:r} 2 & 1 & -2 & 11 \\ 0 & 3 & 1 & 9 \\ 0 & 0 & 0 & 0 \end{array}\right).$$

よって, 与えられた方程式は $\left\{\begin{array}{rcrcrcr} 2x_1 & + & x_2 & - & 2x_3 & = & 11 \\ & & 3x_2 & + & x_3 & = & 9 \end{array}\right.$ と同値になる. そこで $x_3 = 0$ とすれば,

$x_1 = 4$, $x_2 = 3$ が得られるので, $\begin{pmatrix} 4 \\ 3 \\ 0 \end{pmatrix}$ は 1 つの解である.

次に, 同次連立 1 次方程式 $\left\{\begin{array}{rcrcrcr} 2x_1 & + & x_2 & - & 2x_3 & = & 0 \\ 4x_1 & + & 5x_2 & - & 3x_3 & = & 0 \\ -2x_1 & + & 2x_2 & + & 3x_3 & = & 0 \end{array}\right.$ の一般解を求める. 先ほどと同様の行基本変形により, この方程式は $\left\{\begin{array}{rcrcrcrcl} 2x_1 & + & x_2 & - & 2x_3 & = & 0 & \cdots & \text{(i)} \\ & & 3x_2 & + & x_3 & = & 0 & \cdots & \text{(ii)} \end{array}\right.$ と同値であることがわかる. さらに, 解の自由度は 1 であるから, $x_2 = 2c$ とおけば, (ii) より $x_3 = -3x_2 = -6c$. よって (i) より $2x_1 = -x_2 + 2x_3 = -2c + 2\cdot(-6c) = -14c$ となって, $x_1 = -7c$. したがって, 解は

$$\begin{pmatrix} x_1 \\ x_2 \\ x_3 \end{pmatrix} = \begin{pmatrix} 4 \\ 3 \\ 0 \end{pmatrix} + c\begin{pmatrix} -7 \\ 2 \\ -6 \end{pmatrix}\quad [c : \text{任意定数}] \text{ となる.}$$

$$(2)\quad \overset{\times(-4)}{}\left(\begin{array}{rrrr:r} 1 & 3 & 2 & 4 & 1 \\ 2 & 8 & 3 & 9 & 6 \\ 1 & 1 & 3 & 3 & -3 \\ 4 & 14 & 7 & 17 & 8 \end{array}\right)\overset{\times(-1)}{}_{\times(-2)} \longrightarrow \left(\begin{array}{rrrr:r} 1 & 3 & 2 & 4 & 1 \\ 0 & 2 & -1 & 1 & 4 \\ 0 & -2 & 1 & -1 & -4 \\ 0 & 2 & -1 & 1 & 4 \end{array}\right)_{\times 1,\ \times(-1)}$$

$$\longrightarrow \left(\begin{array}{cccc:c} 1 & 3 & 2 & 4 & 1 \\ 0 & 2 & -1 & 1 & 4 \\ 0 & 0 & 0 & 0 & 0 \\ 0 & 0 & 0 & 0 & 0 \end{array}\right).$$

よって, 与えられた方程式は $\begin{cases} x_1 + 3x_2 + 2x_3 + 4x_4 = 1 \\ 2x_2 - x_3 + x_4 = 4 \end{cases}$ と同値になる. そこで $x_3 = x_4 = 0$ とすれば, $x_1 = -5$, $x_2 = 2$ が得られるので, $\begin{pmatrix} -5 \\ 2 \\ 0 \\ 0 \end{pmatrix}$ は 1 つの解である.

次に, 同次連立 1 次方程式 $\begin{cases} x_1 + 3x_2 + 2x_3 + 4x_4 = 0 \\ 2x_1 + 8x_2 + 3x_3 + 9x_4 = 0 \\ x_1 + x_2 + 3x_3 + 3x_4 = 0 \\ 4x_1 + 14x_2 + 7x_3 + 17x_4 = 0 \end{cases}$ の一般解を求める. 先ほどと同様の行基本変形により, この方程式は

$$\begin{cases} x_1 + 3x_2 + 2x_3 + 4x_4 = 0 & \cdots \quad \text{(i)} \\ 2x_2 - x_3 + x_4 = 0 & \cdots \quad \text{(ii)} \end{cases}$$

と同値であることがわかる. ここで, 解の自由度は 2 より, $x_3 = 2c_1$, $x_4 = 2c_2$ とおけば, (ii) より $2x_2 = x_3 - x_4 = 2c_1 - 2c_2$ となって, $x_2 = c_1 - c_2$. よって (i) より $x_1 = -3x_2 - 2x_3 - 4x_4 = -3 \cdot (c_1 - c_2) - 2 \cdot 2c_1 - 4 \cdot 2c_2 = -7c_1 - 5c_2$. したがって, 解は $\begin{pmatrix} x_1 \\ x_2 \\ x_3 \\ x_4 \end{pmatrix} = \begin{pmatrix} -5 \\ 2 \\ 0 \\ 0 \end{pmatrix} + c_1 \begin{pmatrix} -7 \\ 1 \\ 2 \\ 0 \end{pmatrix} + c_2 \begin{pmatrix} -5 \\ -1 \\ 0 \\ 2 \end{pmatrix}$ $[c_1, c_2:$ 任意定数$]$ となる. ∎

例題 1.45　平面上の相異なる 3 点 (a_1, b_1), (a_2, b_2), (a_3, b_3) が同一直線上にあるための必要十分条件は

$$\begin{vmatrix} a_1 & b_1 & 1 \\ a_2 & b_2 & 1 \\ a_3 & b_3 & 1 \end{vmatrix} = 0 \quad \cdots\cdots \quad (\bigstar)$$

であることを証明せよ.

解答　まず, (a_1, b_1), (a_2, b_2), (a_3, b_3) が同一直線上にあると仮定して, $(\bigstar)$ が成り立つことを証明しよう. (a_1, b_1), (a_2, b_2), (a_3, b_3) が直線

$$k_0 x + l_0 y + m_0 = 0 \qquad ((k_0, l_0) \neq (0, 0))$$

上にあるとすると, $k_0 a_1 + l_0 b_1 + m_0 = 0$, $k_0 a_2 + l_0 b_2 + m_0 = 0$, $k_0 a_3 + l_0 b_3 + m_0 = 0$ が成り立つの

で, 未知数 k, l, m についての同次連立1次方程式

$$\begin{cases} a_1k + b_1l + m = 0 \\ a_2k + b_2l + m = 0 \\ a_3k + b_3l + m = 0 \end{cases} \quad \cdots\cdots\cdot \quad (\spadesuit)$$

は自明でない解 $\begin{pmatrix} k \\ l \\ m \end{pmatrix} = \begin{pmatrix} k_0 \\ l_0 \\ m_0 \end{pmatrix}$ をもつ. よって, ($\spadesuit$) の係数行列の行列式は 0, すなわち ($\bigstar$) が成り立つ.

逆に ($\bigstar$) が成り立つと仮定して, (a_1, b_1), (a_2, b_2), (a_3, b_3) が同一直線上にあることを証明しよう. ($\bigstar$) が成り立つとすると, 同次連立1次方程式 ($\spadesuit$) は自明でない解 $\begin{pmatrix} k \\ l \\ m \end{pmatrix} = \begin{pmatrix} k_0 \\ l_0 \\ m_0 \end{pmatrix}$ をもつ. ここで $(k_0, l_0) \neq (0, 0)$ であることを示そう. $\begin{pmatrix} k \\ l \\ m \end{pmatrix} = \begin{pmatrix} k_0 \\ l_0 \\ m_0 \end{pmatrix}$ は ($\spadesuit$) の解であるから, $a_1k_0 + b_1l_0 + m_0 = 0$, $a_2k_0 + b_2l_0 + m_0 = 0$, $a_3k_0 + b_3l_0 + m_0 = 0$ が成り立つ. よって, もし $(k_0, l_0) = (0, 0)$ だったとすると, $m_0 = 0$ となるので $k_0 = l_0 = m_0 = 0$ となってしまい, $\begin{pmatrix} k \\ l \\ m \end{pmatrix} = \begin{pmatrix} k_0 \\ l_0 \\ m_0 \end{pmatrix}$ が自明でない解であることに矛盾する. したがって, $(k_0, l_0) \neq (0, 0)$ であり, (a_1, b_1), (a_2, b_2), (a_3, b_3) は直線 $k_0x + l_0y + m_0 = 0$ 上にある. ∎

例題 1.46　同次連立1次方程式 $\begin{cases} x + ay + 2z = 0 \\ 2x + 3y + az = 0 \\ (a-1)x + a^2y - 3z = 0 \end{cases}$ が自明でない解をもつように a の値を定め, そのときの解を求めよ. ただし $a \geq 0$ とする.

解答　係数行列を A とすると, 定理 1.32 により, 方程式が自明でない解をもつには, $\operatorname{rank} A < 3$ でなければならない. そこで, A を行基本変形して階段行列にすると,

$$A = \begin{pmatrix} 1 & a & 2 \\ 2 & 3 & a \\ a-1 & a^2 & -3 \end{pmatrix} \begin{matrix} \times(-2) \\ \times(-(a-1)) \end{matrix} \longrightarrow \begin{pmatrix} 1 & a & 2 \\ 0 & -2a+3 & a-4 \\ 0 & a^2 - a(a-1) & -3 - 2(a-1) \end{pmatrix}$$

$$= \begin{pmatrix} 1 & a & 2 \\ 0 & -2a+3 & a-4 \\ 0 & a & -2a-1 \end{pmatrix} \times 2 \longrightarrow \begin{pmatrix} 1 & a & 2 \\ 0 & 3 & -3a-6 \\ 0 & a & -2a-1 \end{pmatrix} \times \frac{1}{3} \longrightarrow \begin{pmatrix} 1 & a & 2 \\ 0 & 1 & -a-2 \\ 0 & a & -2a-1 \end{pmatrix} \times(-a)$$

$$\longrightarrow \begin{pmatrix} 1 & a & 2 \\ 0 & 1 & -a-2 \\ 0 & 0 & -2a-1+a^2+2a \end{pmatrix} = \begin{pmatrix} 1 & a & 2 \\ 0 & 1 & -a-2 \\ 0 & 0 & a^2-1 \end{pmatrix}$$

となる. よって, $\operatorname{rank} A < 3$ となるためには, $a^2 - 1 = (a+1)(a-1) = 0$ でなければならない. ここで, $a \geq 0$ であることに注意すると, $a = 1$ である. このとき, 上の行基本変形において $a = 1$ を代入すると,

$$= \begin{pmatrix} 1 & 1 & 2 \\ 2 & 3 & 1 \\ 0 & 1 & -3 \end{pmatrix} \longrightarrow \begin{pmatrix} 1 & 1 & 2 \\ 0 & 1 & -3 \\ 0 & 0 & 0 \end{pmatrix} \overset{\times(-1)}{\longrightarrow} \begin{pmatrix} 1 & 0 & 5 \\ 0 & 1 & -3 \\ 0 & 0 & 0 \end{pmatrix}$$

となり, 解の自由度は, $3 - \operatorname{rank} A = 3 - 2 = 1$ である. よって,

$$\begin{cases} x \quad + 5z = 0 \\ \quad y - 3z = 0 \end{cases}$$

において, $z = c$ とおくと, $x = -5c$, $y = 3c$ を得るから, 連立方程式の解 $\boldsymbol{x} = \begin{pmatrix} x \\ y \\ z \end{pmatrix}$ は, $\boldsymbol{x} = \begin{pmatrix} -5c \\ 3c \\ c \end{pmatrix} = c \begin{pmatrix} -5 \\ 3 \\ 1 \end{pmatrix}$ $[c:$ 任意定数$]$ となる. ∎

◆演習問題 § 1.13◆

1. 次の同次連立 1 次方程式の解を求めよ.

(1) $\begin{cases} x_1 - 3x_2 = 0 \\ -7x_1 + 21x_2 = 0 \end{cases}$　(2) $\begin{cases} 6x_1 + 9x_2 = 0 \\ -10x_1 - 15x_2 = 0 \end{cases}$

(3) $\begin{cases} x_1 + 7x_2 + 3x_3 = 0 \\ 2x_1 + 4x_2 + x_3 = 0 \end{cases}$　(4) $\begin{cases} x_1 - 9x_2 - 4x_3 = 0 \\ 2x_1 + 3x_2 + x_3 = 0 \\ x_1 + 5x_2 + 2x_3 = 0 \end{cases}$

(5) $\begin{cases} 2x_1 - x_2 + 3x_3 = 0 \\ -4x_1 + 2x_2 - 6x_3 = 0 \\ 6x_1 - 3x_2 + 9x_3 = 0 \end{cases}$　(6) $\begin{cases} x_1 + 2x_2 + x_3 - 3x_4 = 0 \\ x_1 + 3x_2 + 2x_3 + 4x_4 = 0 \\ 2x_1 + 3x_2 + 2x_3 + x_4 = 0 \end{cases}$

(7) $\begin{cases} 2x_1 + 3x_2 - x_3 + 5x_4 = 0 \\ 3x_1 + x_2 + x_3 + 2x_4 = 0 \\ 5x_1 + 4x_2 + 7x_4 = 0 \\ 4x_1 - x_2 + 3x_3 - x_4 = 0 \end{cases}$

2. 次の同次連立 1 次方程式が自明でない解をもつように a の値を定めよ. また, そのときの解を求めよ.

(1) $\begin{cases} ax_1 - x_2 = 0 \\ x_1 + (a-2)x_2 = 0 \end{cases}$　(2) $\begin{cases} ax_1 + 3x_2 = 0 \\ -3ax_1 + (a-7)x_2 = 0 \end{cases}$

(3) $\begin{cases} ax_1 - 3x_2 + 5x_3 = 0 \\ 2ax_1 + (a-3)x_2 + 12x_3 = 0 \\ -ax_1 + (a+6)x_2 + ax_3 = 0 \end{cases}$

(4) $\begin{cases} (2a-1)x_1 + 2ax_2 + (a-3)x_3 = 0 \\ 3ax_1 + (a-2)x_2 + 3ax_3 = 0 \\ (5a-1)x_1 + 4ax_2 + (3a-5)x_3 = 0 \end{cases}$

(5) $\begin{cases} ax_1 + 4x_3 = 0 \\ 2ax_1 + (a^2-5a)x_2 + 8x_3 = 0 \\ ax_1 + (2a^2-10a)x_2 + (a-1)x_3 = 0 \end{cases}$

3. 次の連立 1 次方程式の解を, 同次連立 1 次方程式の一般解を使って求めよ.

(1) $$\begin{cases} x_1 - 7x_2 + x_3 = -5 \\ -2x_1 + x_2 + 3x_3 = -3 \\ -x_1 - 6x_2 + 4x_3 = -8 \end{cases}$$

(2) $$\begin{cases} x_1 + 2x_2 - x_3 + 2x_4 = 0 \\ 2x_1 - x_2 + x_3 + 3x_4 = -1 \\ -x_1 + 4x_2 - x_3 + 2x_4 = 6 \end{cases}$$

(3) $$\begin{cases} x_1 + 3x_2 - 2x_3 + x_4 = -5 \\ 3x_1 - x_2 + 2x_3 + 2x_4 = 25 \\ 4x_1 + 2x_2 + 3x_4 = 20 \end{cases}$$

(4) $$\begin{cases} x_1 + 4x_2 - 3x_3 + 7x_4 = -3 \\ -4x_1 + x_2 - 5x_3 + 2x_4 = -5 \\ 2x_1 + 2x_2 + x_3 + 3x_4 = 2 \\ x_1 + 9x_2 - 6x_3 + 15x_4 = -4 \end{cases}$$

(5) $$\begin{cases} x_1 + 2x_2 + 3x_3 + 5x_4 = -10 \\ 2x_1 + x_2 + 3x_3 + 2x_4 = 7 \\ 3x_1 + 3x_3 - x_4 = 24 \\ -5x_1 - 4x_2 - 9x_3 - 9x_4 = -4 \end{cases}$$

(6) $$\begin{cases} x_1 + 2x_2 + 3x_3 + 4x_4 + 5x_5 = 3 \\ 2x_1 + 3x_2 + 4x_3 + 5x_4 + x_5 = 5 \\ 4x_1 + 7x_2 + 10x_3 + 13x_4 + 11x_5 = 11 \\ 3x_1 + 5x_2 + 7x_3 + 9x_4 + 6x_5 = 8 \end{cases}$$

◇演習問題の解答◇

1. (1)

$$\left(\begin{array}{cc:c} 1 & -3 & 0 \\ -7 & 21 & 0 \end{array}\right) \overset{\times 7}{\longrightarrow} \left(\begin{array}{cc:c} 1 & -3 & 0 \\ 0 & 0 & 0 \end{array}\right).$$

よって, 与えられた方程式は $x_1 - 3x_2 = 0$ と同値になる. したがって, 解の自由度 1 より $x_2 = c$ とおけば, $x_1 = 3x_2 = 3c$. ゆえに方程式の解は, $\begin{pmatrix} x_1 \\ x_2 \end{pmatrix} = \begin{pmatrix} 3c \\ c \end{pmatrix} = c\begin{pmatrix} 3 \\ 1 \end{pmatrix}$ [c : 任意定数] となる.

(2)

$$\left(\begin{array}{cc:c} 6 & 9 & 0 \\ -10 & -15 & 0 \end{array}\right)\begin{array}{l} \times\frac{1}{3} \\ \times\frac{1}{5} \end{array} \longrightarrow \left(\begin{array}{cc:c} 2 & 3 & 0 \\ -2 & -3 & 0 \end{array}\right) \overset{\times 1}{\longrightarrow} \left(\begin{array}{cc:c} 2 & 3 & 0 \\ 0 & 0 & 0 \end{array}\right).$$

よって, 与えられた方程式は $2x_1 + 3x_2 = 0$ と同値になる. したがって, 解の自由度 1 より $x_2 = 2c$ とおけば, $2x_1 = -3x_2 = -6c$ より $x_1 = -3c$. ゆえに方程式の解は, $\begin{pmatrix} x_1 \\ x_2 \end{pmatrix} = \begin{pmatrix} -3c \\ 2c \end{pmatrix} = c\begin{pmatrix} -3 \\ 2 \end{pmatrix}$ [c : 任意定数] となる.

(3)

$$\left(\begin{array}{ccc:c} 1 & 7 & 3 & 0 \\ 2 & 4 & 1 & 0 \end{array}\right) \overset{\times(-2)}{\longrightarrow} \left(\begin{array}{ccc:c} 1 & 7 & 3 & 0 \\ 0 & -10 & -5 & 0 \end{array}\right)_{\times\frac{1}{5}} \longrightarrow \left(\begin{array}{ccc:c} 1 & 7 & 3 & 0 \\ 0 & -2 & -1 & 0 \end{array}\right).$$

よって, 与えられた方程式は $\left\{\begin{array}{rcrcrcl} x_1 & + & 7x_2 & + & 3x_3 & = & 0 \quad \cdots \quad \text{(i)} \\ & - & 2x_2 & - & x_3 & = & 0 \quad \cdots \quad \text{(ii)} \end{array}\right.$ と同値になる. ここで解の自由度 1 より $x_2 = c$ とおけば, (ii) より $-x_3 = 2x_2 = 2c$ となって $x_3 = -2c$. よって (i) より $x_1 = -7x_2 - 3x_3 = -7c - 3\cdot(-2c) = -c$. したがって, 方程式の解は,
$\begin{pmatrix} x_1 \\ x_2 \\ x_3 \end{pmatrix} = \begin{pmatrix} -c \\ c \\ -2c \end{pmatrix} = c\begin{pmatrix} -1 \\ 1 \\ -2 \end{pmatrix}$ [c : 任意定数] となる.

(4)

$$\left(\begin{array}{ccc:c} 1 & -9 & -4 & 0 \\ 2 & 3 & 1 & 0 \\ 1 & 5 & 2 & 0 \end{array}\right) \begin{array}{l} \times(-1) \\ \times(-2) \end{array} \longrightarrow \left(\begin{array}{ccc:c} 1 & -9 & -4 & 0 \\ 0 & 21 & 9 & 0 \\ 0 & 14 & 6 & 0 \end{array}\right)\begin{array}{l} \\ \times\frac{1}{3} \\ \times\frac{1}{2} \end{array}$$

$$\longrightarrow \left(\begin{array}{ccc:c} 1 & -9 & -4 & 0 \\ 0 & 7 & 3 & 0 \\ 0 & 7 & 3 & 0 \end{array}\right)_{\times(-1)} \longrightarrow \left(\begin{array}{ccc:c} 1 & -9 & -4 & 0 \\ 0 & 7 & 3 & 0 \\ 0 & 0 & 0 & 0 \end{array}\right).$$

よって, 与えられた方程式は $\left\{\begin{array}{rcrcrcl} x_1 & - & 9x_2 & - & 4x_3 & = & 0 \quad \cdots \quad \text{(i)} \\ & & 7x_2 & + & 3x_3 & = & 0 \quad \cdots \quad \text{(ii)} \end{array}\right.$ と同値になる. 解の自由度 1 より, $x_3 = 7c$ とおけば, (ii) より $7x_2 = -3x_3 = -21c$ となって $x_2 = -3c$.

よって (i) より $x_1 = 9x_2 + 4x_3 = 9 \cdot (-3c) + 4 \cdot 7c = c$. したがって, 方程式の解は, $\begin{pmatrix} x_1 \\ x_2 \\ x_3 \end{pmatrix} = \begin{pmatrix} c \\ -3c \\ 7c \end{pmatrix} = c\begin{pmatrix} 1 \\ -3 \\ 7 \end{pmatrix}$　[c : 任意定数] となる.

(5)

$$\left(\begin{array}{ccc:c} 2 & -1 & 3 & 0 \\ -4 & 2 & -6 & 0 \\ 6 & -3 & 9 & 0 \end{array}\right) \begin{matrix} \times(-3),\ \times 2 \end{matrix} \longrightarrow \left(\begin{array}{ccc:c} 2 & -1 & 3 & 0 \\ 0 & 0 & 0 & 0 \\ 0 & 0 & 0 & 0 \end{array}\right).$$

よって, 与えられた方程式は $2x_1 - x_2 + 3x_3 = 0$ と同値になる. また, 解の自由度 2 より, $x_1 = c_1$, $x_3 = c_2$ とおけば, $x_2 = 2x_1 + 3x_3 = 2c_1 + 3c_2$. したがって, 解 $\begin{pmatrix} x_1 \\ x_2 \\ x_3 \end{pmatrix} = \begin{pmatrix} c_1 \\ 2c_1 + 3c_2 \\ c_2 \end{pmatrix} = c_1\begin{pmatrix} 1 \\ 2 \\ 0 \end{pmatrix} + c_2\begin{pmatrix} 0 \\ 3 \\ 1 \end{pmatrix}$　[c_1, c_2 : 任意定数] を得る.

(6)

$$\left(\begin{array}{cccc:c} 1 & 2 & 1 & -3 & 0 \\ 1 & 3 & 2 & 4 & 0 \\ 2 & 3 & 2 & 1 & 0 \end{array}\right) \begin{matrix} \times(-2),\ \times(-1) \end{matrix} \longrightarrow \left(\begin{array}{cccc:c} 1 & 2 & 1 & -3 & 0 \\ 0 & 1 & 1 & 7 & 0 \\ 0 & -1 & 0 & 7 & 0 \end{array}\right) \times 1$$

$$\longrightarrow \left(\begin{array}{cccc:c} 1 & 2 & 1 & -3 & 0 \\ 0 & 1 & 1 & 7 & 0 \\ 0 & 0 & 1 & 14 & 0 \end{array}\right).$$

よって, 与えられた方程式は $\begin{cases} x_1 + 2x_2 + x_3 - 3x_4 = 0 & \cdots \text{(i)} \\ x_2 + x_3 + 7x_4 = 0 & \cdots \text{(ii)} \\ x_3 + 14x_4 = 0 & \cdots \text{(iii)} \end{cases}$ と同値になる. また, 解の自由度 1 より $x_4 = c$ とおけば, (iii) より $x_3 = -14x_4 = -14c$. よって (ii) より $x_2 = -x_3 - 7x_4 = -(-14c) - 7c = 7c$. したがって (i) より $x_1 = -2x_2 - x_3 + 3x_4 = -2 \cdot 7c - (-14c) + 3c = 3c$. ゆえに, 方程式の解は, $\begin{pmatrix} x_1 \\ x_2 \\ x_3 \\ x_4 \end{pmatrix} = \begin{pmatrix} 3c \\ 7c \\ -14c \\ c \end{pmatrix} = c\begin{pmatrix} 3 \\ 7 \\ -14 \\ 1 \end{pmatrix}$　[c : 任意定数] となる.

(7)

$$\left(\begin{array}{cccc:c} 2 & 3 & -1 & 5 & 0 \\ 3 & 1 & 1 & 2 & 0 \\ 5 & 4 & 0 & 7 & 0 \\ 4 & -1 & 3 & -1 & 0 \end{array}\right) \times(-1) \longrightarrow \left(\begin{array}{cccc:c} -1 & 2 & -2 & 3 & 0 \\ 3 & 1 & 1 & 2 & 0 \\ 5 & 4 & 0 & 7 & 0 \\ 4 & -1 & 3 & -1 & 0 \end{array}\right) \begin{matrix} \\ \times 3 \\ \times 5 \\ \times 4 \end{matrix}$$

$$\longrightarrow \left(\begin{array}{cccc|c} -1 & 2 & -2 & 3 & 0 \\ 0 & 7 & -5 & 11 & 0 \\ 0 & 14 & -10 & 22 & 0 \\ 0 & 7 & -5 & 11 & 0 \end{array}\right) \begin{array}{l} \\ \\ \leftarrow \times(-2) \\ \leftarrow \times(-1) \end{array} \longrightarrow \left(\begin{array}{cccc|c} -1 & 2 & -2 & 3 & 0 \\ 0 & 7 & -5 & 11 & 0 \\ 0 & 0 & 0 & 0 & 0 \\ 0 & 0 & 0 & 0 & 0 \end{array}\right).$$

よって, 与えられた方程式は $\left\{\begin{array}{rcl} -x_1 + 2x_2 - 2x_3 + 3x_4 &=& 0 \quad \cdots \quad \text{(i)} \\ 7x_2 - 5x_3 + 11x_4 &=& 0 \quad \cdots \quad \text{(ii)} \end{array}\right.$ と同値になる. また, 解の自由度 2 より $x_3 = 7c_1$, $x_4 = 7c_2$ とおけば, (ii) より $7x_2 = 5x_3 - 11x_4 = 5 \cdot 7c_1 - 11 \cdot 7c_2$ となって $x_2 = 5c_1 - 11c_2$. よって (i) より $x_1 = 2x_2 - 2x_3 + 3x_4 = 2(5c_1 - 11c_2) - 2 \cdot 7c_1 + 3 \cdot 7c_2 = -4c_1 - c_2$. したがって, 方程式の解は, $\begin{pmatrix} x_1 \\ x_2 \\ x_3 \\ x_4 \end{pmatrix} =$

$$\begin{pmatrix} -4c_1 - c_2 \\ 5c_1 - 11c_2 \\ 7c_1 \\ 7c_2 \end{pmatrix} = c_1 \begin{pmatrix} -4 \\ 5 \\ 7 \\ 0 \end{pmatrix} + c_2 \begin{pmatrix} -1 \\ -11 \\ 0 \\ 7 \end{pmatrix} \quad [c_1, c_2 : \text{任意定数}] \text{ となる.}$$

2. (1) $\begin{vmatrix} a & -1 \\ 1 & a-2 \end{vmatrix} = (a-1)^2.$

よって, $(a-1)^2 = 0$ ならば, 与えられた方程式は自明でない解をもつ. したがって, 求める a は $a = 1$.

$a = 1$ のとき, 方程式は $\left\{\begin{array}{rcl} x_1 - x_2 &=& 0 \\ x_1 - x_2 &=& 0 \end{array}\right.$ となり, これは $x_1 - x_2 = 0$ と同値になる. よって, 解の自由度 1 より, $x_2 = c$ とおけば, $x_1 = x_2 = c$. 以上より, 与えられた方程式は, $a = 1$ のとき, 自明でない解 $\begin{pmatrix} x_1 \\ x_2 \end{pmatrix} = \begin{pmatrix} c \\ c \end{pmatrix} = c \begin{pmatrix} 1 \\ 1 \end{pmatrix}$　[c : 任意定数] をもつ.

(2) $\begin{vmatrix} a & 3 \\ -3a & a-7 \end{vmatrix} = a(a+2).$

よって, $a(a+2) = 0$ ならば, 与えられた方程式は自明でない解をもつ. したがって, 求める a は $a = -2, 0$.

$a = -2$ のとき, 方程式は $\left\{\begin{array}{rcl} -2x_1 + 3x_2 &=& 0 \\ 6x_1 - 9x_2 &=& 0 \end{array}\right.$ となり, $\begin{pmatrix} -2 & 3 \\ 6 & -9 \end{pmatrix} \overset{\times 3}{\longrightarrow} \begin{pmatrix} -2 & 3 \\ 0 & 0 \end{pmatrix}$ と変形できるから, これは $-2x_1 + 3x_2 = 0$ と同値になる. よって, 解の自由度 1 より, $x_2 = 2c$ とおけば, $-2x_1 = -3x_2 = -6c$ となって $x_1 = 3c$.

$a = 0$ のとき, 方程式は $\left\{\begin{array}{rcl} 3x_2 &=& 0 \\ -7x_2 &=& 0 \end{array}\right.$ となり, これは $x_2 = 0$ と同値になる. よって, x_1 は任意でよいので $x_1 = c$ とおけばよい. 以上のことから, 方程式は, $a = -2, 0$ のとき自明でない解をもち, それぞれ $a = -2$ のとき, $\begin{pmatrix} x_1 \\ x_2 \end{pmatrix} = \begin{pmatrix} 3c \\ 2c \end{pmatrix} = c \begin{pmatrix} 3 \\ 2 \end{pmatrix}$　[c : 任意定数], $a = 0$ のとき,

$\begin{pmatrix} x_1 \\ x_2 \end{pmatrix} = \begin{pmatrix} c \\ 0 \end{pmatrix} = c \begin{pmatrix} 1 \\ 0 \end{pmatrix}$　[c : 任意定数] となる.

(3) $\begin{vmatrix} a & -3 & 5 \\ 2a & a-3 & 12 \\ -a & a+6 & a \end{vmatrix} = a(a+3)^2.$

よって, $a(a+3)^2 = 0$ ならば, 与えられた方程式は自明でない解をもつ. したがって, 求める a は $a = -3, 0$.

$a = -3$ のとき, 方程式は $\begin{cases} -3x_1 - 3x_2 + 5x_3 = 0 \\ -6x_1 - 6x_2 + 12x_3 = 0 \\ 3x_1 + 3x_2 - 3x_3 = 0 \end{cases}$ となる.

$$\left(\begin{array}{ccc|c} -3 & -3 & 5 & 0 \\ -6 & -6 & 12 & 0 \\ 3 & 3 & -3 & 0 \end{array}\right) \begin{matrix} \times 1 \\ \times(-2) \end{matrix} \longrightarrow \left(\begin{array}{ccc|c} -3 & -3 & 5 & 0 \\ 0 & 0 & 2 & 0 \\ 0 & 0 & 2 & 0 \end{array}\right) \times(-1)$$

$$\longrightarrow \left(\begin{array}{ccc|c} -3 & -3 & 5 & 0 \\ 0 & 0 & 2 & 0 \\ 0 & 0 & 0 & 0 \end{array}\right).$$

よって, 方程式は $\begin{cases} -3x_1 - 3x_2 + 5x_3 = 0 & \cdots \text{(i)} \\ 2x_3 = 0 & \cdots \text{(ii)} \end{cases}$ と同値になる. (ii) より $x_3 = 0$.

これを (i) に代入して $-3x_1 - 3x_2 = 0$. ここで, 解の自由度1より, $x_2 = c$ とおけば, $-3x_1 = 3x_2 = 3c$ となって $x_1 = -c$.

$a = 0$ のとき, 方程式は $\begin{cases} -3x_2 + 5x_3 = 0 \\ -3x_2 + 12x_3 = 0 \\ 6x_2 = 0 \end{cases}$ となる.

$$\times 2 \left(\begin{array}{ccc|c} 0 & -3 & 5 & 0 \\ 0 & -3 & 12 & 0 \\ 0 & 6 & 0 & 0 \end{array}\right) \times(-1) \longrightarrow \left(\begin{array}{ccc|c} 0 & -3 & 5 & 0 \\ 0 & 0 & 7 & 0 \\ 0 & 0 & 10 & 0 \end{array}\right) \times\left(\frac{-10}{7}\right)$$

$$\longrightarrow \left(\begin{array}{ccc|c} 0 & -3 & 5 & 0 \\ 0 & 0 & 7 & 0 \\ 0 & 0 & 0 & 0 \end{array}\right).$$

よって, 方程式は $\begin{cases} -3x_2 + 5x_3 = 0 & \cdots \text{(i)} \\ 7x_3 = 0 & \cdots \text{(ii)} \end{cases}$ と同値になる. (ii) より $x_3 = 0$. よって (i) より $-3x_2 = -5x_3 = 0$ となって $x_2 = 0$. 解の自由度は1より, x_1 は任意でよいので $x_1 = c$ とおけばよい. ゆえに, 方程式は, $a = -3, 0$ において自明でない解をもち, それぞれ, $a = -3$ のとき, $\begin{pmatrix} x_1 \\ x_2 \\ x_3 \end{pmatrix} = \begin{pmatrix} -c \\ c \\ 0 \end{pmatrix} = c\begin{pmatrix} -1 \\ 1 \\ 0 \end{pmatrix}$ [c : 任意定数], $a = 0$ のとき,

$\begin{pmatrix} x_1 \\ x_2 \\ x_3 \end{pmatrix} = \begin{pmatrix} c \\ 0 \\ 0 \end{pmatrix} = c\begin{pmatrix} 1 \\ 0 \\ 0 \end{pmatrix}$ [c : 任意定数] となる.

(4) $\begin{vmatrix} 2a-1 & 2a & a-3 \\ 3a & a-2 & 3a \\ 5a-1 & 4a & 3a-5 \end{vmatrix} = (a+2)(a+1)(a-2).$

よって, $(a+2)(a+1)(a-2)=0$ ならば, 与えられた方程式は自明でない解をもつ. したがって, 求める a は $a=-2,\ -1,\ 2$.

$a=-2$ のとき, 方程式は $\left\{\begin{array}{rcrcrcl} -5x_1 & - & 4x_2 & - & 5x_3 & = & 0 \\ -6x_1 & - & 4x_2 & - & 6x_3 & = & 0 \\ -11x_1 & - & 8x_2 & - & 11x_3 & = & 0 \end{array}\right.$ となる.

$$\left(\begin{array}{rrr|r} -5 & -4 & -5 & 0 \\ -6 & -4 & -6 & 0 \\ -11 & -8 & -11 & 0 \end{array}\right) \times(-1) \longrightarrow \left(\begin{array}{rrr|r} 1 & 0 & 1 & 0 \\ -6 & -4 & -6 & 0 \\ -11 & -8 & -11 & 0 \end{array}\right) \times 6,\ \times 11$$

$$\longrightarrow \left(\begin{array}{rrr|r} 1 & 0 & 1 & 0 \\ 0 & -4 & 0 & 0 \\ 0 & -8 & 0 & 0 \end{array}\right) \times(-2) \longrightarrow \left(\begin{array}{rrr|r} 1 & 0 & 1 & 0 \\ 0 & -4 & 0 & 0 \\ 0 & 0 & 0 & 0 \end{array}\right).$$

よって, 方程式は $\left\{\begin{array}{rcrcl} x_1 & & + x_3 & = & 0 \quad \cdots \quad \text{(i)} \\ & -4x_2 & & = & 0 \quad \cdots \quad \text{(ii)} \end{array}\right.$ と同値になる. (ii) より $x_2=0$. 解の自由度は 1 より, $x_3=c$ とおけば, (i) より $x_1=-x_3=-c$.

$a=-1$ のとき, 方程式は $\left\{\begin{array}{rcrcrcl} -3x_1 & - & 2x_2 & - & 4x_3 & = & 0 \\ -3x_1 & - & 3x_2 & - & 3x_3 & = & 0 \\ -6x_1 & - & 4x_2 & - & 8x_3 & = & 0 \end{array}\right.$ となる.

$$\times(-2),\ \times(-1)\ \left(\begin{array}{rrr|r} -3 & -2 & -4 & 0 \\ -3 & -3 & -3 & 0 \\ -6 & -4 & -8 & 0 \end{array}\right) \longrightarrow \left(\begin{array}{rrr|r} -3 & -2 & -4 & 0 \\ 0 & -1 & 1 & 0 \\ 0 & 0 & 0 & 0 \end{array}\right).$$

よって, 方程式は $\left\{\begin{array}{rcrcrcl} -3x_1 & - & 2x_2 & - & 4x_3 & = & 0 \quad \cdots \quad \text{(i)} \\ & - & x_2 & + & x_3 & = & 0 \quad \cdots \quad \text{(ii)} \end{array}\right.$ と同値になる. 解の自由度 1 より, $x_3=c$ とおけば, (ii) より $x_2=x_3=c$. よって (i) より $-3x_1=2x_2+4x_3=2c+4c=6c$ となって $x_1=-2c$.

$a=2$ のとき, 方程式は $\left\{\begin{array}{rcrcrcl} 3x_1 & + & 4x_2 & - & x_3 & = & 0 \\ 6x_1 & & & + & 6x_3 & = & 0 \\ 9x_1 & + & 8x_2 & + & x_3 & = & 0 \end{array}\right.$ となる.

$$\times(-3),\ \times(-2)\ \left(\begin{array}{rrr|r} 3 & 4 & -1 & 0 \\ 6 & 0 & 6 & 0 \\ 9 & 8 & 1 & 0 \end{array}\right) \longrightarrow \left(\begin{array}{rrr|r} 3 & 4 & -1 & 0 \\ 0 & -8 & 8 & 0 \\ 0 & -4 & 4 & 0 \end{array}\right) \begin{array}{l} \times\left(\frac{-1}{8}\right) \\ \times\left(\frac{-1}{4}\right) \end{array}$$

$$\longrightarrow \left(\begin{array}{rrr|r} 3 & 4 & -1 & 0 \\ 0 & 1 & -1 & 0 \\ 0 & 1 & -1 & 0 \end{array}\right) \times(-1) \longrightarrow \left(\begin{array}{rrr|r} 3 & 4 & -1 & 0 \\ 0 & 1 & -1 & 0 \\ 0 & 0 & 0 & 0 \end{array}\right).$$

よって, 方程式は $\left\{\begin{array}{rcrcrcl} 3x_1 & + & 4x_2 & - & x_3 & = & 0 \quad \cdots \quad \text{(i)} \\ & & x_2 & - & x_3 & = & 0 \quad \cdots \quad \text{(ii)} \end{array}\right.$ と同値になる. 解の自由度 1 より, $x_3=c$ とおけば, (ii) より $x_2=x_3=c$. よって (i) より $3x_1=-4x_2+x_3=-4c+c=-3c$ となって $x_1=-c$. 以上より, 方程式は $a=-2,\ -1,\ 2$ において自明でない解をもち, それぞれ, $a=-2$ のとき, $\begin{pmatrix} x_1 \\ x_2 \\ x_3 \end{pmatrix} = \begin{pmatrix} -c \\ 0 \\ c \end{pmatrix} = c\begin{pmatrix} -1 \\ 0 \\ 1 \end{pmatrix}$ [c : 任意定数], $a=-1$ のとき,

$\begin{pmatrix} x_1 \\ x_2 \\ x_3 \end{pmatrix} = \begin{pmatrix} -2c \\ c \\ c \end{pmatrix} = c\begin{pmatrix} -2 \\ 1 \\ 1 \end{pmatrix}$ [c : 任意定数], $a = 2$ のとき, $\begin{pmatrix} x_1 \\ x_2 \\ x_3 \end{pmatrix} = \begin{pmatrix} -c \\ c \\ c \end{pmatrix} =$ $c\begin{pmatrix} -1 \\ 1 \\ 1 \end{pmatrix}$ [c : 任意定数] となる.

(5) $\begin{vmatrix} a & 0 & 4 \\ 2a & a^2-5a & 8 \\ a & 2a^2-10a & a-1 \end{vmatrix} = a^2(a-5)^2.$

よって, $a^2(a-5)^2 = 0$ ならば, 与えられた方程式は自明でない解をもつ. したがって, 求める a は $a = 0, 5$.

$a = 0$ のとき, 方程式は $\begin{cases} 4x_3 = 0 \\ 8x_3 = 0 \\ -x_3 = 0 \end{cases}$ となる. よって $x_3 = 0$ であり, x_1, x_2 は任意でよいので $x_1 = c_1$, $x_2 = c_2$ とおけばよい.

$a = 5$ のとき, 方程式は $\begin{cases} 5x_1 + 4x_3 = 0 \\ 10x_1 + 8x_3 = 0 \\ 5x_1 + 4x_3 = 0 \end{cases}$ となり, $\begin{pmatrix} 5 & 0 & 4 \\ 10 & 0 & 8 \\ 5 & 0 & 4 \end{pmatrix}$ ($\times(-2)$, $\times(-1)$) $\longrightarrow$ $\begin{pmatrix} 5 & 0 & 4 \\ 0 & 0 & 0 \\ 0 & 0 & 0 \end{pmatrix}$ より, これは $5x_1 + 4x_3 = 0$ と同値である. $x_3 = 5c_1$ とおけば, $5x_1 = -4x_3 = -20c_1$ より $x_1 = -4c_1$. 解の自由度は 2 より x_2 についても $x_2 = c_2$ とおけばよい. 以上より, 方程式は $a = 0, 5$ において自明でない解をもち, $a = 0$ のとき, $\begin{pmatrix} x_1 \\ x_2 \\ x_3 \end{pmatrix} =$ $\begin{pmatrix} c_1 \\ c_2 \\ 0 \end{pmatrix} = c_1\begin{pmatrix} 1 \\ 0 \\ 0 \end{pmatrix} + c_2\begin{pmatrix} 0 \\ 1 \\ 0 \end{pmatrix}$ [c_1, c_2 : 任意定数], $a = 5$ のとき, $\begin{pmatrix} x_1 \\ x_2 \\ x_3 \end{pmatrix} = \begin{pmatrix} -4c_1 \\ c_2 \\ 5c_1 \end{pmatrix} =$ $c_1\begin{pmatrix} -4 \\ 0 \\ 5 \end{pmatrix} + c_2\begin{pmatrix} 0 \\ 1 \\ 0 \end{pmatrix}$ [c_1, c_2 : 任意定数] となる.

3. (1) $\left(\begin{array}{ccc|c} 1 & -7 & 1 & -5 \\ -2 & 1 & 3 & -3 \\ -1 & -6 & 4 & -8 \end{array}\right)$ ($\times 2$, $\times 1$) $\longrightarrow \left(\begin{array}{ccc|c} 1 & -7 & 1 & -5 \\ 0 & -13 & 5 & -13 \\ 0 & -13 & 5 & -13 \end{array}\right)$ ($\times(-1)$)

$$\longrightarrow \left(\begin{array}{ccc|c} 1 & -7 & 1 & -5 \\ 0 & -13 & 5 & -13 \\ 0 & 0 & 0 & 0 \end{array}\right).$$

よって, 与えられた方程式は $\begin{cases} x_1 - 7x_2 + x_3 = -5 \\ \quad - 13x_2 + 5x_3 = -13 \end{cases}$ と同値になる. そこで $x_3 = 0$ とすれば, $x_1 = 2$, $x_2 = 1$ が得られるので, $\begin{pmatrix} 2 \\ 1 \\ 0 \end{pmatrix}$ は1つの解である.

次に, 同次連立 1 次方程式 $\begin{cases} x_1 - 7x_2 + x_3 = 0 \\ -2x_1 + x_2 + 3x_3 = 0 \\ -x_1 - 6x_2 + 4x_3 = 0 \end{cases}$ の一般解を求める. 先ほどと同様の行基本変形により, この方程式は

$$\begin{cases} x_1 - 7x_2 + x_3 = 0 & \cdots \quad \text{(i)} \\ \quad - 13x_2 + 5x_3 = 0 & \cdots \quad \text{(ii)} \end{cases}$$

と同値であることがわかる. 解の自由度は 1 だから, $x_3 = 13c$ とおけば, (ii) より $-13x_2 = -5x_3 = -5 \cdot 13c$ となって $x_2 = 5c$. よって (i) より $x_1 = 7x_2 - x_3 = 7 \cdot 5c - 13c = 22c$. ゆえに, 一般解は $\begin{pmatrix} x_1 \\ x_2 \\ x_3 \end{pmatrix} = \begin{pmatrix} 2 \\ 1 \\ 0 \end{pmatrix} + c \begin{pmatrix} 22 \\ 5 \\ 13 \end{pmatrix}$ [c : 任意定数] となる.

(2) $$\left(\begin{array}{cccc|c} 1 & 2 & -1 & 2 & 0 \\ 2 & -1 & 1 & 3 & -1 \\ -1 & 4 & -1 & 2 & 6 \end{array}\right) \begin{array}{l} \\ \times(-2) \\ \times 1 \end{array} \longrightarrow \left(\begin{array}{cccc|c} 1 & 2 & -1 & 2 & 0 \\ 0 & -5 & 3 & -1 & -1 \\ 0 & 6 & -2 & 4 & 6 \end{array}\right) \begin{array}{l} \\ \\ \times 1 \end{array}$$

$$\longrightarrow \left(\begin{array}{cccc|c} 1 & 2 & -1 & 2 & 0 \\ 0 & 1 & 1 & 3 & 5 \\ 0 & 6 & -2 & 4 & 6 \end{array}\right) \begin{array}{l} \\ \\ \times(-6) \end{array} \longrightarrow \left(\begin{array}{cccc|c} 1 & 2 & -1 & 2 & 0 \\ 0 & 1 & 1 & 3 & 5 \\ 0 & 0 & -8 & -14 & -24 \end{array}\right) \times\left(-\frac{1}{2}\right)$$

$$\longrightarrow \left(\begin{array}{cccc|c} 1 & 2 & -1 & 2 & 0 \\ 0 & 1 & 1 & 3 & 5 \\ 0 & 0 & 4 & 7 & 12 \end{array}\right).$$

よって, 与えられた方程式は $\begin{cases} x_1 + 2x_2 - x_3 + 2x_4 = 0 \\ \quad x_2 + x_3 + 3x_4 = 5 \\ \quad 4x_3 + 7x_4 = 12 \end{cases}$ と同値になる. そこで $x_4 = 0$ とすれば, $x_1 = -1$, $x_2 = 2$, $x_3 = 3$ が得られるので, $\begin{pmatrix} -1 \\ 2 \\ 3 \\ 0 \end{pmatrix}$ は 1 つの解である.

次に, 同次連立 1 次方程式 $\begin{cases} x_1 + 2x_2 - x_3 + 2x_4 = 0 \\ 2x_1 - x_2 + x_3 + 3x_4 = 0 \\ -x_1 + 4x_2 - x_3 + 2x_4 = 0 \end{cases}$ の一般解を求める. 先ほどと同様の行基本変形により, この方程式は

$$\begin{cases} x_1 + 2x_2 - x_3 + 2x_4 = 0 & \cdots \quad \text{(i)} \\ \quad x_2 + x_3 + 3x_4 = 0 & \cdots \quad \text{(ii)} \\ \quad 4x_3 + 7x_4 = 0 & \cdots \quad \text{(iii)} \end{cases}$$

と同値であることがわかる. 解の自由度は 1 であるから, $x_4 = 4c$ とおけば, (iii) より $4x_3 = -7x_4 = -7 \cdot 4c$ となって $x_3 = -7c$. よって (ii) より $x_2 = -x_3 - 3x_4 = -(-7c) - 3 \cdot 4c = -5c$. したがって (i) より $x_1 = -2x_2 + x_3 - 2x_4 = -2 \cdot (-5c) - 7c - 2 \cdot 4c = -5c$. ゆえに, 一般解は, $\begin{pmatrix} x_1 \\ x_2 \\ x_3 \\ x_4 \end{pmatrix} = \begin{pmatrix} -1 \\ 2 \\ 3 \\ 0 \end{pmatrix} + c \begin{pmatrix} -5 \\ -5 \\ -7 \\ 4 \end{pmatrix}$ [c : 任意定数] となる.

(3)
$$\left(\begin{array}{cccc:c} 1 & 3 & -2 & 1 & -5 \\ 3 & -1 & 2 & 2 & 25 \\ 4 & 2 & 0 & 3 & 20 \end{array}\right) \begin{matrix} \times(-4) \\ \times(-3) \end{matrix} \longrightarrow \left(\begin{array}{cccc:c} 1 & 3 & -2 & 1 & -5 \\ 0 & -10 & 8 & -1 & 40 \\ 0 & -10 & 8 & -1 & 40 \end{array}\right) \times(-1)$$

$$\longrightarrow \left(\begin{array}{cccc:c} 1 & 3 & -2 & 1 & -5 \\ 0 & -10 & 8 & -1 & 40 \\ 0 & 0 & 0 & 0 & 0 \end{array}\right).$$

よって, 与えられた方程式は $\begin{cases} x_1 + 3x_2 - 2x_3 + x_4 = -5 \\ \quad\ - 10x_2 + 8x_3 - x_4 = 40 \end{cases}$ と同値になる. そこで

$x_3 = 0, x_4 = 0$ とすれば, $x_1 = 7, x_2 = -4$ が得られるので, $\begin{pmatrix} 7 \\ -4 \\ 0 \\ 0 \end{pmatrix}$ は 1 つの解である.

次に, 同次連立 1 次方程式 $\begin{cases} x_1 + 3x_2 - 2x_3 + x_4 = 0 \\ 3x_1 - x_2 + 2x_3 + 2x_4 = 0 \\ 4x_1 + 2x_2 \qquad\ + 3x_4 = 0 \end{cases}$ の一般解を求める. 先ほどと同様の行基本変形により, この方程式は

$$\begin{cases} x_1 + 3x_2 - 2x_3 + x_4 = 0 & \cdots \quad \text{(i)} \\ \quad\ - 10x_2 + 8x_3 - x_4 = 0 & \cdots \quad \text{(ii)} \end{cases}$$

と同値であることがわかる. ここで, 解の自由度は 2 であるから, $x_2 = c_1$, $x_3 = c_2$ とおけば, (ii) より $x_4 = -10x_2 + 8x_3 = -10c_1 + 8c_2$. よって (i) より $x_1 = -3x_2 + 2x_3 - x_4 = -3c_1 + 2c_2 - (-10c_1 + 8c_2) = 7c_1 - 6c_2$. したがって, 一般解は, $\begin{pmatrix} x_1 \\ x_2 \\ x_3 \\ x_4 \end{pmatrix} = \begin{pmatrix} 7 \\ -4 \\ 0 \\ 0 \end{pmatrix} +$

$c_1 \begin{pmatrix} 7 \\ 1 \\ 0 \\ -10 \end{pmatrix} + c_2 \begin{pmatrix} -6 \\ 0 \\ 1 \\ 8 \end{pmatrix}$　$[c_1, c_2 :$ 任意定数$]$ となる.

(4)
$$\left(\begin{array}{cccc:c} 1 & 4 & -3 & 7 & -3 \\ -4 & 1 & -5 & 2 & -5 \\ 2 & 2 & 1 & 3 & 2 \\ 1 & 9 & -6 & 15 & -4 \end{array}\right) \begin{matrix} \times 4 \\ \times(-2) \\ \times(-1) \end{matrix} \longrightarrow \left(\begin{array}{cccc:c} 1 & 4 & -3 & 7 & -3 \\ 0 & 17 & -17 & 30 & -17 \\ 0 & -6 & 7 & -11 & 8 \\ 0 & 5 & -3 & 8 & -1 \end{array}\right) \times 3$$

$$\longrightarrow \left(\begin{array}{cccc:c} 1 & 4 & -3 & 7 & -3 \\ 0 & -1 & 4 & -3 & 7 \\ 0 & -6 & 7 & -11 & 8 \\ 0 & 5 & -3 & 8 & -1 \end{array}\right) \begin{matrix} \times(-6) \\ \times 5 \end{matrix} \longrightarrow \left(\begin{array}{cccc:c} 1 & 4 & -3 & 7 & -3 \\ 0 & -1 & 4 & -3 & 7 \\ 0 & 0 & -17 & 7 & -34 \\ 0 & 0 & 17 & -7 & 34 \end{array}\right) \times 1$$

$$\longrightarrow \left(\begin{array}{cccc:c} 1 & 4 & -3 & 7 & -3 \\ 0 & -1 & 4 & -3 & 7 \\ 0 & 0 & -17 & 7 & -34 \\ 0 & 0 & 0 & 0 & 0 \end{array}\right).$$

よって, 与えられた方程式は $\left\{\begin{array}{rcrcrcrcr} x_1 & + & 4x_2 & - & 3x_3 & + & 7x_4 & = & -3 \\ & & -x_2 & + & 4x_3 & - & 3x_4 & = & 7 \\ & & & - & 17x_3 & + & 7x_4 & = & -34 \end{array}\right.$ と同値になる. そこで

$x_4 = 0$ とすれば, $x_1 = -1$, $x_2 = 1$, $x_3 = 2$ が得られるので, $\begin{pmatrix} -1 \\ 1 \\ 2 \\ 0 \end{pmatrix}$ は 1 つの解である.

次に, 同次連立 1 次方程式 $\left\{\begin{array}{rcrcrcrcr} x_1 & + & 4x_2 & - & 3x_3 & + & 7x_4 & = & 0 \\ -4x_1 & + & x_2 & - & 5x_3 & + & 2x_4 & = & 0 \\ 2x_1 & + & 2x_2 & + & x_3 & + & 3x_4 & = & 0 \\ x_1 & + & 9x_2 & - & 6x_3 & + & 15x_4 & = & 0 \end{array}\right.$ の一般解を求める. 先ほどと同様の行基本変形により, この方程式は

$$\left\{\begin{array}{rcrcrcrcrl} x_1 & + & 4x_2 & - & 3x_3 & + & 7x_4 & = & 0 & \cdots \quad \text{(i)} \\ & & -x_2 & + & 4x_3 & - & 3x_4 & = & 0 & \cdots \quad \text{(ii)} \\ & & & - & 17x_3 & + & 7x_4 & = & 0 & \cdots \quad \text{(iii)} \end{array}\right.$$

と同値であることがわかる. ここで, 解の自由度は 1 であるから, $x_4 = 17c$ とおけば, (iii) より $-17x_3 = -7x_4 = -7{\cdot}17c$ となって $x_3 = 7c$. よって (ii) より $x_2 = 4x_3 - 3x_4 = 4{\cdot}7c - 3{\cdot}17c = -23c$. したがって (i) より $x_1 = -4x_2 + 3x_3 - 7x_4 = -4\cdot(-23c) + 3\cdot 7c - 7\cdot 17c = -6c$.

ゆえに, 一般解は, $\begin{pmatrix} x_1 \\ x_2 \\ x_3 \\ x_4 \end{pmatrix} = \begin{pmatrix} -1 \\ 1 \\ 2 \\ 0 \end{pmatrix} + c \begin{pmatrix} -6 \\ -23 \\ 7 \\ 17 \end{pmatrix}$　[c : 任意定数] となる.

(5)

$$\begin{array}{l} \\ \\ \\ \times 5 \end{array}\left(\begin{array}{rrrr:r} 1 & 2 & 3 & 5 & -10 \\ 2 & 1 & 3 & 2 & 7 \\ 3 & 0 & 3 & -1 & 24 \\ -5 & -4 & -9 & -9 & -4 \end{array}\right) \begin{array}{l} \times(-3) \\ \times(-2) \\ \\ \\ \end{array}$$

$$\longrightarrow \left(\begin{array}{rrrr:r} 1 & 2 & 3 & 5 & -10 \\ 0 & -3 & -3 & -8 & 27 \\ 0 & -6 & -6 & -16 & 54 \\ 0 & 6 & 6 & 16 & -54 \end{array}\right) \begin{array}{l} \\ \\ \times(-2) \\ \times 2 \end{array} \longrightarrow \left(\begin{array}{rrrr:r} 1 & 2 & 3 & 5 & -10 \\ 0 & -3 & -3 & -8 & 27 \\ 0 & 0 & 0 & 0 & 0 \\ 0 & 0 & 0 & 0 & 0 \end{array}\right).$$

よって, 与えられた方程式は $\left\{\begin{array}{rcrcrcrcr} x_1 & + & 2x_2 & + & 3x_3 & + & 5x_4 & = & -10 \\ & - & 3x_2 & - & 3x_3 & - & 8x_4 & = & 27 \end{array}\right.$ と同値になる. そこで

$x_3 = 0$, $x_4 = 0$ とすれば, $x_1 = 8$, $x_2 = -9$ が得られるので, $\begin{pmatrix} 8 \\ -9 \\ 0 \\ 0 \end{pmatrix}$ は 1 つの解である.

次に, 同次連立 1 次方程式 $\left\{\begin{array}{rcrcrcrcr} x_1 & + & 2x_2 & + & 3x_3 & + & 5x_4 & = & 0 \\ 2x_1 & + & x_2 & + & 3x_3 & + & 2x_4 & = & 0 \\ 3x_1 & & & + & 3x_3 & - & x_4 & = & 0 \\ -5x_1 & - & 4x_2 & - & 9x_3 & - & 9x_4 & = & 0 \end{array}\right.$ の一般解を求める. 先ほどと同様の行基本変形により, この方程式は

$$\begin{cases} x_1 + 2x_2 + 3x_3 + 5x_4 = 0 & \cdots \quad \text{(i)} \\ \quad\ - 3x_2 - 3x_3 - 8x_4 = 0 & \cdots \quad \text{(ii)} \end{cases}$$

と同値であることがわかる．ここで，解の自由度は 2 であるから，$x_3 = c_1$, $x_4 = 3c_2$ とおけば，(ii) より $-3x_2 = 3x_3 + 8x_4 = 3c_1 + 8 \cdot 3c_2$ となって $x_2 = -c_1 - 8c_2$．したがって (i) より $x_1 = -2x_2 - 3x_3 - 5x_4 = -2(-c_1 - 8c_2) - 3c_1 - 15c_2 = -c_1 + c_2$．ゆえに，一般解は，

$$\begin{pmatrix} x_1 \\ x_2 \\ x_3 \\ x_4 \end{pmatrix} = \begin{pmatrix} 8 \\ -9 \\ 0 \\ 0 \end{pmatrix} + c_1 \begin{pmatrix} -1 \\ -1 \\ 1 \\ 0 \end{pmatrix} + c_2 \begin{pmatrix} 1 \\ -8 \\ 0 \\ 3 \end{pmatrix} \quad [c_1, c_2 : \text{任意定数}] \text{ となる．}$$

(6)

$$\left(\begin{array}{ccccc:c} 1 & 2 & 3 & 4 & 5 & 3 \\ 2 & 3 & 4 & 5 & 1 & 5 \\ 4 & 7 & 10 & 13 & 11 & 11 \\ 3 & 5 & 7 & 9 & 6 & 8 \end{array}\right) \begin{array}{l} \\ \leftarrow \times(-2) \\ \leftarrow \times(-4) \\ \leftarrow \times(-3) \end{array}$$

$$\longrightarrow \left(\begin{array}{ccccc:c} 1 & 2 & 3 & 4 & 5 & 3 \\ 0 & -1 & -2 & -3 & -9 & -1 \\ 0 & -1 & -2 & -3 & -9 & -1 \\ 0 & -1 & -2 & -3 & -9 & -1 \end{array}\right) \begin{array}{l} \\ \\ \leftarrow \times(-1) \\ \leftarrow \times(-1) \end{array}$$

$$\longrightarrow \left(\begin{array}{ccccc:c} 1 & 2 & 3 & 4 & 5 & 3 \\ 0 & -1 & -2 & -3 & -9 & -1 \\ 0 & 0 & 0 & 0 & 0 & 0 \\ 0 & 0 & 0 & 0 & 0 & 0 \end{array}\right).$$

よって，与えられた方程式は $\begin{cases} x_1 + 2x_2 + 3x_3 + 4x_4 + 5x_5 = 3 \\ \quad\ - x_2 - 2x_3 - 3x_4 - 9x_5 = -1 \end{cases}$ と同値になる．そこで $x_3 = 0$, $x_4 = 0$, $x_5 = 0$ とすれば，$x_1 = 1$, $x_2 = 1$ が得られるので，$\begin{pmatrix} 1 \\ 1 \\ 0 \\ 0 \\ 0 \end{pmatrix}$ は 1 つの解である．

次に，同次連立 1 次方程式 $\begin{cases} x_1 + 2x_2 + 3x_3 + 4x_4 + 5x_5 = 0 \\ 2x_1 + 3x_2 + 4x_3 + 5x_4 + x_5 = 0 \\ 4x_1 + 7x_2 + 10x_3 + 13x_4 + 11x_5 = 0 \\ 3x_1 + 5x_2 + 7x_3 + 9x_4 + 6x_5 = 0 \end{cases}$ の一般解を求める．先ほどと同様の行基本変形により，この方程式は

$$\begin{cases} x_1 + 2x_2 + 3x_3 + 4x_4 + 5x_5 = 0 & \cdots \quad \text{(i)} \\ \quad\ - x_2 - 2x_3 - 3x_4 - 9x_5 = 0 & \cdots \quad \text{(ii)} \end{cases}$$

と同値であることがわかる．ここで，解の自由度は 3 であるから，$x_3 = c_1$, $x_4 = c_2$, $x_5 = c_3$ とおけば，(ii) より $x_2 = -2x_3 - 3x_4 - 9x_5 = -2c_1 - 3c_2 - 9c_3$．よって (i) より $x_1 = -2x_2 - 3x_3 - 4x_4 - 5x_5 = -2(-2c_1 - 3c_2 - 9c_3) - 3c_1 - 4c_2 - 5c_3 = c_1 + 2c_2 + 13c_3$．した

がって, 一般解は, $\begin{pmatrix} x_1 \\ x_2 \\ x_3 \\ x_4 \\ x_5 \end{pmatrix} = \begin{pmatrix} 1 \\ 1 \\ 0 \\ 0 \\ 0 \end{pmatrix} + c_1 \begin{pmatrix} 1 \\ -2 \\ 1 \\ 0 \\ 0 \end{pmatrix} + c_2 \begin{pmatrix} 2 \\ -3 \\ 0 \\ 1 \\ 0 \end{pmatrix} + c_3 \begin{pmatrix} 13 \\ -9 \\ 0 \\ 0 \\ 1 \end{pmatrix}$ $[c_1, c_2, c_3:$ 任意定数] となる.

◆◆章末問題 1.1◆◆

1. 複素数 $\alpha = \sqrt{3} + i$ について, 以下に答えよ.

(1)　α を極形式で表せ. ただし, 偏角 θ は $0 \leq \theta < 2\pi$ の範囲で答えること.

(2)　$|z - \alpha| \leq 2$ を満たす複素数 z を複素平面上に図示せよ.

(3)　α^7 を $a + bi$ の形で表せ.

2. $A = \begin{pmatrix} 2 & -1 \\ 1 & 0 \\ -3 & 2 \end{pmatrix}$, $B = \begin{pmatrix} 1 & 3 \\ 0 & -2 \\ -3 & -1 \end{pmatrix}$, $C = \begin{pmatrix} 2 & 1 \\ 4 & 3 \end{pmatrix}$ に対して次を計算せよ.

(1) $2A + 3B$　　(2) AC　　(3) ${}^t(BC)$

3. 次の行列式の値を求めよ.

(1) $\begin{vmatrix} 3 & 5 \\ -2 & 1 \end{vmatrix}$　　(2) $\begin{vmatrix} -3 & 4 & 1 \\ 1 & 2 & -9 \\ -6 & 3 & 8 \end{vmatrix}$　　(3) $\begin{vmatrix} 1 & -3 & 2 & -3 \\ 2 & -2 & 4 & -5 \\ 0 & 1 & -3 & 6 \\ 1 & 3 & 2 & -1 \end{vmatrix}$

4. 次の行列 A の逆行列 A^{-1} を求めよ.

(1)　$A = \begin{pmatrix} 5 & 7 \\ -3 & -5 \end{pmatrix}$　　(2)　$A = \begin{pmatrix} 1 & -1 & 2 \\ 2 & -3 & 4 \\ -3 & 4 & -5 \end{pmatrix}$

5. 連立1次方程式 $\begin{cases} x + 3y + 2z = a \\ 2x + 4y - 3z = a + 3 \\ 3x + 5y - 8z = 2a + 5 \end{cases}$ に対して以下に答えよ.

(1)　この方程式が解をもつように a の値を求めよ.

(2)　(1) の a に対して, この方程式の解を求めよ.

6. 同次連立 1 次方程式 $\begin{cases} x_1 + 2x_2 - x_3 + 3x_4 = 0 \\ -x_1 + x_2 - x_3 - x_4 = 0 \\ 3x_1 + 3x_2 - x_3 + 7x_4 = 0 \end{cases}$ に対して以下に答えよ.

(1)　この方程式の係数行列を A とするとき, $\mathrm{rank}\, A$ を求めよ.

(2)　この方程式の解を求めよ.

◇章末問題 1.1 の解答◇

1. (1)　$\alpha = \sqrt{3} + i$ より, 偏角 θ は $\theta = \dfrac{\pi}{6}$ であり, $|\alpha| = \sqrt{3+1} = 2$. よって, $\alpha = 2\left(\cos\dfrac{\pi}{6} + i\sin\dfrac{\pi}{6}\right)$.

(2)　(1) より, 点 α を中心とする半径 2 の円の内部である. ここで, 境界線も含む.

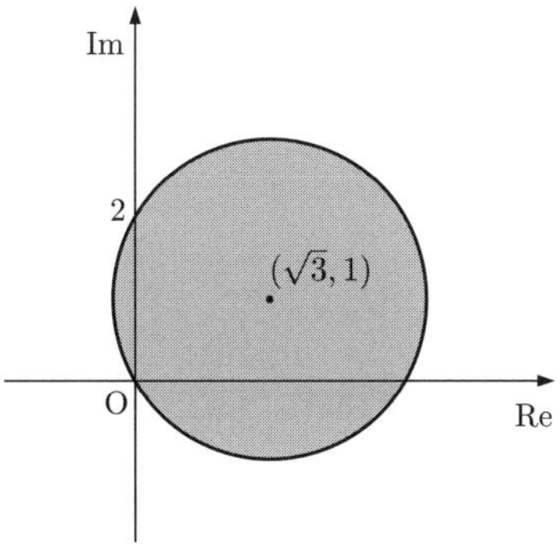

(3)　ド・モアブルの公式 (定理 1.5) より,

$$\alpha^7 = 2^7\left(\cos\frac{7}{6}\pi + i\sin\frac{7}{6}\pi\right) = 128\left(-\frac{\sqrt{3}}{2} - \frac{1}{2}i\right) = -64\sqrt{3} - 64i.$$

2. (1)　$2A + 3B = \begin{pmatrix} 4 & -2 \\ 2 & 0 \\ -6 & 4 \end{pmatrix} + \begin{pmatrix} 3 & 9 \\ 0 & -6 \\ -9 & -3 \end{pmatrix} = \begin{pmatrix} 7 & 7 \\ 2 & -6 \\ -15 & 1 \end{pmatrix}$.

(2)　$AC = \begin{pmatrix} 2 & -1 \\ 1 & 0 \\ -3 & 2 \end{pmatrix}\begin{pmatrix} 2 & 1 \\ 4 & 3 \end{pmatrix} = \begin{pmatrix} 2\cdot 2 + (-1)\cdot 4 & 2\cdot 1 + (-1)\cdot 3 \\ 1\cdot 2 + 0\cdot 4 & 1\cdot 1 + 0\cdot 3 \\ -3\cdot 2 + 2\cdot 4 & -3\cdot 1 + 2\cdot 3 \end{pmatrix} = \begin{pmatrix} 0 & -1 \\ 2 & 1 \\ 2 & 3 \end{pmatrix}$.

(3)　$BC = \begin{pmatrix} 1 & 3 \\ 0 & -2 \\ -3 & -1 \end{pmatrix}\begin{pmatrix} 2 & 1 \\ 4 & 3 \end{pmatrix} = \begin{pmatrix} 2+12 & 1+9 \\ 0-8 & 0-6 \\ -6-4 & -3-3 \end{pmatrix} = \begin{pmatrix} 14 & 10 \\ -8 & -6 \\ -10 & -6 \end{pmatrix}$. よって,

${}^t(BC) = \begin{pmatrix} 14 & -8 & -10 \\ 10 & -6 & -6 \end{pmatrix}$.

3. (1)　サラスの方法により, $\begin{vmatrix} 3 & 5 \\ -2 & 1 \end{vmatrix} = 3\cdot 1 - 5\cdot(-2) = 3 - (-10) = 13$.

(2)　サラスの方法により, $\begin{vmatrix} -3 & 4 & 1 \\ 1 & 2 & -9 \\ -6 & 3 & 8 \end{vmatrix} = -48 + 216 + 3 - 81 - 32 - (-12) = 70$.

(3)　行列式の性質を使うと,

$$\begin{vmatrix} 1 & -3 & 2 & -3 \\ 2 & -2 & 4 & -5 \\ 0 & 1 & -3 & 6 \\ 1 & 3 & 2 & -1 \end{vmatrix} \begin{matrix} \\ \times(-2) \\ \\ \times(-1) \end{matrix} = \begin{vmatrix} 1 & -3 & 2 & -3 \\ 0 & 4 & 0 & 1 \\ 0 & 1 & -3 & 6 \\ 0 & 6 & 0 & 2 \end{vmatrix}$$

$$\overset{\text{次数下げ}}{=} \begin{vmatrix} 4 & 0 & 1 \\ 1 & -3 & 6 \\ 6 & 0 & 2 \end{vmatrix} \overset{\text{第 2 列で展開}}{=} -3\cdot\begin{vmatrix} 4 & 1 \\ 6 & 2 \end{vmatrix} = -3\cdot 2 = -6$$

4. (1)　$|A| = -25 + 21 = -4 \neq 0$ であるから, A は正則行列で逆行列 A^{-1} が存在する. 計算すると, $A^{-1} = \dfrac{1}{-4}\begin{pmatrix} -5 & -7 \\ 3 & 5 \end{pmatrix} = \dfrac{1}{4}\begin{pmatrix} 5 & 7 \\ -3 & -5 \end{pmatrix}$ となる.

(2)　$|A| = 15 + 12 + 16 - 18 - 16 - 10 = -1 \neq 0$ であるから, A は正則行列である. A の余因子を計算すると,

$$A_{11} = \begin{vmatrix} -3 & 4 \\ 4 & -5 \end{vmatrix} = -1,\ A_{12} = -\begin{vmatrix} 2 & 4 \\ -3 & -5 \end{vmatrix} = -2,\ A_{13} = \begin{vmatrix} 2 & -3 \\ -3 & 4 \end{vmatrix} = -1,$$

$$A_{21} = -\begin{vmatrix} -1 & 2 \\ 4 & -5 \end{vmatrix} = 3,\ A_{22} = \begin{vmatrix} 1 & 2 \\ -3 & -5 \end{vmatrix} = 1,\ A_{23} = -\begin{vmatrix} 1 & -1 \\ -3 & 4 \end{vmatrix} = -1,$$

$A_{31} = \begin{vmatrix} -1 & 2 \\ -3 & 4 \end{vmatrix} = 2,\ A_{32} = -\begin{vmatrix} 1 & 2 \\ 2 & 4 \end{vmatrix} = 0,\ A_{33} = \begin{vmatrix} 1 & -1 \\ 2 & -3 \end{vmatrix} = -1$ となるから, A の余因子行列は, ${}^t\widetilde{A} = \begin{pmatrix} A_{11} & A_{21} & A_{31} \\ A_{12} & A_{22} & A_{32} \\ A_{13} & A_{23} & A_{33} \end{pmatrix} = \begin{pmatrix} -1 & 3 & 2 \\ -2 & 1 & 0 \\ -1 & -1 & -1 \end{pmatrix}$ である. よって,

$$A^{-1} = \frac{1}{|A|}{}^t\widetilde{A} = \begin{pmatrix} 1 & -3 & -2 \\ 2 & -1 & 0 \\ 1 & 1 & 1 \end{pmatrix}.$$

5. (1)　連立方程式の拡大係数行列を $\widehat{A} = (A\ \boldsymbol{b})$ として, 行基本変形を行うと,

$$\widehat{A} = \left(\begin{array}{ccc|c} 1 & 3 & 2 & a \\ 2 & 4 & -3 & a+3 \\ 3 & 5 & -8 & 2a+5 \end{array}\right) \begin{matrix} \\ \times(-2) \\ \times(-3) \end{matrix} \longrightarrow \left(\begin{array}{ccc|c} 1 & 3 & 2 & a \\ 0 & -2 & -7 & -a+3 \\ 0 & -4 & -14 & -a+5 \end{array}\right) \begin{matrix} \\ \\ \times(-2) \end{matrix}$$

$$\longrightarrow \left(\begin{array}{ccc|c} 1 & 3 & 2 & a \\ 0 & -2 & -7 & -a+3 \\ 0 & 0 & 0 & a-1 \end{array}\right)$$

を得る. 連立方程式が解をもつためには, $\mathrm{rank}\ \widehat{A} = \mathrm{rank}\ A$ でなければならないから, $a - 1 = 0$. ゆえに $a = 1$ のとき方程式は解をもつ.

(2)　$a = 1$ のとき, 与えられた連立方程式は, $\begin{cases} x + 3y + 2z = 1 \\ \quad\ - 2y - 7z = 2 \end{cases}$ と同値である. また, (1) より, $\mathrm{rank}\ A = 2$ であるから, 解の自由度は $3 - \mathrm{rank}\ A = 1$ である. そこで, $z = 2c$ とおくと, 2行目より, $2y = -7z - 2 = -14c - 2$ となるから, $y = -7c - 1$ を得る. さらに, 1行目により, $x = -3y - 2z + 1 = 17c + 4$ を得る. 以上より, 求める解は,

$$\begin{pmatrix} x \\ y \\ z \end{pmatrix} = \begin{pmatrix} 17c+4 \\ -7c-1 \\ 2c \end{pmatrix} = c\begin{pmatrix} 17 \\ -7 \\ 2 \end{pmatrix} + \begin{pmatrix} 4 \\ -1 \\ 0 \end{pmatrix}$$ [c : 任意定数] となる.

6. (1)　A を行基本変形を行って階段行列にすると,

$$A = \begin{pmatrix} 1 & 2 & -1 & 3 \\ -1 & 1 & -1 & -1 \\ 3 & 3 & -1 & 7 \end{pmatrix} \begin{matrix} \\ \times 1 \\ \times(-3) \end{matrix} \longrightarrow \begin{pmatrix} 1 & 2 & -1 & 3 \\ 0 & 3 & -2 & 2 \\ 0 & -3 & 2 & -2 \end{pmatrix} \begin{matrix} \\ \\ \times 1 \end{matrix}$$

$$\longrightarrow \begin{pmatrix} 1 & 2 & -1 & 3 \\ 0 & 3 & -2 & 2 \\ 0 & 0 & 0 & 0 \end{pmatrix}$$

となるから, rank $A = 2$ を得る.

(2) (1) より, 与えられた連立方程式は, $\begin{cases} x_1 + 2x_2 - x_3 + 3x_4 = 0 \\ \quad\;\; 3x_2 - 2x_3 + 2x_4 = 0 \end{cases}$ と同値である.

また, 解の自由度は, $4 - \text{rank } A = 2$ であるから, $x_3 = 3c_1$, $x_4 = 3c_2$ とおくと, 2 行目より, $3x_2 = 2x_3 - 2x_4 = 6c_1 - 6c_2$ となるから, $x_2 = 2c_1 - 2c_2$ となる. さらに, 1 行目より, $x_1 = -2x_2 + x_3 - 3x_4 = -4c_1 + 4c_2 + 3c_1 - 9c_2 = -c_1 - 5c_2$ を得る. 以上より, 連立方程式の解は,

$$\begin{pmatrix} x_1 \\ x_2 \\ x_3 \\ x_4 \end{pmatrix} = \begin{pmatrix} -c_1 - 5c_2 \\ 2c_1 - 2c_2 \\ 3c_1 \\ 3c_2 \end{pmatrix} = c_1 \begin{pmatrix} -1 \\ 2 \\ 3 \\ 0 \end{pmatrix} + c_2 \begin{pmatrix} -5 \\ -2 \\ 0 \\ 3 \end{pmatrix} \quad [c_1, c_2 : \text{任意定数}]$$

となる.

◆◆章末問題 1.2◆◆

1. 複素数 $\alpha = -8i$ について以下の問いに答えよ．ただし i は虚数単位を表す．

(1) α を極形式で表せ．ただし，偏角 θ は $0 \leq \theta \leq 2\pi$ で考えること．

(2) $\beta^2 = \alpha$ を満たすすべての複素数 β を $x + yi$ の形で表せ．

2. $A = \begin{pmatrix} 1 & 2 \\ 3 & 2 \end{pmatrix}$，$B = \begin{pmatrix} 1 & 2 & -1 \\ 1 & -1 & 2 \end{pmatrix}$ とし，E を 2 次の単位行列とする．次の行列を計算せよ．

(1) AB　　(2) $B({}^tB)$　　(3) $A^2 - 2A - 8E$

3. 次の行列式を求めよ．ただし (2) は因数分解すること．

(1) $\begin{vmatrix} 1 & 2 \\ 3 & 4 \end{vmatrix}$　(2) $\begin{vmatrix} x+y+z & -y & -z \\ -y & x+y+z & -x \\ -z & -x & x+y+z \end{vmatrix}$　(3) $\begin{vmatrix} 1 & 1 & 1 & 1 \\ 1 & -1 & 2 & -2 \\ 1 & 1 & 4 & 4 \\ 1 & -1 & 8 & -8 \end{vmatrix}$

4. 行列 $A = \begin{pmatrix} 1 & -2 & -1 \\ 2 & -3 & 0 \\ 0 & -2 & 1 \end{pmatrix}$ の逆行列 A^{-1} を求めよ．

5. 連立 1 次方程式 $\begin{cases} x + 2y + z = -1 \\ -2x + (a-1)y + 2z = -2 \\ 3x + 5y + (a+1)z = -2 \end{cases}$ について，以下の問いに答えよ．

(1) 上記の連立 1 次方程式が解をもつための a の条件を求めよ．

(2) $a = 1$ のとき，上記連立 1 次方程式の解を求めよ．

6. 同次連立 1 次方程式 $\begin{cases} x - y + z + w = 0 \\ 2x - 2y + z + 3w = 0 \\ -3x + 3y - 5z - w = 0 \end{cases}$ の解を求めよ．

◇章末問題 1.2 の解答◇

1. (1) $|\alpha| = 8,\ \arg(\alpha) = \dfrac{3\pi}{2}$ であるから, $\alpha = 8\left(\cos\dfrac{3\pi}{2} + i\sin\dfrac{3\pi}{2}\right)$.

(2) $\beta = r(\cos\theta + i\sin\theta)$ とおくと, ド・モアブルの公式 (定理 1.5) より, $\beta^2 = r^2(\cos 2\theta + i\sin 2\theta)$ であるから, (1) より, $r^2 = 8,\ 2\theta = \dfrac{3\pi}{2}, 2\theta = \dfrac{3\pi}{2} + 2\pi$, より, $r = \sqrt{8} = 2\sqrt{2}$. また, $\theta = \dfrac{3\pi}{4}, \dfrac{3\pi}{4} + \pi = \dfrac{7\pi}{4}$. よって, $2\sqrt{2}\left(\cos\dfrac{3\pi}{4} + i\sin\dfrac{3\pi}{4}\right) = -2 + 2i$, $2\sqrt{2}\left(\cos\dfrac{7\pi}{4} + i\sin\dfrac{7\pi}{4}\right) = 2 - 2i$ となるから, $\beta = -2 + 2i, 2 - 2i$.

2. (1) $AB = \begin{pmatrix} 1 & 2 \\ 3 & 2 \end{pmatrix}\begin{pmatrix} 1 & 2 & -1 \\ 1 & -1 & 2 \end{pmatrix} = \begin{pmatrix} 1+2 & 2-2 & -1+4 \\ 3+2 & 6-2 & -3+4 \end{pmatrix} = \begin{pmatrix} 3 & 0 & 3 \\ 5 & 4 & 1 \end{pmatrix}$.

(2) $B({}^tB) = \begin{pmatrix} 1 & 2 & -1 \\ 1 & -1 & 2 \end{pmatrix}\begin{pmatrix} 1 & 1 \\ 2 & -1 \\ -1 & 2 \end{pmatrix} = \begin{pmatrix} 1+4+1 & 1-2-2 \\ 1-2-2 & 1+1+4 \end{pmatrix} = \begin{pmatrix} 6 & -3 \\ -3 & 6 \end{pmatrix}$.

(3) $A^2 = \begin{pmatrix} 1 & 2 \\ 3 & 2 \end{pmatrix}^2 = \begin{pmatrix} 1+6 & 2+4 \\ 3+6 & 6+4 \end{pmatrix} = \begin{pmatrix} 7 & 6 \\ 9 & 10 \end{pmatrix}$ であるから, $A^2 - 2A - 8E = \begin{pmatrix} 7 & 6 \\ 9 & 10 \end{pmatrix} - 2\begin{pmatrix} 1 & 2 \\ 3 & 2 \end{pmatrix} - 8\begin{pmatrix} 1 & 0 \\ 0 & 1 \end{pmatrix} = \begin{pmatrix} -3 & 2 \\ 3 & -2 \end{pmatrix}$.

3. (1) $\begin{vmatrix} 1 & 2 \\ 3 & 4 \end{vmatrix} = 4 - 6 = -2$.

(2)

$$\begin{array}{c} \overset{\times 1}{\curvearrowleft}\qquad\qquad \\ \begin{vmatrix} x+y+z & -y & -z \\ -y & x+y+z & -x \\ -z & -x & x+y+z \end{vmatrix} \end{array} = \begin{vmatrix} x+z & -y & -z \\ x+z & x+y+z & -x \\ -(x+z) & -x & x+y+z \end{vmatrix}$$

$$\overset{\text{共通因子}}{=} (x+z)\begin{vmatrix} 1 & -y & -z \\ 1 & x+y+z & -x \\ -1 & -x & x+y+z \end{vmatrix}\begin{array}{l} \\ \swarrow\times(-1) \\ \swarrow\times 1 \end{array} = (x+z)\begin{vmatrix} 1 & -y & -z \\ 0 & x+2y+z & z-x \\ 0 & -(x+y) & x+y \end{vmatrix}$$

$$\overset{\text{次数下げ}}{=} (x+z)\begin{vmatrix} x+2y+z & z-x \\ -(x+y) & x+y \end{vmatrix} \overset{\text{共通因子}}{=} (x+z)(x+y)\begin{array}{c} \begin{vmatrix} x+2y+z & z-x \\ -1 & 1 \end{vmatrix} \\ \qquad\underset{\times 1}{\curvearrowright} \end{array}$$

$$= (x+z)(x+y)\begin{vmatrix} x+2y+z & 2y+2z \\ -1 & 0 \end{vmatrix} = 2(x+y)(y+z)(z+x).$$

(3)

$$\begin{vmatrix} 1 & 1 & 1 & 1 \\ 1 & -1 & 2 & -2 \\ 1 & 1 & 4 & 4 \\ 1 & -1 & 8 & -8 \end{vmatrix}\begin{array}{l} \\ \swarrow\times(-1) \\ \swarrow\times(-1) \\ \swarrow\times(-1) \end{array} = \begin{vmatrix} 1 & 1 & 1 & 1 \\ 0 & -2 & 1 & -3 \\ 0 & 0 & 3 & 3 \\ 0 & -2 & 7 & -9 \end{vmatrix} \overset{\text{次数下げ}}{=} \begin{vmatrix} -2 & 1 & -3 \\ 0 & 3 & 3 \\ -2 & 7 & -9 \end{vmatrix}\begin{array}{l} \\ \\ \swarrow\times(-1) \end{array}$$

$$= \begin{vmatrix} -2 & 1 & -3 \\ 0 & 3 & 3 \\ 0 & 6 & -6 \end{vmatrix}\begin{array}{l} \\ \\ \swarrow\times(-2) \end{array} = \begin{vmatrix} -2 & 1 & -3 \\ 0 & 3 & 3 \\ 0 & 0 & -12 \end{vmatrix}$$

$$= -2\cdot 3\cdot(-12) = 72.$$

4. $(A\ E)$ に対して 行基本変形 $(A\ E) \longrightarrow (E\ A^{-1})$ を行う．

$$\left(\begin{array}{ccc|ccc} 1 & -2 & -1 & 1 & 0 & 0 \\ 2 & -3 & 0 & 0 & 1 & 0 \\ 0 & -2 & 1 & 0 & 0 & 1 \end{array}\right) \overset{\times(-2)}{} \longrightarrow \left(\begin{array}{ccc|ccc} 1 & -2 & -1 & 1 & 0 & 0 \\ 0 & 1 & 2 & -2 & 1 & 0 \\ 0 & -2 & 1 & 0 & 0 & 1 \end{array}\right) {}^{\times 2}_{\times 2}$$

$$\longrightarrow \left(\begin{array}{ccc|ccc} 1 & 0 & 3 & -3 & 2 & 0 \\ 0 & 1 & 2 & -2 & 1 & 0 \\ 0 & 0 & 5 & -4 & 2 & 1 \end{array}\right) \begin{array}{l}\times 5\\ \times 5\\ \\ \end{array}$$

ここで, $\mathrm{rank}A = 3$ であるから, A は正則行列である．さらに, 変形を継続すると,

$$\longrightarrow \overset{\times(-3)}{} \left(\begin{array}{ccc|ccc} 5 & 0 & 15 & -15 & 10 & 0 \\ 0 & 5 & 10 & -10 & 5 & 0 \\ 0 & 0 & 5 & -4 & 2 & 1 \end{array}\right) {}_{\times(-2)} \longrightarrow \left(\begin{array}{ccc|ccc} 5 & 0 & 0 & -3 & 4 & -3 \\ 0 & 5 & 0 & -2 & 1 & -2 \\ 0 & 0 & 5 & -4 & 2 & 1 \end{array}\right)$$

以上より, $A^{-1} = \dfrac{1}{5}\begin{pmatrix} -3 & 4 & -3 \\ -2 & 1 & -2 \\ -4 & 2 & 1 \end{pmatrix}$.

5. (1)　係数行列を A, 拡大係数行列を $\widehat{A}$ として, $\widehat{A}$ を行基本変形すると,

$$\widehat{A} = \overset{\times(-3)}{} \left(\begin{array}{ccc|c} 1 & 2 & 1 & -1 \\ -2 & a-1 & 2 & -2 \\ 3 & 5 & a+1 & -2 \end{array}\right) \overset{\times 2}{} \longrightarrow \left(\begin{array}{ccc|c} 1 & 2 & 1 & -1 \\ 0 & a+3 & 4 & -4 \\ 0 & -1 & a-2 & 1 \end{array}\right)$$

$$\longrightarrow \left(\begin{array}{ccc|c} 1 & 2 & 1 & -1 \\ 0 & -1 & a-2 & 1 \\ 0 & a+3 & 4 & -4 \end{array}\right) {}_{\times(a+3)}$$

$$\longrightarrow \left(\begin{array}{ccc|c} 1 & 2 & 1 & -1 \\ 0 & -1 & a-2 & 1 \\ 0 & 0 & 4+(a-2)(a+3) & -4+(a+3) \end{array}\right)$$

$$= \left(\begin{array}{ccc|c} 1 & 2 & 1 & -1 \\ 0 & -1 & a-2 & 1 \\ 0 & 0 & (a+2)(a-1) & a-1 \end{array}\right)$$

となる．ここで, $a = -2$ のときは, $\mathrm{rank}A = 2$, $\mathrm{rank}\widehat{A} = 3$ となるから $\mathrm{rank}A \neq \mathrm{rank}\widehat{A}$ より, 連立方程式は解をもたない．一方 $a \neq 2$ となる場合, $a \neq 1$ のときは, $\mathrm{rank}A = \mathrm{rank}\widehat{A} = 3$, $a = 1$ のときは, $\mathrm{rank}A = \mathrm{rank}\widehat{A} = 2$ となり, いずれのときも解をもつ．以上より, 連立方程式が解をもつための a の条件は, $a \neq 2$ である．

(2)　$a = 1$ のとき, (1) の変形から, $\widehat{A} = \left(\begin{array}{ccc|c} 1 & 2 & 1 & -1 \\ -2 & 0 & 2 & -2 \\ 3 & 5 & 2 & -2 \end{array}\right) \longrightarrow \left(\begin{array}{ccc|c} 1 & 2 & 1 & -1 \\ 0 & -1 & -1 & 1 \\ 0 & 0 & 0 & 0 \end{array}\right)$ で

あるから, 連立方程式は, $\begin{cases} x + 2y + z = -1 \\ \quad\ -y - z = 1 \end{cases}$ と同値である．$\mathrm{rank}A = 2$ より, 解の自由度は 1 であるから, $z = c$ とおいて, $y = -c-1$, $x = c+1$ となる．よって, 求める

解は, $\begin{pmatrix} x \\ y \\ z \end{pmatrix} = \begin{pmatrix} c+1 \\ -c-1 \\ c \end{pmatrix} = c\begin{pmatrix} 1 \\ -1 \\ 1 \end{pmatrix} + \begin{pmatrix} 1 \\ -1 \\ 0 \end{pmatrix}$　[c : 任意定数] である．

6. 係数行列を A とする.

$$A = \begin{pmatrix} 1 & -1 & 1 & 1 \\ 2 & -2 & 1 & 3 \\ -3 & 3 & -5 & -1 \end{pmatrix} \begin{matrix} \\ \leftarrow \times(-2) \\ \leftarrow \times 3 \end{matrix} \longrightarrow \begin{pmatrix} 1 & -1 & 1 & 1 \\ 0 & 0 & -1 & 1 \\ 0 & 0 & -2 & 2 \end{pmatrix} \begin{matrix} \\ \\ \leftarrow \times(-2) \end{matrix}$$

$$\longrightarrow \begin{pmatrix} 1 & -1 & 1 & 1 \\ 0 & 0 & -1 & 1 \\ 0 & 0 & 0 & 0 \end{pmatrix}$$

であるから, 与えられた同次連立方程式は, $\begin{cases} x - y + z + w = 0 \\ \qquad\quad - z + w = 0 \end{cases}$ と同値である. また, $\mathrm{rank}A = 2 < 4$ であるから, この同次連立方程式は, 解の自由度が 2 の非自明解をもつ. そこで, $y = c_1$, $w = c_2$ とおくと, $z = c_2$, $x = c_1 - 2c_2$ となるから, 求める解は,

$$\begin{pmatrix} x \\ y \\ z \\ w \end{pmatrix} = \begin{pmatrix} c_1 - 2c_2 \\ c_1 \\ c_2 \\ c_2 \end{pmatrix} = c_1 \begin{pmatrix} 1 \\ 1 \\ 0 \\ 0 \end{pmatrix} + c_2 \begin{pmatrix} -2 \\ 0 \\ 1 \\ 1 \end{pmatrix}$$

$[c_1, c_2$: 任意定数$]$ である.

◆◆章末問題 1.3 ◆◆

1. $z_1 = 3 + 2i,\ z_2 = 1 - \sqrt{3}i$ に対し, 以下の問いに答えよ.

(1) $\dfrac{z_1}{z_2}$ を $a + bi$ の形で表せ.　　(2) z_2 を極形式で表せ.

2. $A = \begin{pmatrix} -1 & 1 \\ 2 & 1 \\ 3 & 0 \end{pmatrix},\ B = \begin{pmatrix} 3 & 2 & 1 \\ -1 & 0 & -1 \end{pmatrix}$ に対し, 次を計算せよ.

(1) AB　　(2) BA　　(3) $-2A - {}^tB$

3. 次の行列式を計算せよ.

(1) $\begin{vmatrix} 4 & 3 \\ 2 & 1 \end{vmatrix}$　　(2) $\begin{vmatrix} 1 & 2 & -1 \\ 5 & 3 & 1 \\ 1 & 4 & 3 \end{vmatrix}$　　(3) $\begin{vmatrix} 1 & -2 & -5 & 2 \\ -1 & 3 & 5 & -3 \\ 2 & -4 & -3 & 2 \\ -3 & 4 & 2 & -2 \end{vmatrix}$

4. 行列 $A = \begin{pmatrix} 1 & 0 & 1 \\ 2 & 1 & 0 \\ 3 & 1 & 4 \end{pmatrix}$ の逆行列 A^{-1} を求めよ.

5.

(1) 連立1次方程式 $\begin{cases} x_1 - 2x_2 + 2x_3 - x_4 = 1 \\ x_1 - x_2 + 5x_3 = 1 \\ -3x_1 + 8x_2 + 5x_4 = a \end{cases}$ が解をもつように a の値を求めよ.

(2) (1) の a に対し, この方程式を解け.

6. 連立1次方程式 $\begin{cases} x_1 + 2x_2 - 2x_3 = 0 \\ x_1 + kx_2 = 0 \\ 2x_1 - 2x_2 - x_3 = 0 \end{cases}$ の係数行列を A とする.

(1) $\mathrm{rank}A$ を求めよ.

(2) この連立1次方程式が自明でない解をもつような k を求めよ.

◇章末問題 1.3 の解答◇

1. (1) $\dfrac{z_1}{z_2}=\dfrac{3+2i}{1-\sqrt{3}i}=\dfrac{(3+2i)(1+\sqrt{3}i)}{1+3}=\dfrac{3+2i+3\sqrt{3}i-2\sqrt{3}}{4}=\dfrac{3-2\sqrt{3}}{4}+\dfrac{2+3\sqrt{3}}{4}i.$

(2) $|z_2|=\sqrt{1+3}=2$ である．また，$\cos\theta=\dfrac{1}{2}$, $\sin\theta=-\dfrac{\sqrt{3}}{2}$ となる θ は，$\dfrac{5}{3}\pi$ であるから，

$z_2=2\left(\cos\dfrac{5}{3}\pi+i\sin\dfrac{5}{3}\pi\right)$ である．

2. (1)
$$AB=\begin{pmatrix}-1&1\\2&1\\3&0\end{pmatrix}\begin{pmatrix}3&2&1\\-1&0&-1\end{pmatrix}$$
$$=\begin{pmatrix}-3-1&-2+0&-1-1\\6-1&4+0&2-1\\9-0&6+0&3-0\end{pmatrix}=\begin{pmatrix}-4&-2&-2\\5&4&1\\9&6&3\end{pmatrix}.$$

(2)
$$BA=\begin{pmatrix}3&2&1\\-1&0&-1\end{pmatrix}\begin{pmatrix}-1&1\\2&1\\3&0\end{pmatrix}=\begin{pmatrix}-3+4+3&3+2+0\\1+0-3&-1+0-0\end{pmatrix}=\begin{pmatrix}4&5\\-2&-1\end{pmatrix}.$$

(3)
$$-2A-{}^tB=\begin{pmatrix}2&-2\\-4&-2\\-6&0\end{pmatrix}-\begin{pmatrix}3&-1\\2&0\\1&-1\end{pmatrix}=\begin{pmatrix}-1&-1\\-6&-2\\-7&1\end{pmatrix}.$$

3. (1)
$$\begin{vmatrix}4&3\\2&1\end{vmatrix}=4-6=-2.$$

(2)
$$\begin{vmatrix}1&2&-1\\5&3&1\\1&4&3\end{vmatrix}=(9+2-20)-(-3+30+4)=-40.$$

(3)
$$\begin{vmatrix}1&-2&-5&2\\-1&3&5&-3\\2&-4&-3&2\\-3&4&2&-2\end{vmatrix}\begin{matrix}\\ \swarrow\times1\\ \leftarrow\times(-2)\\ \leftarrow\times3\end{matrix}=\begin{vmatrix}1&-2&-5&2\\0&1&0&-1\\0&0&7&-2\\0&-2&-13&4\end{vmatrix}\overset{\text{次数下げ}}{=}\begin{vmatrix}1&0&-1\\0&7&-2\\-2&-13&4\end{vmatrix}\begin{matrix}\\ \\ \swarrow\times2\end{matrix}$$
$$=\begin{vmatrix}1&0&-1\\0&7&-2\\0&-13&2\end{vmatrix}\overset{\text{次数下げ}}{=}\begin{vmatrix}7&-2\\-13&2\end{vmatrix}=14-26=-12.$$

4. A の行列式は，$|A|=\begin{vmatrix}1&0&1\\2&1&0\\3&1&4\end{vmatrix}\overset{3\text{ 列展開}}{=}1\cdot(-1)^{3+1}\begin{vmatrix}2&1\\3&1\end{vmatrix}+4\cdot(-1)^{3+3}\begin{vmatrix}1&0\\2&1\end{vmatrix}=(2-3)+$ $4\cdot1=3\neq0$ であるから，A は正則行列である．A の余因子を計算すると，$A_{11}=\begin{vmatrix}1&0\\1&4\end{vmatrix}=4$, $A_{12}=-\begin{vmatrix}2&0\\3&4\end{vmatrix}=-8$, $A_{13}=\begin{vmatrix}2&1\\3&1\end{vmatrix}=2-3=-1$, $A_{21}=-\begin{vmatrix}0&1\\1&4\end{vmatrix}=1$, $A_{22}=\begin{vmatrix}1&1\\3&4\end{vmatrix}=4-3=1$, $A_{23}=-\begin{vmatrix}1&0\\3&1\end{vmatrix}=-1$, $A_{31}=\begin{vmatrix}0&1\\1&0\end{vmatrix}=-1$, $A_{32}=-\begin{vmatrix}1&1\\2&0\end{vmatrix}=$

2, $A_{33} = \begin{vmatrix} 1 & 0 \\ 2 & 1 \end{vmatrix} = 1$ であるから, A の余因子行列は, ${}^t\widetilde{A} = \begin{pmatrix} A_{11} & A_{21} & A_{31} \\ A_{12} & A_{22} & A_{32} \\ A_{13} & A_{23} & A_{33} \end{pmatrix} =$

$\begin{pmatrix} 4 & 1 & -1 \\ -8 & 1 & 2 \\ -1 & -1 & 1 \end{pmatrix}$ となる. よって, A の逆行列は, $A^{-1} = \dfrac{1}{|A|}{}^t\widetilde{A} = \dfrac{1}{3}\begin{pmatrix} 4 & 1 & -1 \\ -8 & 1 & 2 \\ -1 & -1 & 1 \end{pmatrix}$

となる.

5. (1)　連立方程式の係数行列 A と $\boldsymbol{b} = \begin{pmatrix} 1 \\ 1 \\ a \end{pmatrix}$ に対して, 拡大係数行列 $(A\ \boldsymbol{b})$ を階段行列となるように行基本変形すると,

$$\left(\begin{array}{cccc|c} 1 & -2 & 2 & -1 & 1 \\ 1 & -1 & 5 & 0 & 1 \\ -3 & 8 & 0 & 5 & a \end{array}\right) \begin{matrix} \\ \times(-1) \\ \times 3 \end{matrix} \longrightarrow \left(\begin{array}{cccc|c} 1 & -2 & 2 & -1 & 1 \\ 0 & 1 & 3 & 1 & 0 \\ 0 & 2 & 6 & 2 & a+3 \end{array}\right) \begin{matrix} \times 2 \\ \\ \times(-2) \end{matrix}$$

$$\longrightarrow \left(\begin{array}{cccc|c} 1 & 0 & 8 & 1 & 1 \\ 0 & 1 & 3 & 1 & 0 \\ 0 & 0 & 0 & 0 & a+3 \end{array}\right)$$

となる. ここで, 連立方程式が解をもつ必要十分条件は, $\mathrm{rank}\ A = \mathrm{rank}\ (A\ \boldsymbol{b})$ であるから, $a+3=0$ でなければならない. $a=-3$ のとき解をもつ.

(2)　(1) より, $a=-3$ とおくとき, $\mathrm{rank}\ A = 2$ であるから, 連立方程式は, 解の自由度が $4 - \mathrm{rank}\ A = 2$ の解をもつ. そこで, 与式と同値な連立方程式

$$\begin{cases} x_1 \quad\quad + 8x_3 + x_4 = 1 \\ \quad\quad x_2 + 3x_3 + x_4 = 0 \end{cases}$$

において, $x_3 = c_1$, $x_4 = c_2$ とおくと, $x_2 = -3c_1 - c_2$, $x_1 = -8c_1 - c_2 + 1$ であるから,

求める解は, $\boldsymbol{x} = \begin{pmatrix} x_1 \\ x_2 \\ x_3 \\ x_4 \end{pmatrix} = \begin{pmatrix} -8c_1 - c_2 + 1 \\ -3c_1 - c_2 \\ c_1 \\ c_2 \end{pmatrix} = c_1\begin{pmatrix} -8 \\ -3 \\ 1 \\ 0 \end{pmatrix} + c_2\begin{pmatrix} -1 \\ -1 \\ 0 \\ 1 \end{pmatrix} + \begin{pmatrix} 1 \\ 0 \\ 0 \\ 0 \end{pmatrix}$

$[c_1, c_2 :$ 任意定数$]$.

6. (1)　係数行列 A を行基本変形で変形すると,

$$\begin{pmatrix} 1 & 2 & -2 \\ 1 & k & 0 \\ 2 & -2 & -1 \end{pmatrix} \begin{matrix} \\ \times(-1) \\ \times(-2) \end{matrix} \longrightarrow \begin{pmatrix} 1 & 2 & -2 \\ 0 & k-2 & 2 \\ 0 & -6 & 3 \end{pmatrix} \begin{matrix} \\ \times 2 \\ \times \frac{1}{3} \end{matrix} \longrightarrow \begin{pmatrix} 1 & 2 & -2 \\ 0 & 2(k-2) & 4 \\ 0 & -2 & 1 \end{pmatrix}$$

$$\longrightarrow \begin{pmatrix} 1 & 2 & -2 \\ 0 & -2 & 1 \\ 0 & 2(k-2) & 4 \end{pmatrix} \begin{matrix} \\ \\ \times(k-2) \end{matrix} \longrightarrow \begin{pmatrix} 1 & 2 & -2 \\ 0 & -2 & 1 \\ 0 & 0 & k+2 \end{pmatrix}$$

のように階段行列に変形できる. よって, A の階数は, $\mathrm{rank}\ A = \begin{cases} 2 & (k=-2 \text{ のとき}) \\ 3 & (k \neq -2 \text{ のとき}) \end{cases}$

となる.

(2)　3 元同次連立 1 次方程式が非自明解をもつための必要十分条件は, $\mathrm{rank}\ A < 3$ であるから, (1) より, 自明でない解をもつのは $k=-2$ のときである.

2

ベクトルと線形空間

§ 2.1　ベクトル

解説　この節では, ベクトルについて, その性質と, 基本的な計算について演習に必要な事項を準備する.

幾何ベクトル　ベクトルは, 向きをもつ線分として次のように定義する.

定義 2.1　空間または平面における 2 点 A, B を結ぶ線分に向きを定めて, 矢印をつけたものを**有向線分**(ゆうこう)という. 特に, 点 A から点 B に向かう有向線分 AB を, A を始点, B を終点とする**ベクトル**といい, $\overrightarrow{\mathrm{AB}}$ で表す.

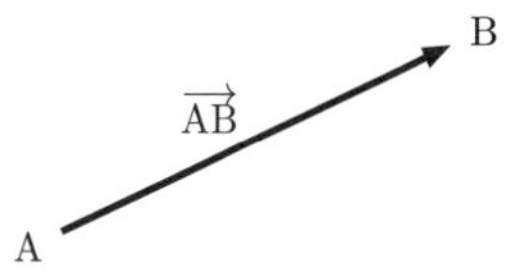

平面でのベクトルを**平面ベクトル**, 空間で考えるベクトルを**空間ベクトル**といい, 両方あわせて, **幾何ベクトル**という.

この演習書では, ベクトルを $\boldsymbol{a}, \boldsymbol{b}, \boldsymbol{c}, \ldots$ などの太文字を使って表す. 次に, ベクトルの大きさを定義 2.2 により定義する.

定義 2.2　ベクトル $\boldsymbol{a} = \overrightarrow{\mathrm{AB}}$ に対して, 線分 AB の長さをベクトル $\boldsymbol{a}$ の**長さ** (または**大きさ**) といい, $\|\boldsymbol{a}\|$ で表す.

定義 2.3　ベクトル $\boldsymbol{a}$ に対して, 長さが $\|\boldsymbol{a}\|$ で, 向きが $\boldsymbol{a}$ と反対向きのベクトルを $\boldsymbol{a}$ の**逆ベクトル**といい, $-\boldsymbol{a}$ で表す. また, 特別なベクトルとして, 長さが 1 のベクトルを**単位ベクトル**という. 長さが 0 のベクトルは, **零**(れい)**ベクトル**またはゼロベクトルといい, $\boldsymbol{o}$ で表す.

2 つのベクトルが等しいという概念を次で定義する.

定義 2.4　2 つのベクトル $\boldsymbol{a}, \boldsymbol{b}$ について, $\boldsymbol{a}$ と $\boldsymbol{b}$ の向きが同じで, $\|\boldsymbol{a}\| = \|\boldsymbol{b}\|$ となるとき, つまり, 長さと向きが同じとき, ベクトル $\boldsymbol{a}$ と $\boldsymbol{b}$ は等しいといい, $\boldsymbol{a} = \boldsymbol{b}$ で表す.

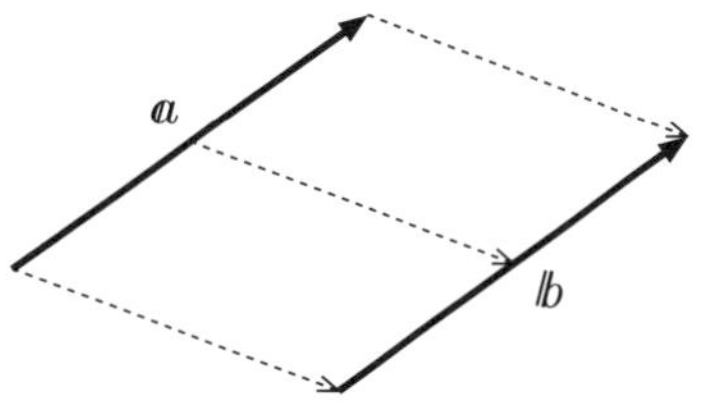

$\boldsymbol{a} = \boldsymbol{b}$ であることは, $\boldsymbol{a}$ と $\boldsymbol{b}$ を平行移動して, 互いに重なり合うことと同値である.

位置ベクトルと成分表示　直交座標上のベクトルについて, ベクトルの始点が原点に重なるように平行移動したベクトルは, 定義 2.4 で定めたように移動前のベクトルと等しい. そこで, 次の定義 2.5 により位置ベクトルの定義をする. 以後, 空間ベクトルで定義していくが, 平面ベクトルでも同様に考える.

> **定義 2.5**　空間における直交座標上の原点 O(0, 0, 0) を始点, 点 $\mathrm{A}(a_1, a_2, a_3)$ を終点とするベクトル $\boldsymbol{a} = \overrightarrow{\mathrm{OA}}$ を A の**位置ベクトル**という.

空間の座標と位置ベクトルを同一視するために, 次のような表示の仕方を約束しておく.

> **定義 2.6**　空間内の点 $\mathrm{A}(a_1, a_2, a_3)$ と A の位置ベクトル $\boldsymbol{a}$ を同一視して, $\boldsymbol{a} = \begin{pmatrix} a_1 \\ a_2 \\ a_3 \end{pmatrix}$ と表す. このような位置ベクトルの表示をベクトルの**成分表示**という.

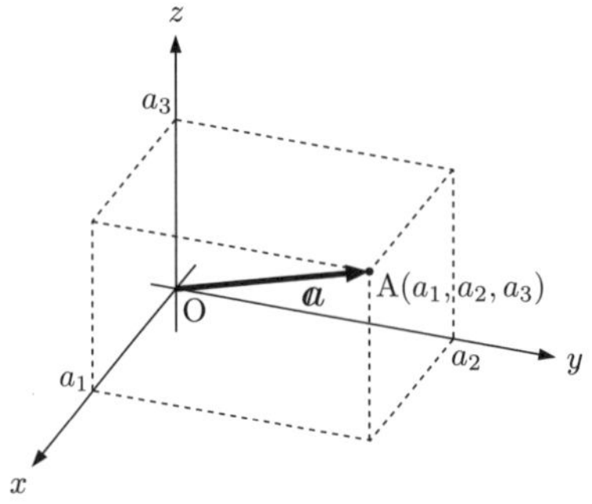

定義 2.4 から, 位置ベクトル $\boldsymbol{a} = \begin{pmatrix} a_1 \\ a_2 \\ a_3 \end{pmatrix}$, $\boldsymbol{b} = \begin{pmatrix} b_1 \\ b_2 \\ b_3 \end{pmatrix}$ に対して, $\boldsymbol{a} = \boldsymbol{b}$ は, $a_1 = b_1, a_2 = b_2, a_3 = b_3$ であることと同値である.

$$\boldsymbol{a} = \boldsymbol{b} \Longleftrightarrow a_1 = b_1, a_2 = b_2, a_3 = b_3.$$

ベクトルの和とスカラー倍　次の定義 2.7 で, ベクトルの和とスカラー倍を定義する.

> **定義 2.7**　ベクトル $\boldsymbol{a} = \begin{pmatrix} a_1 \\ a_2 \\ a_3 \end{pmatrix}$, $\boldsymbol{b} = \begin{pmatrix} b_1 \\ b_2 \\ b_3 \end{pmatrix}$ と $c \in \mathbb{R}$ に対して, **和**と**スカラー倍**を
>
> $$\boldsymbol{a} + \boldsymbol{b} := \begin{pmatrix} a_1 + b_1 \\ a_2 + b_2 \\ a_3 + b_3 \end{pmatrix}, \quad c\boldsymbol{a} := \begin{pmatrix} ca_1 \\ ca_2 \\ ca_3 \end{pmatrix}$$
>
> で定める. 平面ベクトルについても同様に定義する. 下の図は平面の場合の図である.

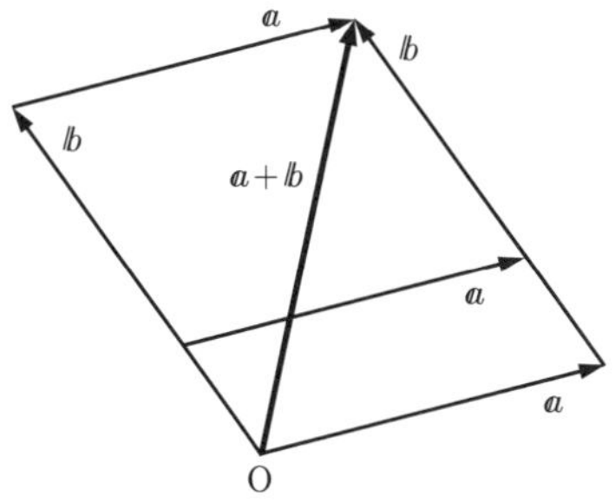

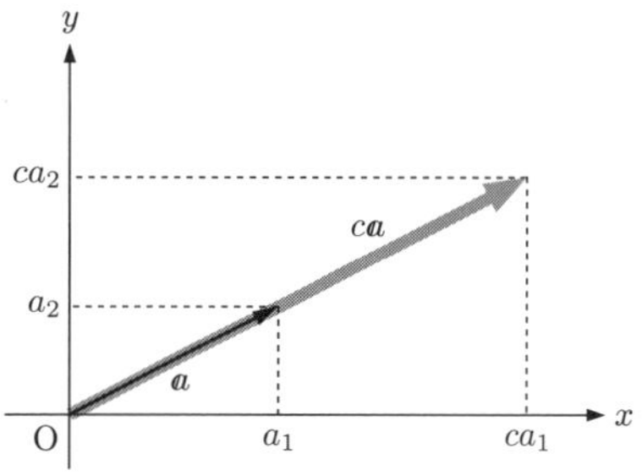

ベクトルの場合のスカラー倍は, ベクトルの伸縮を考えていることになる. ベクトル $\boldsymbol{a}\,(\neq \boldsymbol{o})$ とスカラー $c \in \mathbb{R}$ に対して, $c\boldsymbol{a}$ は,

$c > 0$ **のとき：**　向きは $\boldsymbol{a}$ と同じで, 長さが $\|\boldsymbol{a}\|$ の c 倍のベクトル

$c < 0$ **のとき：**　向きは $\boldsymbol{a}$ と反対向きで, 長さが $\|\boldsymbol{a}\|$ の $-c$ 倍のベクトル

$c = 0$ **のとき：**　零ベクトル $\boldsymbol{o}$

である.

定義 2.7 の和とスカラー倍について, 次の定理 2.1 が成り立つ.

定理 2.1　ベクトル $\boldsymbol{a}, \boldsymbol{b}, \boldsymbol{c}$ とスカラー $c, d \in \mathbb{R}$ に対して, 次の (1) から (8) が成り立つ.

(1)　$\boldsymbol{a} + \boldsymbol{b} = \boldsymbol{b} + \boldsymbol{a}$,

(2)　$(\boldsymbol{a} + \boldsymbol{b}) + \boldsymbol{c} = \boldsymbol{a} + (\boldsymbol{b} + \boldsymbol{c})$,

(3)　$\boldsymbol{a} + \boldsymbol{o} = \boldsymbol{o} + \boldsymbol{a} = \boldsymbol{a}$,

(4)　$\boldsymbol{a} + (-\boldsymbol{a}) = \boldsymbol{o}$,

(5)　$c(\boldsymbol{a} + \boldsymbol{b}) = c\boldsymbol{a} + c\boldsymbol{b}$,

(6)　$(c + d)\boldsymbol{a} = c\boldsymbol{a} + d\boldsymbol{a}$,

(7)　$(cd)\boldsymbol{a} = c(d\boldsymbol{a})$,

(8)　$1\boldsymbol{a} = \boldsymbol{a}$.

数として扱いやすくするため, 2 つのベクトル $\boldsymbol{a}$ と $\boldsymbol{b}$ において, $\boldsymbol{a} + (-\boldsymbol{b})$ を $\boldsymbol{a} - \boldsymbol{b}$ と書いて, $\boldsymbol{a}$ と $\boldsymbol{b}$ の差という. $\boldsymbol{x} = \boldsymbol{a} - \boldsymbol{b}$ とおくと, $\boldsymbol{a} = \boldsymbol{b} + \boldsymbol{x}$ が成り立つから, 定義 2.4 のベクトルにおける和の図から, 差は右のような図として考えられる.

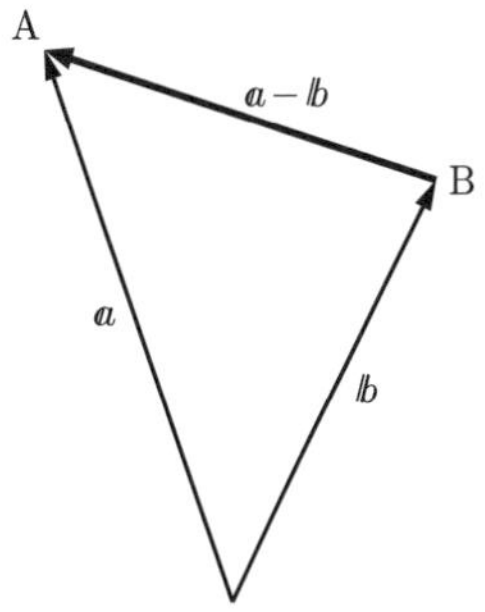

また, 空間上 (あるいは平面上) に 2 点 A, B があるとき, A, B のそれぞれの位置ベクトル $\boldsymbol{a}, \boldsymbol{b}$ を使うと, 右の図より $\overrightarrow{\mathrm{BA}} = \boldsymbol{a} - \boldsymbol{b}$ で, $\overrightarrow{\mathrm{AB}}$ の向きは, $\overrightarrow{\mathrm{BA}}$ の反対向きだから, $\overrightarrow{\mathrm{AB}} = -\overrightarrow{\mathrm{BA}} = -(\boldsymbol{a} - \boldsymbol{b}) = \boldsymbol{b} - \boldsymbol{a}$ である.

単位ベクトルと基本ベクトル

定義 2.8　$\boldsymbol{o}$ でない 2 つのベクトル $\boldsymbol{a}, \boldsymbol{b}$ が同じ向き, または 反対の向きのとき, $\boldsymbol{a}$ と $\boldsymbol{b}$ は平行(へいこう)であるといい, $\boldsymbol{a} \mathbin{/\!/} \boldsymbol{b}$ と書く.

定義 2.7 のスカラー倍を使えば, 次のように定義することもできる.

> $\boldsymbol{a} \neq \boldsymbol{o}$, $\boldsymbol{b} \neq \boldsymbol{o}$ のとき, $\boldsymbol{a} \mathbin{/\!/} \boldsymbol{b} \overset{\text{def.}}{\Longleftrightarrow} \boldsymbol{a} = c\boldsymbol{b}$ となるような $c \in \mathbb{R}$ が存在する.

定義 2.9　原点 O を始点とする直交座標軸上の正の向きの単位ベクトルを**基本**(きほん)**ベクトル**という.

定義 2.7 により, ベクトル $\boldsymbol{a} = \begin{pmatrix} a_1 \\ a_2 \\ a_3 \end{pmatrix}$ は, $\boldsymbol{e}_1 = \begin{pmatrix} 1 \\ 0 \\ 0 \end{pmatrix}$, $\boldsymbol{e}_2 = \begin{pmatrix} 0 \\ 1 \\ 0 \end{pmatrix}$, $\boldsymbol{e}_3 = \begin{pmatrix} 0 \\ 0 \\ 1 \end{pmatrix}$ とおけば,

$$\boldsymbol{a} = \begin{pmatrix} a_1 \\ a_2 \\ a_3 \end{pmatrix} = \begin{pmatrix} a_1 \\ 0 \\ 0 \end{pmatrix} + \begin{pmatrix} 0 \\ a_2 \\ 0 \end{pmatrix} + \begin{pmatrix} 0 \\ 0 \\ a_3 \end{pmatrix} = a_1\boldsymbol{e}_1 + a_2\boldsymbol{e}_2 + a_3\boldsymbol{e}_3$$

と記述することができる. ここで, $\boldsymbol{e}_1, \boldsymbol{e}_2, \boldsymbol{e}_3$ は空間ベクトルの基本ベクトルである.

定義 2.10　ベクトル $\boldsymbol{a} = \begin{pmatrix} a_1 \\ a_2 \\ a_3 \end{pmatrix}$ に対して, $\boldsymbol{a} = a_1\boldsymbol{e}_1 + a_2\boldsymbol{e}_2 + a_3\boldsymbol{e}_3$ を $\boldsymbol{a}$ の**基本ベクトル表示**という.

例題 2.1　2 つのベクトル $\boldsymbol{a} = \begin{pmatrix} -3 \\ 1 \\ 2 \end{pmatrix}$, $\boldsymbol{b} = \begin{pmatrix} 0 \\ 4 \\ 5 \end{pmatrix}$ に対して, 次のベクトルを成分表示せよ.

(1) $2\boldsymbol{a} - \boldsymbol{b}$　　(2) $-10\boldsymbol{a} + 5\boldsymbol{b}$　　(3) $3(\boldsymbol{a} - 2\boldsymbol{b}) - 4(2\boldsymbol{a} - 3\boldsymbol{b})$

解答　(1)　$2\boldsymbol{a} - \boldsymbol{b} = 2\begin{pmatrix} -3 \\ 1 \\ 2 \end{pmatrix} - \begin{pmatrix} 0 \\ 4 \\ 5 \end{pmatrix} = \begin{pmatrix} -6-0 \\ 2-4 \\ 4-5 \end{pmatrix} = \begin{pmatrix} -6 \\ -2 \\ -1 \end{pmatrix}.$

(2)　$-10\boldsymbol{a} + 5\boldsymbol{b} = -10\begin{pmatrix} -3 \\ 1 \\ 2 \end{pmatrix} + 5\begin{pmatrix} 0 \\ 4 \\ 5 \end{pmatrix} = \begin{pmatrix} 30+0 \\ -10+20 \\ -20+25 \end{pmatrix} = \begin{pmatrix} 30 \\ 10 \\ 5 \end{pmatrix}.$

(3)　$3(\boldsymbol{a} - 2\boldsymbol{b}) - 4(2\boldsymbol{a} - 3\boldsymbol{b}) = 3\boldsymbol{a} - 6\boldsymbol{b} - 8\boldsymbol{a} + 12\boldsymbol{b} = -5\boldsymbol{a} + 6\boldsymbol{b}$

$$= -5\begin{pmatrix} -3 \\ 1 \\ 2 \end{pmatrix} + 6\begin{pmatrix} 0 \\ 4 \\ 5 \end{pmatrix} = \begin{pmatrix} 15+0 \\ -5+24 \\ -10+30 \end{pmatrix} = \begin{pmatrix} 15 \\ 19 \\ 20 \end{pmatrix}.$$

∎

例題 2.2　次の (1) ～ (4) について，それぞれの等式が成り立つとき，各 $\boldsymbol{x}$ について，$\boldsymbol{x}$ を $\boldsymbol{a}$ と $\boldsymbol{b}$ を使って表せ．

(1) $\boldsymbol{x} + 3\boldsymbol{b} = \boldsymbol{a}$　　(2) $4\boldsymbol{x} - 2\boldsymbol{a} = 3\boldsymbol{b}$

(3) $7(\boldsymbol{x} - \boldsymbol{a} + 2\boldsymbol{b}) = 4(\boldsymbol{x} - 3\boldsymbol{a}) + 5\boldsymbol{b}$　　(4) $3(\boldsymbol{x} + \boldsymbol{a} - \boldsymbol{b}) = 2(\boldsymbol{x} - 3\boldsymbol{b}) + 3\boldsymbol{b}$

解答　(1) $\boldsymbol{x} = \boldsymbol{a} - 3\boldsymbol{b}$.

(2) $4\boldsymbol{x} = 2\boldsymbol{a} + 3\boldsymbol{b}$ より $\boldsymbol{x} = \dfrac{1}{2}\boldsymbol{a} + \dfrac{3}{4}\boldsymbol{b}$.

(3) $7\boldsymbol{x} - 7\boldsymbol{a} + 14\boldsymbol{b} = 4\boldsymbol{x} - 12\boldsymbol{a} + 5\boldsymbol{b}$ より $3\boldsymbol{x} = -5\boldsymbol{a} - 9\boldsymbol{b}$. よって $\boldsymbol{x} = -\dfrac{5}{3}\boldsymbol{a} - 3\boldsymbol{b}$.

(4) $3\boldsymbol{x} + 3\boldsymbol{a} - 3\boldsymbol{b} = 2\boldsymbol{x} - 3\boldsymbol{b}$ より $\boldsymbol{x} = -3\boldsymbol{a}$.　∎

例題 2.3　$\boldsymbol{a} = \begin{pmatrix} 3x \\ -1 \\ 2 \end{pmatrix}, \boldsymbol{b} = \begin{pmatrix} -3 \\ 4 \\ 2x \end{pmatrix}$ について，$||\boldsymbol{a}|| = ||\boldsymbol{b}||$ となるように x の値を定めよ．

解答　それぞれ空間ベクトルの位置ベクトルと考えると，ベクトルの長さは，原点からの距離であるから，

$$\begin{cases} \|\boldsymbol{a}\| = \sqrt{(3x)^2 + (-1)^2 + 2^2} = \sqrt{9x^2 + 5} \\ \|\boldsymbol{b}\| = \sqrt{(-3)^2 + 4^2 + (2x)^2} = \sqrt{4x^2 + 25} \end{cases}$$

である．仮定より，$\|\boldsymbol{a}\| = \|\boldsymbol{b}\|$ であるから，

$$\begin{aligned} 9x^2 + 5 &= 4x^2 + 25 \\ 5x^2 &= 20 \\ x^2 &= 4 \\ x &= \pm 2 \end{aligned}$$

となる．よって，$x = \pm 2$.　∎

◆◆演習問題 § 2.1 ◆◆

1. 平面の 3 つのベクトル $\mathbb{a} = \begin{pmatrix} 4 \\ 5 \end{pmatrix}$, $\mathbb{b} = \begin{pmatrix} -3 \\ 7 \end{pmatrix}$, $\mathbb{c} = \begin{pmatrix} 2 \\ 0 \end{pmatrix}$ に対して, 次のベクトルを成分表示せよ.

(1) $5\mathbb{a} + 2\mathbb{b}$　　(2) $-3\mathbb{b} + 4\mathbb{c}$

(3) $2\mathbb{a} + 7\mathbb{b} - 3\mathbb{c}$　　(4) $(\mathbb{a} + 3\mathbb{b} - 2\mathbb{c}) - (2\mathbb{a} - 4\mathbb{b} + 5\mathbb{c})$

(5) $-2(\mathbb{a} + 3\mathbb{c}) + 4(2\mathbb{a} - 3\mathbb{b} + \mathbb{c})$

2. 空間の 3 つのベクトル $\mathbb{a} = \begin{pmatrix} 2 \\ -1 \\ 1 \end{pmatrix}$, $\mathbb{b} = \begin{pmatrix} -3 \\ 0 \\ -4 \end{pmatrix}$, $\mathbb{c} = \begin{pmatrix} 0 \\ 2 \\ -1 \end{pmatrix}$ に対して, 次のベクトルを成分表示せよ.

(1) $3\mathbb{a} - 4\mathbb{b}$　　(2) $-2\mathbb{b} + 5\mathbb{c}$

(3) $3\mathbb{a} + 4\mathbb{b} - 2\mathbb{c}$　　(4) $(2\mathbb{a} + 4\mathbb{b} - 3\mathbb{c}) - (\mathbb{a} - 4\mathbb{b} + 3\mathbb{c})$

(5) $3(\mathbb{a} + 2\mathbb{b}) - 2(3\mathbb{a} + \mathbb{b} - 2\mathbb{c})$　　(6) $-2(\mathbb{a} + 3\mathbb{b} - 4\mathbb{c}) + 3(3\mathbb{a} + 2\mathbb{b} - \mathbb{c})$

3. 平面の 3 つのベクトル $\mathbb{a} = \begin{pmatrix} -2 \\ 6 \end{pmatrix}$, $\mathbb{b} = \begin{pmatrix} 5 \\ -1 \end{pmatrix}$, $\mathbb{c} = \begin{pmatrix} 0 \\ 8 \end{pmatrix}$ に対して, 次のベクトルを基本ベクトルを使って表せ.

(1) $7\mathbb{a} - 3\mathbb{b}$　　(2) $-2\mathbb{b} + 5\mathbb{c}$

(3) $4\mathbb{a} + 2\mathbb{b} - 6\mathbb{c}$　　(4) $-3\mathbb{a} - 4\mathbb{b} + 5\mathbb{c} - 6\mathbb{e}_1 + 7\mathbb{e}_2$

(5) $2\mathbb{a} + 6(-3\mathbb{b} + 2\mathbb{e}_1) - 3(2\mathbb{c} - 4\mathbb{e}_2)$

4. 空間の 3 つのベクトル $\mathbb{a} = \begin{pmatrix} 3 \\ 1 \\ 2 \end{pmatrix}$, $\mathbb{b} = \begin{pmatrix} -2 \\ 4 \\ -7 \end{pmatrix}$, $\mathbb{c} = \begin{pmatrix} 9 \\ 0 \\ -4 \end{pmatrix}$ に対して, 次のベクトルを基本ベクトルを使って表せ.

(1) $-4\mathbb{a} + 5\mathbb{b}$　　(2) $3\mathbb{b} - 7\mathbb{c}$

(3) $-2\mathbb{a} - 8\mathbb{b} + 3\mathbb{c}$　　(4) $4\mathbb{a} + 9\mathbb{b} - 7\mathbb{c} + 8\mathbb{e}_1 - 4\mathbb{e}_2$

(5) $6(\mathbb{b} + 2\mathbb{e}_3) - 3(4\mathbb{c} - 3\mathbb{e}_2) + 2(-3\mathbb{a} + 5\mathbb{e}_1)$

5. 平面の 3 つのベクトル $\mathbb{a} = \begin{pmatrix} 2 \\ 5 \end{pmatrix}$, $\mathbb{b} = \begin{pmatrix} -3 \\ 1 \end{pmatrix}$, $\mathbb{c} = \begin{pmatrix} 4 \\ -7 \end{pmatrix}$ に対して, 次のベクトルの長さを求めよ.

(1) $\mathbb{a} + \mathbb{b}$　　(2) $\mathbb{c} - \mathbb{a}$

(3) $2\mathbb{b} + 3\mathbb{c}$　　(4) $4\mathbb{a} - \mathbb{b} + 2\mathbb{c}$

6. 空間の 3 つのベクトル $\mathbb{a} = \begin{pmatrix} 1 \\ 3 \\ 4 \end{pmatrix}$, $\mathbb{b} = \begin{pmatrix} 2 \\ -2 \\ 3 \end{pmatrix}$, $\mathbb{c} = \begin{pmatrix} -5 \\ 1 \\ -3 \end{pmatrix}$ に対して, 次のベクトルの長さを求めよ.

(1) $\mathbb{a} + \mathbb{b}$　　(2) $\mathbb{c} - \mathbb{a}$

(3) $3\mathbb{b} + 2\mathbb{c}$　　(4) $3\mathbb{a} - 4\mathbb{b} + \mathbb{c}$

7. $\boldsymbol{a} = \begin{pmatrix} 3 \\ -2 \\ 7 \end{pmatrix}$, $\boldsymbol{b} = \begin{pmatrix} -5 \\ 1 \\ -8 \end{pmatrix}$ とする．次の (1), (2) について，それぞれの等式が成り立つとき，各 $\boldsymbol{x}$ を求めよ．

(1)　$3\boldsymbol{x} - 4\boldsymbol{b} = 7\boldsymbol{x} + 4\boldsymbol{a}$

(2)　$3(\boldsymbol{x} - 2\boldsymbol{a} + 4\boldsymbol{b}) = -4(2\boldsymbol{x} + 4\boldsymbol{a} - 5\boldsymbol{b})$

8. $\boldsymbol{a} = \begin{pmatrix} 4 \\ -3 \end{pmatrix}$, $\boldsymbol{b} = \begin{pmatrix} 7 \\ 5 \end{pmatrix}$ とする．$\boldsymbol{x}, \boldsymbol{y}$ が

$$\begin{cases} \boldsymbol{x} - 2\boldsymbol{y} = -3\boldsymbol{a} + 2\boldsymbol{b} \\ 3\boldsymbol{x} + 4\boldsymbol{y} = 2\boldsymbol{a} - \boldsymbol{b} \end{cases}$$

を満たすとき，$\boldsymbol{x}, \boldsymbol{y}$ を求めよ．

9. $\boldsymbol{a} = \begin{pmatrix} 3 \\ 5 \end{pmatrix}$, $\boldsymbol{b} = \begin{pmatrix} 2 \\ 4 \end{pmatrix}$ とするとき，次のベクトルを $\boldsymbol{a}, \boldsymbol{b}$ を使って表せ．

(1)　$\begin{pmatrix} 1 \\ 0 \end{pmatrix}$　(2)　$\begin{pmatrix} 0 \\ 1 \end{pmatrix}$　(3)　$\begin{pmatrix} 4 \\ -2 \end{pmatrix}$　(4)　$\begin{pmatrix} -3 \\ 5 \end{pmatrix}$

10. $\boldsymbol{a} = \begin{pmatrix} -5 \\ -3 \\ 6 \end{pmatrix}$, $\boldsymbol{b} = \begin{pmatrix} 2 \\ 1 \\ -2 \end{pmatrix}$, $\boldsymbol{c} = \begin{pmatrix} 0 \\ 2 \\ -3 \end{pmatrix}$ とするとき，次のベクトルを $\boldsymbol{a}, \boldsymbol{b}, \boldsymbol{c}$ を使って表せ．

(1)　$\begin{pmatrix} 2 \\ 3 \\ 5 \end{pmatrix}$　(2)　$\begin{pmatrix} 0 \\ 1 \\ 0 \end{pmatrix}$

◇演習問題の解答◇

1. (1) $5\mathbb{a}+2\mathbb{b}=5\begin{pmatrix}4\\5\end{pmatrix}+2\begin{pmatrix}-3\\7\end{pmatrix}=\begin{pmatrix}20-6\\25+14\end{pmatrix}=\begin{pmatrix}14\\39\end{pmatrix}$.

(2) $-3\mathbb{b}+4\mathbb{c}=-3\begin{pmatrix}-3\\7\end{pmatrix}+4\begin{pmatrix}2\\0\end{pmatrix}=\begin{pmatrix}9+8\\-21+0\end{pmatrix}=\begin{pmatrix}17\\-21\end{pmatrix}$.

(3) $2\mathbb{a}+7\mathbb{b}-3\mathbb{c}=2\begin{pmatrix}4\\5\end{pmatrix}+7\begin{pmatrix}-3\\7\end{pmatrix}-3\begin{pmatrix}2\\0\end{pmatrix}=\begin{pmatrix}8-21-6\\10+49-0\end{pmatrix}=\begin{pmatrix}-19\\59\end{pmatrix}$.

(4) $(\mathbb{a}+3\mathbb{b}-2\mathbb{c})-(2\mathbb{a}-4\mathbb{b}+5\mathbb{c})=\mathbb{a}+3\mathbb{b}-2\mathbb{c}-2\mathbb{a}+4\mathbb{b}-5\mathbb{c}=-\mathbb{a}+7\mathbb{b}-7\mathbb{c}$

$$=-\begin{pmatrix}4\\5\end{pmatrix}+7\begin{pmatrix}-3\\7\end{pmatrix}-7\begin{pmatrix}2\\0\end{pmatrix}=\begin{pmatrix}-4-21-14\\-5+49-0\end{pmatrix}=\begin{pmatrix}-39\\44\end{pmatrix}.$$

(5) $-2(\mathbb{a}+3\mathbb{c})+4(2\mathbb{a}-3\mathbb{b}+\mathbb{c})=-2\mathbb{a}-6\mathbb{c}+8\mathbb{a}-12\mathbb{b}+4\mathbb{c}=6\mathbb{a}-12\mathbb{b}-2\mathbb{c}$

$$=6\begin{pmatrix}4\\5\end{pmatrix}-12\begin{pmatrix}-3\\7\end{pmatrix}-2\begin{pmatrix}2\\0\end{pmatrix}=\begin{pmatrix}24+36-4\\30-84-0\end{pmatrix}=\begin{pmatrix}56\\-54\end{pmatrix}.$$

2. (1) $3\mathbb{a}-4\mathbb{b}=3\begin{pmatrix}2\\-1\\1\end{pmatrix}-4\begin{pmatrix}-3\\0\\-4\end{pmatrix}=\begin{pmatrix}6+12\\-3-0\\3+16\end{pmatrix}=\begin{pmatrix}18\\-3\\19\end{pmatrix}$.

(2) $-2\mathbb{b}+5\mathbb{c}=-2\begin{pmatrix}-3\\0\\-4\end{pmatrix}+5\begin{pmatrix}0\\2\\-1\end{pmatrix}=\begin{pmatrix}6+0\\0+10\\8-5\end{pmatrix}=\begin{pmatrix}6\\10\\3\end{pmatrix}$.

(3) $3\mathbb{a}+4\mathbb{b}-2\mathbb{c}=3\begin{pmatrix}2\\-1\\1\end{pmatrix}+4\begin{pmatrix}-3\\0\\-4\end{pmatrix}-2\begin{pmatrix}0\\2\\-1\end{pmatrix}=\begin{pmatrix}6-12-0\\-3+0-4\\3-16+2\end{pmatrix}$

$$=\begin{pmatrix}-6\\-7\\-11\end{pmatrix}.$$

(4) $(2\mathbb{a}+4\mathbb{b}-3\mathbb{c})-(\mathbb{a}-4\mathbb{b}+3\mathbb{c})=2\mathbb{a}+4\mathbb{b}-3\mathbb{c}-\mathbb{a}+4\mathbb{b}-3\mathbb{c}=\mathbb{a}+8\mathbb{b}-6\mathbb{c}$

$$=\begin{pmatrix}2\\-1\\1\end{pmatrix}+8\begin{pmatrix}-3\\0\\-4\end{pmatrix}-6\begin{pmatrix}0\\2\\-1\end{pmatrix}=\begin{pmatrix}2-24-0\\-1+0-12\\1-32+6\end{pmatrix}=\begin{pmatrix}-22\\-13\\-25\end{pmatrix}.$$

(5) $3(\mathbb{a}+2\mathbb{b})-2(3\mathbb{a}+\mathbb{b}-2\mathbb{c})=3\mathbb{a}+6\mathbb{b}-6\mathbb{a}-2\mathbb{b}+4\mathbb{c}=-3\mathbb{a}+4\mathbb{b}+4\mathbb{c}$

$$=-3\begin{pmatrix}2\\-1\\1\end{pmatrix}+4\begin{pmatrix}-3\\0\\-4\end{pmatrix}+4\begin{pmatrix}0\\2\\-1\end{pmatrix}=\begin{pmatrix}-6-12+0\\3+0+8\\-3-16-4\end{pmatrix}=\begin{pmatrix}-18\\11\\-23\end{pmatrix}.$$

(6) $-2(\mathbb{a}+3\mathbb{b}-4\mathbb{c})+3(3\mathbb{a}+2\mathbb{b}-\mathbb{c})=-2\mathbb{a}-6\mathbb{b}+8\mathbb{c}+9\mathbb{a}+6\mathbb{b}-3\mathbb{c}=7\mathbb{a}+5\mathbb{c}$

$$=7\begin{pmatrix}2\\-1\\1\end{pmatrix}+5\begin{pmatrix}0\\2\\-1\end{pmatrix}=\begin{pmatrix}14+0\\-7+10\\7-5\end{pmatrix}=\begin{pmatrix}14\\3\\2\end{pmatrix}$$

3. $\mathbb{a}$, $\mathbb{b}$ の基本ベクトル表示は

$$\mathbb{a}=-2\mathbb{e}_1+6\mathbb{e}_2,\qquad \mathbb{b}=5\mathbb{e}_1-\mathbb{e}_2,\qquad \mathbb{c}=8\mathbb{e}_2$$

であることに注意する.

(1) $7\boldsymbol{a} - 3\boldsymbol{b} = 7(-2\boldsymbol{e}_1 + 6\boldsymbol{e}_2) - 3(5\boldsymbol{e}_1 - \boldsymbol{e}_2) = (-14\boldsymbol{e}_1 + 42\boldsymbol{e}_2) - (15\boldsymbol{e}_1 - 3\boldsymbol{e}_2)$
$= -29\boldsymbol{e}_1 + 45\boldsymbol{e}_2.$

(2) $-2\boldsymbol{b} + 5\boldsymbol{c} = -2(5\boldsymbol{e}_1 - \boldsymbol{e}_2) + 5 \cdot 8\boldsymbol{e}_2 = -10\boldsymbol{e}_1 + 2\boldsymbol{e}_2 + 40\boldsymbol{e}_2 = -10\boldsymbol{e}_1 + 42\boldsymbol{e}_2.$

(3) $4\boldsymbol{a} + 2\boldsymbol{b} - 6\boldsymbol{c} = 4(-2\boldsymbol{e}_1 + 6\boldsymbol{e}_2) + 2(5\boldsymbol{e}_1 - \boldsymbol{e}_2) - 6 \cdot 8\boldsymbol{e}_2$
$= -8\boldsymbol{e}_1 + 24\boldsymbol{e}_2 + 10\boldsymbol{e}_1 - 2\boldsymbol{e}_2 - 48\boldsymbol{e}_2 = 2\boldsymbol{e}_1 - 26\boldsymbol{e}_2.$

(4) $-3\boldsymbol{a} - 4\boldsymbol{b} + 5\boldsymbol{c} - 6\boldsymbol{e}_1 + 7\boldsymbol{e}_2 = -3(-2\boldsymbol{e}_1 + 6\boldsymbol{e}_2) - 4(5\boldsymbol{e}_1 - \boldsymbol{e}_2) + 5 \cdot 8\boldsymbol{e}_2 - 6\boldsymbol{e}_1 + 7\boldsymbol{e}_2$
$= 6\boldsymbol{e}_1 - 18\boldsymbol{e}_2 - (20\boldsymbol{e}_1 - 4\boldsymbol{e}_2) + 40\boldsymbol{e}_2 - 6\boldsymbol{e}_1 + 7\boldsymbol{e}_2 = -20\boldsymbol{e}_1 + 33\boldsymbol{e}_2.$

(5) $2\boldsymbol{a} + 6(-3\boldsymbol{b} + 2\boldsymbol{e}_1) - 3(2\boldsymbol{c} - 4\boldsymbol{e}_2) = 2\boldsymbol{a} - 18\boldsymbol{b} - 6\boldsymbol{c} + 12\boldsymbol{e}_1 + 12\boldsymbol{e}_2$
$= 2(-2\boldsymbol{e}_1 + 6\boldsymbol{e}_2) - 18(5\boldsymbol{e}_1 - \boldsymbol{e}_2) - 6 \cdot 8\boldsymbol{e}_2 + 12\boldsymbol{e}_1 + 12\boldsymbol{e}_2$
$= -4\boldsymbol{e}_1 + 12\boldsymbol{e}_2 - 90\boldsymbol{e}_1 + 18\boldsymbol{e}_2 - 48\boldsymbol{e}_2 + 12\boldsymbol{e}_1 + 12\boldsymbol{e}_2$
$= -82\boldsymbol{e}_1 - 6\boldsymbol{e}_2.$

4. $\boldsymbol{a}, \boldsymbol{b}$ の基本ベクトル表示は

$$\boldsymbol{a} = 3\boldsymbol{e}_1 + \boldsymbol{e}_2 + 2\boldsymbol{e}_3, \qquad \boldsymbol{b} = -2\boldsymbol{e}_1 + 4\boldsymbol{e}_2 - 7\boldsymbol{e}_3, \qquad \boldsymbol{c} = 9\boldsymbol{e}_1 - 4\boldsymbol{e}_3$$

であることに注意する.

(1) $-4\boldsymbol{a} + 5\boldsymbol{b} = -4(3\boldsymbol{e}_1 + \boldsymbol{e}_2 + 2\boldsymbol{e}_3) + 5(-2\boldsymbol{e}_1 + 4\boldsymbol{e}_2 - 7\boldsymbol{e}_3)$
$= -12\boldsymbol{e}_1 - 4\boldsymbol{e}_2 - 8\boldsymbol{e}_3 - 10\boldsymbol{e}_1 + 20\boldsymbol{e}_2 - 35\boldsymbol{e}_3 = -22\boldsymbol{e}_1 + 16\boldsymbol{e}_2 - 43\boldsymbol{e}_3.$

(2) $3\boldsymbol{b} - 7\boldsymbol{c} = 3(-2\boldsymbol{e}_1 + 4\boldsymbol{e}_2 - 7\boldsymbol{e}_3) - 7(9\boldsymbol{e}_1 - 4\boldsymbol{e}_3)$
$= -6\boldsymbol{e}_1 + 12\boldsymbol{e}_2 - 21\boldsymbol{e}_3 - 63\boldsymbol{e}_1 + 28\boldsymbol{e}_3 = -69\boldsymbol{e}_1 + 12\boldsymbol{e}_2 + 7\boldsymbol{e}_3.$

(3) $-2\boldsymbol{a} - 8\boldsymbol{b} + 3\boldsymbol{c} = -2(3\boldsymbol{e}_1 + \boldsymbol{e}_2 + 2\boldsymbol{e}_3) - 8(-2\boldsymbol{e}_1 + 4\boldsymbol{e}_2 - 7\boldsymbol{e}_3) + 3(9\boldsymbol{e}_1 - 4\boldsymbol{e}_3)$
$= -6\boldsymbol{e}_1 - 2\boldsymbol{e}_2 - 4\boldsymbol{e}_3 + 16\boldsymbol{e}_1 - 32\boldsymbol{e}_2 + 56\boldsymbol{e}_3 + 27\boldsymbol{e}_1 - 12\boldsymbol{e}_3 = 37\boldsymbol{e}_1 - 34\boldsymbol{e}_2 + 40\boldsymbol{e}_3.$

(4) $4\boldsymbol{a} + 9\boldsymbol{b} - 7\boldsymbol{c} + 8\boldsymbol{e}_1 - 4\boldsymbol{e}_2$
$= 4(3\boldsymbol{e}_1 + \boldsymbol{e}_2 + 2\boldsymbol{e}_3) + 9(-2\boldsymbol{e}_1 + 4\boldsymbol{e}_2 - 7\boldsymbol{e}_3) - 7(9\boldsymbol{e}_1 - 4\boldsymbol{e}_3) + 8\boldsymbol{e}_1 - 4\boldsymbol{e}_2$
$= 12\boldsymbol{e}_1 + 4\boldsymbol{e}_2 + 8\boldsymbol{e}_3 - 18\boldsymbol{e}_1 + 36\boldsymbol{e}_2 - 63\boldsymbol{e}_3 - 63\boldsymbol{e}_1 + 28\boldsymbol{e}_3 + 8\boldsymbol{e}_1 - 4\boldsymbol{e}_2$
$= -61\boldsymbol{e}_1 + 36\boldsymbol{e}_2 - 27\boldsymbol{e}_3.$

(5) $6(\boldsymbol{b} + 2\boldsymbol{e}_3) - 3(4\boldsymbol{c} - 3\boldsymbol{e}_2) + 2(-3\boldsymbol{a} + 5\boldsymbol{e}_1) = -6\boldsymbol{a} + 6\boldsymbol{b} - 12\boldsymbol{c} + 10\boldsymbol{e}_1 + 9\boldsymbol{e}_2 + 12\boldsymbol{e}_3$
$= -6(3\boldsymbol{e}_1 + \boldsymbol{e}_2 + 2\boldsymbol{e}_3) + 6(-2\boldsymbol{e}_1 + 4\boldsymbol{e}_2 - 7\boldsymbol{e}_3) - 12(9\boldsymbol{e}_1 - 4\boldsymbol{e}_3) + 10\boldsymbol{e}_1 + 9\boldsymbol{e}_2 + 12\boldsymbol{e}_3$
$= -18\boldsymbol{e}_1 - 6\boldsymbol{e}_2 - 12\boldsymbol{e}_3 - 12\boldsymbol{e}_1 + 24\boldsymbol{e}_2 - 42\boldsymbol{e}_3 - 108\boldsymbol{e}_1 + 48\boldsymbol{e}_3 + 10\boldsymbol{e}_1 + 9\boldsymbol{e}_2 + 12\boldsymbol{e}_3$
$= -128\boldsymbol{e}_1 + 27\boldsymbol{e}_2 + 6\boldsymbol{e}_3.$

5. (1) $\boldsymbol{a} + \boldsymbol{b} = \begin{pmatrix} 2 \\ 5 \end{pmatrix} + \begin{pmatrix} -3 \\ 1 \end{pmatrix} = \begin{pmatrix} -1 \\ 6 \end{pmatrix}$ より $\|\boldsymbol{a} + \boldsymbol{b}\| = \sqrt{(-1)^2 + 6^2} = \sqrt{37}.$

(2) $\boldsymbol{c} - \boldsymbol{a} = \begin{pmatrix} 4 \\ -7 \end{pmatrix} - \begin{pmatrix} 2 \\ 5 \end{pmatrix} = \begin{pmatrix} 2 \\ -12 \end{pmatrix}$ より $\|\boldsymbol{c} - \boldsymbol{a}\| = \sqrt{2^2 + (-12)^2} = \sqrt{148} = 2\sqrt{37}.$

(3) $2\boldsymbol{b} + 3\boldsymbol{c} = 2\begin{pmatrix} -3 \\ 1 \end{pmatrix} + 3\begin{pmatrix} 4 \\ -7 \end{pmatrix} = \begin{pmatrix} -6+12 \\ 2-21 \end{pmatrix} = \begin{pmatrix} 6 \\ -19 \end{pmatrix}$ より

$\|2\boldsymbol{b} + 3\boldsymbol{c}\| = \sqrt{6^2 + (-19)^2} = \sqrt{397}.$

(4) $4\boldsymbol{a} - \boldsymbol{b} + 2\boldsymbol{c} = 4\begin{pmatrix} 2 \\ 5 \end{pmatrix} - \begin{pmatrix} -3 \\ 1 \end{pmatrix} + 2\begin{pmatrix} 4 \\ -7 \end{pmatrix} = \begin{pmatrix} 8+3+8 \\ 20-1-14 \end{pmatrix} = \begin{pmatrix} 19 \\ 5 \end{pmatrix}$ より

$\|4\boldsymbol{a} - \boldsymbol{b} + 2\boldsymbol{c}\| = \sqrt{19^2 + 5^2} = \sqrt{386}.$

6. (1) $\boldsymbol{a}+\boldsymbol{b}=\begin{pmatrix}1\\3\\4\end{pmatrix}+\begin{pmatrix}2\\-2\\3\end{pmatrix}=\begin{pmatrix}3\\1\\7\end{pmatrix}$ より $\|\boldsymbol{a}+\boldsymbol{b}\|=\sqrt{3^2+1^2+7^2}=\sqrt{59}.$

(2) $\boldsymbol{c}-\boldsymbol{a}=\begin{pmatrix}-5\\1\\-3\end{pmatrix}-\begin{pmatrix}1\\3\\4\end{pmatrix}=\begin{pmatrix}-6\\-2\\-7\end{pmatrix}$ より $\|\boldsymbol{c}-\boldsymbol{a}\|=\sqrt{(-6)^2+(-2)^2+(-7)^2}=\sqrt{89}.$

(3) $3\boldsymbol{b}+2\boldsymbol{c}=3\begin{pmatrix}2\\-2\\3\end{pmatrix}+2\begin{pmatrix}-5\\1\\-3\end{pmatrix}=\begin{pmatrix}6-10\\-6+2\\9-6\end{pmatrix}=\begin{pmatrix}-4\\-4\\3\end{pmatrix}$ より $\|3\boldsymbol{b}+2\boldsymbol{c}\|=\sqrt{(-4)^2+(-4)^2+3^2}=\sqrt{41}.$

(4) $3\boldsymbol{a}-4\boldsymbol{b}+\boldsymbol{c}=3\begin{pmatrix}1\\3\\4\end{pmatrix}-4\begin{pmatrix}2\\-2\\3\end{pmatrix}+\begin{pmatrix}-5\\1\\-3\end{pmatrix}=\begin{pmatrix}3-8-5\\9+8+1\\12-12-3\end{pmatrix}=\begin{pmatrix}-10\\18\\-3\end{pmatrix}$ より

$\|3\boldsymbol{a}-4\boldsymbol{b}+\boldsymbol{c}\|=\sqrt{(-10)^2+18^2+(-3)^2}=\sqrt{433}.$

7. (1) $3\boldsymbol{x}-4\boldsymbol{b}=7\boldsymbol{x}+4\boldsymbol{a}$ より $-4\boldsymbol{x}=4\boldsymbol{a}+4\boldsymbol{b}$. よって

$$\boldsymbol{x}=-\boldsymbol{a}-\boldsymbol{b}=-\begin{pmatrix}3\\-2\\7\end{pmatrix}-\begin{pmatrix}-5\\1\\-8\end{pmatrix}=\begin{pmatrix}-3+5\\2-1\\-7+8\end{pmatrix}=\begin{pmatrix}2\\1\\1\end{pmatrix}.$$

(2) $3\boldsymbol{x}-6\boldsymbol{a}+12\boldsymbol{b}=-8\boldsymbol{x}-16\boldsymbol{a}+20\boldsymbol{b}$ より

$$11\boldsymbol{x}=-10\boldsymbol{a}+8\boldsymbol{b}=-10\begin{pmatrix}3\\-2\\7\end{pmatrix}+8\begin{pmatrix}-5\\1\\-8\end{pmatrix}=\begin{pmatrix}-30-40\\20+8\\-70-64\end{pmatrix}=\begin{pmatrix}-70\\28\\-134\end{pmatrix}.$$

よって　$\boldsymbol{x}=\dfrac{1}{11}\begin{pmatrix}-70\\28\\-134\end{pmatrix}=\begin{pmatrix}-70/11\\28/11\\-134/11\end{pmatrix}.$

8. $\boldsymbol{x}-2\boldsymbol{y}=-3\boldsymbol{a}+2\boldsymbol{b}$ より $\boldsymbol{x}=2\boldsymbol{y}-3\boldsymbol{a}+2\boldsymbol{b}\cdots$ (i). これを $3\boldsymbol{x}+4\boldsymbol{y}=2\boldsymbol{a}-\boldsymbol{b}$ に代入すると $3(2\boldsymbol{y}-3\boldsymbol{a}+2\boldsymbol{b})+4\boldsymbol{y}=2\boldsymbol{a}-\boldsymbol{b}$ となって $10\boldsymbol{y}=11\boldsymbol{a}-7\boldsymbol{b}$. よって

$$\boldsymbol{y}=\frac{1}{10}(11\boldsymbol{a}-7\boldsymbol{b})\cdots\text{(ii)}$$

(ii) を (i) へ代入すると $\boldsymbol{x}=\dfrac{1}{5}(11\boldsymbol{a}-7\boldsymbol{b})-3\boldsymbol{a}+2\boldsymbol{b}$ となって

$$\boldsymbol{x}=\frac{1}{5}(-4\boldsymbol{a}+3\boldsymbol{b})\cdots\text{(iii)}$$

ここで

$$-4\boldsymbol{a}+3\boldsymbol{b}=-4\begin{pmatrix}4\\-3\end{pmatrix}+3\begin{pmatrix}7\\5\end{pmatrix}=\begin{pmatrix}5\\27\end{pmatrix},$$

$$11\boldsymbol{a}-7\boldsymbol{b}=11\begin{pmatrix}4\\-3\end{pmatrix}-7\begin{pmatrix}7\\5\end{pmatrix}=\begin{pmatrix}-5\\-68\end{pmatrix}$$

であるから, (ii), (iii) より

$$\boldsymbol{x}=\frac{1}{5}\begin{pmatrix}5\\27\end{pmatrix}=\begin{pmatrix}1\\27/5\end{pmatrix},\ \boldsymbol{y}=\frac{1}{10}\begin{pmatrix}-5\\-68\end{pmatrix}=\begin{pmatrix}-1/2\\-34/5\end{pmatrix}.$$

9. $x\boldsymbol{a} + y\boldsymbol{b} = x\begin{pmatrix} 3 \\ 5 \end{pmatrix} + y\begin{pmatrix} 2 \\ 4 \end{pmatrix} = \begin{pmatrix} 3x+2y \\ 5x+4y \end{pmatrix}$ であることに注意する.

(1) $\begin{pmatrix} 3x+2y \\ 5x+4y \end{pmatrix} = \begin{pmatrix} 1 \\ 0 \end{pmatrix}$ すなわち $\begin{cases} 3x + 2y = 1 \\ 5x + 4y = 0 \end{cases}$ を x, y について解くと, $x = 2$, $y = -5/2$. よって $\begin{pmatrix} 1 \\ 0 \end{pmatrix} = 2\boldsymbol{a} - \dfrac{5}{2}\boldsymbol{b}$.

(2) $\begin{pmatrix} 3x+2y \\ 5x+4y \end{pmatrix} = \begin{pmatrix} 0 \\ 1 \end{pmatrix}$ すなわち $\begin{cases} 3x + 2y = 0 \\ 5x + 4y = 1 \end{cases}$ を x, y について解くと, $x = -1$, $y = 3/2$. よって $\begin{pmatrix} 0 \\ 1 \end{pmatrix} = -\boldsymbol{a} + \dfrac{3}{2}\boldsymbol{b}$.

(3) $\begin{pmatrix} 3x+2y \\ 5x+4y \end{pmatrix} = \begin{pmatrix} 4 \\ -2 \end{pmatrix}$ すなわち $\begin{cases} 3x + 2y = 4 \\ 5x + 4y = -2 \end{cases}$ を x, y について解くと, $x = 10$, $y = -13$. よって $\begin{pmatrix} 4 \\ -2 \end{pmatrix} = 10\boldsymbol{a} - 13\boldsymbol{b}$.

(4) $\begin{pmatrix} 3x+2y \\ 5x+4y \end{pmatrix} = \begin{pmatrix} -3 \\ 5 \end{pmatrix}$ すなわち $\begin{cases} 3x + 2y = -3 \\ 5x + 4y = 5 \end{cases}$ を x, y について解くと, $x = -11$, $y = 15$. よって $\begin{pmatrix} -3 \\ 5 \end{pmatrix} = -11\boldsymbol{a} + 15\boldsymbol{b}$.

10. $x\boldsymbol{a} + y\boldsymbol{b} + z\boldsymbol{c} = x\begin{pmatrix} -5 \\ -3 \\ 6 \end{pmatrix} + y\begin{pmatrix} 2 \\ 1 \\ -2 \end{pmatrix} + z\begin{pmatrix} 0 \\ 2 \\ -3 \end{pmatrix} = \begin{pmatrix} -5x+2y \\ -3x+y+2z \\ 6x-2y-3z \end{pmatrix}$ であることに注意する.

(1) $\begin{pmatrix} -5x+2y \\ -3x+y+2z \\ 6x-2y-3z \end{pmatrix} = \begin{pmatrix} 2 \\ 3 \\ 5 \end{pmatrix}$ すなわち $\begin{cases} -5x + 2y = 2 \\ -3x + y + 2z = 3 \\ 6x - 2y - 3z = 5 \end{cases}$ を x, y, z について解くと, $x = 40$, $y = 101$, $z = 11$. よって $\begin{pmatrix} 2 \\ 3 \\ 5 \end{pmatrix} = 40\boldsymbol{a} + 101\boldsymbol{b} + 11\boldsymbol{c}$.

(2) $\begin{pmatrix} -5x+2y \\ -3x+y+2z \\ 6x-2y-3z \end{pmatrix} = \begin{pmatrix} 0 \\ 1 \\ 0 \end{pmatrix}$ すなわち $\begin{cases} -5x + 2y = 0 \\ -3x + y + 2z = 1 \\ 6x - 2y - 3z = 0 \end{cases}$ を x, y, z について解くと, $x = 6$, $y = 15$, $z = 2$. よって $\begin{pmatrix} 0 \\ 1 \\ 0 \end{pmatrix} = 6\boldsymbol{a} + 15\boldsymbol{b} + 2\boldsymbol{c}$.

§ 2.2　線形空間の定義と数ベクトル空間

解説　ここでは, 線形空間についての演習の準備する.

線形空間の定義　いくつか用語と記号を整理しておく. 集合 X に対して, a が X の元であることを, $a \in X$ と記述するが, X の任意の元 (すべての元) a を考えたいときは, 「$X \ni \forall a$ に対して」というように, 記号 $\forall$ を使って表す. また, 1つも元をもたない集合も扱う. これを**空集合**(くうしゅうごう)といい, 記号 $\emptyset$ で表す. 特に, 集合 X が空集合でないことを $X \neq \emptyset$ と書く. 線形空間を次のように定義する.

定義 2.11　和とスカラー倍が定義されている集合 $V(\neq \emptyset)$ について,

$V \ni \forall \boldsymbol{a}, \boldsymbol{b}$ に対して, $\boldsymbol{a} + \boldsymbol{b} \in V$　　(和),

$V \ni \forall \boldsymbol{a}$ と $\mathbb{R} \ni \forall c$ に対して, $c\boldsymbol{a} \in V$　　(スカラー倍)

が成り立ち, これら2つの演算が, 次の (1) から (8) を満たすとき, V を**線形空間**(せんけいくうかん)という.

(1) $\boldsymbol{a} + \boldsymbol{b} = \boldsymbol{b} + \boldsymbol{a}$,

(2) $(\boldsymbol{a} + \boldsymbol{b}) + \boldsymbol{c} = \boldsymbol{a} + (\boldsymbol{b} + \boldsymbol{c})$,

(3) 特別な元 $\boldsymbol{o} \in V$ が存在して, $V \ni \forall \boldsymbol{a}$ に対して $\boldsymbol{a} + \boldsymbol{o} = \boldsymbol{a}$ となる. $\boldsymbol{o}$ を**零**(れい)**ベクトル**または**ゼロベクトル**という.

(4) $V \ni \forall \boldsymbol{a}$ に対して, $\boldsymbol{a} + (-\boldsymbol{a}) = \boldsymbol{o}$ となる $-\boldsymbol{a} \in V$ が存在する.

(5) $(c + d)\boldsymbol{a} = c\boldsymbol{a} + d\boldsymbol{a}$,

(6) $c(\boldsymbol{a} + \boldsymbol{b}) = c\boldsymbol{a} + c\boldsymbol{b}$,

(7) $(cd)\boldsymbol{a} = c(d\boldsymbol{a})$,

(8) $1\boldsymbol{a} = \boldsymbol{a}$.

ここで, $\boldsymbol{a}, \boldsymbol{b}, \boldsymbol{c} \in V$, $c, d \in \mathbb{R}$ である. V が線形空間のとき, V の元を**ベクトル**という.

集合 V が線形空間になることを示すには, V の和とスカラー倍について, $\boldsymbol{a} + \boldsymbol{b}, c\boldsymbol{a} \in V$ であることと, 定義 2.11 の (1) から (8) が成り立つことを確認すればよい. たとえば,

$$\mathbb{R}^n := \left\{ \begin{pmatrix} a_1 \\ a_2 \\ \vdots \\ a_n \end{pmatrix} \middle| \; a_1, a_2, \ldots, a_n \in \mathbb{R} \right\} \text{ は } \boldsymbol{a} = \begin{pmatrix} a_1 \\ a_2 \\ \vdots \\ a_n \end{pmatrix},\ \boldsymbol{b} = \begin{pmatrix} b_1 \\ b_2 \\ \vdots \\ b_n \end{pmatrix} \in \mathbb{R}^n,\ c \in \mathbb{R} \text{ に対}$$

して, 和とスカラー倍を,

$$\boldsymbol{a} + \boldsymbol{b} = \begin{pmatrix} a_1 + b_1 \\ a_2 + b_2 \\ \vdots \\ a_n + b_n \end{pmatrix}, \qquad c\boldsymbol{a} = \begin{pmatrix} ca_1 \\ ca_2 \\ \vdots \\ ca_n \end{pmatrix}$$

で定義すると, 定義 2.11 において, 和とスカラー倍についての条件, および (1) から (8) を確

認することができ, 線形空間であることが示される. ここで, $\boldsymbol{o} = \begin{pmatrix} 0 \\ 0 \\ \vdots \\ 0 \end{pmatrix}$, $-\boldsymbol{a} = \begin{pmatrix} -a_1 \\ -a_2 \\ \vdots \\ -a_n \end{pmatrix}$.

定義 2.12　線形空間 $\mathbb{R}^n$ を**数ベクトル空間**という.

部分空間

定義 2.13　線形空間 V の部分集合 $W(\neq \emptyset)$ が V における和とスカラー倍で次の (1), (2) を満たすとき, W を V の**部分空間** (または**線形部分空間**) という.

(1)　$\boldsymbol{a}, \boldsymbol{b} \in W \Longrightarrow \boldsymbol{a} + \boldsymbol{b} \in W$,

(2)　$c \in \mathbb{R}, \boldsymbol{a} \in W \Longrightarrow c\boldsymbol{a} \in W$.

例題 2.4　$\mathbb{R}^3$ の部分空間

$$W_1 := \left\{ \begin{pmatrix} x_1 \\ x_2 \\ x_3 \end{pmatrix} \middle| \ 2x_1 - x_3 = 0 \right\}, W_2 := \left\{ \begin{pmatrix} x_1 \\ x_2 \\ x_3 \end{pmatrix} \middle| \ 3x_1 - x_2 + x_3 = 0 \right\}$$

に対して, $W_1 \cap W_2$ も $\mathbb{R}^3$ の部分空間になることを示せ.

ここで, 集合 A, B に対して, その共通部分は,

$$A \cap B := \{x \mid x \in A \text{ かつ } x \in B\}$$

で定義する.

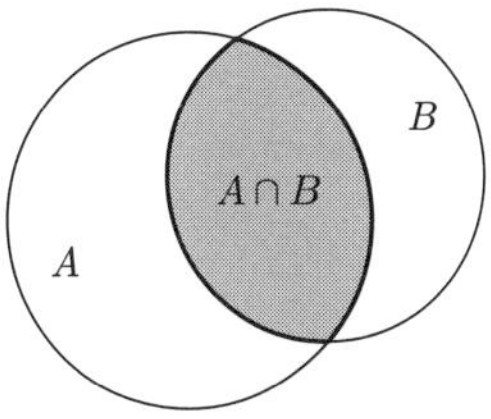

解答　$W_1 \cap W_2 = \left\{ \begin{pmatrix} x_1 \\ x_2 \\ x_3 \end{pmatrix} \middle| \ \begin{array}{rcrcrcl} 2x_1 & & & - & x_3 & = & 0 \\ 3x_1 & - & x_2 & + & x_3 & = & 0 \end{array} \right\}$ であることに注意して, $W_1 \cap W_2$ が定義 2.13 の (1), (2) を満たすことを確かめよう.

[定義 2.13 の (1)]：　$\boldsymbol{a} = \begin{pmatrix} a_1 \\ a_2 \\ a_3 \end{pmatrix} \in W_1 \cap W_2$, $\boldsymbol{b} = \begin{pmatrix} b_1 \\ b_2 \\ b_3 \end{pmatrix} \in W_1 \cap W_2$ とする. このとき $\boldsymbol{a} + \boldsymbol{b} \in W_1 \cap W_2$ を示せばよい. $\boldsymbol{a} + \boldsymbol{b} = \begin{pmatrix} p_1 \\ p_2 \\ p_3 \end{pmatrix}$ とおく. $2p_1 - p_3 = 0$ と $3p_1 - p_2 + p_3 = 0$ を証明すればよい. $p_i = a_i + b_i$ $(i = 1, 2, 3)$ であり, $\boldsymbol{a}, \boldsymbol{b} \in W_1 \cap W_2$ より $2a_1 - a_3 = 0$, $3a_1 - a_2 + a_3 = 0$, $2b_1 - b_3 = 0$, $3b_1 - b_2 + b_3 = 0$ が成り立つから

$$2p_1 - p_3 = 2(a_1 + b_1) - (a_3 + b_3) = (2a_1 - a_3) + (2b_1 - b_3) = 0 + 0 = 0,$$

$$\begin{aligned} 3p_1 - p_2 + p_3 &= 3(a_1 + b_1) - (a_2 + b_2) + (a_3 + b_3) = (3a_1 - a_2 + a_3) + (3b_1 - b_2 + b_3) \\ &= 0 + 0 = 0. \end{aligned}$$

よって，$\boldsymbol{a}+\boldsymbol{b}\in W_1\cap W_2$ である．

[定義 2.13 の (2)]：　$c\in\mathbb{R}$, $\boldsymbol{a}=\begin{pmatrix}a_1\\a_2\\a_3\end{pmatrix}\in W_1\cap W_2$ とする．このとき $c\boldsymbol{a}\in W_1\cap W_2$ を示せばよい．$c\boldsymbol{a}=\begin{pmatrix}q_1\\q_2\\q_3\end{pmatrix}$ とおく．$2q_1-q_3=0$ と $3q_1-q_2+q_3=0$ を証明すればよい．$q_i=ca_i$ $(i=1,2,3)$ であり，$\boldsymbol{a}\in W_1\cap W_2$ より $2a_1-a_3=0$, $3a_1-a_2+a_3=0$ が成り立つから

$$2q_1-q_3=2(ca_1)-(ca_3)=c(2a_1-a_3)=c\cdot 0=0,$$
$$3q_1-q_2+q_3=3(ca_1)-(ca_2)+(ca_3)=c(3a_1-a_2+a_3)=c\cdot 0=0.$$

よって，$c\boldsymbol{a}\in W_1\cap W_2$ である．以上より，$W_1\cap W_2$ は $\mathbb{R}^3$ の部分空間である．∎

例題 2.5　行列 $A\in M_3$ について，$W=\{\,\boldsymbol{x}\in\mathbb{R}^3 \mid A\boldsymbol{x}=2\boldsymbol{x}\,\}$ とする．W が $\mathbb{R}^3$ の部分空間であることを示せ．

解答　まず，W の定義から，$\forall\boldsymbol{x}\in W$ に対して，$\boldsymbol{x}\in\mathbb{R}^3$ が成り立つ．よって，$W\subset\mathbb{R}^3$ である．次に，$W\ni\forall\boldsymbol{x},\boldsymbol{y}$ に対して，定理 1.9 (2) より，

$$A(\boldsymbol{x}+\boldsymbol{y})=A\boldsymbol{x}+A\boldsymbol{y}$$

である．ここで，$\boldsymbol{x},\boldsymbol{y}\in W$ であるから，$A\boldsymbol{x}=2\boldsymbol{x}$ かつ $A\boldsymbol{y}=2\boldsymbol{y}$ でなければならない．したがって，

$$A(\boldsymbol{x}+\boldsymbol{y})=2\boldsymbol{x}+2\boldsymbol{y}=2(\boldsymbol{x}+\boldsymbol{y})$$

となる．ゆえに，$\boldsymbol{x}+\boldsymbol{y}\in W$ であることが示された．また，スカラー $c\in\mathbb{R}$ に対して，定理 1.9 (4) より，

$$A(c\boldsymbol{x})=c(A\boldsymbol{x})=c(2\boldsymbol{x})=2(c\boldsymbol{x})$$

であるから，$c\boldsymbol{x}\in W$ である．以上より，W は，$\mathbb{R}^3$ の部分空間である．∎

◆◆演習問題 § 2.2 ◆◆

1. 次の $\mathbb{R}^2$ の部分集合が, $\mathbb{R}^2$ の部分空間になっているか調べよ.

(1) $W_1 := \left\{ \begin{pmatrix} x_1 \\ x_2 \end{pmatrix} \;\middle|\; 4x_1 + 5x_2 = 0 \right\}$

(2) $W_2 := \left\{ \begin{pmatrix} x_1 \\ x_2 \end{pmatrix} \;\middle|\; 2x_1 + 3x_2 = 1 \right\}$

(3) $W_3 := \left\{ \begin{pmatrix} x_1 \\ x_2 \end{pmatrix} \;\middle|\; {x_1}^2 + {x_2}^2 = 9 \right\}$

(4) $W_4 := \left\{ \begin{pmatrix} x_1 \\ x_2 \end{pmatrix} \;\middle|\; x_1 x_2 = 7 \right\}$

(5) $W_5 := \left\{ \begin{pmatrix} x_1 \\ x_2 \end{pmatrix} \;\middle|\; \begin{matrix} x_1 + 3x_2 = 0 \\ 3x_1 - 5x_2 = 0 \end{matrix} \right\}$

2. 次の $\mathbb{R}^3$ の部分集合が, $\mathbb{R}^3$ の部分空間になっているか調べよ.

(1) $W_1 := \left\{ \begin{pmatrix} x_1 \\ x_2 \\ x_3 \end{pmatrix} \;\middle|\; x_1 + 5x_2 - 4x_3 = 0 \right\}$

(2) $W_2 := \left\{ \begin{pmatrix} x_1 \\ x_2 \\ x_3 \end{pmatrix} \;\middle|\; 3x_1 - x_2 + 2x_3 = 3 \right\}$

(3) $W_3 := \left\{ \begin{pmatrix} x_1 \\ x_2 \\ x_3 \end{pmatrix} \;\middle|\; x_1x_2 + x_2x_3 + x_3x_1 = 0 \right\}$

(4) $W_4 := \left\{ \begin{pmatrix} x_1 \\ x_2 \\ x_3 \end{pmatrix} \;\middle|\; \begin{matrix} 2x_1 + 4x_2 - 5x_3 = 0 \\ -3x_1 + 2x_2 - x_3 = 0 \end{matrix} \right\}$

(5) $W_5 := \left\{ \begin{pmatrix} x_1 \\ x_2 \\ x_3 \end{pmatrix} \;\middle|\; x_1x_2 + x_2x_3 + x_3x_1 = -\dfrac{{x_1}^2 + {x_2}^2 + {x_3}^2}{2} \right\}$

(6) $W_6 := \left\{ \begin{pmatrix} x_1 \\ x_2 \\ x_3 \end{pmatrix} \;\middle|\; x_1, x_2, x_3 \text{ は有理数} \right\}$

3. V は線形空間とし, W_1, W_2 は V の部分空間であるとする. このとき $W_1 \cap W_2$ も V の部分空間であることを証明せよ.

4. V は線形空間とし, W は V の部分空間であるとする. $\alpha \in \mathbb{R}$ とし, V の部分集合 αW を

$$\alpha W := \{\alpha \boldsymbol{w} \mid \boldsymbol{w} \in W\}$$

で定義する. このとき αW も V の部分空間であることを証明せよ.

◇演習問題の解答◇

1. (1)　$\boldsymbol{a}=\begin{pmatrix}a_1\\a_2\end{pmatrix}\in W_1$, $\boldsymbol{b}=\begin{pmatrix}b_1\\b_2\end{pmatrix}\in W_1$, $c\in\mathbb{R}$ とし, $\boldsymbol{a}+\boldsymbol{b}=\begin{pmatrix}p_1\\p_2\end{pmatrix}$, $c\boldsymbol{a}=\begin{pmatrix}q_1\\q_2\end{pmatrix}$ とおく. このとき

$$\begin{aligned}4p_1+5p_2 &= 4(a_1+b_1)+5(a_2+b_2)=(4a_1+5a_2)+(4b_1+5b_2)\\ &= 0+0 \quad (\boldsymbol{a}\in W_1,\ \boldsymbol{b}\in W_1 \text{ による})\\ &= 0,\\ 4q_1+5q_2 &= 4(ca_1)+5(ca_2)=c(4a_1+5a_2)=c\cdot 0 \quad (\boldsymbol{a}\in W_1 \text{ による})\\ &= 0\end{aligned}$$

が成り立つから $\boldsymbol{a}+\boldsymbol{b}\in W_1$, $c\boldsymbol{a}\in W_1$. よって W_1 は $\mathbb{R}^2$ の部分空間である.

(2)　たとえば $\boldsymbol{a}=\begin{pmatrix}-1\\1\end{pmatrix}$, $\boldsymbol{b}=\begin{pmatrix}-4\\3\end{pmatrix}$ とおくと, ($2\cdot(-1)+3\cdot1=1$, $2\cdot(-4)+3\cdot3=1$ より) $\boldsymbol{a},\boldsymbol{b}\in W_2$ であるが, $\boldsymbol{a}+\boldsymbol{b}=\begin{pmatrix}-5\\4\end{pmatrix}\notin W_2$ となる ($2\cdot(-5)+3\cdot4=2\neq1$) ので, W_2 は $\mathbb{R}^2$ の部分空間ではない.

(3)　たとえば $\boldsymbol{a}=\begin{pmatrix}3\\0\end{pmatrix}$, $c=2$ とおくと, ($3^2+0^2=9$ より) $\boldsymbol{a}\in W_3$ であるが, $c\boldsymbol{a}=\begin{pmatrix}6\\0\end{pmatrix}\notin W_3$ となる ($6^2+0^2=36\neq9$) ので, W_3 は $\mathbb{R}^2$ の部分空間ではない.

(4)　たとえば $\boldsymbol{a}=\begin{pmatrix}7\\1\end{pmatrix}$, $\boldsymbol{b}=\begin{pmatrix}1\\7\end{pmatrix}$ とおくと, ($7\cdot1=7$, $1\cdot7=7$ より) $\boldsymbol{a},\boldsymbol{b}\in W_4$ であるが, $\boldsymbol{a}+\boldsymbol{b}=\begin{pmatrix}8\\8\end{pmatrix}\notin W_4$ となる ($8\cdot8=64\neq7$) ので, W_4 は $\mathbb{R}^2$ の部分空間ではない.

(5)　$W_5=\left\{\begin{pmatrix}0\\0\end{pmatrix}\right\}$ であるから W_5 は $\mathbb{R}^2$ の部分空間である.

2. (1)　$\boldsymbol{a}=\begin{pmatrix}a_1\\a_2\\a_3\end{pmatrix}\in W_1$, $\boldsymbol{b}=\begin{pmatrix}b_1\\b_2\\b_3\end{pmatrix}\in W_1$, $c\in\mathbb{R}$ とし, $\boldsymbol{a}+\boldsymbol{b}=\begin{pmatrix}p_1\\p_2\\p_3\end{pmatrix}$, $c\boldsymbol{a}=\begin{pmatrix}q_1\\q_2\\q_3\end{pmatrix}$ とおく. このとき

$$\begin{aligned}p_1+5p_2-4p_3 &= (a_1+b_1)+5(a_2+b_2)-4(a_3+b_3)\\ &= (a_1+5a_2-4a_3)+(b_1+5b_2-4b_3)\\ &= 0+0 \quad (\boldsymbol{a}\in W_1,\ \boldsymbol{b}\in W_1 \text{ による})\\ &= 0,\\ q_1+5q_2-4q_3 &= (ca_1)+5(ca_2)-4(ca_3)=c(a_1+5a_2-4a_3)\\ &= c\cdot 0 \quad (\boldsymbol{a}\in W_1 \text{ による})\\ &= 0\end{aligned}$$

が成り立つから $\boldsymbol{a}+\boldsymbol{b}\in W_1$, $c\boldsymbol{a}\in W_1$. よって W_1 は $\mathbb{R}^3$ の部分空間である.

(2)　たとえば $\boldsymbol{a} = \begin{pmatrix} 1 \\ 0 \\ 0 \end{pmatrix}$, $c = 2$ とおくと, $(3 \cdot 1 - 0 + 2 \cdot 0 = 3$ より$)$ $\boldsymbol{a} \in W_2$ であるが,

$c\boldsymbol{a} = \begin{pmatrix} 2 \\ 0 \\ 0 \end{pmatrix} \notin W_2$ となる $(3 \cdot 2 - 0 + 2 \cdot 0 = 6 \neq 3)$ ので, W_2 は $\mathbb{R}^3$ の部分空間ではない.

(3)　たとえば $\boldsymbol{a} = \begin{pmatrix} 1 \\ 0 \\ 0 \end{pmatrix}$, $\boldsymbol{b} = \begin{pmatrix} 0 \\ 1 \\ 0 \end{pmatrix}$ とおくと, $(1 \cdot 0 + 0 \cdot 0 + 0 \cdot 1 = 0,\ 0 \cdot 1 + 1 \cdot 0 + 0 \cdot 0 = 0$

より$)$ $\boldsymbol{a}, \boldsymbol{b} \in W_3$ であるが, $\boldsymbol{a} + \boldsymbol{b} = \begin{pmatrix} 1 \\ 1 \\ 0 \end{pmatrix} \notin W_3$ となる $(1 \cdot 1 + 1 \cdot 0 + 0 \cdot 1 = 1 \neq 0)$ ので,

W_3 は $\mathbb{R}^3$ の部分空間ではない.

(4)　$\boldsymbol{a} = \begin{pmatrix} a_1 \\ a_2 \\ a_3 \end{pmatrix} \in W_4$, $\boldsymbol{b} = \begin{pmatrix} b_1 \\ b_2 \\ b_3 \end{pmatrix} \in W_4$, $c \in \mathbb{R}$ とし, $\boldsymbol{a} + \boldsymbol{b} = \begin{pmatrix} p_1 \\ p_2 \\ p_3 \end{pmatrix}$, $c\boldsymbol{a} = \begin{pmatrix} q_1 \\ q_2 \\ q_3 \end{pmatrix}$ と

おく. このとき

$$\begin{aligned} 2p_1 + 4p_2 - 5p_3 &= 2(a_1 + b_1) + 4(a_2 + b_2) - 5(a_3 + b_3) \\ &= (2a_1 + 4a_2 - 5a_3) + (2b_1 + 4b_2 - 5b_3) \\ &= 0 + 0 \quad (\boldsymbol{a} \in W_4,\ \boldsymbol{b} \in W_4\ \text{による}) \\ &= 0, \\ -3p_1 + 2p_2 - p_3 &= -3(a_1 + b_1) + 2(a_2 + b_2) - (a_3 + b_3) \\ &= (-3a_1 + 2a_2 - a_3) + (-3b_1 + 2b_2 - b_3) \\ &= 0 + 0 \quad (\boldsymbol{a} \in W_4,\ \boldsymbol{b} \in W_4\ \text{による}) \\ &= 0 \end{aligned}$$

が成り立つから $\boldsymbol{a} + \boldsymbol{b} \in W_4$ であり,

$$\begin{aligned} 2q_1 + 4q_2 - 5q_3 &= 2(ca_1) + 4(ca_2) - 5(ca_3) = c(2a_1 + 4a_2 - 5a_3) \\ &= c \cdot 0 \quad (\boldsymbol{a} \in W_4\ \text{による}) \\ &= 0, \\ -3q_1 + 2q_2 - q_3 &= -3(ca_1) + 2(ca_2) - (ca_3) = c(-3a_1 + 2a_2 - a_3) \\ &= c \cdot 0 \quad (\boldsymbol{a} \in W_4\ \text{による}) \\ &= 0 \end{aligned}$$

が成り立つから $c\boldsymbol{a} \in W_4$ である. したがって W_4 は $\mathbb{R}^3$ の部分空間である.

(5)　$x_1x_2 + x_2x_3 + x_3x_1 = -\dfrac{{x_1}^2 + {x_2}^2 + {x_3}^2}{2}$

$$\begin{aligned} &\Longleftrightarrow {x_1}^2 + {x_2}^2 + {x_3}^2 + 2(x_1x_2 + x_2x_3 + x_3x_1) = 0 \\ &\Longleftrightarrow (x_1 + x_2 + x_3)^2 = 0 \\ &\Longleftrightarrow x_1 + x_2 + x_3 = 0 \end{aligned}$$

より $W_5 = \left\{ \begin{pmatrix} x_1 \\ x_2 \\ x_3 \end{pmatrix} \;\middle|\; x_1 + x_2 + x_3 = 0 \right\}$ であることがわかる. あとは (1) と同様にして

W_5 が $\mathbb{R}^3$ の部分空間であることが確かめられる.

(6)　たとえば $\boldsymbol{a} = \begin{pmatrix} 1 \\ 1 \\ 1 \end{pmatrix}$, $c = \sqrt{2}$ とおくと, $\boldsymbol{a} \in W_6$ であるが, $c\boldsymbol{a} = \begin{pmatrix} \sqrt{2} \\ \sqrt{2} \\ \sqrt{2} \end{pmatrix} \notin W_6$ となるので, W_6 は $\mathbb{R}^3$ の部分空間ではない.

3. $\boldsymbol{a}, \boldsymbol{b} \in W_1 \cap W_2$ とし, $c \in \mathbb{R}$ とする. このとき $\boldsymbol{a} + \boldsymbol{b} \in W_1 \cap W_2$ と $c\boldsymbol{a} \in W_1 \cap W_2$ が成り立つことを示せばよい.

$\boldsymbol{a} + \boldsymbol{b} \in W_1 \cap W_2$ の証明：　$\boldsymbol{a}, \boldsymbol{b} \in W_1$ であることと W_1 が V の部分空間であることから $\boldsymbol{a} + \boldsymbol{b} \in W_1$ が成り立つ. 同様に $\boldsymbol{a}, \boldsymbol{b} \in W_2$ であることと W_2 が V の部分空間であることから $\boldsymbol{a} + \boldsymbol{b} \in W_2$ が得られる. したがって $\boldsymbol{a} + \boldsymbol{b} \in W_1 \cap W_2$.

$c\boldsymbol{a} \in W_1 \cap W_2$ の証明：　$\boldsymbol{a} \in W_1$ であることと W_1 が V の部分空間であることから $c\boldsymbol{a} \in W_1$ が成り立つ. 同様に $\boldsymbol{a} \in W_2$ であることと W_2 が V の部分空間であることから $c\boldsymbol{a} \in W_2$ が得られる. したがって $c\boldsymbol{a} \in W_1 \cap W_2$.

4. $\boldsymbol{a}, \boldsymbol{b} \in \alpha W$ とし, $c \in \mathbb{R}$ とする. このとき $\boldsymbol{a} + \boldsymbol{b} \in \alpha W$ と $c\boldsymbol{a} \in \alpha W$ が成り立つことを示せばよい.

$\boldsymbol{a} + \boldsymbol{b} \in \alpha W$ の証明：　$\boldsymbol{a} \in \alpha W$ より $\boldsymbol{a}$ は $\boldsymbol{a} = \alpha\boldsymbol{w}_1$ $(\boldsymbol{w}_1 \in W)$ と表すことができ, 同様に $\boldsymbol{b} \in \alpha W$ より $\boldsymbol{b}$ は $\boldsymbol{b} = \alpha\boldsymbol{w}_2$ $(\boldsymbol{w}_2 \in W)$ と表すことができる. よって

$$\boldsymbol{a} + \boldsymbol{b} = \alpha\boldsymbol{w}_1 + \alpha\boldsymbol{w}_2 = \alpha(\boldsymbol{w}_1 + \boldsymbol{w}_2).$$

W は V の部分空間であり, $\boldsymbol{w}_1, \boldsymbol{w}_2 \in W$ であるから, $\boldsymbol{w}_1 + \boldsymbol{w}_2 \in W$. よって $\alpha(\boldsymbol{w}_1 + \boldsymbol{w}_2) \in \alpha W$. したがって上式より $\boldsymbol{a} + \boldsymbol{b} \in \alpha W$.

$c\boldsymbol{a} \in \alpha W$ の証明：　$\boldsymbol{a} \in \alpha W$ より $\boldsymbol{a}$ は $\boldsymbol{a} = \alpha\boldsymbol{w}$ $(\boldsymbol{w} \in W)$ と表すことができる. よって

$$c\boldsymbol{a} = c(\alpha\boldsymbol{w}) = (c\alpha)\boldsymbol{w} = (\alpha c)\boldsymbol{w} = \alpha(c\boldsymbol{w}).$$

W は V の部分空間であり, $\boldsymbol{w} \in W$ であるから, $c\boldsymbol{w} \in W$. よって $\alpha(c\boldsymbol{w}) \in \alpha W$. したがって上式より $c\boldsymbol{a} \in \alpha W$.

§ 2.3　ベクトルの 1 次独立と 1 次従属

解説　線形空間のベクトルの 1 次結合, 1 次独立の判定などの演習を行う準備をする.

1 次結合と 1 次独立

定義 2.14　V を線形空間とするとき, $\boldsymbol{a}_1, \boldsymbol{a}_2, \ldots, \boldsymbol{a}_r \in V$ と, $c_1, c_2, \ldots, c_r \in \mathbb{R}$ に対して,

$$c_1\boldsymbol{a}_1 + c_2\boldsymbol{a}_2 + \cdots + c_r\boldsymbol{a}_r$$

を $\boldsymbol{a}_1, \boldsymbol{a}_2, \ldots, \boldsymbol{a}_r$ の **1 次結合**という. $\boldsymbol{a}_1, \boldsymbol{a}_2, \ldots, \boldsymbol{a}_r$ の 1 次結合全体の集合を $\langle \boldsymbol{a}_1, \boldsymbol{a}_2, \ldots, \boldsymbol{a}_r \rangle$ で表す. すなわち,

$$\langle \boldsymbol{a}_1, \boldsymbol{a}_2, \ldots, \boldsymbol{a}_r \rangle := \{c_1\boldsymbol{a}_1 + c_2\boldsymbol{a}_2 + \cdots + c_r\boldsymbol{a}_r \mid c_1, c_2, \ldots, c_r \in \mathbb{R}\}.$$

$\langle \boldsymbol{a}_1, \boldsymbol{a}_2, \ldots, \boldsymbol{a}_r \rangle$ は V の部分空間となることから, $\boldsymbol{a}_1, \boldsymbol{a}_2, \ldots, \boldsymbol{a}_r$ が**生成**(せいせい)**する部分空間**, または, $\boldsymbol{a}_1, \boldsymbol{a}_2, \ldots, \boldsymbol{a}_r$ で**張**(は)**られる部分空間**という.

1 次結合がちょうど $\boldsymbol{o}$ になる場合のスカラーの状態によって, ベクトルの特徴付けを行うために次のように定義をする.

定義 2.15　V を線形空間とする. $\boldsymbol{a}_1, \boldsymbol{a}_2, \ldots, \boldsymbol{a}_r \in V$ の 1 次結合に対して,

$$c_1\boldsymbol{a}_1 + c_2\boldsymbol{a}_2 + \cdots + c_r\boldsymbol{a}_r = \boldsymbol{o} \ (c_i \in \mathbb{R}) \Longrightarrow c_1 = c_2 = \cdots = c_r = 0$$

が成り立つとき, $\boldsymbol{a}_1, \boldsymbol{a}_2, \ldots, \boldsymbol{a}_r$ は **1 次独立**(どくりつ)であるという. また, 1 次独立でないとき, すなわち,

$$c_1\boldsymbol{a}_1 + c_2\boldsymbol{a}_2 + \cdots + c_r\boldsymbol{a}_r = \boldsymbol{o} \text{ かつ } (c_1, c_2, \ldots, c_r) \neq (0, 0, \ldots, 0)$$

となる $c_1, c_2, \ldots, c_r \in \mathbb{R}$ が少なくとも 1 組存在するとき, $\boldsymbol{a}_1, \boldsymbol{a}_2, \ldots, \boldsymbol{a}_r$ は **1 次従属**(じゅうぞく)であるという.

同次連立方程式による 1 次独立性の判定　$V = \mathbb{R}^n$ で考える. 与えられたベクトルが 1 次独立かどうかを調べるために § 1.13 で学んだ同次連立方程式を使うことができる.

1 次従属と 1 次結合　線形空間のベクトルたちが 1 次従属の場合, 次の定理のような性質がある.

定理 2.2　$V \ni \boldsymbol{a}_1, \boldsymbol{a}_2, \ldots, \boldsymbol{a}_m, \boldsymbol{b}$ について, $\boldsymbol{a}_1, \boldsymbol{a}_2, \ldots, \boldsymbol{a}_m$ が 1 次独立で, $\boldsymbol{a}_1, \boldsymbol{a}_2, \ldots, \boldsymbol{a}_m, \boldsymbol{b}$ が 1 次従属であるならば, $\boldsymbol{b} \in \langle \boldsymbol{a}_1, \boldsymbol{a}_2, \ldots, \boldsymbol{a}_m \rangle$ が成り立つ.

例題 2.6　$\mathbb{R}^3 \ni \boldsymbol{a}_1 = \begin{pmatrix} -4 \\ -2 \\ -1 \end{pmatrix}, \boldsymbol{a}_2 = \begin{pmatrix} 2 \\ -1 \\ 1 \end{pmatrix}, \boldsymbol{a}_3 = \begin{pmatrix} 1 \\ -3 \\ 1 \end{pmatrix}, \boldsymbol{a}_4 = \begin{pmatrix} -4 \\ 2 \\ -2 \end{pmatrix}$ とするとき, $\boldsymbol{a}_1$, $\boldsymbol{a}_2$, $\boldsymbol{a}_3$ が 1 次独立で, $\boldsymbol{a}_1$, $\boldsymbol{a}_2$, $\boldsymbol{a}_4$ が 1 次従属であることを示せ.

解答

$$(\ \boldsymbol{a}_1\ \ \boldsymbol{a}_2\ \ \boldsymbol{a}_3\ ) = \begin{pmatrix} -4 & 2 & 1 \\ -2 & -1 & -3 \\ -1 & 1 & 1 \end{pmatrix} \longrightarrow \begin{pmatrix} -1 & 1 & 1 \\ -2 & -1 & -3 \\ -4 & 2 & 1 \end{pmatrix} \begin{matrix} \\ \times(-2) \\ \times(-4) \end{matrix}$$

$$\longrightarrow \begin{pmatrix} -1 & 1 & 1 \\ 0 & -3 & -5 \\ 0 & -2 & -3 \end{pmatrix}_{\times(-2)} \longrightarrow \begin{pmatrix} -1 & 1 & 1 \\ 0 & 1 & 1 \\ 0 & -2 & -3 \end{pmatrix}_{\times 2} \longrightarrow \begin{pmatrix} -1 & 1 & 1 \\ 0 & 1 & 1 \\ 0 & 0 & -1 \end{pmatrix}$$

よって $\mathrm{rank}\,(\boldsymbol{a}_1\ \boldsymbol{a}_2\ \boldsymbol{a}_3) = 3$ となり, 同次連立 1 次方程式

$$\begin{cases} -4x_1 + 2x_2 + x_3 = 0 \\ -2x_1 - x_2 - 3x_3 = 0 \\ -x_1 + x_2 + x_3 = 0 \end{cases}$$

は自明な解しかもたない. したがって $\boldsymbol{a}_1, \boldsymbol{a}_2, \boldsymbol{a}_3$ は 1 次独立である.

$$(\ \boldsymbol{a}_1\ \ \boldsymbol{a}_2\ \ \boldsymbol{a}_4\ ) = \begin{pmatrix} -4 & 2 & -4 \\ -2 & -1 & 2 \\ -1 & 1 & -2 \end{pmatrix} \longrightarrow \begin{pmatrix} -1 & 1 & -2 \\ -2 & -1 & 2 \\ -4 & 2 & -4 \end{pmatrix} \begin{matrix} \\ \times(-2) \\ \times(-4) \end{matrix}$$

$$\longrightarrow \begin{pmatrix} -1 & 1 & -2 \\ 0 & -3 & 6 \\ 0 & -2 & 4 \end{pmatrix}_{\times(-2)} \longrightarrow \begin{pmatrix} -1 & 1 & -2 \\ 0 & 1 & -2 \\ 0 & -2 & 4 \end{pmatrix}_{\times 2} \longrightarrow \begin{pmatrix} -1 & 1 & -2 \\ 0 & 1 & -2 \\ 0 & 0 & 0 \end{pmatrix}$$

よって $\mathrm{rank}\,(\boldsymbol{a}_1\ \boldsymbol{a}_2\ \boldsymbol{a}_4) = 2$ となり, 同次連立 1 次方程式

$$\begin{cases} -4x_1 + 2x_2 - 4x_3 = 0 \\ -2x_1 - x_2 + 2x_3 = 0 \\ -x_1 + x_2 - 2x_3 = 0 \end{cases}$$

は自明でない解をもつ. したがって $\boldsymbol{a}_1, \boldsymbol{a}_2, \boldsymbol{a}_4$ は 1 次従属である. ∎

例題 2.7　1 次独立な 3 つのベクトル $\boldsymbol{a}_1 = \begin{pmatrix} -4 \\ 5 \\ -3 \end{pmatrix}, \boldsymbol{a}_2 = \begin{pmatrix} -1 \\ 1 \\ -1 \end{pmatrix}, \boldsymbol{a}_3 = \begin{pmatrix} 1 \\ -2 \\ 1 \end{pmatrix} \in \mathbb{R}^3$ と $\boldsymbol{b} = \begin{pmatrix} -5 \\ 6 \\ -4 \end{pmatrix} \in \mathbb{R}^3$ が 1 次従属であることを示し, $\boldsymbol{b}$ を $\boldsymbol{a}_1, \boldsymbol{a}_2, \boldsymbol{a}_3$ の 1 次結合で表せ.

解答

$$(\ \boldsymbol{a}_1\ \ \boldsymbol{a}_2\ \ \boldsymbol{a}_3\ \ \boldsymbol{b}\ ) = \begin{pmatrix} -4 & -1 & 1 & -5 \\ 5 & 1 & -2 & 6 \\ -3 & -1 & 1 & -4 \end{pmatrix}^{\times 1} \longrightarrow {}^{\times 3}\begin{pmatrix} 1 & 0 & -1 & 1 \\ 5 & 1 & -2 & 6 \\ -3 & -1 & 1 & -4 \end{pmatrix}^{\times(-5)}$$

$$\longrightarrow \begin{pmatrix} 1 & 0 & -1 & 1 \\ 0 & 1 & 3 & 1 \\ 0 & -1 & -2 & -1 \end{pmatrix}_{\times 1} \longrightarrow {}^{\times 1}\begin{pmatrix} 1 & 0 & -1 & 1 \\ 0 & 1 & 3 & 1 \\ 0 & 0 & 1 & 0 \end{pmatrix}_{\times(-3)} \longrightarrow \begin{pmatrix} 1 & 0 & 0 & 1 \\ 0 & 1 & 0 & 1 \\ 0 & 0 & 1 & 0 \end{pmatrix}.$$

よって $\mathrm{rank}\,(\boldsymbol{a}_1\ \boldsymbol{a}_2\ \boldsymbol{a}_3\ \boldsymbol{b}) = 3$ となり，同次連立 1 次方程式

$$(\bigstar\bigstar)\cdots\left\{\begin{array}{rcrcrcrcl} -4x_1 & - & x_2 & + & x_3 & - & 5x_4 & = & 0 \\ 5x_1 & + & x_2 & - & 2x_3 & + & 6x_4 & = & 0 \\ -3x_1 & - & x_2 & + & x_3 & - & 4x_4 & = & 0 \end{array}\right.$$

は自明でない解をもつ．したがって $\boldsymbol{a}_1, \boldsymbol{a}_2, \boldsymbol{a}_3, \boldsymbol{b}$ は 1 次従属である．連立 1 次方程式 $(\bigstar\bigstar)$ は

$$\left\{\begin{array}{ccccl} x_1 & & & + x_4 & = 0 \quad \cdots \quad \text{(i)} \\ & x_2 & & + x_4 & = 0 \quad \cdots \quad \text{(ii)} \\ & & x_3 & & = 0 \quad \cdots \quad \text{(iii)} \end{array}\right.$$

と同値である．(iii) より $x_3 = 0$ であり，解の自由度は 1 であるから，$x_4 = c$ とおけば，(i), (ii) より $x_1 = -c,\ x_2 = -c$ が得られるので，$(\bigstar\bigstar)$ の解は

$$\begin{pmatrix} x_1 \\ x_2 \\ x_3 \\ x_4 \end{pmatrix} = \begin{pmatrix} -c \\ -c \\ 0 \\ c \end{pmatrix} = c\begin{pmatrix} -1 \\ -1 \\ 0 \\ 1 \end{pmatrix} \quad [c：任意定数]$$

で与えられる．よって $-c\boldsymbol{a}_1 - c\boldsymbol{a}_2 + c\boldsymbol{b} = \boldsymbol{o}$ が任意の c に対して成り立ち，特に $c = 1$ とすれば $-\boldsymbol{a}_1 - \boldsymbol{a}_2 + \boldsymbol{b} = \boldsymbol{o}$．したがって $\boldsymbol{b}$ を $\boldsymbol{a}_1, \boldsymbol{a}_2, \boldsymbol{a}_3$ の 1 次結合として表すと

$$\boldsymbol{b} = \boldsymbol{a}_1 + \boldsymbol{a}_2 \quad (= \boldsymbol{a}_1 + \boldsymbol{a}_2 + 0\boldsymbol{a}_3)$$

となる． ∎

例題 2.8　$\boldsymbol{a}_1 = \begin{pmatrix} 5 \\ -2 \\ 3 \end{pmatrix},\ \boldsymbol{a}_2 = \begin{pmatrix} -3 \\ 2 \\ 1 \end{pmatrix}$ とするとき，次のベクトルが $\langle \boldsymbol{a}_1, \boldsymbol{a}_2 \rangle$ に属するベクトルであることを示せ．

(1) $\begin{pmatrix} 5 \\ 2 \\ 17 \end{pmatrix}$　　　　(2) $\begin{pmatrix} 0 \\ 4 \\ 14 \end{pmatrix}$

解答　(1)　$x\boldsymbol{a}_1 + y\boldsymbol{a}_2 = \begin{pmatrix} 5 \\ 2 \\ 17 \end{pmatrix}$ が x, y について解ければよい．この方程式は

$$\left\{\begin{array}{rcrcr} 5x & - & 3y & = & 5 \\ -2x & + & 2y & = & 2 \\ 3x & + & y & = & 17 \end{array}\right.$$

と同値である．

$$\left(\begin{array}{rr:r} 5 & -3 & 5 \\ -2 & 2 & 2 \\ 3 & 1 & 17 \end{array}\right)\times\tfrac{1}{2} \longrightarrow \left(\begin{array}{rr:r} 5 & -3 & 5 \\ -1 & 1 & 1 \\ 3 & 1 & 17 \end{array}\right) \longrightarrow \left(\begin{array}{rr:r} -1 & 1 & 1 \\ 5 & -3 & 5 \\ 3 & 1 & 17 \end{array}\right)\begin{array}{l} \\ \times 5 \\ \times 3 \end{array}$$

$$\longrightarrow \left(\begin{array}{rr:r} -1 & 1 & 1 \\ 0 & 2 & 10 \\ 0 & 4 & 20 \end{array}\right)\times(-2) \longrightarrow \left(\begin{array}{rr:r} -1 & 1 & 1 \\ 0 & 2 & 10 \\ 0 & 0 & 0 \end{array}\right).$$

よって方程式は $\begin{cases} -x + y = 1 \\ 2y = 10 \end{cases}$ となり，これを解いて $(x,y)=(4,5)$．したがって $\begin{pmatrix} 5 \\ 2 \\ 17 \end{pmatrix} = 4\boldsymbol{a}_1 + 5\boldsymbol{a}_2$．

(2)　$x\boldsymbol{a}_1 + y\boldsymbol{a}_2 = \begin{pmatrix} 0 \\ 4 \\ 14 \end{pmatrix}$ が x, y について解ければよい．この方程式は

$$\begin{cases} 5x - 3y = 0 \\ -2x + 2y = 4 \\ 3x + y = 14 \end{cases}$$

と同値である．

$$\left(\begin{array}{cc|c} 5 & -3 & 0 \\ -2 & 2 & 4 \\ 3 & 1 & 14 \end{array}\right) \times \frac{1}{2} \longrightarrow \left(\begin{array}{cc|c} 5 & -3 & 0 \\ -1 & 1 & 2 \\ 3 & 1 & 14 \end{array}\right) \longrightarrow \left(\begin{array}{cc|c} -1 & 1 & 2 \\ 5 & -3 & 0 \\ 3 & 1 & 14 \end{array}\right) \begin{matrix} \\ \times 5 \\ \times 3 \end{matrix}$$

$$\longrightarrow \left(\begin{array}{cc|c} -1 & 1 & 2 \\ 0 & 2 & 10 \\ 0 & 4 & 20 \end{array}\right) \times(-2) \longrightarrow \left(\begin{array}{cc|c} -1 & 1 & 2 \\ 0 & 2 & 10 \\ 0 & 0 & 0 \end{array}\right).$$

よって方程式は $\begin{cases} -x + y = 2 \\ 2y = 10 \end{cases}$ となり，これを解いて $(x,y)=(3,5)$．したがって $\begin{pmatrix} 0 \\ 4 \\ 14 \end{pmatrix} = 3\boldsymbol{a}_1 + 5\boldsymbol{a}_2$． ∎

例題 2.9　ベクトル $\boldsymbol{a} = \begin{pmatrix} 1 \\ 2 \\ -1 \end{pmatrix}$，$\boldsymbol{b} = \begin{pmatrix} 2 \\ 2 \\ 1 \end{pmatrix}$，$\boldsymbol{c} = \begin{pmatrix} 3 \\ -2 \\ x \end{pmatrix}$ に対し，以下の問に答えよ．

(1)　$\boldsymbol{a}, \boldsymbol{b}, \boldsymbol{c}$ が 1 次従属となる x を求めよ．

(2)　(1) の x に対し，$\boldsymbol{c}$ を $\boldsymbol{a}$ と $\boldsymbol{b}$ の 1 次結合で表せ．

解答

(1)　$\boldsymbol{a}, \boldsymbol{b}, \boldsymbol{c}$ が 1 次従属であるから，スカラー $d_1, d_2, d_3 \in \mathbb{R}$ に対して，

$$d_1\boldsymbol{a} + d_2\boldsymbol{b} + d_3\boldsymbol{c} = \boldsymbol{o}$$

となるとき，d_1, d_2, d_3 のうち，少くとも 1 つ $d_i \neq 0$ となる i $(i = 1, 2, 3)$ が存在する．このことは，$A = (\boldsymbol{a}\ \boldsymbol{b}\ \boldsymbol{c})$ とおくとき，未知数 $\boldsymbol{d} = \begin{pmatrix} d_1 \\ d_2 \\ d_3 \end{pmatrix}$ についての同次連立方程式 $A\boldsymbol{d} = \boldsymbol{o}$ が自明でない解 $\boldsymbol{d} \neq \boldsymbol{o}$ をもつことと同値である．よって，定理 1.32 より，$\mathrm{rank}\, A < 3$ となるような x を決定すればよい．そこで，A を行基本変形で階段行列に変形すると，

$$A = \begin{pmatrix} 1 & 2 & 3 \\ 2 & 2 & -2 \\ -1 & 1 & x \end{pmatrix} \longrightarrow \begin{pmatrix} 1 & 2 & 3 \\ 0 & -2 & -8 \\ 0 & 3 & x+3 \end{pmatrix} \times\left(-\frac{1}{2}\right)$$

$$\longrightarrow \begin{pmatrix} 1 & 2 & 3 \\ 0 & 1 & 4 \\ 0 & 3 & x+3 \end{pmatrix} \longrightarrow \begin{pmatrix} 1 & 2 & 3 \\ 0 & 1 & 4 \\ 0 & 0 & x-9 \end{pmatrix}$$

となる．よって，$\operatorname{rank} A < 3$ となるためには，$x - 9 = 0$ でなければならないから，$x = 9$ である．

✎ あるいは，A が正方行列であるから，定理 1.33 より，$|A| = 0$ となるような x を決定してもよい．実際，

$$|A| = \begin{vmatrix} 1 & 2 & 3 \\ 2 & 2 & -2 \\ -1 & 1 & x \end{vmatrix} = \begin{vmatrix} 1 & 2 & 3 \\ 0 & -2 & -8 \\ 0 & 3 & x+3 \end{vmatrix} \overset{\text{共通因子}}{=} -2\begin{vmatrix} 1 & 2 & 3 \\ 0 & 1 & 4 \\ 0 & 3 & x+3 \end{vmatrix}$$

$$= -2\begin{vmatrix} 1 & 2 & 3 \\ 0 & 1 & 4 \\ 0 & 0 & x-9 \end{vmatrix} = -2(x-9).$$

よって，$|A| = -2(x-9) = 0$ より同じように $x = 9$ を得る．

(2)　(1) において，$x = 9$ のときの，$A\boldsymbol{d} = \boldsymbol{o}$ を解けばよい．(1) の A の行基本変形より，

$$A \longrightarrow \begin{pmatrix} 1 & 2 & 3 \\ 0 & 1 & 4 \\ 0 & 0 & 0 \end{pmatrix} \longrightarrow \begin{pmatrix} 1 & 0 & -5 \\ 0 & 1 & 4 \\ 0 & 0 & 0 \end{pmatrix}$$

であるから，$A\boldsymbol{d} = \boldsymbol{o}$ は，解の自由度が $3 - \operatorname{rank} A = 3 - 2 = 1$ の自明でない解 $\boldsymbol{d} \neq \boldsymbol{o}$ をもつ．そこで，

$$\begin{cases} d_1 - 5d_3 = 0 \\ d_2 + 4d_3 = 0 \end{cases}$$

において，$d_3 = k$ とおくと，$d_1 = 5k$, $d_2 = -4k$ を得る．したがって，$A\boldsymbol{d} = \boldsymbol{o}$ の自明でない解 $\boldsymbol{d}$ は，

$$\boldsymbol{d} = k\begin{pmatrix} 5 \\ -4 \\ 1 \end{pmatrix} \quad [k \neq 0 : \text{任意定数}]$$

のようになる．よって，$d_1\boldsymbol{a} + d_2\boldsymbol{b} + d_3\boldsymbol{c} = \boldsymbol{o}$ に $\boldsymbol{d}$ を代入すると，$5k\boldsymbol{a} - 4k\boldsymbol{b} + k\boldsymbol{c} = 0$ であるから，$k\boldsymbol{c} = -5k\boldsymbol{a} + 4k\boldsymbol{b}$　$[k \neq 0 : \text{任意定数}]$．ここで，$k \neq 0$ であるから，

$$\boldsymbol{c} = -5\boldsymbol{a} + 4\boldsymbol{b}$$

のように $\boldsymbol{c}$ を $\boldsymbol{a}$ と $\boldsymbol{b}$ の 1 次結合で表すことができる．　▮

◆◆演習問題 § 2.3 ◆◆

1. 次のベクトルにおいて, $\boldsymbol{a}_1$, $\boldsymbol{a}_2$ が1次独立であることと $\boldsymbol{a}_1$, $\boldsymbol{a}_2$, $\boldsymbol{b}$ が1次従属であることを示し, $\boldsymbol{b}$ を $\boldsymbol{a}_1$, $\boldsymbol{a}_2$ の1次結合で表せ.

(1) $\boldsymbol{a}_1 = \begin{pmatrix} 3 \\ 4 \\ 8 \end{pmatrix}$, $\boldsymbol{a}_2 = \begin{pmatrix} 7 \\ 3 \\ 1 \end{pmatrix}$, $\boldsymbol{b} = \begin{pmatrix} -13 \\ 8 \\ 36 \end{pmatrix}$

(2) $\boldsymbol{a}_1 = \begin{pmatrix} 8 \\ -4 \\ 6 \end{pmatrix}$, $\boldsymbol{a}_2 = \begin{pmatrix} -6 \\ 12 \\ 9 \end{pmatrix}$, $\boldsymbol{b} = \begin{pmatrix} 6 \\ -6 \\ 0 \end{pmatrix}$

(3) $\boldsymbol{a}_1 = \begin{pmatrix} 1 \\ 2 \\ 3 \\ 4 \end{pmatrix}$, $\boldsymbol{a}_2 = \begin{pmatrix} -4 \\ 2 \\ -6 \\ 6 \end{pmatrix}$, $\boldsymbol{b} = \begin{pmatrix} -5 \\ -5 \\ -12 \\ -9 \end{pmatrix}$

2. 次のベクトルにおいて, $\boldsymbol{a}_1$, $\boldsymbol{a}_2$ が1次独立で $\boldsymbol{a}_1$, $\boldsymbol{a}_2$, $\boldsymbol{b}$ が1次従属となるように a の値を定めよ. またそのとき, $\boldsymbol{b}$ を $\boldsymbol{a}_1$, $\boldsymbol{a}_2$ の1次結合で表せ.

(1) $\begin{pmatrix} 1 \\ 2 \\ a-3 \end{pmatrix}$, $\begin{pmatrix} -2 \\ a-7 \\ -2a+6 \end{pmatrix}$, $\begin{pmatrix} -1 \\ 1 \\ 1 \end{pmatrix}$　　(2) $\begin{pmatrix} 1 \\ 1 \\ a^2 \end{pmatrix}$, $\begin{pmatrix} 2 \\ a \\ 2a^2 \end{pmatrix}$, $\begin{pmatrix} -1 \\ 1 \\ -5a+6 \end{pmatrix}$

(3) $\begin{pmatrix} 1 \\ 9 \\ -a \\ -a+11 \end{pmatrix}$, $\begin{pmatrix} a \\ a^2+20 \\ -a^2 \\ 2a+20 \end{pmatrix}$, $\begin{pmatrix} a+1 \\ 11a+9 \\ -7a+5 \\ 6a+16 \end{pmatrix}$

◇演習問題の解答◇

1. (1) $\begin{pmatrix} \boldsymbol{a}_1 & \boldsymbol{a}_2 \end{pmatrix} = \begin{pmatrix} 3 & 7 \\ 4 & 3 \\ 8 & 1 \end{pmatrix} \xrightarrow{\times(-1),\ \times(-2)} \begin{pmatrix} -1 & 4 \\ 4 & 3 \\ 0 & -5 \end{pmatrix} \xrightarrow{\times 4} \begin{pmatrix} -1 & 4 \\ 0 & 19 \\ 0 & -5 \end{pmatrix} \xrightarrow{\times 4}$

$$\longrightarrow \begin{pmatrix} -1 & 4 \\ 0 & -1 \\ 0 & -5 \end{pmatrix} \xrightarrow{\times(-5)} \begin{pmatrix} -1 & 4 \\ 0 & -1 \\ 0 & 0 \end{pmatrix}.$$

よって $\operatorname{rank}(\boldsymbol{a}_1\ \boldsymbol{a}_2) = 2$ となり, 同次連立 1 次方程式

$$\begin{cases} 3x_1 + 7x_2 = 0 \\ 4x_1 + 3x_2 = 0 \\ 8x_1 + x_2 = 0 \end{cases}$$

は自明な解しかもたない. したがって $\boldsymbol{a}_1, \boldsymbol{a}_2$ は 1 次独立である. また, 上と同じ行基本変形で

$$\begin{pmatrix} \boldsymbol{a}_1 & \boldsymbol{a}_2 & \boldsymbol{b} \end{pmatrix} = \begin{pmatrix} 3 & 7 & -13 \\ 4 & 3 & 8 \\ 8 & 1 & 36 \end{pmatrix} \xrightarrow{\times(-1),\ \times(-2)} \begin{pmatrix} -1 & 4 & -21 \\ 4 & 3 & 8 \\ 0 & -5 & 20 \end{pmatrix} \xrightarrow{\times 4}$$

$$\longrightarrow \begin{pmatrix} -1 & 4 & -21 \\ 0 & 19 & -76 \\ 0 & -5 & 20 \end{pmatrix} \xrightarrow{\times 4} \begin{pmatrix} -1 & 4 & -21 \\ 0 & -1 & 4 \\ 0 & -5 & 20 \end{pmatrix} \xrightarrow{\times(-5)}$$

$$\longrightarrow \begin{pmatrix} -1 & 4 & -21 \\ 0 & -1 & 4 \\ 0 & 0 & 0 \end{pmatrix}.$$

が得られる. よって $\operatorname{rank}(\boldsymbol{a}_1\ \boldsymbol{a}_2\ \boldsymbol{b}) = 2 < 3$ となり, 同次連立 1 次方程式

$$(\bigstar\bigstar)\cdots \begin{cases} 3x_1 + 7x_2 - 13x_3 = 0 \\ 4x_1 + 3x_2 + 8x_3 = 0 \\ 8x_1 + x_2 + 36x_3 = 0 \end{cases}$$

は自明でない解をもつ. したがって $\boldsymbol{a}_1, \boldsymbol{a}_2, \boldsymbol{b}$ は 1 次従属である. 連立 1 次方程式 $(\bigstar\bigstar)$ は

$$\begin{cases} -x_1 + 4x_2 - 21x_3 = 0 & \cdots \quad \text{(i)} \\ \qquad\quad -x_2 + 4x_3 = 0 & \cdots \quad \text{(ii)} \end{cases}$$

と同値である. 解の自由度は 1 であるから, $x_3 = c$ とおけば, (ii) より $x_2 = 4x_3 = 4c$. よって (i) より $x_1 = 4x_2 - 21x_3 = 4 \cdot 4c - 21c = -5c$. したがって $(\bigstar\bigstar)$ の解は

$$\begin{pmatrix} x_1 \\ x_2 \\ x_3 \end{pmatrix} = \begin{pmatrix} -5c \\ 4c \\ c \end{pmatrix} = c \begin{pmatrix} -5 \\ 4 \\ 1 \end{pmatrix} \qquad [c:\text{ 任意定数}]$$

で与えられる. よって $-5c\boldsymbol{a}_1 + 4c\boldsymbol{a}_2 + c\boldsymbol{b} = \boldsymbol{o}$ が任意の c に対して成り立ち, 特に $c = 1$ とすれば $-5\boldsymbol{a}_1 + 4\boldsymbol{a}_2 + \boldsymbol{b} = \boldsymbol{o}$. したがって $\boldsymbol{b}$ を $\boldsymbol{a}_1, \boldsymbol{a}_2$ の 1 次結合として表すと

$$\boldsymbol{b} = 5\boldsymbol{a}_1 - 4\boldsymbol{a}_2$$

となる.

(2) $\begin{pmatrix} \boldsymbol{a}_1 & \boldsymbol{a}_2 \end{pmatrix} = \begin{pmatrix} 8 & -6 \\ -4 & 12 \\ 6 & 9 \end{pmatrix} \begin{matrix} \times\frac{1}{2} \\ \times\frac{1}{2} \\ \times\frac{1}{3} \end{matrix} \longrightarrow \begin{pmatrix} 4 & -3 \\ -2 & 6 \\ 2 & 3 \end{pmatrix} \longrightarrow \begin{pmatrix} 2 & 3 \\ -2 & 6 \\ 4 & -3 \end{pmatrix} \begin{matrix} \\ \times 1 \\ \times(-2) \end{matrix}$

$$\longrightarrow \begin{pmatrix} 2 & 3 \\ 0 & 9 \\ 0 & -9 \end{pmatrix} \times 1 \longrightarrow \begin{pmatrix} 2 & 3 \\ 0 & 9 \\ 0 & 0 \end{pmatrix}.$$

よって $\operatorname{rank}(\boldsymbol{a}_1\ \boldsymbol{a}_2) = 2$ となり, 同次連立 1 次方程式

$$\begin{cases} 8x_1 - 6x_2 = 0 \\ -4x_1 + 12x_2 = 0 \\ 6x_1 + 9x_2 = 0 \end{cases}$$

は自明な解しかもたない. したがって $\boldsymbol{a}_1, \boldsymbol{a}_2$ は 1 次独立である. また, 上と同じ行基本変形で

$$\begin{pmatrix} \boldsymbol{a}_1 & \boldsymbol{a}_2 & \boldsymbol{b} \end{pmatrix} = \begin{pmatrix} 8 & -6 & 6 \\ -4 & 12 & -6 \\ 6 & 9 & 0 \end{pmatrix} \begin{matrix} \times\frac{1}{2} \\ \times\frac{1}{2} \\ \times\frac{1}{3} \end{matrix} \longrightarrow \begin{pmatrix} 4 & -3 & 3 \\ -2 & 6 & -3 \\ 2 & 3 & 0 \end{pmatrix}$$

$$\longrightarrow \begin{pmatrix} 2 & 3 & 0 \\ -2 & 6 & -3 \\ 4 & -3 & 3 \end{pmatrix} \begin{matrix} \\ \times 1 \\ \times(-2) \end{matrix} \longrightarrow \begin{pmatrix} 2 & 3 & 0 \\ 0 & 9 & -3 \\ 0 & -9 & 3 \end{pmatrix} \times 1 \longrightarrow \begin{pmatrix} 2 & 3 & 0 \\ 0 & 9 & -3 \\ 0 & 0 & 0 \end{pmatrix}.$$

が得られる. よって $\operatorname{rank}(\boldsymbol{a}_1\ \boldsymbol{a}_2\ \boldsymbol{b}) = 2 < 3$ となり, 同次連立 1 次方程式

$$(\spadesuit\spadesuit)\cdots\begin{cases} 8x_1 - 6x_2 + 6x_3 = 0 \\ -4x_1 + 12x_2 - 6x_3 = 0 \\ 6x_1 + 9x_2 = 0 \end{cases}$$

は自明でない解をもつ. したがって $\boldsymbol{a}_1, \boldsymbol{a}_2, \boldsymbol{b}$ は 1 次従属である. 連立 1 次方程式 $(\spadesuit\spadesuit)$ は

$$\begin{cases} 2x_1 + 3x_2 = 0 & \cdots\ \text{(i)} \\ 9x_2 - 3x_3 = 0 & \cdots\ \text{(ii)} \end{cases}$$

と同値である. ここで, 解の自由度は 1 であるから, $x_2 = 2c$ とおけば, (ii) より $18c - 3x_3 = 0$ となって $x_3 = 6c$ が得られ, (i) より $2x_1 + 6c = 0$ となって $x_1 = -3c$ が得られる. したがって $(\spadesuit\spadesuit)$ の解は

$$\begin{pmatrix} x_1 \\ x_2 \\ x_3 \end{pmatrix} = \begin{pmatrix} -3c \\ 2c \\ 6c \end{pmatrix} = c\begin{pmatrix} -3 \\ 2 \\ 6 \end{pmatrix} \quad [c:\text{任意定数}]$$

で与えられる. よって $-3c\boldsymbol{a}_1 + 2c\boldsymbol{a}_2 + 6c\boldsymbol{b} = \boldsymbol{o}$ が任意の c に対して成り立ち, 特に $c = 1$ とすれば $-3\boldsymbol{a}_1 + 2\boldsymbol{a}_2 + 6\boldsymbol{b} = \boldsymbol{o}$. したがって $\boldsymbol{b}$ を $\boldsymbol{a}_1, \boldsymbol{a}_2$ の 1 次結合として表すと

$$\boldsymbol{b} = \frac{1}{2}\boldsymbol{a}_1 - \frac{1}{3}\boldsymbol{a}_2$$

となる.

(3) $\begin{pmatrix} \boldsymbol{a}_1 & \boldsymbol{a}_2 \end{pmatrix} = \begin{pmatrix} 1 & -4 \\ 2 & 2 \\ 3 & -6 \\ 4 & 6 \end{pmatrix} \longrightarrow \begin{pmatrix} 1 & -4 \\ 0 & 10 \\ 0 & 6 \\ 0 & 22 \end{pmatrix}$

(操作: 1 行目の $\times(-2)$, $\times(-3)$, $\times(-4)$ を 2, 3, 4 行目に加える; 2, 3, 4 行目に $\times\frac{1}{5}$, $\times\frac{1}{3}$, $\times\frac{1}{11}$)

$$\longrightarrow \begin{pmatrix} 1 & -4 \\ 0 & 2 \\ 0 & 2 \\ 0 & 2 \end{pmatrix} \longrightarrow \begin{pmatrix} 1 & -4 \\ 0 & 2 \\ 0 & 0 \\ 0 & 0 \end{pmatrix}.$$

(操作: 2 行目の $\times(-1)$ を 3, 4 行目に加える)

よって $\mathrm{rank}\,(\boldsymbol{a}_1\ \boldsymbol{a}_2) = 2$ となり, 同次連立 1 次方程式

$$\begin{cases} x_1 - 4x_2 = 0 \\ 2x_1 + 2x_2 = 0 \\ 3x_1 - 6x_2 = 0 \\ 4x_1 + 6x_2 = 0 \end{cases}$$

は自明な解しかもたない. したがって $\boldsymbol{a}_1$, $\boldsymbol{a}_2$ は 1 次独立である. また, 上と同じ行基本変形で

$$\begin{pmatrix} \boldsymbol{a}_1 & \boldsymbol{a}_2 & \boldsymbol{b} \end{pmatrix} = \begin{pmatrix} 1 & -4 & -5 \\ 2 & 2 & -5 \\ 3 & -6 & -12 \\ 4 & 6 & -9 \end{pmatrix} \longrightarrow \begin{pmatrix} 1 & -4 & -5 \\ 0 & 10 & 5 \\ 0 & 6 & 3 \\ 0 & 22 & 11 \end{pmatrix}$$

(操作: 1 行目の $\times(-2)$, $\times(-3)$, $\times(-4)$ を 2, 3, 4 行目に加える; 2, 3, 4 行目に $\times\frac{1}{5}$, $\times\frac{1}{3}$, $\times\frac{1}{11}$)

$$\longrightarrow \begin{pmatrix} 1 & -4 & -5 \\ 0 & 2 & 1 \\ 0 & 2 & 1 \\ 0 & 2 & 1 \end{pmatrix} \longrightarrow \begin{pmatrix} 1 & -4 & -5 \\ 0 & 2 & 1 \\ 0 & 0 & 0 \\ 0 & 0 & 0 \end{pmatrix}.$$

(操作: 2 行目の $\times(-1)$ を 3, 4 行目に加える)

が得られる. よって $\mathrm{rank}\,(\boldsymbol{a}_1\ \boldsymbol{a}_2\ \boldsymbol{b}) = 2 < 3$ となり, 同次連立 1 次方程式

$$(\clubsuit\clubsuit)\cdots \begin{cases} x_1 - 4x_2 - 5x_3 = 0 \\ 2x_1 + 2x_2 - 5x_3 = 0 \\ 3x_1 - 6x_2 - 12x_3 = 0 \\ 4x_1 + 6x_2 - 9x_3 = 0 \end{cases}$$

は自明でない解をもつ. したがって $\boldsymbol{a}_1$, $\boldsymbol{a}_2$, $\boldsymbol{b}$ は 1 次従属である. 連立 1 次方程式 $(\clubsuit\clubsuit)$ は

$$\begin{cases} x_1 - 4x_2 - 5x_3 = 0 & \cdots\ \text{(i)} \\ \quad\ \ 2x_2 + x_3 = 0 & \cdots\ \text{(ii)} \end{cases}$$

と同値である. $x_2 = c$ とおけば, (ii) より $x_3 = -2x_2 = -2c$. よって (i) より $x_1 = 4x_2 + 5x_3 = 4c + 5\cdot(-2c) = -6c$. したがって $(\clubsuit\clubsuit)$ の解は

$$\begin{pmatrix} x_1 \\ x_2 \\ x_3 \end{pmatrix} = \begin{pmatrix} -6c \\ c \\ -2c \end{pmatrix} = c\begin{pmatrix} -6 \\ 1 \\ -2 \end{pmatrix} \quad [c:\ \text{任意定数}]$$

で与えられる. よって $-6c\boldsymbol{a}_1 + c\boldsymbol{a}_2 - 2c\boldsymbol{b} = \boldsymbol{o}$ が任意の c に対して成り立ち, 特に $c = 1$ とすれば $-6\boldsymbol{a}_1 + \boldsymbol{a}_2 - 2\boldsymbol{b} = \boldsymbol{o}$. したがって $\boldsymbol{b}$ を $\boldsymbol{a}_1$, $\boldsymbol{a}_2$ の 1 次結合として表すと

$$\boldsymbol{b} = -3\boldsymbol{a}_1 + \frac{1}{2}\boldsymbol{a}_2$$

となる.

2. (1) $\begin{pmatrix} \boldsymbol{a}_1 & \boldsymbol{a}_2 \end{pmatrix} = \begin{pmatrix} 1 & -2 \\ 2 & a-7 \\ a-3 & -2a+6 \end{pmatrix} \xrightarrow{\times(-(a-3)),\ \times(-2)} \begin{pmatrix} 1 & -2 \\ 0 & a-3 \\ 0 & 0 \end{pmatrix}$

よって $a-3 \neq 0$ ならば, $\operatorname{rank}(\boldsymbol{a}_1\ \boldsymbol{a}_2) = 2$ となって, 同次連立 1 次方程式

$$\begin{cases} x_1 - 2x_2 = 0 \\ 2x_1 + (a-7)x_2 = 0 \\ (a-3)x_1 + (-2a+6)x_2 = 0 \end{cases}$$

は自明な解しかもたないので, $\boldsymbol{a}_1$, $\boldsymbol{a}_2$ は 1 次独立となる. また, 上と同じ行基本変形で

$$\begin{pmatrix} \boldsymbol{a}_1 & \boldsymbol{a}_2 & \boldsymbol{b} \end{pmatrix} = \begin{pmatrix} 1 & -2 & -1 \\ 2 & a-7 & 1 \\ a-3 & -2a+6 & 1 \end{pmatrix} \xrightarrow{\times(-(a-3)),\ \times(-2)} \begin{pmatrix} 1 & -2 & -1 \\ 0 & a-3 & 3 \\ 0 & 0 & a-2 \end{pmatrix}$$

が得られる. よって $a-2=0$ ならば $\operatorname{rank}(\boldsymbol{a}_1\ \boldsymbol{a}_2\ \boldsymbol{b}) = 2 < 3$ となって, 同次連立 1 次方程式

$$(\bigstar\bigstar)\cdots \begin{cases} x_1 - 2x_2 - x_3 = 0 \\ 2x_1 + (a-7)x_2 + x_3 = 0 \\ (a-3)x_1 + (-2a+6)x_2 + x_3 = 0 \end{cases}$$

は自明でない解をもち, したがって $\boldsymbol{a}_1$, $\boldsymbol{a}_2$, $\boldsymbol{b}$ は 1 次従属となる. $a-3 \neq 0$ かつ $a-2=0$ より, 題意を満たす a は $a=2$.

$a=2$ のとき, $\boldsymbol{a}_1 = \begin{pmatrix} 1 \\ 2 \\ -1 \end{pmatrix}$, $\boldsymbol{a}_2 = \begin{pmatrix} -2 \\ -5 \\ 2 \end{pmatrix}$ であり, 同次連立 1 次方程式 $(\bigstar\bigstar)$ は

$$(\bigstar\bigstar)'\cdots \begin{cases} x_1 - 2x_2 - x_3 = 0 \\ 2x_1 - 5x_2 + x_3 = 0 \\ -x_1 + 2x_2 + x_3 = 0 \end{cases}$$

となる. これは $\begin{pmatrix} \boldsymbol{a}_1 & \boldsymbol{a}_2 & \boldsymbol{b} \end{pmatrix}$ の変形において $a=2$ を代入して考えれば,

$$\begin{cases} x_1 - 2x_2 - x_3 = 0 & \cdots \quad \text{(i)} \\ \quad\ - x_2 + 3x_3 = 0 & \cdots \quad \text{(ii)} \end{cases}$$

と同値である. ここで, 解の自由度は 1 であるから, $x_3 = c$ とおけば, (ii) より $x_2 = 3x_3 = 3c$ となり, よって (i) から $x_1 = 2x_2 + x_3 = 2\cdot 3c + c = 7c$. したがって $(\bigstar\bigstar)'$ の解は

$$\begin{pmatrix} x_1 \\ x_2 \\ x_3 \end{pmatrix} = \begin{pmatrix} 7c \\ 3c \\ c \end{pmatrix} = c\begin{pmatrix} 7 \\ 3 \\ 1 \end{pmatrix} \quad [c:\text{任意定数}]$$

で与えられる. よって $7c\boldsymbol{a}_1 + 3c\boldsymbol{a}_2 + c\boldsymbol{b} = \boldsymbol{o}$ が任意の c に対して成り立ち, 特に $c=1$ とすれば $7\boldsymbol{a}_1 + 3\boldsymbol{a}_2 + \boldsymbol{b} = \boldsymbol{o}$. したがって $\boldsymbol{b}$ を $\boldsymbol{a}_1$, $\boldsymbol{a}_2$ の 1 次結合として表すと

$$\boldsymbol{b} = -7\boldsymbol{a}_1 - 3\boldsymbol{a}_2$$

となる.

(2) $\begin{pmatrix} \boldsymbol{a}_1 & \boldsymbol{a}_2 \end{pmatrix} = \begin{pmatrix} 1 & 2 \\ 1 & a \\ a^2 & 2a^2 \end{pmatrix} \xrightarrow{\times(-1),\ \times(-a^2)} \begin{pmatrix} 1 & 2 \\ 0 & a-2 \\ 0 & 0 \end{pmatrix}$

よって $a-2\neq 0$ ならば, $\mathrm{rank}\,(\boldsymbol{a}_1\ \boldsymbol{a}_2)=2$ となって, 同次連立 1 次方程式

$$\begin{cases} x_1 + 2x_2 = 0 \\ x_1 + ax_2 = 0 \\ a^2x_1 + 2a^2x_2 = 0 \end{cases}$$

は自明な解しかもたないので, $\boldsymbol{a}_1$, $\boldsymbol{a}_2$ は 1 次独立となる．また, 上と同じ行基本変形で

$$\begin{pmatrix} \boldsymbol{a}_1 & \boldsymbol{a}_2 & \boldsymbol{b} \end{pmatrix} = \begin{pmatrix} 1 & 2 & -1 \\ 1 & a & 1 \\ a^2 & 2a^2 & -5a+6 \end{pmatrix} \begin{matrix} \times(-a^2) \\ \times(-1) \\ \ \end{matrix}$$

$$\longrightarrow \begin{pmatrix} 1 & 2 & -1 \\ 0 & a-2 & 2 \\ 0 & 0 & a^2-5a+6 \end{pmatrix} = \begin{pmatrix} 1 & 2 & -1 \\ 0 & a-2 & 2 \\ 0 & 0 & (a-2)(a-3) \end{pmatrix}$$

が得られる．よって $(a-2)(a-3)=0$ ならば $\mathrm{rank}\,(\boldsymbol{a}_1\ \boldsymbol{a}_2\ \boldsymbol{b})=2<3$ となって, 同次連立 1 次方程式

$$(\spadesuit\spadesuit)\cdots\begin{cases} x_1 + 2x_2 - x_3 = 0 \\ x_1 + ax_2 + x_3 = 0 \\ a^2x_1 + 2a^2x_2 + (-5a+6)x_3 = 0 \end{cases}$$

は自明でない解をもち, したがって $\boldsymbol{a}_1, \boldsymbol{a}_2, \boldsymbol{b}$ は 1 次従属となる．$a-2\neq 0$ かつ $(a-2)(a-3)=0$ より, 題意を満たす a は $a=3$.

$a=3$ のとき, $\boldsymbol{a}_1=\begin{pmatrix} 1 \\ 1 \\ 9 \end{pmatrix}$, $\boldsymbol{a}_2=\begin{pmatrix} 2 \\ 3 \\ 18 \end{pmatrix}$, $\boldsymbol{b}=\begin{pmatrix} -1 \\ 1 \\ -9 \end{pmatrix}$ であり, 同次連立 1 次方程式 $(\spadesuit\spadesuit)$ は

$$(\spadesuit\spadesuit)'\cdots\begin{cases} x_1 + 2x_2 - x_3 = 0 \\ x_1 + 3x_2 + x_3 = 0 \\ 9x_1 + 18x_2 - 9x_3 = 0 \end{cases}$$

となる．これは

$$\begin{cases} x_1 + 2x_2 - x_3 = 0 & \cdots\quad \text{(i)} \\ x_2 + 2x_3 = 0 & \cdots\quad \text{(ii)} \end{cases}$$

と同値である．ここで, 解の自由度は 1 であるから, $x_3=c$ とおけば, (ii) より $x_2=-2x_3=-2c$ となり, よって (i) から $x_1=-2x_2+x_3=-2\cdot(-2c)+c=5c$. したがって $(\spadesuit\spadesuit)'$ の解は

$$\begin{pmatrix} x_1 \\ x_2 \\ x_3 \end{pmatrix} = \begin{pmatrix} 5c \\ -2c \\ c \end{pmatrix} = c\begin{pmatrix} 5 \\ -2 \\ 1 \end{pmatrix} \qquad [c：任意定数]$$

で与えられる．よって $5c\boldsymbol{a}_1-2c\boldsymbol{a}_2+c\boldsymbol{b}=\boldsymbol{o}$ が任意の c に対して成り立ち, 特に $c=1$ とすれば $5\boldsymbol{a}_1-2\boldsymbol{a}_2+\boldsymbol{b}=\boldsymbol{o}$. したがって $\boldsymbol{b}$ を $\boldsymbol{a}_1$, $\boldsymbol{a}_2$ の 1 次結合として表すと

$$\boldsymbol{b}=-5\boldsymbol{a}_1+2\boldsymbol{a}_2$$

となる．

(3) $$\begin{pmatrix} \boldsymbol{a}_1 & \boldsymbol{a}_2 \end{pmatrix} = \begin{pmatrix} 1 & a \\ 9 & a^2+20 \\ -a & -a^2 \\ -a+11 & 2a+20 \end{pmatrix} \begin{matrix} \times(-9),\ \times a,\ \times(-(-a+11)) \end{matrix} \longrightarrow \begin{pmatrix} 1 & a \\ 0 & a^2-9a+20 \\ 0 & 0 \\ 0 & a^2-9a+20 \end{pmatrix} \begin{matrix} \times(-1) \end{matrix}$$

$$\longrightarrow \begin{pmatrix} 1 & a \\ 0 & a^2-9a+20 \\ 0 & 0 \\ 0 & 0 \end{pmatrix} = \begin{pmatrix} 1 & a \\ 0 & (a-4)(a-5) \\ 0 & 0 \\ 0 & 0 \end{pmatrix}$$

よって $(a-4)(a-5) \neq 0$ ならば, $\mathrm{rank}\,(\boldsymbol{a}_1\ \boldsymbol{a}_2) = 2$ となって, 同次連立 1 次方程式

$$\begin{cases} x_1 + ax_2 = 0 \\ 9x_1 + (a^2+20)x_2 = 0 \\ -ax_1 - a^2x_2 = 0 \\ (-a+11)x_1 + (2a+20)x_2 = 0 \end{cases}$$

は自明な解しかもたないので, $\boldsymbol{a}_1$, $\boldsymbol{a}_2$ は 1 次独立となる. また, 上と同じ行基本変形をさらに続けて

$$(\ \boldsymbol{a}_1\ \ \boldsymbol{a}_2\ \ \boldsymbol{b}\ ) = \begin{pmatrix} 1 & a & a+1 \\ 9 & a^2+20 & 11a+9 \\ -a & -a^2 & -7a+5 \\ -a+11 & 2a+20 & 6a+16 \end{pmatrix} \begin{array}{l} \\ \times(-9) \\ \times a \\ \times(-(-a+11)) \end{array}$$

$$\longrightarrow \begin{pmatrix} 1 & a & a+1 \\ 0 & a^2-9a+20 & 2a \\ 0 & 0 & a^2-6a+5 \\ 0 & a^2-9a+20 & a^2-4a+5 \end{pmatrix} \times(-1)$$

$$\longrightarrow \begin{pmatrix} 1 & a & a+1 \\ 0 & a^2-9a+20 & 2a \\ 0 & 0 & a^2-6a+5 \\ 0 & 0 & a^2-6a+5 \end{pmatrix} \times(-1)$$

$$\longrightarrow \begin{pmatrix} 1 & a & a+1 \\ 0 & a^2-9a+20 & 2a \\ 0 & 0 & a^2-6a+5 \\ 0 & 0 & 0 \end{pmatrix}$$

$$= \begin{pmatrix} 1 & a & a+1 \\ 0 & (a-4)(a-5) & 2a \\ 0 & 0 & (a-1)(a-5) \\ 0 & 0 & 0 \end{pmatrix}$$

が得られる. よって $(a-1)(a-5) = 0$ ならば, $\mathrm{rank}\,(\boldsymbol{a}_1\ \boldsymbol{a}_2\ \boldsymbol{b}) = 2 < 3$ となって, 同次連立 1 次方程式

$$(\clubsuit\clubsuit)\cdots \begin{cases} x_1 + ax_2 + (a+1)x_3 = 0 \\ 9x_1 + (a^2+20)x_2 + (11a+9)x_3 = 0 \\ -ax_1 - a^2x_2 + (-7a+5)x_3 = 0 \\ (-a+11)x_1 + (2a+20)x_2 + (6a+16)x_3 = 0 \end{cases}$$

は自明でない解をもち, したがって $\boldsymbol{a}_1$, $\boldsymbol{a}_2$, $\boldsymbol{b}$ は 1 次従属となる. $(a-4)(a-5) \neq 0$ かつ $(a-1)(a-5) = 0$ より, 題意を満たす a は $a = 1$.

$a = 1$ のとき, $\boldsymbol{a}_1 = \begin{pmatrix} 1 \\ 9 \\ -1 \\ 10 \end{pmatrix}$, $\boldsymbol{a}_2 = \begin{pmatrix} 1 \\ 21 \\ -1 \\ 22 \end{pmatrix}$, $\boldsymbol{b} = \begin{pmatrix} 2 \\ 20 \\ -2 \\ 22 \end{pmatrix}$ であり, 同次連立 1 次方程式 $(\clubsuit\clubsuit)$

は

$$(\clubsuit\clubsuit)' \cdots \begin{cases} x_1 + x_2 + 2x_3 = 0 \\ 9x_1 + 21x_2 + 20x_3 = 0 \\ -x_1 - x_2 - 2x_3 = 0 \\ 10x_1 + 22x_2 + 22x_3 = 0 \end{cases}$$

となる．これは

$$\begin{cases} x_1 + x_2 + 2x_3 = 0 & \cdots \quad \text{(i)} \\ 12x_2 + 2x_3 = 0 & \cdots \quad \text{(ii)} \end{cases}$$

と同値である．ここで, 解の自由度は 1 であるから, $x_2 = c$ とおけば, (ii) より $12c + 2x_3 = 0$ となって $x_3 = -6c$. よって (i) から $x_1 = -x_2 - 2x_3 = -c - 2 \cdot (-6c) = 11c$. したがって $(\clubsuit\clubsuit)'$ の解は

$$\begin{pmatrix} x_1 \\ x_2 \\ x_3 \end{pmatrix} = \begin{pmatrix} 11c \\ c \\ -6c \end{pmatrix} = c \begin{pmatrix} 11 \\ 1 \\ -6 \end{pmatrix} \quad [c：\text{任意定数}]$$

で与えられる．よって $11c\mathbf{a}_1 + c\mathbf{a}_2 - 6c\mathbf{b} = \mathbf{o}$ が任意の c に対して成り立ち, 特に $c = 1$ とすれば $11\mathbf{a}_1 + \mathbf{a}_2 - 6\mathbf{b} = \mathbf{o}$. したがって $\mathbf{b}$ を $\mathbf{a}_1$, $\mathbf{a}_2$ の 1 次結合として表すと

$$\mathbf{b} = \frac{11}{6}\mathbf{a}_1 + \frac{1}{6}\mathbf{a}_2$$

となる．

§ 2.4　基底と次元 (集合の広がり)

解説　基底と次元についての演習をするためにいくつか準備をする．

ランクによる 1 次独立性の判定　1 次独立性の判定に，行列のランクを利用することができる．

定理 2.3　m 個のベクトル $\boldsymbol{a}_1, \boldsymbol{a}_2, \boldsymbol{a}_3, \ldots, \boldsymbol{a}_m \in \mathbb{R}^n$ から定まる行列 $A = (\boldsymbol{a}_1\ \boldsymbol{a}_2\ \cdots \boldsymbol{a}_m) \in M(n, m)$ に対して，

$$\boldsymbol{a}_1, \boldsymbol{a}_2, \boldsymbol{a}_3, \ldots, \boldsymbol{a}_m \text{ が 1 次独立} \iff \operatorname{rank} A = m$$

が成り立つ．特に，$m = n$ のとき，$A \in M_n$ であり，

$$\boldsymbol{a}_1, \boldsymbol{a}_2, \boldsymbol{a}_3, \ldots, \boldsymbol{a}_n \text{ が 1 次独立} \iff A \text{ は正則行列}.$$

基底と次元　基底の用語は次のように定義される．

定義 2.16　線形空間 V のベクトル $\boldsymbol{v}_1, \boldsymbol{v}_2, \ldots, \boldsymbol{v}_n$ が次の 2 つの条件を満たすとき，ベクトルの組 $\{\boldsymbol{v}_1, \boldsymbol{v}_2, \ldots, \boldsymbol{v}_n\}$ を V の**基底**という．

(1)　$\boldsymbol{v}_1, \boldsymbol{v}_2, \ldots, \boldsymbol{v}_n$ は 1 次独立，

(2)　$V \ni \forall \boldsymbol{v}$ に対して，$\boldsymbol{v} \in \langle \boldsymbol{v}_1, \boldsymbol{v}_2, \ldots, \boldsymbol{v}_n \rangle$ が成り立つ．

$\boldsymbol{v}_1, \boldsymbol{v}_2, \ldots, \boldsymbol{v}_n$ による線形結合全体の集合 $\langle \boldsymbol{v}_1, \boldsymbol{v}_2, \ldots, \boldsymbol{v}_n \rangle$ は V の部分空間であるから，(2) は，$V = \langle \boldsymbol{v}_1, \boldsymbol{v}_2, \ldots, \boldsymbol{v}_n \rangle$ が成り立つことと同値である．

定理 2.4　線形空間 V の基底を構成するベクトルの個数は，基底のとり方によらず一定である．

定義 2.17　線形空間 V の基底 が $\{\boldsymbol{v}_1, \boldsymbol{v}_2, \ldots, \boldsymbol{v}_m\}$ であるとき，その基底を構成するベクトル $\boldsymbol{v}_i$ の個数 m を V の**次元**(じげん)といい，$\dim V = m$ と書く．特に，$\boldsymbol{o}$ だけからなる線形空間 $\{\boldsymbol{o}\}$ の次元は 0 とする．

次元は線形空間の重要な不変量である．次の定理 2.5 は，部分空間の基底を延長して，その部分空間を含む線形空間の基底を構成できることを主張している．

定理 2.5　V を線形空間，W を V の部分空間とし，それぞれの次元が，$\dim V = r$, $\dim W = s$ $(r > s)$ とする．このとき，$\{\boldsymbol{w}_1, \boldsymbol{w}_2, \ldots, \boldsymbol{w}_s\}$ が W の基底ならば，ある $r - s$ 個のベクトル $\boldsymbol{v}_1, \boldsymbol{v}_2, \ldots, \boldsymbol{v}_{r-s} \in V$ を使って，V の基底 $\{\boldsymbol{w}_1, \boldsymbol{w}_2, \ldots, \boldsymbol{w}_s, \boldsymbol{v}_1, \boldsymbol{v}_2, \ldots, \boldsymbol{v}_{r-s}\}$ を構成することができる．

例題 2.10　次のベクトルが 1 次独立かどうかを行列のランクを使って確かめよ.

(1) $\begin{pmatrix} 1 \\ 3 \end{pmatrix}, \begin{pmatrix} 2 \\ -1 \end{pmatrix}$　(2) $\begin{pmatrix} -2 \\ 4 \end{pmatrix}, \begin{pmatrix} 1 \\ -2 \end{pmatrix}$

(3) $\begin{pmatrix} 2 \\ -3 \\ 1 \end{pmatrix}, \begin{pmatrix} 4 \\ 3 \\ -1 \end{pmatrix}$　(4) $\begin{pmatrix} 2 \\ -3 \\ 1 \end{pmatrix}, \begin{pmatrix} 4 \\ 3 \\ -1 \end{pmatrix}, \begin{pmatrix} 1 \\ 3 \\ -1 \end{pmatrix}$

解答　(1) $\begin{pmatrix} 1 & 2 \\ 3 & -1 \end{pmatrix} \overset{\times(-3)}{\longrightarrow} \begin{pmatrix} 1 & 2 \\ 0 & -7 \end{pmatrix}$.

よって $\mathrm{rank}\begin{pmatrix} 1 & 2 \\ 3 & -1 \end{pmatrix} = 2$ となり, $\begin{pmatrix} 1 \\ 3 \end{pmatrix}, \begin{pmatrix} 2 \\ -1 \end{pmatrix}$ は 1 次独立.

(2) $\begin{pmatrix} -2 & 1 \\ 4 & -2 \end{pmatrix} \overset{\times 2}{\longrightarrow} \begin{pmatrix} -2 & 1 \\ 0 & 0 \end{pmatrix}$.

よって $\mathrm{rank}\begin{pmatrix} -2 & 1 \\ 4 & -2 \end{pmatrix} = 1$ となり, $\begin{pmatrix} -2 \\ 4 \end{pmatrix}, \begin{pmatrix} 1 \\ -2 \end{pmatrix}$ は 1 次従属.

(3) $\begin{pmatrix} 2 & 4 \\ -3 & 3 \\ 1 & -1 \end{pmatrix} \longrightarrow \begin{pmatrix} 1 & -1 \\ -3 & 3 \\ 2 & 4 \end{pmatrix} \overset{\times 3,\ \times(-2)}{\longrightarrow} \begin{pmatrix} 1 & -1 \\ 0 & 0 \\ 0 & 6 \end{pmatrix} \longrightarrow \begin{pmatrix} 1 & -1 \\ 0 & 6 \\ 0 & 0 \end{pmatrix}$.

よって $\mathrm{rank}\begin{pmatrix} 2 & 4 \\ -3 & 3 \\ 1 & -1 \end{pmatrix} = 2$ となり, $\begin{pmatrix} 2 \\ -3 \\ 1 \end{pmatrix}, \begin{pmatrix} 4 \\ 3 \\ -1 \end{pmatrix}$ は 1 次独立.

(4) $\begin{pmatrix} 2 & 4 & 1 \\ -3 & 3 & 3 \\ 1 & -1 & -1 \end{pmatrix} \longrightarrow \begin{pmatrix} 1 & -1 & -1 \\ -3 & 3 & 3 \\ 2 & 4 & 1 \end{pmatrix} \overset{\times 3,\ \times(-2)}{\longrightarrow} \begin{pmatrix} 1 & -1 & -1 \\ 0 & 0 & 0 \\ 0 & 6 & 3 \end{pmatrix}$

$\longrightarrow \begin{pmatrix} 1 & -1 & -1 \\ 0 & 6 & 3 \\ 0 & 0 & 0 \end{pmatrix}$.

よって $\mathrm{rank}\begin{pmatrix} 2 & 4 & 1 \\ -3 & 3 & 3 \\ 1 & -1 & -1 \end{pmatrix} = 2$ となり, $\begin{pmatrix} 2 \\ -3 \\ 1 \end{pmatrix}, \begin{pmatrix} 4 \\ 3 \\ -1 \end{pmatrix}, \begin{pmatrix} 1 \\ 3 \\ -1 \end{pmatrix}$ は 1 次従属. ∎

例題 2.11　$\mathbb{R}^3$ の部分空間 W_1, W_2 が次で定義されるとき, $W_1, W_2, W_1 \cap W_2$ の 1 組の基底, および $\dim W_1$, $\dim W_2$, $\dim(W_1 \cap W_2)$ を求めよ.

$$W_1 := \left\{ \begin{pmatrix} x_1 \\ x_2 \\ x_3 \end{pmatrix} \middle|\ 2x_1 + 3x_2 - x_3 = 0 \right\},$$

$$W_2 := \left\{ \begin{pmatrix} x_1 \\ x_2 \\ x_3 \end{pmatrix} \middle|\ 2x_1 - 5x_2 = 0 \right\}.$$

解答　$[W_1$ について$]$：　x_1, x_2, x_3 についての1次方程式

$$(\bigstar\bigstar)\cdots 2x_1+3x_2-x_3=0$$

を解く. $x_1=c_1$, $x_2=c_2$ とおけば, $x_3=2x_1+3x_2=2c_1+3c_2$. よって $(\bigstar\bigstar)$ の解は

$$\boldsymbol{x}=\begin{pmatrix}x_1\\x_2\\x_3\end{pmatrix}=\begin{pmatrix}c_1\\c_2\\2c_1+3c_2\end{pmatrix}=c_1\begin{pmatrix}1\\0\\2\end{pmatrix}+c_2\begin{pmatrix}0\\1\\3\end{pmatrix}\quad [c_1,\ c_2：任意定数].$$

と書け, $W_1=\left\langle\begin{pmatrix}1\\0\\2\end{pmatrix},\begin{pmatrix}0\\1\\3\end{pmatrix}\right\rangle$. また

$$\begin{pmatrix}1&0\\0&1\\2&3\end{pmatrix}\overset{\times(-2)}{\longrightarrow}\begin{pmatrix}1&0\\0&1\\0&3\end{pmatrix}\overset{\times(-3)}{\longrightarrow}\begin{pmatrix}1&0\\0&1\\0&0\end{pmatrix}$$

より $\mathrm{rank}\begin{pmatrix}1&0\\0&1\\2&3\end{pmatrix}=2$ となるから $\begin{pmatrix}1\\0\\2\end{pmatrix},\begin{pmatrix}0\\1\\3\end{pmatrix}$ は1次独立. したがって

$$W_1 \text{ の基底は } \left\{\begin{pmatrix}1\\0\\2\end{pmatrix},\begin{pmatrix}0\\1\\3\end{pmatrix}\right\},\qquad \dim W_1=2.$$

$[W_2$ について$]$：　x_1, x_2, x_3 についての1次方程式

$$(\spadesuit\spadesuit)\cdots 2x_1-5x_2=0$$

を解く. $x_2=2c_1$, $x_3=c_2$ とおけば, $2x_1-5\cdot 2c_1=0$ となって $x_1=5c_1$. よって $(\spadesuit\spadesuit)$ の解は

$$\boldsymbol{x}=\begin{pmatrix}x_1\\x_2\\x_3\end{pmatrix}=\begin{pmatrix}5c_1\\2c_1\\c_2\end{pmatrix}=c_1\begin{pmatrix}5\\2\\0\end{pmatrix}+c_2\begin{pmatrix}0\\0\\1\end{pmatrix}\quad [c_1,\ c_2：任意定数].$$

と書け, $W_2=\left\langle\begin{pmatrix}5\\2\\0\end{pmatrix},\begin{pmatrix}0\\0\\1\end{pmatrix}\right\rangle$. また

$$\begin{pmatrix}5&0\\2&0\\0&1\end{pmatrix}\begin{matrix}\times\frac{1}{5}\\\times\frac{1}{2}\\\ \end{matrix}\longrightarrow\begin{pmatrix}1&0\\1&0\\0&1\end{pmatrix}\overset{\times(-1)}{\longrightarrow}\begin{pmatrix}1&0\\0&0\\0&1\end{pmatrix}\longrightarrow\begin{pmatrix}1&0\\0&1\\0&0\end{pmatrix}$$

より $\mathrm{rank}\begin{pmatrix}5&0\\2&0\\0&1\end{pmatrix}=2$ となるから $\begin{pmatrix}5\\2\\0\end{pmatrix},\begin{pmatrix}0\\0\\1\end{pmatrix}$ は1次独立. したがって

$$W_2 \text{ の基底は } \left\{\begin{pmatrix}5\\2\\0\end{pmatrix},\begin{pmatrix}0\\0\\1\end{pmatrix}\right\},\qquad \dim W_2=2.$$

$[W_1\cap W_2$ について$]$：　x_1, x_2, x_3 についての連立1次方程式

$$(\clubsuit\clubsuit)\cdots\left\{\begin{array}{rcl} 2x_1+3x_2-x_3&=&0\quad\cdots\quad\text{(i)}\\ 2x_1-5x_2&=&0\quad\cdots\quad\text{(ii)}\end{array}\right.$$

を解く. $x_2 = 2c$ とおけば, (ii) より $2x_1 - 10c = 0$ となって $x_1 = 5c$. よって (i) から $x_3 = 2x_1 + 3x_2 = 2\cdot 5c + 3\cdot 2c = 16c$. したがって (♣♣) の解は

$$\boldsymbol{x} = \begin{pmatrix} x_1 \\ x_2 \\ x_3 \end{pmatrix} = \begin{pmatrix} 5c \\ 2c \\ 16c \end{pmatrix} = c\begin{pmatrix} 5 \\ 2 \\ 16 \end{pmatrix} \quad [c: \text{任意定数}].$$

と書け, $W_1 \cap W_2 = \left\langle \begin{pmatrix} 5 \\ 2 \\ 16 \end{pmatrix} \right\rangle$. 明らかに $\begin{pmatrix} 5 \\ 2 \\ 16 \end{pmatrix}$ は 1 次独立. したがって

$$W_1 \cap W_2 \text{ の基底は } \left\{ \begin{pmatrix} 5 \\ 2 \\ 16 \end{pmatrix} \right\}, \qquad \dim(W_1 \cap W_2) = 1.$$

∎

例題 2.12　$\mathbb{R}^3$ の部分空間 W_1, W_2 が次で定義されているとき, $W_1 \cap W_2$ の 1 組の基底と次元を求めよ.

$$W_1 := \left\langle \begin{pmatrix} -3 \\ 1 \\ 2 \end{pmatrix}, \begin{pmatrix} 5 \\ 1 \\ 0 \end{pmatrix} \right\rangle, \qquad W_2 := \left\langle \begin{pmatrix} 1 \\ -3 \\ -4 \end{pmatrix}, \begin{pmatrix} 15 \\ 3 \\ 0 \end{pmatrix} \right\rangle.$$

解答　$W_1 \cap W_2$ の任意の元 $\boldsymbol{x}$ は, $\boldsymbol{x} \in W_1$ より $\boldsymbol{x} = \alpha_1 \begin{pmatrix} -3 \\ 1 \\ 2 \end{pmatrix} + \alpha_2 \begin{pmatrix} 5 \\ 1 \\ 0 \end{pmatrix}$ と書くことができ, また $\boldsymbol{x} \in W_2$ より $\boldsymbol{x} = \alpha_3 \begin{pmatrix} 1 \\ -3 \\ -4 \end{pmatrix} + \alpha_4 \begin{pmatrix} 15 \\ 3 \\ 0 \end{pmatrix}$ と書くこともできる. $\boldsymbol{x} = \alpha_1 \begin{pmatrix} -3 \\ 1 \\ 2 \end{pmatrix} + \alpha_2 \begin{pmatrix} 5 \\ 1 \\ 0 \end{pmatrix} = \alpha_3 \begin{pmatrix} 1 \\ -3 \\ -4 \end{pmatrix} + \alpha_4 \begin{pmatrix} 15 \\ 3 \\ 0 \end{pmatrix}$ から $\alpha_1, \alpha_2, \alpha_3, \alpha_4$ についての方程式をたてると, $-3\alpha_1 + 5\alpha_2 = \alpha_3 + 15\alpha_4$, $\alpha_1 + \alpha_2 = -3\alpha_3 + 3\alpha_4$, $2\alpha_1 = -4\alpha_3$ より, 連立 1 次方程式

$$(\bigstar\bigstar)\cdots\left\{\begin{array}{rcrcrcrcl} -3\alpha_1 & + & 5\alpha_2 & - & \alpha_3 & - & 15\alpha_4 & = & 0 \\ \alpha_1 & + & \alpha_2 & + & 3\alpha_3 & - & 3\alpha_4 & = & 0 \\ 2\alpha_1 & & & + & 4\alpha_3 & & & = & 0 \end{array}\right.$$

が得られる. (★★) を解く.

$$\left(\begin{array}{rrrr:r} -3 & 5 & -1 & -15 & 0 \\ 1 & 1 & 3 & -3 & 0 \\ 2 & 0 & 4 & 0 & 0 \end{array}\right)_{\times\frac{1}{2}} \longrightarrow \left(\begin{array}{rrrr:r} -3 & 5 & -1 & -15 & 0 \\ 1 & 1 & 3 & -3 & 0 \\ 1 & 0 & 2 & 0 & 0 \end{array}\right)$$

$$\longrightarrow \left(\begin{array}{rrrr:r} 1 & 0 & 2 & 0 & 0 \\ 1 & 1 & 3 & -3 & 0 \\ -3 & 5 & -1 & -15 & 0 \end{array}\right) {\scriptstyle \times(-1),\ \times 3} \longrightarrow \left(\begin{array}{rrrr:r} 1 & 0 & 2 & 0 & 0 \\ 0 & 1 & 1 & -3 & 0 \\ 0 & 5 & 5 & -15 & 0 \end{array}\right) {\scriptstyle \times(-5)}$$

$$\longrightarrow \left(\begin{array}{rrrr|r} 1 & 0 & 2 & 0 & 0 \\ 0 & 1 & 1 & -3 & 0 \\ 0 & 0 & 0 & 0 & 0 \end{array}\right)$$

よって方程式 (★★) は

$$\begin{cases} \alpha_1 + 2\alpha_3 = 0 & \cdots \quad \text{(i)} \\ \alpha_2 + \alpha_3 - 3\alpha_4 = 0 & \cdots \quad \text{(ii)} \end{cases}$$

と同値である. ここで, 解の自由度は 2 より, $\alpha_3 = c_1$, $\alpha_4 = c_2$ とおけば, (ii) より $\alpha_2 = -\alpha_3 + 3\alpha_4 = -c_1 + 3c_2$ であり, (i) より $\alpha_1 = -2\alpha_3 = -2c_1$. よって方程式 (★★) の解は $(\alpha_1, \alpha_2, \alpha_3, \alpha_4) = (-2c_1, -c_1 + 3c_2, c_1, c_2)$ [c_1, c_2 : 任意定数]. したがって $W_1 \cap W_2$ の任意の元 $\boldsymbol{x}$ は

$$\boldsymbol{x} = c_1 \begin{pmatrix} 1 \\ -3 \\ -4 \end{pmatrix} + c_2 \begin{pmatrix} 15 \\ 3 \\ 0 \end{pmatrix}$$

と書け, $W_1 \cap W_2 = \left\langle \begin{pmatrix} 1 \\ -3 \\ -4 \end{pmatrix}, \begin{pmatrix} 15 \\ 3 \\ 0 \end{pmatrix} \right\rangle$. また

$$\begin{pmatrix} 1 & 15 \\ -3 & 3 \\ -4 & 0 \end{pmatrix} \begin{matrix} \\ \times 3 \\ \times 4 \end{matrix} \longrightarrow \begin{pmatrix} 1 & 15 \\ 0 & 48 \\ 0 & 60 \end{pmatrix} \begin{matrix} \\ \times \frac{1}{48} \\ \times \frac{1}{60} \end{matrix} \longrightarrow \begin{pmatrix} 1 & 15 \\ 0 & 1 \\ 0 & 1 \end{pmatrix} \begin{matrix} \\ \\ \times(-1) \end{matrix} \longrightarrow \begin{pmatrix} 1 & 15 \\ 0 & 1 \\ 0 & 0 \end{pmatrix}$$

より $\operatorname{rank} \begin{pmatrix} 1 & 15 \\ -3 & 3 \\ -4 & 0 \end{pmatrix} = 2$ となるから $\begin{pmatrix} 1 \\ -3 \\ -4 \end{pmatrix}, \begin{pmatrix} 15 \\ 3 \\ 0 \end{pmatrix}$ は 1 次独立. したがって

$$W_1 \cap W_2 \text{ の基底は } \left\{ \begin{pmatrix} 1 \\ -3 \\ -4 \end{pmatrix}, \begin{pmatrix} 15 \\ 3 \\ 0 \end{pmatrix} \right\}, \qquad \dim(W_1 \cap W_2) = 2.$$

∎

例題 2.13　行列 $A = \begin{pmatrix} 0 & 1 & 1 \\ 0 & 2 & 0 \\ -2 & 1 & 3 \end{pmatrix}$ について, $\mathbb{R}^3$ の部分空間 $W = \{ \boldsymbol{x} \in \mathbb{R}^3 \mid A\boldsymbol{x} = 2\boldsymbol{x} \}$ の 1 組の基底と次元を求めよ.

解答　$W \ni \forall \boldsymbol{x} = \begin{pmatrix} x_1 \\ x_2 \\ x_3 \end{pmatrix}$ は, 同次連立方程式 $A\boldsymbol{x} - 2\boldsymbol{x} = (A - 2E)\boldsymbol{x} = \boldsymbol{o}$ の解である. そこで $A - 2E$ を行基本変形で階段行列にすると,

$$A - 2E = \begin{pmatrix} 0-2 & 1 & 1 \\ 0 & 2-2 & 0 \\ -2 & 1 & 3-2 \end{pmatrix} = \begin{pmatrix} -2 & 1 & 1 \\ 0 & 0 & 0 \\ -2 & 1 & 1 \end{pmatrix} \begin{matrix} \times(-1) \\ \\ \\ \end{matrix} \longrightarrow \begin{pmatrix} -2 & 1 & 1 \\ 0 & 0 & 0 \\ 0 & 0 & 0 \end{pmatrix}$$

となるから, $\operatorname{rank}(A - 2E) = 1$ である. よって, $(A-2E)\boldsymbol{x} = \boldsymbol{o}$ は, 解の自由度が $3 - \operatorname{rank}(A - 2E) = 2$ の自明でない解をもつ.

$$-2x_1 + x_2 + x_3 = 0$$

において, $x_1 = c_1$, $x_2 = c_2$ とおくと, $x_3 = 2c_1 - c_2$ であるから, $\forall \boldsymbol{x} \in W$ は,

$$c_1 \begin{pmatrix} 1 \\ 0 \\ 2 \end{pmatrix} + c_2 \begin{pmatrix} 0 \\ 1 \\ -1 \end{pmatrix} \qquad [c_1, c_2 : \text{任意定数}]$$

の形に書くことができる．したがって, $W = \left\langle \begin{pmatrix} 1 \\ 0 \\ 2 \end{pmatrix}, \begin{pmatrix} 0 \\ 1 \\ -1 \end{pmatrix} \right\rangle$ である．また, 2 つのベクトル $\begin{pmatrix} 1 \\ 0 \\ 2 \end{pmatrix}$, $\begin{pmatrix} 0 \\ 1 \\ -1 \end{pmatrix}$ をならべた行列を行基本変形して階段行列にすると,

$$\begin{pmatrix} 1 & 0 \\ 0 & 1 \\ 2 & -1 \end{pmatrix} \overset{\times(-2)}{\longrightarrow} \begin{pmatrix} 1 & 0 \\ 0 & 1 \\ 0 & -1 \end{pmatrix} \underset{\times 1}{\longrightarrow} \begin{pmatrix} 1 & 0 \\ 0 & 1 \\ 0 & 0 \end{pmatrix}$$

となるから, $\operatorname{rank} \begin{pmatrix} 1 & 0 \\ 0 & 1 \\ 2 & -1 \end{pmatrix} = 2$ を得る．ゆえに, 2 つのベクトル $\begin{pmatrix} 1 \\ 0 \\ 2 \end{pmatrix}$, $\begin{pmatrix} 0 \\ 1 \\ -1 \end{pmatrix}$ は, 1 次独立である．以上より, W の 1 組の基底は, $\left\{ \begin{pmatrix} 1 \\ 0 \\ 2 \end{pmatrix}, \begin{pmatrix} 0 \\ 1 \\ -1 \end{pmatrix} \right\}$ であり, $\dim W = 2$ である． ▮

◆◆演習問題 § 2.4 ◆◆

1. 次のベクトルにおいて, $\boldsymbol{a}_1$, $\boldsymbol{a}_2$, $\boldsymbol{a}_3$ が1次独立であることと $\boldsymbol{a}_1$, $\boldsymbol{a}_2$, $\boldsymbol{a}_3$, $\boldsymbol{a}_4$ が1次従属であることを示せ.

(1) $\boldsymbol{a}_1 = \begin{pmatrix} 3 \\ 1 \\ 4 \\ 0 \end{pmatrix}, \boldsymbol{a}_2 = \begin{pmatrix} 1 \\ 2 \\ 0 \\ 5 \end{pmatrix}, \boldsymbol{a}_3 = \begin{pmatrix} 2 \\ 0 \\ 3 \\ 1 \end{pmatrix}, \boldsymbol{a}_4 = \begin{pmatrix} 11 \\ 0 \\ 17 \\ -2 \end{pmatrix}$

(2) $\boldsymbol{a}_1 = \begin{pmatrix} 6 \\ -4 \\ 2 \\ 2 \end{pmatrix}, \boldsymbol{a}_2 = \begin{pmatrix} 1 \\ 3 \\ -3 \\ 4 \end{pmatrix}, \boldsymbol{a}_3 = \begin{pmatrix} -9 \\ 3 \\ 6 \\ -3 \end{pmatrix}, \boldsymbol{a}_4 = \begin{pmatrix} -7 \\ 0 \\ 4 \\ -6 \end{pmatrix}$

2. 次のベクトルが1次独立となるように a が満たすべき条件を求めよ.

(1) $\begin{pmatrix} 2 \\ 4 \end{pmatrix}, \begin{pmatrix} 5 \\ a \end{pmatrix}$　　(2) $\begin{pmatrix} 3 \\ a \end{pmatrix}, \begin{pmatrix} 2a \\ 4 \end{pmatrix}$

(3) $\begin{pmatrix} 1 \\ 2 \\ 4 \end{pmatrix}, \begin{pmatrix} 0 \\ 5 \\ a \end{pmatrix}, \begin{pmatrix} -2 \\ 4 \\ 3a \end{pmatrix}$　　(4) $\begin{pmatrix} 1 \\ -2 \\ a \end{pmatrix}, \begin{pmatrix} 2 \\ a-2 \\ 2 \end{pmatrix}, \begin{pmatrix} a-1 \\ -4 \\ 3a-3 \end{pmatrix}$

3. 次の $\mathbb{R}^2$ の部分空間に対し, その基底と次元を求めよ.

(1) $W_1 = \left\{ \begin{pmatrix} x_1 \\ x_2 \end{pmatrix} \middle| \ x_1 + 3x_2 = 0 \right\}$

(2) $W_2 = \left\{ \begin{pmatrix} x_1 \\ x_2 \end{pmatrix} \middle| \ \begin{array}{rcrcr} 4x_1 & + & 5x_2 & = & 0 \\ -8x_1 & - & 10x_2 & = & 0 \end{array} \right\}$

(3) $W_3 = \left\{ \begin{pmatrix} x_1 \\ x_2 \end{pmatrix} \middle| \ \begin{pmatrix} -5 & 2 \\ 10 & -4 \end{pmatrix} \begin{pmatrix} x_1 \\ x_2 \end{pmatrix} = \begin{pmatrix} 0 \\ 0 \end{pmatrix} \right\}$

4. 次の $\mathbb{R}^3$ の部分空間に対し, その基底と次元を求めよ.

(1) $W_1 = \left\{ \begin{pmatrix} x_1 \\ x_2 \\ x_3 \end{pmatrix} \middle| \ \begin{array}{rcrcrcr} x_1 & + & 2x_2 & - & 3x_3 & = & 0 \\ 2x_1 & - & 3x_2 & + & 4x_3 & = & 0 \end{array} \right\}$

(2) $W_2 = \left\{ \begin{pmatrix} x_1 \\ x_2 \\ x_3 \end{pmatrix} \middle| \ \begin{array}{rcrcrcr} 2x_1 & + & 3x_2 & + & 4x_3 & = & 0 \\ x_1 & - & x_2 & + & 2x_3 & = & 0 \\ x_1 & & & + & 2x_3 & = & 0 \end{array} \right\}$

(3) $W_3 = \left\{ \begin{pmatrix} x_1 \\ x_2 \\ x_3 \end{pmatrix} \middle| \ 3x_1 + 2x_2 - 5x_3 = 0 \right\}$

(4) $W_4 = \left\{ \begin{pmatrix} x_1 \\ x_2 \\ x_3 \end{pmatrix} \middle| \ \begin{pmatrix} 2 & -8 & 7 \\ -6 & 24 & -21 \end{pmatrix} \begin{pmatrix} x_1 \\ x_2 \\ x_3 \end{pmatrix} = \begin{pmatrix} 0 \\ 0 \end{pmatrix} \right\}$

(5) $W_5 = \left\{ \begin{pmatrix} x_1 \\ x_2 \\ x_3 \end{pmatrix} \middle| \ \begin{pmatrix} 15 & 12 & -1 \\ 7 & 2 & 1 \\ 13 & -4 & 5 \end{pmatrix} \begin{pmatrix} x_1 \\ x_2 \\ x_3 \end{pmatrix} = \begin{pmatrix} 0 \\ 0 \\ 0 \end{pmatrix} \right\}$

5. 次の $\mathbb{R}^4$ の部分空間に対し，その基底と次元を求めよ．

(1) $$W_1 = \left\{ \begin{pmatrix} x_1 \\ x_2 \\ x_3 \\ x_4 \end{pmatrix} \;\middle|\; \begin{array}{rcrcrcrcl} x_1 & + & 3x_2 & - & 2x_3 & + & x_4 & = & 0 \\ x_1 & - & 2x_2 & + & 2x_3 & - & 3x_4 & = & 0 \\ -x_1 & + & x_2 & - & 4x_3 & + & 2x_4 & = & 0 \end{array} \right\}$$

(2) $$W_2 = \left\{ \begin{pmatrix} x_1 \\ x_2 \\ x_3 \\ x_4 \end{pmatrix} \;\middle|\; \begin{array}{rcrcrcrcl} x_1 & + & 2x_2 & + & 2x_3 & + & x_4 & = & 0 \\ 3x_1 & + & x_2 & + & 5x_3 & + & x_4 & = & 0 \\ x_1 & & & + & 2x_3 & + & 2x_4 & = & 0 \\ -x_1 & - & x_2 & - & x_3 & + & 3x_4 & = & 0 \end{array} \right\}$$

(3) $$W_3 = \left\{ \begin{pmatrix} x_1 \\ x_2 \\ x_3 \\ x_4 \end{pmatrix} \;\middle|\; \begin{pmatrix} 2 & 1 & 1 & 3 \\ 0 & 0 & -3 & -5 \\ 4 & 2 & -1 & 1 \\ 2 & 1 & -2 & -2 \end{pmatrix} \begin{pmatrix} x_1 \\ x_2 \\ x_3 \\ x_4 \end{pmatrix} = \begin{pmatrix} 0 \\ 0 \\ 0 \\ 0 \end{pmatrix} \right\}$$

(4) $$W_4 = \left\{ \begin{pmatrix} x_1 \\ x_2 \\ x_3 \\ x_4 \end{pmatrix} \;\middle|\; \begin{pmatrix} 1 & -2 & 3 & 2 \\ -3 & 6 & -9 & -6 \\ 2 & -4 & 6 & 4 \end{pmatrix} \begin{pmatrix} x_1 \\ x_2 \\ x_3 \\ x_4 \end{pmatrix} = \begin{pmatrix} 0 \\ 0 \\ 0 \end{pmatrix} \right\}$$

6. 以下において，$\{\boldsymbol{a}, \boldsymbol{b}, \boldsymbol{c}\}$ が $\langle \boldsymbol{a}, \boldsymbol{b}, \boldsymbol{c} \rangle$ の基底となっているかどうか調べよ．

(1) $$\boldsymbol{a} = \begin{pmatrix} 1 \\ 2 \\ 0 \end{pmatrix}, \boldsymbol{b} = \begin{pmatrix} 2 \\ 1 \\ 3 \end{pmatrix}, \boldsymbol{c} = \begin{pmatrix} 1 \\ 2 \\ 1 \end{pmatrix}$$

(2) $$\boldsymbol{a} = \begin{pmatrix} 2 \\ 3 \\ 1 \end{pmatrix}, \boldsymbol{b} = \begin{pmatrix} 1 \\ 2 \\ -1 \end{pmatrix}, \boldsymbol{c} = \begin{pmatrix} 0 \\ -1 \\ 3 \end{pmatrix}$$

(3) $$\boldsymbol{a} = \begin{pmatrix} 1 \\ 0 \\ k \end{pmatrix}, \boldsymbol{b} = \begin{pmatrix} 2 \\ 3 \\ 2k \end{pmatrix}, \boldsymbol{c} = \begin{pmatrix} 5 \\ -1 \\ -k+1 \end{pmatrix}$$

(4) $$\boldsymbol{a} = \begin{pmatrix} -1 \\ 2 \\ k-2 \end{pmatrix}, \boldsymbol{b} = \begin{pmatrix} 3 \\ k+1 \\ 6 \end{pmatrix}, \boldsymbol{c} = \begin{pmatrix} k-1 \\ 0 \\ 2k-2 \end{pmatrix}$$

7. 前問 6 の (1) において，$\langle \boldsymbol{a}, \boldsymbol{b}, \boldsymbol{c} \rangle = \mathbb{R}^3$ が成り立つことを証明せよ．

◇演習問題の解答◇

1. (1)

$$\begin{pmatrix} \boldsymbol{a}_1 & \boldsymbol{a}_2 & \boldsymbol{a}_3 & \boldsymbol{a}_4 \end{pmatrix} = \begin{pmatrix} 3 & 1 & 2 & 11 \\ 1 & 2 & 0 & 0 \\ 4 & 0 & 3 & 17 \\ 0 & 5 & 1 & -2 \end{pmatrix} \longrightarrow \begin{pmatrix} 1 & 2 & 0 & 0 \\ 3 & 1 & 2 & 11 \\ 4 & 0 & 3 & 17 \\ 0 & 5 & 1 & -2 \end{pmatrix} \begin{matrix} \\ \times(-3) \\ \times(-4) \\ \\ \end{matrix}$$

$$\longrightarrow \begin{pmatrix} 1 & 2 & 0 & 0 \\ 0 & -5 & 2 & 11 \\ 0 & -8 & 3 & 17 \\ 0 & 5 & 1 & -2 \end{pmatrix} \begin{matrix} \\ \times 3 \\ \times 2 \\ \\ \end{matrix} \longrightarrow \begin{pmatrix} 1 & 2 & 0 & 0 \\ 0 & -15 & 6 & 33 \\ 0 & -16 & 6 & 34 \\ 0 & 5 & 1 & -2 \end{pmatrix} \begin{matrix} \\ \times(-1) \\ \\ \\ \end{matrix}$$

$$\longrightarrow \begin{pmatrix} 1 & 2 & 0 & 0 \\ 0 & 1 & 0 & -1 \\ 0 & -16 & 6 & 34 \\ 0 & 5 & 1 & -2 \end{pmatrix} \begin{matrix} \\ \\ \times 16 \\ \times(-5) \end{matrix} \longrightarrow \begin{pmatrix} 1 & 2 & 0 & 0 \\ 0 & 1 & 0 & -1 \\ 0 & 0 & 6 & 18 \\ 0 & 0 & 1 & 3 \end{pmatrix} \begin{matrix} \\ \\ \times \frac{1}{3} \\ \\ \end{matrix}$$

$$\longrightarrow \begin{pmatrix} 1 & 2 & 0 & 0 \\ 0 & 1 & 0 & -1 \\ 0 & 0 & 1 & 3 \\ 0 & 0 & 1 & 3 \end{pmatrix} \begin{matrix} \\ \\ \\ \times(-1) \end{matrix} \longrightarrow \begin{pmatrix} 1 & 2 & 0 & 0 \\ 0 & 1 & 0 & -1 \\ 0 & 0 & 1 & 3 \\ 0 & 0 & 0 & 0 \end{pmatrix}.$$

よって $\operatorname{rank}(\boldsymbol{a}_1\ \boldsymbol{a}_2\ \boldsymbol{a}_3) = 3$, $\operatorname{rank}(\boldsymbol{a}_1\ \boldsymbol{a}_2\ \boldsymbol{a}_3\ \boldsymbol{a}_4) = 3$ となるので, $\boldsymbol{a}_1$, $\boldsymbol{a}_2$, $\boldsymbol{a}_3$ は 1 次独立, $\boldsymbol{a}_1$, $\boldsymbol{a}_2$, $\boldsymbol{a}_3$, $\boldsymbol{a}_4$ は 1 次従属となる.

(2)

$$\begin{pmatrix} \boldsymbol{a}_1 & \boldsymbol{a}_2 & \boldsymbol{a}_3 & \boldsymbol{a}_4 \end{pmatrix} = \begin{pmatrix} 6 & 1 & -9 & -7 \\ -4 & 3 & 3 & 0 \\ 2 & -3 & 6 & 4 \\ 2 & 4 & -3 & -6 \end{pmatrix} \begin{matrix} \times 1 \\ \\ \\ \\ \end{matrix}$$

$$\longrightarrow \begin{matrix} \times(-1) \\ \\ \\ \\ \end{matrix} \begin{pmatrix} 2 & 4 & -6 & -7 \\ -4 & 3 & 3 & 0 \\ 2 & -3 & 6 & 4 \\ 2 & 4 & -3 & -6 \end{pmatrix} \begin{matrix} \times(-1) \\ \times 2 \\ \\ \\ \end{matrix} \longrightarrow \begin{pmatrix} 2 & 4 & -6 & -7 \\ 0 & 11 & -9 & -14 \\ 0 & -7 & 12 & 11 \\ 0 & 0 & 3 & 1 \end{pmatrix} \begin{matrix} \\ \times 2 \\ \times 3 \\ \\ \end{matrix}$$

$$\longrightarrow \begin{pmatrix} 2 & 4 & -6 & -7 \\ 0 & 22 & -18 & -28 \\ 0 & -21 & 36 & 33 \\ 0 & 0 & 3 & 1 \end{pmatrix} \begin{matrix} \\ \times 1 \\ \\ \\ \end{matrix} \longrightarrow \begin{pmatrix} 2 & 4 & -6 & -7 \\ 0 & 1 & 18 & 5 \\ 0 & -21 & 36 & 33 \\ 0 & 0 & 3 & 1 \end{pmatrix} \begin{matrix} \\ \\ \times 21 \\ \\ \end{matrix}$$

$$\longrightarrow \begin{pmatrix} 2 & 4 & -6 & -7 \\ 0 & 1 & 18 & 5 \\ 0 & 0 & 414 & 138 \\ 0 & 0 & 3 & 1 \end{pmatrix} \longrightarrow \begin{pmatrix} 2 & 4 & -6 & -7 \\ 0 & 1 & 18 & 5 \\ 0 & 0 & 3 & 1 \\ 0 & 0 & 414 & 138 \end{pmatrix} \begin{matrix} \\ \\ \\ \times(-138) \end{matrix}$$

$$\longrightarrow \begin{pmatrix} 2 & 4 & -6 & -7 \\ 0 & 1 & 18 & 5 \\ 0 & 0 & 3 & 1 \\ 0 & 0 & 0 & 0 \end{pmatrix}.$$

よって $\operatorname{rank}(\boldsymbol{a}_1\ \boldsymbol{a}_2\ \boldsymbol{a}_3) = 3$, $\operatorname{rank}(\boldsymbol{a}_1\ \boldsymbol{a}_2\ \boldsymbol{a}_3\ \boldsymbol{a}_4) = 3$ となるので, $\boldsymbol{a}_1$, $\boldsymbol{a}_2$, $\boldsymbol{a}_3$ は 1 次独立, $\boldsymbol{a}_1$, $\boldsymbol{a}_2$, $\boldsymbol{a}_3$, $\boldsymbol{a}_4$ は 1 次従属となる.

2. (1) $\begin{pmatrix} 2 & 5 \\ 4 & a \end{pmatrix} \xrightarrow{\times(-2)} \begin{pmatrix} 2 & 5 \\ 0 & a-10 \end{pmatrix}$.

よって $a-10 \neq 0$ ならば $\mathrm{rank}\begin{pmatrix} 2 & 5 \\ 4 & a \end{pmatrix} = 2$ となって $\begin{pmatrix} 2 \\ 4 \end{pmatrix}, \begin{pmatrix} 5 \\ a \end{pmatrix}$ は 1 次独立となる.

よって, $a \neq 10$.

(2) $\begin{pmatrix} 3 & 2a \\ a & 4 \end{pmatrix} \xrightarrow{\times\left(-\frac{a}{3}\right)} \begin{pmatrix} 3 & 2a \\ 0 & 4-\dfrac{2}{3}a^2 \end{pmatrix}$.

よって $4-\dfrac{2}{3}a^2 \neq 0$ ならば $\mathrm{rank}\begin{pmatrix} 3 & 2a \\ a & 4 \end{pmatrix} = 2$ となって $\begin{pmatrix} 3 \\ a \end{pmatrix}, \begin{pmatrix} 2a \\ 4 \end{pmatrix}$ は 1 次独立となる. $4-\dfrac{2}{3}a^2 \neq 0$ より $a \neq \pm\sqrt{6}$. よって, $a \neq \pm\sqrt{6}$.

(3) $\begin{pmatrix} 1 & 0 & -2 \\ 2 & 5 & 4 \\ 4 & a & 3a \end{pmatrix} \xrightarrow{\times(-2),\ \times(-4)} \begin{pmatrix} 1 & 0 & -2 \\ 0 & 5 & 8 \\ 0 & a & 3a+8 \end{pmatrix} \xrightarrow{\times\left(-\frac{a}{5}\right)} \begin{pmatrix} 1 & 0 & -2 \\ 0 & 5 & 8 \\ 0 & 0 & \dfrac{7}{5}a+8 \end{pmatrix}$.

よって $\dfrac{7}{5}a+8 \neq 0$ ならば $\mathrm{rank}\begin{pmatrix} 1 & 0 & -2 \\ 2 & 5 & 4 \\ 4 & a & 3a \end{pmatrix} = 3$ となって $\begin{pmatrix} 1 \\ 2 \\ 4 \end{pmatrix}, \begin{pmatrix} 0 \\ 5 \\ a \end{pmatrix}, \begin{pmatrix} -2 \\ 4 \\ 3a \end{pmatrix}$ は 1 次独立となる. ゆえに, $a \neq -\dfrac{40}{7}$ となる.

(4) $\begin{pmatrix} 1 & 2 & a-1 \\ -2 & a-2 & -4 \\ a & 2 & 3a-3 \end{pmatrix} \xrightarrow{\times 2,\ \times(-a)} \begin{pmatrix} 1 & 2 & a-1 \\ 0 & a+2 & 2a-6 \\ 0 & -2a+2 & -a^2+4a-3 \end{pmatrix} \xrightarrow{\times 2}$

$\longrightarrow \begin{pmatrix} 1 & 2 & a-1 \\ 0 & a+2 & 2a-6 \\ 0 & 6 & -a^2+8a-15 \end{pmatrix} \longrightarrow \begin{pmatrix} 1 & 2 & a-1 \\ 0 & 6 & -a^2+8a-15 \\ 0 & a+2 & 2a-6 \end{pmatrix} \xrightarrow{\times\left(-\frac{a+2}{6}\right)}$

$\longrightarrow \begin{pmatrix} 1 & 2 & a-1 \\ 0 & 6 & -a^2+8a-15 \\ 0 & 0 & \dfrac{1}{6}a^3-a^2+\dfrac{11}{6}a-1 \end{pmatrix}$.

よって $\dfrac{1}{6}a^3-a^2+\dfrac{11}{6}a-1 \neq 0$ ならば $\mathrm{rank}\begin{pmatrix} 1 & 2 & a-1 \\ -2 & a-2 & -4 \\ a & 2 & 3a-3 \end{pmatrix} = 3$ となって $\begin{pmatrix} 1 \\ -2 \\ a \end{pmatrix}, \begin{pmatrix} 2 \\ a-2 \\ 2 \end{pmatrix}, \begin{pmatrix} a-1 \\ -4 \\ 3a-3 \end{pmatrix}$ は 1 次独立となる. $\dfrac{1}{6}a^3-a^2+\dfrac{11}{6}a-1 \neq 0$ より $a \neq 1$, 2, 3. ゆえに, 1 次独立となるのは, $a \neq 1, 2, 3$ のときである.

3. (1) x_1, x_2 についての 1 次方程式

$$(\bigstar\bigstar) \cdots x_1 + 3x_2 = 0$$

を解く. $x_2 = c$ とおけば, $x_1 + 3c = 0$ より $x_1 = -3c$. よって (★★) の解は

$$\boldsymbol{x} = \begin{pmatrix} x_1 \\ x_2 \end{pmatrix} = \begin{pmatrix} -3c \\ c \end{pmatrix} = c\begin{pmatrix} -3 \\ 1 \end{pmatrix} \quad [c: \text{任意定数}]$$

と書け, $W_1 = \left\langle \begin{pmatrix} -3 \\ 1 \end{pmatrix} \right\rangle$. 明らかに $\begin{pmatrix} -3 \\ 1 \end{pmatrix}$ は 1 次独立. したがって

$$W_1 \text{ の基底は } \left\{ \begin{pmatrix} -3 \\ 1 \end{pmatrix} \right\}, \qquad \dim W_1 = 1.$$

(2)　x_1, x_2 についての連立 1 次方程式

$$(♠♠) \cdots \begin{cases} 4x_1 + 5x_2 = 0 \\ -8x_1 - 10x_2 = 0 \end{cases}$$

を解く.

$$\left(\begin{array}{cc|c} 4 & 5 & 0 \\ -8 & -10 & 0 \end{array}\right)^{\times 2} \longrightarrow \left(\begin{array}{cc|c} 4 & 5 & 0 \\ 0 & 0 & 0 \end{array}\right).$$

よって方程式 (♠♠) は

$$4x_1 + 5x_2 = 0$$

と同値である. 解の自由度は 1 であるから, $x_2 = -4c$ とおけば, $4x_1 + 5 \cdot (-4c) = 0$ より $x_1 = 5c$. したがって (♠♠) の解は

$$\boldsymbol{x} = \begin{pmatrix} 5c \\ -4c \end{pmatrix} = c\begin{pmatrix} 5 \\ -4 \end{pmatrix} \quad [c: \text{任意定数}]$$

と書け, $W_2 = \left\langle \begin{pmatrix} 5 \\ -4 \end{pmatrix} \right\rangle$. 明らかに $\begin{pmatrix} 5 \\ -4 \end{pmatrix}$ は 1 次独立. したがって

$$W_2 \text{ の基底は } \left\{ \begin{pmatrix} 5 \\ -4 \end{pmatrix} \right\}, \qquad \dim W_2 = 1.$$

(3)　x_1, x_2 についての連立 1 次方程式

$$(♣♣) \cdots \begin{pmatrix} -5 & 2 \\ 10 & -4 \end{pmatrix}\begin{pmatrix} x_1 \\ x_2 \end{pmatrix} = \begin{pmatrix} 0 \\ 0 \end{pmatrix}$$

を解く.

$$\left(\begin{array}{cc|c} -5 & 2 & 0 \\ 10 & -4 & 0 \end{array}\right)^{\times 2} \longrightarrow \left(\begin{array}{cc|c} -5 & 2 & 0 \\ 0 & 0 & 0 \end{array}\right).$$

よって方程式 (♣♣) は

$$-5x_1 + 2x_2 = 0$$

と同値である. 解の自由度は 1 であるから, $x_2 = 5c$ とおけば, $-5x_1 + 2 \cdot 5c = 0$ より $x_1 = 2c$. したがって (♣♣) の解は

$$\boldsymbol{x} = \begin{pmatrix} 2c \\ 5c \end{pmatrix} = c\begin{pmatrix} 2 \\ 5 \end{pmatrix} \quad [c: \text{任意定数}]$$

と書け, $W_3 = \left\langle \begin{pmatrix} 2 \\ 5 \end{pmatrix} \right\rangle$. 明らかに $\begin{pmatrix} 2 \\ 5 \end{pmatrix}$ は 1 次独立. したがって

$$W_3 \text{ の基底は } \left\{ \begin{pmatrix} 2 \\ 5 \end{pmatrix} \right\}, \qquad \dim W_3 = 1.$$

4. (1)　x_1, x_2, x_3 についての連立 1 次方程式

$$(\bigstar\bigstar)\cdots\begin{cases} x_1 + 2x_2 - 3x_3 = 0 \\ 2x_1 - 3x_2 + 4x_3 = 0 \end{cases}$$

を解く.

$$\left(\begin{array}{ccc|c} 1 & 2 & -3 & 0 \\ 2 & -3 & 4 & 0 \end{array}\right) \xrightarrow{\times(-2)} \left(\begin{array}{ccc|c} 1 & 2 & -3 & 0 \\ 0 & -7 & 10 & 0 \end{array}\right).$$

よって方程式 $(\bigstar\bigstar)$ は

$$\begin{cases} x_1 + 2x_2 - 3x_3 = 0 & \cdots \text{(i)} \\ \quad\; - 7x_2 + 10x_3 = 0 & \cdots \text{(ii)} \end{cases}$$

と同値である. 解の自由度は 1 であるから, $x_3 = 7c$ とおけば, (ii) より $-7x_2 + 10 \cdot 7c = 0$ となって $x_2 = 10c$. よって (i) より $x_1 = -2x_2 + 3x_3 = -2 \cdot 10c + 3 \cdot 7c = c$. したがって $(\bigstar\bigstar)$ の解は

$$\boldsymbol{x} = \begin{pmatrix} c \\ 10c \\ 7c \end{pmatrix} = c\begin{pmatrix} 1 \\ 10 \\ 7 \end{pmatrix} \quad [c: \text{任意定数}]$$

と書け, $W_1 = \left\langle \begin{pmatrix} 1 \\ 10 \\ 7 \end{pmatrix} \right\rangle$. 明らかに $\begin{pmatrix} 1 \\ 10 \\ 7 \end{pmatrix}$ は 1 次独立. したがって

$$W_1 \text{ の基底は } \left\{ \begin{pmatrix} 1 \\ 10 \\ 7 \end{pmatrix} \right\}, \qquad \dim W_1 = 1.$$

(2)　x_1, x_2, x_3 についての連立 1 次方程式

$$(\spadesuit\spadesuit)\cdots\begin{cases} 2x_1 + 3x_2 + 4x_3 = 0 \\ x_1 - x_2 + 2x_3 = 0 \\ x_1 \qquad\;\; + 2x_3 = 0 \end{cases}$$

を解く.

$$\left(\begin{array}{ccc|c} 2 & 3 & 4 & 0 \\ 1 & -1 & 2 & 0 \\ 1 & 0 & 2 & 0 \end{array}\right) \longrightarrow \left(\begin{array}{ccc|c} 1 & 0 & 2 & 0 \\ 1 & -1 & 2 & 0 \\ 2 & 3 & 4 & 0 \end{array}\right) \begin{matrix} \times(-1) \\ \times(-2) \end{matrix} \longrightarrow \left(\begin{array}{ccc|c} 1 & 0 & 2 & 0 \\ 0 & -1 & 0 & 0 \\ 0 & 3 & 0 & 0 \end{array}\right) \times 3$$

$$\longrightarrow \left(\begin{array}{ccc|c} 1 & 0 & 2 & 0 \\ 0 & -1 & 0 & 0 \\ 0 & 0 & 0 & 0 \end{array}\right).$$

よって方程式 $(\spadesuit\spadesuit)$ は

$$\begin{cases} x_1 \qquad\; + 2x_3 = 0 & \cdots \text{(i)} \\ \quad -x_2 \qquad\;\; = 0 & \cdots \text{(ii)} \end{cases}$$

と同値である. (ii) より $x_2 = 0$. また解の自由度は 1 であるから, $x_3 = c$ とおけば, (i) より $x_1 = -2x_3 = -2c$. したがって $(\spadesuit\spadesuit)$ の解は

$$\boldsymbol{x} = \begin{pmatrix} -2c \\ 0 \\ c \end{pmatrix} = c\begin{pmatrix} -2 \\ 0 \\ 1 \end{pmatrix} \quad [c: \text{任意定数}]$$

と書け, $W_2 = \left\langle \begin{pmatrix} -2 \\ 0 \\ 1 \end{pmatrix} \right\rangle$. 明らかに $\begin{pmatrix} -2 \\ 0 \\ 1 \end{pmatrix}$ は 1 次独立. したがって

$$W_2 \text{ の基底は } \left\{ \begin{pmatrix} -2 \\ 0 \\ 1 \end{pmatrix} \right\}, \qquad \dim W_2 = 1.$$

(3)　x_1, x_2, x_3 についての 1 次方程式

$$(\clubsuit\clubsuit) \cdots 3x_1 + 2x_2 - 5x_3 = 0$$

を解く. $x_2 = 3c_1$, $x_3 = 3c_2$ とおけば, $3x_1 = -2x_2 + 5x_3 = -2 \cdot 3c_1 + 5 \cdot 3c_2 = -6c_1 + 15c_2$ となって $x_1 = -2c_1 + 5c_2$. したがって $(\clubsuit\clubsuit)$ の解は

$$\boldsymbol{x} = \begin{pmatrix} -2c_1 + 5c_2 \\ 3c_1 \\ 3c_2 \end{pmatrix} = c_1 \begin{pmatrix} -2 \\ 3 \\ 0 \end{pmatrix} + c_2 \begin{pmatrix} 5 \\ 0 \\ 3 \end{pmatrix} \quad [c_1, c_2 : \text{任意定数}]$$

と書け, $W_3 = \left\langle \begin{pmatrix} -2 \\ 3 \\ 0 \end{pmatrix}, \begin{pmatrix} 5 \\ 0 \\ 3 \end{pmatrix} \right\rangle$. また

$$\begin{pmatrix} -2 & 5 \\ 3 & 0 \\ 0 & 3 \end{pmatrix} \overset{\times 1}{\longrightarrow} \begin{pmatrix} 1 & 5 \\ 3 & 0 \\ 0 & 3 \end{pmatrix} \overset{\times(-3)}{\longrightarrow} \begin{pmatrix} 1 & 5 \\ 0 & -15 \\ 0 & 3 \end{pmatrix} \begin{matrix} \\ \times\left(-\frac{1}{15}\right) \\ \times\frac{1}{3} \end{matrix} \longrightarrow \begin{pmatrix} 1 & 5 \\ 0 & 1 \\ 0 & 1 \end{pmatrix} \times(-1)$$

$$\longrightarrow \begin{pmatrix} 1 & 5 \\ 0 & 1 \\ 0 & 0 \end{pmatrix}$$

より $\operatorname{rank} \begin{pmatrix} -2 & 5 \\ 3 & 0 \\ 0 & 3 \end{pmatrix} = 2$ となるから $\begin{pmatrix} -2 \\ 3 \\ 0 \end{pmatrix}, \begin{pmatrix} 5 \\ 0 \\ 3 \end{pmatrix}$ は 1 次独立. したがって

$$W_3 \text{ の基底は } \left\{ \begin{pmatrix} -2 \\ 3 \\ 0 \end{pmatrix}, \begin{pmatrix} 5 \\ 0 \\ 3 \end{pmatrix} \right\}, \qquad \dim W_3 = 2.$$

(4)　x_1, x_2, x_3 についての連立 1 次方程式

$$(\blacklozenge\blacklozenge) \cdots \begin{pmatrix} 2 & -8 & 7 \\ -6 & 24 & -21 \end{pmatrix} \begin{pmatrix} x_1 \\ x_2 \\ x_3 \end{pmatrix} = \begin{pmatrix} 0 \\ 0 \end{pmatrix}$$

を解く.

$$\left(\begin{array}{ccc:c} 2 & -8 & 7 & 0 \\ -6 & 24 & -21 & 0 \end{array}\right) \overset{\times 3}{\longrightarrow} \left(\begin{array}{ccc:c} 2 & -8 & 7 & 0 \\ 0 & 0 & 0 & 0 \end{array}\right)$$

よって方程式 $(\blacklozenge\blacklozenge)$ は

$$2x_1 - 8x_2 + 7x_3 = 0$$

と同値である．解の自由度は 2 であるから，$x_2 = c_1$, $x_3 = 2c_2$ とおけば，$2x_1 = 8x_2 - 7x_3 = 8 \cdot c_1 - 7 \cdot 2c_2 = 8c_1 - 14c_2$ となって $x_1 = 4c_1 - 7c_2$．したがって (♦♦) の解は

$$\boldsymbol{x} = \begin{pmatrix} 4c_1 - 7c_2 \\ c_1 \\ 2c_2 \end{pmatrix} = c_1 \begin{pmatrix} 4 \\ 1 \\ 0 \end{pmatrix} + c_2 \begin{pmatrix} -7 \\ 0 \\ 2 \end{pmatrix} \quad [c_1,\, c_2 : \text{任意定数}]$$

と書け，$W_4 = \left\langle \begin{pmatrix} 4 \\ 1 \\ 0 \end{pmatrix}, \begin{pmatrix} -7 \\ 0 \\ 2 \end{pmatrix} \right\rangle$．また

$$\begin{pmatrix} 4 & -7 \\ 1 & 0 \\ 0 & 2 \end{pmatrix} \longrightarrow \begin{pmatrix} 1 & 0 \\ 4 & -7 \\ 0 & 2 \end{pmatrix}_{\times(-4)} \longrightarrow \begin{pmatrix} 1 & 0 \\ 0 & -7 \\ 0 & 2 \end{pmatrix} \begin{matrix} \\ \times\left(\frac{-1}{7}\right) \\ \times\frac{1}{2} \end{matrix} \longrightarrow \begin{pmatrix} 1 & 0 \\ 0 & 1 \\ 0 & 1 \end{pmatrix}_{\times(-1)}$$

$$\longrightarrow \begin{pmatrix} 1 & 0 \\ 0 & 1 \\ 0 & 0 \end{pmatrix}$$

より $\operatorname{rank} \begin{pmatrix} 4 & -7 \\ 1 & 0 \\ 0 & 2 \end{pmatrix} = 2$ となるから $\begin{pmatrix} 4 \\ 1 \\ 0 \end{pmatrix}$, $\begin{pmatrix} -7 \\ 0 \\ 2 \end{pmatrix}$ は 1 次独立．したがって

$$W_4 \text{ の基底は } \left\{ \begin{pmatrix} 4 \\ 1 \\ 0 \end{pmatrix}, \begin{pmatrix} -7 \\ 0 \\ 2 \end{pmatrix} \right\}, \qquad \dim W_4 = 2.$$

(5)　x_1, x_2, x_3 についての連立 1 次方程式

$$(\otimes\otimes) \cdots \begin{pmatrix} 15 & 12 & -1 \\ 7 & 2 & 1 \\ 13 & -4 & 5 \end{pmatrix} \begin{pmatrix} x_1 \\ x_2 \\ x_3 \end{pmatrix} = \begin{pmatrix} 0 \\ 0 \\ 0 \end{pmatrix}$$

を解く．

$$\left(\begin{array}{ccc:c} 15 & 12 & -1 & 0 \\ 7 & 2 & 1 & 0 \\ 13 & -4 & 5 & 0 \end{array}\right) \begin{matrix} \times(-2) \\ \\ \times(-2) \end{matrix} \longrightarrow \left(\begin{array}{ccc:c} 1 & 8 & -3 & 0 \\ 7 & 2 & 1 & 0 \\ -1 & -8 & 3 & 0 \end{array}\right) \begin{matrix} \\ \times(-7) \\ \times 1 \end{matrix}$$

$$\longrightarrow \left(\begin{array}{ccc:c} 1 & 8 & -3 & 0 \\ 0 & -54 & 22 & 0 \\ 0 & 0 & 0 & 0 \end{array}\right) \times\frac{1}{2} \longrightarrow \left(\begin{array}{ccc:c} 1 & 8 & -3 & 0 \\ 0 & -27 & 11 & 0 \\ 0 & 0 & 0 & 0 \end{array}\right).$$

よって方程式 $(\otimes\otimes)$ は

$$\begin{cases} x_1 + 8x_2 - 3x_3 = 0 & \cdots \quad \text{(i)} \\ \quad\; - 27x_2 + 11x_3 = 0 & \cdots \quad \text{(ii)} \end{cases}$$

と同値である．解の自由度は 1 であるから，$x_3 = 27c$ とおけば，(ii) より $-27x_2 = -11x_3 = -11 \cdot 27c$ となって $x_2 = 11c$．よって (i) より $x_1 = -8x_2 + 3x_3 = -8 \cdot 11c + 3 \cdot 27c = -7c$．したがって $(\otimes\otimes)$ の解は

$$\boldsymbol{x} = \begin{pmatrix} -7c \\ 11c \\ 27c \end{pmatrix} = c \begin{pmatrix} -7 \\ 11 \\ 27 \end{pmatrix} \quad [c : \text{任意定数}]$$

と書け, $W_5 = \left\langle \begin{pmatrix} -7 \\ 11 \\ 27 \end{pmatrix} \right\rangle$. 明らかに $\begin{pmatrix} -7 \\ 11 \\ 27 \end{pmatrix}$ は1次独立. したがって

$$W_5 \text{ の基底は } \left\{ \begin{pmatrix} -7 \\ 11 \\ 27 \end{pmatrix} \right\}, \qquad \dim W_5 = 1.$$

5. (1)　x_1, x_2, x_3, x_4 についての連立1次方程式

$$(\bigstar\bigstar)\cdots \begin{cases} x_1 + 3x_2 - 2x_3 + x_4 = 0 \\ x_1 - 2x_2 + 2x_3 - 3x_4 = 0 \\ -x_1 + x_2 - 4x_3 + 2x_4 = 0 \end{cases}$$

を解く.

$$\left(\begin{array}{cccc|c} 1 & 3 & -2 & 1 & 0 \\ 1 & -2 & 2 & -3 & 0 \\ -1 & 1 & -4 & 2 & 0 \end{array}\right) \begin{matrix} \times 1 \\ \times(-1) \end{matrix} \longrightarrow \left(\begin{array}{cccc|c} 1 & 3 & -2 & 1 & 0 \\ 0 & -5 & 4 & -4 & 0 \\ 0 & 4 & -6 & 3 & 0 \end{array}\right) \times 1$$

$$\longrightarrow \left(\begin{array}{cccc|c} 1 & 3 & -2 & 1 & 0 \\ 0 & -1 & -2 & -1 & 0 \\ 0 & 4 & -6 & 3 & 0 \end{array}\right) \times 4 \longrightarrow \left(\begin{array}{cccc|c} 1 & 3 & -2 & 1 & 0 \\ 0 & -1 & -2 & -1 & 0 \\ 0 & 0 & -14 & -1 & 0 \end{array}\right)$$

よって方程式 $(\bigstar\bigstar)$ は

$$\begin{cases} x_1 + 3x_2 - 2x_3 + x_4 = 0 & \cdots \text{(i)} \\ \quad -x_2 - 2x_3 - x_4 = 0 & \cdots \text{(ii)} \\ \quad\quad - 14x_3 - x_4 = 0 & \cdots \text{(iii)} \end{cases}$$

と同値である. 解の自由度は1であるから, $x_3 = c$ とおけば, (iii) より $x_4 = -14x_3 = -14c$. よって (ii) より $x_2 = -2x_3 - x_4 = -2c - (-14c) = 12c$ となり, さらに (i) より $x_1 = -3x_2 + 2x_3 - x_4 = -3 \cdot 12c + 2c - (-14c) = -20c$. したがって $(\bigstar\bigstar)$ の解は

$$\boldsymbol{x} = \begin{pmatrix} -20c \\ 12c \\ c \\ -14c \end{pmatrix} = c \begin{pmatrix} -20 \\ 12 \\ 1 \\ -14 \end{pmatrix} \quad [c：\text{任意定数}]$$

と書け, $W_1 = \left\langle \begin{pmatrix} -20 \\ 12 \\ 1 \\ -14 \end{pmatrix} \right\rangle$. 明らかに $\begin{pmatrix} -20 \\ 12 \\ 1 \\ -14 \end{pmatrix}$ は1次独立. したがって

$$W_1 \text{ の基底は } \left\{ \begin{pmatrix} -20 \\ 12 \\ 1 \\ -14 \end{pmatrix} \right\}, \qquad \dim W_1 = 1.$$

(2)　x_1, x_2, x_3, x_4 についての連立1次方程式

$$(\spadesuit\spadesuit)\cdots \begin{cases} x_1 + 2x_2 + 2x_3 + x_4 = 0 \\ 3x_1 + x_2 + 5x_3 + x_4 = 0 \\ x_1 \quad\quad + 2x_3 + 2x_4 = 0 \\ -x_1 - x_2 - x_3 + 3x_4 = 0 \end{cases}$$

を解く.

$$
\left(\begin{array}{cccc:c} 1 & 2 & 2 & 1 & 0 \\ 3 & 1 & 5 & 1 & 0 \\ 1 & 0 & 2 & 2 & 0 \\ -1 & -1 & -1 & 3 & 0 \end{array}\right)
\begin{matrix} \\ \times(-3) \\ \times(-1) \\ \times 1 \end{matrix}
\longrightarrow
\left(\begin{array}{cccc:c} 1 & 2 & 2 & 1 & 0 \\ 0 & -5 & -1 & -2 & 0 \\ 0 & -2 & 0 & 1 & 0 \\ 0 & 1 & 1 & 4 & 0 \end{array}\right)
$$

$$
\longrightarrow
\left(\begin{array}{cccc:c} 1 & 2 & 2 & 1 & 0 \\ 0 & 1 & 1 & 4 & 0 \\ 0 & -2 & 0 & 1 & 0 \\ 0 & -5 & -1 & -2 & 0 \end{array}\right)
\begin{matrix} \\ \\ \times 2 \\ \times 5 \end{matrix}
\longrightarrow
\left(\begin{array}{cccc:c} 1 & 2 & 2 & 1 & 0 \\ 0 & 1 & 1 & 4 & 0 \\ 0 & 0 & 2 & 9 & 0 \\ 0 & 0 & 4 & 18 & 0 \end{array}\right)
\begin{matrix} \\ \\ \\ \times(-2) \end{matrix}
$$

$$
\longrightarrow
\left(\begin{array}{cccc:c} 1 & 2 & 2 & 1 & 0 \\ 0 & 1 & 1 & 4 & 0 \\ 0 & 0 & 2 & 9 & 0 \\ 0 & 0 & 0 & 0 & 0 \end{array}\right).
$$

よって方程式 (♠♠) は

$$
\left\{\begin{array}{rcrcrcrcl} x_1 & + & 2x_2 & + & 2x_3 & + & x_4 & = & 0 \quad \cdots \quad \text{(i)} \\ & & x_2 & + & x_3 & + & 4x_4 & = & 0 \quad \cdots \quad \text{(ii)} \\ & & & & 2x_3 & + & 9x_4 & = & 0 \quad \cdots \quad \text{(iii)} \end{array}\right.
$$

と同値である. 解の自由度は 1 であるから, $x_4 = 2c$ とおけば, (iii) より $2x_3 + 9 \cdot 2c = 0$ となって $x_3 = -9c$. よって (ii) より $x_2 = -x_3 - 4x_4 = -(-9c) - 4 \cdot 2c = c$ となり, さらに (i) より $x_1 = -2x_2 - 2x_3 - x_4 = -2c - 2 \cdot (-9c) - 2c = 14c$. したがって (♠♠) の解は

$$
\boldsymbol{x} = \begin{pmatrix} 14c \\ c \\ -9c \\ 2c \end{pmatrix} = c \begin{pmatrix} 14 \\ 1 \\ -9 \\ 2 \end{pmatrix} \qquad [c : \text{任意定数}]
$$

と書け, $W_2 = \left\langle \begin{pmatrix} 14 \\ 1 \\ -9 \\ 2 \end{pmatrix} \right\rangle$. 明らかに $\begin{pmatrix} 14 \\ 1 \\ -9 \\ 2 \end{pmatrix}$ は 1 次独立. したがって

$$
W_2 \text{ の基底は } \left\{ \begin{pmatrix} 14 \\ 1 \\ -9 \\ 2 \end{pmatrix} \right\}, \qquad \dim W_2 = 1.
$$

(3)　x_1, x_2, x_3, x_4 についての 1 次方程式

$$
(♣♣) \cdots \begin{pmatrix} 2 & 1 & 1 & 3 \\ 0 & 0 & -3 & -5 \\ 4 & 2 & -1 & 1 \\ 2 & 1 & -2 & -2 \end{pmatrix} \begin{pmatrix} x_1 \\ x_2 \\ x_3 \\ x_4 \end{pmatrix} = \begin{pmatrix} 0 \\ 0 \\ 0 \\ 0 \end{pmatrix}
$$

を解く.

$$
\left(\begin{array}{cccc:c} 2 & 1 & 1 & 3 & 0 \\ 0 & 0 & -3 & -5 & 0 \\ 4 & 2 & -1 & 1 & 0 \\ 2 & 1 & -2 & -2 & 0 \end{array}\right)
\begin{matrix} \\ \\ \times(-2) \\ \times(-1) \end{matrix}
\longrightarrow
\left(\begin{array}{cccc:c} 2 & 1 & 1 & 3 & 0 \\ 0 & 0 & -3 & -5 & 0 \\ 0 & 0 & -3 & -5 & 0 \\ 0 & 0 & -3 & -5 & 0 \end{array}\right)
\begin{matrix} \\ \\ \times(-1) \\ \times(-1) \end{matrix}
$$

$$\longrightarrow \left(\begin{array}{cccc:c} 2 & 1 & 1 & 3 & 0 \\ 0 & 0 & -3 & -5 & 0 \\ 0 & 0 & 0 & 0 & 0 \\ 0 & 0 & 0 & 0 & 0 \end{array}\right).$$

よって方程式 (♣♣) は

$$\begin{cases} 2x_1 + x_2 + x_3 + 3x_4 = 0 & \cdots \quad \text{(i)} \\ \qquad\qquad - 3x_3 - 5x_4 = 0 & \cdots \quad \text{(ii)} \end{cases}$$

と同値である．ここで，解の自由度は 2 であるから，$x_2 = 2c_1$, $x_4 = 3c_2$ とおけば，(ii) より $-3x_3 - 5\cdot 3c_2 = 0$ となって $x_3 = -5c_2$．さらに (i) より $2x_1 + 2c_1 - 5c_2 + 3\cdot 3c_2 = 0$ となって $x_1 = -c_1 - 2c_2$．したがって (♣♣) の解は

$$\boldsymbol{x} = \begin{pmatrix} -c_1 - 2c_2 \\ 2c_1 \\ -5c_2 \\ 3c_2 \end{pmatrix} = c_1 \begin{pmatrix} -1 \\ 2 \\ 0 \\ 0 \end{pmatrix} + c_2 \begin{pmatrix} -2 \\ 0 \\ -5 \\ 3 \end{pmatrix} \quad [c_1,\, c_2 : \text{任意定数}]$$

と書け，$W_3 = \left\langle \begin{pmatrix} -1 \\ 2 \\ 0 \\ 0 \end{pmatrix}, \begin{pmatrix} -2 \\ 0 \\ -5 \\ 3 \end{pmatrix} \right\rangle$．また

$$\begin{pmatrix} -1 & -2 \\ 2 & 0 \\ 0 & -5 \\ 0 & 3 \end{pmatrix} \overset{\times 2}{\longrightarrow} \begin{pmatrix} -1 & -2 \\ 0 & -4 \\ 0 & -5 \\ 0 & 3 \end{pmatrix} \begin{matrix} \\ \times\left(\frac{-1}{4}\right) \\ \times\left(\frac{-1}{5}\right) \\ \times\frac{1}{3} \end{matrix} \longrightarrow \begin{pmatrix} -1 & -2 \\ 0 & 1 \\ 0 & 1 \\ 0 & 1 \end{pmatrix} \begin{matrix} \\ \\ \times(-1) \\ \times(-1) \end{matrix}$$

$$\longrightarrow \begin{pmatrix} -1 & -2 \\ 0 & 1 \\ 0 & 0 \\ 0 & 0 \end{pmatrix}$$

より $\operatorname{rank} \begin{pmatrix} -1 & -2 \\ 2 & 0 \\ 0 & -5 \\ 0 & 3 \end{pmatrix} = 2$ となるから $\begin{pmatrix} -1 \\ 2 \\ 0 \\ 0 \end{pmatrix}, \begin{pmatrix} -2 \\ 0 \\ -5 \\ 3 \end{pmatrix}$ は 1 次独立．したがって

$$W_3 \text{ の基底は} \left\{ \begin{pmatrix} -1 \\ 2 \\ 0 \\ 0 \end{pmatrix}, \begin{pmatrix} -2 \\ 0 \\ -5 \\ 3 \end{pmatrix} \right\}, \qquad \dim W_3 = 2.$$

(4)　x_1, x_2, x_3, x_4 についての連立 1 次方程式

$$(\blacklozenge\blacklozenge)\cdots \begin{pmatrix} 1 & -2 & 3 & 2 \\ -3 & 6 & -9 & -6 \\ 2 & -4 & 6 & 4 \end{pmatrix} \begin{pmatrix} x_1 \\ x_2 \\ x_3 \\ x_4 \end{pmatrix} = \begin{pmatrix} 0 \\ 0 \\ 0 \end{pmatrix}$$

を解く．

$$\begin{pmatrix} 1 & -2 & 3 & 2 & \vdots & 0 \\ -3 & 6 & -9 & -6 & \vdots & 0 \\ 2 & -4 & 6 & 4 & \vdots & 0 \end{pmatrix} \begin{matrix} \\ \times 3 \\ \times(-2) \end{matrix} \longrightarrow \begin{pmatrix} 1 & -2 & 3 & 2 & \vdots & 0 \\ 0 & 0 & 0 & 0 & \vdots & 0 \\ 0 & 0 & 0 & 0 & \vdots & 0 \end{pmatrix}.$$

よって方程式 (♦♦) は

$$x_1 - 2x_2 + 3x_3 + 2x_4 = 0$$

と同値である．ここで, 解の自由度は 3 であるから, $x_2 = c_1$, $x_3 = c_2$, $x_4 = c_3$ とおけば, $x_1 = 2x_2 - 3x_3 - 2x_4 = 2c_1 - 3c_2 - 2c_3$. したがって (♦♦) の解は

$$\boldsymbol{x} = \begin{pmatrix} 2c_1 - 3c_2 - 2c_3 \\ c_1 \\ c_2 \\ c_3 \end{pmatrix}$$

$$= c_1 \begin{pmatrix} 2 \\ 1 \\ 0 \\ 0 \end{pmatrix} + c_2 \begin{pmatrix} -3 \\ 0 \\ 1 \\ 0 \end{pmatrix} + c_3 \begin{pmatrix} -2 \\ 0 \\ 0 \\ 1 \end{pmatrix} \quad [c_1, c_2, c_3 : \text{任意定数}]$$

と書け, $W_4 = \left\langle \begin{pmatrix} 2 \\ 1 \\ 0 \\ 0 \end{pmatrix}, \begin{pmatrix} -3 \\ 0 \\ 1 \\ 0 \end{pmatrix}, \begin{pmatrix} -2 \\ 0 \\ 0 \\ 1 \end{pmatrix} \right\rangle$. また

$$\begin{pmatrix} 2 & -3 & -2 \\ 1 & 0 & 0 \\ 0 & 1 & 0 \\ 0 & 0 & 1 \end{pmatrix} \longrightarrow \begin{pmatrix} 1 & 0 & 0 \\ 2 & -3 & -2 \\ 0 & 1 & 0 \\ 0 & 0 & 1 \end{pmatrix} \times(-2) \longrightarrow \begin{pmatrix} 1 & 0 & 0 \\ 0 & -3 & -2 \\ 0 & 1 & 0 \\ 0 & 0 & 1 \end{pmatrix}$$

$$\longrightarrow \begin{pmatrix} 1 & 0 & 0 \\ 0 & 1 & 0 \\ 0 & -3 & -2 \\ 0 & 0 & 1 \end{pmatrix} \times 3 \longrightarrow \begin{pmatrix} 1 & 0 & 0 \\ 0 & 1 & 0 \\ 0 & 0 & -2 \\ 0 & 0 & 1 \end{pmatrix} \times \frac{1}{2} \longrightarrow \begin{pmatrix} 1 & 0 & 0 \\ 0 & 1 & 0 \\ 0 & 0 & -2 \\ 0 & 0 & 0 \end{pmatrix}$$

より $\operatorname{rank} \begin{pmatrix} 2 & -3 & -2 \\ 1 & 0 & 0 \\ 0 & 1 & 0 \\ 0 & 0 & 1 \end{pmatrix} = 3$ となるから $\begin{pmatrix} 2 \\ 1 \\ 0 \\ 0 \end{pmatrix}, \begin{pmatrix} -3 \\ 0 \\ 1 \\ 0 \end{pmatrix}, \begin{pmatrix} -2 \\ 0 \\ 0 \\ 1 \end{pmatrix}$ は 1 次独立. したがって

$$W_4 \text{ の基底は } \left\{ \begin{pmatrix} 2 \\ 1 \\ 0 \\ 0 \end{pmatrix}, \begin{pmatrix} -3 \\ 0 \\ 1 \\ 0 \end{pmatrix}, \begin{pmatrix} -2 \\ 0 \\ 0 \\ 1 \end{pmatrix} \right\}, \qquad \dim W_4 = 3.$$

6. (1) $$\begin{pmatrix} 1 & 2 & 1 \\ 2 & 1 & 2 \\ 0 & 3 & 1 \end{pmatrix} \times(-2) \longrightarrow \begin{pmatrix} 1 & 2 & 1 \\ 0 & -3 & 0 \\ 0 & 3 & 1 \end{pmatrix} \times 1 \longrightarrow \begin{pmatrix} 1 & 2 & 1 \\ 0 & -3 & 0 \\ 0 & 0 & 1 \end{pmatrix}.$$

よって $\operatorname{rank}(\boldsymbol{a}\ \boldsymbol{b}\ \boldsymbol{c}) = 3$ となり, $\boldsymbol{a}, \boldsymbol{b}, \boldsymbol{c}$ は 1 次独立. したがって $\{\boldsymbol{a}, \boldsymbol{b}, \boldsymbol{c}\}$ は $\langle \boldsymbol{a}, \boldsymbol{b}, \boldsymbol{c} \rangle$ の基底である.

(2) $\begin{pmatrix} 2 & 1 & 0 \\ 3 & 2 & -1 \\ 1 & -1 & 3 \end{pmatrix} \longrightarrow \begin{pmatrix} 1 & -1 & 3 \\ 3 & 2 & -1 \\ 2 & 1 & 0 \end{pmatrix} \begin{matrix} \\ \times(-3) \\ \times(-2) \end{matrix} \longrightarrow \begin{pmatrix} 1 & -1 & 3 \\ 0 & 5 & -10 \\ 0 & 3 & -6 \end{pmatrix} \begin{matrix} \\ \times\frac{1}{5} \\ \times\frac{1}{3} \end{matrix}$

$$\longrightarrow \begin{pmatrix} 1 & -1 & 3 \\ 0 & 1 & -2 \\ 0 & 1 & -2 \end{pmatrix} \times(-1) \longrightarrow \begin{pmatrix} 1 & -1 & 3 \\ 0 & 1 & -2 \\ 0 & 0 & 0 \end{pmatrix}.$$

よって $\mathrm{rank}\,(\boldsymbol{a}\ \boldsymbol{b}\ \boldsymbol{c}) = 2$ となり, $\boldsymbol{a}, \boldsymbol{b}, \boldsymbol{c}$ は 1 次従属. したがって $\{\boldsymbol{a}, \boldsymbol{b}, \boldsymbol{c}\}$ は $\langle \boldsymbol{a}, \boldsymbol{b}, \boldsymbol{c} \rangle$ の基底ではない.

(3) $\begin{pmatrix} 1 & 2 & 5 \\ 0 & 3 & -1 \\ k & 2k & -k+1 \end{pmatrix} \times(-k) \longrightarrow \begin{pmatrix} 1 & 2 & 5 \\ 0 & 3 & -1 \\ 0 & 0 & -6k+1 \end{pmatrix}.$

よって $-6k+1 \neq 0$ ならば $\mathrm{rank}\,(\boldsymbol{a}\ \boldsymbol{b}\ \boldsymbol{c}) = 3$ より $\boldsymbol{a}, \boldsymbol{b}, \boldsymbol{c}$ は 1 次独立となり, $-6k+1 = 0$ ならば $\mathrm{rank}\,(\boldsymbol{a}\ \boldsymbol{b}\ \boldsymbol{c}) = 2 < 3$ より $\boldsymbol{a}, \boldsymbol{b}, \boldsymbol{c}$ は 1 次従属となる. したがって

$k \neq \dfrac{1}{6}$ ならば, $\{\boldsymbol{a}, \boldsymbol{b}, \boldsymbol{c}\}$ は $\langle \boldsymbol{a}, \boldsymbol{b}, \boldsymbol{c} \rangle$ の基底であり,

$k = \dfrac{1}{6}$ ならば, $\{\boldsymbol{a}, \boldsymbol{b}, \boldsymbol{c}\}$ は $\langle \boldsymbol{a}, \boldsymbol{b}, \boldsymbol{c} \rangle$ の基底ではない.

(4) $\begin{pmatrix} -1 & 3 & k-1 \\ 2 & k+1 & 0 \\ k-2 & 6 & 2k-2 \end{pmatrix} \begin{matrix} \\ \times 2 \\ \times(k-2) \end{matrix} \longrightarrow \begin{pmatrix} -1 & 3 & k-1 \\ 0 & k+7 & 2k-2 \\ 0 & 3k & k^2-k \end{pmatrix} \begin{matrix} \\ \times 3 \\ \ \end{matrix}$

$$\longrightarrow \begin{pmatrix} -1 & 3 & k-1 \\ 0 & 3k+21 & 6k-6 \\ 0 & 3k & k^2-k \end{pmatrix} \times(-1) \longrightarrow \begin{pmatrix} -1 & 3 & k-1 \\ 0 & 21 & -k^2+7k-6 \\ 0 & 3k & k^2-k \end{pmatrix} \times\left(-\frac{k}{7}\right)$$

$$\longrightarrow \begin{pmatrix} -1 & 3 & k-1 \\ 0 & 21 & -k^2+7k-6 \\ 0 & 0 & (k^3-k)/7 \end{pmatrix}.$$

よって $k^3 - k \neq 0$ ならば $\mathrm{rank}\,(\boldsymbol{a}\ \boldsymbol{b}\ \boldsymbol{c}) = 3$ より $\boldsymbol{a}, \boldsymbol{b}, \boldsymbol{c}$ は 1 次独立となり, $k^3 - k = 0$ ならば $\mathrm{rank}\,(\boldsymbol{a}\ \boldsymbol{b}\ \boldsymbol{c}) < 3$ より $\boldsymbol{a}, \boldsymbol{b}, \boldsymbol{c}$ は 1 次従属となる. したがって

$k \neq -1, 0, 1$ ならば, $\{\boldsymbol{a}, \boldsymbol{b}, \boldsymbol{c}\}$ は $\langle \boldsymbol{a}, \boldsymbol{b}, \boldsymbol{c} \rangle$ の基底であり,
$k = -1$ または $k = 0$ または $k = 1$ ならば, $\{\boldsymbol{a}, \boldsymbol{b}, \boldsymbol{c}\}$ は $\langle \boldsymbol{a}, \boldsymbol{b}, \boldsymbol{c} \rangle$ の基底でない.

7. $\boldsymbol{p} = \begin{pmatrix} p_1 \\ p_2 \\ p_3 \end{pmatrix} \in \mathbb{R}^3$ を任意にとったとき, $\boldsymbol{p}$ が $\boldsymbol{a}, \boldsymbol{b}, \boldsymbol{c}$ の 1 次結合として表されることを証明すれば十分である.

c_1, c_2, c_3 についての連立 1 次方程式　$c_1\boldsymbol{a} + c_2\boldsymbol{b} + c_3\boldsymbol{c} = \boldsymbol{p}$, すなわち

$$(\bigstar\bigstar) \cdots \begin{cases} c_1 + 2c_2 + c_3 = p_1 \\ 2c_1 + c_2 + 2c_3 = p_2 \\ 3c_2 + c_3 = p_3 \end{cases}$$

を解く.

$$\left(\begin{array}{ccc:c} 1 & 2 & 1 & p_1 \\ 2 & 1 & 2 & p_2 \\ 0 & 3 & 1 & p_3 \end{array}\right) \overset{\times(-2)}{\longrightarrow} \left(\begin{array}{ccc:c} 1 & 2 & 1 & p_1 \\ 0 & -3 & 0 & -2p_1+p_2 \\ 0 & 3 & 1 & p_3 \end{array}\right) {}_{\times 1}$$

$$\longrightarrow \left(\begin{array}{ccc:c} 1 & 2 & 1 & p_1 \\ 0 & -3 & 0 & -2p_1+p_2 \\ 0 & 0 & 1 & -2p_1+p_2+p_3 \end{array}\right).$$

よって方程式 (★★) は

$$\begin{cases} c_1 + 2c_2 + c_3 = p_1 & \cdots \quad \text{(i)} \\ \quad - 3c_2 = -2p_1 + p_2 & \cdots \quad \text{(ii)} \\ \quad c_3 = -2p_1 + p_2 + p_3 & \cdots \quad \text{(iii)} \end{cases}$$

と同値である. (iii) より $c_3 = -2p_1 + p_2 + p_3$. (ii) より $c_2 = (2/3)p_1 - (1/3)p_2$. よって (i) より $c_1 = -2c_2 - c_3 + p_1 = (5/3)p_1 - (1/3)p_2 - p_3$. したがって (★★) の解は

$$(c_1, c_2, c_3) = \left(\frac{5}{3}p_1 - \frac{1}{3}p_2 - p_3, \frac{2}{3}p_1 - \frac{1}{3}p_2, -2p_1 + p_2 + p_3\right)$$

となり, $\mathbb{p}$ は $\mathbb{a}, \mathbb{b}, \mathbb{c}$ の 1 次結合として

$$\mathbb{p} = \left(\frac{5}{3}p_1 - \frac{1}{3}p_2 - p_3\right)\mathbb{a} + \left(\frac{2}{3}p_1 - \frac{1}{3}p_2\right)\mathbb{b} + (-2p_1 + p_2 + p_3)\mathbb{c}$$

と表される.

§ 2.5　写像の定義と線形写像

解説　写像について基本事項をまとめる.

写像の定義

定義 2.18　X, Y を 2 つの集合とする. $X \ni \forall x$ に対して, Y の元が 1 つ対応しているとき, この対応を X から Y への**写像**(しゃぞう)という. 写像は, f, g, h などの記号を用いて表し, f が X から Y の写像であることを,

$$f : X \longrightarrow Y$$

で表す. また, 写像 f によって $X \ni x$ に対応する $y \in Y$ を x の**像**(ぞう)といい, $y = f(x)$ または $f : x \longmapsto y$ で表す.

定義 2.19　集合 X, Y に対して, 写像 $f : X \longrightarrow Y$ が定義されているとき, $A \subset X$ に対して,

$$f(A) := \{f(a) \mid a \in A\}$$

で $f(A)$ を定義し, f による A の**像**(ぞう)という.

一般に, $A \subset X$ に対し, $f(A) \subset f(X) \subset Y$ が成り立つことは, 定義よりわかる.

定義 2.20　写像 $f : X \longrightarrow Y$ が定義され, f による X の像が Y に一致するとき, すなわち, $f(X) = Y$ が成り立つとき, f は**全射**(ぜんしゃ)であるという.

写像 $f : X \longrightarrow Y$ が全射であることは, $\forall y \in Y$ について, $y = f(x)$ となるような $x \in X$ が存在することと同値である.

定義 2.21　写像 $f : X \longrightarrow Y$ が定義されるとき, $Y \ni y$ に対して, $y = f(x)$ となる $x \in X$ 全体の集合を y の f による**逆像**(ぎゃくぞう)といい, $f^{-1}(y)$ で表す.

定義 2.21 において, $y \in Y$ の逆像 $f^{-1}(y)$ は,

$$f^{-1}(y) = \{x \in X \mid y = f(x)\}$$

と書くことができる.

定義 2.22　写像 $f : X \longrightarrow Y$ について, $Y \supset B$ の逆像 $f^{-1}(B)$ を

$$f^{-1}(B) := \{x \in X \mid f(x) \in B\}$$

で定め, B の f による**逆像**(ぎゃくぞう)という.

定義 2.23　写像 $f : X \longrightarrow Y$ が定義されているとき, $X \ni \forall x_1, x_2$ に対して,

$$x_1 \neq x_2 \Longrightarrow f(x_1) \neq f(x_2)$$

が成り立つとき, f は**単射**(たんしゃ)であるという.

定義 2.24　写像 f が全射かつ単射のとき, f は**全単射**(ぜんたんしゃ)という.

写像 $f : X \longrightarrow X$ において, $X \ni \forall x$ に対して $f(x) = x$ であるとき, f は**恒等写像**(こうとう)であるという. また, $f : X \to Y$ が全単射のときは, $y \in Y$ の逆像 $f^{-1}(y)$ はただ 1 つの元からなり, $f^{-1}(y) = \{x\}$ を $f^{-1}(y) = x$ と書く.

定義 2.25　写像 $f : X \longrightarrow Y$ が全単射であるとき, $y \in Y$ に $f^{-1}(y) \in X$ を対応させる写像を f の**逆写像**(ぎゃくしゃぞう)といい, f^{-1} で表す.

f が全単射のとき, f の逆写像 f^{-1} も全単射である.

線形写像　次に, 写像のなかでも特に扱いやすい線形写像を定義する.

定義 2.26　線形空間 V, W に対して, V から W への写像 $f : V \longrightarrow W$ が**線形写像**(せんけい)であるとは,

(1)　$\forall \boldsymbol{a}, \boldsymbol{b} \in V$ に対して, $f(\boldsymbol{a} + \boldsymbol{b}) = f(\boldsymbol{a}) + f(\boldsymbol{b})$,

(2)　$\forall \boldsymbol{a} \in V$ と スカラー c に対して, $f(c\boldsymbol{a}) = cf(\boldsymbol{a})$

が成り立つときをいう. 特に, $V = W$ のとき, 線形写像 $f : V \longrightarrow V$ を V の**線形変換**(せんけいへんかん)または, **1 次変換**という.

この演習書では簡単のため, 定義における V, W を $\mathbb{R}^n$ の部分空間として考え, スカラーについても $c \in \mathbb{R}$ とする.

定理 2.6　線形空間 V, W に対して, $f : V \longrightarrow W$ が線形写像であるための必要十分条件は, $V \ni \forall \boldsymbol{a}_1, \boldsymbol{a}_2$ と $\mathbb{R} \ni \forall c_1, c_2$ に対して,

$$f(c_1\boldsymbol{a}_1 + c_2\boldsymbol{a}_2) = c_1 f(\boldsymbol{a}_1) + c_2 f(\boldsymbol{a}_2)$$

が成り立つことである.

例題 2.14　次で定義される写像 f が線形写像であるかどうか調べよ.

(1)

$$\begin{array}{cccc} f : & \mathbb{R}^2 & \longrightarrow & \mathbb{R} \\ & \cup & & \cup \\ & \begin{pmatrix} x_1 \\ x_2 \end{pmatrix} & \longmapsto & f\left(\begin{pmatrix} x_1 \\ x_2 \end{pmatrix}\right) := 2x_1 - 5x_2 + 1 \end{array}$$

(2)

$$\begin{array}{cccc} f: & \mathbb{R}^3 & \longrightarrow & \mathbb{R}^2 \\ & \Downarrow & & \Downarrow \\ & \begin{pmatrix} x_1 \\ x_2 \\ x_3 \end{pmatrix} & \longmapsto & f(\begin{pmatrix} x_1 \\ x_2 \\ x_3 \end{pmatrix}) := \begin{pmatrix} 3x_1 - x_2 \\ 2x_2 + 4x_3 \end{pmatrix} \end{array}$$

解答　(1)　たとえば $\boldsymbol{a} = \begin{pmatrix} 0 \\ 0 \end{pmatrix}$, $\boldsymbol{b} = \begin{pmatrix} 1 \\ 1 \end{pmatrix}$ とすると, $f(\boldsymbol{a}) = 2\cdot 0 - 5\cdot 0 + 1 = 1$, $f(\boldsymbol{b}) = 2\cdot 1 - 5\cdot 1 + 1 = -2$ より $f(\boldsymbol{a}) + f(\boldsymbol{b}) = 1 - 2 = -1$ であるが, $\boldsymbol{a} + \boldsymbol{b} = \begin{pmatrix} 1 \\ 1 \end{pmatrix}$ より $f(\boldsymbol{a} + \boldsymbol{b}) = 2\cdot 1 - 5\cdot 1 + 1 = -2$ であるから $f(\boldsymbol{a} + \boldsymbol{b}) \neq f(\boldsymbol{a}) + f(\boldsymbol{b})$. よって f は線形写像ではない.

(2)　$\boldsymbol{a} = \begin{pmatrix} a_1 \\ a_2 \\ a_3 \end{pmatrix}$, $\boldsymbol{b} = \begin{pmatrix} b_1 \\ b_2 \\ b_3 \end{pmatrix} \in \mathbb{R}^3$, $c,\ d \in \mathbb{R}$ とすると, $c\boldsymbol{a} + d\boldsymbol{b} = \begin{pmatrix} ca_1 + db_1 \\ ca_2 + db_2 \\ ca_3 + db_3 \end{pmatrix}$ であるから

$$\begin{aligned} f(c\boldsymbol{a} + d\boldsymbol{b}) &= f(\begin{pmatrix} ca_1 + db_1 \\ ca_2 + db_2 \\ ca_3 + db_3 \end{pmatrix}) = \begin{pmatrix} 3(ca_1 + db_1) - (ca_2 + db_2) \\ 2(ca_2 + db_2) + 4(ca_3 + db_3) \end{pmatrix} \\ &= \begin{pmatrix} c(3a_1 - a_2) + d(3b_1 - b_2) \\ c(2a_2 + 4a_3) + d(2b_2 + 4b_3) \end{pmatrix} = \begin{pmatrix} c(3a_1 - a_2) \\ c(2a_2 + 4a_3) \end{pmatrix} + \begin{pmatrix} d(3b_1 - b_2) \\ d(2b_2 + 4b_3) \end{pmatrix} \\ &= c\begin{pmatrix} 3a_1 - a_2 \\ 2a_2 + 4a_3 \end{pmatrix} + d\begin{pmatrix} 3b_1 - b_2 \\ 2b_2 + 4b_3 \end{pmatrix} = cf(\boldsymbol{a}) + df(\boldsymbol{b}). \end{aligned}$$

よって f は線形写像である. ∎

例題 2.15　写像 $f: \mathbb{R}^2 \to \mathbb{R}^2$ が $f(\begin{pmatrix} x_1 \\ x_2 \end{pmatrix}) := \begin{pmatrix} a{x_2}^2 + bx_2 + c \\ x_1 + (a + b - c + 2) \end{pmatrix}$ で定義されるとき, f が線形写像となるように $a, b, c \in \mathbb{R}$ を決定せよ.

解答　$f(\begin{pmatrix} 0 \\ 0 \end{pmatrix}) = \begin{pmatrix} 0 \\ 0 \end{pmatrix}$ が成り立たなければならないので $\begin{pmatrix} c \\ a + b - c + 2 \end{pmatrix} = \begin{pmatrix} 0 \\ 0 \end{pmatrix}$ すなわち $c = 0$ かつ $a + b - c + 2 = 0$ でなければならない. まずこれにより f は

$$f(\begin{pmatrix} x_1 \\ x_2 \end{pmatrix}) = \begin{pmatrix} a{x_2}^2 + bx_2 \\ x_1 \end{pmatrix}$$

と書けることがわかる. 次に $f(2\begin{pmatrix} 0 \\ 1 \end{pmatrix}) = 2f(\begin{pmatrix} 0 \\ 1 \end{pmatrix})$ すなわち $f(\begin{pmatrix} 0 \\ 2 \end{pmatrix}) = 2f(\begin{pmatrix} 0 \\ 1 \end{pmatrix})$ が成り立たなければならないので $\begin{pmatrix} 4a + 2b \\ 0 \end{pmatrix} = 2\begin{pmatrix} a + b \\ 0 \end{pmatrix}$ すなわち $\begin{pmatrix} 4a + 2b \\ 0 \end{pmatrix} = \begin{pmatrix} 2a + 2b \\ 0 \end{pmatrix}$ でなければならず, したがって $4a + 2b = 2a + 2b$ すなわち $a = 0$ でなければならないことがわかる. $c = 0$, $a + b - c + 2 = 0$, $a = 0$ より $(a, b, c) = (0, -2, 0)$.
したがって, f が線形写像ならば $(a, b, c) = (0, -2, 0)$ でなければならない. 逆に $(a, b, c) = (0, -2, 0)$

ならば

$$f(\begin{pmatrix} x_1 \\ x_2 \end{pmatrix}) = \begin{pmatrix} -2x_2 \\ x_1 \end{pmatrix}$$

であるから

$$\begin{aligned} f(c\begin{pmatrix} x_1 \\ x_2 \end{pmatrix} + d\begin{pmatrix} y_1 \\ y_2 \end{pmatrix}) &= f(\begin{pmatrix} cx_1 + dy_1 \\ cx_2 + dy_2 \end{pmatrix}) = \begin{pmatrix} -2(cx_2 + dy_2) \\ cx_1 + dy_1 \end{pmatrix} \\ &= \begin{pmatrix} c(-2x_2) + d(-2y_2) \\ cx_1 + dy_1 \end{pmatrix} = \begin{pmatrix} c(-2x_2) \\ cx_1 \end{pmatrix} + \begin{pmatrix} d(-2y_2) \\ dy_1 \end{pmatrix} \\ &= c\begin{pmatrix} -2x_2 \\ x_1 \end{pmatrix} + d\begin{pmatrix} -2y_2 \\ y_1 \end{pmatrix} = cf(\begin{pmatrix} x_1 \\ x_2 \end{pmatrix}) + df(\begin{pmatrix} y_1 \\ y_2 \end{pmatrix}) \end{aligned}$$

となって f は線形写像である．よって，$(a, b, c) = (0, -2, 0)$ である．∎

例題 2.16　$f(\begin{pmatrix} x \\ y \end{pmatrix}) = \begin{pmatrix} 3x - y \\ 4x + 3y \end{pmatrix}$ で定義される写像 $f : \mathbb{R}^2 \to \mathbb{R}^2$ がある．以下の問いに答えよ．

(1)　$\begin{pmatrix} 1 \\ 1 \end{pmatrix}$ の f による像を求めよ．

(2)　f が線形変換になることを示せ．

解答

(1)　f の定義より，f による $\begin{pmatrix} 1 \\ 1 \end{pmatrix} \in \mathbb{R}^2$ の像は，

$$f(\begin{pmatrix} 1 \\ 1 \end{pmatrix}) = \begin{pmatrix} 3 \cdot 1 - 1 \\ 4 \cdot 1 + 3 \cdot 1 \end{pmatrix} = \begin{pmatrix} 2 \\ 7 \end{pmatrix}$$

である．

(2)　$\mathbb{R}^2 \ni \boldsymbol{a} = \begin{pmatrix} a_1 \\ a_2 \end{pmatrix}, \boldsymbol{b} = \begin{pmatrix} b_1 \\ b_2 \end{pmatrix}$ に対して，

$$\begin{aligned} f(\boldsymbol{a} + \boldsymbol{b}) &= f(\begin{pmatrix} a_1 + b_1 \\ a_2 + b_2 \end{pmatrix}) = \begin{pmatrix} 3(a_1 + b_1) - (a_2 + b_2) \\ 4(a_1 + b_1) + 3(a_2 + b_2) \end{pmatrix} = \begin{pmatrix} (3a_1 - a_2) + (3b_1 - b_2) \\ (4a_1 + 3a_2) + (4b_1 + 3b_2) \end{pmatrix} \\ &= \begin{pmatrix} 3a_1 - a_2 \\ 4a_1 + 3a_2 \end{pmatrix} + \begin{pmatrix} 3b_1 - b_2 \\ 4b_1 + 3b_2 \end{pmatrix} = f(\boldsymbol{a}) + f(\boldsymbol{b}) \end{aligned}$$

である．また，スカラー $c \in \mathbb{R}$ について，

$$f(c\boldsymbol{a}) = f(\begin{pmatrix} ca_1 \\ ca_2 \end{pmatrix}) = \begin{pmatrix} 3ca_1 - ca_2 \\ 4ca_1 + 3ca_2 \end{pmatrix} = \begin{pmatrix} c(3a_1 - a_2) \\ c(4a_1 + 3a_2) \end{pmatrix} = c\begin{pmatrix} 3a_1 - a_2 \\ 4a_1 + 3a_2 \end{pmatrix} = cf(\boldsymbol{a}).$$

したがって，定義 2.26 により，f は，線形写像である．さらに，f は，$\mathbb{R}^2$ から $\mathbb{R}^2$ 自身への写像であるから，f は線形変換である．∎

◆◆演習問題 § 2.5 ◆◆

1. 次で定義される写像 f が線形写像でないことを証明せよ.

(1) $f : \mathbb{R}^2 \to \mathbb{R}$

$$f(\begin{pmatrix} x_1 \\ x_2 \end{pmatrix}) := 3x_1 + 4x_2 + 5$$

(2) $f : \mathbb{R}^2 \to \mathbb{R}$

$$f(\begin{pmatrix} x_1 \\ x_2 \end{pmatrix}) := |x_1 + x_2|$$

(3) $f : \mathbb{R} \to \mathbb{R}^2$

$$f(x) := \begin{pmatrix} 2x \\ x^2 \end{pmatrix}$$

(4) $f : \mathbb{R}^2 \to \mathbb{R}^2$

$$f(\begin{pmatrix} x_1 \\ x_2 \end{pmatrix}) := \begin{pmatrix} \sin(x_1 + x_2) \\ 2x_1 + 3x_2 \end{pmatrix}$$

(5) $f : \mathbb{R}^2 \to \mathbb{R}^2$

$$f(\begin{pmatrix} x_1 \\ x_2 \end{pmatrix}) := \begin{pmatrix} 0 \\ \log(|x_1 + x_2| + 1) \end{pmatrix}$$

(6) $f : \mathbb{R}^3 \to \mathbb{R}$

$$f(\begin{pmatrix} x_1 \\ x_2 \\ x_3 \end{pmatrix}) := \arctan(2x_1 + 3x_2 + x_3)$$

2. $\boldsymbol{a} \in \mathbb{R}^m$ とする.

$$f(\boldsymbol{x}) := \boldsymbol{a}$$

で定義される写像 $f : \mathbb{R}^n \to \mathbb{R}^m$ が線形写像かどうか確かめよ.

3. 写像 $f : \mathbb{R}^2 \to \mathbb{R}^2$ が

$$f(\begin{pmatrix} x_1 \\ x_2 \end{pmatrix}) := \begin{pmatrix} e^{ax_1} + bx_1 + c \\ b\sin\left(ax_2 + \dfrac{\pi}{2}\right) - c \end{pmatrix}$$

で定義されるとき, f が線形写像となるように $a, b, c \in \mathbb{R}$ を決定せよ.

◇演習問題の解答◇

1. (1) たとえば $\boldsymbol{a}=\begin{pmatrix}0\\0\end{pmatrix}$, $\boldsymbol{b}=\begin{pmatrix}1\\1\end{pmatrix}$ とすると, $f(\boldsymbol{a})=5$, $f(\boldsymbol{b})=12$ より $f(\boldsymbol{a})+f(\boldsymbol{b})=17$ であるが, $\boldsymbol{a}+\boldsymbol{b}=\begin{pmatrix}1\\1\end{pmatrix}$ より $f(\boldsymbol{a}+\boldsymbol{b})=12$ であるから $f(\boldsymbol{a}+\boldsymbol{b})\neq f(\boldsymbol{a})+f(\boldsymbol{b})$. よって f は線形写像ではない.

(2) たとえば $\boldsymbol{a}=\begin{pmatrix}1\\1\end{pmatrix}$ とすると, $f(\boldsymbol{a})=2$ より $-2f(\boldsymbol{a})=-4$ であるが, $-2\boldsymbol{a}=\begin{pmatrix}-2\\-2\end{pmatrix}$ より $f(-2\boldsymbol{a})=4$ であるから $f(-2\boldsymbol{a})\neq -2f(\boldsymbol{a})$. よって f は線形写像ではない.

(3) たとえば $a=1$, $b=2$ とすると, $f(a)=\begin{pmatrix}2\\1\end{pmatrix}$, $f(b)=\begin{pmatrix}4\\4\end{pmatrix}$ より $f(a)+f(b)=\begin{pmatrix}6\\5\end{pmatrix}$ であるが, $a+b=3$ より $f(a+b)=\begin{pmatrix}6\\9\end{pmatrix}$ であるから $f(a+b)\neq f(a)+f(b)$. よって f は線形写像ではない.

(4) たとえば $\boldsymbol{a}=\begin{pmatrix}\pi/2\\0\end{pmatrix}$ とすると, $f(\boldsymbol{a})=\begin{pmatrix}\sin(\pi/2)\\\pi\end{pmatrix}=\begin{pmatrix}1\\\pi\end{pmatrix}$ より $2f(\boldsymbol{a})=\begin{pmatrix}2\\2\pi\end{pmatrix}$ であるが, $2\boldsymbol{a}=\begin{pmatrix}\pi\\0\end{pmatrix}$ より $f(2\boldsymbol{a})=\begin{pmatrix}\sin\pi\\2\pi\end{pmatrix}=\begin{pmatrix}0\\2\pi\end{pmatrix}$ であるから $f(2\boldsymbol{a})\neq 2f(\boldsymbol{a})$. よって f は線形写像ではない.

(5) たとえば $\boldsymbol{a}=\begin{pmatrix}e\\-1\end{pmatrix}$, $\boldsymbol{b}=\begin{pmatrix}1\\-e\end{pmatrix}$ とすると, $f(\boldsymbol{a})=\begin{pmatrix}0\\\log e\end{pmatrix}=\begin{pmatrix}0\\1\end{pmatrix}$, $f(\boldsymbol{b})=\begin{pmatrix}0\\\log e\end{pmatrix}=\begin{pmatrix}0\\1\end{pmatrix}$ より $f(\boldsymbol{a})+f(\boldsymbol{b})=\begin{pmatrix}0\\2\end{pmatrix}$ であるが, $\boldsymbol{a}+\boldsymbol{b}=\begin{pmatrix}e+1\\-e-1\end{pmatrix}$ より $f(\boldsymbol{a}+\boldsymbol{b})=\begin{pmatrix}0\\\log 1\end{pmatrix}=\begin{pmatrix}0\\0\end{pmatrix}$ であるから $f(\boldsymbol{a}+\boldsymbol{b})\neq f(\boldsymbol{a})+f(\boldsymbol{b})$. よって f は線形写像ではない.

(6) たとえば $\boldsymbol{a}=\begin{pmatrix}0\\0\\\dfrac{1}{\sqrt{3}}\end{pmatrix}$ とすると, $f(\boldsymbol{a})=\arctan\left(\dfrac{1}{\sqrt{3}}\right)=\dfrac{\pi}{6}$ より $3f(\boldsymbol{a})=\dfrac{\pi}{2}$ であるが, $3\boldsymbol{a}=\begin{pmatrix}0\\0\\\dfrac{3}{\sqrt{3}}\end{pmatrix}$ より $f(3\boldsymbol{a})=\arctan(\sqrt{3})=\dfrac{\pi}{3}$ であるから $f(3\boldsymbol{a})\neq 3f(\boldsymbol{a})$. よって f は線形写像ではない.

2. $\mathbb{R}^n$, $\mathbb{R}^m$ における零ベクトルをそれぞれ $\boldsymbol{o}_n$, $\boldsymbol{o}_m$ と書くことにする.
f が線形写像ならば $f(\boldsymbol{o}_n)=\boldsymbol{o}_m$ でなければならない. 一方, f の定義により $f(\boldsymbol{o}_n)=\boldsymbol{a}$. したがって $\boldsymbol{a}\neq\boldsymbol{o}_m$ ならば f は線形写像ではない.
$\boldsymbol{a}=\boldsymbol{o}_m$ ならば, 任意の $\boldsymbol{x}, \boldsymbol{y}\in\mathbb{R}^n$ および任意の $c, d\in\mathbb{R}$ に対して

$$f(c\boldsymbol{x}+d\boldsymbol{y})=\boldsymbol{o}_m,$$
$$cf(\boldsymbol{x})+df(\boldsymbol{y})=c\boldsymbol{o}_m+d\boldsymbol{o}_m=\boldsymbol{o}_m+\boldsymbol{o}_m=\boldsymbol{o}_m$$

より $f(c\boldsymbol{x}+d\boldsymbol{y})=cf(\boldsymbol{x})+df(\boldsymbol{y})\ (=\boldsymbol{o}_m)$ が成り立つので, f は線形写像である.

以上のことから，$\boldsymbol{a}$ が零ベクトルならば f は線形写像であり，$\boldsymbol{a}$ が零ベクトルでないならば f は線形写像ではない．

3. $f(\begin{pmatrix} 0 \\ 0 \end{pmatrix}) = \begin{pmatrix} 0 \\ 0 \end{pmatrix}$ が成り立たなければならないので $\begin{pmatrix} 1+c \\ b-c \end{pmatrix} = \begin{pmatrix} 0 \\ 0 \end{pmatrix}$ すなわち $b = c = -1$ でなければならない．まずこれにより f は

$$f(\begin{pmatrix} x_1 \\ x_2 \end{pmatrix}) = \begin{pmatrix} e^{ax_1} - x_1 - 1 \\ -\sin\left(ax_2 + \dfrac{\pi}{2}\right) + 1 \end{pmatrix}$$

と書けることがわかる．次に $f(2\begin{pmatrix} 1 \\ 0 \end{pmatrix}) = 2f(\begin{pmatrix} 1 \\ 0 \end{pmatrix})$ すなわち $f(\begin{pmatrix} 2 \\ 0 \end{pmatrix}) = 2f(\begin{pmatrix} 1 \\ 0 \end{pmatrix})$ が成り立たなければならないので $\begin{pmatrix} e^{2a} - 3 \\ 0 \end{pmatrix} = 2\begin{pmatrix} e^{a} - 2 \\ 0 \end{pmatrix}$ すなわち $\begin{pmatrix} e^{2a} - 3 \\ 0 \end{pmatrix} = \begin{pmatrix} 2e^{a} - 4 \\ 0 \end{pmatrix}$ でなければならず，したがって $e^{2a} - 3 = 2e^a - 4$ でなければならないことがわかる．$e^{2a} - 3 = 2e^a - 4$ より $e^{2a} - 2e^a + 1 = 0$ すなわち $(e^a - 1)^2 = 0$ となるので，$e^a = 1$ すなわち $a = 0$．よって $(a, b, c) = (0, -1, -1)$．

したがって，f が線形写像ならば $(a, b, c) = (0, -1, -1)$ でなければならない．逆に $(a, b, c) = (0, -1, -1)$ ならば

$$f(\begin{pmatrix} x_1 \\ x_2 \end{pmatrix}) = \begin{pmatrix} -x_1 \\ 0 \end{pmatrix}$$

であるから

$$\begin{aligned}
f(c\begin{pmatrix} x_1 \\ x_2 \end{pmatrix} + d\begin{pmatrix} y_1 \\ y_2 \end{pmatrix}) &= f(\begin{pmatrix} cx_1 + dy_1 \\ cx_2 + dy_2 \end{pmatrix}) = \begin{pmatrix} -(cx_1 + dy_1) \\ 0 \end{pmatrix} \\
&= \begin{pmatrix} c(-x_1) + d(-y_1) \\ 0 \end{pmatrix} = \begin{pmatrix} c(-x_1) \\ 0 \end{pmatrix} + \begin{pmatrix} d(-y_1) \\ 0 \end{pmatrix} \\
&= c\begin{pmatrix} -x_1 \\ 0 \end{pmatrix} + d\begin{pmatrix} -y_1 \\ 0 \end{pmatrix} = cf(\begin{pmatrix} x_1 \\ x_2 \end{pmatrix}) + df(\begin{pmatrix} y_1 \\ y_2 \end{pmatrix})
\end{aligned}$$

となって f は線形写像である．以上のことから，$(a, b, c) = (0, -1, -1)$ となる．

§ 2.6 　線形写像と行列

解説 　線形写像と行列に関する演習問題を解くために必要な基本事項について確認する.

■**行列による線形写像**■ 　次の定理 2.7 のように行列 A によって定義された線形写像 f を行列 A に**対応する線形写像**という.

定理 2.7 　行列 $A = (a_{ij}) \in M(m, n)$ と $\boldsymbol{x} = \begin{pmatrix} x_1 \\ x_2 \\ \vdots \\ x_n \end{pmatrix} \in \mathbb{R}^n$ に対して, 写像 $f : \mathbb{R}^n \longrightarrow \mathbb{R}^m$

を

$$f(\boldsymbol{x}) := A\boldsymbol{x} = \begin{pmatrix} a_{11}x_1 + a_{12}x_2 + \cdots + a_{1n}x_n \\ a_{21}x_1 + a_{22}x_2 + \cdots + a_{2n}x_n \\ \vdots \\ a_{m1}x_1 + a_{m2}x_2 + \cdots + a_{mn}x_n \end{pmatrix}$$

で定義すると, f は線形写像である.

■**線形写像に対応する行列**■ 　次の定理 2.8 のように線形写像 f によって定まる行列 A を**線形写像 f に対応する行列**という.

定理 2.8 　任意の線形写像 $f : \mathbb{R}^n \longrightarrow \mathbb{R}^m$ に対して,

$$f(\boldsymbol{x}) = A\boldsymbol{x} \quad (\boldsymbol{x} \in \mathbb{R}^n)$$

となるような $A \in M(m, n)$ が存在する.

定理 2.7, 2.8 から, 次の定理 2.9 のように写像 $f : \mathbb{R}^n \longrightarrow \mathbb{R}^m$ が線形写像となるための必要十分条件が得られる.

定理 2.9

写像 $f : \mathbb{R}^n \longrightarrow \mathbb{R}^m$ は線形写像である $\iff$ $f(\boldsymbol{x}) = A\boldsymbol{x}$ $(\boldsymbol{x} \in \mathbb{R}^n)$ となる行列 $A \in M(m, n)$ が存在する.

■**逆変換に対応する行列**■

定義 2.27 　線形空間 V の部分空間 V_1, V_2, V_3 について, 写像 $f : V_1 \longrightarrow V_2$, $g : V_2 \longrightarrow V_3$

が定義されるとき,

$$\begin{array}{ccc} g \circ f : & V_1 & \longrightarrow & V_3 \\ & \cup & & \cup \\ & \boldsymbol{x} & \longmapsto & (g \circ f)(\boldsymbol{x}) \end{array}$$

を f と g の**合成写像**という.

ここで, $(g \circ f)(\boldsymbol{x}) := g(f(\boldsymbol{x}))$ として考える. また, 定義 2.27 において, f, g が線形写像であるとき, 合成写像 $g \circ f$ も線形写像となる.

定理 2.10　線形変換 $f : \mathbb{R}^n \longrightarrow \mathbb{R}^n$ に対応する行列 A が正則行列ならば, 逆変換 f^{-1} が存在して, f^{-1} に対応する行列は, A^{-1} である.

例題 2.17　線形変換 $f : \mathbb{R}^2 \to \mathbb{R}^2$ に対応する行列を $\begin{pmatrix} 3 & -7 \\ -1 & 9 \end{pmatrix}$ とするとき, f による像が点 $(5, -2)$ となる点を求めよ.

解答　求める点を (x, y) とすると,

$$\begin{pmatrix} 5 \\ -2 \end{pmatrix} = \begin{pmatrix} 3 & -7 \\ -1 & 9 \end{pmatrix} \begin{pmatrix} x \\ y \end{pmatrix}$$

より

$$\begin{pmatrix} x \\ y \end{pmatrix} = \begin{pmatrix} 3 & -7 \\ -1 & 9 \end{pmatrix}^{-1} \begin{pmatrix} 5 \\ -2 \end{pmatrix} = \frac{1}{20} \begin{pmatrix} 9 & 7 \\ 1 & 3 \end{pmatrix} \begin{pmatrix} 5 \\ -2 \end{pmatrix} = \frac{1}{20} \begin{pmatrix} 31 \\ -1 \end{pmatrix}$$

$$= \begin{pmatrix} 31/20 \\ -1/20 \end{pmatrix}.$$

したがって　点 $\left(\dfrac{31}{20}, -\dfrac{1}{20}\right)$ が求める点である.　∎

例題 2.18　$M_2 \ni \begin{pmatrix} -3 & -4 \\ 1 & 2 \end{pmatrix}$ に対応する線形写像を f とするとき, f による像が直線 $4x + 3y - 7 = 0$ となるのはどのような図形か求めよ.

解答　点 (x, y) の f による像を (x', y') とすると

$$\begin{pmatrix} x' \\ y' \end{pmatrix} = \begin{pmatrix} -3 & -4 \\ 1 & 2 \end{pmatrix} \begin{pmatrix} x \\ y \end{pmatrix} = \begin{pmatrix} -3x - 4y \\ x + 2y \end{pmatrix}.$$

点 (x, y) が求める図形上にあるとき, 点 (x', y') は直線 $4x + 3y - 7 = 0$ 上にあるから

$$4(-3x - 4y) + 3(x + 2y) - 7 = 0 \qquad \text{すなわち} \qquad -9x - 10x - 7 = 0.$$

よって, 直線 $-9x - 10y - 7 = 0$ である.　∎

例題 2.19　$g : \mathbb{R}^2 \to \mathbb{R}^2$ について, f に対応する行列を $\begin{pmatrix} -2 & 4 \\ 3 & -5 \end{pmatrix}$ とし, $f \circ g$ に対応する行列を $\begin{pmatrix} -4 & -16 \\ 5 & 22 \end{pmatrix}$ とするとき,

(1)　g に対応する行列を求めよ.

(2)　$g \circ f$ に対応する行列を求め, $g \circ f$ による 点 $(-4, 3)$ の像を求めよ.

解答 (1) 求める行列を A とおくと, $\begin{pmatrix} -2 & 4 \\ 3 & -5 \end{pmatrix} A = \begin{pmatrix} -4 & -16 \\ 5 & 22 \end{pmatrix}$ より

$$A = \begin{pmatrix} -2 & 4 \\ 3 & -5 \end{pmatrix}^{-1} \begin{pmatrix} -4 & -16 \\ 5 & 22 \end{pmatrix} = -\frac{1}{2} \begin{pmatrix} -5 & -4 \\ -3 & -2 \end{pmatrix} \begin{pmatrix} -4 & -16 \\ 5 & 22 \end{pmatrix}$$

$$= -\frac{1}{2} \begin{pmatrix} 0 & -8 \\ 2 & 4 \end{pmatrix} = \begin{pmatrix} 0 & 4 \\ -1 & -2 \end{pmatrix}.$$

(2) 求める行列を B とおくと,

$$B = A \begin{pmatrix} -2 & 4 \\ 3 & -5 \end{pmatrix} = \begin{pmatrix} 0 & 4 \\ -1 & -2 \end{pmatrix} \begin{pmatrix} -2 & 4 \\ 3 & -5 \end{pmatrix} = \begin{pmatrix} 12 & -20 \\ -4 & 6 \end{pmatrix}.$$

また

$$B \begin{pmatrix} -4 \\ 3 \end{pmatrix} = \begin{pmatrix} 12 & -20 \\ -4 & 6 \end{pmatrix} \begin{pmatrix} -4 \\ 3 \end{pmatrix} = \begin{pmatrix} -108 \\ 34 \end{pmatrix}$$

より $g \circ f$ による点 $(-4, 3)$ の像は点 $(-108, 34)$ である. ∎

例題 2.20 線形写像 f による 図形 A の像は, 図形 A を x 軸方向に $\frac{1}{3}$ 倍, y 軸方向に $\frac{1}{2}$ 倍したものになる.

(1) f に対応する行列を求めよ.

(2) f による 円 $x^2 + y^2 = 36$ の像を求めよ.

解答 (1) 求める行列を $M = \begin{pmatrix} a & b \\ c & d \end{pmatrix}$ とおくと,

$$\begin{pmatrix} a & b \\ c & d \end{pmatrix} \begin{pmatrix} x \\ y \end{pmatrix} = \begin{pmatrix} (1/3)x \\ (1/2)y \end{pmatrix}$$

すなわち

$$ax + by = \frac{1}{3}x \quad \text{かつ} \quad cx + dy = \frac{1}{2}y$$

が任意の x, y に対して成り立つので, $(a, b, c, d) = \left(\frac{1}{3}, 0, 0, \frac{1}{2}\right)$. したがって $M = \begin{pmatrix} 1/3 & 0 \\ 0 & 1/2 \end{pmatrix}$.

(2) 円 $x^2 + y^2 = 36$ 上の点 (x', y') の f による像を (x, y) とすると

$$\begin{pmatrix} x \\ y \end{pmatrix} = \begin{pmatrix} 1/3 & 0 \\ 0 & 1/2 \end{pmatrix} \begin{pmatrix} x' \\ y' \end{pmatrix}.$$

よって

$$\begin{pmatrix} x' \\ y' \end{pmatrix} = \begin{pmatrix} 1/3 & 0 \\ 0 & 1/2 \end{pmatrix}^{-1} \begin{pmatrix} x \\ y \end{pmatrix} = \begin{pmatrix} 3 & 0 \\ 0 & 2 \end{pmatrix} \begin{pmatrix} x \\ y \end{pmatrix} = \begin{pmatrix} 3x \\ 2y \end{pmatrix}.$$

点 (x', y') が円 $x^2 + y^2 = 36$ 上にあるから

$$(3x)^2 + (2y)^2 = 36 \quad \text{すなわち} \quad 9x^2 + 4y^2 = 36.$$

よって求める図形は楕円 $\dfrac{x^2}{4} + \dfrac{y^2}{9} = 1$ である. ∎

例題 2.21　線形変換 $f:\mathbb{R}^3\to\mathbb{R}^3$ が,

$$f(\begin{pmatrix}1\\0\\3\end{pmatrix})=\begin{pmatrix}-2\\-5\\8\end{pmatrix},\quad f(\begin{pmatrix}2\\1\\-1\end{pmatrix})=\begin{pmatrix}-1\\4\\8\end{pmatrix},\quad f(\begin{pmatrix}-1\\-2\\0\end{pmatrix})=\begin{pmatrix}-4\\-1\\-3\end{pmatrix}$$

を満たすとき,

(1) $\mathbb{R}^3$ の基本ベクトルの像 $f(\boldsymbol{e}_1), f(\boldsymbol{e}_2), f(\boldsymbol{e}_3)$ を求めよ.

(2) $f(\boldsymbol{x})=A\boldsymbol{x}$ となる行列 A を求めよ.

解答　(1) 仮定により $f(\boldsymbol{e}_1)+3f(\boldsymbol{e}_3)=\begin{pmatrix}-2\\-5\\8\end{pmatrix}$, $2f(\boldsymbol{e}_1)+f(\boldsymbol{e}_2)-f(\boldsymbol{e}_3)=\begin{pmatrix}-1\\4\\8\end{pmatrix}$, $-f(\boldsymbol{e}_1)-2f(\boldsymbol{e}_2)=\begin{pmatrix}-4\\-1\\-3\end{pmatrix}$ となり, したがって

$$\begin{pmatrix} f(\boldsymbol{e}_1) & f(\boldsymbol{e}_2) & f(\boldsymbol{e}_3)\end{pmatrix}\begin{pmatrix}1&2&-1\\0&1&-2\\3&-1&0\end{pmatrix}=\begin{pmatrix}-2&-1&-4\\-5&4&-1\\8&8&-3\end{pmatrix}$$

が得られる. よって

$$\begin{aligned}\begin{pmatrix} f(\boldsymbol{e}_1) & f(\boldsymbol{e}_2) & f(\boldsymbol{e}_3)\end{pmatrix}&=\begin{pmatrix}-2&-1&-4\\-5&4&-1\\8&8&-3\end{pmatrix}\begin{pmatrix}1&2&-1\\0&1&-2\\3&-1&0\end{pmatrix}^{-1}\\&=\begin{pmatrix}-2&-1&-4\\-5&4&-1\\8&8&-3\end{pmatrix}\frac{1}{11}\begin{pmatrix}2&-1&3\\6&-3&-2\\3&-7&-1\end{pmatrix}\\&=\frac{1}{11}\begin{pmatrix}-22&33&0\\11&0&-22\\55&-11&11\end{pmatrix}=\begin{pmatrix}-2&3&0\\1&0&-2\\5&-1&1\end{pmatrix}\end{aligned}$$

となり, $f(\boldsymbol{e}_1)=\begin{pmatrix}-2\\1\\5\end{pmatrix}$, $f(\boldsymbol{e}_2)=\begin{pmatrix}3\\0\\-1\end{pmatrix}$, $f(\boldsymbol{e}_3)=\begin{pmatrix}0\\-2\\1\end{pmatrix}$ が得られる.

(2) $A=\begin{pmatrix} f(\boldsymbol{e}_1) & f(\boldsymbol{e}_2) & f(\boldsymbol{e}_3)\end{pmatrix}=\begin{pmatrix}-2&3&0\\1&0&-2\\5&-1&1\end{pmatrix}$. ∎

例題 2.22　線形写像 $f:\mathbb{R}^2\to\mathbb{R}^2$ が $f(\begin{pmatrix}2\\1\end{pmatrix})=\begin{pmatrix}4\\-5\end{pmatrix}$, $f(\begin{pmatrix}1\\2\end{pmatrix})=\begin{pmatrix}-1\\2\end{pmatrix}$ を満たすとき, 以下の問に答えよ.

(1) $f(\boldsymbol{e}_1)$ と $f(\boldsymbol{e}_2)$ を求めよ.

(2) $\boldsymbol{x} = \begin{pmatrix} x_1 \\ x_2 \end{pmatrix}$ に対し $f(\boldsymbol{x}) = A\boldsymbol{x}$ を満たす行列 A を求めよ．

(3) $\mathbb{R}^2$ の基底 $\left\{ \begin{pmatrix} 2 \\ 1 \end{pmatrix}, \begin{pmatrix} 1 \\ 2 \end{pmatrix} \right\}$ について，$\left(f(\begin{pmatrix} 2 \\ 1 \end{pmatrix}) \quad f(\begin{pmatrix} 1 \\ 2 \end{pmatrix}) \right) = \begin{pmatrix} 2 & 1 \\ 1 & 2 \end{pmatrix} B$ となる行列 B を求めよ．(この行列 B を基底 $\left\{ \begin{pmatrix} 2 \\ 1 \end{pmatrix}, \begin{pmatrix} 1 \\ 2 \end{pmatrix} \right\}$ に関する f の**表現行列**という.)

解答

(1) $f(\begin{pmatrix} 2 \\ 1 \end{pmatrix}) = f(2\boldsymbol{e}_1 + \boldsymbol{e}_2)$ である．ここで，f は線形写像であるから，$f(2\boldsymbol{e}_1 + \boldsymbol{e}_2) = 2f(\boldsymbol{e}_1) + f(\boldsymbol{e}_2)$ となる．よって，$2f(\boldsymbol{e}_1) + f(\boldsymbol{e}_2) = \begin{pmatrix} 4 \\ -5 \end{pmatrix}$ である．同様にして，$f(\begin{pmatrix} 1 \\ 2 \end{pmatrix}) = f(\boldsymbol{e}_1 + 2\boldsymbol{e}_2) = f(\boldsymbol{e}_1) + 2f(\boldsymbol{e}_2) = \begin{pmatrix} -1 \\ 2 \end{pmatrix}$ である．これらをまとめると，

$$\begin{cases} 2f(\boldsymbol{e}_1) + f(\boldsymbol{e}_2) & = \begin{pmatrix} 4 \\ -5 \end{pmatrix} \\ f(\boldsymbol{e}_1) + 2f(\boldsymbol{e}_2) & = \begin{pmatrix} -1 \\ 2 \end{pmatrix} \end{cases}$$

となり，

$$\left(f(\boldsymbol{e}_1) \quad f(\boldsymbol{e}_2)) \right) \begin{pmatrix} 2 & 1 \\ 1 & 2 \end{pmatrix} = \begin{pmatrix} 4 & -1 \\ -5 & 2 \end{pmatrix}$$

と書くことができる．ここで，$\begin{vmatrix} 2 & 1 \\ 1 & 2 \end{vmatrix} = 4 - 1 = 3 \neq 0$ であるから，

$$\begin{aligned} \left(f(\boldsymbol{e}_1) \quad f(\boldsymbol{e}_2) \right) &= \begin{pmatrix} 4 & -1 \\ -5 & 2 \end{pmatrix} \begin{pmatrix} 2 & 1 \\ 1 & 2 \end{pmatrix}^{-1} = \begin{pmatrix} 4 & -1 \\ -5 & 2 \end{pmatrix} \cdot \frac{1}{3} \begin{pmatrix} 2 & -1 \\ -1 & 2 \end{pmatrix} \\ &= \frac{1}{3} \begin{pmatrix} 8+1 & -4-2 \\ -10-2 & 5+4 \end{pmatrix} = \frac{1}{3} \begin{pmatrix} 9 & -6 \\ -12 & 9 \end{pmatrix} = \begin{pmatrix} 3 & -2 \\ -4 & 3 \end{pmatrix} \end{aligned}$$

を得る．ゆえに，$f(\boldsymbol{e}_1) = \begin{pmatrix} 3 \\ -4 \end{pmatrix}$, $f(\boldsymbol{e}_2) = \begin{pmatrix} -2 \\ 3 \end{pmatrix}$ のように求められる．

(2) $f(\boldsymbol{x}) = f(x_1\boldsymbol{e}_1 + x_2\boldsymbol{e}_2) = x_1 f(\boldsymbol{e}_1) + x_2 f(\boldsymbol{e}_2) = \left(f(\boldsymbol{e}_1) \quad f(\boldsymbol{e}_2) \right) \begin{pmatrix} x_1 \\ x_2 \end{pmatrix}$ である．ここで，(1) より，$\left(f(\boldsymbol{e}_1) \quad f(\boldsymbol{e}_2) \right) = \begin{pmatrix} 3 & -2 \\ -4 & 3 \end{pmatrix}$ であるから，

$$f(\boldsymbol{x}) = \begin{pmatrix} 3 & -2 \\ -4 & 3 \end{pmatrix} \begin{pmatrix} x_1 \\ x_2 \end{pmatrix} = \begin{pmatrix} 3 & -2 \\ -4 & 3 \end{pmatrix} \boldsymbol{x}$$

を得る．したがって，$f(\boldsymbol{x}) = A\boldsymbol{x}$ を満す行列 A は，$A = \begin{pmatrix} 3 & -2 \\ -4 & 3 \end{pmatrix}$ となる．

(3)　$\begin{pmatrix} f(\begin{pmatrix} 2 \\ 1 \end{pmatrix}) & f(\begin{pmatrix} 1 \\ 2 \end{pmatrix}) \end{pmatrix} = \begin{pmatrix} 2 & 1 \\ 1 & 2 \end{pmatrix} B$ となる B をもとめればよいから,

$$B = \begin{pmatrix} 2 & 1 \\ 1 & 2 \end{pmatrix}^{-1} \begin{pmatrix} 4 & -1 \\ -5 & 2 \end{pmatrix} = \frac{1}{3} \begin{pmatrix} 2 & -1 \\ -1 & 2 \end{pmatrix} \begin{pmatrix} 4 & -1 \\ -5 & 2 \end{pmatrix}$$
$$= \frac{1}{3} \begin{pmatrix} 8+5 & -2-2 \\ -4-10 & 1+4 \end{pmatrix}$$
$$= \frac{1}{3} \begin{pmatrix} 13 & -4 \\ -14 & 5 \end{pmatrix}$$

のように求められる. ∎

◆◆演習問題 § 2.6◆◆

1. 行列 $\begin{pmatrix} 4 & -7 \\ -2 & 8 \end{pmatrix}$ に対応する線形変換を $f : \mathbb{R}^2 \to \mathbb{R}^2$ とする. f による次の点の像を求めよ.

(1)　点 $(3, 2)$　　(2)　点 $(-4, 2)$

(3)　点 $\left(-\frac{1}{2}, -3\right)$　　(4)　点 $(\sqrt{3}, \sqrt{5})$

2. 行列 $\begin{pmatrix} -3 & 5 \\ 4 & -6 \end{pmatrix}$ に対応する線形変換を $f : \mathbb{R}^2 \to \mathbb{R}^2$ とする. f による点 (a, b) の像が次で与えられるとき, 点 (a, b) を求めよ.

(1)　点 $(4, 6)$　　(2)　点 $(-3, -2)$

(3)　点 $\left(-5, \frac{1}{3}\right)$　　(4)　点 $(\sqrt{7}, \sqrt{2})$

3. 行列 $\begin{pmatrix} 3 & -4 \\ -2 & 5 \end{pmatrix}$ に対応する線形変換を $f : \mathbb{R}^2 \to \mathbb{R}^2$ とする. f による像が次の図形となるのはどのような図形か求めよ.

(1)　直線 $3x - 2y + 4 = 0$　　(2)　直線 $2x + 3y + 5 = 0$

(3)　直線 $5x + 4y - 2 = 0$　　(4)　直線 $x = 0$

4. 行列 $\begin{pmatrix} 2\sqrt{3} & -2 \\ 2 & 2\sqrt{3} \end{pmatrix}$ に対応する線形変換を $f : \mathbb{R}^2 \to \mathbb{R}^2$ とする. f による次の図形の像を求めよ.

(1)　直線 $2x - y + 5 = 0$　　(2)　直線 $\sqrt{3}\,x - y = 0$

(3)　直線 $x + \sqrt{3}\,y = 0$　　(4)　円 $x^2 + y^2 = 25$

5. 行列 $\begin{pmatrix} a & 2 \\ 3 & b \end{pmatrix}$ に対応する線形変換を $f : \mathbb{R}^2 \to \mathbb{R}^2$ とする. 直線 $x + 2y + 3 = 0$ の f による像が直線 $3x - y + 2 = 0$ であるとき, a, b を求めよ.

6. 線形変換 $f : \mathbb{R}^2 \to \mathbb{R}^2$ が

$$f(\begin{pmatrix} 4 \\ 2 \end{pmatrix}) = \begin{pmatrix} -1 \\ 3 \end{pmatrix}, \quad f(\begin{pmatrix} 5 \\ 1 \end{pmatrix}) = \begin{pmatrix} 4 \\ 7 \end{pmatrix}$$

を満たすとする.

(1)　$\mathbb{R}^2$ の基本ベクトルの像 $f(\boldsymbol{e}_1)$, $f(\boldsymbol{e}_2)$ を求めよ.

(2)　f に対応する行列 A を求めよ.

7.　線形写像 $f:\mathbb{R}^2\to\mathbb{R}^3$ が

$$f(\begin{pmatrix}-2\\3\end{pmatrix})=\begin{pmatrix}11\\-29\\13\end{pmatrix},\qquad f(\begin{pmatrix}0\\-4\end{pmatrix})=\begin{pmatrix}-20\\4\\-12\end{pmatrix}$$

を満たすとする.

(1)　$\mathbb{R}^2$ の基本ベクトルの像 $f(\boldsymbol{e}_1)$, $f(\boldsymbol{e}_2)$ を求めよ.

(2)　f に対応する行列 A を求めよ.

8.　線形写像 $f:\mathbb{R}^3\to\mathbb{R}^2$ が

$$f(\begin{pmatrix}3\\0\\0\end{pmatrix})=\begin{pmatrix}7\\-2\end{pmatrix},\quad f(\begin{pmatrix}0\\-5\\0\end{pmatrix})=\begin{pmatrix}1\\8\end{pmatrix},\quad f(\begin{pmatrix}0\\0\\7\end{pmatrix})=\begin{pmatrix}-4\\-2\end{pmatrix}$$

を満たすとする.

(1)　$\mathbb{R}^3$ の基本ベクトルの像 $f(\boldsymbol{e}_1)$, $f(\boldsymbol{e}_2)$, $f(\boldsymbol{e}_3)$ を求めよ.

(2)　f に対応する行列 A を求めよ.

9.　線形変換 $f:\mathbb{R}^3\to\mathbb{R}^3$ が

$$f(\begin{pmatrix}1\\4\\2\end{pmatrix})=\begin{pmatrix}4\\24\\7\end{pmatrix},\quad f(\begin{pmatrix}-2\\-1\\-3\end{pmatrix})=\begin{pmatrix}-12\\-15\\1\end{pmatrix},\quad f(\begin{pmatrix}2\\-5\\1\end{pmatrix})=\begin{pmatrix}12\\-19\\-7\end{pmatrix}$$

を満たすとする.

(1)　$\mathbb{R}^3$ の基本ベクトルの像 $f(\boldsymbol{e}_1)$, $f(\boldsymbol{e}_2)$, $f(\boldsymbol{e}_3)$ を求めよ.

(2)　f に対応する行列 A を求めよ.

10.　線形写像 $f:\mathbb{R}^3\to\mathbb{R}^4$ が

$$f(\begin{pmatrix}2\\1\\3\end{pmatrix})=\begin{pmatrix}6\\3\\4\\10\end{pmatrix},\quad f(\begin{pmatrix}-7\\12\\-5\end{pmatrix})=\begin{pmatrix}-10\\36\\48\\-35\end{pmatrix},\quad f(\begin{pmatrix}11\\-4\\6\end{pmatrix})=\begin{pmatrix}12\\-12\\-16\\55\end{pmatrix}$$

を満たすとする.

(1)　$\mathbb{R}^3$ の基本ベクトルの像 $f(\boldsymbol{e}_1)$, $f(\boldsymbol{e}_2)$, $f(\boldsymbol{e}_3)$ を求めよ.

(2)　f に対応する行列 A を求めよ.

11.　行列 $A=\begin{pmatrix}2&3\\5&4\end{pmatrix}$ に対応する線形変換を $f:\mathbb{R}^2\to\mathbb{R}^2$, 行列 $B=\begin{pmatrix}-1&4\\2&-7\end{pmatrix}$ に対応する線形変換を $g:\mathbb{R}^2\to\mathbb{R}^2$ とする.

(1) $f\circ g:\mathbb{R}^2\to\mathbb{R}^2$ に対応する行列 C と, $g\circ f:\mathbb{R}^2\to\mathbb{R}^2$ に対応する行列 D を求めよ.

(2) f, g は逆変換 $f^{-1}:\mathbb{R}^2\to\mathbb{R}^2$, $g^{-1}:\mathbb{R}^2\to\mathbb{R}^2$ をもつか判定せよ. 逆変換をもつならば, f^{-1}, g^{-1} に対応する行列を求めよ.

12. 線形写像 $f : \mathbb{R}^2 \to \mathbb{R}^3$ が

$$f(\begin{pmatrix} 3 \\ 1 \end{pmatrix}) = \begin{pmatrix} 5 \\ 13 \\ 2 \end{pmatrix}, \qquad f(\begin{pmatrix} -2 \\ 3 \end{pmatrix}) = \begin{pmatrix} -7 \\ 6 \\ 17 \end{pmatrix}$$

を満たすとする．

(1) f に対応する行列 A を求めよ．

(2) 行列 $B = \begin{pmatrix} 1 & 4 & 2 \\ 6 & -2 & 3 \end{pmatrix}$ に対応する線形写像を $g : \mathbb{R}^3 \to \mathbb{R}^2$ とする．このとき，線形変換 $g \circ f : \mathbb{R}^2 \to \mathbb{R}^2$ および $f \circ g : \mathbb{R}^3 \to \mathbb{R}^3$ は逆変換 $(g \circ f)^{-1} : \mathbb{R}^2 \to \mathbb{R}^2$, $(f \circ g)^{-1} : \mathbb{R}^3 \to \mathbb{R}^3$ をもつか判定せよ．逆変換をもつならば，その逆変換に対応する行列を求めよ．

13. 線形変換 $f : \mathbb{R}^2 \to \mathbb{R}^2$ が次の (i), (ii), (iii), (iv) すべてを満たすとき，f に対応する行列をすべて求めよ：

(i) 直線 $y = 0$ の f による像は直線 $\sqrt{3}x - y = 0$.

(ii) 直線 $x - \sqrt{3}y = 0$ の f による像は直線 $x = 0$.

(iii) 直線 $\sqrt{3}x - y = 0$ の f による像は直線 $\sqrt{3}x + y = 0$.

(iv) 円 $x^2 + y^2 = 4$ の f による像は円 $x^2 + y^2 = 144$.

◇演習問題の解答◇

1. (1) $\begin{pmatrix} 4 & -7 \\ -2 & 8 \end{pmatrix}\begin{pmatrix} 3 \\ 2 \end{pmatrix} = \begin{pmatrix} -2 \\ 10 \end{pmatrix}$ より点 $(-2, 10)$.

(2) $\begin{pmatrix} 4 & -7 \\ -2 & 8 \end{pmatrix}\begin{pmatrix} -4 \\ 2 \end{pmatrix} = \begin{pmatrix} -30 \\ 24 \end{pmatrix}$ より点 $(-30, 24)$.

(3) $\begin{pmatrix} 4 & -7 \\ -2 & 8 \end{pmatrix}\begin{pmatrix} -1/2 \\ -3 \end{pmatrix} = \begin{pmatrix} 19 \\ -23 \end{pmatrix}$ より点 $(19, -23)$.

(4) $\begin{pmatrix} 4 & -7 \\ -2 & 8 \end{pmatrix}\begin{pmatrix} \sqrt{3} \\ \sqrt{5} \end{pmatrix} = \begin{pmatrix} 4\sqrt{3} - 7\sqrt{5} \\ -2\sqrt{3} + 8\sqrt{5} \end{pmatrix}$

より点 $(4\sqrt{3} - 7\sqrt{5}, -2\sqrt{3} + 8\sqrt{5})$.

2. (1) $\begin{pmatrix} -3 & 5 \\ 4 & -6 \end{pmatrix}\begin{pmatrix} a \\ b \end{pmatrix} = \begin{pmatrix} 4 \\ 6 \end{pmatrix}$ より

$$\begin{pmatrix} a \\ b \end{pmatrix} = \begin{pmatrix} -3 & 5 \\ 4 & -6 \end{pmatrix}^{-1}\begin{pmatrix} 4 \\ 6 \end{pmatrix} = \frac{1}{2}\begin{pmatrix} 6 & 5 \\ 4 & 3 \end{pmatrix}\begin{pmatrix} 4 \\ 6 \end{pmatrix} = \begin{pmatrix} 27 \\ 17 \end{pmatrix}.$$

よって, $(a, b) = (27, 17)$.

(2) $\begin{pmatrix} -3 & 5 \\ 4 & -6 \end{pmatrix}\begin{pmatrix} a \\ b \end{pmatrix} = \begin{pmatrix} -3 \\ -2 \end{pmatrix}$ より

$$\begin{pmatrix} a \\ b \end{pmatrix} = \begin{pmatrix} -3 & 5 \\ 4 & -6 \end{pmatrix}^{-1}\begin{pmatrix} -3 \\ -2 \end{pmatrix} = \frac{1}{2}\begin{pmatrix} 6 & 5 \\ 4 & 3 \end{pmatrix}\begin{pmatrix} -3 \\ -2 \end{pmatrix} = \begin{pmatrix} -14 \\ -9 \end{pmatrix}.$$

よって, $(a, b) = (-14, -9)$.

(3) $\begin{pmatrix} -3 & 5 \\ 4 & -6 \end{pmatrix}\begin{pmatrix} a \\ b \end{pmatrix} = \begin{pmatrix} -5 \\ 1/3 \end{pmatrix}$ より

$$\begin{pmatrix} a \\ b \end{pmatrix} = \frac{1}{2}\begin{pmatrix} 6 & 5 \\ 4 & 3 \end{pmatrix}\begin{pmatrix} -5 \\ 1/3 \end{pmatrix} = \begin{pmatrix} -85/6 \\ -19/2 \end{pmatrix}.$$

よって, $(a, b) = \left(-\dfrac{85}{6}, -\dfrac{19}{2}\right)$.

(4) $\begin{pmatrix} a \\ b \end{pmatrix} = \dfrac{1}{2}\begin{pmatrix} 6 & 5 \\ 4 & 3 \end{pmatrix}\begin{pmatrix} \sqrt{7} \\ \sqrt{2} \end{pmatrix} = \begin{pmatrix} (6\sqrt{7} + 5\sqrt{2})/2 \\ (4\sqrt{7} + 3\sqrt{2})/2 \end{pmatrix}$.

よって, $(a, b) = \left(\dfrac{6\sqrt{7} + 5\sqrt{2}}{2}, \dfrac{4\sqrt{7} + 3\sqrt{2}}{2}\right)$.

3. 点 (x, y) の f による像を (x', y') とすると

$$\begin{pmatrix} x' \\ y' \end{pmatrix} = \begin{pmatrix} 3 & -4 \\ -2 & 5 \end{pmatrix}\begin{pmatrix} x \\ y \end{pmatrix} = \begin{pmatrix} 3x - 4y \\ -2x + 5y \end{pmatrix}.$$

(1) 点 (x, y) が求める図形上にあるとき, 点 (x', y') は直線 $3x - 2y + 4 = 0$ 上にあるから

$$3(3x - 4y) - 2(-2x + 5y) + 4 = 0 \quad \text{すなわち} \quad 13x - 22y + 4 = 0.$$

よって, 求める図形は, 直線 $13x - 22y + 4 = 0$.

(2)　点 (x,y) が求める図形上にあるとき, 点 (x',y') は直線 $2x+3y+5=0$ 上にあるから

$$2(3x-4y)+3(-2x+5y)+5=0 \qquad \text{すなわち} \qquad 7y+5=0.$$

よって, 求める図形は, 直線 $y=-\dfrac{5}{7}$.

(3)　点 (x,y) が求める図形上にあるとき, 点 (x',y') は直線 $5x+4y-2=0$ 上にあるから

$$5(3x-4y)+4(-2x+5y)-2=0 \qquad \text{すなわち} \qquad 7x-2=0.$$

よって, 求める図形は, 直線 $x=\dfrac{2}{7}$.

(4)　点 (x,y) が求める図形上にあるとき, 点 (x',y') は直線 $x=0$ 上にあるから

$$3x-4y=0.$$

よって, 求める図形は, 直線 $3x-4y=0$.

4.　もとの図形上の点 (x',y') の f による像を (x,y) とすると

$$\begin{pmatrix} x \\ y \end{pmatrix} = \begin{pmatrix} 2\sqrt{3} & -2 \\ 2 & 2\sqrt{3} \end{pmatrix}\begin{pmatrix} x' \\ y' \end{pmatrix}.$$

よって

$$\begin{pmatrix} x' \\ y' \end{pmatrix} = \begin{pmatrix} 2\sqrt{3} & -2 \\ 2 & 2\sqrt{3} \end{pmatrix}^{-1}\begin{pmatrix} x \\ y \end{pmatrix} = \frac{1}{8}\begin{pmatrix} \sqrt{3} & 1 \\ -1 & \sqrt{3} \end{pmatrix}\begin{pmatrix} x \\ y \end{pmatrix} = \begin{pmatrix} (\sqrt{3}\,x+y)/8 \\ (-x+\sqrt{3}\,y)/8 \end{pmatrix}$$

となる.

(1)　点 (x',y') が直線 $2x-y+5=0$ 上にあるから

$$2\cdot\frac{\sqrt{3}\,x+y}{8}-\frac{-x+\sqrt{3}\,y}{8}+5=0 \qquad \text{すなわち} \qquad (2\sqrt{3}+1)x+(2-\sqrt{3})y+40=0.$$

したがって, 求める図形は, 直線 $(2\sqrt{3}+1)x+(2-\sqrt{3})y+40=0$.

(2)　点 (x',y') が直線 $\sqrt{3}\,x-y=0$ 上にあるから

$$\sqrt{3}\cdot\frac{\sqrt{3}\,x+y}{8}-\frac{-x+\sqrt{3}\,y}{8}=0 \qquad \text{すなわち} \qquad \frac{1}{2}x=0.$$

よって, 直線 $x=0$.

(3)　点 (x',y') が直線 $x+\sqrt{3}\,y=0$ 上にあるから

$$\frac{\sqrt{3}\,x+y}{8}+\sqrt{3}\cdot\frac{-x+\sqrt{3}\,y}{8}=0 \qquad \text{すなわち} \qquad \frac{1}{2}y=0.$$

よって, 直線 $y=0$.

(4)　点 (x',y') が円 $x^2+y^2=25$ 上にあるから

$$\left(\frac{\sqrt{3}\,x+y}{8}\right)^2+\left(\frac{-x+\sqrt{3}\,y}{8}\right)^2=25 \qquad \text{すなわち} \qquad x^2+y^2=400.$$

よって, 円 $x^2+y^2=400$.

5.　直線 $x+2y+3=0$ 上の点は, 任意定数 c を用いて $(x,y)=(-2c-3,c)$ と書ける. この点の f による像を (x',y') とすると

$$\begin{pmatrix} x' \\ y' \end{pmatrix} = \begin{pmatrix} a & 2 \\ 3 & b \end{pmatrix}\begin{pmatrix} -2c-3 \\ c \end{pmatrix} = \begin{pmatrix} (-2a+2)c-3a \\ (-6+b)c-9 \end{pmatrix}$$

より $(x',y') = ((-2a+2)c-3a, (-6+b)c-9)$. 点 (x',y') が直線 $3x-y+2=0$ 上にあるので

$$3\{(-2a+2)c-3a\}-\{(-6+b)c-9\}+2=0 \quad \text{すなわち} \quad (-6a-b+12)c-9a+11=0$$

が任意の c に対して成り立つ. よって

$$-6a-b+12=0 \qquad \text{かつ} \qquad -9a+11=0.$$

これを解いて $a=\dfrac{11}{9}$, $b=\dfrac{14}{3}$.

したがって, $(a,b)=\left(\dfrac{11}{9},\dfrac{14}{3}\right)$.

6. (1) 仮定により $4f(\boldsymbol{e}_1)+2f(\boldsymbol{e}_2)=\begin{pmatrix}-1\\3\end{pmatrix}$, $5f(\boldsymbol{e}_1)+f(\boldsymbol{e}_2)=\begin{pmatrix}4\\7\end{pmatrix}$ となり, したがって

$$\begin{pmatrix} f(\boldsymbol{e}_1) & f(\boldsymbol{e}_2)\end{pmatrix}\begin{pmatrix}4 & 5\\ 2 & 1\end{pmatrix}=\begin{pmatrix}-1 & 4\\ 3 & 7\end{pmatrix}$$

が得られる. よって

$$\begin{pmatrix} f(\boldsymbol{e}_1) & f(\boldsymbol{e}_2)\end{pmatrix}=\begin{pmatrix}-1 & 4\\ 3 & 7\end{pmatrix}\begin{pmatrix}4 & 5\\ 2 & 1\end{pmatrix}^{-1}=\begin{pmatrix}-1 & 4\\ 3 & 7\end{pmatrix}\frac{1}{-6}\begin{pmatrix}1 & -5\\ -2 & 4\end{pmatrix}$$

$$=-\frac{1}{6}\begin{pmatrix}-9 & 21\\ -11 & 13\end{pmatrix}=\begin{pmatrix}3/2 & -7/2\\ 11/6 & -13/6\end{pmatrix}$$

となり, $f(\boldsymbol{e}_1)=\begin{pmatrix}3/2\\11/6\end{pmatrix}$, $f(\boldsymbol{e}_2)=\begin{pmatrix}-7/2\\-13/6\end{pmatrix}$ が得られる.

(2) $A=\begin{pmatrix} f(\boldsymbol{e}_1) & f(\boldsymbol{e}_2)\end{pmatrix}=\begin{pmatrix}3/2 & -7/2\\ 11/6 & -13/6\end{pmatrix}$.

7. (1) 仮定により $-2f(\boldsymbol{e}_1)+3f(\boldsymbol{e}_2)=\begin{pmatrix}11\\-29\\13\end{pmatrix}$, $-4f(\boldsymbol{e}_2)=\begin{pmatrix}-20\\4\\-12\end{pmatrix}$ となり, したがって

$$\begin{pmatrix} f(\boldsymbol{e}_1) & f(\boldsymbol{e}_2)\end{pmatrix}\begin{pmatrix}-2 & 0\\ 3 & -4\end{pmatrix}=\begin{pmatrix}11 & -20\\ -29 & 4\\ 13 & -12\end{pmatrix}$$

が得られる. よって

$$\begin{pmatrix} f(\boldsymbol{e}_1) & f(\boldsymbol{e}_2)\end{pmatrix}=\begin{pmatrix}11 & -20\\ -29 & 4\\ 13 & -12\end{pmatrix}\begin{pmatrix}-2 & 0\\ 3 & -4\end{pmatrix}^{-1}$$

$$=\begin{pmatrix}11 & -20\\ -29 & 4\\ 13 & -12\end{pmatrix}\frac{1}{8}\begin{pmatrix}-4 & 0\\ -3 & -2\end{pmatrix}$$

$$=\frac{1}{8}\begin{pmatrix}16 & 40\\ 104 & -8\\ -16 & 24\end{pmatrix}=\begin{pmatrix}2 & 5\\ 13 & -1\\ -2 & 3\end{pmatrix}$$

となり, $f(\boldsymbol{e}_1)=\begin{pmatrix}2\\13\\-2\end{pmatrix}$, $f(\boldsymbol{e}_2)=\begin{pmatrix}5\\-1\\3\end{pmatrix}$ が得られる.

(2)　$A=\begin{pmatrix} f(\boldsymbol{e}_1) & f(\boldsymbol{e}_2)\end{pmatrix}=\begin{pmatrix}2 & 5\\13 & -1\\-2 & 3\end{pmatrix}$.

8.　(1)　仮定により

$$3f(\boldsymbol{e}_1)=\begin{pmatrix}7\\-2\end{pmatrix},\qquad -5f(\boldsymbol{e}_2)=\begin{pmatrix}1\\8\end{pmatrix},\qquad 7f(\boldsymbol{e}_3)=\begin{pmatrix}-4\\-2\end{pmatrix}$$

となり, したがって $f(\boldsymbol{e}_1)=\dfrac{1}{3}\begin{pmatrix}7\\-2\end{pmatrix}=\begin{pmatrix}7/3\\-2/3\end{pmatrix}$, $f(\boldsymbol{e}_2)=-\dfrac{1}{5}\begin{pmatrix}1\\8\end{pmatrix}=\begin{pmatrix}-1/5\\-8/5\end{pmatrix}$, $f(\boldsymbol{e}_3)=\dfrac{1}{7}\begin{pmatrix}-4\\-2\end{pmatrix}=\begin{pmatrix}-4/7\\-2/7\end{pmatrix}$ が得られる.

(2)　$A=\begin{pmatrix} f(\boldsymbol{e}_1) & f(\boldsymbol{e}_2) & f(\boldsymbol{e}_3)\end{pmatrix}=\begin{pmatrix}7/3 & -1/5 & -4/7\\-2/3 & -8/5 & -2/7\end{pmatrix}$.

9.　(1)　仮定により $f(\boldsymbol{e}_1)+4f(\boldsymbol{e}_2)+2f(\boldsymbol{e}_3)=\begin{pmatrix}4\\24\\7\end{pmatrix}$, $-2f(\boldsymbol{e}_1)-f(\boldsymbol{e}_2)-3f(\boldsymbol{e}_3)=\begin{pmatrix}-12\\-15\\1\end{pmatrix}$, $2f(\boldsymbol{e}_1)-5f(\boldsymbol{e}_2)+f(\boldsymbol{e}_3)=\begin{pmatrix}12\\-19\\-7\end{pmatrix}$ となり, したがって

$$\begin{pmatrix} f(\boldsymbol{e}_1) & f(\boldsymbol{e}_2) & f(\boldsymbol{e}_3)\end{pmatrix}\begin{pmatrix}1 & -2 & 2\\4 & -1 & -5\\2 & -3 & 1\end{pmatrix}=\begin{pmatrix}4 & -12 & 12\\24 & -15 & -19\\7 & 1 & -7\end{pmatrix}$$

が得られる. よって

$$\begin{aligned}\begin{pmatrix} f(\boldsymbol{e}_1) & f(\boldsymbol{e}_2) & f(\boldsymbol{e}_3)\end{pmatrix}&=\begin{pmatrix}4 & -12 & 12\\24 & -15 & -19\\7 & 1 & -7\end{pmatrix}\begin{pmatrix}1 & -2 & 2\\4 & -1 & -5\\2 & -3 & 1\end{pmatrix}^{-1}\\&=\begin{pmatrix}4 & -12 & 12\\24 & -15 & -19\\7 & 1 & -7\end{pmatrix}\frac{1}{8}\begin{pmatrix}16 & 4 & -12\\14 & 3 & -13\\10 & 1 & -7\end{pmatrix}\\&=\frac{1}{8}\begin{pmatrix}16 & -8 & 24\\-16 & 32 & 40\\56 & 24 & -48\end{pmatrix}=\begin{pmatrix}2 & -1 & 3\\-2 & 4 & 5\\7 & 3 & -6\end{pmatrix}\end{aligned}$$

となり, $f(\boldsymbol{e}_1)=\begin{pmatrix}2\\-2\\7\end{pmatrix}$, $f(\boldsymbol{e}_2)=\begin{pmatrix}-1\\4\\3\end{pmatrix}$, $f(\boldsymbol{e}_3)=\begin{pmatrix}3\\5\\-6\end{pmatrix}$ が得られる.

(2)　$A=\begin{pmatrix} f(\boldsymbol{e}_1) & f(\boldsymbol{e}_2) & f(\boldsymbol{e}_3)\end{pmatrix}=\begin{pmatrix}2 & -1 & 3\\-2 & 4 & 5\\7 & 3 & -6\end{pmatrix}$.

10. (1)　仮定により

$$\begin{pmatrix} f(\boldsymbol{e}_1) & f(\boldsymbol{e}_2) & f(\boldsymbol{e}_3) \end{pmatrix}\begin{pmatrix} 2 & -7 & 11 \\ 1 & 12 & -4 \\ 3 & -5 & 6 \end{pmatrix} = \begin{pmatrix} 6 & -10 & 12 \\ 3 & 36 & -12 \\ 4 & 48 & -16 \\ 10 & -35 & 55 \end{pmatrix}$$

が得られる．よって

$$\begin{pmatrix} f(\boldsymbol{e}_1) & f(\boldsymbol{e}_2) & f(\boldsymbol{e}_3) \end{pmatrix} = \begin{pmatrix} 6 & -10 & 12 \\ 3 & 36 & -12 \\ 4 & 48 & -16 \\ 10 & -35 & 55 \end{pmatrix}\begin{pmatrix} 2 & -7 & 11 \\ 1 & 12 & -4 \\ 3 & -5 & 6 \end{pmatrix}^{-1}$$

$$= \begin{pmatrix} 6 & -10 & 12 \\ 3 & 36 & -12 \\ 4 & 48 & -16 \\ 10 & -35 & 55 \end{pmatrix}\frac{1}{221}\begin{pmatrix} -52 & 13 & 104 \\ 18 & 21 & -19 \\ 41 & 11 & -31 \end{pmatrix}$$

$$= \frac{1}{221}\begin{pmatrix} 0 & 0 & 442 \\ 0 & 663 & 0 \\ 0 & 884 & 0 \\ 1105 & 0 & 0 \end{pmatrix} = \begin{pmatrix} 0 & 0 & 2 \\ 0 & 3 & 0 \\ 0 & 4 & 0 \\ 5 & 0 & 0 \end{pmatrix}$$

となり，$f(\boldsymbol{e}_1) = \begin{pmatrix} 0 \\ 0 \\ 0 \\ 5 \end{pmatrix}$, $f(\boldsymbol{e}_2) = \begin{pmatrix} 0 \\ 3 \\ 4 \\ 0 \end{pmatrix}$, $f(\boldsymbol{e}_3) = \begin{pmatrix} 2 \\ 0 \\ 0 \\ 0 \end{pmatrix}$ が得られる．

(2)　$A = \begin{pmatrix} f(\boldsymbol{e}_1) & f(\boldsymbol{e}_2) & f(\boldsymbol{e}_3) \end{pmatrix} = \begin{pmatrix} 0 & 0 & 2 \\ 0 & 3 & 0 \\ 0 & 4 & 0 \\ 5 & 0 & 0 \end{pmatrix}$.

11. (1)　$C = AB = \begin{pmatrix} 2 & 3 \\ 5 & 4 \end{pmatrix}\begin{pmatrix} -1 & 4 \\ 2 & -7 \end{pmatrix} = \begin{pmatrix} 4 & -13 \\ 3 & -8 \end{pmatrix}$.

$D = BA = \begin{pmatrix} -1 & 4 \\ 2 & -7 \end{pmatrix}\begin{pmatrix} 2 & 3 \\ 5 & 4 \end{pmatrix} = \begin{pmatrix} 18 & 13 \\ -31 & -22 \end{pmatrix}$.

(2)　$|A| = \begin{vmatrix} 2 & 3 \\ 5 & 4 \end{vmatrix} = -7 \neq 0$, $|B| = \begin{vmatrix} -1 & 4 \\ 2 & -7 \end{vmatrix} = -1 \neq 0$ より A, B は正則行列．よって f, g は逆変換 f^{-1}, g^{-1} をもつ．また f^{-1}, g^{-1} に対応する行列はそれぞれ A^{-1}, B^{-1} であり，

$$A^{-1} = \frac{1}{-7}\begin{pmatrix} 4 & -3 \\ -5 & 2 \end{pmatrix} = \begin{pmatrix} -4/7 & 3/7 \\ 5/7 & -2/7 \end{pmatrix},$$

$$B^{-1} = \frac{1}{-1}\begin{pmatrix} -7 & -4 \\ -2 & -1 \end{pmatrix} = \begin{pmatrix} 7 & 4 \\ 2 & 1 \end{pmatrix}$$

となる．

12. (1)　仮定により $A\begin{pmatrix} 3 & -2 \\ 1 & 3 \end{pmatrix} = \begin{pmatrix} 5 & -7 \\ 13 & 6 \\ 2 & 17 \end{pmatrix}$ が成り立つから

$$A = \begin{pmatrix} 5 & -7 \\ 13 & 6 \\ 2 & 17 \end{pmatrix}\begin{pmatrix} 3 & -2 \\ 1 & 3 \end{pmatrix}^{-1} = \begin{pmatrix} 5 & -7 \\ 13 & 6 \\ 2 & 17 \end{pmatrix}\frac{1}{11}\begin{pmatrix} 3 & 2 \\ -1 & 3 \end{pmatrix}$$

$$= \frac{1}{11}\begin{pmatrix} 22 & -11 \\ 33 & 44 \\ -11 & 55 \end{pmatrix} = \begin{pmatrix} 2 & -1 \\ 3 & 4 \\ -1 & 5 \end{pmatrix}.$$

(2)　$g \circ f : \mathbb{R}^2 \to \mathbb{R}^2$ に対応する行列を C とすると, $C = BA$ であるから

$$C = BA = \begin{pmatrix} 1 & 4 & 2 \\ 6 & -2 & 3 \end{pmatrix}\begin{pmatrix} 2 & -1 \\ 3 & 4 \\ -1 & 5 \end{pmatrix} = \begin{pmatrix} 12 & 25 \\ 3 & 1 \end{pmatrix}.$$

よって $|C| = \begin{vmatrix} 12 & 25 \\ 3 & 1 \end{vmatrix} = -63 \neq 0$ が成り立ち, C は正則行列であるから $g \circ f$ は逆変換 $(g \circ f)^{-1}$ をもつ. また $(g \circ f)^{-1}$ に対応する行列は C^{-1} であり,

$$C^{-1} = \frac{1}{-63}\begin{pmatrix} 1 & -25 \\ -3 & 12 \end{pmatrix} = \begin{pmatrix} -1/63 & 25/63 \\ 1/21 & -4/21 \end{pmatrix}$$

となる.

$f \circ g : \mathbb{R}^3 \to \mathbb{R}^3$ に対応する行列を D とすると, $D = AB$ であるから

$$D = AB = \begin{pmatrix} 2 & -1 \\ 3 & 4 \\ -1 & 5 \end{pmatrix}\begin{pmatrix} 1 & 4 & 2 \\ 6 & -2 & 3 \end{pmatrix} = \begin{pmatrix} -4 & 10 & 1 \\ 27 & 4 & 18 \\ 29 & -14 & 13 \end{pmatrix}.$$

よって $|D| = \begin{vmatrix} -4 & 10 & 1 \\ 27 & 4 & 18 \\ 29 & -14 & 13 \end{vmatrix} = 0$ が成り立ち, D は正則行列でないから $f \circ g$ は逆変換をもたない.

13. $A = \begin{pmatrix} \alpha & \beta \\ \gamma & \delta \end{pmatrix}$ とおく.

直線 $y = 0$ 上の点は任意定数 c を用いて $(x, y) = (c, 0)$ と書ける. この点の f による像を (x', y') とすると

$$\begin{pmatrix} x' \\ y' \end{pmatrix} = \begin{pmatrix} \alpha & \beta \\ \gamma & \delta \end{pmatrix}\begin{pmatrix} c \\ 0 \end{pmatrix} = \begin{pmatrix} \alpha c \\ \gamma c \end{pmatrix}$$

より $(x', y') = (\alpha c, \gamma c)$. 条件 (i) により, この点が直線 $\sqrt{3}\,x - y = 0$ 上にあるので

$$(\sqrt{3}\,\alpha - \gamma)c = 0$$

が任意の c に対して成り立つ. よって

(I)　$\sqrt{3}\,\alpha - \gamma = 0.$

次に直線 $x - \sqrt{3}\,y = 0$ 上の点は任意定数 c を用いて $(x, y) = (\sqrt{3}\,c, c)$ と書ける. この点の f による像を (x', y') とすると

$$\begin{pmatrix} x' \\ y' \end{pmatrix} = \begin{pmatrix} \alpha & \beta \\ \gamma & \delta \end{pmatrix}\begin{pmatrix} \sqrt{3}\,c \\ c \end{pmatrix} = \begin{pmatrix} (\sqrt{3}\,\alpha + \beta)c \\ (\sqrt{3}\,\gamma + \delta)c \end{pmatrix}$$

より $(x', y') = ((\sqrt{3}\,\alpha + \beta)c, (\sqrt{3}\,\gamma + \delta)c)$. 条件 (ii) により, この点が直線 $x = 0$ 上にあるので

$$(\sqrt{3}\,\alpha + \beta)c = 0$$

が任意の c に対して成り立つ. よって

(II)　$\sqrt{3}\,\alpha + \beta = 0.$

次に直線 $\sqrt{3}\,x - y = 0$ 上の点は任意定数 c を用いて $(x, y) = (c, \sqrt{3}\,c)$ と書ける. この点の f による像を (x', y') とすると

$$\begin{pmatrix} x' \\ y' \end{pmatrix} = \begin{pmatrix} \alpha & \beta \\ \gamma & \delta \end{pmatrix} \begin{pmatrix} c \\ \sqrt{3}\,c \end{pmatrix} = \begin{pmatrix} (\alpha + \sqrt{3}\,\beta)c \\ (\gamma + \sqrt{3}\,\delta)c \end{pmatrix}$$

より $(x', y') = ((\alpha + \sqrt{3}\,\beta)c, (\gamma + \sqrt{3}\,\delta)c)$. 条件 (iii) により, この点が直線 $\sqrt{3}\,x + y = 0$ 上にあるので

$$(\sqrt{3}\,\alpha + 3\beta + \gamma + \sqrt{3}\,\delta)c = 0$$

が任意の c に対して成り立つ. よって

(III)　$\sqrt{3}\,\alpha + 3\beta + \gamma + \sqrt{3}\,\delta = 0.$

(I), (II), (III) より $\beta = -\sqrt{3}\,\alpha$, $\gamma = \sqrt{3}\,\alpha$, $\delta = \alpha$ が得られるので, A は

$$A = \begin{pmatrix} \alpha & -\sqrt{3}\,\alpha \\ \sqrt{3}\,\alpha & \alpha \end{pmatrix}$$

という形をしていなければならないことがわかる.

円 $x^2 + y^2 = 4$ 上の点 (X, Y) の f による像を (X', Y') とすると

$$\begin{pmatrix} X' \\ Y' \end{pmatrix} = \begin{pmatrix} \alpha & -\sqrt{3}\,\alpha \\ \sqrt{3}\,\alpha & \alpha \end{pmatrix} \begin{pmatrix} X \\ Y \end{pmatrix} = \begin{pmatrix} (X - \sqrt{3}\,Y)\alpha \\ (\sqrt{3}\,X + Y)\alpha \end{pmatrix}$$

より $(X', Y') = ((X - \sqrt{3}\,Y)\alpha, (\sqrt{3}\,X + Y)\alpha)$. 条件 (iv) により, この点が円 $x^2 + y^2 = 144$ 上にあるので

$$\{(X - \sqrt{3}\,Y)\alpha\}^2 + \{(\sqrt{3}\,X + Y)\alpha\}^2 = 144.$$

$X^2 + Y^2 = 4$ を用いて上式を変形すると, $\alpha^2 = 9$ となり, $\alpha = \pm 3$ が得られる.

以上より, f が条件 (i), (ii), (iii), (iv) を満たすならば

$$A = \begin{pmatrix} 3 & -3\sqrt{3} \\ 3\sqrt{3} & 3 \end{pmatrix}, \begin{pmatrix} -3 & 3\sqrt{3} \\ -3\sqrt{3} & -3 \end{pmatrix}$$

でなければならないことがわかった. 逆に A が上の形ならば f が (i), (ii), (iii), (iv) を満たすことは容易にわかる.

以上のことから, $A = \begin{pmatrix} 3 & -3\sqrt{3} \\ 3\sqrt{3} & 3 \end{pmatrix}, \begin{pmatrix} -3 & 3\sqrt{3} \\ -3\sqrt{3} & -3 \end{pmatrix}$ を得る.

§ 2.7　ベクトルの内積

解説　ベクトルの内積の計算演習に必要な事項をまとめる.

内積

定義 2.28　$\mathbb{R}^n \ni \boldsymbol{a} = \begin{pmatrix} a_1 \\ a_2 \\ \vdots \\ a_n \end{pmatrix}, \boldsymbol{b} = \begin{pmatrix} b_1 \\ b_2 \\ \vdots \\ b_n \end{pmatrix}$ に対して,

$$(\boldsymbol{a}, \boldsymbol{b}) := {}^t\boldsymbol{a}\,\boldsymbol{b} = a_1b_1 + a_2b_2 + \cdots + a_nb_n$$

によって定める値 $(\boldsymbol{a}, \boldsymbol{b})$ を $\boldsymbol{a}$ と $\boldsymbol{b}$ の**内積**(ないせき)という.

内積の定義された線形空間を**内積空間**または**計量ベクトル空間**などという.

定理 2.11　$\mathbb{R}^n \ni \boldsymbol{a}, \boldsymbol{b}, \boldsymbol{c}$ に対して次の (1) から (4) が成り立つ.

(1)　$(\boldsymbol{a}, \boldsymbol{b}) = (\boldsymbol{b}, \boldsymbol{a})$,

(2)　$(\boldsymbol{a} + \boldsymbol{b}, \boldsymbol{c}) = (\boldsymbol{a}, \boldsymbol{c}) + (\boldsymbol{b}, \boldsymbol{c})$,

(3)　$(c\,\boldsymbol{a}, \boldsymbol{b}) = (\boldsymbol{a}, c\,\boldsymbol{b}) = c(\boldsymbol{a}, \boldsymbol{b}) \quad (c \in \mathbb{R})$,

(4)　$(\boldsymbol{a}, \boldsymbol{a}) \geq 0$. ここで等号成立は, $\boldsymbol{a} = \boldsymbol{o}$ のときに限る.

ベクトルの大きさと単位ベクトル　線形空間 $\mathbb{R}^n$ のベクトルの大きさおよび単位ベクトルについて次のように定める.

定義 2.29　$\mathbb{R}^n \ni \boldsymbol{a} = \begin{pmatrix} a_1 \\ a_2 \\ \vdots \\ a_n \end{pmatrix}$ に対して,

$$\|\boldsymbol{a}\| := \sqrt{(\boldsymbol{a}, \boldsymbol{a})} = \sqrt{{a_1}^2 + {a_2}^2 + \cdots + {a_n}^2}$$

で $\|\boldsymbol{a}\|$ を定めて, ベクトル $\boldsymbol{a}$ の**大きさ** (または**長さ**) という. また長さが 1 のベクトルを**単位ベクトル**という.

定義 2.28 から, $\mathbb{R}^n$ のベクトルの内積は実数である. また, 定理 2.11 (4) より, $(\boldsymbol{a}, \boldsymbol{a}) \geq 0$ であるから, $\|\boldsymbol{a}\| \in \mathbb{R}$ となる. さらに, 定義 2.29 から次が成り立つ.

$$\|\boldsymbol{a}\| \geq 0 \quad (\text{等号成立は } \boldsymbol{a} = \boldsymbol{o} \text{ のときに限る}),$$

$$\|c\boldsymbol{a}\| = |c|\|\boldsymbol{a}\|.$$

定理 2.12　$\mathbb{R}^n \ni \boldsymbol{a}, \boldsymbol{b}$ に対して, 次の (1), (2) が成り立つ.

(1)　$|(\boldsymbol{a}, \boldsymbol{b})| \leq \|\boldsymbol{a}\|\|\boldsymbol{b}\|$　　(シュヴァルツの不等式)

(2)　$\|\boldsymbol{a}+\boldsymbol{b}\| \leq \|\boldsymbol{a}\|+\|\boldsymbol{b}\|$　　(三角不等式)

内積空間 $\mathbb{R}^n$ の 2 つのベクトルに対して次の定義のように角度を定める.

定義 2.30　$\mathbb{R}^n \ni \boldsymbol{a}, \boldsymbol{b} \neq \boldsymbol{o}$ に対して,

$$\cos\theta = \frac{(\boldsymbol{a}, \boldsymbol{b})}{\|\boldsymbol{a}\|\|\boldsymbol{b}\|}$$

で定まる θ　$(0 \leq \theta \leq \pi)$ を $\boldsymbol{a}$ と $\boldsymbol{b}$ の**なす角**という. また, $(\boldsymbol{a}, \boldsymbol{b}) = 0$ のとき, $\boldsymbol{a}$ と $\boldsymbol{b}$ は**直交**(ちょっこう)**する**といい, $\boldsymbol{a} \perp \boldsymbol{b}$ と書く.

零ベクトル $\boldsymbol{o}$ はすべてのベクトルと直交するものと考える.

例題 2.23　$\boldsymbol{a} = \begin{pmatrix} 2 \\ -1 \\ 3 \end{pmatrix}, \boldsymbol{b} = \begin{pmatrix} 5 \\ 4 \\ 0 \end{pmatrix}, \boldsymbol{c} = \begin{pmatrix} 1 \\ -1 \\ 2 \end{pmatrix}$ のとき,

(1) $(\boldsymbol{a}, \boldsymbol{b}-\boldsymbol{c})$　　(2) $(-\boldsymbol{a}+2\boldsymbol{b}, 3\boldsymbol{a})$　　(3) $(4\boldsymbol{b}+\boldsymbol{c}, 2\boldsymbol{a}+\boldsymbol{b}+\boldsymbol{c})$

を計算せよ.

解答　(1)　$(\boldsymbol{a}, \boldsymbol{b}-\boldsymbol{c}) = (\boldsymbol{a}, \boldsymbol{b}) - (\boldsymbol{a}, \boldsymbol{c})$. ここで $(\boldsymbol{a}, \boldsymbol{b}) = 2 \cdot 5 + (-1) \cdot 4 + 3 \cdot 0 = 6$, $(\boldsymbol{a}, \boldsymbol{c}) = 2 \cdot 1 + (-1) \cdot (-1) + 3 \cdot 2 = 9$ であるから, したがって $(\boldsymbol{a}, \boldsymbol{b}-\boldsymbol{c}) = 6 - 9 = -3$.

(2)　$(-\boldsymbol{a}+2\boldsymbol{b}, 3\boldsymbol{a}) = (-\boldsymbol{a}, 3\boldsymbol{a}) + (2\boldsymbol{b}, 3\boldsymbol{a}) = -3(\boldsymbol{a}, \boldsymbol{a}) + 2 \cdot 3(\boldsymbol{b}, \boldsymbol{a}) = -3(\boldsymbol{a}, \boldsymbol{a}) + 6(\boldsymbol{b}, \boldsymbol{a})$. ここで $(\boldsymbol{a}, \boldsymbol{a}) = 2 \cdot 2 + (-1) \cdot (-1) + 3 \cdot 3 = 14$, $(\boldsymbol{b}, \boldsymbol{a}) = (\boldsymbol{a}, \boldsymbol{b}) = 6$ であるから, したがって $(-\boldsymbol{a}+2\boldsymbol{b}, 3\boldsymbol{a}) = -3 \cdot 14 + 6 \cdot 6 = -6$.

(3)　$(4\boldsymbol{b}+\boldsymbol{c}, 2\boldsymbol{a}+\boldsymbol{b}+\boldsymbol{c}) = (4\boldsymbol{b}, 2\boldsymbol{a}+\boldsymbol{b}+\boldsymbol{c}) + (\boldsymbol{c}, 2\boldsymbol{a}+\boldsymbol{b}+\boldsymbol{c})$. さらに

$$\begin{aligned}(4\boldsymbol{b}, 2\boldsymbol{a}+\boldsymbol{b}+\boldsymbol{c}) &= (4\boldsymbol{b}, 2\boldsymbol{a}) + (4\boldsymbol{b}, \boldsymbol{b}) + (4\boldsymbol{b}, \boldsymbol{c}) = 4 \cdot 2(\boldsymbol{b}, \boldsymbol{a}) + 4(\boldsymbol{b}, \boldsymbol{b}) + 4(\boldsymbol{b}, \boldsymbol{c}) \\ &= 8(\boldsymbol{a}, \boldsymbol{b}) + 4(\boldsymbol{b}, \boldsymbol{b}) + 4(\boldsymbol{b}, \boldsymbol{c}), \\ (\boldsymbol{c}, 2\boldsymbol{a}+\boldsymbol{b}+\boldsymbol{c}) &= (\boldsymbol{c}, 2\boldsymbol{a}) + (\boldsymbol{c}, \boldsymbol{b}) + (\boldsymbol{c}, \boldsymbol{c}) = 2(\boldsymbol{c}, \boldsymbol{a}) + (\boldsymbol{c}, \boldsymbol{b}) + (\boldsymbol{c}, \boldsymbol{c}) \\ &= 2(\boldsymbol{a}, \boldsymbol{c}) + (\boldsymbol{b}, \boldsymbol{c}) + (\boldsymbol{c}, \boldsymbol{c})\end{aligned}$$

であるから

$$\begin{aligned}(4\boldsymbol{b}+\boldsymbol{c}, 2\boldsymbol{a}+\boldsymbol{b}+\boldsymbol{c}) &= \{8(\boldsymbol{a}, \boldsymbol{b}) + 4(\boldsymbol{b}, \boldsymbol{b}) + 4(\boldsymbol{b}, \boldsymbol{c})\} + \{2(\boldsymbol{a}, \boldsymbol{c}) + (\boldsymbol{b}, \boldsymbol{c}) + (\boldsymbol{c}, \boldsymbol{c})\} \\ &= 8(\boldsymbol{a}, \boldsymbol{b}) + 2(\boldsymbol{a}, \boldsymbol{c}) + 4(\boldsymbol{b}, \boldsymbol{b}) + 5(\boldsymbol{b}, \boldsymbol{c}) + (\boldsymbol{c}, \boldsymbol{c}).\end{aligned}$$

ここで $(\boldsymbol{a}, \boldsymbol{b}) = 6$, $(\boldsymbol{a}, \boldsymbol{c}) = 9$, $(\boldsymbol{b}, \boldsymbol{b}) = 5 \cdot 5 + 4 \cdot 4 + 0 \cdot 0 = 41$, $(\boldsymbol{b}, \boldsymbol{c}) = 5 \cdot 1 + 4 \cdot (-1) + 0 \cdot 2 = 1$, $(\boldsymbol{c}, \boldsymbol{c}) = 1 \cdot 1 + (-1) \cdot (-1) + 2 \cdot 2 = 6$ であるから, したがって

$$(4\boldsymbol{b}+\boldsymbol{c}, 2\boldsymbol{a}+\boldsymbol{b}+\boldsymbol{c}) = 8 \cdot 6 + 2 \cdot 9 + 4 \cdot 41 + 5 \cdot 1 + 6 = 241.$$

■

例題 2.24　$\mathbb{R}^3 \ni \boldsymbol{a} = \begin{pmatrix} -5 \\ -2 \\ 1 \end{pmatrix}, \boldsymbol{b} = \begin{pmatrix} 1 \\ -3 \\ 2 \end{pmatrix}$ に対して, $\boldsymbol{a}$ と $\boldsymbol{b}$ の両方に直交する単位ベクトルを求めよ.

解答　求めるベクトルを $\boldsymbol{k} = \begin{pmatrix} k_1 \\ k_2 \\ k_3 \end{pmatrix}$ とすると，$(\boldsymbol{a}, \boldsymbol{k}) = -5k_1 - 2k_2 + k_3 = 0$, $(\boldsymbol{b}, \boldsymbol{k}) = k_1 - 3k_2 + 2k_3 = 0$ でなければならないから，k_1, k_2, k_3 は同次連立1次方程式

$$(\bigstar\bigstar)\cdots\begin{cases} -5x_1 - 2x_2 + x_3 = 0 \\ x_1 - 3x_2 + 2x_3 = 0 \end{cases}$$

の解でなければならない．$(\bigstar\bigstar)$ を解く．

$$\left(\begin{array}{ccc|c} -5 & -2 & 1 & 0 \\ 1 & -3 & 2 & 0 \end{array}\right) \longrightarrow \left(\begin{array}{ccc|c} 1 & -3 & 2 & 0 \\ -5 & -2 & 1 & 0 \end{array}\right)_{\times 5} \longrightarrow \left(\begin{array}{ccc|c} 1 & -3 & 2 & 0 \\ 0 & -17 & 11 & 0 \end{array}\right)$$

よって $(\bigstar\bigstar)$ は

$$\begin{cases} x_1 - 3x_2 + 2x_3 = 0 & \cdots \quad \text{(i)} \\ \quad - 17x_2 + 11x_3 = 0 & \cdots \quad \text{(ii)} \end{cases}$$

と同値である．ここで，解の自由度が1であることから，$x_2 = 11c$ とおけば，(ii) より $-17 \cdot 11c + 11x_3 = 0$ となって $x_3 = 17c$. よって (i) より $x_1 = 3x_2 - 2x_3 = 3 \cdot 11c - 2 \cdot 17c = -c$. したがって $(\bigstar\bigstar)$ の解は

$$\boldsymbol{x} = \begin{pmatrix} x_1 \\ x_2 \\ x_3 \end{pmatrix} = \begin{pmatrix} -c \\ 11c \\ 17c \end{pmatrix} = c\begin{pmatrix} -1 \\ 11 \\ 17 \end{pmatrix} \qquad [c：任意定数]$$

となる．さらに $\boldsymbol{k}$ は $\|\boldsymbol{k}\| = 1$ を満たさなければならないから，上の解が $\|\boldsymbol{x}\| = 1$ を満たすように c を定めると，

$$1 = \|\boldsymbol{x}\|^2 = c^2\{(-1)^2 + 11^2 + 17^2\} = 411c^2$$

より $c^2 = 1/411$ となって $c = \pm 1/\sqrt{411}$. よって，$\pm\dfrac{1}{\sqrt{411}}\begin{pmatrix} -1 \\ 11 \\ 17 \end{pmatrix}$ である．　■

例題 2.25　ベクトル $\boldsymbol{a} = \begin{pmatrix} -1 \\ 3 \\ 1 \end{pmatrix}$, $\boldsymbol{b} = \begin{pmatrix} 4 \\ 0 \\ -1 \end{pmatrix}$, $\boldsymbol{c} = \begin{pmatrix} 1 \\ 0 \\ -1 \end{pmatrix}$ について次を求めよ．

(1)　内積 $(\boldsymbol{a}, \boldsymbol{b} + \boldsymbol{c})$,

(2)　長さ $\|\boldsymbol{a}\|$,

(3)　$\boldsymbol{a}$ と $\boldsymbol{b}$ のなす角を θ とするとき $\cos\theta, \sin\theta$ の値．

解答

(1)　定理 2.11 により，$(\boldsymbol{a}, \boldsymbol{b} + \boldsymbol{c}) = (\boldsymbol{a}, \boldsymbol{b}) + (\boldsymbol{a}, \boldsymbol{c})$ であり，

$$(\boldsymbol{a}, \boldsymbol{b}) = (-1) \cdot 4 + 3 \cdot 0 + 1 \cdot (-1) = -4 + 0 - 1 = -5,$$

$$(\boldsymbol{a}, \boldsymbol{c}) = (-1) \cdot 1 + 3 \cdot 0 + 1 \cdot (-1) = -1 + 0 - 1 = -2$$

であるから，$(\boldsymbol{a}, \boldsymbol{b} + \boldsymbol{c}) = -5 + (-2) = -7$ となる．

(2)　定義 2.29 より，$\|\boldsymbol{a}\| = \sqrt{(\boldsymbol{a}, \boldsymbol{a})} = \sqrt{(-1)^2 + 3^2 + 1^2} = \sqrt{1 + 9 + 1} = \sqrt{11}$ である．

(3)　定義 2.30 より,

$$\cos\theta = \frac{(\mathbb{a}, \mathbb{b})}{\|\mathbb{a}\|\|\mathbb{b}\|}$$

である．ここで, $\|\mathbb{b}\| = \sqrt{(\mathbb{b}, \mathbb{b})} = \sqrt{4^2 + 0 + (-1)^2} = \sqrt{17}$ であり, (1) より $(\mathbb{a}, \mathbb{b}) = -5$, (2) より, $\|\mathbb{a}\| = \sqrt{11}$ であるから, $\cos\theta = \dfrac{-5}{\sqrt{11}\sqrt{17}} = \dfrac{-5\sqrt{187}}{187}$ を得る．また, $\sin^2\theta = 1 - \cos^2\theta = \dfrac{187-25}{11 \cdot 17} = \dfrac{162}{11 \cdot 17} = \dfrac{3^4 \cdot 2}{11 \cdot 17}$ で, $0 \leq \theta \leq \pi$ であるから, $\sin\theta = \dfrac{9\sqrt{2}}{\sqrt{11}\sqrt{17}} = \dfrac{9\sqrt{374}}{187}$ となる． ∎

◆演習問題 § 2.7◆

1. $\mathbb{a} = \begin{pmatrix} 8 \\ 3 \end{pmatrix}$, $\mathbb{b} = \begin{pmatrix} 2 \\ -7 \end{pmatrix}$ とし, $\mathbb{a}$ と $\mathbb{b}$ のなす角を θ とする．次を求めよ．

(1) $(\mathbb{a}, \mathbb{a})$　(2) $\|\mathbb{a}\|$

(3) $(\mathbb{b}, \mathbb{b})$　(4) $\|\mathbb{b}\|$

(5) $(\mathbb{a}, \mathbb{b})$　(6) $(2\mathbb{a} - 4\mathbb{b}, -5\mathbb{a} + 7\mathbb{b})$

(7) $\cos\theta$　(8) $\sin\theta$

2. $\mathbb{a} = \begin{pmatrix} 1 \\ 2 \\ 1 \end{pmatrix}$, $\mathbb{b} = \begin{pmatrix} 2 \\ -1 \\ 3 \end{pmatrix}$, $\mathbb{c} = \begin{pmatrix} -1 \\ -3 \\ 0 \end{pmatrix}$ とし, $\mathbb{a}$ と $\mathbb{b}$ のなす角を θ_1, $\mathbb{a}$ と $\mathbb{c}$ のなす角を θ_2, $\mathbb{b}$ と $\mathbb{c}$ のなす角を θ_3 とする．次を求めよ．

(1) $(\mathbb{a}, \mathbb{a})$　(2) $\|\mathbb{a}\|$

(3) $(\mathbb{b}, \mathbb{b})$　(4) $\|\mathbb{b}\|$

(5) $(\mathbb{c}, \mathbb{c})$　(6) $\|\mathbb{c}\|$

(7) $(\mathbb{a}, \mathbb{b})$　(8) $(\mathbb{a}, \mathbb{c})$

(9) $(\mathbb{b}, \mathbb{c})$　(10) $(\mathbb{a} + \mathbb{b}, \mathbb{b} - \mathbb{c})$

(11) $(3\mathbb{a} - 2\mathbb{c}, -2\mathbb{b} + 3\mathbb{c})$　(12) $(2\mathbb{a} - \mathbb{b} + 3\mathbb{c}, -\mathbb{a} + 4\mathbb{b} - 2\mathbb{c})$

(13) $\cos\theta_1$　(14) $\sin\theta_1$

(15) $\cos\theta_2$　(16) $\sin\theta_2$

(17) $\cos\theta_3$　(18) $\sin\theta_3$

3. $\mathbb{a} = \begin{pmatrix} 3 \\ 1 \\ 2 \\ -4 \end{pmatrix}$, $\mathbb{b} = \begin{pmatrix} -2 \\ -3 \\ 1 \\ 2 \end{pmatrix}$, $\mathbb{c} = \begin{pmatrix} 1 \\ 2 \\ -4 \\ 1 \end{pmatrix}$ とし, $2\mathbb{a} - \mathbb{b} + 3\mathbb{c}$ と $-\mathbb{a} + 3\mathbb{b} - 2\mathbb{c}$ のなす角を θ とする．このとき $\cos\theta$ および $\sin\theta$ を求めよ．

4. $\mathbb{a} = \begin{pmatrix} -7 \\ 8 \end{pmatrix}$ とする．$\mathbb{a}$ と直交する長さが 3 のベクトルを求めよ．

5. $\mathbb{a} = \begin{pmatrix} -2 \\ -1 \\ 4 \end{pmatrix}, \mathbb{b} = \begin{pmatrix} 1 \\ 7 \\ -3 \end{pmatrix}$ とする. $\mathbb{a}$ と $\mathbb{b}$ の両方に直交する単位ベクトルを求めよ.

6. $\mathbb{a} = \begin{pmatrix} x \\ 5 \\ 2 \end{pmatrix}, \mathbb{b} = \begin{pmatrix} 1 \\ y \\ 4 \end{pmatrix}, \mathbb{c} = \begin{pmatrix} 7 \\ -7 \\ z \end{pmatrix}$ のどの 2 つも直交するように x, y, z を定めよ.

7. $\mathbb{a} = \begin{pmatrix} \sqrt{2} \\ p \\ q \end{pmatrix}$ および $\mathbb{b} = \begin{pmatrix} x \\ y \\ z \end{pmatrix}$ が次の 5 つの条件 (i), (ii), (iii), (iv), (v) を満たすと仮定する：

(i)　$\|\mathbb{a}\| = 2\sqrt{3}$.

(ii)　$\mathbb{a}$ と z 軸の正の向きがなす角は 30°.

(iii)　$\|\mathbb{b}\| = 6$.

(iv)　$\mathbb{a}$ と $\mathbb{b}$ は直交する.

(v)　$\mathbb{a}, \mathbb{b}$, z 軸は同一平面上に存在する.

このとき p, q, x, y, z を求め, さらに $\mathbb{b}$ と z 軸の正の向きがなす角 θ を求めよ.

◇演習問題の解答◇

1. (1) $(\boldsymbol{a}, \boldsymbol{a}) = 8^2 + 3^2 = 73.$

(2) $\|\boldsymbol{a}\| = \sqrt{(\boldsymbol{a}, \boldsymbol{a})} = \sqrt{73}.$

(3) $(\boldsymbol{b}, \boldsymbol{b}) = 2^2 + (-7)^2 = 53.$

(4) $\|\boldsymbol{b}\| = \sqrt{(\boldsymbol{b}, \boldsymbol{b})} = \sqrt{53}.$

(5) $(\boldsymbol{a}, \boldsymbol{b}) = 8 \cdot 2 + 3 \cdot (-7) = -5.$

(6) $(2\boldsymbol{a} - 4\boldsymbol{b}, -5\boldsymbol{a} + 7\boldsymbol{b}) = -10(\boldsymbol{a}, \boldsymbol{a}) + 14(\boldsymbol{a}, \boldsymbol{b}) + 20(\boldsymbol{b}, \boldsymbol{a}) - 28(\boldsymbol{b}, \boldsymbol{b}) = -10(\boldsymbol{a}, \boldsymbol{a}) + 34(\boldsymbol{a}, \boldsymbol{b}) - 28(\boldsymbol{b}, \boldsymbol{b}) = -10 \cdot 73 + 34 \cdot (-5) - 28 \cdot 53 = -2384.$

(7) $(\boldsymbol{a}, \boldsymbol{b}) = \|\boldsymbol{a}\|\|\boldsymbol{b}\| \cos\theta$ より $-5 = \sqrt{73} \cdot \sqrt{53} \cdot \cos\theta$. よって

$$\cos\theta = -\frac{5}{\sqrt{73}\sqrt{53}} = -\frac{5}{\sqrt{3869}}.$$

(8) $\sin\theta = \sqrt{1 - \cos^2\theta}$ より

$$\sin\theta = \sqrt{1 - \frac{25}{3869}} = \sqrt{\frac{3844}{3869}} = \frac{62}{\sqrt{3869}}.$$

2. (1) $(\boldsymbol{a}, \boldsymbol{a}) = 1^2 + 2^2 + 1^2 = 6.$

(2) $\|\boldsymbol{a}\| = \sqrt{(\boldsymbol{a}, \boldsymbol{a})} = \sqrt{6}.$

(3) $(\boldsymbol{b}, \boldsymbol{b}) = 2^2 + (-1)^2 + 3^2 = 14.$

(4) $\|\boldsymbol{b}\| = \sqrt{14}.$

(5) $(\boldsymbol{c}, \boldsymbol{c}) = (-1)^2 + (-3)^2 + 0^2 = 10.$

(6) $\|\boldsymbol{c}\| = \sqrt{(\boldsymbol{c}, \boldsymbol{c})} = \sqrt{10}.$

(7) $(\boldsymbol{a}, \boldsymbol{b}) = 1 \cdot 2 + 2 \cdot (-1) + 1 \cdot 3 = 3.$

(8) $(\boldsymbol{a}, \boldsymbol{c}) = 1 \cdot (-1) + 2 \cdot (-3) + 1 \cdot 0 = -7.$

(9) $(\boldsymbol{b}, \boldsymbol{c}) = 2 \cdot (-1) + (-1) \cdot (-3) + 3 \cdot 0 = 1.$

(10) $(\boldsymbol{a} + \boldsymbol{b}, \boldsymbol{b} - \boldsymbol{c}) = (\boldsymbol{a}, \boldsymbol{b}) - (\boldsymbol{a}, \boldsymbol{c}) + (\boldsymbol{b}, \boldsymbol{b}) - (\boldsymbol{b}, \boldsymbol{c}) = 3 - (-7) + 14 - 1 = 23.$

(11) $(3\boldsymbol{a} - 2\boldsymbol{c}, -2\boldsymbol{b} + 3\boldsymbol{c}) = -6(\boldsymbol{a}, \boldsymbol{b}) + 9(\boldsymbol{a}, \boldsymbol{c}) + 4(\boldsymbol{c}, \boldsymbol{b}) - 6(\boldsymbol{c}, \boldsymbol{c}) = -6(\boldsymbol{a}, \boldsymbol{b}) + 9(\boldsymbol{a}, \boldsymbol{c}) + 4(\boldsymbol{b}, \boldsymbol{c}) - 6(\boldsymbol{c}, \boldsymbol{c}) = -6 \cdot 3 + 9 \cdot (-7) + 4 \cdot 1 - 6 \cdot 10 = -137.$

(12) $(2\boldsymbol{a} - \boldsymbol{b} + 3\boldsymbol{c}, -\boldsymbol{a} + 4\boldsymbol{b} - 2\boldsymbol{c}) = -2(\boldsymbol{a}, \boldsymbol{a}) + 8(\boldsymbol{a}, \boldsymbol{b}) - 4(\boldsymbol{a}, \boldsymbol{c}) + (\boldsymbol{b}, \boldsymbol{a}) - 4(\boldsymbol{b}, \boldsymbol{b}) + 2(\boldsymbol{b}, \boldsymbol{c}) - 3(\boldsymbol{c}, \boldsymbol{a}) + 12(\boldsymbol{c}, \boldsymbol{b}) - 6(\boldsymbol{c}, \boldsymbol{c}) = -2(\boldsymbol{a}, \boldsymbol{a}) + 9(\boldsymbol{a}, \boldsymbol{b}) - 7(\boldsymbol{a}, \boldsymbol{c}) - 4(\boldsymbol{b}, \boldsymbol{b}) + 14(\boldsymbol{b}, \boldsymbol{c}) - 6(\boldsymbol{c}, \boldsymbol{c}) = -2 \cdot 6 + 9 \cdot 3 - 7 \cdot (-7) - 4 \cdot 14 + 14 \cdot 1 - 6 \cdot 10 = -38.$

(13) $(\boldsymbol{a}, \boldsymbol{b}) = \|\boldsymbol{a}\|\|\boldsymbol{b}\| \cos\theta_1$ より $3 = \sqrt{6} \cdot \sqrt{14} \cdot \cos\theta_1$. よって

$$\cos\theta_1 = \frac{3}{\sqrt{6}\sqrt{14}} = \frac{3}{2\sqrt{21}}.$$

(14) $\sin\theta_1 = \sqrt{1 - \cos^2\theta_1}$ より $\sin\theta_1 = \sqrt{1 - \frac{9}{84}} = \sqrt{\frac{75}{84}} = \frac{5}{2\sqrt{7}}.$

(15) $(\boldsymbol{a}, \boldsymbol{c}) = \|\boldsymbol{a}\|\|\boldsymbol{c}\| \cos\theta_2$ より $-7 = \sqrt{6} \cdot \sqrt{10} \cdot \cos\theta_1$. よって

$$\cos\theta_2 = -\frac{7}{\sqrt{6}\sqrt{10}} = -\frac{7}{2\sqrt{15}}.$$

(16) $\sin\theta_2 = \sqrt{1 - \cos^2\theta_2}$ より $\sin\theta_2 = \sqrt{1 - \frac{49}{60}} = \sqrt{\frac{11}{60}} = \frac{\sqrt{11}}{2\sqrt{15}}.$

(17)　$(\boldsymbol{b}, \boldsymbol{c}) = \|\boldsymbol{b}\|\|\boldsymbol{c}\|\cos\theta_3$ より $1 = \sqrt{14}\cdot\sqrt{10}\cdot\cos\theta_3$. よって

$$\cos\theta_3 = \frac{1}{\sqrt{14}\sqrt{10}} = \frac{1}{2\sqrt{35}}.$$

(18)　$\sin\theta_3 = \sqrt{1-\cos^2\theta_3}$ より $\sin\theta_3 = \sqrt{1-\dfrac{1}{140}} = \sqrt{\dfrac{139}{140}} = \dfrac{\sqrt{139}}{2\sqrt{35}}$.

3.　$$2\boldsymbol{a} - \boldsymbol{b} + 3\boldsymbol{c} = 2\begin{pmatrix} 3 \\ 1 \\ 2 \\ -4 \end{pmatrix} - \begin{pmatrix} -2 \\ -3 \\ 1 \\ 2 \end{pmatrix} + 3\begin{pmatrix} 1 \\ 2 \\ -4 \\ 1 \end{pmatrix} = \begin{pmatrix} 2\cdot 3-(-2)+3 \\ 2\cdot 1-(-3)+3\cdot 2 \\ 2\cdot 2-1+3\cdot(-4) \\ 2\cdot(-4)-2+3\cdot 1 \end{pmatrix} = \begin{pmatrix} 11 \\ 11 \\ -9 \\ -7 \end{pmatrix},$$

$$-\boldsymbol{a} + 3\boldsymbol{b} - 2\boldsymbol{c} = -\begin{pmatrix} 3 \\ 1 \\ 2 \\ -4 \end{pmatrix} + 3\begin{pmatrix} -2 \\ -3 \\ 1 \\ 2 \end{pmatrix} - 2\begin{pmatrix} 1 \\ 2 \\ -4 \\ 1 \end{pmatrix} = \begin{pmatrix} -3+3\cdot(-2)-2\cdot 1 \\ -1+3\cdot(-3)-2\cdot 2 \\ -2+3\cdot 1-2\cdot(-4) \\ -(-4)+3\cdot 2-2\cdot 1 \end{pmatrix} = \begin{pmatrix} -11 \\ -14 \\ 9 \\ 8 \end{pmatrix}$$

より

$$\|2\boldsymbol{a} - \boldsymbol{b} + 3\boldsymbol{c}\| = \sqrt{11^2+11^2+(-9)^2+(-7)^2} = \sqrt{372} = 2\sqrt{93},$$

$$\|-\boldsymbol{a} + 3\boldsymbol{b} - 2\boldsymbol{c}\| = \sqrt{(-11)^2+(-14)^2+9^2+8^2} = \sqrt{462},$$

$$(2\boldsymbol{a} - \boldsymbol{b} + 3\boldsymbol{c}, -\boldsymbol{a} + 3\boldsymbol{b} - 2\boldsymbol{c}) = 11\cdot(-11)+11\cdot(-14)+(-9)\cdot 9+(-7)\cdot 8 = -412.$$

よって $-412 = 2\sqrt{93}\cdot\sqrt{462}\cdot\cos\theta$ となり,

$$\cos\theta = -\frac{412}{2\sqrt{93}\sqrt{462}} = -\frac{206}{3\sqrt{4774}}.$$

また

$$\sin\theta = \sqrt{1-\cos^2\theta} = \sqrt{1-\frac{42436}{42966}} = \sqrt{\frac{530}{42966}} = \frac{\sqrt{530}}{3\sqrt{4774}} = \frac{\sqrt{265}}{3\sqrt{2387}}.$$

4.　求めるベクトルを $\boldsymbol{k} = \begin{pmatrix} k_1 \\ k_2 \end{pmatrix}$ とすると, $(\boldsymbol{a}, \boldsymbol{k}) = -7k_1 + 8k_2 = 0$ でなければならないから, k_1, k_2 は同次1次方程式

$$(\bigstar\bigstar)\cdots -7x_1 + 8x_2 = 0$$

の解でなければならない. $(\bigstar\bigstar)$ を解く. $x_2 = 7c$ とおけば, $-7x_1 + 8\cdot 7c = 0$ より $x_1 = 8c$. したがって $(\bigstar\bigstar)$ の解は

$$\boldsymbol{x} = \begin{pmatrix} x_1 \\ x_2 \end{pmatrix} = \begin{pmatrix} 8c \\ 7c \end{pmatrix} = c\begin{pmatrix} 8 \\ 7 \end{pmatrix} \quad [c:\text{任意定数}]$$

となる. さらに $\boldsymbol{k}$ は $\|\boldsymbol{k}\| = 3$ を満たさなければならないから, 上の解が $\|\boldsymbol{x}\| = 3$ を満たすように c を定めると,

$$9 = \|\boldsymbol{x}\|^2 = c^2\{8^2+7^2\} = 113c^2$$

より $c^2 = 9/113$ となって $c = \pm 3/\sqrt{113}$.

ゆえに, $\pm\dfrac{3}{\sqrt{113}}\begin{pmatrix} 8 \\ 7 \end{pmatrix}$.

5. 求めるベクトルを $\mathbb{k} = \begin{pmatrix} k_1 \\ k_2 \\ k_3 \end{pmatrix}$ とすると，$(\mathbb{a}, \mathbb{k}) = -2k_1 - k_2 + 4k_3 = 0$, $(\mathbb{b}, \mathbb{k}) = k_1 + 7k_2 - 3k_3 = 0$ でなければならないから，k_1, k_2, k_3 は同次連立 1 次方程式

$$(\bigstar\bigstar)\cdots\begin{cases} -2x_1 - x_2 + 4x_3 = 0 \\ x_1 + 7x_2 - 3x_3 = 0 \end{cases}$$

の解でなければならない．$(\bigstar\bigstar)$ を解く．

$$\left(\begin{array}{ccc|c} -2 & -1 & 4 & 0 \\ 1 & 7 & -3 & 0 \end{array}\right) \longrightarrow \left(\begin{array}{ccc|c} 1 & 7 & -3 & 0 \\ -2 & -1 & 4 & 0 \end{array}\right) \underset{\times 2}{\longrightarrow} \left(\begin{array}{ccc|c} 1 & 7 & -3 & 0 \\ 0 & 13 & -2 & 0 \end{array}\right)$$

よって $(\bigstar\bigstar)$ は

$$\begin{cases} x_1 + 7x_2 - 3x_3 = 0 & \cdots \quad \text{(i)} \\ 13x_2 - 2x_3 = 0 & \cdots \quad \text{(ii)} \end{cases}$$

と同値である．解の自由度は 1 であるから，$x_3 = 13c$ とおけば，(ii) より $13x_2 - 2 \cdot 13c = 0$ となって $x_2 = 2c$. よって (i) より $x_1 = -7x_2 + 3x_3 = -7 \cdot 2c + 3 \cdot 13c = 25c$. したがって $(\bigstar\bigstar)$ の解は

$$\mathbb{x} = \begin{pmatrix} x_1 \\ x_2 \\ x_3 \end{pmatrix} = \begin{pmatrix} 25c \\ 2c \\ 13c \end{pmatrix} = c\begin{pmatrix} 25 \\ 2 \\ 13 \end{pmatrix} \quad [c : \text{任意定数}]$$

となる．さらに $\mathbb{k}$ は $\|\mathbb{k}\| = 1$ を満たさなければならないから，上の解が $\|\mathbb{x}\| = 1$ を満たすように c を定めると，

$$1 = \|\mathbb{x}\|^2 = c^2\{25^2 + 2^2 + 13^2\} = 798c^2$$

より $c^2 = 1/798$ となって $c = \pm 1/\sqrt{798}$.

ゆえに，$\pm\dfrac{1}{\sqrt{798}}\begin{pmatrix} 25 \\ 2 \\ 13 \end{pmatrix}$.

6. $0 = (\mathbb{a}, \mathbb{b}) = x \cdot 1 + 5 \cdot y + 2 \cdot 4 = x + 5y + 8$, $0 = (\mathbb{a}, \mathbb{c}) = x \cdot 7 + 5 \cdot (-7) + 2 \cdot z = 7x + 2z - 35$, $0 = (\mathbb{b}, \mathbb{c}) = 1 \cdot 7 + y \cdot (-7) + 4 \cdot z = -7y + 4z + 7$ より

$$\begin{cases} x + 5y = -8 \\ 7x + 2z = 35 \\ -7y + 4z = -7 \end{cases}$$

が得られる．これを解いて $(x, y, z) = (7, -3, -7)$.

7. $\|\mathbb{a}\|^2 = 2 + p^2 + q^2$ より，仮定 (i) から $2 + p^2 + q^2 = 12$ となって

(I)　$p^2 + q^2 = 10$

が得られる．

次に $\mathbb{c} = \begin{pmatrix} 0 \\ 0 \\ 1 \end{pmatrix}$ とおくと，仮定 (ii) により $(\mathbb{a}, \mathbb{c}) = \|\mathbb{a}\|\|\mathbb{c}\| \cos\dfrac{\pi}{6}$. ここで $(\mathbb{a}, \mathbb{c}) = \sqrt{2} \cdot 0 + p \cdot 0 + q \cdot 1 = q$ であり，一方，仮定 (i) と $\|\mathbb{c}\| = 1$ より $\|\mathbb{a}\|\|\mathbb{c}\| \cos\dfrac{\pi}{6} = 2\sqrt{3} \cdot 1 \cdot \dfrac{\sqrt{3}}{2} = 3$ であるから

(II)　$q = 3$

が得られる．(I), (II) より $(p, q) = (1, 3), (-1, 3)$.

仮定 (iii) と $\|\mathbb{b}\|^2 = x^2 + y^2 + z^2$ より

(III)　$x^2 + y^2 + z^2 = 36$

が成り立つことに注意しておく．

(ア)　$(p, q) = (1, 3)$ の場合：　$\mathbb{a} = \begin{pmatrix} \sqrt{2} \\ 1 \\ 3 \end{pmatrix}$ である．仮定 (iv) により $(\mathbb{a}, \mathbb{b}) = 0$ であるから

(IV)　$\sqrt{2}\,x + y + 3z = 0$

が成り立つ．仮定 (v) より $\mathbb{a}$, $\mathbb{b}$, $\mathbb{c}$ は同一平面上に存在するから，$\mathbb{a}$, $\mathbb{b}$, $\mathbb{c}$ の 1 次結合として書き表されない $\mathbb{R}^3$ のベクトルが存在し，したがって $\{\mathbb{a}, \mathbb{b}, \mathbb{c}\}$ は $\mathbb{R}^3$ の基底ではない．$\mathbb{a}$, $\mathbb{b}$, $\mathbb{c}$ が 1 次独立ならば $\{\mathbb{a}, \mathbb{b}, \mathbb{c}\}$ は $\mathbb{R}^3$ の基底となってしまうので，$\mathbb{a}$, $\mathbb{b}$, $\mathbb{c}$ は 1 次従属でなければならず，

したがって $|\ \mathbb{a}\quad \mathbb{b}\quad \mathbb{c}\ | = \begin{vmatrix} \sqrt{2} & x & 0 \\ 1 & y & 0 \\ 3 & z & 1 \end{vmatrix} = 0$ すなわち

(V)　$-x + \sqrt{2}\,y = 0$

が得られる．(III), (IV), (V) より $(x, y, z) = (3\sqrt{2}, 3, -3), (-3\sqrt{2}, -3, 3)$.

(イ)　$(p, q) = (-1, 3)$ の場合：　$\mathbb{a} = \begin{pmatrix} \sqrt{2} \\ -1 \\ 3 \end{pmatrix}$ である．あとは (ア) の場合と同様にして

$(x, y, z) = (-3\sqrt{2}, 3, 3), (3\sqrt{2}, -3, -3)$ が得られる．

以上で (p, q, x, y, z) は次の 4 通りであることがわかった：

(1)　$(p, q, x, y, z) = (1, 3, 3\sqrt{2}, 3, -3)$

(2)　$(p, q, x, y, z) = (1, 3, -3\sqrt{2}, -3, 3)$

(3)　$(p, q, x, y, z) = (-1, 3, -3\sqrt{2}, 3, 3)$

(4)　$(p, q, x, y, z) = (-1, 3, 3\sqrt{2}, -3, -3)$

最後に (1), (2), (3), (4) それぞれの場合に θ を求める．$\mathbb{b}$ と $\mathbb{c}$ のなす角が θ であることに注意する．$\|\mathbb{b}\| = 6$, $\|\mathbb{c}\| = 1$ であるから $(\mathbb{b}, \mathbb{c}) = 6\cos\theta$ が成り立っている．また，(1), (2), (3), (4) それぞれの場合に応じて $\mathbb{b} = \begin{pmatrix} 3\sqrt{2} \\ 3 \\ -3 \end{pmatrix}, \begin{pmatrix} -3\sqrt{2} \\ -3 \\ 3 \end{pmatrix}, \begin{pmatrix} -3\sqrt{2} \\ 3 \\ 3 \end{pmatrix}, \begin{pmatrix} 3\sqrt{2} \\ -3 \\ -3 \end{pmatrix}$ である．

(1) の場合：　$(\mathbb{b}, \mathbb{c}) = -3$ より $\cos\theta = -1/2$. よって $\theta = 2\pi/3$.

(2) の場合：　$(\mathbb{b}, \mathbb{c}) = 3$ より $\cos\theta = 1/2$. よって $\theta = \pi/3$.

(3) の場合：　$(\mathbb{b}, \mathbb{c}) = 3$ より $\cos\theta = 1/2$. よって $\theta = \pi/3$.

(4) の場合：　$(\mathbb{b}, \mathbb{c}) = -1/2$ より $\cos\theta = -1/2$. よって $\theta = 2\pi/3$.

以上をまとめると，$(p, q, x, y, z) = (1, 3, 3\sqrt{2}, 3, -3), (1, 3, -3\sqrt{2}, -3, 3), (-1, 3, -3\sqrt{2}, 3, 3), (-1, 3, 3\sqrt{2}, -3, -3)$.

$(p, q, x, y, z) = (1, 3, 3\sqrt{2}, 3, -3)$ のとき $\theta = \dfrac{2}{3}\pi$,

$(p, q, x, y, z) = (1, 3, -3\sqrt{2}, -3, 3)$ のとき $\theta = \dfrac{1}{3}\pi$,

$(p, q, x, y, z) = (-1, 3, -3\sqrt{2}, 3, 3)$ のとき $\theta = \dfrac{1}{3}\pi$,

$(p, q, x, y, z) = (-1, 3, 3\sqrt{2}, -3, -3)$ のとき $\theta = \dfrac{2}{3}\pi$ となる.

§ 2.8　グラム-シュミットの直交化法

解説　直交基底に関連する演習のための準備をする.

正規直交基底

定義 2.31　$\mathbb{R}^n \ni \boldsymbol{a}_1, \boldsymbol{a}_2, \ldots, \boldsymbol{a}_r$ $(\boldsymbol{a}_i \neq \boldsymbol{o})$ において, どの 2 つのベクトルも直交しているとき, すなわち

$$(\boldsymbol{a}_i, \boldsymbol{a}_j) = 0 \quad (i \neq j)$$

が成り立つとき, $\boldsymbol{a}_1, \boldsymbol{a}_2, \ldots, \boldsymbol{a}_r$ は**直交系**(ちょっこうけい)であるといい, また, $\boldsymbol{a}_1, \boldsymbol{a}_2, \ldots, \boldsymbol{a}_r$ がすべて単位ベクトルで直交系となるとき, $\boldsymbol{a}_1, \boldsymbol{a}_2, \ldots, \boldsymbol{a}_r$ は**正規**(せいき)**直交系**であるという. さらに, $\mathbb{R}^n$ の基底 $\{\boldsymbol{v}_1, \boldsymbol{v}_2, \ldots, \boldsymbol{v}_n\}$ が正規直交系であるとき, この基底を**正規直交基底**という.

定理 2.13　$\mathbb{R}^n \ni \boldsymbol{a}_1, \boldsymbol{a}_2, \ldots, \boldsymbol{a}_r$ が 直交系 $\Longrightarrow$ $\boldsymbol{a}_1, \boldsymbol{a}_2, \ldots, \boldsymbol{a}_r$ は 1 次独立.

次の定理にあるように, 内積空間 $\mathbb{R}^n$ の任意の基底から正規直交基底を構成することができる. この方法を, **グラム-シュミットの直交化法**という.

定理 2.14　$\mathbb{R}^n$ の 1 組の基底 $\{\boldsymbol{a}_1, \boldsymbol{a}_2, \ldots, \boldsymbol{a}_n\}$ が与えられたとき, $\boldsymbol{v}_1 = \dfrac{1}{\|\boldsymbol{a}_1\|}\boldsymbol{a}_1$ とし,

$$\boldsymbol{v}_k{}' = \boldsymbol{a}_k - \sum_{i=1}^{k-1}(\boldsymbol{a}_k, \boldsymbol{v}_i)\boldsymbol{v}_i, \quad \boldsymbol{v}_k = \frac{1}{\|\boldsymbol{v}_k{}'\|}\boldsymbol{v}_k{}' \quad (k = 2, 3, \ldots, n)$$

によって, 順に $\boldsymbol{v}_2, \boldsymbol{v}_3, \ldots, \boldsymbol{v}_n$ を構成するとき, $\{\boldsymbol{v}_1, \boldsymbol{v}_2, \ldots, \boldsymbol{v}_n\}$ は $\mathbb{R}^n$ の正規直交基底となる.

正規直交基底と直交行列

正規直交基底を列ベクトルにもつ正方行列は, 直交行列になる.

定理 2.15　$M_n(\mathbb{R}) \ni A = (\boldsymbol{a}_1\ \boldsymbol{a}_2\ \cdots\ \boldsymbol{a}_n)$ について,

$$\{\boldsymbol{a}_1, \boldsymbol{a}_2, \cdots, \boldsymbol{a}_n\} \text{ は } \mathbb{R}^n \text{の正規直交基底} \Longleftrightarrow A \text{ は直交行列}$$

が成り立つ.

例題 2.26　$\boldsymbol{a}_1 = \begin{pmatrix} 2 \\ 0 \\ -1 \end{pmatrix}, \boldsymbol{a}_2 = \begin{pmatrix} 0 \\ -1 \\ -1 \end{pmatrix}, \boldsymbol{a}_3 = \begin{pmatrix} 1 \\ 0 \\ -1 \end{pmatrix}$ に対して, $\{\boldsymbol{a}_1, \boldsymbol{a}_2, \boldsymbol{a}_3\}$ は, $\mathbb{R}^3$ の基底である. この $\mathbb{R}^3$ の 1 組の基底 $\{\boldsymbol{a}_1,\ \boldsymbol{a}_2,\ \boldsymbol{a}_3\}$ に対してグラム-シュミットの直交化法を行い, $\mathbb{R}^3$ の正規直交基底を構成せよ.

解答　① $\boldsymbol{v}_1 = \dfrac{1}{\|\boldsymbol{a}_1\|}\boldsymbol{a}_1$:　$\|\boldsymbol{a}_1\| = \sqrt{2^2 + 0^2 + (-1)^2} = \sqrt{5}$ より $\boldsymbol{v}_1 = \dfrac{1}{\sqrt{5}}\begin{pmatrix} 2 \\ 0 \\ -1 \end{pmatrix}$.

②-(I)　$\boldsymbol{v}_2{}' = \boldsymbol{a}_2 - (\boldsymbol{a}_2, \boldsymbol{v}_1)\boldsymbol{v}_1$:　$(\boldsymbol{a}_2, \boldsymbol{v}_1) = \dfrac{1}{\sqrt{5}}\{0 \cdot 2 + (-1) \cdot 0 + (-1) \cdot (-1)\} = \dfrac{1}{\sqrt{5}}$ より

$$\boldsymbol{v}_2{}' = \begin{pmatrix} 0 \\ -1 \\ -1 \end{pmatrix} - \frac{1}{\sqrt{5}} \cdot \frac{1}{\sqrt{5}} \begin{pmatrix} 2 \\ 0 \\ -1 \end{pmatrix} = -\frac{1}{5}\begin{pmatrix} 2 \\ 5 \\ 4 \end{pmatrix}.$$

②-(II)　$\boldsymbol{v}_2 = \dfrac{1}{\|\boldsymbol{v}_2{}'\|}\boldsymbol{v}_2{}'$:　$\|\boldsymbol{v}_2{}'\| = \dfrac{1}{5}\sqrt{2^2 + 5^2 + 4^2} = \dfrac{\sqrt{45}}{5} = \dfrac{3\sqrt{5}}{5}$ より

$$\boldsymbol{v}_2 = \frac{5}{3\sqrt{5}} \cdot \left(-\frac{1}{5}\right)\begin{pmatrix} 2 \\ 5 \\ 4 \end{pmatrix} = -\frac{1}{3\sqrt{5}}\begin{pmatrix} 2 \\ 5 \\ 4 \end{pmatrix}.$$

③-(I)　$\boldsymbol{v}_3{}' = \boldsymbol{a}_3 - (\boldsymbol{a}_3, \boldsymbol{v}_1)\boldsymbol{v}_1 - (\boldsymbol{a}_3, \boldsymbol{v}_2)\boldsymbol{v}_2$:　$(\boldsymbol{a}_3, \boldsymbol{v}_1) = \dfrac{1}{\sqrt{5}}\{1 \cdot 2 + 0 \cdot 0 + (-1) \cdot (-1)\} = \dfrac{3}{\sqrt{5}}$,
$(\boldsymbol{a}_3, \boldsymbol{v}_2) = -\dfrac{1}{3\sqrt{5}}\{1 \cdot 2 + 0 \cdot 5 + (-1) \cdot 4\} = \dfrac{2}{3\sqrt{5}}$ より

$$\boldsymbol{v}_3{}' = \begin{pmatrix} 1 \\ 0 \\ -1 \end{pmatrix} - \frac{3}{\sqrt{5}} \cdot \frac{1}{\sqrt{5}}\begin{pmatrix} 2 \\ 0 \\ -1 \end{pmatrix} - \frac{2}{3\sqrt{5}} \cdot \left(-\frac{1}{3\sqrt{5}}\right)\begin{pmatrix} 2 \\ 5 \\ 4 \end{pmatrix} = \frac{1}{9}\begin{pmatrix} -1 \\ 2 \\ -2 \end{pmatrix}.$$

③-(II)　$\boldsymbol{v}_3 = \dfrac{1}{\|\boldsymbol{v}_3{}'\|}\boldsymbol{v}_3{}'$:　$\|\boldsymbol{v}_3{}'\| = \dfrac{1}{9}\sqrt{(-1)^2 + 2^2 + (-2)^2} = \dfrac{1}{3}$ より

$$\boldsymbol{v}_3 = \frac{3}{1} \cdot \frac{1}{9}\begin{pmatrix} -1 \\ 2 \\ -2 \end{pmatrix} = \frac{1}{3}\begin{pmatrix} -1 \\ 2 \\ -2 \end{pmatrix}.$$

したがって，$\left\{\dfrac{1}{\sqrt{5}}\begin{pmatrix} 2 \\ 0 \\ -1 \end{pmatrix}, -\dfrac{1}{3\sqrt{5}}\begin{pmatrix} 2 \\ 5 \\ 4 \end{pmatrix}, \dfrac{1}{3}\begin{pmatrix} -1 \\ 2 \\ -2 \end{pmatrix}\right\}$ は $\mathbb{R}^3$ の正規直交基底である．∎

例題 2.27　次の行列が直交行列になるように，a, b, c を決定せよ．

(1) $\begin{pmatrix} -\frac{1}{\sqrt{2}} & a & \frac{1}{\sqrt{3}} \\ \frac{1}{\sqrt{2}} & b & \frac{1}{\sqrt{3}} \\ 0 & c & -\frac{1}{\sqrt{3}} \end{pmatrix}$　(2) $\begin{pmatrix} a & -2a & 0 \\ -4b & -2b & 5b \\ 2c & c & 2c \end{pmatrix}$

解答　(1)　$\boldsymbol{a}_1 = \begin{pmatrix} -1/\sqrt{2} \\ 1/\sqrt{2} \\ 0 \end{pmatrix}$, $\boldsymbol{a}_2 = \begin{pmatrix} a \\ b \\ c \end{pmatrix}$, $\boldsymbol{a}_3 = \begin{pmatrix} 1/\sqrt{3} \\ 1/\sqrt{3} \\ -1/\sqrt{3} \end{pmatrix}$ とおく．このとき $\{\boldsymbol{a}_1, \boldsymbol{a}_2, \boldsymbol{a}_3\}$ が正規直交基底となればよい．

$\|\boldsymbol{a}_1\| = 1$, $\|\boldsymbol{a}_3\| = 1$, $(\boldsymbol{a}_1, \boldsymbol{a}_3) = 0$ は常に成り立っている．$\|\boldsymbol{a}_2\| = 1$ より

(I)　$a^2 + b^2 + c^2 = 1$

である．次に $(\boldsymbol{a}_1, \boldsymbol{a}_2) = 0$ より $-a/\sqrt{2} + b/\sqrt{2} = 0$ となり，したがって

(II)　$-a + b = 0$

となる．最後に $(\boldsymbol{a}_2, \boldsymbol{a}_3) = 0$ より $a/\sqrt{3} + b/\sqrt{3} - c/\sqrt{3} = 0$ となり，したがって

(III)　$a + b - c = 0$

が得られる. (I), (II), (III) を解いて

$$(a,b,c)=\left(\frac{1}{\sqrt{6}},\frac{1}{\sqrt{6}},\frac{2}{\sqrt{6}}\right),\left(-\frac{1}{\sqrt{6}},-\frac{1}{\sqrt{6}},-\frac{2}{\sqrt{6}}\right).$$

(2)　与えられた行列の転置行列 $\begin{pmatrix} a & -4b & 2c \\ -2a & -2b & c \\ 0 & 5b & 2c \end{pmatrix}$ が直交行列となればよいから, $\boldsymbol{a}_1=\begin{pmatrix} a \\ -2a \\ 0 \end{pmatrix}$, $\boldsymbol{a}_2=\begin{pmatrix} -4b \\ -2b \\ 5b \end{pmatrix}$, $\boldsymbol{a}_3=\begin{pmatrix} 2c \\ c \\ 2c \end{pmatrix}$ とおいたとき, $\{\boldsymbol{a}_1,\boldsymbol{a}_2,\boldsymbol{a}_3\}$ が正規直交基底となればよい.

$(\boldsymbol{a}_1,\boldsymbol{a}_2)=0$, $(\boldsymbol{a}_1,\boldsymbol{a}_3)=0$, $(\boldsymbol{a}_2,\boldsymbol{a}_3)=0$ は常に成り立っている. $\|\boldsymbol{a}_1\|=1$ より $5a^2=1$ となるので $a=\pm 1/\sqrt{5}$. $\|\boldsymbol{a}_2\|=1$ より $45b^2=1$ となるので $b=\pm 1/3\sqrt{5}$. $\|\boldsymbol{a}_3\|=1$ より $9c^2=1$ となるので $c=\pm 1/3$. よって

$$\begin{aligned}(a,b,c)=&\left(\frac{1}{\sqrt{5}},\frac{1}{3\sqrt{5}},\frac{1}{3}\right),\left(\frac{1}{\sqrt{5}},\frac{1}{3\sqrt{5}},-\frac{1}{3}\right),\\ &\left(\frac{1}{\sqrt{5}},-\frac{1}{3\sqrt{5}},\frac{1}{3}\right),\left(\frac{1}{\sqrt{5}},-\frac{1}{3\sqrt{5}},-\frac{1}{3}\right),\\ &\left(-\frac{1}{\sqrt{5}},\frac{1}{3\sqrt{5}},\frac{1}{3}\right),\left(-\frac{1}{\sqrt{5}},\frac{1}{3\sqrt{5}},-\frac{1}{3}\right),\\ &\left(-\frac{1}{\sqrt{5}},-\frac{1}{3\sqrt{5}},\frac{1}{3}\right),\left(-\frac{1}{\sqrt{5}},-\frac{1}{3\sqrt{5}},-\frac{1}{3}\right).\end{aligned}$$

∎

◆◆演習問題 § 2.8 ◆◆

1. $\boldsymbol{a}_1, \boldsymbol{a}_2$ が以下で与えられるとき, $\mathbb{R}^2$ の基底 $\{\boldsymbol{a}_1, \boldsymbol{a}_2\}$ からグラム-シュミットの直交化法によって正規直交基底を構成せよ.

(1) $\boldsymbol{a}_1 = \begin{pmatrix} -1 \\ 1 \end{pmatrix}, \boldsymbol{a}_2 = \begin{pmatrix} 0 \\ 7 \end{pmatrix}$　　(2) $\boldsymbol{a}_1 = \begin{pmatrix} 3 \\ 4 \end{pmatrix}, \boldsymbol{a}_2 = \begin{pmatrix} 5 \\ 6 \end{pmatrix}$

2. $\boldsymbol{a}_1, \boldsymbol{a}_2, \boldsymbol{a}_3$ が以下で与えられるとき, $\mathbb{R}^3$ の基底 $\{\boldsymbol{a}_1, \boldsymbol{a}_2, \boldsymbol{a}_3\}$ からグラム-シュミットの直交化法によって正規直交基底を構成せよ.

(1) $\boldsymbol{a}_1 = \begin{pmatrix} 1 \\ 0 \\ 1 \end{pmatrix}, \boldsymbol{a}_2 = \begin{pmatrix} \sqrt{3} \\ \sqrt{3} \\ \sqrt{3} \end{pmatrix}, \boldsymbol{a}_3 = \begin{pmatrix} \sqrt{2} \\ \sqrt{2} \\ 0 \end{pmatrix}$

(2) $\boldsymbol{a}_1 = \begin{pmatrix} -2 \\ 1 \\ -1 \end{pmatrix}, \boldsymbol{a}_2 = \begin{pmatrix} 1 \\ 3 \\ -2 \end{pmatrix}, \boldsymbol{a}_3 = \begin{pmatrix} 4 \\ -2 \\ 3 \end{pmatrix}$

3. $\boldsymbol{a}_1, \boldsymbol{a}_2, \boldsymbol{a}_3, \boldsymbol{a}_4$ が

$$\boldsymbol{a}_1 = \begin{pmatrix} 3 \\ 0 \\ 4 \\ 0 \end{pmatrix}, \quad \boldsymbol{a}_2 = \begin{pmatrix} 0 \\ -1 \\ 2 \\ -4 \end{pmatrix}, \quad \boldsymbol{a}_3 = \begin{pmatrix} 2 \\ -3 \\ 1 \\ 0 \end{pmatrix}, \quad \boldsymbol{a}_4 = \begin{pmatrix} 4 \\ -2 \\ 1 \\ 3 \end{pmatrix}$$

で与えられるとき, $\mathbb{R}^4$ の基底 $\{\boldsymbol{a}_1, \boldsymbol{a}_2, \boldsymbol{a}_3, \boldsymbol{a}_4\}$ からグラム-シュミットの直交化法によって正規直交基底を構成せよ.

4. 次の行列が直交行列になるように, a, b を決定せよ.

(1) $\begin{pmatrix} \dfrac{1}{\sqrt{10}} & a \\ \dfrac{3}{\sqrt{10}} & b \end{pmatrix}$　　(2) $\begin{pmatrix} a & b \\ b & a \end{pmatrix}$

5. A は 2 次正方行列で, 交代行列かつ直交行列であるとする. A を求めよ.

6. 次の行列が直交行列になるように, a, b, c を決定せよ.

(1) $\begin{pmatrix} \dfrac{1}{\sqrt{6}} & a & \dfrac{1}{\sqrt{3}} \\ \dfrac{2}{\sqrt{6}} & b & -\dfrac{1}{\sqrt{3}} \\ \dfrac{1}{\sqrt{6}} & c & \dfrac{1}{\sqrt{3}} \end{pmatrix}$　　(2) $\begin{pmatrix} 2a & b & -c \\ 0 & b & 5c \\ -a & 2b & -2c \end{pmatrix}$

7. A は 3 次正方行列で, 対称行列かつ直交行列であり, かつ対角成分はすべて等しいものとする. A を求めよ.

◇演習問題の解答◇

1. (1) ① $\boldsymbol{v}_1 = \dfrac{1}{\|\boldsymbol{a}_1\|}\boldsymbol{a}_1$： $\|\boldsymbol{a}_1\| = \sqrt{(-1)^2+1^2} = \sqrt{2}$ より

$$\boldsymbol{v}_1 = \frac{1}{\sqrt{2}}\begin{pmatrix} -1 \\ 1 \end{pmatrix}.$$

②-(I) $\boldsymbol{v}_2{}' = \boldsymbol{a}_2 - (\boldsymbol{a}_2, \boldsymbol{v}_1)\boldsymbol{v}_1$： $(\boldsymbol{a}_2, \boldsymbol{v}_1) = \dfrac{1}{\sqrt{2}}\{0\cdot(-1)+7\cdot 1\} = \dfrac{7}{\sqrt{2}}$ より

$$\boldsymbol{v}_2{}' = \begin{pmatrix} 0 \\ 7 \end{pmatrix} - \frac{7}{\sqrt{2}}\cdot\frac{1}{\sqrt{2}}\begin{pmatrix} -1 \\ 1 \end{pmatrix} = \frac{7}{2}\begin{pmatrix} 1 \\ 1 \end{pmatrix}.$$

②-(II) $\boldsymbol{v}_2 = \dfrac{1}{\|\boldsymbol{v}_2{}'\|}\boldsymbol{v}_2{}'$： $\|\boldsymbol{v}_2{}'\| = \dfrac{7}{2}\sqrt{1^2+1^2} = \dfrac{7\sqrt{2}}{2}$ より

$$\boldsymbol{v}_2 = \frac{2}{7\sqrt{2}}\cdot\frac{7}{2}\begin{pmatrix} 1 \\ 1 \end{pmatrix} = \frac{1}{\sqrt{2}}\begin{pmatrix} 1 \\ 1 \end{pmatrix}.$$

したがって，$\left\{\dfrac{1}{\sqrt{2}}\begin{pmatrix} -1 \\ 1 \end{pmatrix}, \dfrac{1}{\sqrt{2}}\begin{pmatrix} 1 \\ 1 \end{pmatrix}\right\}$ は $\mathbb{R}^2$ の正規直交基底である．

(2) ① $\boldsymbol{v}_1 = \dfrac{1}{\|\boldsymbol{a}_1\|}\boldsymbol{a}_1$： $\|\boldsymbol{a}_1\| = \sqrt{3^2+4^2} = \sqrt{25} = 5$ より

$$\boldsymbol{v}_1 = \frac{1}{5}\begin{pmatrix} 3 \\ 4 \end{pmatrix}.$$

②-(I) $\boldsymbol{v}_2{}' = \boldsymbol{a}_2 - (\boldsymbol{a}_2, \boldsymbol{v}_1)\boldsymbol{v}_1$： $(\boldsymbol{a}_2, \boldsymbol{v}_1) = \dfrac{1}{5}\{5\cdot 3+6\cdot 4\} = \dfrac{39}{5}$ より

$$\boldsymbol{v}_2{}' = \begin{pmatrix} 5 \\ 6 \end{pmatrix} - \frac{39}{5}\cdot\frac{1}{5}\begin{pmatrix} 3 \\ 4 \end{pmatrix} = \frac{2}{25}\begin{pmatrix} 4 \\ -3 \end{pmatrix}.$$

②-(II) $\boldsymbol{v}_2 = \dfrac{1}{\|\boldsymbol{v}_2{}'\|}\boldsymbol{v}_2{}'$： $\|\boldsymbol{v}_2{}'\| = \dfrac{2}{25}\sqrt{4^2+(-3)^2} = \dfrac{2}{5}$ より

$$\boldsymbol{v}_2 = \frac{5}{2}\cdot\frac{2}{25}\begin{pmatrix} 4 \\ -3 \end{pmatrix} = \frac{1}{5}\begin{pmatrix} 4 \\ -3 \end{pmatrix}.$$

したがって，$\left\{\dfrac{1}{5}\begin{pmatrix} 3 \\ 4 \end{pmatrix}, \dfrac{1}{5}\begin{pmatrix} 4 \\ -3 \end{pmatrix}\right\}$ は $\mathbb{R}^2$ の正規直交基底である．

2. (1) ① $\boldsymbol{v}_1 = \dfrac{1}{\|\boldsymbol{a}_1\|}\boldsymbol{a}_1$： $\|\boldsymbol{a}_1\| = \sqrt{1^2+0^2+1^2} = \sqrt{2}$ より $\boldsymbol{v}_1 = \dfrac{1}{\sqrt{2}}\begin{pmatrix} 1 \\ 0 \\ 1 \end{pmatrix}$.

②-(I) $\boldsymbol{v}_2{}' = \boldsymbol{a}_2 - (\boldsymbol{a}_2, \boldsymbol{v}_1)\boldsymbol{v}_1$： $(\boldsymbol{a}_2, \boldsymbol{v}_1) = \dfrac{1}{\sqrt{2}}(\sqrt{3}\cdot 1+\sqrt{3}\cdot 0+\sqrt{3}\cdot 1) = \dfrac{2\sqrt{3}}{\sqrt{2}}$ より

$$\boldsymbol{v}_2{}' = \begin{pmatrix} \sqrt{3} \\ \sqrt{3} \\ \sqrt{3} \end{pmatrix} - \frac{2\sqrt{3}}{\sqrt{2}}\cdot\frac{1}{\sqrt{2}}\begin{pmatrix} 1 \\ 0 \\ 1 \end{pmatrix} = \sqrt{3}\begin{pmatrix} 0 \\ 1 \\ 0 \end{pmatrix}.$$

②-(II) $\boldsymbol{v}_2 = \dfrac{1}{\|\boldsymbol{v}_2{}'\|}\boldsymbol{v}_2{}'$： $\|\boldsymbol{v}_2{}'\| = \sqrt{3}\sqrt{0^2+1^2+0^2} = \sqrt{3}$ より

$$\boldsymbol{v}_2 = \frac{1}{\sqrt{3}}\cdot\sqrt{3}\begin{pmatrix} 0 \\ 1 \\ 0 \end{pmatrix} = \begin{pmatrix} 0 \\ 1 \\ 0 \end{pmatrix}.$$

③-(I)　$\boldsymbol{v}_3{}' = \boldsymbol{a}_3 - (\boldsymbol{a}_3, \boldsymbol{v}_1)\boldsymbol{v}_1 - (\boldsymbol{a}_3, \boldsymbol{v}_2)\boldsymbol{v}_2$：　$(\boldsymbol{a}_3, \boldsymbol{v}_1) = \dfrac{1}{\sqrt{2}}(\sqrt{2}\cdot 1 + \sqrt{2}\cdot 0 + 0\cdot 1) = 1$, $(\boldsymbol{a}_3, \boldsymbol{v}_2) = \sqrt{2}\cdot 0 + \sqrt{2}\cdot 1 + 0\cdot 0 = \sqrt{2}$ より

$$\boldsymbol{v}_3{}' = \begin{pmatrix} \sqrt{2} \\ \sqrt{2} \\ 0 \end{pmatrix} - 1\cdot\frac{1}{\sqrt{2}}\begin{pmatrix} 1 \\ 0 \\ 1 \end{pmatrix} - \sqrt{2}\cdot\begin{pmatrix} 0 \\ 1 \\ 0 \end{pmatrix} = \frac{1}{\sqrt{2}}\begin{pmatrix} 1 \\ 0 \\ -1 \end{pmatrix}.$$

③-(II)　$\boldsymbol{v}_3 = \dfrac{1}{\|\boldsymbol{v}_3{}'\|}\boldsymbol{v}_3{}'$：　$\|\boldsymbol{v}_3{}'\| = \dfrac{1}{\sqrt{2}}\sqrt{1^2 + 0^2 + (-1)^2} = 1$ より

$$\boldsymbol{v}_3 = \frac{1}{1}\cdot\frac{1}{\sqrt{2}}\begin{pmatrix} 1 \\ 0 \\ -1 \end{pmatrix} = \frac{1}{\sqrt{2}}\begin{pmatrix} 1 \\ 0 \\ -1 \end{pmatrix}.$$

よって，$\left\{ \dfrac{1}{\sqrt{2}}\begin{pmatrix} 1 \\ 0 \\ 1 \end{pmatrix}, \begin{pmatrix} 0 \\ 1 \\ 0 \end{pmatrix}, \dfrac{1}{\sqrt{2}}\begin{pmatrix} 1 \\ 0 \\ -1 \end{pmatrix} \right\}$ は $\mathbb{R}^3$ の正規直交基底である．

(2)　①　$\boldsymbol{v}_1 = \dfrac{1}{\|\boldsymbol{a}_1\|}\boldsymbol{a}_1$：　$\|\boldsymbol{a}_1\| = \sqrt{(-2)^2 + 1^2 + (-1)^2} = \sqrt{6}$ より

$$\boldsymbol{v}_1 = \frac{1}{\sqrt{6}}\begin{pmatrix} -2 \\ 1 \\ -1 \end{pmatrix}.$$

②-(I)　$\boldsymbol{v}_2{}' = \boldsymbol{a}_2 - (\boldsymbol{a}_2, \boldsymbol{v}_1)\boldsymbol{v}_1$：　$(\boldsymbol{a}_2, \boldsymbol{v}_1) = \dfrac{1}{\sqrt{6}}\{1\cdot(-2) + 3\cdot 1 + (-2)\cdot(-1)\} = \dfrac{3}{\sqrt{6}}$ より

$$\boldsymbol{v}_2{}' = \begin{pmatrix} 1 \\ 3 \\ -2 \end{pmatrix} - \frac{3}{\sqrt{6}}\cdot\frac{1}{\sqrt{6}}\begin{pmatrix} -2 \\ 1 \\ -1 \end{pmatrix} = \frac{1}{2}\begin{pmatrix} 4 \\ 5 \\ -3 \end{pmatrix}.$$

②-(II)　$\boldsymbol{v}_2 = \dfrac{1}{\|\boldsymbol{v}_2{}'\|}\boldsymbol{v}_2{}'$：　$\|\boldsymbol{v}_2{}'\| = \dfrac{1}{2}\sqrt{4^2 + 5^2 + (-3)^2} = \dfrac{5\sqrt{2}}{2}$ より

$$\boldsymbol{v}_2 = \frac{2}{5\sqrt{2}}\cdot\frac{1}{2}\begin{pmatrix} 4 \\ 5 \\ -3 \end{pmatrix} = \frac{1}{5\sqrt{2}}\begin{pmatrix} 4 \\ 5 \\ -3 \end{pmatrix}.$$

③-(I)　$\boldsymbol{v}_3{}' = \boldsymbol{a}_3 - (\boldsymbol{a}_3, \boldsymbol{v}_1)\boldsymbol{v}_1 - (\boldsymbol{a}_3, \boldsymbol{v}_2)\boldsymbol{v}_2$：　$(\boldsymbol{a}_3, \boldsymbol{v}_1) = \dfrac{1}{\sqrt{6}}\{4\cdot(-2) + (-2)\cdot 1 + 3\cdot(-1)\} = -\dfrac{13}{\sqrt{6}}$, $(\boldsymbol{a}_3, \boldsymbol{v}_2) = \dfrac{1}{5\sqrt{2}}\{4\cdot 4 + (-2)\cdot 5 + 3\cdot(-3)\} = -\dfrac{3}{5\sqrt{2}}$ より

$$\boldsymbol{v}_3{}' = \begin{pmatrix} 4 \\ -2 \\ 3 \end{pmatrix} - \left(-\frac{13}{\sqrt{6}}\right)\cdot\frac{1}{\sqrt{6}}\begin{pmatrix} -2 \\ 1 \\ -1 \end{pmatrix} - \left(-\frac{3}{5\sqrt{2}}\right)\cdot\frac{1}{5\sqrt{2}}\begin{pmatrix} 4 \\ 5 \\ -3 \end{pmatrix} = \frac{1}{75}\begin{pmatrix} -7 \\ 35 \\ 49 \end{pmatrix}.$$

③-(II)　$\boldsymbol{v}_3 = \dfrac{1}{\|\boldsymbol{v}_3{}'\|}\boldsymbol{v}_3{}'$：　$\|\boldsymbol{v}_3{}'\| = \dfrac{1}{75}\sqrt{(-7)^2 + 35^2 + 49^2} = \dfrac{7\sqrt{3}}{15}$ より

$$\boldsymbol{v}_3 = \frac{15}{7\sqrt{3}}\cdot\frac{1}{75}\begin{pmatrix} -7 \\ 35 \\ 49 \end{pmatrix} = \frac{1}{5\sqrt{3}}\begin{pmatrix} -1 \\ 5 \\ 7 \end{pmatrix}.$$

よって，$\left\{ \frac{1}{\sqrt{6}}\begin{pmatrix} -2 \\ 1 \\ -1 \end{pmatrix}, \frac{1}{5\sqrt{2}}\begin{pmatrix} 4 \\ 5 \\ -3 \end{pmatrix}, \frac{1}{5\sqrt{3}}\begin{pmatrix} -1 \\ 5 \\ 7 \end{pmatrix} \right\}$ は $\mathbb{R}^3$ の正規直交基底である．

3. ①　$\boldsymbol{v}_1 = \dfrac{1}{\|\boldsymbol{a}_1\|}\boldsymbol{a}_1$：　$\|\boldsymbol{a}_1\| = \sqrt{3^2+0^2+4^2+0^2} = \sqrt{25} = 5$ より

$$\boldsymbol{v}_1 = \frac{1}{5}\begin{pmatrix} 3 \\ 0 \\ 4 \\ 0 \end{pmatrix}.$$

②-(I)　$\boldsymbol{v}_2{}' = \boldsymbol{a}_2 - (\boldsymbol{a}_2, \boldsymbol{v}_1)\boldsymbol{v}_1$：　$(\boldsymbol{a}_2, \boldsymbol{v}_1) = \dfrac{1}{5}\{0\cdot 3 + (-1)\cdot 0 + 2\cdot 4 + (-4)\cdot 0\} = \dfrac{8}{5}$ より

$$\boldsymbol{v}_2{}' = \begin{pmatrix} 0 \\ -1 \\ 2 \\ -4 \end{pmatrix} - \frac{8}{5}\cdot\frac{1}{5}\begin{pmatrix} 3 \\ 0 \\ 4 \\ 0 \end{pmatrix} = \frac{1}{25}\begin{pmatrix} -24 \\ -25 \\ 18 \\ -100 \end{pmatrix}.$$

②-(II)　$\boldsymbol{v}_2 = \dfrac{1}{\|\boldsymbol{v}_2{}'\|}\boldsymbol{v}_2{}'$：　$\|\boldsymbol{v}_2{}'\| = \dfrac{1}{25}\sqrt{(-24)^2+(-25)^2+18^2+100^2} = \dfrac{\sqrt{461}}{5}$ より

$$\boldsymbol{v}_2 = \frac{5}{\sqrt{461}}\cdot\frac{1}{25}\begin{pmatrix} -24 \\ -25 \\ 18 \\ -100 \end{pmatrix} = \frac{1}{5\sqrt{461}}\begin{pmatrix} -24 \\ -25 \\ 18 \\ -100 \end{pmatrix}.$$

③-(I)　$\boldsymbol{v}_3{}' = \boldsymbol{a}_3 - (\boldsymbol{a}_3, \boldsymbol{v}_1)\boldsymbol{v}_1 - (\boldsymbol{a}_3, \boldsymbol{v}_2)\boldsymbol{v}_2$：　$(\boldsymbol{a}_3, \boldsymbol{v}_1) = \dfrac{1}{5}\{2\cdot 3 + (-3)\cdot 0 + 1\cdot 4 + 0\cdot 0\} = 2$，$(\boldsymbol{a}_3, \boldsymbol{v}_2) = \dfrac{1}{5\sqrt{461}}\{2\cdot(-24) + (-3)\cdot(-25) + 1\cdot 18 + 0\cdot(-100)\} = \dfrac{9}{\sqrt{461}}$ より

$$\boldsymbol{v}_3{}' = \begin{pmatrix} 2 \\ -3 \\ 1 \\ 0 \end{pmatrix} - 2\cdot\frac{1}{5}\begin{pmatrix} 3 \\ 0 \\ 4 \\ 0 \end{pmatrix} - \frac{9}{\sqrt{461}}\cdot\frac{1}{5\sqrt{461}}\begin{pmatrix} -24 \\ -25 \\ 18 \\ -100 \end{pmatrix} = \frac{1}{461}\begin{pmatrix} 412 \\ -1338 \\ -309 \\ 180 \end{pmatrix}.$$

③-(II)　$\boldsymbol{v}_3 = \dfrac{1}{\|\boldsymbol{v}_3{}'\|}\boldsymbol{v}_3{}'$：　$\|\boldsymbol{v}_3{}'\| = \dfrac{1}{461}\sqrt{412^2+(-1338)^2+(-309)^2+180^2} = \dfrac{\sqrt{2087869}}{461}$ より

$$\boldsymbol{v}_3 = \frac{461}{\sqrt{2087869}}\cdot\frac{1}{461}\begin{pmatrix} 412 \\ -1338 \\ -309 \\ 180 \end{pmatrix} = \frac{1}{\sqrt{2087869}}\begin{pmatrix} 412 \\ -1338 \\ -309 \\ 180 \end{pmatrix}.$$

④-(I)　$\boldsymbol{v}_4{}' = \boldsymbol{a}_4 - (\boldsymbol{a}_4, \boldsymbol{v}_1)\boldsymbol{v}_1 - (\boldsymbol{a}_4, \boldsymbol{v}_2)\boldsymbol{v}_2 - (\boldsymbol{a}_4, \boldsymbol{v}_3)\boldsymbol{v}_3$：　$(\boldsymbol{a}_4, \boldsymbol{v}_1) = \dfrac{1}{5}\{4\cdot 3 + (-2)\cdot 0 + 1\cdot 4 + 3\cdot 0\} = \dfrac{16}{5}$，$(\boldsymbol{a}_4, \boldsymbol{v}_2) = \dfrac{1}{5\sqrt{461}}\{4\cdot(-24) + (-2)\cdot(-25) + 1\cdot 18 + 3\cdot(-100)\} = -\dfrac{328}{5\sqrt{461}}$，$(\boldsymbol{a}_4, \boldsymbol{v}_3) = \dfrac{1}{\sqrt{2087869}}\{4\cdot 412 + (-2)\cdot(-1338) + 1\cdot(-309) + 3\cdot 180\} = \dfrac{4555}{\sqrt{2087869}}$ より

$$\boldsymbol{v}_4{}' = \begin{pmatrix} 4 \\ -2 \\ 1 \\ 3 \end{pmatrix} - \frac{16}{5} \cdot \frac{1}{5} \begin{pmatrix} 3 \\ 0 \\ 4 \\ 0 \end{pmatrix} - \left(-\frac{328}{5\sqrt{461}} \right) \cdot \frac{1}{5\sqrt{461}} \begin{pmatrix} -24 \\ -25 \\ 18 \\ -100 \end{pmatrix}$$

$$- \frac{4555}{\sqrt{2087869}} \frac{1}{\sqrt{2087869}} \begin{pmatrix} 412 \\ -1338 \\ -309 \\ 180 \end{pmatrix} = \frac{1}{4529} \begin{pmatrix} 2256 \\ 940 \\ -1692 \\ -1081 \end{pmatrix}.$$

④-(II)　$\boldsymbol{v}_4 = \dfrac{1}{\|\boldsymbol{v}_4{}'\|}\boldsymbol{v}_4{}'$:　　$\|\boldsymbol{v}_4{}'\| = \dfrac{1}{4529}\sqrt{2256^2 + 940^2 + (-1692)^2 + (-1081)^2} = \dfrac{47}{\sqrt{4529}}$ より

$$\boldsymbol{v}_4 = \frac{\sqrt{4529}}{47} \cdot \frac{1}{4529} \begin{pmatrix} 2256 \\ 940 \\ -1692 \\ -1081 \end{pmatrix} = \frac{1}{\sqrt{4529}} \begin{pmatrix} 48 \\ 20 \\ -36 \\ -23 \end{pmatrix}.$$

よって, $\left\{ \dfrac{1}{5} \begin{pmatrix} 3 \\ 0 \\ 4 \\ 0 \end{pmatrix}, \dfrac{1}{5\sqrt{461}} \begin{pmatrix} -24 \\ -25 \\ 18 \\ -100 \end{pmatrix}, \dfrac{1}{\sqrt{2087869}} \begin{pmatrix} 412 \\ -1338 \\ -309 \\ 180 \end{pmatrix}, \dfrac{1}{\sqrt{4529}} \begin{pmatrix} 48 \\ 20 \\ -36 \\ -23 \end{pmatrix} \right\}$ は $\mathbb{R}^4$ の正規直交基底である.

4.　(1)　$\boldsymbol{a}_1 = \begin{pmatrix} 1/\sqrt{10} \\ 3/\sqrt{10} \end{pmatrix}$, $\boldsymbol{a}_2 = \begin{pmatrix} a \\ b \end{pmatrix}$ とおく. このとき $\{\boldsymbol{a}_1, \boldsymbol{a}_2\}$ が正規直交基底となればよい.

$\|\boldsymbol{a}_1\| = 1$ は常に成り立っている. $\|\boldsymbol{a}_2\| = 1$ より

(I)　$a^2 + b^2 = 1$

である. 次に $(\boldsymbol{a}_1, \boldsymbol{a}_2) = 0$ より $a/\sqrt{10} + 3b/\sqrt{10} = 0$ となり, したがって

(II)　$a + 3b = 0$

が得られる. (I), (II) を解いて

$$(a, b) = \left(\frac{3}{\sqrt{10}}, -\frac{1}{\sqrt{10}} \right), \left(-\frac{3}{\sqrt{10}}, \frac{1}{\sqrt{10}} \right).$$

(2)　$\boldsymbol{a}_1 = \begin{pmatrix} a \\ b \end{pmatrix}$, $\boldsymbol{a}_2 = \begin{pmatrix} b \\ a \end{pmatrix}$ とおく. このとき $\{\boldsymbol{a}_1, \boldsymbol{a}_2\}$ が正規直交基底となればよい.

$\|\boldsymbol{a}_1\| = 1$ および $\|\boldsymbol{a}_2\| = 1$ より

(I)　$a^2 + b^2 = 1$

である. 次に $(\boldsymbol{a}_1, \boldsymbol{a}_2) = 0$ より $2ab = 0$ となり, したがって

(II)　$ab = 0$

が得られる. (I), (II) を解いて

$$(a, b) = (0, 1),\ (0, -1),\ (1, 0),\ (-1, 0).$$

5. $A = \begin{pmatrix} a & b \\ c & d \end{pmatrix}$ とおく．A は交代行列であるから ${}^tA = -A$．よって $\begin{pmatrix} a & c \\ b & d \end{pmatrix} = \begin{pmatrix} -a & -b \\ -c & -d \end{pmatrix}$ となって，$a = -a$, $c = -b$, $d = -d$．これにより特に $a = 0$, $d = 0$ を得るから，A は $A = \begin{pmatrix} 0 & b \\ -b & 0 \end{pmatrix}$ という形をしていることがわかる．

$\boldsymbol{a}_1 = \begin{pmatrix} 0 \\ -b \end{pmatrix}$, $\boldsymbol{a}_2 = \begin{pmatrix} b \\ 0 \end{pmatrix}$ とおく．このとき $\{\boldsymbol{a}_1, \boldsymbol{a}_2\}$ が正規直交基底となればよい．

$(\boldsymbol{a}_1, \boldsymbol{a}_2) = 0$ は常に成り立っている．$\|\boldsymbol{a}_1\| = 1$ および $\|\boldsymbol{a}_2\| = 1$ より $b^2 = 1$．したがって $b = \pm 1$．

以上のことから，$A = \begin{pmatrix} 0 & 1 \\ -1 & 0 \end{pmatrix}, \begin{pmatrix} 0 & -1 \\ 1 & 0 \end{pmatrix}$ を得る．

6. (1)　$\boldsymbol{a}_1 = \begin{pmatrix} 1/\sqrt{6} \\ 2/\sqrt{6} \\ 1/\sqrt{6} \end{pmatrix}$, $\boldsymbol{a}_2 = \begin{pmatrix} a \\ b \\ c \end{pmatrix}$, $\boldsymbol{a}_3 = \begin{pmatrix} 1/\sqrt{3} \\ -1/\sqrt{3} \\ 1/\sqrt{3} \end{pmatrix}$ とおく．このとき $\{\boldsymbol{a}_1, \boldsymbol{a}_2, \boldsymbol{a}_3\}$ が正規直交基底となればよい．

$\|\boldsymbol{a}_1\| = 1$, $\|\boldsymbol{a}_3\| = 1$, $(\boldsymbol{a}_1, \boldsymbol{a}_3) = 0$ は常に成り立っている．$\|\boldsymbol{a}_2\| = 1$ より

(I)　$a^2 + b^2 + c^2 = 1$

である．次に $(\boldsymbol{a}_1, \boldsymbol{a}_2) = 0$ より $a/\sqrt{6} + 2b/\sqrt{6} + c/\sqrt{6} = 0$ となり，したがって

(II)　$a + 2b + c = 0$

となる．最後に $(\boldsymbol{a}_2, \boldsymbol{a}_3) = 0$ より $a/\sqrt{3} - b/\sqrt{3} + c/\sqrt{3} = 0$ となり，したがって

(III)　$a - b + c = 0$

が得られる．(I), (II), (III) を解いて

$$(a, b, c) = \left(\frac{1}{\sqrt{2}}, 0, -\frac{1}{\sqrt{2}}\right), \left(-\frac{1}{\sqrt{2}}, 0, \frac{1}{\sqrt{2}}\right).$$

(2)　$\boldsymbol{a}_1 = \begin{pmatrix} 2a \\ 0 \\ -a \end{pmatrix}$, $\boldsymbol{a}_2 = \begin{pmatrix} b \\ b \\ 2b \end{pmatrix}$, $\boldsymbol{a}_3 = \begin{pmatrix} -c \\ 5c \\ -2c \end{pmatrix}$ とおく．このとき $\{\boldsymbol{a}_1, \boldsymbol{a}_2, \boldsymbol{a}_3\}$ が正規直交基底となればよい．

$(\boldsymbol{a}_1, \boldsymbol{a}_2) = 0$, $(\boldsymbol{a}_1, \boldsymbol{a}_3) = 0$, $(\boldsymbol{a}_2, \boldsymbol{a}_3) = 0$ は常に成り立っている．$\|\boldsymbol{a}_1\| = 1$ より $5a^2 = 1$ となるので $a = \pm 1/\sqrt{5}$．$\|\boldsymbol{a}_2\| = 1$ より $6b^2 = 1$ となるので $b = \pm 1/\sqrt{6}$．$\|\boldsymbol{a}_3\| = 1$ より $30c^2 = 1$ となるので $c = \pm 1/\sqrt{30}$．よって

$$\begin{aligned}(a, b, c) = {} & \left(\frac{1}{\sqrt{5}}, \frac{1}{\sqrt{6}}, \frac{1}{\sqrt{30}}\right), \left(\frac{1}{\sqrt{5}}, \frac{1}{\sqrt{6}}, -\frac{1}{\sqrt{30}}\right), \\ & \left(\frac{1}{\sqrt{5}}, -\frac{1}{\sqrt{6}}, \frac{1}{\sqrt{30}}\right), \left(\frac{1}{\sqrt{5}}, -\frac{1}{\sqrt{6}}, -\frac{1}{\sqrt{30}}\right), \\ & \left(-\frac{1}{\sqrt{5}}, \frac{1}{\sqrt{6}}, \frac{1}{\sqrt{30}}\right), \left(-\frac{1}{\sqrt{5}}, \frac{1}{\sqrt{6}}, -\frac{1}{\sqrt{30}}\right), \\ & \left(-\frac{1}{\sqrt{5}}, -\frac{1}{\sqrt{6}}, \frac{1}{\sqrt{30}}\right), \left(-\frac{1}{\sqrt{5}}, -\frac{1}{\sqrt{6}}, -\frac{1}{\sqrt{30}}\right).\end{aligned}$$

7. 仮定により A は $A=\begin{pmatrix} a & b & c \\ b & a & d \\ c & d & a \end{pmatrix}$ という形をしている．

$\boldsymbol{a}_1=\begin{pmatrix} a \\ b \\ c \end{pmatrix}$, $\boldsymbol{a}_2=\begin{pmatrix} b \\ a \\ d \end{pmatrix}$, $\boldsymbol{a}_3=\begin{pmatrix} c \\ d \\ a \end{pmatrix}$ とおく．このとき $\{\boldsymbol{a}_1, \boldsymbol{a}_2, \boldsymbol{a}_3\}$ が正規直交基底となればよい．

$\|\boldsymbol{a}_1\|=\|\boldsymbol{a}_2\|=\|\boldsymbol{a}_3\|=1$ より

(I)　$a^2+b^2+c^2=a^2+b^2+d^2=a^2+c^2+d^2=1$

となり，(I) より

(II)　$b^2=c^2=d^2$

が得られる．また $(\boldsymbol{a}_1, \boldsymbol{a}_2)=(\boldsymbol{a}_1, \boldsymbol{a}_3)=(\boldsymbol{a}_2, \boldsymbol{a}_3)=0$ より

(III)　$2ab+cd=2ac+bd=2ad+bc=0$

が成り立つ．

(II) より (c,d) の組み合わせは $(c,d)=(b,b)$, $(b,-b)$, $(-b,b)$, $(-b,-b)$ の 4 通り．いずれの場合も (I) より

(IV)　$a^2+2b^2=1$

が成り立つ．

(i)　$(c,d)=(b,b)$ の場合：　(III) より $b(2a+b)=0$. この式と (IV) から

$$(a,b,c,d)=(1,0,0,0),\ (-1,0,0,0),\ \left(\frac{1}{3}, -\frac{2}{3}, -\frac{2}{3}, -\frac{2}{3}\right),\ \left(-\frac{1}{3}, \frac{2}{3}, \frac{2}{3}, \frac{2}{3}\right)$$

が得られる．

(ii)　$(c,d)=(b,-b)$ の場合：　(III) より $b(2a-b)=0$. この式と (IV) から

$$(a,b,c,d)=(1,0,0,0),\ (-1,0,0,0),\ \left(\frac{1}{3}, \frac{2}{3}, \frac{2}{3}, -\frac{2}{3}\right),\ \left(-\frac{1}{3}, -\frac{2}{3}, -\frac{2}{3}, \frac{2}{3}\right)$$

が得られる．

(iii)　$(c,d)=(-b,b)$ の場合：　(III) より $b(2a-b)=0$. この式と (IV) から

$$(a,b,c,d)=(1,0,0,0),\ (-1,0,0,0),\ \left(\frac{1}{3}, \frac{2}{3}, -\frac{2}{3}, \frac{2}{3}\right),\ \left(-\frac{1}{3}, -\frac{2}{3}, \frac{2}{3}, -\frac{2}{3}\right)$$

が得られる．

(iv)　$(c,d)=(-b,-b)$ の場合：　(III) より $b(2a+b)=0$. この式と (IV) から

$$(a,b,c,d)=(1,0,0,0),\ (-1,0,0,0),\ \left(\frac{1}{3}, -\frac{2}{3}, \frac{2}{3}, \frac{2}{3}\right),\ \left(-\frac{1}{3}, \frac{2}{3}, -\frac{2}{3}, -\frac{2}{3}\right)$$

が得られる．

以上より A は

$$\begin{pmatrix} 1 & 0 & 0 \\ 0 & 1 & 0 \\ 0 & 0 & 1 \end{pmatrix}, \quad \begin{pmatrix} -1 & 0 & 0 \\ 0 & -1 & 0 \\ 0 & 0 & -1 \end{pmatrix}, \quad \begin{pmatrix} \frac{1}{3} & -\frac{2}{3} & -\frac{2}{3} \\ -\frac{2}{3} & \frac{1}{3} & -\frac{2}{3} \\ -\frac{2}{3} & -\frac{2}{3} & \frac{1}{3} \end{pmatrix},$$

$$\begin{pmatrix} -\frac{1}{3} & \frac{2}{3} & \frac{2}{3} \\ \frac{2}{3} & -\frac{1}{3} & \frac{2}{3} \\ \frac{2}{3} & \frac{2}{3} & -\frac{1}{3} \end{pmatrix}, \begin{pmatrix} \frac{1}{3} & \frac{2}{3} & \frac{2}{3} \\ \frac{2}{3} & \frac{1}{3} & -\frac{2}{3} \\ \frac{2}{3} & -\frac{2}{3} & \frac{1}{3} \end{pmatrix}, \begin{pmatrix} -\frac{1}{3} & -\frac{2}{3} & -\frac{2}{3} \\ -\frac{2}{3} & -\frac{1}{3} & \frac{2}{3} \\ -\frac{2}{3} & \frac{2}{3} & -\frac{1}{3} \end{pmatrix},$$

$$\begin{pmatrix} \frac{1}{3} & \frac{2}{3} & -\frac{2}{3} \\ \frac{2}{3} & \frac{1}{3} & \frac{2}{3} \\ -\frac{2}{3} & \frac{2}{3} & \frac{1}{3} \end{pmatrix}, \begin{pmatrix} -\frac{1}{3} & -\frac{2}{3} & \frac{2}{3} \\ -\frac{2}{3} & -\frac{1}{3} & -\frac{2}{3} \\ \frac{2}{3} & -\frac{2}{3} & -\frac{1}{3} \end{pmatrix}$$

$$\begin{pmatrix} \frac{1}{3} & -\frac{2}{3} & \frac{2}{3} \\ -\frac{2}{3} & \frac{1}{3} & \frac{2}{3} \\ \frac{2}{3} & \frac{2}{3} & \frac{1}{3} \end{pmatrix}, \begin{pmatrix} -\frac{1}{3} & \frac{2}{3} & -\frac{2}{3} \\ \frac{2}{3} & -\frac{1}{3} & -\frac{2}{3} \\ -\frac{2}{3} & -\frac{2}{3} & -\frac{1}{3} \end{pmatrix}$$

の 10 通り．

§ 2.9 外積の定義と応用

解説 ベクトルの外積の演習に必要な事項について準備をする.

外積の定義

定義 2.32 **I.** $\mathbb{o}$ でない2つのベクトル $\mathbb{a}, \mathbb{b}$ が平行でない場合, ベクトル $\mathbb{c}$ が 次の3つの条件を満たすとき, $\mathbb{c}$ を $\mathbb{a}$ と $\mathbb{b}$ の**外積**(がいせき)といい, $\mathbb{c}$ を $\mathbb{a} \times \mathbb{b}$ で表す.

(1) $\mathbb{c} \perp \mathbb{a}$ かつ $\mathbb{c} \perp \mathbb{b}$,

(2) $\mathbb{a}, \mathbb{b}, \mathbb{c}$ の向きは, 右図のように, 右手の親指 ($\mathbb{a}$), 人差し指 ($\mathbb{b}$), 中指 ($\mathbb{c}$) の向きになる ($\mathbb{a}, \mathbb{b}, \mathbb{c}$ は**右手系**(みぎてけい)をなすという場合がある).

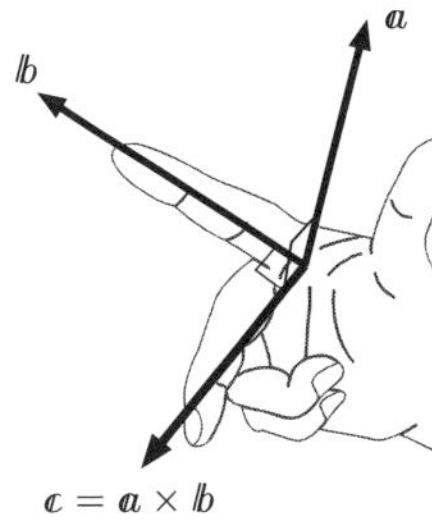

(3) $\mathbb{c}$ の大きさは, $\mathbb{a}$ と $\mathbb{b}$ がつくる平行四辺形の面積に等しい. すなわち, $\mathbb{a}$ と $\mathbb{b}$ のなす角を θ とすると,

$$\|\mathbb{c}\| = \|\mathbb{a}\|\|\mathbb{b}\| \sin\theta.$$

II. 2つのベクトル $\mathbb{a}, \mathbb{b}$ の少なくとも一方が $\mathbb{o}$ または $\mathbb{a} \,/\!/\, \mathbb{b}$ $(\theta = 0, \pi)$ の場合, $\mathbb{a} \times \mathbb{b} = \mathbb{o}$ と定める.

定義 2.32 から, 外積は次の基本法則を満たす.

定理 2.16 $\mathbb{R}^3 \ni \mathbb{a}, \mathbb{b}, \mathbb{c}$, $k \in \mathbb{R}$ に対して, 次が成り立つ.

(1) $\mathbb{a} \times \mathbb{a} = \mathbb{o}$,

(2) $\mathbb{a} \,/\!/\, \mathbb{b} \Longrightarrow \mathbb{a} \times \mathbb{b} = \mathbb{o}$,

(3) $\mathbb{b} \times \mathbb{a} = -(\mathbb{a} \times \mathbb{b})$,

(4) $\mathbb{a} \times (\mathbb{b} + \mathbb{c}) = \mathbb{a} \times \mathbb{b} + \mathbb{a} \times \mathbb{c}$,

(5) $(\mathbb{b} + \mathbb{c}) \times \mathbb{a} = \mathbb{b} \times \mathbb{a} + \mathbb{c} \times \mathbb{a}$,

(6) $(k\mathbb{a}) \times \mathbb{b} = \mathbb{a} \times (k\mathbb{b}) = k(\mathbb{a} \times \mathbb{b})$.

外積の成分表示 外積の基本法則 (定理 2.16) から, 外積の成分表示は次の定理 2.17 のようになる.

定理 2.17 $\mathbb{R}^3 \ni \mathbb{a} = \begin{pmatrix} a_1 \\ a_2 \\ a_3 \end{pmatrix}, \mathbb{b} = \begin{pmatrix} b_1 \\ b_2 \\ b_3 \end{pmatrix}$ に対して,

$$\mathbb{a} \times \mathbb{b} = \begin{pmatrix} a_2b_3 - a_3b_2 \\ a_3b_1 - a_1b_3 \\ a_1b_2 - a_2b_1 \end{pmatrix} = \begin{vmatrix} a_2 & b_2 \\ a_3 & b_3 \end{vmatrix} \mathbb{e}_1 - \begin{vmatrix} a_1 & b_1 \\ a_3 & b_3 \end{vmatrix} \mathbb{e}_2 + \begin{vmatrix} a_1 & b_1 \\ a_2 & b_2 \end{vmatrix} \mathbb{e}_3$$

が成り立つ.

外積 $\mathbb{a} \times \mathbb{b}$ の成分表示については, 形式的に行列式の展開として記憶するとよい.

$$\mathbb{a} \times \mathbb{b} = \begin{vmatrix} a_1 & b_1 & \mathbb{e}_1 \\ a_2 & b_2 & \mathbb{e}_2 \\ a_3 & b_3 & \mathbb{e}_3 \end{vmatrix} \qquad (\text{第 3 列での展開を考える})$$

$$= \begin{vmatrix} a_2 & b_2 \\ a_3 & b_3 \end{vmatrix} \mathbb{e}_1 - \begin{vmatrix} a_1 & b_1 \\ a_3 & b_3 \end{vmatrix} \mathbb{e}_2 + \begin{vmatrix} a_1 & b_1 \\ a_2 & b_2 \end{vmatrix} \mathbb{e}_3 = \begin{pmatrix} \begin{vmatrix} a_2 & b_2 \\ a_3 & b_3 \end{vmatrix} \\ -\begin{vmatrix} a_1 & b_1 \\ a_3 & b_3 \end{vmatrix} \\ \begin{vmatrix} a_1 & b_1 \\ a_2 & b_2 \end{vmatrix} \end{pmatrix}$$

定理 2.18　$\mathbb{R}^3 \ni \mathbb{a}, \mathbb{b}, \mathbb{c}$ に対して,

$$(\mathbb{a} \times \mathbb{b}, \mathbb{c}) = \det(\mathbb{a}\ \mathbb{b}\ \mathbb{c})$$

が成り立つ. また, $\mathbb{a}, \mathbb{b}, \mathbb{c}$ からつくられる平行 6 面体の体積は, $|(\mathbb{a} \times \mathbb{b}, \mathbb{c})|$ に等しい.

例題 2.28　$\mathbb{R}^3 \ni \mathbb{a} = \begin{pmatrix} -1 \\ 2 \\ 3 \end{pmatrix}$, $\mathbb{b} = \begin{pmatrix} 2 \\ -1 \\ 0 \end{pmatrix}$, $\mathbb{c} = \begin{pmatrix} 5 \\ -1 \\ 1 \end{pmatrix}$ に対して, 次を計算せよ.

(1) $\mathbb{a} \times \mathbb{b}$　　(2) $\mathbb{b} \times \mathbb{c}$　　(3) $\mathbb{a} \times (\mathbb{b} - \mathbb{c})$

解答　(1)　$\mathbb{a} \times \mathbb{b} = \begin{vmatrix} 2 & -1 \\ 3 & 0 \end{vmatrix} \mathbb{e}_1 - \begin{vmatrix} -1 & 2 \\ 3 & 0 \end{vmatrix} \mathbb{e}_2 + \begin{vmatrix} -1 & 2 \\ 2 & -1 \end{vmatrix} \mathbb{e}_3$

$$= 3\mathbb{e}_1 - (-6)\mathbb{e}_2 + (-3)\mathbb{e}_3 = \begin{pmatrix} 3 \\ 6 \\ -3 \end{pmatrix}.$$

(2)　$\mathbb{b} \times \mathbb{c} = \begin{vmatrix} -1 & -1 \\ 0 & 1 \end{vmatrix} \mathbb{e}_1 - \begin{vmatrix} 2 & 5 \\ 0 & 1 \end{vmatrix} \mathbb{e}_2 + \begin{vmatrix} 2 & 5 \\ -1 & -1 \end{vmatrix} \mathbb{e}_3$

$$= (-1)\mathbb{e}_1 - 2\mathbb{e}_2 + 3\mathbb{e}_3 = \begin{pmatrix} -1 \\ -2 \\ 3 \end{pmatrix}.$$

(3)　$\mathbb{b} - \mathbb{c} = \begin{pmatrix} -3 \\ 0 \\ -1 \end{pmatrix}$ より

$$\mathbb{a} \times (\mathbb{b} - \mathbb{c}) = \begin{pmatrix} -1 \\ 2 \\ 3 \end{pmatrix} \times \begin{pmatrix} -3 \\ 0 \\ -1 \end{pmatrix} = \begin{vmatrix} 2 & 0 \\ 3 & -1 \end{vmatrix} \mathbb{e}_1 - \begin{vmatrix} -1 & -3 \\ 3 & -1 \end{vmatrix} \mathbb{e}_2 + \begin{vmatrix} -1 & -3 \\ 2 & 0 \end{vmatrix} \mathbb{e}_3$$

$$= (-2)\mathbb{e}_1 - 10\mathbb{e}_2 + 6\mathbb{e}_3 = \begin{pmatrix} -2 \\ -10 \\ 6 \end{pmatrix}.$$

∎

例題 2.29　次のそれぞれのベクトルのなす角を θ とするとき, $\sin\theta$ を外積を使って計算せよ.

$$(1)\ \begin{pmatrix} 1 \\ 0 \\ -1 \end{pmatrix}, \begin{pmatrix} -1 \\ 1 \\ 0 \end{pmatrix} \qquad (2)\ \begin{pmatrix} 1 \\ 2 \\ -3 \end{pmatrix}, \begin{pmatrix} 3 \\ -4 \\ 5 \end{pmatrix} \qquad (3)\ \begin{pmatrix} 2 \\ 2 \\ -1 \end{pmatrix}, \begin{pmatrix} 1 \\ -3 \\ 5 \end{pmatrix}$$

解答　(1)　$\boldsymbol{a} = \begin{pmatrix} 1 \\ 0 \\ -1 \end{pmatrix}$, $\boldsymbol{b} = \begin{pmatrix} -1 \\ 1 \\ 0 \end{pmatrix}$ とおく. $\|\boldsymbol{a}\| = \sqrt{1^2+0^2+(-1)^2} = \sqrt{2}$, $\|\boldsymbol{b}\| = \sqrt{(-1)^2+1^2+0^2} = \sqrt{2}$ である. また

$$\boldsymbol{a}\times\boldsymbol{b} = \begin{vmatrix} 0 & 1 \\ -1 & 0 \end{vmatrix}\boldsymbol{e}_1 - \begin{vmatrix} 1 & -1 \\ -1 & 0 \end{vmatrix}\boldsymbol{e}_2 + \begin{vmatrix} 1 & -1 \\ 0 & 1 \end{vmatrix}\boldsymbol{e}_3$$
$$= 1\boldsymbol{e}_1 - (-1)\boldsymbol{e}_2 + 1\boldsymbol{e}_3 = \begin{pmatrix} 1 \\ 1 \\ 1 \end{pmatrix}$$

より $\|\boldsymbol{a}\times\boldsymbol{b}\| = \sqrt{1^2+1^2+1^2} = \sqrt{3}$. したがって

$$\sin\theta = \frac{\|\boldsymbol{a}\times\boldsymbol{b}\|}{\|\boldsymbol{a}\|\|\boldsymbol{b}\|} = \frac{\sqrt{3}}{\sqrt{2}\cdot\sqrt{2}} = \frac{\sqrt{3}}{2}.$$

(2)　$\boldsymbol{a} = \begin{pmatrix} 1 \\ 2 \\ -3 \end{pmatrix}$, $\boldsymbol{b} = \begin{pmatrix} 3 \\ -4 \\ 5 \end{pmatrix}$ とおく. $\|\boldsymbol{a}\| = \sqrt{1^2+2^2+(-3)^2} = \sqrt{14}$, $\|\boldsymbol{b}\| = \sqrt{3^2+(-4)^2+5^2} = \sqrt{50} = 5\sqrt{2}$ である. また

$$\boldsymbol{a}\times\boldsymbol{b} = \begin{vmatrix} 2 & -4 \\ -3 & 5 \end{vmatrix}\boldsymbol{e}_1 - \begin{vmatrix} 1 & 3 \\ -3 & 5 \end{vmatrix}\boldsymbol{e}_2 + \begin{vmatrix} 1 & 3 \\ 2 & -4 \end{vmatrix}\boldsymbol{e}_3$$
$$= -2\boldsymbol{e}_1 - 14\boldsymbol{e}_2 + (-10)\boldsymbol{e}_3 = \begin{pmatrix} -2 \\ -14 \\ -10 \end{pmatrix}$$

より $\|\boldsymbol{a}\times\boldsymbol{b}\| = \sqrt{(-2)^2+(-14)^2+(-10)^2} = \sqrt{300} = 10\sqrt{3}$. したがって

$$\sin\theta = \frac{\|\boldsymbol{a}\times\boldsymbol{b}\|}{\|\boldsymbol{a}\|\|\boldsymbol{b}\|} = \frac{10\sqrt{3}}{\sqrt{14}\cdot 5\sqrt{2}} = \frac{\sqrt{3}}{\sqrt{7}}.$$

(3)　$\boldsymbol{a} = \begin{pmatrix} 2 \\ 2 \\ -1 \end{pmatrix}$, $\boldsymbol{b} = \begin{pmatrix} 1 \\ -3 \\ 5 \end{pmatrix}$ とおく. $\|\boldsymbol{a}\| = \sqrt{2^2+2^2+(-1)^2} = \sqrt{9} = 3$, $\|\boldsymbol{b}\| = \sqrt{1^2+(-3)^2+5^2} = \sqrt{35}$ である. また

$$\boldsymbol{a}\times\boldsymbol{b} = \begin{vmatrix} 2 & -3 \\ -1 & 5 \end{vmatrix}\boldsymbol{e}_1 - \begin{vmatrix} 2 & 1 \\ -1 & 5 \end{vmatrix}\boldsymbol{e}_2 + \begin{vmatrix} 2 & 1 \\ 2 & -3 \end{vmatrix}\boldsymbol{e}_3$$
$$= 7\boldsymbol{e}_1 - 11\boldsymbol{e}_2 + (-8)\boldsymbol{e}_3 = \begin{pmatrix} 7 \\ -11 \\ -8 \end{pmatrix}$$

より $\|\boldsymbol{a}\times\boldsymbol{b}\| = \sqrt{7^2+(-11)^2+(-8)^2} = \sqrt{234} = 3\sqrt{26}$. したがって

$$\sin\theta = \frac{\|\boldsymbol{a}\times\boldsymbol{b}\|}{\|\boldsymbol{a}\|\|\boldsymbol{b}\|} = \frac{3\sqrt{26}}{3\cdot\sqrt{35}} = \frac{\sqrt{26}}{\sqrt{35}}.$$

例題 2.30　ベクトル $\boldsymbol{a} = \begin{pmatrix}1\\0\\1\end{pmatrix}, \boldsymbol{b} = \begin{pmatrix}1\\2\\3\end{pmatrix}, \boldsymbol{c} = \begin{pmatrix}1\\-1\\1\end{pmatrix}$ とするとき, 次を計算せよ.

(1)　外積 $\boldsymbol{a}\times\boldsymbol{b}$

(2)　$\boldsymbol{a}$ と $\boldsymbol{b}$ がつくる平行四辺形の面積

(3)　$\boldsymbol{a}, \boldsymbol{b}, \boldsymbol{c}$ がつくる平行六面体の体積

解答

(1)　定理 2.17 により,

$$\boldsymbol{a}\times\boldsymbol{b} = \begin{vmatrix}0 & 2\\1 & 3\end{vmatrix}\boldsymbol{e}_1 - \begin{vmatrix}1 & 1\\1 & 3\end{vmatrix}\boldsymbol{e}_2 + \begin{vmatrix}1 & 1\\0 & 2\end{vmatrix}\boldsymbol{e}_3 = \begin{pmatrix}0-2\\-(3-1)\\2-0\end{pmatrix} = \begin{pmatrix}-2\\-2\\2\end{pmatrix}$$

となる.

(2)　定義 2.32 により, $\boldsymbol{a}$ と $\boldsymbol{b}$ がつくる平行四辺形の面積 S は, $\|\boldsymbol{a}\times\boldsymbol{b}\|$ でなければならない. よって, (1) の結果から, $S = \|\boldsymbol{a}\times\boldsymbol{b}\| = \sqrt{2^2+2^2+2^2} = \sqrt{12} = 2\sqrt{3}$ となる.

(3)　定理 2.18 により, 求める平行六面体の体積 V は, $V = |(\boldsymbol{a}\times\boldsymbol{b}, \boldsymbol{c})|$ である. よって, (1) より,

$$V = |(\boldsymbol{a}\times\boldsymbol{b}, \boldsymbol{c})| = \left|\left(\begin{pmatrix}-2\\-2\\2\end{pmatrix}, \begin{pmatrix}1\\-1\\1\end{pmatrix}\right)\right| = |(-2)\cdot1+(-2)\cdot(-1)+2\cdot1| = |-2+2+2| = 2.$$

✎　(3) は, $|\det(\boldsymbol{a}\ \boldsymbol{b}\ \boldsymbol{c})|$ として, 次のように計算してもよい.

$$\begin{vmatrix}1 & 1 & 1\\0 & 2 & -1\\1 & 3 & 1\end{vmatrix} \overset{\times(-1)}{=} \begin{vmatrix}1 & 1 & 1\\0 & 2 & -1\\0 & 2 & 0\end{vmatrix} \overset{\text{次数下げ}}{=} \begin{vmatrix}2 & -1\\2 & 0\end{vmatrix} = 0-(-1)\cdot2 = 2.$$

よって, $V = 2$.

◆◆演習問題 § 2.9 ◆◆

1. $\boldsymbol{a} = \begin{pmatrix} 2 \\ 4 \\ -5 \end{pmatrix}, \boldsymbol{b} = \begin{pmatrix} 3 \\ -1 \\ 2 \end{pmatrix}, \boldsymbol{c} = \begin{pmatrix} -7 \\ 5 \\ 1 \end{pmatrix}$ に対して, 次を計算せよ.

(1) $\boldsymbol{a} \times \boldsymbol{b}$　(2) $\boldsymbol{b} \times \boldsymbol{c}$　(3) $\boldsymbol{c} \times \boldsymbol{a}$

(4) $(\boldsymbol{a} + \boldsymbol{b}) \times \boldsymbol{c}$　(5) $\boldsymbol{b} \times (\boldsymbol{a} - \boldsymbol{c})$　(6) $(\boldsymbol{a} + \boldsymbol{b}) \times (\boldsymbol{a} - \boldsymbol{b})$

(7) $(\boldsymbol{a} \times \boldsymbol{b}) \times \boldsymbol{c}$　(8) $\boldsymbol{a} \times (\boldsymbol{b} \times \boldsymbol{c})$　(9) $(\boldsymbol{a} \times \boldsymbol{b}, \boldsymbol{c})$

2. $\boldsymbol{a}, \boldsymbol{b}, \boldsymbol{c}$ が次で与えられるとき, $\boldsymbol{a}, \boldsymbol{b}, \boldsymbol{c}$ からつくられる平行 6 面体の体積を求めよ.

(1) $\boldsymbol{a} = \begin{pmatrix} 1 \\ 5 \\ 5 \end{pmatrix}, \boldsymbol{b} = \begin{pmatrix} -1 \\ 2 \\ 4 \end{pmatrix}, \boldsymbol{c} = \begin{pmatrix} 2 \\ 1 \\ 7 \end{pmatrix}$

(2) $\boldsymbol{a} = \begin{pmatrix} 5 \\ 15 \\ 3 \end{pmatrix}, \boldsymbol{b} = \begin{pmatrix} 2 \\ 7 \\ 7 \end{pmatrix}, \boldsymbol{c} = \begin{pmatrix} -1 \\ 5 \\ -1 \end{pmatrix}$

3. 次の $\boldsymbol{a}$ と $\boldsymbol{b}$ のなす角を θ とするとき, $\sin\theta$ を外積を使って計算せよ.

(1) $\boldsymbol{a} = \begin{pmatrix} 4 \\ 2 \\ 1 \end{pmatrix}, \boldsymbol{b} = \begin{pmatrix} 2 \\ 5 \\ 7 \end{pmatrix}$　(2) $\boldsymbol{a} = \begin{pmatrix} 3 \\ -2 \\ 5 \end{pmatrix}, \boldsymbol{b} = \begin{pmatrix} -1 \\ 7 \\ -9 \end{pmatrix}$

4. $\boldsymbol{a} = \begin{pmatrix} 2 \\ 1 \\ 3 \end{pmatrix}, \boldsymbol{b} = \begin{pmatrix} 1 \\ 1 \\ p \end{pmatrix}$ のとき, $\boldsymbol{a} \times \boldsymbol{x} = \boldsymbol{b}$ を満たす $\boldsymbol{x}$ が存在するために p が満たすべき条件を求めよ. またそのときに $\boldsymbol{a} \times \boldsymbol{x}_0 = \boldsymbol{b}$ を満たす単位ベクトル $\boldsymbol{x}_0$ を求めよ.

5. $\boldsymbol{a}, \boldsymbol{b} \in \mathbb{R}^3$ とするとき,

$$\begin{vmatrix} (\boldsymbol{a}, \boldsymbol{a}) & (\boldsymbol{a}, \boldsymbol{b}) \\ (\boldsymbol{b}, \boldsymbol{a}) & (\boldsymbol{b}, \boldsymbol{b}) \end{vmatrix} \geq 0$$

であることを証明せよ. また, $\boldsymbol{a}$ と $\boldsymbol{b}$ がつくる平行四辺形の面積 S は

$$S = \sqrt{\begin{vmatrix} (\boldsymbol{a}, \boldsymbol{a}) & (\boldsymbol{a}, \boldsymbol{b}) \\ (\boldsymbol{b}, \boldsymbol{a}) & (\boldsymbol{b}, \boldsymbol{b}) \end{vmatrix}}$$

で与えられることを証明せよ.

6. $\boldsymbol{a}, \boldsymbol{b}, \boldsymbol{c} \in \mathbb{R}^3$ とするとき,

$$\begin{vmatrix} (\boldsymbol{a}, \boldsymbol{a}) & (\boldsymbol{a}, \boldsymbol{b}) & (\boldsymbol{a}, \boldsymbol{c}) \\ (\boldsymbol{b}, \boldsymbol{a}) & (\boldsymbol{b}, \boldsymbol{b}) & (\boldsymbol{b}, \boldsymbol{c}) \\ (\boldsymbol{c}, \boldsymbol{a}) & (\boldsymbol{c}, \boldsymbol{b}) & (\boldsymbol{c}, \boldsymbol{c}) \end{vmatrix} \geq 0$$

であることを証明せよ. また, $\boldsymbol{a}, \boldsymbol{b}, \boldsymbol{c}$ からつくられる平行六面体の体積 V は

$$V = \sqrt{\begin{vmatrix} (\boldsymbol{a}, \boldsymbol{a}) & (\boldsymbol{a}, \boldsymbol{b}) & (\boldsymbol{a}, \boldsymbol{c}) \\ (\boldsymbol{b}, \boldsymbol{a}) & (\boldsymbol{b}, \boldsymbol{b}) & (\boldsymbol{b}, \boldsymbol{c}) \\ (\boldsymbol{c}, \boldsymbol{a}) & (\boldsymbol{c}, \boldsymbol{b}) & (\boldsymbol{c}, \boldsymbol{c}) \end{vmatrix}}$$

で与えられることを証明せよ.

◇演習問題の解答◇

1. (1) $\boldsymbol{a}\times\boldsymbol{b}=\begin{vmatrix}4&-1\\-5&2\end{vmatrix}\boldsymbol{e}_1-\begin{vmatrix}2&3\\-5&2\end{vmatrix}\boldsymbol{e}_2+\begin{vmatrix}2&3\\4&-1\end{vmatrix}\boldsymbol{e}_3$

$$=3\boldsymbol{e}_1-19\boldsymbol{e}_2+(-14)\boldsymbol{e}_3=\begin{pmatrix}3\\-19\\-14\end{pmatrix}.$$

(2) $\boldsymbol{b}\times\boldsymbol{c}=\begin{vmatrix}-1&5\\2&1\end{vmatrix}\boldsymbol{e}_1-\begin{vmatrix}3&-7\\2&1\end{vmatrix}\boldsymbol{e}_2+\begin{vmatrix}3&-7\\-1&5\end{vmatrix}\boldsymbol{e}_3$

$$=(-11)\boldsymbol{e}_1-17\boldsymbol{e}_2+8\boldsymbol{e}_3=\begin{pmatrix}-11\\-17\\8\end{pmatrix}.$$

(3) $\boldsymbol{c}\times\boldsymbol{a}=\begin{vmatrix}5&4\\1&-5\end{vmatrix}\boldsymbol{e}_1-\begin{vmatrix}-7&2\\1&-5\end{vmatrix}\boldsymbol{e}_2+\begin{vmatrix}-7&2\\5&4\end{vmatrix}\boldsymbol{e}_3$

$$=(-29)\boldsymbol{e}_1-33\boldsymbol{e}_2+(-38)\boldsymbol{e}_3=\begin{pmatrix}-29\\-33\\-38\end{pmatrix}.$$

(4) $\boldsymbol{a}+\boldsymbol{b}=\begin{pmatrix}5\\3\\-3\end{pmatrix}$ より

$$(\boldsymbol{a}+\boldsymbol{b})\times\boldsymbol{c}=\begin{pmatrix}5\\3\\-3\end{pmatrix}\times\begin{pmatrix}-7\\5\\1\end{pmatrix}=\begin{vmatrix}3&5\\-3&1\end{vmatrix}\boldsymbol{e}_1-\begin{vmatrix}5&-7\\-3&1\end{vmatrix}\boldsymbol{e}_2+\begin{vmatrix}5&-7\\3&5\end{vmatrix}\boldsymbol{e}_3$$

$$=18\boldsymbol{e}_1-(-16)\boldsymbol{e}_2+46\boldsymbol{e}_3=\begin{pmatrix}18\\16\\46\end{pmatrix}.$$

または (2), (3) の結果より

$$(\boldsymbol{a}+\boldsymbol{b})\times\boldsymbol{c}=\boldsymbol{a}\times\boldsymbol{c}+\boldsymbol{b}\times\boldsymbol{c}=-(\boldsymbol{c}\times\boldsymbol{a})+\boldsymbol{b}\times\boldsymbol{c}=-\begin{pmatrix}-29\\-33\\-38\end{pmatrix}+\begin{pmatrix}-11\\-17\\8\end{pmatrix}=\begin{pmatrix}18\\16\\46\end{pmatrix}.$$

(5) $\boldsymbol{a}-\boldsymbol{c}=\begin{pmatrix}9\\-1\\-6\end{pmatrix}$ より

$$\boldsymbol{b}\times(\boldsymbol{a}-\boldsymbol{c})=\begin{pmatrix}3\\-1\\2\end{pmatrix}\times\begin{pmatrix}9\\-1\\-6\end{pmatrix}=\begin{vmatrix}-1&-1\\2&-6\end{vmatrix}\boldsymbol{e}_1-\begin{vmatrix}3&9\\2&-6\end{vmatrix}\boldsymbol{e}_2+\begin{vmatrix}3&9\\-1&-1\end{vmatrix}\boldsymbol{e}_3$$

$$=8\boldsymbol{e}_1-(-36)\boldsymbol{e}_2+6\boldsymbol{e}_3=\begin{pmatrix}8\\36\\6\end{pmatrix}.$$

または (1), (2) の結果より

$$\mathbb{b}\times(\mathbb{a}-\mathbb{c})=\mathbb{b}\times\mathbb{a}-\mathbb{b}\times\mathbb{c}=-(\mathbb{a}\times\mathbb{b})-\mathbb{b}\times\mathbb{c}=-\begin{pmatrix}3\\-19\\-14\end{pmatrix}-\begin{pmatrix}-11\\-17\\8\end{pmatrix}=\begin{pmatrix}8\\36\\6\end{pmatrix}.$$

(6) $\mathbb{a}+\mathbb{b}=\begin{pmatrix}5\\3\\-3\end{pmatrix}$, $\mathbb{a}-\mathbb{b}=\begin{pmatrix}-1\\5\\-7\end{pmatrix}$ より

$$(\mathbb{a}+\mathbb{b})\times(\mathbb{a}-\mathbb{b})=\begin{vmatrix}3&5\\-3&-7\end{vmatrix}\mathbb{e}_1-\begin{vmatrix}5&-1\\-3&-7\end{vmatrix}\mathbb{e}_2+\begin{vmatrix}5&-1\\3&5\end{vmatrix}\mathbb{e}_3$$

$$=(-6)\mathbb{e}_1-(-38)\mathbb{e}_2+28\mathbb{e}_3=\begin{pmatrix}-6\\38\\28\end{pmatrix}.$$

または $\mathbb{a}\times\mathbb{a}=\mathbb{b}\times\mathbb{b}=\mathbb{o}$ であることと (1) の結果より

$$(\mathbb{a}+\mathbb{b})\times(\mathbb{a}-\mathbb{b})=\mathbb{a}\times\mathbb{a}-\mathbb{a}\times\mathbb{b}+\mathbb{b}\times\mathbb{a}-\mathbb{b}\times\mathbb{b}=-2(\mathbb{a}\times\mathbb{b})=-2\begin{pmatrix}3\\-19\\-14\end{pmatrix}$$

$$=\begin{pmatrix}-6\\38\\28\end{pmatrix}.$$

(7) (1) の結果より

$$(\mathbb{a}\times\mathbb{b})\times\mathbb{c}=\begin{pmatrix}3\\-19\\-14\end{pmatrix}\times\begin{pmatrix}-7\\5\\1\end{pmatrix}$$

$$=\begin{vmatrix}-19&5\\-14&1\end{vmatrix}\mathbb{e}_1-\begin{vmatrix}3&-7\\-14&1\end{vmatrix}\mathbb{e}_2+\begin{vmatrix}3&-7\\-19&5\end{vmatrix}\mathbb{e}_3$$

$$=51\mathbb{e}_1-(-95)\mathbb{e}_2+(-118)\mathbb{e}_3=\begin{pmatrix}51\\95\\-118\end{pmatrix}.$$

(8) (2) の結果より

$$\mathbb{a}\times(\mathbb{b}\times\mathbb{c})=\begin{pmatrix}2\\4\\-5\end{pmatrix}\times\begin{pmatrix}-11\\-17\\8\end{pmatrix}$$

$$=\begin{vmatrix}4&-17\\-5&8\end{vmatrix}\mathbb{e}_1-\begin{vmatrix}2&-11\\-5&8\end{vmatrix}\mathbb{e}_2+\begin{vmatrix}2&-11\\4&-17\end{vmatrix}\mathbb{e}_3$$

$$=(-53)\mathbb{e}_1-(-39)\mathbb{e}_2+10\mathbb{e}_3=\begin{pmatrix}-53\\39\\10\end{pmatrix}.$$

(9) (1) の結果より

$$(\mathbb{a}\times\mathbb{b},\mathbb{c})=\left(\begin{pmatrix}3\\-19\\-14\end{pmatrix},\begin{pmatrix}-7\\5\\1\end{pmatrix}\right)=3\cdot(-7)+(-19)\cdot5+(-14)\cdot1=-130.$$

2. $A = \begin{pmatrix} \boldsymbol{a} & \boldsymbol{b} & \boldsymbol{c} \end{pmatrix}$ とする.

(1) $\det A = \begin{vmatrix} 1 & -1 & 2 \\ 5 & 2 & 1 \\ 5 & 4 & 7 \end{vmatrix} \begin{matrix} \\ \swarrow \times(-5) \\ \leftarrow \times(-5) \end{matrix} = \begin{vmatrix} 1 & -1 & 2 \\ 0 & 7 & -9 \\ 0 & 9 & -3 \end{vmatrix} \overset{\text{次数下げ}}{=} \begin{vmatrix} 7 & -9 \\ 9 & -3 \end{vmatrix} = 60$

より, 求める体積は $|\det A| = |60| = 60$.

(2) $\det A = \begin{vmatrix} 5 & 2 & -1 \\ 15 & 7 & 5 \\ 3 & 7 & -1 \end{vmatrix} = -\begin{vmatrix} -1 & 2 & 5 \\ 5 & 7 & 15 \\ -1 & 7 & 3 \end{vmatrix} \begin{matrix} \\ \swarrow \times 5 \\ \leftarrow \times(-1) \end{matrix} = -\begin{vmatrix} -1 & 2 & 5 \\ 0 & 17 & 40 \\ 0 & 5 & -2 \end{vmatrix}$

$\overset{\text{次数下げ}}{=} \begin{vmatrix} 17 & 40 \\ 5 & -2 \end{vmatrix} = -234$

より, 求める体積は $|\det A| = |-234| = 234$.

3. (1) $\|\boldsymbol{a}\| = \sqrt{4^2 + 2^2 + 1^2} = \sqrt{21}$, $\|\boldsymbol{b}\| = \sqrt{2^2 + 5^2 + 7^2} = \sqrt{78}$ である. また

$$\boldsymbol{a} \times \boldsymbol{b} = \begin{vmatrix} 2 & 5 \\ 1 & 7 \end{vmatrix} \boldsymbol{e}_1 - \begin{vmatrix} 4 & 2 \\ 1 & 7 \end{vmatrix} \boldsymbol{e}_2 + \begin{vmatrix} 4 & 2 \\ 2 & 5 \end{vmatrix} \boldsymbol{e}_3$$

$$= 9\boldsymbol{e}_1 - 26\boldsymbol{e}_2 + 16\boldsymbol{e}_3 = \begin{pmatrix} 9 \\ -26 \\ 16 \end{pmatrix}$$

より $\|\boldsymbol{a} \times \boldsymbol{b}\| = \sqrt{9^2 + (-26)^2 + 16^2} = \sqrt{1013}$. したがって

$$\sin\theta = \frac{\|\boldsymbol{a} \times \boldsymbol{b}\|}{\|\boldsymbol{a}\|\|\boldsymbol{b}\|} = \frac{\sqrt{1013}}{\sqrt{21} \cdot \sqrt{78}} = \frac{\sqrt{1013}}{3\sqrt{182}}.$$

(2) $\|\boldsymbol{a}\| = \sqrt{3^2 + (-2)^2 + 5^2} = \sqrt{38}$, $\|\boldsymbol{b}\| = \sqrt{(-1)^2 + 7^2 + (-9)^2} = \sqrt{131}$ である. また

$$\boldsymbol{a} \times \boldsymbol{b} = \begin{vmatrix} -2 & 7 \\ 5 & -9 \end{vmatrix} \boldsymbol{e}_1 - \begin{vmatrix} 3 & -1 \\ 5 & -9 \end{vmatrix} \boldsymbol{e}_2 + \begin{vmatrix} 3 & -1 \\ -2 & 7 \end{vmatrix} \boldsymbol{e}_3$$

$$= -17\boldsymbol{e}_1 - (-22)\boldsymbol{e}_2 + 19\boldsymbol{e}_3 = \begin{pmatrix} -17 \\ 22 \\ 19 \end{pmatrix}$$

より $\|\boldsymbol{a} \times \boldsymbol{b}\| = \sqrt{(-17)^2 + 22^2 + 19^2} = \sqrt{1134} = 9\sqrt{14}$. したがって

$$\sin\theta = \frac{\|\boldsymbol{a} \times \boldsymbol{b}\|}{\|\boldsymbol{a}\|\|\boldsymbol{b}\|} = \frac{9\sqrt{14}}{\sqrt{38} \cdot \sqrt{131}} = \frac{9\sqrt{7}}{\sqrt{2489}}.$$

4. $\boldsymbol{x} = \begin{pmatrix} x_1 \\ x_2 \\ x_3 \end{pmatrix}$ とおくと,

$$\boldsymbol{a} \times \boldsymbol{x} = \begin{pmatrix} 2 \\ 1 \\ 3 \end{pmatrix} \times \begin{pmatrix} x_1 \\ x_2 \\ x_3 \end{pmatrix} = \begin{vmatrix} 1 & x_2 \\ 3 & x_3 \end{vmatrix} \boldsymbol{e}_1 - \begin{vmatrix} 2 & x_1 \\ 3 & x_3 \end{vmatrix} \boldsymbol{e}_2 + \begin{vmatrix} 2 & x_1 \\ 1 & x_2 \end{vmatrix} \boldsymbol{e}_3$$

$$= (x_3 - 3x_2)\boldsymbol{e}_1 - (2x_3 - 3x_1)\boldsymbol{e}_2 + (2x_2 - x_1)\boldsymbol{e}_1 = \begin{pmatrix} -3x_2 + x_3 \\ 3x_1 - 2x_3 \\ -x_1 + 2x_2 \end{pmatrix}$$

であるから, $\mathbb{a} \times \mathbb{x} = \mathbb{b}$ を満たす $\mathbb{x}$ が存在するためには x_1, x_2, x_3 についての連立 1 次方程式

$$(\bigstar\bigstar)\cdots\begin{cases} \quad\;\; - 3x_2 + x_3 = 1 \\ 3x_1 \quad\quad - 2x_3 = 1 \\ -x_1 + 2x_2 \quad\quad = p \end{cases}$$

が解をもてばよい.

$$\left(\begin{array}{ccc|c} 0 & -3 & 1 & 1 \\ 3 & 0 & -2 & 1 \\ -1 & 2 & 0 & p \end{array}\right) \longrightarrow \left(\begin{array}{ccc|c} -1 & 2 & 0 & p \\ 3 & 0 & -2 & 1 \\ 0 & -3 & 1 & 1 \end{array}\right)^{\times 3}$$

$$\longrightarrow \left(\begin{array}{ccc|c} -1 & 2 & 0 & p \\ 0 & 6 & -2 & 1+3p \\ 0 & -3 & 1 & 1 \end{array}\right) \longrightarrow \left(\begin{array}{ccc|c} -1 & 2 & 0 & p \\ 0 & -3 & 1 & 1 \\ 0 & 6 & -2 & 1+3p \end{array}\right)_{\times 2}$$

$$\longrightarrow \left(\begin{array}{ccc|c} -1 & 2 & 0 & p \\ 0 & -3 & 1 & 1 \\ 0 & 0 & 0 & 3+3p \end{array}\right)$$

よって $3+3p=0$ すなわち $p=-1$ ならば, $(\bigstar\bigstar)$ は解をもつ. したがって p が満たすべき条件は $p=-1$. $((\mathbb{a}, \mathbb{b}) = 0$ から $p=-1$ と求めてもよい.)

$p=-1$ のとき, $(\bigstar\bigstar)$ は

$$\begin{cases} -x_1 + 2x_2 \quad\quad = -1 \\ \quad\;\; - 3x_2 + x_3 = 1 \end{cases}$$

と同値. このとき解の自由度は 1 であるから, $x_2 = c$ とおけば, $x_3 = 1+3c$, $x_1 = 1+2c$. したがって $(\bigstar\bigstar)$ の解は

$$\mathbb{x} = \begin{pmatrix} 1+2c \\ c \\ 1+3c \end{pmatrix} \quad [c: \text{任意定数}].$$

上の $\mathbb{x}$ が $\|\mathbb{x}\| = 1$ を満たすように c の値を決定する. $\|\mathbb{x}\|^2 = (1+2c)^2 + c^2 + (1+3c)^2 = 14c^2 + 10c + 2$ より, $14c^2 + 10c + 2 = 1$ すなわち $14c^2 + 10c + 1 = 0$. これを解いて

$$c = \frac{-5 \pm \sqrt{11}}{14}.$$

$c = (-5+\sqrt{11})/14$ のときは $\mathbb{x} = \begin{pmatrix} (2+\sqrt{11})/7 \\ (-5+\sqrt{11})/14 \\ (-1+3\sqrt{11})/14 \end{pmatrix}$ であり, $c = (-5-\sqrt{11})/14$ のときは $\mathbb{x} = \begin{pmatrix} (2-\sqrt{11})/7 \\ (-5-\sqrt{11})/14 \\ (-1-3\sqrt{11})/14 \end{pmatrix}$ である.

以上のことから, p が満たすべき条件は　$p = -1$　であり, $\mathbb{x}_0 = \begin{pmatrix} (2+\sqrt{11})/7 \\ (-5+\sqrt{11})/14 \\ (-1+3\sqrt{11})/14 \end{pmatrix}$, $\begin{pmatrix} (2-\sqrt{11})/7 \\ (-5-\sqrt{11})/14 \\ (-1-3\sqrt{11})/14 \end{pmatrix}$ である.

5. $\boldsymbol{a} = \begin{pmatrix} a_1 \\ a_2 \\ a_3 \end{pmatrix}$, $\boldsymbol{b} = \begin{pmatrix} b_1 \\ b_2 \\ b_3 \end{pmatrix}$ とおく．$\boldsymbol{a} \times \boldsymbol{b} = \begin{pmatrix} a_2b_3 - a_3b_2 \\ a_3b_1 - a_1b_3 \\ a_1b_2 - a_2b_1 \end{pmatrix}$ より

$$\|\boldsymbol{a} \times \boldsymbol{b}\|^2 = (a_2b_3 - a_3b_2)^2 + (a_3b_1 - a_1b_3)^2 + (a_1b_2 - a_2b_1)^2.$$

一方, 行列式の性質により

$$\begin{vmatrix} (\boldsymbol{a},\boldsymbol{a}) & (\boldsymbol{a},\boldsymbol{b}) \\ (\boldsymbol{b},\boldsymbol{a}) & (\boldsymbol{b},\boldsymbol{b}) \end{vmatrix} = \begin{vmatrix} a_1a_1 + a_2a_2 + a_3a_3 & a_1b_1 + a_2b_2 + a_3b_3 \\ b_1a_1 + b_2a_2 + b_3a_3 & b_1b_1 + b_2b_2 + b_3b_3 \end{vmatrix}$$

$$= \sum_{i,j=1}^{3} \begin{vmatrix} a_ia_i & a_jb_j \\ b_ia_i & b_jb_j \end{vmatrix} = \sum_{i,j=1}^{3} a_ib_j \begin{vmatrix} a_i & a_j \\ b_i & b_j \end{vmatrix}$$

$$= a_1b_2 \begin{vmatrix} a_1 & a_2 \\ b_1 & b_2 \end{vmatrix} + a_1b_3 \begin{vmatrix} a_1 & a_3 \\ b_1 & b_3 \end{vmatrix} + a_2b_1 \begin{vmatrix} a_2 & a_1 \\ b_2 & b_1 \end{vmatrix}$$

$$+ a_2b_3 \begin{vmatrix} a_2 & a_3 \\ b_2 & b_3 \end{vmatrix} + a_3b_1 \begin{vmatrix} a_3 & a_1 \\ b_3 & b_1 \end{vmatrix} + a_3b_2 \begin{vmatrix} a_3 & a_2 \\ b_3 & b_2 \end{vmatrix}$$

$$= (a_1b_2 - a_2b_1) \begin{vmatrix} a_1 & a_2 \\ b_1 & b_2 \end{vmatrix} + (a_3b_1 - a_1b_3) \begin{vmatrix} a_3 & a_1 \\ b_3 & b_1 \end{vmatrix} + (a_2b_3 - a_3b_2) \begin{vmatrix} a_2 & a_3 \\ b_2 & b_3 \end{vmatrix}$$

$$= (a_1b_2 - a_2b_1)^2 + (a_3b_1 - a_1b_3)^2 + (a_2b_3 - a_3b_2)^2.$$

よって $\begin{vmatrix} (\boldsymbol{a},\boldsymbol{a}) & (\boldsymbol{a},\boldsymbol{b}) \\ (\boldsymbol{b},\boldsymbol{a}) & (\boldsymbol{b},\boldsymbol{b}) \end{vmatrix} = \|\boldsymbol{a} \times \boldsymbol{b}\|^2 \geq 0$ であり, さらに $S = \|\boldsymbol{a} \times \boldsymbol{b}\|$ であったことから

$$S = \|\boldsymbol{a} \times \boldsymbol{b}\| = \sqrt{\begin{vmatrix} (\boldsymbol{a},\boldsymbol{a}) & (\boldsymbol{a},\boldsymbol{b}) \\ (\boldsymbol{b},\boldsymbol{a}) & (\boldsymbol{b},\boldsymbol{b}) \end{vmatrix}}$$

を得る．

6. $\boldsymbol{a} = \begin{pmatrix} a_1 \\ a_2 \\ a_3 \end{pmatrix}$, $\boldsymbol{b} = \begin{pmatrix} b_1 \\ b_2 \\ b_3 \end{pmatrix}$, $\boldsymbol{c} = \begin{pmatrix} c_1 \\ c_2 \\ c_3 \end{pmatrix}$ とおく．行列式の性質により

$$\begin{vmatrix} (\boldsymbol{a},\boldsymbol{a}) & (\boldsymbol{a},\boldsymbol{b}) & (\boldsymbol{a},\boldsymbol{c}) \\ (\boldsymbol{b},\boldsymbol{a}) & (\boldsymbol{b},\boldsymbol{b}) & (\boldsymbol{b},\boldsymbol{c}) \\ (\boldsymbol{c},\boldsymbol{a}) & (\boldsymbol{c},\boldsymbol{b}) & (\boldsymbol{c},\boldsymbol{c}) \end{vmatrix}$$

$$= \begin{vmatrix} a_1a_1 + a_2a_2 + a_3a_3 & a_1b_1 + a_2b_2 + a_3b_3 & a_1c_1 + a_2c_2 + a_3c_3 \\ b_1a_1 + b_2a_2 + b_3a_3 & b_1b_1 + b_2b_2 + b_3b_3 & b_1c_1 + b_2c_2 + b_3c_3 \\ c_1a_1 + c_2a_2 + c_3a_3 & c_1b_1 + c_2b_2 + c_3b_3 & c_1c_1 + c_2c_2 + c_3c_3 \end{vmatrix}$$

$$= \sum_{i,j,k=1}^{3} \begin{vmatrix} a_ia_i & a_jb_j & a_kc_k \\ b_ia_i & b_jb_j & b_kc_k \\ c_ia_i & c_jb_j & c_kc_k \end{vmatrix} = \sum_{i,j,k=1}^{3} a_ib_jc_k \begin{vmatrix} a_i & a_j & a_k \\ b_i & b_j & b_k \\ c_i & c_j & c_k \end{vmatrix}$$

$$= a_1b_2c_3 \begin{vmatrix} a_1 & a_2 & a_3 \\ b_1 & b_2 & b_3 \\ c_1 & c_2 & c_3 \end{vmatrix} + a_1b_3c_2 \begin{vmatrix} a_1 & a_3 & a_2 \\ b_1 & b_3 & b_2 \\ c_1 & c_3 & c_2 \end{vmatrix} + a_2b_1c_3 \begin{vmatrix} a_2 & a_1 & a_3 \\ b_2 & b_1 & b_3 \\ c_2 & c_1 & c_3 \end{vmatrix}$$

$$+ a_2b_3c_1 \begin{vmatrix} a_2 & a_3 & a_1 \\ b_2 & b_3 & b_1 \\ c_2 & c_3 & c_1 \end{vmatrix} + a_3b_1c_2 \begin{vmatrix} a_3 & a_1 & a_2 \\ b_3 & b_1 & b_2 \\ c_3 & c_1 & c_2 \end{vmatrix} + a_3b_2c_1 \begin{vmatrix} a_3 & a_2 & a_1 \\ b_3 & b_2 & b_1 \\ c_3 & c_2 & c_1 \end{vmatrix}$$

$$= (a_1b_2c_3 + a_2b_3c_1 + a_3b_1c_2 - a_1b_3c_2 - a_2b_1c_3 - a_3b_2c_1)\begin{vmatrix} a_1 & a_2 & a_3 \\ b_1 & b_2 & b_3 \\ c_1 & c_2 & c_3 \end{vmatrix}$$

$$= \begin{vmatrix} a_1 & a_2 & a_3 \\ b_1 & b_2 & b_3 \\ c_1 & c_2 & c_3 \end{vmatrix}^2 = \begin{vmatrix} a_1 & b_1 & c_1 \\ a_2 & b_2 & c_2 \\ a_3 & b_3 & c_3 \end{vmatrix}^2 = \left\{\det\begin{pmatrix} \mathbb{a} & \mathbb{b} & \mathbb{c} \end{pmatrix}\right\}^2.$$

よって $\begin{vmatrix} (\mathbb{a},\mathbb{a}) & (\mathbb{a},\mathbb{b}) & (\mathbb{a},\mathbb{c}) \\ (\mathbb{b},\mathbb{a}) & (\mathbb{b},\mathbb{b}) & (\mathbb{b},\mathbb{c}) \\ (\mathbb{c},\mathbb{a}) & (\mathbb{c},\mathbb{b}) & (\mathbb{c},\mathbb{c}) \end{vmatrix} = \left\{\det\begin{pmatrix} \mathbb{a} & \mathbb{b} & \mathbb{c} \end{pmatrix}\right\}^2 \geq 0$ であり, さらに $V = \left|\det\begin{pmatrix} \mathbb{a} & \mathbb{b} & \mathbb{c} \end{pmatrix}\right|$ であったことから

$$V = \left|\det\begin{pmatrix} \mathbb{a} & \mathbb{b} & \mathbb{c} \end{pmatrix}\right| = \sqrt{\begin{vmatrix} (\mathbb{a},\mathbb{a}) & (\mathbb{a},\mathbb{b}) & (\mathbb{a},\mathbb{c}) \\ (\mathbb{b},\mathbb{a}) & (\mathbb{b},\mathbb{b}) & (\mathbb{b},\mathbb{c}) \\ (\mathbb{c},\mathbb{a}) & (\mathbb{c},\mathbb{b}) & (\mathbb{c},\mathbb{c}) \end{vmatrix}}$$

を得る.

§ 2.10　固有値と固有ベクトル

解説　固有値と固有ベクトルの演習ための準備をする.

固有値と固有ベクトルの定義

> **定義 2.33**　$M_n \ni A$ に対して, $\boldsymbol{o}$ でない n 項列ベクトル $\boldsymbol{x}$ と スカラー λ が存在して,
> $$A\boldsymbol{x} = \lambda\boldsymbol{x}$$
> を満たすとき, スカラー λ を A の**固有値**(こゆうち), $\boldsymbol{x}$ を λ に対する A の**固有ベクトル**(こゆう)という.

固有多項式の定義と固有値の計算　定義 2.33 により, $A = (a_{ij}) \in M_n$ の固有値 λ と, λ に対する A の固有ベクトル $\boldsymbol{x}\,(\neq \boldsymbol{o})$ の間には, $A\boldsymbol{x} = \lambda\boldsymbol{x}$ の関係が成り立ち,

$$(\lambda E - A)\boldsymbol{x} = \boldsymbol{o} \tag{2.1}$$

が成り立つことがわかる. 定義 1.43 より, (2.1) は, $\lambda E - A$ を係数行列とする同次連立 1 次方程式と考えることができる. さらに, 定理 1.33 (1) により, $(\lambda E - A)\boldsymbol{x} = \boldsymbol{o}$ が自明でない解 $\boldsymbol{x} \neq \boldsymbol{o}$ をもつための必要十分条件は,

$$|\lambda E - A| = 0$$

である. ここで, $|\lambda E - A|$ は,

$$|\lambda E - A| = \begin{vmatrix} \lambda - a_{11} & -a_{12} & \cdots & -a_{1n} \\ -a_{21} & \lambda - a_{22} & \cdots & -a_{2n} \\ \vdots & & \ddots & \vdots \\ -a_{n1} & -a_{n2} & \cdots & \lambda - a_{nn} \end{vmatrix}$$

であるから, $|\lambda E - A|$ は λ を変数とする n 次の多項式となる.

> **定義 2.34**　n 次正方行列 A に対して, λ を変数とする A に関する n 次多項式 $F_A(\lambda)$ を
> $$F_A(\lambda) := |\lambda E - A|$$
> で定めて, $F_A(\lambda)$ を A の**固有多項式**(こゆう)といい, $F_A(\lambda) = 0$ を A の**固有方程式**(こゆう)という.

A の固有値は, 固有方程式 $F_A(\lambda) = 0$ の解として与えられ, その解 λ に対する A の固有ベクトルは, $(\lambda E - A)\boldsymbol{x} = \boldsymbol{o}$ の自明でない解ということになる. 特に, $\lambda \in \mathbb{C}$ として考えれば, § 1.2, 代数学の基本定理 (p.7, 定理 1.7) により,

$$F_A(\lambda) = (\lambda - \lambda_1)(\lambda - \lambda_2)\cdots(\lambda - \lambda_n)$$

のように 1 次式に分解できる. さらに, $F_A(\lambda) = 0$ の同じ解 λ_i をまとめて,

$$F_A(\lambda) = (\lambda - \lambda_1)^{n_1}(\lambda - \lambda_2)^{n_2}\cdots(\lambda - \lambda_r)^{n_r}$$

と書くとき, 各 n_i を λ_i の**重複度**(ちょうふくど)という.

定理 2.19　$M_n \ni A$ について次の (1), (2) が成り立つ.

(1)　A の固有値は重複度をこめて n 個あり, 固有方程式 $F_A(\lambda) = 0$ の解全体 $\lambda_1, \lambda_2, \ldots, \lambda_n$ と一致する.

(2)　A の各固有値 λ_i に対する固有ベクトル $\boldsymbol{x}\,(\neq \boldsymbol{o})$ は, 同次連立 1 次方程式 $(\lambda_i E - A)\boldsymbol{x} = \boldsymbol{o}$ の自明でない解である.

✎ 固有値は実数とは限らない. n 次正方行列の固有値 λ が $\lambda \in \mathbb{C}$ となるときは, λ に対する固有ベクトル $\boldsymbol{x}\,(\neq \boldsymbol{o})$ は, $\boldsymbol{x} \in \mathbb{C}^n$ で考える必要がある.

固有値と固有ベクトルの計算　n 次正方行列 A の固有値と固有ベクトルは, 定理 2.19 の (1), (2) により, まず, A の固有方程式 $F_A(\lambda) = 0$ から, 固有値 $\lambda = \lambda_1, \lambda_2, \ldots, \lambda_n$ を計算し, 各 λ_i に対して, 固有ベクトル $\boldsymbol{x}_i\,(\neq \boldsymbol{o})$ を, $(\lambda_i E - A)\boldsymbol{x}_i = \boldsymbol{o}$ の自明でない解として計算すればよい.

固有ベクトルと 1 次独立　次の定理は, 固有ベクトルの 1 次独立性についての主張である.

定理 2.20　$M_n \ni A$ に対して, $\lambda_1, \lambda_2, \ldots, \lambda_r$ を A の異なる固有値とするとき, それぞれの固有値に対応する固有ベクトル $\boldsymbol{x}_1, \boldsymbol{x}_2, \ldots, \boldsymbol{x}_r$ は 1 次独立になる.

例題 2.31　次の行列の固有値と固有ベクトルを求めよ.

(1)　$A = \begin{pmatrix} -4 & -2 \\ 7 & 5 \end{pmatrix}$　　(2)　$B = \begin{pmatrix} 5 & -4 & 2 \\ 4 & -5 & 4 \\ 2 & -4 & 5 \end{pmatrix}$

解答　(1)　$F_A(\lambda) = \begin{vmatrix} \lambda + 4 & 2 \\ -7 & \lambda - 5 \end{vmatrix} = \lambda^2 - \lambda - 6 = (\lambda + 2)(\lambda - 3)$ より $F_A(\lambda) = 0$ の解は $\lambda = -2, 3$. よって A の固有値は $-2, 3$.

①　固有値 -2 に対する固有ベクトル $\boldsymbol{x} = \begin{pmatrix} x_1 \\ x_2 \end{pmatrix}$ を求める. $(-2)E - A = \begin{pmatrix} 2 & 2 \\ -7 & -7 \end{pmatrix}$ より,

$\begin{pmatrix} 2 & 2 \\ -7 & -7 \end{pmatrix}\begin{pmatrix} x_1 \\ x_2 \end{pmatrix} = \begin{pmatrix} 0 \\ 0 \end{pmatrix}$ の非自明解を求めればよい.

$$\left(\begin{array}{cc|c} 2 & 2 & 0 \\ -7 & -7 & 0 \end{array}\right)\times\frac{1}{2} \longrightarrow \left(\begin{array}{cc|c} 1 & 1 & 0 \\ -7 & -7 & 0 \end{array}\right) \overset{\times 7}{\longrightarrow} \left(\begin{array}{cc|c} 1 & 1 & 0 \\ 0 & 0 & 0 \end{array}\right).$$

よって方程式は $x_1 + x_2 = 0$ と同値. 解の自由度は 1 より, $x_2 = c$ とおけば, $x_1 = -x_2 = -c$. したがって, 固有値 -2 に対する固有ベクトルは $\boldsymbol{x} = \begin{pmatrix} -c \\ c \end{pmatrix} = c\begin{pmatrix} -1 \\ 1 \end{pmatrix}$　[c : 任意定数, $c \neq 0$].

②　固有値 3 に対する固有ベクトル $\boldsymbol{x} = \begin{pmatrix} x_1 \\ x_2 \end{pmatrix}$ を求める. $3E - A = \begin{pmatrix} 7 & 2 \\ -7 & -2 \end{pmatrix}$ より,

$\begin{pmatrix} 7 & 2 \\ -7 & -2 \end{pmatrix}\begin{pmatrix} x_1 \\ x_2 \end{pmatrix} = \begin{pmatrix} 0 \\ 0 \end{pmatrix}$ の非自明解を求めればよい.

$$\left(\begin{array}{cc|c} 7 & 2 & 0 \\ -7 & -2 & 0 \end{array}\right) \overset{\times 1}{\longrightarrow} \left(\begin{array}{cc|c} 7 & 2 & 0 \\ 0 & 0 & 0 \end{array}\right).$$

よって方程式は $7x_1 + 2x_2 = 0$ と同値. 解の自由度は1であるから, $x_2 = 7c$ とおけば, $7x_1 + 14c = 0$ より $x_1 = -2c$. したがって, 固有値 3 に対する固有ベクトルは $\boldsymbol{x} = \begin{pmatrix} -2c \\ 7c \end{pmatrix} = c\begin{pmatrix} -2 \\ 7 \end{pmatrix}$　[c : 任意定数, $c \neq 0$].

(2)　$$F_A(\lambda) = \begin{vmatrix} \lambda-5 & 4 & -2 \\ -4 & \lambda+5 & -4 \\ -2 & 4 & \lambda-5 \end{vmatrix} \overset{\times(-2)}{=} \begin{vmatrix} \lambda-5 & 4 & -2 \\ -2(\lambda-3) & \lambda-3 & 0 \\ -2 & 4 & \lambda-5 \end{vmatrix}$$

$$\overset{\text{共通因子}}{=} (\lambda-3)\begin{vmatrix} \lambda-5 & 4 & -2 \\ -2 & 1 & 0 \\ -2 & 4 & \lambda-5 \end{vmatrix}$$

$$\overset{\text{第3列展開}}{=} (\lambda-3)\left\{(-2)\begin{vmatrix} -2 & 1 \\ -2 & 4 \end{vmatrix} + (\lambda-5)\begin{vmatrix} \lambda-5 & 4 \\ -2 & 1 \end{vmatrix}\right\} = (\lambda-3)(\lambda^2-2\lambda-3)$$

$$= (\lambda+1)(\lambda-3)^2$$

より $F_A(\lambda) = 0$ の解は $\lambda = -1, 3$. よって A の固有値は $-1, 3$.

①　固有値 -1 に対する固有ベクトル $\boldsymbol{x} = \begin{pmatrix} x_1 \\ x_2 \\ x_3 \end{pmatrix}$ を求める. $(-1)E - A = \begin{pmatrix} -6 & 4 & -2 \\ -4 & 4 & -4 \\ -2 & 4 & -6 \end{pmatrix}$ より, $\begin{pmatrix} -6 & 4 & -2 \\ -4 & 4 & -4 \\ -2 & 4 & -6 \end{pmatrix}\begin{pmatrix} x_1 \\ x_2 \\ x_3 \end{pmatrix} = \begin{pmatrix} 0 \\ 0 \\ 0 \end{pmatrix}$ の非自明解を求めればよい.

$$\left(\begin{array}{ccc|c} -6 & 4 & -2 & 0 \\ -4 & 4 & -4 & 0 \\ -2 & 4 & -6 & 0 \end{array}\right) \longrightarrow \left(\begin{array}{ccc|c} -4 & 4 & -4 & 0 \\ -6 & 4 & -2 & 0 \\ -2 & 4 & -6 & 0 \end{array}\right) \overset{\times\left(\frac{-1}{4}\right)}{\longrightarrow} \left(\begin{array}{ccc|c} 1 & -1 & 1 & 0 \\ -6 & 4 & -2 & 0 \\ -2 & 4 & -6 & 0 \end{array}\right) \begin{matrix} \\ \times 6 \\ \times 2 \end{matrix}$$

$$\longrightarrow \left(\begin{array}{ccc|c} 1 & -1 & 1 & 0 \\ 0 & -2 & 4 & 0 \\ 0 & 2 & -4 & 0 \end{array}\right) \overset{\times 1}{\longrightarrow} \left(\begin{array}{ccc|c} 1 & -1 & 1 & 0 \\ 0 & -2 & 4 & 0 \\ 0 & 0 & 0 & 0 \end{array}\right).$$

よって方程式は $\begin{cases} x_1 - x_2 + x_3 = 0 & \cdots \text{(i)} \\ \quad\; - 2x_2 + 4x_3 = 0 & \cdots \text{(ii)} \end{cases}$ と同値. 解の自由度は1であるから, $x_3 = c$ とおけば, (ii) より $-2x_2 + 4c = 0$ となって $x_2 = 2c$. よって (i) より $x_1 = x_2 - x_3 = 2c - c = c$. したがって, 固有値 -1 に対する固有ベクトルは $\boldsymbol{x} = \begin{pmatrix} c \\ 2c \\ c \end{pmatrix} = c\begin{pmatrix} 1 \\ 2 \\ 1 \end{pmatrix}$　[c : 任意定数, $c \neq 0$].

②　固有値 3 に対する固有ベクトル $\boldsymbol{x} = \begin{pmatrix} x_1 \\ x_2 \\ x_3 \end{pmatrix}$ を求める. $3E - A = \begin{pmatrix} -2 & 4 & -2 \\ -4 & 8 & -4 \\ -2 & 4 & -2 \end{pmatrix}$ より,

$\begin{pmatrix} -2 & 4 & -2 \\ -4 & 8 & -4 \\ -2 & 4 & -2 \end{pmatrix}\begin{pmatrix} x_1 \\ x_2 \\ x_3 \end{pmatrix} = \begin{pmatrix} 0 \\ 0 \\ 0 \end{pmatrix}$ の非自明解を求めればよい.

$$\left(\begin{array}{ccc:c} -2 & 4 & -2 & 0 \\ -4 & 8 & -4 & 0 \\ -2 & 4 & -2 & 0 \end{array}\right)\begin{array}{l}\times\left(\frac{-1}{2}\right)\\ \times\left(\frac{-1}{4}\right)\\ \times\left(\frac{-1}{2}\right)\end{array} \longrightarrow \left(\begin{array}{ccc:c} 1 & -2 & 1 & 0 \\ 1 & -2 & 1 & 0 \\ 1 & -2 & 1 & 0 \end{array}\right)\begin{array}{l}\\ \times(-1)\\ \times(-1)\end{array} \longrightarrow \left(\begin{array}{ccc:c} 1 & -2 & 1 & 0 \\ 0 & 0 & 0 & 0 \\ 0 & 0 & 0 & 0 \end{array}\right).$$

よって方程式は　$x_1 - 2x_2 + x_3 = 0$ と同値．解の自由度は 2 であるから，$x_2 = c_1$, $x_3 = c_2$ とおけば，$x_1 = 2x_2 - x_3 = 2c_1 - c_2$．したがって，固有値 3 に対する固有ベクトルは $\boldsymbol{x} = \begin{pmatrix} 2c_1 - c_2 \\ c_1 \\ c_2 \end{pmatrix} = c_1\begin{pmatrix} 2 \\ 1 \\ 0 \end{pmatrix} + c_2\begin{pmatrix} -1 \\ 0 \\ 1 \end{pmatrix}$　$[c_1, c_2$: 任意定数, $(c_1, c_2) \neq (0,0)]$. ∎

例題 2.32　行列 $A = \begin{pmatrix} -1 & 0 & 0 \\ 8 & 1 & 2 \\ 3 & 0 & 2 \end{pmatrix}$ について，A の固有値とそれに対応する固有ベクトルを求めよ．

解答　定義 2.34 より，A の固有多項式は，

$$F_A(\lambda) = |\lambda E - A| = \begin{vmatrix} \lambda+1 & 0 & 0 \\ -8 & \lambda-1 & -2 \\ -3 & 0 & \lambda-2 \end{vmatrix} \overset{\text{第 1 行展開}}{=} (\lambda+1)\begin{vmatrix} \lambda-1 & -2 \\ 0 & \lambda-2 \end{vmatrix} = (\lambda+1)(\lambda-1)(\lambda-2)$$

であるから，$F_A(\lambda) = 0$ を λ について解けば，A の固有値は，$\lambda = -1, 1, 2$ となる．

(i)　$\lambda = -1$ に対する A の固有ベクトルを $\boldsymbol{x} = \begin{pmatrix} x_1 \\ x_2 \\ x_3 \end{pmatrix}$ $(\neq \boldsymbol{o})$ とすると，$\boldsymbol{x}$ は，$(-E - A)\boldsymbol{x} = \boldsymbol{o}$ の非自明解である．そこで，$-E - A$ を行基本変形すると，

$$-E - A = \begin{pmatrix} 0 & 0 & 0 \\ -8 & -2 & -2 \\ -3 & 0 & -3 \end{pmatrix} \longrightarrow \begin{pmatrix} -3 & 0 & -3 \\ -8 & -2 & -2 \\ 0 & 0 & 0 \end{pmatrix}\begin{array}{l}\times\left(\frac{-1}{3}\right)\\ \times\left(\frac{-1}{2}\right)\\ \end{array} \longrightarrow \begin{pmatrix} 1 & 0 & 1 \\ 4 & 1 & 1 \\ 0 & 0 & 0 \end{pmatrix}\begin{array}{l}\\ \times(-4)\\ \end{array}$$

$$\longrightarrow \begin{pmatrix} 1 & 0 & 1 \\ 0 & 1 & -3 \\ 0 & 0 & 0 \end{pmatrix}$$

となる．よって，$\mathrm{rank}\,(-E - A) = 2$ となり，解の自由度が $3 - \mathrm{rank}\,(-E - A) = 1$ の自明でない解をもつ．

$$\begin{cases} x_1 \phantom{{}-3x_2} + x_3 = 0 \\ \phantom{x_1 +{}} x_2 - 3x_3 = 0 \end{cases}$$

において，$x_3 = c$ とおけば，$x_1 = -c$, $x_2 = 3c$ となるから，$\lambda = -1$ に対する A の固有ベクトル $\boldsymbol{x}$ は，

$$\boldsymbol{x} = \begin{pmatrix} -c \\ 3c \\ c \end{pmatrix} = c\begin{pmatrix} -1 \\ 3 \\ 1 \end{pmatrix} \quad [c : \text{任意定数}, c \neq 0]$$

となる．

(ii)　$\lambda = 1$ に対する A の固有ベクトルを $\boldsymbol{x}\ (\neq \boldsymbol{o})$ とすると，$\boldsymbol{x}$ は，$(E-A)\boldsymbol{x} = \boldsymbol{o}$ の自明でない解である．$E-A$ を行基本変形を使って変形すると，

$$E - A = \begin{pmatrix} 2 & 0 & 0 \\ -8 & 0 & -2 \\ -3 & 0 & -1 \end{pmatrix} \begin{matrix} \times\frac{1}{2} \\ \times\left(\frac{-1}{2}\right) \\ \ \end{matrix} \longrightarrow \begin{pmatrix} 1 & 0 & 0 \\ 4 & 0 & 1 \\ -3 & 0 & -1 \end{pmatrix} \begin{matrix} \ \\ \times(-4) \\ \times 3 \end{matrix} \longrightarrow \begin{pmatrix} 1 & 0 & 0 \\ 0 & 0 & 1 \\ 0 & 0 & -1 \end{pmatrix} \begin{matrix} \ \\ \ \\ \times 1 \end{matrix}$$

$$\longrightarrow \begin{pmatrix} 1 & 0 & 0 \\ 0 & 0 & 1 \\ 0 & 0 & 0 \end{pmatrix}$$

となる．よって，$\operatorname{rank}(E-A) = 2$ であるから，解の自由度は $3 - \operatorname{rank}(E-A) = 1$ である．また，$E-A$ の基本変形後の行列に対応する連立方程式は，

$$\begin{cases} x_1 \qquad\quad = 0 \\ \qquad\quad x_3 = 0 \end{cases}$$

となり，$x_1 = x_3 = 0$ でなければならない．ここで，解の自由度は 1 であり，$x_2 = c$ とおいても，同次連立方程式 $(E-A)\boldsymbol{x} = \boldsymbol{o}$ は成り立つから，$\lambda = 1$ に対する A の固有ベクトル $\boldsymbol{x}$ は，

$\boldsymbol{x} = c\begin{pmatrix} 0 \\ 1 \\ 0 \end{pmatrix}$　$[c:$ 任意定数$, c \neq 0]$ である．

(iii)　$\lambda = 2$ に対する A の固有ベクトルを $\boldsymbol{x}\ (\neq \boldsymbol{o})$ とすると，$\boldsymbol{x}$ は，$(2E-A)\boldsymbol{x} = \boldsymbol{o}$ の自明でない解である．そこで，$2E-A$ を行基本変形で変形すると，

$$2E - A = \begin{pmatrix} 3 & 0 & 0 \\ -8 & 1 & -2 \\ -3 & 0 & 0 \end{pmatrix} \begin{matrix} \times\left(\frac{-8}{3}\right) \\ \ \\ \ \end{matrix} \ (\text{1行目} \times 1 \text{ を 3 行目へ}) \longrightarrow \begin{pmatrix} 3 & 0 & 0 \\ 0 & 1 & -2 \\ 0 & 0 & 0 \end{pmatrix}$$

となり，$\operatorname{rank}(2E-A) = 2$ となる．

$$\begin{cases} 3x_1 \qquad\qquad\quad = 0 \\ \qquad x_2 - 2x_3 = 0 \end{cases}$$

において，解の自由度が $3 - \operatorname{rank}(2E-A) = 1$ であるから，$x_3 = c$ とおけば，$x_2 = 2c$ となる．また，$x_1 = 0$ である．ゆえに，$\lambda = 2$ に対する A の固有ベクトル $\boldsymbol{x}$ は，$\boldsymbol{x} = c\begin{pmatrix} 0 \\ 2 \\ 1 \end{pmatrix}$　$[c:$ 任意定数$, c \neq 0]$ である．■

例題 2.33　$A \in M_2$ の固有値が $-1, 2$ で各固有値に対応する固有ベクトルが，それぞれ $\begin{pmatrix} -1 \\ 4 \end{pmatrix}, \begin{pmatrix} -1 \\ 1 \end{pmatrix}$ となるとき，A を求めよ．

解答　$A = \begin{pmatrix} a & b \\ c & d \end{pmatrix}$ とおく．A の固有値が -1 で対応する固有ベクトルが $\begin{pmatrix} -1 \\ 4 \end{pmatrix}$ であることから $\begin{pmatrix} a & b \\ c & d \end{pmatrix}\begin{pmatrix} -1 \\ 4 \end{pmatrix} = (-1)\begin{pmatrix} -1 \\ 4 \end{pmatrix}$ が得られ，一方，A の固有値が 2 で対応する固有ベクトルが

$\begin{pmatrix} -1 \\ 1 \end{pmatrix}$ であることから $\begin{pmatrix} a & b \\ c & d \end{pmatrix}\begin{pmatrix} -1 \\ 1 \end{pmatrix} = 2\begin{pmatrix} -1 \\ 1 \end{pmatrix}$ が得られるので, a, b に対する連立 1 次方程式 $\begin{cases} -a + 4b = 1 \\ -a + b = -2 \end{cases}$ と c, d に対する連立 1 次方程式 $\begin{cases} -c + 4d = -4 \\ -c + d = 2 \end{cases}$ が得られる. これらを解いて $(a, b) = (3, 1)$, $(c, d) = (-4, -2)$.

よって, $A = \begin{pmatrix} 3 & 1 \\ -4 & -2 \end{pmatrix}$ となる. ∎

◆◆演習問題 § 2.10◆◆

1. 次の行列 A の固有値と固有ベクトルを求めよ.

(1) $A = \begin{pmatrix} 3 & 1 \\ 2 & 4 \end{pmatrix}$　(2) $A = \begin{pmatrix} 52 & -48 \\ 75 & -68 \end{pmatrix}$

(3) $A = \begin{pmatrix} -1 & 5 & 4 \\ -1 & -1 & 2 \\ -1 & 4 & 3 \end{pmatrix}$　(4) $A = \begin{pmatrix} 8 & -4 & -1 \\ 9 & -5 & -1 \\ 5 & -4 & 2 \end{pmatrix}$

(5) $A = \begin{pmatrix} 24 & 0 & 12 \\ 40 & 0 & 20 \\ -40 & 0 & -20 \end{pmatrix}$　(6) $A = \begin{pmatrix} 3 & -8 & -13 \\ -2 & 4 & 1 \\ 2 & 3 & 8 \end{pmatrix}$

(7) $A = \begin{pmatrix} 5 & -3 & -6 \\ 0 & 9 & 8 \\ 0 & -2 & 1 \end{pmatrix}$　(8) $A = \begin{pmatrix} 5 & 0 & 0 \\ 0 & 5 & 0 \\ 0 & 0 & 5 \end{pmatrix}$

2. $A = \begin{pmatrix} a & 1 \\ -4 & b \end{pmatrix}$ が 3 を固有値にもち, $\begin{pmatrix} a \\ 2 \end{pmatrix}$ が固有値 3 に対する固有ベクトルになっているとする.

(1) a と b を求めよ.

(2) a, b が (1) で求めた値であるとき, A が 3 以外の固有値をもつならば, それを求め, さらにその固有値に対する固有ベクトルを求めよ.

3. $A = \begin{pmatrix} a & 1 & 0 \\ b & 0 & -b \\ 0 & 1 & -a \end{pmatrix}$ とする.

(1) 0 が A の固有値であるために a, b が満たすべき条件を求めよ.

(2) A の固有値が 0 のみであるために a, b が満たすべき条件を求めよ. さらに, そのとき固有値 0 に対する固有ベクトルを求めよ.

(3) A が 0 と 0 以外の数を固有値にもつために a, b が満たすべき条件を求めよ. さらに, そのとき固有値と固有ベクトルを求めよ.

◇演習問題の解答◇

1. (1)　$F_A(\lambda) = \begin{vmatrix} \lambda-3 & -1 \\ -2 & \lambda-4 \end{vmatrix} = \lambda^2 - 7\lambda + 10 = (\lambda-2)(\lambda-5)$ より $F_A(\lambda) = 0$ の解は $\lambda = 2, 5$. よって A の固有値は 2, 5.

①　固有値 2 に対する固有ベクトル $\boldsymbol{x} = \begin{pmatrix} x_1 \\ x_2 \end{pmatrix}$ を求める. $2E - A = \begin{pmatrix} -1 & -1 \\ -2 & -2 \end{pmatrix}$ より, $\begin{pmatrix} -1 & -1 \\ -2 & -2 \end{pmatrix}\begin{pmatrix} x_1 \\ x_2 \end{pmatrix} = \begin{pmatrix} 0 \\ 0 \end{pmatrix}$ の非自明解を求めればよい.

$$\left(\begin{array}{cc:c} -1 & -1 & 0 \\ -2 & -2 & 0 \end{array}\right) \xrightarrow{\times(-2)} \left(\begin{array}{cc:c} -1 & -1 & 0 \\ 0 & 0 & 0 \end{array}\right).$$

よって方程式は $-x_1 - x_2 = 0$ と同値. 解の自由度が 1 であるから, $x_2 = c$ とおけば, $x_1 = -x_2 = -c$. したがって, 固有値 2 に対する固有ベクトルは $\boldsymbol{x} = \begin{pmatrix} -c \\ c \end{pmatrix} = c\begin{pmatrix} -1 \\ 1 \end{pmatrix}$　[c : 任意定数, $c \neq 0$].

②　固有値 5 に対する固有ベクトル $\boldsymbol{x} = \begin{pmatrix} x_1 \\ x_2 \end{pmatrix}$ を求める. $5E - A = \begin{pmatrix} 2 & -1 \\ -2 & 1 \end{pmatrix}$ より, $\begin{pmatrix} 2 & -1 \\ -2 & 1 \end{pmatrix}\begin{pmatrix} x_1 \\ x_2 \end{pmatrix} = \begin{pmatrix} 0 \\ 0 \end{pmatrix}$ の非自明解を求めればよい.

$$\left(\begin{array}{cc:c} 2 & -1 & 0 \\ -2 & 1 & 0 \end{array}\right) \xrightarrow{\times 1} \left(\begin{array}{cc:c} 2 & -1 & 0 \\ 0 & 0 & 0 \end{array}\right).$$

よって方程式は $2x_1 - x_2 = 0$ と同値. 解の自由度が 1 であるから, $x_1 = c$ とおけば, $x_2 = 2x_1 = 2c$. したがって, 固有値 5 に対する固有ベクトルは $\boldsymbol{x} = \begin{pmatrix} c \\ 2c \end{pmatrix} = c\begin{pmatrix} 1 \\ 2 \end{pmatrix}$　[c : 任意定数, $c \neq 0$].

(2)　$F_A(\lambda) = \begin{vmatrix} \lambda-52 & 48 \\ -75 & \lambda+68 \end{vmatrix} = \lambda^2 + 16\lambda + 64 = (\lambda+8)^2$ より $F_A(\lambda) = 0$ の解は $\lambda = -8$. よって A の固有値は -8.

固有値 -8 に対する固有ベクトル $\boldsymbol{x} = \begin{pmatrix} x_1 \\ x_2 \end{pmatrix}$ を求める. $(-8)E - A = \begin{pmatrix} -60 & 48 \\ -75 & 60 \end{pmatrix}$ より, $\begin{pmatrix} -60 & 48 \\ -75 & 60 \end{pmatrix}\begin{pmatrix} x_1 \\ x_2 \end{pmatrix} = \begin{pmatrix} 0 \\ 0 \end{pmatrix}$ の非自明解を求めればよい.

$$\left(\begin{array}{cc:c} -60 & 48 & 0 \\ -75 & 60 & 0 \end{array}\right)\begin{array}{l} \times\left(\frac{-1}{12}\right) \\ \times\left(\frac{-1}{15}\right) \end{array} \longrightarrow \left(\begin{array}{cc:c} 5 & -4 & 0 \\ 5 & -4 & 0 \end{array}\right) \xrightarrow{\times(-1)} \left(\begin{array}{cc:c} 5 & -4 & 0 \\ 0 & 0 & 0 \end{array}\right).$$

よって方程式は $5x_1 - 4x_2 = 0$ と同値. 解の自由度が 1 であるから, $x_2 = 5c$ とおけば, $5x_1 - 20c = 0$ となって $x_1 = 4c$. したがって, 固有値 -8 に対する固有ベクトルは $\boldsymbol{x} = \begin{pmatrix} 4c \\ 5c \end{pmatrix} = c\begin{pmatrix} 4 \\ 5 \end{pmatrix}$ [c : 任意定数, $c \neq 0$].

(3) $$F_A(\lambda)=\begin{vmatrix}\lambda+1 & -5 & -4\\ 1 & \lambda+1 & -2\\ 1 & -4 & \lambda-3\end{vmatrix}\begin{matrix}\times(-2)\\ \\ \times(-1)\end{matrix}=\begin{vmatrix}\lambda-1 & -2\lambda-7 & 0\\ 1 & \lambda+1 & -2\\ 0 & -\lambda-5 & \lambda-1\end{vmatrix}\ (\times 1)$$

$$=\begin{vmatrix}\lambda-1 & -2\lambda-7 & 0\\ 1 & \lambda-1 & -2\\ 0 & -6 & \lambda-1\end{vmatrix}$$

$$\overset{1\,列展開}{=}(\lambda-1)\begin{vmatrix}\lambda-1 & -2\\ -6 & \lambda-1\end{vmatrix}-\begin{vmatrix}-2\lambda-7 & 0\\ -6 & \lambda-1\end{vmatrix}$$

$$=(\lambda-1)(\lambda^2-2\lambda-11)-(-2\lambda-7)(\lambda-1)=(\lambda-1)(\lambda^2-4)$$
$$=(\lambda+2)(\lambda-1)(\lambda-2)$$

より $F_A(\lambda)=0$ の解は $\lambda=-2,1,2$. よって A の固有値は $-2,1,2$.

① 固有値 -2 に対する固有ベクトル $\boldsymbol{x}=\begin{pmatrix}x_1\\x_2\\x_3\end{pmatrix}$ を求める. $(-2)E-A=\begin{pmatrix}-1 & -5 & -4\\ 1 & -1 & -2\\ 1 & -4 & -5\end{pmatrix}$

より, $\begin{pmatrix}-1 & -5 & -4\\ 1 & -1 & -2\\ 1 & -4 & -5\end{pmatrix}\begin{pmatrix}x_1\\x_2\\x_3\end{pmatrix}=\begin{pmatrix}0\\0\\0\end{pmatrix}$ の非自明解を求めればよい.

$$\left(\begin{array}{ccc|c}-1 & -5 & -4 & 0\\ 1 & -1 & -2 & 0\\ 1 & -4 & -5 & 0\end{array}\right)\begin{matrix}\\ \times 1\\ \times 1\end{matrix}\longrightarrow\left(\begin{array}{ccc|c}-1 & -5 & -4 & 0\\ 0 & -6 & -6 & 0\\ 0 & -9 & -9 & 0\end{array}\right)\begin{matrix}\\ \times\left(\frac{-1}{6}\right)\\ \times\left(\frac{-1}{9}\right)\end{matrix}$$

$$\longrightarrow\left(\begin{array}{ccc|c}-1 & -5 & -4 & 0\\ 0 & 1 & 1 & 0\\ 0 & 1 & 1 & 0\end{array}\right)\begin{matrix}\times 5\\ \\ \times(-1)\end{matrix}\longrightarrow\left(\begin{array}{ccc|c}-1 & 0 & 1 & 0\\ 0 & 1 & 1 & 0\\ 0 & 0 & 0 & 0\end{array}\right).$$

よって方程式は $\begin{cases}-x_1 \qquad + x_3 = 0 & \cdots\ (\mathrm{i})\\ \qquad x_2 + x_3 = 0 & \cdots\ (\mathrm{ii})\end{cases}$ と同値. 解の自由度は 1 であるから, $x_3=c$ とおけば, (ii) より $x_2=-x_3=-c$ が得られ, (i) より $x_1=x_3=c$ が得られる. したがって, 固有値 -2 に対する固有ベクトルは $\boldsymbol{x}=\begin{pmatrix}c\\-c\\c\end{pmatrix}=c\begin{pmatrix}1\\-1\\1\end{pmatrix}$ [c: 任意定数, $c\neq 0$].

② 固有値 1 に対する固有ベクトル $\boldsymbol{x}=\begin{pmatrix}x_1\\x_2\\x_3\end{pmatrix}$ を求める. $1E-A=\begin{pmatrix}2 & -5 & -4\\ 1 & 2 & -2\\ 1 & -4 & -2\end{pmatrix}$ より, $\begin{pmatrix}2 & -5 & -4\\ 1 & 2 & -2\\ 1 & -4 & -2\end{pmatrix}\begin{pmatrix}x_1\\x_2\\x_3\end{pmatrix}=\begin{pmatrix}0\\0\\0\end{pmatrix}$ の非自明解を求めればよい.

$$\left(\begin{array}{ccc|c}2 & -5 & -4 & 0\\ 1 & 2 & -2 & 0\\ 1 & -4 & -2 & 0\end{array}\right)\longrightarrow\left(\begin{array}{ccc|c}1 & 2 & -2 & 0\\ 2 & -5 & -4 & 0\\ 1 & -4 & -2 & 0\end{array}\right)\begin{matrix}\\ \times(-2)\\ \times(-1)\end{matrix}$$

$$\longrightarrow \left(\begin{array}{ccc:c} 1 & 2 & -2 & 0 \\ 0 & -9 & 0 & 0 \\ 0 & -6 & 0 & 0 \end{array}\right)\begin{array}{l} \\ \times\left(\frac{-1}{9}\right) \\ \times\left(\frac{-1}{6}\right)\end{array} \longrightarrow \left(\begin{array}{ccc:c} 1 & 2 & -2 & 0 \\ 0 & 1 & 0 & 0 \\ 0 & 1 & 0 & 0 \end{array}\right)\begin{array}{l}\times(-2) \\ \\ \times(-1)\end{array}$$

$$\longrightarrow \left(\begin{array}{ccc:c} 1 & 0 & -2 & 0 \\ 0 & 1 & 0 & 0 \\ 0 & 0 & 0 & 0 \end{array}\right).$$

よって方程式は $\begin{cases} x_1 \qquad - 2x_3 = 0 & \cdots \quad \text{(i)} \\ \qquad x_2 \qquad = 0 & \cdots \quad \text{(ii)} \end{cases}$ と同値. (ii) より $x_2 = 0$. 解の自由度は 1 であるから, $x_3 = c$ とおけば, (i) より $x_1 = 2x_3 = 2c$. したがって, 固有値 1 に対する固有ベクトルは $\boldsymbol{x} = \begin{pmatrix} 2c \\ 0 \\ c \end{pmatrix} = c\begin{pmatrix} 2 \\ 0 \\ 1 \end{pmatrix}$　[c : 任意定数, $c \neq 0$].

③　固有値 2 に対する固有ベクトル $\boldsymbol{x} = \begin{pmatrix} x_1 \\ x_2 \\ x_3 \end{pmatrix}$ を求める. $2E - A = \begin{pmatrix} 3 & -5 & -4 \\ 1 & 3 & -2 \\ 1 & -4 & -1 \end{pmatrix}$ より, $\begin{pmatrix} 3 & -5 & -4 \\ 1 & 3 & -2 \\ 1 & -4 & -1 \end{pmatrix}\begin{pmatrix} x_1 \\ x_2 \\ x_3 \end{pmatrix} = \begin{pmatrix} 0 \\ 0 \\ 0 \end{pmatrix}$ の非自明解を求めればよい.

$$\left(\begin{array}{ccc:c} 3 & -5 & -4 & 0 \\ 1 & 3 & -2 & 0 \\ 1 & -4 & -1 & 0 \end{array}\right) \longrightarrow \left(\begin{array}{ccc:c} 1 & 3 & -2 & 0 \\ 3 & -5 & -4 & 0 \\ 1 & -4 & -1 & 0 \end{array}\right)\begin{array}{l}\times(-1) \\ \times(-3) \\ \end{array}$$

$$\longrightarrow \left(\begin{array}{ccc:c} 1 & 3 & -2 & 0 \\ 0 & -14 & 2 & 0 \\ 0 & -7 & 1 & 0 \end{array}\right)\times\frac{1}{2} \longrightarrow \left(\begin{array}{ccc:c} 1 & 3 & -2 & 0 \\ 0 & -7 & 1 & 0 \\ 0 & -7 & 1 & 0 \end{array}\right)\times(-1)$$

$$\longrightarrow \left(\begin{array}{ccc:c} 1 & 3 & -2 & 0 \\ 0 & -7 & 1 & 0 \\ 0 & 0 & 0 & 0 \end{array}\right).$$

よって方程式は $\begin{cases} x_1 + 3x_2 - 2x_3 = 0 & \cdots \quad \text{(i)} \\ \qquad - 7x_2 + \ x_3 = 0 & \cdots \quad \text{(ii)} \end{cases}$ と同値. 解の自由度が 1 であるから, $x_2 = c$ とおけば, (ii) より $x_3 = 7x_2 = 7c$. さらに (i) から $x_1 + 3c - 14c = 0$ となって $x_1 = 11c$ が得られる. したがって, 固有値 2 に対する固有ベクトルは $\boldsymbol{x} = \begin{pmatrix} 11c \\ c \\ 7c \end{pmatrix} = c\begin{pmatrix} 11 \\ 1 \\ 7 \end{pmatrix}$ [c : 任意定数, $c \neq 0$].

(4)　$F_A(\lambda) = \begin{vmatrix} \lambda - 8 & 4 & 1 \\ -9 & \lambda + 5 & 1 \\ -5 & 4 & \lambda - 2 \end{vmatrix}\begin{array}{l} \\ \times(-1) \\ \times(-1)\end{array} = \begin{vmatrix} \lambda - 8 & 4 & 1 \\ -\lambda - 1 & \lambda + 1 & 0 \\ -\lambda + 3 & 0 & \lambda - 3 \end{vmatrix}$

$$\overset{\text{共通因子}}{=} (\lambda + 1)(\lambda - 3)\begin{vmatrix} \lambda - 8 & 4 & 1 \\ -1 & 1 & 0 \\ -1 & 0 & 1 \end{vmatrix}$$

$$\overset{3\text{列展開}}{=} (\lambda+1)(\lambda-3)\left\{\begin{vmatrix} -1 & 1 \\ -1 & 0 \end{vmatrix} + \begin{vmatrix} \lambda-8 & 4 \\ -1 & 1 \end{vmatrix}\right\}$$

$$= (\lambda+1)(\lambda-3)^2$$

より $F_A(\lambda)=0$ の解は $\lambda=-1,\ 3$. よって A の固有値は $-1,\ 3$.

① 固有値 -1 に対する固有ベクトル $\boldsymbol{x}=\begin{pmatrix} x_1 \\ x_2 \\ x_3 \end{pmatrix}$ を求める. $(-1)E-A=\begin{pmatrix} -9 & 4 & 1 \\ -9 & 4 & 1 \\ -5 & 4 & -3 \end{pmatrix}$

より, $\begin{pmatrix} -9 & 4 & 1 \\ -9 & 4 & 1 \\ -5 & 4 & -3 \end{pmatrix}\begin{pmatrix} x_1 \\ x_2 \\ x_3 \end{pmatrix}=\begin{pmatrix} 0 \\ 0 \\ 0 \end{pmatrix}$ の非自明解を求めればよい.

$$\left(\begin{array}{ccc|c} -9 & 4 & 1 & 0 \\ -9 & 4 & 1 & 0 \\ -5 & 4 & -3 & 0 \end{array}\right) \underset{\times(-1)}{\longrightarrow} \left(\begin{array}{ccc|c} -9 & 4 & 1 & 0 \\ 0 & 0 & 0 & 0 \\ -5 & 4 & -3 & 0 \end{array}\right) \overset{\times(-2)}{\longrightarrow} \left(\begin{array}{ccc|c} 1 & -4 & 7 & 0 \\ 0 & 0 & 0 & 0 \\ -5 & 4 & -3 & 0 \end{array}\right)\times 5$$

$$\longrightarrow \left(\begin{array}{ccc|c} 1 & -4 & 7 & 0 \\ 0 & 0 & 0 & 0 \\ 0 & -16 & 32 & 0 \end{array}\right)\times\left(\frac{-1}{16}\right) \longrightarrow \left(\begin{array}{ccc|c} 1 & -4 & 7 & 0 \\ 0 & 0 & 0 & 0 \\ 0 & 1 & -2 & 0 \end{array}\right)$$

$$\longrightarrow \left(\begin{array}{ccc|c} 1 & -4 & 7 & 0 \\ 0 & 1 & -2 & 0 \\ 0 & 0 & 0 & 0 \end{array}\right)\overset{\times 4}{\longrightarrow} \left(\begin{array}{ccc|c} 1 & 0 & -1 & 0 \\ 0 & 1 & -2 & 0 \\ 0 & 0 & 0 & 0 \end{array}\right).$$

よって方程式は $\begin{cases} x_1 - x_3 = 0 & \cdots\ \text{(i)} \\ x_2 - 2x_3 = 0 & \cdots\ \text{(ii)} \end{cases}$ と同値. 解の自由度は 1 であるから, $x_3=c$ とおけば, (ii) より $x_2=2x_3=2c$ が得られ, (i) より $x_1=x_3=c$ が得られる. したがって, 固有値 -1 に対する固有ベクトルは $\boldsymbol{x}=\begin{pmatrix} c \\ 2c \\ c \end{pmatrix}=c\begin{pmatrix} 1 \\ 2 \\ 1 \end{pmatrix}$　[c : 任意定数, $c\neq 0$].

② 固有値 3 に対する固有ベクトル $\boldsymbol{x}=\begin{pmatrix} x_1 \\ x_2 \\ x_3 \end{pmatrix}$ を求める. $3E-A=\begin{pmatrix} -5 & 4 & 1 \\ -9 & 8 & 1 \\ -5 & 4 & 1 \end{pmatrix}$ より,

$\begin{pmatrix} -5 & 4 & 1 \\ -9 & 8 & 1 \\ -5 & 4 & 1 \end{pmatrix}\begin{pmatrix} x_1 \\ x_2 \\ x_3 \end{pmatrix}=\begin{pmatrix} 0 \\ 0 \\ 0 \end{pmatrix}$ の非自明解を求めればよい.

$$\left(\begin{array}{ccc|c} -5 & 4 & 1 & 0 \\ -9 & 8 & 1 & 0 \\ -5 & 4 & 1 & 0 \end{array}\right) \underset{\times(-2),\ \times(-1)}{\longrightarrow} \left(\begin{array}{ccc|c} -5 & 4 & 1 & 0 \\ 1 & 0 & -1 & 0 \\ 0 & 0 & 0 & 0 \end{array}\right) \longrightarrow \left(\begin{array}{ccc|c} 1 & 0 & -1 & 0 \\ -5 & 4 & 1 & 0 \\ 0 & 0 & 0 & 0 \end{array}\right)\times 5$$

$$\longrightarrow \left(\begin{array}{ccc|c} 1 & 0 & -1 & 0 \\ 0 & 4 & -4 & 0 \\ 0 & 0 & 0 & 0 \end{array}\right)\times\frac{1}{4} \longrightarrow \left(\begin{array}{ccc|c} 1 & 0 & -1 & 0 \\ 0 & 1 & -1 & 0 \\ 0 & 0 & 0 & 0 \end{array}\right).$$

よって方程式は $\begin{cases} x_1 - x_3 = 0 & \cdots\ \text{(i)} \\ x_2 - x_3 = 0 & \cdots\ \text{(ii)} \end{cases}$ と同値. 解の自由度は 1 であるから,

$x_3 = c$ とおけば, (ii) より $x_2 = x_3 = c$ が得られ, (i) より $x_1 = x_3 = c$ が得られる. したがって, 固有値 3 に対する固有ベクトルは $\boldsymbol{x} = \begin{pmatrix} c \\ c \\ c \end{pmatrix} = c\begin{pmatrix} 1 \\ 1 \\ 1 \end{pmatrix}$　[c : 任意定数, $c \neq 0$].

(5)　$F_A(\lambda) = \begin{vmatrix} \lambda-24 & 0 & -12 \\ -40 & \lambda & -20 \\ 40 & 0 & \lambda+20 \end{vmatrix} \overset{2\text{列展開}}{=} \lambda \begin{vmatrix} \lambda-24 & -12 \\ 40 & \lambda+20 \end{vmatrix} = \lambda^2(\lambda-4)$

より $F_A(\lambda) = 0$ の解は $\lambda = 0, 4$. よって A の固有値は 0, 4.

①　固有値 0 に対する固有ベクトル $\boldsymbol{x} = \begin{pmatrix} x_1 \\ x_2 \\ x_3 \end{pmatrix}$ を求める. $0E - A = \begin{pmatrix} -24 & 0 & -12 \\ -40 & 0 & -20 \\ 40 & 0 & 20 \end{pmatrix}$

より, $\begin{pmatrix} -24 & 0 & -12 \\ -40 & 0 & -20 \\ 40 & 0 & 20 \end{pmatrix}\begin{pmatrix} x_1 \\ x_2 \\ x_3 \end{pmatrix} = \begin{pmatrix} 0 \\ 0 \\ 0 \end{pmatrix}$ の非自明解を求めればよい.

$$\left(\begin{array}{ccc|c} -24 & 0 & -12 & 0 \\ -40 & 0 & -20 & 0 \\ 40 & 0 & 20 & 0 \end{array}\right) \begin{array}{l} \times\left(\frac{-1}{12}\right) \\ \times\left(\frac{-1}{20}\right) \\ \times\frac{1}{20} \end{array} \longrightarrow \left(\begin{array}{ccc|c} 2 & 0 & 1 & 0 \\ 2 & 0 & 1 & 0 \\ 2 & 0 & 1 & 0 \end{array}\right) \begin{array}{l} \\ \times(-1) \\ \times(-1) \end{array}$$

$$\longrightarrow \left(\begin{array}{ccc|c} 2 & 0 & 1 & 0 \\ 0 & 0 & 0 & 0 \\ 0 & 0 & 0 & 0 \end{array}\right).$$

よって方程式は $2x_1 + x_3 = 0$ と同値. 解の自由度は 2 であるから, $x_1 = c_1$, $x_2 = c_2$ とおけば, $x_3 = -2x_1 = -2c_1$. したがって, 固有値 0 に対する固有ベクトルは $\boldsymbol{x} = \begin{pmatrix} c_1 \\ c_2 \\ -2c_1 \end{pmatrix} = c_1\begin{pmatrix} 1 \\ 0 \\ -2 \end{pmatrix} + c_2\begin{pmatrix} 0 \\ 1 \\ 0 \end{pmatrix}$　[c_1, c_2 : 任意定数, $(c_1, c_2) \neq (0, 0)$].

②　固有値 4 に対する固有ベクトル $\boldsymbol{x} = \begin{pmatrix} x_1 \\ x_2 \\ x_3 \end{pmatrix}$ を求める. $4E - A = \begin{pmatrix} -20 & 0 & -12 \\ -40 & 4 & -20 \\ 40 & 0 & 24 \end{pmatrix}$

より, $\begin{pmatrix} -20 & 0 & -12 \\ -40 & 4 & -20 \\ 40 & 0 & 24 \end{pmatrix}\begin{pmatrix} x_1 \\ x_2 \\ x_3 \end{pmatrix} = \begin{pmatrix} 0 \\ 0 \\ 0 \end{pmatrix}$ の非自明解を求めればよい.

$$\left(\begin{array}{ccc|c} -20 & 0 & -12 & 0 \\ -40 & 4 & -20 & 0 \\ 40 & 0 & 24 & 0 \end{array}\right) \begin{array}{l} \\ \times(-2) \\ \times 2 \end{array} \longrightarrow \left(\begin{array}{ccc|c} -20 & 0 & -12 & 0 \\ 0 & 4 & 4 & 0 \\ 0 & 0 & 0 & 0 \end{array}\right) \begin{array}{l} \times\left(\frac{-1}{4}\right) \\ \times\frac{1}{4} \\ \end{array}$$

$$\longrightarrow \left(\begin{array}{ccc|c} 5 & 0 & 3 & 0 \\ 0 & 1 & 1 & 0 \\ 0 & 0 & 0 & 0 \end{array}\right).$$

よって方程式は $\begin{cases} 5x_1 \quad + 3x_3 = 0 & \cdots \text{(i)} \\ \quad x_2 + \ x_3 = 0 & \cdots \text{(ii)} \end{cases}$ と同値．解の自由度は 1 であるから，$x_3 = 5c$ とおけば，(ii) より $x_2 = -x_3 = -5c$ が得られ，(i) より $5x_1 + 15c = 0$ となって $x_1 = -3c$ が得られる．したがって，固有値 4 に対する固有ベクトルは $\boldsymbol{x} = \begin{pmatrix} -3c \\ -5c \\ 5c \end{pmatrix} = c\begin{pmatrix} -3 \\ -5 \\ 5 \end{pmatrix}$

[c : 任意定数, $c \neq 0$].

(6)　$F_A(\lambda) = \begin{vmatrix} \lambda-3 & 8 & 13 \\ 2 & \lambda-4 & -1 \\ -2 & -3 & \lambda-8 \end{vmatrix} \begin{matrix} \\ \curvearrowright \\ \times 1 \end{matrix} = \begin{vmatrix} \lambda-3 & 8 & 13 \\ 2 & \lambda-4 & -1 \\ 0 & \lambda-7 & \lambda-9 \end{vmatrix}$

$$\overset{1\text{列展開}}{=} (\lambda-3)\begin{vmatrix} \lambda-4 & -1 \\ \lambda-7 & \lambda-9 \end{vmatrix} - 2\begin{vmatrix} 8 & 13 \\ \lambda-7 & \lambda-9 \end{vmatrix}$$

$$= (\lambda-3)(\lambda^2-12\lambda+29) - 2(-5\lambda+19) = \lambda^3 - 15\lambda^2 + 75\lambda - 125$$

$$= (\lambda-5)^3$$

より $F_A(\lambda) = 0$ の解は $\lambda = 5$. よって A の固有値は 5.

固有値 5 に対する固有ベクトル $\boldsymbol{x} = \begin{pmatrix} x_1 \\ x_2 \\ x_3 \end{pmatrix}$ を求める．

$$5E - A = \begin{pmatrix} 2 & 8 & 13 \\ 2 & 1 & -1 \\ -2 & -3 & -3 \end{pmatrix}$$

より，$\begin{pmatrix} 2 & 8 & 13 \\ 2 & 1 & -1 \\ -2 & -3 & -3 \end{pmatrix}\begin{pmatrix} x_1 \\ x_2 \\ x_3 \end{pmatrix} = \begin{pmatrix} 0 \\ 0 \\ 0 \end{pmatrix}$ の非自明解を求めればよい．

$$\left(\begin{array}{ccc:c} 2 & 8 & 13 & 0 \\ 2 & 1 & -1 & 0 \\ -2 & -3 & -3 & 0 \end{array}\right) \begin{matrix} \\ \times(-1) \\ \times 1 \end{matrix} \longrightarrow \left(\begin{array}{ccc:c} 2 & 8 & 13 & 0 \\ 0 & -7 & -14 & 0 \\ 0 & 5 & 10 & 0 \end{array}\right) \begin{matrix} \\ \times\left(\frac{-1}{7}\right) \\ \times\frac{1}{5} \end{matrix}$$

$$\longrightarrow \left(\begin{array}{ccc:c} 2 & 8 & 13 & 0 \\ 0 & 1 & 2 & 0 \\ 0 & 1 & 2 & 0 \end{array}\right) \begin{matrix} \times(-8) \\ \\ \times(-1) \end{matrix} \longrightarrow \left(\begin{array}{ccc:c} 2 & 0 & -3 & 0 \\ 0 & 1 & 2 & 0 \\ 0 & 0 & 0 & 0 \end{array}\right).$$

よって方程式は $\begin{cases} 2x_1 \quad - 3x_3 = 0 & \cdots \text{(i)} \\ \quad x_2 + 2x_3 = 0 & \cdots \text{(ii)} \end{cases}$ と同値．解の自由度は 1 であるから，$x_3 = 2c$ とおけば，(ii) より $x_2 = -2x_3 = -4c$ が得られ，(i) より $2x_1 - 6c = 0$ となって $x_1 = 3c$ が得られる．したがって，固有値 5 に対する固有ベクトルは $\boldsymbol{x} = \begin{pmatrix} 3c \\ -4c \\ 2c \end{pmatrix} = c\begin{pmatrix} 3 \\ -4 \\ 2 \end{pmatrix}$

[c : 任意定数, $c \neq 0$].

(7)　$F_A(\lambda) = \begin{vmatrix} \lambda-5 & 3 & 6 \\ 0 & \lambda-9 & -8 \\ 0 & 2 & \lambda-1 \end{vmatrix} \overset{\text{次数下げ}}{=} (\lambda-5)\begin{vmatrix} \lambda-9 & -8 \\ 2 & \lambda-1 \end{vmatrix}$

$$= (\lambda-5)(\lambda^2-10\lambda+25) = (\lambda-5)^3$$

より $F_A(\lambda)=0$ の解は $\lambda=5$. よって A の固有値は 5.

固有値 5 に対する固有ベクトル $\boldsymbol{x}=\begin{pmatrix} x_1 \\ x_2 \\ x_3 \end{pmatrix}$ を求める. $5E-A=\begin{pmatrix} 0 & 3 & 6 \\ 0 & -4 & -8 \\ 0 & 2 & 4 \end{pmatrix}$ より,

$\begin{pmatrix} 0 & 3 & 6 \\ 0 & -4 & -8 \\ 0 & 2 & 4 \end{pmatrix}\begin{pmatrix} x_1 \\ x_2 \\ x_3 \end{pmatrix}=\begin{pmatrix} 0 \\ 0 \\ 0 \end{pmatrix}$ の非自明解を求めればよい.

$$\left(\begin{array}{ccc|c} 0 & 3 & 6 & 0 \\ 0 & -4 & -8 & 0 \\ 0 & 2 & 4 & 0 \end{array}\right)\begin{array}{l} \times\frac{1}{3} \\ \times\left(\frac{-1}{4}\right) \\ \times\frac{1}{2} \end{array} \longrightarrow \left(\begin{array}{ccc|c} 0 & 1 & 2 & 0 \\ 0 & 1 & 2 & 0 \\ 0 & 1 & 2 & 0 \end{array}\right)\begin{array}{l} \\ \times(-1) \\ \times(-1) \end{array}$$

$$\longrightarrow \left(\begin{array}{ccc|c} 0 & 1 & 2 & 0 \\ 0 & 0 & 0 & 0 \\ 0 & 0 & 0 & 0 \end{array}\right).$$

よって方程式は $x_2+2x_3=0$ と同値. 解の自由度は 2 であるから, $x_1=c_1$, $x_3=c_2$ とおけば, $x_2=-2x_3=-2c_2$. したがって, 固有値 5 に対する固有ベクトルは $\boldsymbol{x}=\begin{pmatrix} c_1 \\ -2c_2 \\ c_2 \end{pmatrix}=$

$c_1\begin{pmatrix} 1 \\ 0 \\ 0 \end{pmatrix}+c_2\begin{pmatrix} 0 \\ -2 \\ 1 \end{pmatrix}$　$[c_1,\ c_2:$ 任意定数, $(c_1,c_2)\neq(0,0)]$.

(8)　$F_A(\lambda)=\begin{vmatrix} \lambda-5 & 0 & 0 \\ 0 & \lambda-5 & 0 \\ 0 & 0 & \lambda-5 \end{vmatrix}=(\lambda-5)^3$ より $F_A(\lambda)=0$ の解は $\lambda=5$. よって A の固有値は 5.

$5E-A=\begin{pmatrix} 0 & 0 & 0 \\ 0 & 0 & 0 \\ 0 & 0 & 0 \end{pmatrix}$ より, 任意の $\boldsymbol{x}=\begin{pmatrix} x_1 \\ x_2 \\ x_3 \end{pmatrix}\in\mathbb{R}^3$ に対して $(5E-A)\boldsymbol{x}=\boldsymbol{o}$ が成り立つ. したがって, 固有値 5 に対する固有ベクトルは

$$\boldsymbol{x}=\begin{pmatrix} c_1 \\ c_2 \\ c_3 \end{pmatrix}$$

$$=c_1\begin{pmatrix} 1 \\ 0 \\ 0 \end{pmatrix}+c_2\begin{pmatrix} 0 \\ 1 \\ 0 \end{pmatrix}+c_3\begin{pmatrix} 0 \\ 0 \\ 1 \end{pmatrix}\quad [c_1,\ c_2,\ c_3:\ \text{任意定数},\ (c_1,c_2,c_3)\neq(0,0,0)].$$

2.　(1)　A の固有値が 3 で対応する固有ベクトルが $\begin{pmatrix} a \\ 2 \end{pmatrix}$ であることから $\begin{pmatrix} a & 1 \\ -4 & b \end{pmatrix}\begin{pmatrix} a \\ 2 \end{pmatrix}=3\begin{pmatrix} a \\ 2 \end{pmatrix}$ すなわち

$$a^2+2=3a,\qquad -4a+2b=6$$

が得られる. これを解いて $(a,b)=(1,5)$, $(2,7)$.

(2)　$(a,b)=(1,5)$ のとき：　$A=\begin{pmatrix} 1 & 1 \\ -4 & 5 \end{pmatrix}$ であるから, $F_A(\lambda)=\begin{vmatrix} \lambda-1 & -1 \\ 4 & \lambda-5 \end{vmatrix}=$ $\lambda^2-6\lambda+9=(\lambda-3)^2$. よって $F_A(\lambda)=0$ の解は $\lambda=3$ であり, A の固有値は 3 のみ.

$(a,b)=(2,7)$ のとき：　$A=\begin{pmatrix} 2 & 1 \\ -4 & 7 \end{pmatrix}$ より $F_A(\lambda)=\begin{vmatrix} \lambda-2 & -1 \\ 4 & \lambda-7 \end{vmatrix}=\lambda^2-9\lambda+18=$ $(\lambda-3)(\lambda-6)$. よって $F_A(\lambda)=0$ の解は $\lambda=3,6$ であり, A の 3 以外の固有値は 6.

固有値 6 に対する固有ベクトル $\boldsymbol{x}=\begin{pmatrix} x_1 \\ x_2 \end{pmatrix}$ を求める. $6A-E=\begin{pmatrix} 4 & -1 \\ 4 & -1 \end{pmatrix}$ より,

$\begin{pmatrix} 4 & -1 \\ 4 & -1 \end{pmatrix}\begin{pmatrix} x_1 \\ x_2 \end{pmatrix}=\begin{pmatrix} 0 \\ 0 \end{pmatrix}$ の非自明解を求めればよい.

$$\left(\begin{array}{cc|c} 4 & -1 & 0 \\ 4 & -1 & 0 \end{array}\right) \xrightarrow{\times(-1)} \left(\begin{array}{cc|c} 4 & -1 & 0 \\ 0 & 0 & 0 \end{array}\right).$$

よって方程式は $4x_1-x_2=0$ と同値. $x_1=c$ とおけば, $x_2=4x_1=4c$. したがって, 固有値 6 に対する固有ベクトルは $\boldsymbol{x}=\begin{pmatrix} c \\ 4c \end{pmatrix}=c\begin{pmatrix} 1 \\ 4 \end{pmatrix}$　[c：任意定数, $c\neq 0$].

3.　$F_A(\lambda)=\begin{vmatrix} \lambda-a & -1 & 0 \\ -b & \lambda & b \\ 0 & -1 & \lambda+a \end{vmatrix}=\lambda^3-a^2\lambda-2ab$ であることに注意する.

(1)　$F_A(0)=0$ となればよい. $F_A(0)=-2ab$ より $-2ab=0$ すなわち $ab=0$. したがって a, b が満たすべき条件は $a=0$ または $b=0$.

(2)　(1) の結果より $a=0$ または $b=0$ でなければならない. $a=0$ ならば $F_A(\lambda)=\lambda^3$ より A の固有値は 0 のみである. $b=0$ の場合は, $a\neq 0$ であったとすると $F_A(\lambda)=\lambda^3-a^2\lambda=\lambda(\lambda+a)(\lambda-a)$ より A は 0 以外の固有値 a と $-a$ をもつ. よって求める条件は $a=0$ (b は任意).

$a=0$ として, 固有値 0 に対する固有ベクトル $\boldsymbol{x}=\begin{pmatrix} x_1 \\ x_2 \\ x_3 \end{pmatrix}$ を求める. $0E-A=$ $\begin{pmatrix} 0 & -1 & 0 \\ -b & 0 & b \\ 0 & -1 & 0 \end{pmatrix}$ より $\begin{pmatrix} 0 & -1 & 0 \\ -b & 0 & b \\ 0 & -1 & 0 \end{pmatrix}\begin{pmatrix} x_1 \\ x_2 \\ x_3 \end{pmatrix}=\begin{pmatrix} 0 \\ 0 \\ 0 \end{pmatrix}$ の非自明解を求めればよい.

(I)　$b=0$ の場合：

$$\left(\begin{array}{ccc|c} 0 & -1 & 0 & 0 \\ 0 & 0 & 0 & 0 \\ 0 & -1 & 0 & 0 \end{array}\right) \xrightarrow{\times(-1)} \left(\begin{array}{ccc|c} 0 & -1 & 0 & 0 \\ 0 & 0 & 0 & 0 \\ 0 & 0 & 0 & 0 \end{array}\right).$$

よって方程式は $-x_2=0$ すなわち $x_2=0$ と同値. したがって, 固有値 0 に対する固有ベクトルは $\boldsymbol{x}=\begin{pmatrix} c_1 \\ 0 \\ c_2 \end{pmatrix}=c_1\begin{pmatrix} 1 \\ 0 \\ 0 \end{pmatrix}+c_2\begin{pmatrix} 0 \\ 0 \\ 1 \end{pmatrix}$　[c_1, c_2：任意定数, $(c_1,c_2)\neq(0,0)$].

(II)　$b\neq 0$ の場合：

$$
\overset{\times(-1)}{\left(\begin{array}{ccc:c} 0 & -1 & 0 & 0 \\ b & 0 & -b & 0 \\ 0 & -1 & 0 & 0 \end{array}\right)} \times \frac{1}{b} \longrightarrow \left(\begin{array}{ccc:c} 0 & -1 & 0 & 0 \\ 1 & 0 & -1 & 0 \\ 0 & 0 & 0 & 0 \end{array}\right)
$$

$$
\longrightarrow \left(\begin{array}{ccc:c} 1 & 0 & -1 & 0 \\ 0 & -1 & 0 & 0 \\ 0 & 0 & 0 & 0 \end{array}\right).
$$

よって方程式は $\begin{cases} x_1 \quad\ -x_3 = 0 \ \cdots \ \text{(i)} \\ \quad\ -x_2 \quad = 0 \ \cdots \ \text{(ii)} \end{cases}$ と同値. (ii) より $x_2 = 0$ であり, 解の自由度は 1 であるから, $x_3 = c$ とおけば (i) より $x_1 = x_3 = c$ が得られる. したがって, 固有値 0 に対する固有ベクトルは $\boldsymbol{x} = \begin{pmatrix} c \\ 0 \\ c \end{pmatrix} = c \begin{pmatrix} 1 \\ 0 \\ 1 \end{pmatrix}$　　[c : 任意定数, $c \ne 0$].

(3)　(1) の結果より $a = 0$ または $b = 0$ でなければならない. (2) の結果より $a = 0$ ならば A の固有値は 0 のみであるから, $a \ne 0$. よって求める条件は $a \ne 0, b = 0$. またこのとき, (2) の解答で述べたように, A の固有値は $-a, 0, a$.

①　固有値 $-a$ に対する固有ベクトル $\boldsymbol{x} = \begin{pmatrix} x_1 \\ x_2 \\ x_3 \end{pmatrix}$ を求める. $(-a)E - A = \begin{pmatrix} -2a & -1 & 0 \\ 0 & -a & 0 \\ 0 & -1 & 0 \end{pmatrix}$

より $\begin{pmatrix} -2a & -1 & 0 \\ 0 & -a & 0 \\ 0 & -1 & 0 \end{pmatrix} \begin{pmatrix} x_1 \\ x_2 \\ x_3 \end{pmatrix} = \begin{pmatrix} 0 \\ 0 \\ 0 \end{pmatrix}$ の非自明解を求めればよい.

$$
\left(\begin{array}{ccc:c} -2a & -1 & 0 & 0 \\ 0 & -a & 0 & 0 \\ 0 & -1 & 0 & 0 \end{array}\right) \times \left(\frac{-1}{a}\right) \longrightarrow \left(\begin{array}{ccc:c} -2a & -1 & 0 & 0 \\ 0 & 1 & 0 & 0 \\ 0 & -1 & 0 & 0 \end{array}\right) \searrow {\times 1}
$$

$$
\longrightarrow \left(\begin{array}{ccc:c} -2a & -1 & 0 & 0 \\ 0 & 1 & 0 & 0 \\ 0 & 0 & 0 & 0 \end{array}\right).
$$

よって方程式は $\begin{cases} -2ax_1 - x_2 \quad = 0 \ \cdots \ \text{(i)} \\ \qquad\quad x_2 \quad = 0 \ \cdots \ \text{(ii)} \end{cases}$ と同値. (ii) より $x_2 = 0$ であり, さらに (i) から $-2ax_1 = 0$ となって $x_1 = 0$ が得られる. ここで, 解の自由度は 1 より, $x_3 = c$ とおけばよい. したがって, 固有値 $-a$ に対する固有ベクトルは $\boldsymbol{x} = \begin{pmatrix} 0 \\ 0 \\ c \end{pmatrix} = c \begin{pmatrix} 0 \\ 0 \\ 1 \end{pmatrix}$　　[c : 任意定数, $c \ne 0$].

②　固有値 0 に対する固有ベクトル $\boldsymbol{x} = \begin{pmatrix} x_1 \\ x_2 \\ x_3 \end{pmatrix}$ を求める. $0E - A = \begin{pmatrix} -a & -1 & 0 \\ 0 & 0 & 0 \\ 0 & -1 & a \end{pmatrix}$ より

$\begin{pmatrix} -a & -1 & 0 \\ 0 & 0 & 0 \\ 0 & -1 & a \end{pmatrix} \begin{pmatrix} x_1 \\ x_2 \\ x_3 \end{pmatrix} = \begin{pmatrix} 0 \\ 0 \\ 0 \end{pmatrix}$ の非自明解を求めればよい.

$$\left(\begin{array}{ccc|c} -a & -1 & 0 & 0 \\ 0 & 0 & 0 & 0 \\ 0 & -1 & a & 0 \end{array}\right) \longrightarrow \left(\begin{array}{ccc|c} -a & -1 & 0 & 0 \\ 0 & -1 & a & 0 \\ 0 & 0 & 0 & 0 \end{array}\right).$$

よって方程式は $\begin{cases} -ax_1 - x_2 = 0 & \cdots \quad \text{(i)} \\ -x_2 + ax_3 = 0 & \cdots \quad \text{(ii)} \end{cases}$ と同値．解の自由度は 1 であるから，$x_3 = c$ とおけば，(ii) より $x_2 = ax_3 = ac$ が得られ，(i) より $-ax_1 - ac = 0$ となって $x_1 = -c$ が得られる．したがって，固有値 0 に対する固有ベクトルは $\boldsymbol{x} = \begin{pmatrix} -c \\ ac \\ c \end{pmatrix} = c\begin{pmatrix} -1 \\ a \\ 1 \end{pmatrix}$ [c：任意定数，$c \neq 0$]．

③　固有値 a に対する固有ベクトル $\boldsymbol{x} = \begin{pmatrix} x_1 \\ x_2 \\ x_3 \end{pmatrix}$ を求める．$aE - A = \begin{pmatrix} 0 & -1 & 0 \\ 0 & a & 0 \\ 0 & -1 & 2a \end{pmatrix}$ より $\begin{pmatrix} 0 & -1 & 0 \\ 0 & a & 0 \\ 0 & -1 & 2a \end{pmatrix}\begin{pmatrix} x_1 \\ x_2 \\ x_3 \end{pmatrix} = \begin{pmatrix} 0 \\ 0 \\ 0 \end{pmatrix}$ の非自明解を求めればよい．

$$\left(\begin{array}{ccc|c} 0 & -1 & 0 & 0 \\ 0 & a & 0 & 0 \\ 0 & -1 & 2a & 0 \end{array}\right) \begin{matrix} \\ \times a \\ \times(-1) \end{matrix} \longrightarrow \left(\begin{array}{ccc|c} 0 & -1 & 0 & 0 \\ 0 & 0 & 0 & 0 \\ 0 & 0 & 2a & 0 \end{array}\right)$$

$$\longrightarrow \left(\begin{array}{ccc|c} 0 & -1 & 0 & 0 \\ 0 & 0 & 2a & 0 \\ 0 & 0 & 0 & 0 \end{array}\right).$$

よって方程式は $\begin{cases} -x_2 = 0 & \cdots \quad \text{(i)} \\ 2ax_3 = 0 & \cdots \quad \text{(ii)} \end{cases}$ と同値．(ii) より $x_3 = 0$ であり，(i) より $x_2 = 0$．ここで，解の自由度は 1 より $x_1 = c$ とおけばよい．したがって，固有値 a に対する固有ベクトルは $\boldsymbol{x} = \begin{pmatrix} c \\ 0 \\ 0 \end{pmatrix} = c\begin{pmatrix} 1 \\ 0 \\ 0 \end{pmatrix}$　[c：任意定数，$c \neq 0$]．

§ 2.11　行列の正則行列による対角化

解説　行列の対角化の演習に必要な準備を行う.

行列が対角化可能であることの定義

> **定義 2.35**　$M_n \ni A$ に対して, 正則行列 $P \in M_n$ がとれて, $P^{-1}AP$ が対角行列となるとき, A は P により**対角化可能**（たいかくか）であるという.
>
> $$P^{-1}AP = \begin{pmatrix} \lambda_1 & & & \\ & \lambda_2 & & O \\ & & \ddots & \\ O & & & \lambda_n \end{pmatrix}.$$

このとき, $P^{-1}AP$ の固有多項式は, $P^{-1}AP$ の対角成分を $\lambda_1, \lambda_2, \ldots, \lambda_n$ とすると, $F_{P^{-1}AP}(\lambda) = (\lambda - \lambda_1)(\lambda - \lambda_2)\cdots(\lambda - \lambda_n)$ であるから, 定理 2.19 により, $P^{-1}AP$ の対角成分は, $P^{-1}AP$ の固有値である.

定理 2.21　$A, P \in M_n$ に対して, P が正則行列のとき, A と $P^{-1}AP$ の固有値は一致する.

対角化可能であるための必要十分条件　次の定理 2.22 は, 行列の対角化において基本となる.

定理 2.22　$A \in M_n$ について, 次が成り立つ.
A が対角化可能である $\Longleftrightarrow$ A の 1 次独立な n 個の固有ベクトルが存在する.

定理 2.20 と定理 2.22 により, 次の定理を得る.

定理 2.23　$M_n \ni A$ の固有値がすべて異なる $\Longrightarrow$ A は対角化可能である.

正則行列による行列の対角化　$M_n \ni A$ の正則行列による対角化の手順は次の通りである.

- A について, $F_A(\lambda) = 0$ により固有値 $\lambda = \lambda_1, \lambda_2, \ldots, \lambda_n$ を計算する.
- n 個の固有値がすべて異なれば, A は適当な正則行列 P により対角化可能である.重複度がある場合は, n 個の 1 次独立な固有ベクトルが存在する場合に対角化可能である.
- A を対角化するための正則行列 P は, A の固有値 $\lambda = \lambda_1, \lambda_2, \ldots, \lambda_n$ に対する固有ベクトル $\boldsymbol{p}_1, \boldsymbol{p}_2, \ldots, \boldsymbol{p}_n$ をならべたものとして, $P = (\boldsymbol{p}_1\ \boldsymbol{p}_2\ \cdots\ \boldsymbol{p}_n)$ により構成する.
- A が P によって対角化可能であるとき,

$$P^{-1}AP = \begin{pmatrix} \lambda_1 & & & \\ & \lambda_2 & & O \\ & & \ddots & \\ O & & & \lambda_n \end{pmatrix}$$

のように対角化される.

ここで, 正則行列 P は固有ベクトルのならべ方によりいくつも考えることができ, 一意に定まらない. また, $P^{-1}AP$ の対角成分にあらわれる固有値は, P を構成する固有ベクトルの順にその対応する固有値がならぶ.

例題 2.34 次の行列が対角可能かどうか調べ, 対角化可能であれば, 正則行列 P を求めて対角化せよ.

(1) $\begin{pmatrix} 2 & 1 \\ -4 & -3 \end{pmatrix}$ (2) $\begin{pmatrix} 5 & 1 & 4 \\ 1 & 4 & 1 \\ -1 & -1 & 0 \end{pmatrix}$ (3) $\begin{pmatrix} 3 & -1 & 1 \\ -1 & 3 & 1 \\ 1 & 1 & 3 \end{pmatrix}$

解答 (1) $A = \begin{pmatrix} 2 & 1 \\ -4 & -3 \end{pmatrix}$ とおく.

$$F_A(\lambda) = \begin{vmatrix} \lambda - 2 & -1 \\ 4 & \lambda + 3 \end{vmatrix} = \lambda^2 + \lambda - 2 = (\lambda - 1)(\lambda + 2)$$

より $F_A(\lambda) = 0$ の解は $\lambda = 1, -2$. よって A の固有値は $1, -2$. したがって, 固有値がすべて異なるので, A は対角化可能である.

① 固有値 1 に対する固有ベクトル $\boldsymbol{x} = \begin{pmatrix} x_1 \\ x_2 \end{pmatrix}$ を求める. $1E - A = \begin{pmatrix} -1 & -1 \\ 4 & 4 \end{pmatrix}$ より

$\begin{pmatrix} -1 & -1 \\ 4 & 4 \end{pmatrix}\begin{pmatrix} x_1 \\ x_2 \end{pmatrix} = \begin{pmatrix} 0 \\ 0 \end{pmatrix}$ の非自明解を求めればよい.

$$\left(\begin{array}{cc|c} -1 & -1 & 0 \\ 4 & 4 & 0 \end{array}\right) \xrightarrow{\times 4} \left(\begin{array}{cc|c} -1 & -1 & 0 \\ 0 & 0 & 0 \end{array}\right).$$

よって方程式は $-x_1 - x_2 = 0$ と同値. 解の自由度は 1 であるから, $x_2 = c$ とおけば, $x_1 = -x_2 = -c$. したがって, 固有値 1 に対する固有ベクトルは $\boldsymbol{x} = \begin{pmatrix} -c \\ c \end{pmatrix} = c\begin{pmatrix} -1 \\ 1 \end{pmatrix}$ [c : 任意定数, $c \neq 0$].

② 固有値 -2 に対する固有ベクトル $\boldsymbol{x} = \begin{pmatrix} x_1 \\ x_2 \end{pmatrix}$ を求める. $(-2)E - A = \begin{pmatrix} -4 & -1 \\ 4 & 1 \end{pmatrix}$ より

$\begin{pmatrix} -4 & -1 \\ 4 & 1 \end{pmatrix}\begin{pmatrix} x_1 \\ x_2 \end{pmatrix} = \begin{pmatrix} 0 \\ 0 \end{pmatrix}$ の非自明解を求めればよい.

$$\left(\begin{array}{cc|c} -4 & -1 & 0 \\ 4 & 1 & 0 \end{array}\right) \xrightarrow{\times 1} \left(\begin{array}{cc|c} -4 & -1 & 0 \\ 0 & 0 & 0 \end{array}\right).$$

よって方程式は $-4x_1 - x_2 = 0$ と同値. 解の自由度は 1 であるから, $x_1 = c$ とおけば, $x_2 = -4x_1 = -4c$. したがって, 固有値 -2 に対する固有ベクトルは $\boldsymbol{x} = \begin{pmatrix} c \\ -4c \end{pmatrix} = \begin{pmatrix} 1 \\ -4 \end{pmatrix}$ [c : 任意定数, $c \neq 0$].

①, ② より, $\boldsymbol{p}_1 = \begin{pmatrix} -1 \\ 1 \end{pmatrix}$, $\boldsymbol{p}_2 = \begin{pmatrix} 1 \\ -4 \end{pmatrix}$ として $P = \begin{pmatrix} \boldsymbol{p}_1 & \boldsymbol{p}_2 \end{pmatrix} = \begin{pmatrix} -1 & 1 \\ 1 & -4 \end{pmatrix}$ とおけば, P は

正則行列で $P^{-1} = -\dfrac{1}{3}\begin{pmatrix} 4 & 1 \\ 1 & 1 \end{pmatrix}$ であり, A は P を用いて

$$P^{-1}AP = \begin{pmatrix} 1 & 0 \\ 0 & -2 \end{pmatrix}$$

と対角化される.

(2)　$A = \begin{pmatrix} 5 & 1 & 4 \\ 1 & 4 & 1 \\ -1 & -1 & 0 \end{pmatrix}$ とおく.

$$F_A(\lambda) = \begin{vmatrix} \lambda-5 & -1 & -4 \\ -1 & \lambda-4 & -1 \\ 1 & 1 & \lambda \end{vmatrix} \begin{matrix} \times 1 \\ \times 1 \\ \end{matrix} = \begin{vmatrix} \lambda-4 & 0 & \lambda-4 \\ 0 & \lambda-3 & \lambda-1 \\ 1 & 1 & \lambda \end{vmatrix}$$

$$\overset{\text{共通因子}}{=} (\lambda-4)\begin{vmatrix} 1 & 0 & 1 \\ 0 & \lambda-3 & \lambda-1 \\ 1 & 1 & \lambda \end{vmatrix} \times(-1) = (\lambda-4)\begin{vmatrix} 1 & 0 & 1 \\ 0 & \lambda-3 & \lambda-1 \\ 0 & 1 & \lambda-1 \end{vmatrix}$$

$$\overset{\text{次数下げ}}{=} (\lambda-4)\begin{vmatrix} \lambda-3 & \lambda-1 \\ 1 & \lambda-1 \end{vmatrix} = (\lambda-4)(\lambda^2-5\lambda+4) = (\lambda-1)(\lambda-4)^2$$

より $F_A(\lambda) = 0$ の解は $\lambda = 1, 4$. よって A の固有値は 1, 4.

①　固有値 1 に対する固有ベクトル $\boldsymbol{x} = \begin{pmatrix} x_1 \\ x_2 \\ x_3 \end{pmatrix}$ を求める.

$$1E - A = \begin{pmatrix} -4 & -1 & -4 \\ -1 & -3 & -1 \\ 1 & 1 & 1 \end{pmatrix}$$

より $\begin{pmatrix} -4 & -1 & -4 \\ -1 & -3 & -1 \\ 1 & 1 & 1 \end{pmatrix}\begin{pmatrix} x_1 \\ x_2 \\ x_3 \end{pmatrix} = \begin{pmatrix} 0 \\ 0 \\ 0 \end{pmatrix}$ の非自明解を求めればよい.

$$\left(\begin{array}{ccc|c} -4 & -1 & -4 & 0 \\ -1 & -3 & -1 & 0 \\ 1 & 1 & 1 & 0 \end{array}\right) \longrightarrow \left(\begin{array}{ccc|c} 1 & 1 & 1 & 0 \\ -1 & -3 & -1 & 0 \\ -4 & -1 & -4 & 0 \end{array}\right) \begin{matrix} \\ \times 1 \\ \times 4 \end{matrix}$$

$$\longrightarrow \left(\begin{array}{ccc|c} 1 & 1 & 1 & 0 \\ 0 & -2 & 0 & 0 \\ 0 & 3 & 0 & 0 \end{array}\right) \begin{matrix} \\ \times\left(\frac{-1}{2}\right) \\ \times\frac{1}{3} \end{matrix} \longrightarrow \left(\begin{array}{ccc|c} 1 & 1 & 1 & 0 \\ 0 & 1 & 0 & 0 \\ 0 & 1 & 0 & 0 \end{array}\right) \times(-1)$$

$$\longrightarrow \left(\begin{array}{ccc|c} 1 & 1 & 1 & 0 \\ 0 & 1 & 0 & 0 \\ 0 & 0 & 0 & 0 \end{array}\right).$$

よって方程式は $\begin{cases} x_1 + x_2 + x_3 = 0 & \cdots \text{(i)} \\ \qquad x_2 \qquad = 0 & \cdots \text{(ii)} \end{cases}$ と同値. (ii) より $x_2 = 0$. よって (i) より $x_1 + x_3 = 0$ となり, 解の自由度が 1 であることから, $x_3 = c$ とおけば $x_1 = -x_3 = -c$. したがって, 固有値 1 に対する固有ベクトルは $\boldsymbol{x} = \begin{pmatrix} -c \\ 0 \\ c \end{pmatrix} = c\begin{pmatrix} -1 \\ 0 \\ 1 \end{pmatrix}$　[c : 任意定数, $c \neq 0$].

② 固有値 4 に対する固有ベクトル $\boldsymbol{x}=\begin{pmatrix}x_1\\x_2\\x_3\end{pmatrix}$ を求める.

$$4E-A=\begin{pmatrix}-1&-1&-4\\-1&0&-1\\1&1&4\end{pmatrix}$$

より $\begin{pmatrix}-1&-1&-4\\-1&0&-1\\1&1&4\end{pmatrix}\begin{pmatrix}x_1\\x_2\\x_3\end{pmatrix}=\begin{pmatrix}0\\0\\0\end{pmatrix}$ の非自明解を求めればよい.

$$\left(\begin{array}{ccc|c}-1&-1&-4&0\\-1&0&-1&0\\1&1&4&0\end{array}\right)\begin{matrix}\\ \times(-1)\\ \times 1\end{matrix}\longrightarrow\left(\begin{array}{ccc|c}-1&-1&-4&0\\0&1&3&0\\0&0&0&0\end{array}\right)\begin{matrix}\times 1\\ \\ \\ \end{matrix}$$

$$\longrightarrow\left(\begin{array}{ccc|c}-1&0&-1&0\\0&1&3&0\\0&0&0&0\end{array}\right).$$

よって方程式は $\begin{cases}-x_1-x_3=0 & \cdots\ \text{(i)}\\ x_2+3x_3=0 & \cdots\ \text{(ii)}\end{cases}$ と同値. 解の自由度は 1 であるから, $x_3=c$ とおけば, (ii) より $x_2=-3x_3=-3c$ が得られ, (i) より $x_1=-x_3=-c$ が得られる. したがって, 固有値 4 に対する固有ベクトルは $\boldsymbol{x}=\begin{pmatrix}-c\\-3c\\c\end{pmatrix}=c\begin{pmatrix}-1\\-3\\1\end{pmatrix}$　[c : 任意定数, $c\neq 0$].

①, ② より, A は 1 次独立な 3 個の固有ベクトルをもたないから, A は対角化可能でない.

(3)　$A=\begin{pmatrix}3&-1&1\\-1&3&1\\1&1&3\end{pmatrix}$ とおく.

$$F_A(\lambda)=\begin{vmatrix}\lambda-3&1&-1\\1&\lambda-3&-1\\-1&-1&\lambda-3\end{vmatrix}\begin{matrix}\times 1\\ \times 1\\ \\ \end{matrix}=\begin{vmatrix}\lambda-4&0&\lambda-4\\0&\lambda-4&\lambda-4\\-1&-1&\lambda-3\end{vmatrix}$$

$$\overset{\text{共通因子}}{=}(\lambda-4)^2\begin{vmatrix}1&0&1\\0&1&1\\-1&-1&\lambda-3\end{vmatrix}\begin{matrix}\\ \\ \times 1\end{matrix}=(\lambda-4)^2\begin{vmatrix}1&0&1\\0&1&1\\0&-1&\lambda-2\end{vmatrix}$$

$$\overset{\text{次数下げ}}{=}(\lambda-4)^2\begin{vmatrix}1&1\\-1&\lambda-2\end{vmatrix}=(\lambda-1)(\lambda-4)^2$$

より $F_A(\lambda)=0$ の解は $\lambda=1,4$. よって A の固有値は 1, 4.

① 固有値 1 に対する固有ベクトル $\boldsymbol{x}=\begin{pmatrix}x_1\\x_2\\x_3\end{pmatrix}$ を求める.

$$1E-A=\begin{pmatrix}-2&1&-1\\1&-2&-1\\-1&-1&-2\end{pmatrix}$$

より $\begin{pmatrix} -2 & 1 & -1 \\ 1 & -2 & -1 \\ -1 & -1 & -2 \end{pmatrix}\begin{pmatrix} x_1 \\ x_2 \\ x_3 \end{pmatrix} = \begin{pmatrix} 0 \\ 0 \\ 0 \end{pmatrix}$ の非自明解を求めればよい.

$$\left(\begin{array}{ccc:c} -2 & 1 & -1 & 0 \\ 1 & -2 & -1 & 0 \\ -1 & -1 & -2 & 0 \end{array}\right) \longrightarrow \left(\begin{array}{ccc:c} 1 & -2 & -1 & 0 \\ -2 & 1 & -1 & 0 \\ -1 & -1 & -2 & 0 \end{array}\right) \begin{matrix} \\ \times 2 \\ \times 1 \end{matrix}$$

$$\longrightarrow \left(\begin{array}{ccc:c} 1 & -2 & -1 & 0 \\ 0 & -3 & -3 & 0 \\ 0 & -3 & -3 & 0 \end{array}\right) \begin{matrix} \\ \times\left(\frac{-1}{3}\right) \\ \times\left(\frac{-1}{3}\right) \end{matrix} \longrightarrow \left(\begin{array}{ccc:c} 1 & -2 & -1 & 0 \\ 0 & 1 & 1 & 0 \\ 0 & 1 & 1 & 0 \end{array}\right) \begin{matrix} \times 2 \\ \\ \times(-1) \end{matrix}$$

$$\longrightarrow \left(\begin{array}{ccc:c} 1 & 0 & 1 & 0 \\ 0 & 1 & 1 & 0 \\ 0 & 0 & 0 & 0 \end{array}\right).$$

よって方程式は $\begin{cases} x_1 \quad\ \ + x_3 = 0 & \cdots \text{(i)} \\ \quad\ x_2 + x_3 = 0 & \cdots \text{(ii)} \end{cases}$ と同値. 解の自由度は 1 であるから, $x_3 = c$ とおけば, (ii) より $x_2 = -x_3 = -c$ が得られ, (i) より $x_1 = -x_3 = -c$ が得られる. したがって, 固有値 1 に対する固有ベクトルは $\boldsymbol{x} = \begin{pmatrix} -c \\ -c \\ c \end{pmatrix} = c\begin{pmatrix} -1 \\ -1 \\ 1 \end{pmatrix}$ 　[c : 任意定数, $c \neq 0$].

②　固有値 4 に対する固有ベクトル $\boldsymbol{x} = \begin{pmatrix} x_1 \\ x_2 \\ x_3 \end{pmatrix}$ を求める.

$4E - A = \begin{pmatrix} 1 & 1 & -1 \\ 1 & 1 & -1 \\ -1 & -1 & 1 \end{pmatrix}$ より $\begin{pmatrix} 1 & 1 & -1 \\ 1 & 1 & -1 \\ -1 & -1 & 1 \end{pmatrix}\begin{pmatrix} x_1 \\ x_2 \\ x_3 \end{pmatrix} = \begin{pmatrix} 0 \\ 0 \\ 0 \end{pmatrix}$ の非自明解を求めればよい.

$$\left(\begin{array}{ccc:c} 1 & 1 & -1 & 0 \\ 1 & 1 & -1 & 0 \\ -1 & -1 & 1 & 0 \end{array}\right) \begin{matrix} \\ \times(-1) \\ \times 1 \end{matrix} \longrightarrow \left(\begin{array}{ccc:c} 1 & 1 & -1 & 0 \\ 0 & 0 & 0 & 0 \\ 0 & 0 & 0 & 0 \end{array}\right)$$

よって方程式は $x_1 + x_2 - x_3 = 0$ と同値. 解の自由度は 2 であるから, $x_2 = c_1$, $x_3 = c_2$ とおけば, $x_1 = -x_2 + x_3 = -c_1 + c_2$. したがって, 固有値 4 に対する固有ベクトルは $\boldsymbol{x} = \begin{pmatrix} -c_1 + c_2 \\ c_1 \\ c_2 \end{pmatrix} = c_1\begin{pmatrix} -1 \\ 1 \\ 0 \end{pmatrix} + c_2\begin{pmatrix} 1 \\ 0 \\ 1 \end{pmatrix}$ 　[c_1, c_2 : 任意定数, $(c_1, c_2) \neq (0, 0)$].

①, ② より, $\boldsymbol{p}_1 = \begin{pmatrix} -1 \\ -1 \\ 1 \end{pmatrix}$, $\boldsymbol{p}_2 = \begin{pmatrix} -1 \\ 1 \\ 0 \end{pmatrix}$, $\boldsymbol{p}_3 = \begin{pmatrix} 1 \\ 0 \\ 1 \end{pmatrix}$ として

$$P = \begin{pmatrix} \boldsymbol{p}_1 & \boldsymbol{p}_2 & \boldsymbol{p}_3 \end{pmatrix} = \begin{pmatrix} -1 & -1 & 1 \\ -1 & 1 & 0 \\ 1 & 0 & 1 \end{pmatrix}$$

とおけば, P は正則行列で $P^{-1} = \dfrac{1}{3}\begin{pmatrix} -1 & -1 & 1 \\ -1 & 2 & 1 \\ 1 & 1 & 2 \end{pmatrix}$ であり, A は P を用いて

$$P^{-1}AP = \begin{pmatrix} 1 & 0 & 0 \\ 0 & 4 & 0 \\ 0 & 0 & 4 \end{pmatrix}$$

と対角化される. ∎

例題 2.35　行列 $A = \begin{pmatrix} 0 & 1 & 1 \\ 2 & 1 & -1 \\ 2 & 0 & 0 \end{pmatrix}$ について, 以下に答えよ.

(1)　A の固有値と固有ベクトルを求めよ.　　(2)　A を対角化せよ.

解答

(1)　A の固有多項式 $F_A(\lambda)$ を求めると,

$$F_A(\lambda) = |\lambda E - A| = \begin{vmatrix} \lambda & -1 & -1 \\ -2 & \lambda-1 & 1 \\ -2 & 0 & \lambda \end{vmatrix} \overset{\times 1}{} = \begin{vmatrix} \lambda & -1 & -1 \\ \lambda-2 & \lambda-2 & 0 \\ -2 & 0 & \lambda \end{vmatrix}$$

$$\overset{\text{共通因子}}{=} (\lambda-2)\begin{vmatrix} \lambda & -1 & -1 \\ 1 & 1 & 0 \\ -2 & 0 & \lambda \end{vmatrix} \overset{\times(-1)}{} = (\lambda-2)\begin{vmatrix} \lambda+1 & -1 & -1 \\ 0 & 1 & 0 \\ -2 & 0 & \lambda \end{vmatrix}$$

$$\overset{\text{第 2 行展開}}{=} (\lambda-2)\cdot 1\cdot(-1)^{2+2}\begin{vmatrix} \lambda+1 & -1 \\ -2 & \lambda \end{vmatrix} \overset{\times 1}{} = (\lambda-2)\begin{vmatrix} \lambda-1 & \lambda-1 \\ -2 & \lambda \end{vmatrix}$$

$$\overset{\text{共通因子}}{=} (\lambda-2)(\lambda-1)\begin{vmatrix} 1 & 1 \\ -2 & \lambda \end{vmatrix} = (\lambda-2)(\lambda-1)(\lambda+2)$$

となるから, $F_A(\lambda) = 0$ より, A の固有値は, $\lambda = -2, 1, 2$ である. 次に, 各固有値に対する A の固有ベクトルを求める.

(i)　$\lambda = -2$ に対する A の固有ベクトルを $\boldsymbol{x} = \begin{pmatrix} x_1 \\ x_2 \\ x_3 \end{pmatrix}$ とすると, $\boldsymbol{x}$ は $(-2E - A)\boldsymbol{x} = \boldsymbol{o}$ の非自明解である. $-2E - A$ を行基本変形で変形すると,

$$-2E - A = \begin{pmatrix} -2 & -1 & -1 \\ -2 & -3 & 1 \\ -2 & 0 & -2 \end{pmatrix} \overset{\times(-1),\ \times(-1)}{\longrightarrow} \begin{pmatrix} -2 & -1 & -1 \\ 0 & -2 & 2 \\ 0 & 1 & -1 \end{pmatrix} \overset{\times 1,\ \times 2}{}$$

$$\longrightarrow \begin{pmatrix} -2 & 0 & -2 \\ 0 & 0 & 0 \\ 0 & 1 & -1 \end{pmatrix} \longrightarrow \begin{pmatrix} -2 & 0 & -2 \\ 0 & 1 & -1 \\ 0 & 0 & 0 \end{pmatrix}$$

のようになる. よって, $\operatorname{rank}(-2E - A) = 2$ であり,

$$\begin{cases} -2x_1 \qquad - 2x_3 = 0 \\ \qquad x_2 - x_3 = 0 \end{cases}$$

において, 解の自由度は $3-\mathrm{rank}\,(-2E-A)=1$ であるから, $x_3=c$ とおくと, $x_1=-c$, $x_2=c$ を得る. よって, $\lambda=-2$ に対する A の固有ベクトルは, $\boldsymbol{x}=c\begin{pmatrix}-1\\1\\1\end{pmatrix}$ [c : 任意定数, $c\neq 0$] である.

(ii) $\lambda=1$ に対する A の固有ベクトル $\boldsymbol{x}$ は, $(E-A)\boldsymbol{x}=\boldsymbol{o}$ の非自明解であるから, $E-A$ を行基本変形によって変形すると,

$$E-A=\begin{pmatrix}1&-1&-1\\-2&0&1\\-2&0&1\end{pmatrix}\begin{matrix}\\ \times 2\\ \times 2\end{matrix}\longrightarrow\begin{pmatrix}1&-1&-1\\0&-2&-1\\0&-2&-1\end{pmatrix}\begin{matrix}\\ \\ \times(-1)\end{matrix}$$

$$\longrightarrow\begin{pmatrix}1&-1&-1\\0&-2&-1\\0&0&0\end{pmatrix}$$

となるから, $\mathrm{rank}\,(E-A)=2$ であり, 解の自由度は $3-\mathrm{rank}\,(E-A)=1$ となるから,

$$\begin{cases}x_1-x_2-x_3=0\\ \quad -2x_2-x_3=0\end{cases}$$

において, $x_2=c$ とおくと, $x_3=-2c$, $x_1=x_2+x_3=-c$ を得る. よって, $\lambda=1$ に対する A の固有ベクトル $\boldsymbol{x}$ は, $\boldsymbol{x}=c\begin{pmatrix}-1\\1\\-2\end{pmatrix}$ [c : 任意定数, $c\neq 0$] となる.

(iii) $\lambda=2$ に対する A の固有ベクトルを $\boldsymbol{x}$ とすると, $\boldsymbol{x}$ は, $(2E-A)\boldsymbol{x}=\boldsymbol{o}$ の非自明解である. そこで, $2E-A$ を行基本変形で変形すると,

$$2E-A=\begin{pmatrix}2&-1&-1\\-2&1&1\\-2&0&2\end{pmatrix}\begin{matrix}\\ \times 1\\ \times 1\end{matrix}\longrightarrow\begin{pmatrix}2&-1&-1\\0&0&0\\0&-1&1\end{pmatrix}\begin{matrix}\times(-1)\\ \\ \\ \end{matrix}$$

$$\longrightarrow\begin{pmatrix}2&0&-2\\0&0&0\\0&-1&1\end{pmatrix}\longrightarrow\begin{pmatrix}2&0&-2\\0&-1&1\\0&0&0\end{pmatrix}$$

となるから, $\mathrm{rank}\,(2E-A)=2$ であり, 解の自由度は, $3-\mathrm{rank}\,(2E-A)=1$ である. よって,

$$\begin{cases}2x_1 \quad -2x_3=0\\ \quad -x_2+x_3=0\end{cases}$$

において, $x_3=c$ とおけば, $x_1=c$, $x_2=c$ となるから, $\lambda=2$ に対する A の固有ベクトル $\boldsymbol{x}$ は, $\boldsymbol{x}=c\begin{pmatrix}1\\1\\1\end{pmatrix}$ [c : 任意定数, $c\neq 0$] である.

(2) (1) より, A の固有値 $\lambda=-2,1,2$ に対するそれぞれの固有ベクトルを, 任意定数を適当にとって, $\boldsymbol{p}_1=\begin{pmatrix}-1\\1\\1\end{pmatrix}$, $\boldsymbol{p}_2=\begin{pmatrix}-1\\1\\-2\end{pmatrix}$, $\boldsymbol{p}_3=\begin{pmatrix}1\\1\\1\end{pmatrix}$ とすれば, 固有値はすべて異なるから, 定理

2.23 より, A は対角化が可能である. また, $P = \begin{pmatrix} \mathbb{p}_1 & \mathbb{p}_2 & \mathbb{p}_3 \end{pmatrix} = \begin{pmatrix} -1 & -1 & 1 \\ 1 & 1 & 1 \\ 1 & -2 & 1 \end{pmatrix}$ とおくと, 定理 2.3 (p.182) によって, P は正則行列であり, A は, $P^{-1}AP = \begin{pmatrix} -2 & 0 & 0 \\ 0 & 1 & 0 \\ 0 & 0 & 2 \end{pmatrix}$ のように対角化される. ∎

例題 2.36 行列 $A = \begin{pmatrix} a & b \\ c & d \end{pmatrix}$ は正則行列 $P = \begin{pmatrix} 1 & -1 \\ 1 & 1 \end{pmatrix}$ によって対角化すると $\begin{pmatrix} 5 & 0 \\ 0 & 1 \end{pmatrix}$. このとき, a, b, c, d の値を求めよ.

解答 定義 2.35 により, $P^{-1}AP = \begin{pmatrix} 5 & 0 \\ 0 & 1 \end{pmatrix}$ となると考えればよい. よって, 辺々, 左から P, 右から P^{-1} を掛ければ,

$$A = P \begin{pmatrix} 5 & 0 \\ 0 & 1 \end{pmatrix} P^{-1}$$

である. ここで, $P = \begin{pmatrix} 1 & -1 \\ 1 & 1 \end{pmatrix}$ は, 正則行列で, $P^{-1} = \dfrac{1}{1-(-1)} \begin{pmatrix} 1 & 1 \\ -1 & 1 \end{pmatrix} = \dfrac{1}{2} \begin{pmatrix} 1 & 1 \\ -1 & 1 \end{pmatrix}$ であるから,

$$A = \begin{pmatrix} 1 & -1 \\ 1 & 1 \end{pmatrix} \begin{pmatrix} 5 & 0 \\ 0 & 1 \end{pmatrix} \cdot \frac{1}{2} \begin{pmatrix} 1 & 1 \\ -1 & 1 \end{pmatrix} = \frac{1}{2} \begin{pmatrix} 5+0 & 0+(-1) \\ 5+0 & 0+1 \end{pmatrix} \begin{pmatrix} 1 & 1 \\ -1 & 1 \end{pmatrix}$$

$$= \frac{1}{2} \begin{pmatrix} 5 & -1 \\ 5 & 1 \end{pmatrix} \begin{pmatrix} 1 & 1 \\ -1 & 1 \end{pmatrix} = \frac{1}{2} \begin{pmatrix} 5+1 & 5-1 \\ 5-1 & 5+1 \end{pmatrix} = \frac{1}{2} \begin{pmatrix} 6 & 4 \\ 4 & 6 \end{pmatrix} = \begin{pmatrix} 3 & 2 \\ 2 & 3 \end{pmatrix}$$

となる. 以上より, $a = d = 3$, $b = c = 2$ である. ∎

◆◆演習問題 § 2.11 ◆◆

1. 次の行列 A について, 対角化可能かどうか調べ, 対角化可能であれば, 適当な正則行列を求めて対角化せよ.

(1) $A=\begin{pmatrix} 6 & 2 \\ -1 & 9 \end{pmatrix}$　　(2) $A=\begin{pmatrix} -77 & 108 \\ -54 & 76 \end{pmatrix}$

(3) $A=\begin{pmatrix} 9 & -4 \\ 1 & 5 \end{pmatrix}$　　(4) $A=\begin{pmatrix} -2 & -2 & -1 \\ -3 & -3 & -2 \\ 6 & 6 & 4 \end{pmatrix}$

(5) $A=\begin{pmatrix} -12 & -30 & 30 \\ 10 & 23 & -20 \\ 5 & 10 & -7 \end{pmatrix}$　　(6) $A=\begin{pmatrix} 0 & -4 & -8 \\ -5 & -8 & -14 \\ 3 & 6 & 11 \end{pmatrix}$

(7) $A=\begin{pmatrix} -1 & -1 & 3 \\ 10 & 6 & -6 \\ -5 & -1 & 7 \end{pmatrix}$　　(8) $A=\begin{pmatrix} 12 & 6 & -6 \\ -20 & -7 & 11 \\ 11 & 7 & -5 \end{pmatrix}$

(9) $A=\begin{pmatrix} 0 & 0 & 0 & 0 \\ 0 & 0 & 0 & 0 \\ 0 & 0 & 0 & 0 \\ 0 & 0 & 0 & 0 \end{pmatrix}$

2. n 次正方行列 A の固有値を $\lambda_1, \lambda_2, \ldots, \lambda_n$ とするとき, $|A| = \lambda_1\lambda_2\cdots\lambda_n$ であることを証明せよ. また正方行列 A に対して次の (i) と (ii) が同値であることを証明せよ.

(i)　A は正則行列である.

(ii)　0 は A の固有値でない.

3. $A=\begin{pmatrix} \alpha & \beta \\ 0 & \gamma \end{pmatrix}$ とする. A が対角化可能であるために α, β, γ が満たすべき条件を求めよ.

4. N 次正方行列 A と N 次正則行列 P に対して

$$(P^{-1}AP)^n = (P^{-1}AP)(P^{-1}AP)\cdots(P^{-1}AP) = P^{-1}A^nP$$

が成り立つことを使って, 次の対角化可能な行列 A の n 乗を求めよ.

(1) $A=\begin{pmatrix} 54 & -30 \\ 100 & -56 \end{pmatrix}$　　(2) $A=\begin{pmatrix} 4 & 1 & -1 \\ -6 & -3 & 1 \\ -4 & -4 & 2 \end{pmatrix}$

(3) $A=\begin{pmatrix} 0 & 2 & -2 \\ 2 & -3 & 4 \\ 2 & -4 & 5 \end{pmatrix}$

◇演習問題の解答◇

1. (1) $F_A(\lambda) = \begin{vmatrix} \lambda-6 & -2 \\ 1 & \lambda-9 \end{vmatrix} = \lambda^2 - 15\lambda + 56 = (\lambda-7)(\lambda-8)$

より $F_A(\lambda) = 0$ の解は $\lambda = 7,\ 8$. よって A の固有値は 7, 8. したがって, 固有値がすべて異なるので, A は対角化可能である.

① 固有値 7 に対する固有ベクトル $\boldsymbol{x} = \begin{pmatrix} x_1 \\ x_2 \end{pmatrix}$ を求める. $7E - A = \begin{pmatrix} 1 & -2 \\ 1 & -2 \end{pmatrix}$ より

$\begin{pmatrix} 1 & -2 \\ 1 & -2 \end{pmatrix}\begin{pmatrix} x_1 \\ x_2 \end{pmatrix} = \begin{pmatrix} 0 \\ 0 \end{pmatrix}$ の非自明解を求めればよい.

$$\left(\begin{array}{cc:c} 1 & -2 & 0 \\ 1 & -2 & 0 \end{array}\right) \overset{\times(-1)}{\longrightarrow} \left(\begin{array}{cc:c} 1 & -2 & 0 \\ 0 & 0 & 0 \end{array}\right).$$

よって方程式は $x_1 - 2x_2 = 0$ と同値. 解の自由度は 1 であるから, $x_2 = c$ とおけば, $x_1 = 2x_2 = 2c$. したがって, 固有値 7 に対する固有ベクトルは $\boldsymbol{x} = \begin{pmatrix} 2c \\ c \end{pmatrix} = c\begin{pmatrix} 2 \\ 1 \end{pmatrix}$ [c : 任意定数, $c \neq 0$].

② 固有値 8 に対する固有ベクトル $\boldsymbol{x} = \begin{pmatrix} x_1 \\ x_2 \end{pmatrix}$ を求める. $8E - A = \begin{pmatrix} 2 & -2 \\ 1 & -1 \end{pmatrix}$ より

$\begin{pmatrix} 2 & -2 \\ 1 & -1 \end{pmatrix}\begin{pmatrix} x_1 \\ x_2 \end{pmatrix} = \begin{pmatrix} 0 \\ 0 \end{pmatrix}$ の非自明解を求めればよい.

$$\left(\begin{array}{cc:c} 2 & -2 & 0 \\ 1 & -1 & 0 \end{array}\right) \times\tfrac{1}{2} \longrightarrow \left(\begin{array}{cc:c} 1 & -1 & 0 \\ 1 & -1 & 0 \end{array}\right) \overset{\times(-1)}{\longrightarrow} \left(\begin{array}{cc:c} 1 & -1 & 0 \\ 0 & 0 & 0 \end{array}\right).$$

よって方程式は $x_1 - x_2 = 0$ と同値. 解の自由度は 1 であるから, $x_2 = c$ とおけば, $x_1 = x_2 = c$. したがって, 固有値 8 に対する固有ベクトルは $\boldsymbol{x} = \begin{pmatrix} c \\ c \end{pmatrix} = \begin{pmatrix} 1 \\ 1 \end{pmatrix}$ [c : 任意定数, $c \neq 0$].

①, ② より, $\boldsymbol{p}_1 = \begin{pmatrix} 2 \\ 1 \end{pmatrix}$, $\boldsymbol{p}_2 = \begin{pmatrix} 1 \\ 1 \end{pmatrix}$ として $P = \begin{pmatrix} \boldsymbol{p}_1 & \boldsymbol{p}_2 \end{pmatrix} = \begin{pmatrix} 2 & 1 \\ 1 & 1 \end{pmatrix}$ とおけば, P は正則行列で $P^{-1} = \begin{pmatrix} 1 & -1 \\ -1 & 2 \end{pmatrix}$ であり, A は P を用いて

$$P^{-1}AP = \begin{pmatrix} 7 & 0 \\ 0 & 8 \end{pmatrix}$$

と対角化される.

(2) $F_A(\lambda) = \begin{vmatrix} \lambda+77 & -108 \\ 54 & \lambda-76 \end{vmatrix} = \lambda^2 + \lambda - 20 = (\lambda+5)(\lambda-4)$

より $F_A(\lambda) = 0$ の解は $\lambda = -5,\ 4$. よって A の固有値は -5, 4. したがって, 固有値がすべて異なるので, A は対角化可能である.

① 固有値 -5 に対する固有ベクトル $\boldsymbol{x} = \begin{pmatrix} x_1 \\ x_2 \end{pmatrix}$ を求める. $(-5)E - A = \begin{pmatrix} 72 & -108 \\ 54 & -81 \end{pmatrix}$

より $\begin{pmatrix} 72 & -108 \\ 54 & -81 \end{pmatrix}\begin{pmatrix} x_1 \\ x_2 \end{pmatrix} = \begin{pmatrix} 0 \\ 0 \end{pmatrix}$ の非自明解を求めればよい.

$$\left(\begin{array}{cc:c} 72 & -108 & 0 \\ 54 & -81 & 0 \end{array}\right)\begin{array}{l}\times\frac{1}{36}\\ \times\frac{1}{27}\end{array} \longrightarrow \left(\begin{array}{cc:c} 2 & -3 & 0 \\ 2 & -3 & 0 \end{array}\right)\times(-1) \longrightarrow \left(\begin{array}{cc:c} 2 & -3 & 0 \\ 0 & 0 & 0 \end{array}\right).$$

よって方程式は $2x_1-3x_2=0$ と同値. 解の自由度は1であるから, $x_2=2c$ とおけば, $2x_1-6c=0$ となって $x_1=3c$. したがって, 固有値 -5 に対する固有ベクトルは $\boldsymbol{x}=\begin{pmatrix} 3c \\ 2c \end{pmatrix}=c\begin{pmatrix} 3 \\ 2 \end{pmatrix}$ [c : 任意定数, $c\neq 0$].

② 固有値4に対する固有ベクトル $\boldsymbol{x}=\begin{pmatrix} x_1 \\ x_2 \end{pmatrix}$ を求める.

$$4E-A=\begin{pmatrix} 81 & -108 \\ 54 & -72 \end{pmatrix}$$

より $\begin{pmatrix} 81 & -108 \\ 54 & -72 \end{pmatrix}\begin{pmatrix} x_1 \\ x_2 \end{pmatrix}=\begin{pmatrix} 0 \\ 0 \end{pmatrix}$ の非自明解を求めればよい.

$$\left(\begin{array}{cc:c} 81 & -108 & 0 \\ 54 & -72 & 0 \end{array}\right)\begin{array}{l}\times\frac{1}{27}\\ \times\frac{1}{18}\end{array} \longrightarrow \left(\begin{array}{cc:c} 3 & -4 & 0 \\ 3 & -4 & 0 \end{array}\right)\times(-1) \longrightarrow \left(\begin{array}{cc:c} 3 & -4 & 0 \\ 0 & 0 & 0 \end{array}\right).$$

よって方程式は $3x_1-4x_2=0$ と同値. 解の自由度は1であるから, $x_2=3c$ とおけば, $3x_1-12c=0$ となって $x_1=4c$. したがって, 固有値4に対する固有ベクトルは $\boldsymbol{x}=\begin{pmatrix} 4c \\ 3c \end{pmatrix}=\begin{pmatrix} 4 \\ 3 \end{pmatrix}$ [c : 任意定数, $c\neq 0$].

①, ② より, $\boldsymbol{p}_1=\begin{pmatrix} 3 \\ 2 \end{pmatrix}$, $\boldsymbol{p}_2=\begin{pmatrix} 4 \\ 3 \end{pmatrix}$ として $P=\begin{pmatrix} \boldsymbol{p}_1 & \boldsymbol{p}_2 \end{pmatrix}=\begin{pmatrix} 3 & 4 \\ 2 & 3 \end{pmatrix}$ とおけば, P は正則行列で $P^{-1}=\begin{pmatrix} 3 & -4 \\ -2 & 3 \end{pmatrix}$ であり, A は P を用いて

$$P^{-1}AP=\begin{pmatrix} -5 & 0 \\ 0 & 4 \end{pmatrix}$$

と対角化される.

(3) $F_A(\lambda)=\begin{vmatrix} \lambda-9 & 4 \\ -1 & \lambda-5 \end{vmatrix}=\lambda^2-14\lambda+49=(\lambda-7)^2$

より $F_A(\lambda)=0$ の解は $\lambda=7$. よって A の固有値は 7.

固有値7に対する固有ベクトル $\boldsymbol{x}=\begin{pmatrix} x_1 \\ x_2 \end{pmatrix}$ を求める. $7E-A=\begin{pmatrix} -2 & 4 \\ -1 & 2 \end{pmatrix}$ より $\begin{pmatrix} -2 & 4 \\ -1 & 2 \end{pmatrix}\begin{pmatrix} x_1 \\ x_2 \end{pmatrix}=\begin{pmatrix} 0 \\ 0 \end{pmatrix}$ の非自明解を求めればよい.

$$\left(\begin{array}{cc:c} -2 & 4 & 0 \\ -1 & 2 & 0 \end{array}\right)\times\left(\frac{-1}{2}\right) \longrightarrow \left(\begin{array}{cc:c} 1 & -2 & 0 \\ -1 & 2 & 0 \end{array}\right)\times 1 \longrightarrow \left(\begin{array}{cc:c} 1 & -2 & 0 \\ 0 & 0 & 0 \end{array}\right).$$

よって方程式は $x_1-2x_2=0$ と同値. 解の自由度は1であるから, $x_2=c$ とおけば, $x_1=2x_2=2c$. したがって, 固有値7に対する固有ベクトルは $\boldsymbol{x}=\begin{pmatrix} 2c \\ c \end{pmatrix}=c\begin{pmatrix} 2 \\ 1 \end{pmatrix}$ [c : 任

意定数, $c \neq 0$].

以上より, A は 1 次独立な 2 個の固有ベクトルをもたないから, A は対角化可能でない.

$$(4)\quad F_A(\lambda) = \begin{vmatrix} \lambda+2 & 2 & 1 \\ 3 & \lambda+3 & 2 \\ -6 & -6 & \lambda-4 \end{vmatrix} \overset{\times(-1)}{=} \begin{vmatrix} \lambda & 2 & 1 \\ -\lambda & \lambda+3 & 2 \\ 0 & -6 & \lambda-4 \end{vmatrix}$$

$$= \lambda \begin{vmatrix} 1 & 2 & 1 \\ -1 & \lambda+3 & 2 \\ 0 & -6 & \lambda-4 \end{vmatrix} \overset{\times 1}{=} \lambda \begin{vmatrix} 1 & 2 & 1 \\ 0 & \lambda+5 & 3 \\ 0 & -6 & \lambda-4 \end{vmatrix}$$

$$\overset{\text{次数下げ}}{=} \lambda \begin{vmatrix} \lambda+5 & 3 \\ -6 & \lambda-4 \end{vmatrix} = \lambda(\lambda^2+\lambda-2) = (\lambda+2)\lambda(\lambda-1)$$

より $F_A(\lambda) = 0$ の解は $\lambda = -2, 0, 1$. よって A の固有値は $-2, 0, 1$. したがって, 固有値がすべて異なるので, A は対角化可能である.

① 固有値 -2 に対する固有ベクトル $\boldsymbol{x} = \begin{pmatrix} x_1 \\ x_2 \\ x_3 \end{pmatrix}$ を求める.

$$(-2)E - A = \begin{pmatrix} 0 & 2 & 1 \\ 3 & 1 & 2 \\ -6 & -6 & -6 \end{pmatrix}$$

より $\begin{pmatrix} 0 & 2 & 1 \\ 3 & 1 & 2 \\ -6 & -6 & -6 \end{pmatrix} \begin{pmatrix} x_1 \\ x_2 \\ x_3 \end{pmatrix} = \begin{pmatrix} 0 \\ 0 \\ 0 \end{pmatrix}$ の非自明解を求めればよい.

$$\left(\begin{array}{ccc:c} 0 & 2 & 1 & 0 \\ 3 & 1 & 2 & 0 \\ -6 & -6 & -6 & 0 \end{array}\right)_{\times\left(\frac{-1}{6}\right)} \longrightarrow \left(\begin{array}{ccc:c} 0 & 2 & 1 & 0 \\ 3 & 1 & 2 & 0 \\ 1 & 1 & 1 & 0 \end{array}\right)$$

$$\longrightarrow \left(\begin{array}{ccc:c} 1 & 1 & 1 & 0 \\ 3 & 1 & 2 & 0 \\ 0 & 2 & 1 & 0 \end{array}\right)^{\times(-3)} \longrightarrow \left(\begin{array}{ccc:c} 1 & 1 & 1 & 0 \\ 0 & -2 & -1 & 0 \\ 0 & 2 & 1 & 0 \end{array}\right)_{\times 1}$$

$$\longrightarrow \left(\begin{array}{ccc:c} 1 & 1 & 1 & 0 \\ 0 & -2 & -1 & 0 \\ 0 & 0 & 0 & 0 \end{array}\right).$$

よって方程式は $\begin{cases} x_1 + x_2 + x_3 = 0 & \cdots\ \text{(i)} \\ - 2x_2 - x_3 = 0 & \cdots\ \text{(ii)} \end{cases}$ と同値. 解の自由度は 1 であるから, $x_2 = c$ とおけば, (ii) より $x_3 = -2x_2 = -2c$ が得られ, さらに (i) より $x_1 = -x_2 - x_3 = -c - (-2c) = c$ が得られる. したがって, 固有値 -2 に対する固有ベクトルは $\boldsymbol{x} = \begin{pmatrix} c \\ c \\ -2c \end{pmatrix} = c\begin{pmatrix} 1 \\ 1 \\ -2 \end{pmatrix}$ [c : 任意定数, $c \neq 0$].

② 固有値0に対する固有ベクトル $\boldsymbol{x}=\begin{pmatrix} x_1 \\ x_2 \\ x_3 \end{pmatrix}$ を求める.

$$0E-A=\begin{pmatrix} 2 & 2 & 1 \\ 3 & 3 & 2 \\ -6 & -6 & -4 \end{pmatrix}$$

より $\begin{pmatrix} 2 & 2 & 1 \\ 3 & 3 & 2 \\ -6 & -6 & -4 \end{pmatrix}\begin{pmatrix} x_1 \\ x_2 \\ x_3 \end{pmatrix}=\begin{pmatrix} 0 \\ 0 \\ 0 \end{pmatrix}$ の非自明解を求めればよい.

$$\left(\begin{array}{ccc|c} 2 & 2 & 1 & 0 \\ 3 & 3 & 2 & 0 \\ -6 & -6 & -4 & 0 \end{array}\right) \begin{matrix} \times(-1) \\ \\ \times 2 \end{matrix} \longrightarrow \left(\begin{array}{ccc|c} -1 & -1 & -1 & 0 \\ 3 & 3 & 2 & 0 \\ 0 & 0 & 0 & 0 \end{array}\right) \times 3$$

$$\longrightarrow \left(\begin{array}{ccc|c} -1 & -1 & -1 & 0 \\ 0 & 0 & -1 & 0 \\ 0 & 0 & 0 & 0 \end{array}\right) \times(-1) \longrightarrow \left(\begin{array}{ccc|c} -1 & -1 & 0 & 0 \\ 0 & 0 & -1 & 0 \\ 0 & 0 & 0 & 0 \end{array}\right).$$

よって方程式は $\begin{cases} -x_1 - x_2 = 0 & \cdots \text{(i)} \\ -x_3 = 0 & \cdots \text{(ii)} \end{cases}$ と同値. (ii) より $x_3=0$. ここで, 解の自由度は1であるから, $x_2=c$ とおけば, (i) より $x_1=-x_2=-c$. したがって, 固有値 0 に対する固有ベクトルは $\boldsymbol{x}=\begin{pmatrix} -c \\ c \\ 0 \end{pmatrix}=c\begin{pmatrix} -1 \\ 1 \\ 0 \end{pmatrix}$ [c : 任意定数, $c \neq 0$].

③ 固有値1に対する固有ベクトル $\boldsymbol{x}=\begin{pmatrix} x_1 \\ x_2 \\ x_3 \end{pmatrix}$ を求める.

$$1E-A=\begin{pmatrix} 3 & 2 & 1 \\ 3 & 4 & 2 \\ -6 & -6 & -3 \end{pmatrix}$$

より $\begin{pmatrix} 3 & 2 & 1 \\ 3 & 4 & 2 \\ -6 & -6 & -3 \end{pmatrix}\begin{pmatrix} x_1 \\ x_2 \\ x_3 \end{pmatrix}=\begin{pmatrix} 0 \\ 0 \\ 0 \end{pmatrix}$ の非自明解を求めればよい.

$$\left(\begin{array}{ccc|c} 3 & 2 & 1 & 0 \\ 3 & 4 & 2 & 0 \\ -6 & -6 & -3 & 0 \end{array}\right) \begin{matrix} \\ \times(-1) \\ \times 2 \end{matrix} \longrightarrow \left(\begin{array}{ccc|c} 3 & 2 & 1 & 0 \\ 0 & 2 & 1 & 0 \\ 0 & -2 & -1 & 0 \end{array}\right) \begin{matrix} \times(-1) \\ \\ \times 1 \end{matrix}$$

$$\longrightarrow \left(\begin{array}{ccc|c} 3 & 0 & 0 & 0 \\ 0 & 2 & 1 & 0 \\ 0 & 0 & 0 & 0 \end{array}\right).$$

よって方程式は $\begin{cases} 3x_1 = 0 & \cdots \text{(i)} \\ 2x_2 + x_3 = 0 & \cdots \text{(ii)} \end{cases}$ と同値. (i) より $x_1=0$. ここで, 解の自由度は1であるから, $x_2=c$ とおけば, (ii) より $x_3=-2x_2=-2c$. したがって, 固有値 1

に対する固有ベクトルは $\boldsymbol{x} = \begin{pmatrix} 0 \\ c \\ -2c \end{pmatrix} = c\begin{pmatrix} 0 \\ 1 \\ -2 \end{pmatrix}$　[c : 任意定数, $c \neq 0$].

①, ②, ③ より, $\boldsymbol{p}_1 = \begin{pmatrix} 1 \\ 1 \\ -2 \end{pmatrix}$, $\boldsymbol{p}_2 = \begin{pmatrix} -1 \\ 1 \\ 0 \end{pmatrix}$, $\boldsymbol{p}_3 = \begin{pmatrix} 0 \\ 1 \\ -2 \end{pmatrix}$ として

$$P = \begin{pmatrix} \boldsymbol{p}_1 & \boldsymbol{p}_2 & \boldsymbol{p}_3 \end{pmatrix} = \begin{pmatrix} 1 & -1 & 0 \\ 1 & 1 & 1 \\ -2 & 0 & -2 \end{pmatrix}$$

とおけば, P は正則行列で $P^{-1} = \dfrac{1}{2}\begin{pmatrix} 2 & 2 & 1 \\ 0 & 2 & 1 \\ -2 & -2 & -2 \end{pmatrix}$ であり, A は P を用いて

$$P^{-1}AP = \begin{pmatrix} -2 & 0 & 0 \\ 0 & 0 & 0 \\ 0 & 0 & 1 \end{pmatrix}$$

と対角化される.

(5)　$$F_A(\lambda) = \begin{vmatrix} \lambda+12 & 30 & -30 \\ -10 & \lambda-23 & 20 \\ -5 & -10 & \lambda+7 \end{vmatrix} \begin{matrix} \leftarrow \times 3 \\ \leftarrow \times(-2) \\ \end{matrix} = \begin{vmatrix} \lambda-3 & 0 & 3\lambda-9 \\ 0 & \lambda-3 & -2\lambda+6 \\ -5 & -10 & \lambda+7 \end{vmatrix}$$

$$\overset{\text{共通因子}}{=} (\lambda-3)^2 \begin{vmatrix} 1 & 0 & 3 \\ 0 & 1 & -2 \\ -5 & -10 & \lambda+7 \end{vmatrix} \begin{matrix} \\ \\ \swarrow \times 5 \end{matrix} = (\lambda-3)^2 \begin{vmatrix} 1 & 0 & 3 \\ 0 & 1 & -2 \\ 0 & -10 & \lambda+22 \end{vmatrix}$$

$$\overset{\text{次数下げ}}{=} (\lambda-3)^2 \begin{vmatrix} 1 & -2 \\ -10 & \lambda+22 \end{vmatrix} = (\lambda+2)(\lambda-3)^2$$

より $F_A(\lambda) = 0$ の解は $\lambda = -2, 3$. よって A の固有値は $-2, 3$.

①　固有値 -2 に対する固有ベクトル $\boldsymbol{x} = \begin{pmatrix} x_1 \\ x_2 \\ x_3 \end{pmatrix}$ を求める.

$$(-2)E - A = \begin{pmatrix} 10 & 30 & -30 \\ -10 & -25 & 20 \\ -5 & -10 & 5 \end{pmatrix}$$

より $\begin{pmatrix} 10 & 30 & -30 \\ -10 & -25 & 20 \\ -5 & -10 & 5 \end{pmatrix}\begin{pmatrix} x_1 \\ x_2 \\ x_3 \end{pmatrix} = \begin{pmatrix} 0 \\ 0 \\ 0 \end{pmatrix}$ の非自明解を求めればよい.

$$\left(\begin{array}{ccc|c} 10 & 30 & -30 & 0 \\ -10 & -25 & 20 & 0 \\ -5 & -10 & 5 & 0 \end{array}\right) \begin{matrix} \times\frac{1}{10} \\ \times\frac{1}{5} \\ \times\frac{1}{5} \end{matrix} \longrightarrow \left(\begin{array}{ccc|c} 1 & 3 & -3 & 0 \\ -2 & -5 & 4 & 0 \\ -1 & -2 & 1 & 0 \end{array}\right) \begin{matrix} \\ \swarrow \times 2 \\ \leftarrow \times 1 \end{matrix}$$

$$\longrightarrow \left(\begin{array}{ccc|c} 1 & 3 & -3 & 0 \\ 0 & 1 & -2 & 0 \\ 0 & 1 & -2 & 0 \end{array}\right) \begin{matrix} \nwarrow \times(-3) \\ \\ \swarrow \times(-1) \end{matrix} \longrightarrow \left(\begin{array}{ccc|c} 1 & 0 & 3 & 0 \\ 0 & 1 & -2 & 0 \\ 0 & 0 & 0 & 0 \end{array}\right).$$

よって方程式は $\begin{cases} x_1 \quad + 3x_3 = 0 & \cdots \text{(i)} \\ \quad x_2 - 2x_3 = 0 & \cdots \text{(ii)} \end{cases}$ と同値. 解の自由度は 1 であるから, $x_3 = c$ とおけば, (ii) より $x_2 = 2x_3 = 2c$ が得られ, (i) より $x_1 = -3x_3 = -3c$ が得られる. したがって, 固有値 -2 に対する固有ベクトルは $\boldsymbol{x} = \begin{pmatrix} -3c \\ 2c \\ c \end{pmatrix} = c\begin{pmatrix} -3 \\ 2 \\ 1 \end{pmatrix}$ [c : 任意定数, $c \neq 0$].

② 固有値 3 に対する固有ベクトル $\boldsymbol{x} = \begin{pmatrix} x_1 \\ x_2 \\ x_3 \end{pmatrix}$ を求める.

$$3E - A = \begin{pmatrix} 15 & 30 & -30 \\ -10 & -20 & 20 \\ -5 & -10 & 10 \end{pmatrix}$$

より $\begin{pmatrix} 15 & 30 & -30 \\ -10 & -20 & 20 \\ -5 & -10 & 10 \end{pmatrix}\begin{pmatrix} x_1 \\ x_2 \\ x_3 \end{pmatrix} = \begin{pmatrix} 0 \\ 0 \\ 0 \end{pmatrix}$ の非自明解を求めればよい.

$$\left(\begin{array}{ccc:c} 15 & 30 & -30 & 0 \\ -10 & -20 & 20 & 0 \\ -5 & -10 & 10 & 0 \end{array}\right)\begin{matrix} \times\frac{1}{15} \\ \times\frac{1}{10} \\ \times\frac{1}{5} \end{matrix} \longrightarrow \left(\begin{array}{ccc:c} 1 & 2 & -2 & 0 \\ -1 & -2 & 2 & 0 \\ -1 & -2 & 2 & 0 \end{array}\right)\begin{matrix} \\ \times 1 \\ \times 1 \end{matrix}$$

$$\longrightarrow \left(\begin{array}{ccc:c} 1 & 2 & -2 & 0 \\ 0 & 0 & 0 & 0 \\ 0 & 0 & 0 & 0 \end{array}\right).$$

よって方程式は $x_1 + 2x_2 - 2x_3 = 0$ と同値. 解の自由度は 2 であるから, $x_2 = c_1$, $x_3 = c_2$ とおけば, $x_1 = -2x_2 + 2x_3 = -2c_1 + 2c_2$. したがって, 固有値 3 に対する固有ベクトルは

$$\boldsymbol{x} = \begin{pmatrix} -2c_1 + 2c_2 \\ c_1 \\ c_2 \end{pmatrix} = c_1\begin{pmatrix} -2 \\ 1 \\ 0 \end{pmatrix} + c_2\begin{pmatrix} 2 \\ 0 \\ 1 \end{pmatrix} \quad [c_1,\ c_2 : \text{任意定数}, (c_1, c_2) \neq (0, 0)].$$

①, ② より, $\boldsymbol{p}_1 = \begin{pmatrix} -3 \\ 2 \\ 1 \end{pmatrix}$, $\boldsymbol{p}_2 = \begin{pmatrix} -2 \\ 1 \\ 0 \end{pmatrix}$, $\boldsymbol{p}_3 = \begin{pmatrix} 2 \\ 0 \\ 1 \end{pmatrix}$ として

$$P = \begin{pmatrix} \boldsymbol{p}_1 & \boldsymbol{p}_2 & \boldsymbol{p}_3 \end{pmatrix} = \begin{pmatrix} -3 & -2 & 2 \\ 2 & 1 & 0 \\ 1 & 0 & 1 \end{pmatrix}$$

とおけば, P は正則行列で $P^{-1} = \begin{pmatrix} -1 & -2 & 2 \\ 2 & 5 & -4 \\ 1 & 2 & -1 \end{pmatrix}$ であり, A は P を用いて

$$P^{-1}AP = \begin{pmatrix} -2 & 0 & 0 \\ 0 & 3 & 0 \\ 0 & 0 & 3 \end{pmatrix}$$

と対角化される.

(6)
$$F_A(\lambda)=\begin{vmatrix}\lambda & 4 & 8\\ 5 & \lambda+8 & 14\\ -3 & -6 & \lambda-11\end{vmatrix}\overset{\times(-2)}{=}\begin{vmatrix}\lambda & 4 & 0\\ 5 & \lambda+8 & -2\lambda-2\\ -3 & -6 & \lambda+1\end{vmatrix}$$

$$=\begin{vmatrix}\lambda & -2\lambda+4 & 0\\ 5 & \lambda-2 & -2\lambda-2\\ -3 & 0 & \lambda+1\end{vmatrix}\overset{\text{共通因子}}{=}(\lambda-2)\begin{vmatrix}\lambda & -2 & 0\\ 5 & 1 & -2\lambda-2\\ -3 & 0 & \lambda+1\end{vmatrix}$$

$$\overset{\text{共通因子}}{=}(\lambda-2)(\lambda+1)\begin{vmatrix}\lambda & -2 & 0\\ 5 & 1 & -2\\ -3 & 0 & 1\end{vmatrix}\overset{\times 2}{=}(\lambda-2)(\lambda+1)\begin{vmatrix}\lambda+10 & 0 & -4\\ 5 & 1 & -2\\ -3 & 0 & 1\end{vmatrix}$$

$$\overset{2\text{ 列展開}}{=}(\lambda-2)(\lambda+1)\begin{vmatrix}\lambda+10 & -4\\ -3 & 1\end{vmatrix}=(\lambda+1)(\lambda-2)^2$$

より $F_A(\lambda)=0$ の解は $\lambda=-1,\ 2$. よって A の固有値は $-1,\ 2$.

① 固有値 -1 に対する固有ベクトル $\boldsymbol{x}=\begin{pmatrix}x_1\\ x_2\\ x_3\end{pmatrix}$ を求める.

$$(-1)E-A=\begin{pmatrix}-1 & 4 & 8\\ 5 & 7 & 14\\ -3 & -6 & -12\end{pmatrix}$$

より $\begin{pmatrix}-1 & 4 & 8\\ 5 & 7 & 14\\ -3 & -6 & -12\end{pmatrix}\begin{pmatrix}x_1\\ x_2\\ x_3\end{pmatrix}=\begin{pmatrix}0\\ 0\\ 0\end{pmatrix}$ の非自明解を求めればよい.

$$\left(\begin{array}{ccc:c}-1 & 4 & 8 & 0\\ 5 & 7 & 14 & 0\\ -3 & -6 & -12 & 0\end{array}\right)\begin{matrix}\\ \times 5\\ \times(-3)\end{matrix}\longrightarrow\left(\begin{array}{ccc:c}-1 & 4 & 8 & 0\\ 0 & 27 & 54 & 0\\ 0 & -18 & -36 & 0\end{array}\right)\begin{matrix}\\ \times\frac{1}{27}\\ \times\frac{1}{18}\end{matrix}$$

$$\longrightarrow\left(\begin{array}{ccc:c}-1 & 4 & 8 & 0\\ 0 & 1 & 2 & 0\\ 0 & -1 & -2 & 0\end{array}\right)\begin{matrix}\times(-4)\\ \\ \times 1\end{matrix}\longrightarrow\left(\begin{array}{ccc:c}-1 & 0 & 0 & 0\\ 0 & 1 & 2 & 0\\ 0 & 0 & 0 & 0\end{array}\right).$$

よって方程式は $\begin{cases}-x_1 \qquad\qquad = 0 & \cdots\ \text{(i)}\\ \qquad x_2+2x_3=0 & \cdots\ \text{(ii)}\end{cases}$ と同値. (i) より $x_1=0$. 解の自由度は 1 であるから, $x_3=c$ とおけば, (ii) より $x_2=-2x_3=-2c$. したがって, 固有値 -1 に対する固有ベクトルは $\boldsymbol{x}=\begin{pmatrix}0\\ -2c\\ c\end{pmatrix}=c\begin{pmatrix}0\\ -2\\ 1\end{pmatrix}$ [c : 任意定数, $c\neq 0$].

② 固有値 2 に対する固有ベクトル $\boldsymbol{x}=\begin{pmatrix}x_1\\ x_2\\ x_3\end{pmatrix}$ を求める.

$$2E-A=\begin{pmatrix}2 & 4 & 8\\ 5 & 10 & 14\\ -3 & -6 & -9\end{pmatrix}$$

より $\begin{pmatrix} 2 & 4 & 8 \\ 5 & 10 & 14 \\ -3 & -6 & -9 \end{pmatrix}\begin{pmatrix} x_1 \\ x_2 \\ x_3 \end{pmatrix} = \begin{pmatrix} 0 \\ 0 \\ 0 \end{pmatrix}$ の非自明解を求めればよい.

$$\left(\begin{array}{ccc:c} 2 & 4 & 8 & 0 \\ 5 & 10 & 14 & 0 \\ -3 & -6 & -9 & 0 \end{array}\right)^{\times\frac{1}{2}} \longrightarrow \left(\begin{array}{ccc:c} 1 & 2 & 4 & 0 \\ 5 & 10 & 14 & 0 \\ -1 & -2 & -3 & 0 \end{array}\right) \begin{matrix} \times 1 \\ \times(-5) \\ \end{matrix}$$

$$\longrightarrow \left(\begin{array}{ccc:c} 1 & 2 & 4 & 0 \\ 0 & 0 & -6 & 0 \\ 0 & 0 & 1 & 0 \end{array}\right) \longrightarrow \left(\begin{array}{ccc:c} 1 & 2 & 4 & 0 \\ 0 & 0 & 1 & 0 \\ 0 & 0 & -6 & 0 \end{array}\right) \begin{matrix} \times(-4) \\ \\ \times 6 \end{matrix}$$

$$\longrightarrow \left(\begin{array}{ccc:c} 1 & 2 & 0 & 0 \\ 0 & 0 & 1 & 0 \\ 0 & 0 & 0 & 0 \end{array}\right).$$

よって方程式は $\begin{cases} x_1 + 2x_2 = 0 & \cdots \text{(i)} \\ x_3 = 0 & \cdots \text{(ii)} \end{cases}$ と同値. (ii) より $x_3 = 0$. 解の自由度は 1 であるから, $x_2 = c$ とおけば, (i) より $x_1 = -2x_2 = -2c$. したがって, 固有値 2 に対する固有ベクトルは $\boldsymbol{x} = \begin{pmatrix} -2c \\ c \\ 0 \end{pmatrix} = c\begin{pmatrix} -2 \\ 1 \\ 0 \end{pmatrix}$　[c : 任意定数, $c \neq 0$].

①, ② より, A は 1 次独立な 3 個の固有ベクトルをもたないから, A は対角化可能でない.

(7)　$F_A(\lambda) = \begin{vmatrix} \lambda+1 & 1 & -3 \\ -10 & \lambda-6 & 6 \\ 5 & 1 & \lambda-7 \end{vmatrix} \begin{matrix} \times(-1) \\ \times 2 \\ \end{matrix} = \begin{vmatrix} \lambda+1 & 1 & -3 \\ 2\lambda-8 & \lambda-4 & 0 \\ -\lambda+4 & 0 & \lambda-4 \end{vmatrix}$

$$\overset{\text{共通因子}}{=} (\lambda-4)^2 \begin{vmatrix} \lambda+1 & 1 & -3 \\ 2 & 1 & 0 \\ -1 & 0 & 1 \end{vmatrix} \times(-1) = (\lambda-4)^2 \begin{vmatrix} \lambda+1 & 1 & -3 \\ -\lambda+1 & 0 & 3 \\ -1 & 0 & 1 \end{vmatrix}$$

$$\overset{\text{2 列展開}}{=} -(\lambda-4)^2 \begin{vmatrix} -\lambda+1 & 3 \\ -1 & 1 \end{vmatrix} = (\lambda-4)^3$$

より $F_A(\lambda) = 0$ の解は $\lambda = 4$. よって固有値は 4.

固有値 4 に対する固有ベクトル $\boldsymbol{x} = \begin{pmatrix} x_1 \\ x_2 \\ x_3 \end{pmatrix}$ を求める.

$$4E - A = \begin{pmatrix} 5 & 1 & -3 \\ -10 & -2 & 6 \\ 5 & 1 & -3 \end{pmatrix}$$

より $\begin{pmatrix} 5 & 1 & -3 \\ -10 & -2 & 6 \\ 5 & 1 & -3 \end{pmatrix}\begin{pmatrix} x_1 \\ x_2 \\ x_3 \end{pmatrix} = \begin{pmatrix} 0 \\ 0 \\ 0 \end{pmatrix}$ の非自明解を求めればよい.

$$\left(\begin{array}{ccc:c} 5 & 1 & -3 & 0 \\ -10 & -2 & 6 & 0 \\ 5 & 1 & -3 & 0 \end{array}\right) \begin{matrix} \times(-1) \\ \times 2 \\ \end{matrix} \longrightarrow \left(\begin{array}{ccc:c} 5 & 1 & -3 & 0 \\ 0 & 0 & 0 & 0 \\ 0 & 0 & 0 & 0 \end{array}\right).$$

よって方程式は $5x_1+x_2-3x_3=0$ と同値．解の自由度は 2 であるから，$x_1=c_1$, $x_3=c_2$ とおけば，$x_2=-5x_1+3x_3=-5c_1+3c_2$．したがって，固有値 4 に対する固有ベクトルは

$$\boldsymbol{x}=\begin{pmatrix} c_1 \\ -5c_1+3c_2 \\ c_2 \end{pmatrix}=c_1\begin{pmatrix} 1 \\ -5 \\ 0 \end{pmatrix}+c_2\begin{pmatrix} 0 \\ 3 \\ 1 \end{pmatrix} \quad [c_1,\ c_2：\text{任意定数},\ (c_1,c_2)\neq(0,0)].$$

以上より，A は 1 次独立な 3 個の固有ベクトルをもたないから，A は対角化可能でない．

(8)

$$F_A(\lambda)=\begin{vmatrix} \lambda-12 & -6 & 6 \\ 20 & \lambda+7 & -11 \\ -11 & -7 & \lambda+5 \end{vmatrix} \overset{\times 1}{=} \begin{vmatrix} \lambda-12 & 0 & 6 \\ 20 & \lambda-4 & -11 \\ -11 & \lambda-2 & \lambda+5 \end{vmatrix}$$

$$\overset{1\text{行展開}}{=}(\lambda-12)\begin{vmatrix} \lambda-4 & -11 \\ \lambda-2 & \lambda+5 \end{vmatrix}+6\begin{vmatrix} 20 & \lambda-4 \\ -11 & \lambda-2 \end{vmatrix}$$

$$=(\lambda-12)(\lambda^2+12\lambda-42)+6(31\lambda-84)=\lambda^3$$

より $F_A(\lambda)=0$ の解は $\lambda=0$．よって A の固有値は 0．

固有値 0 に対する固有ベクトル $\boldsymbol{x}=\begin{pmatrix} x_1 \\ x_2 \\ x_3 \end{pmatrix}$ を求める．

$$0E-A=\begin{pmatrix} -12 & -6 & 6 \\ 20 & 7 & -11 \\ -11 & -7 & 5 \end{pmatrix}$$

より $\begin{pmatrix} -12 & -6 & 6 \\ 20 & 7 & -11 \\ -11 & -7 & 5 \end{pmatrix}\begin{pmatrix} x_1 \\ x_2 \\ x_3 \end{pmatrix}=\begin{pmatrix} 0 \\ 0 \\ 0 \end{pmatrix}$ の非自明解を求めればよい．

$$\left(\begin{array}{ccc|c} -12 & -6 & 6 & 0 \\ 20 & 7 & -11 & 0 \\ -11 & -7 & 5 & 0 \end{array}\right)\begin{matrix} \times\frac{1}{6} \\ \\ \times 2 \end{matrix} \longrightarrow \left(\begin{array}{ccc|c} -2 & -1 & 1 & 0 \\ 20 & 7 & -11 & 0 \\ -22 & -14 & 10 & 0 \end{array}\right)\begin{matrix} \times(-11) \\ \times 10 \\ \end{matrix}$$

$$\longrightarrow \left(\begin{array}{ccc|c} -2 & -1 & 1 & 0 \\ 0 & -3 & -1 & 0 \\ 0 & -3 & -1 & 0 \end{array}\right)\times(-1) \longrightarrow \left(\begin{array}{ccc|c} -2 & -1 & 1 & 0 \\ 0 & -3 & -1 & 0 \\ 0 & 0 & 0 & 0 \end{array}\right).$$

よって方程式は $\begin{cases} -2x_1-x_2+x_3=0 & \cdots\ \text{(i)} \\ \quad\ -3x_2-x_3=0 & \cdots\ \text{(ii)} \end{cases}$ と同値．解の自由度は 1 であるから，$x_2=c$ とおけば，(ii) より $x_3=-3x_2=-3c$ が得られ，さらに (i) より $-2x_1-c-3c=0$ となって $x_1=-2c$ が得られる．したがって，固有値 0 に対する固有ベクトルは $\boldsymbol{x}=\begin{pmatrix} -2c \\ c \\ -3c \end{pmatrix}=$

$$c\begin{pmatrix} -2 \\ 1 \\ -3 \end{pmatrix} \quad [c：\text{任意定数},\ c\neq 0].$$

以上より，A は 1 次独立な 3 個の固有ベクトルをもたないから，A は対角化可能でない．

(9)　A 自身が対角行列なので対角化可能である．どんな4次正則行列 P に対しても

$$P^{-1}AP = \begin{pmatrix} 0 & 0 & 0 & 0 \\ 0 & 0 & 0 & 0 \\ 0 & 0 & 0 & 0 \\ 0 & 0 & 0 & 0 \end{pmatrix}$$

が成り立つ．(A の固有値は 0.)

2.　A の固有多項式を $F_A(\lambda)$ とおくと，A の固有値が $\lambda_1, \lambda_2, \ldots, \lambda_n$ であることから $F_A(\lambda) = (\lambda - \lambda_1)(\lambda - \lambda_2)\cdots(\lambda - \lambda_n)$ となる．よって $F_A(0) = (-\lambda_1)(-\lambda_2)\cdots(-\lambda_n) = (-1)^n\lambda_1\lambda_2\cdots\lambda_n$. 一方，$F_A(\lambda) = |\lambda E - A|$ より $F_A(0) = |0E - A| = |-A| = (-1)^n|A|$. したがって $F_A(0) = (-1)^n\lambda_1\lambda_2\cdots\lambda_n = (-1)^n|A|$ となって，$|A| = \lambda_1\lambda_2\cdots\lambda_n$ を得る．

[(i) と (ii) が同値であること]：　上で証明したことにより，$|A|$ は A のすべての固有値の積である．よって $|A| \neq 0$ であるためには A が 0 を固有値にもたないことが必要十分であり，したがって (i) と (ii) の同値性が成り立つ．

3.　$F_A(\lambda) = \begin{vmatrix} \lambda - \alpha & -\beta \\ 0 & \lambda - \gamma \end{vmatrix} = (\lambda - \alpha)(\lambda - \gamma)$ より，$F_A(\lambda) = 0$ の解は $\lambda = \alpha, \gamma$. よって A の固有値は α, γ.

(i)　$\alpha \neq \gamma$ の場合は，A の固有値がすべて異なるので A は対角化可能である．

(ii)　$\alpha = \gamma$ の場合．$A = \begin{pmatrix} \alpha & \beta \\ 0 & \alpha \end{pmatrix}$ であり，A の固有値は α のみである．固有値 α に対する固有ベクトル $\boldsymbol{x} = \begin{pmatrix} x_1 \\ x_2 \end{pmatrix}$ を求める．それは方程式 $(\alpha E - A)\boldsymbol{x} = \boldsymbol{o}$ すなわち $\begin{pmatrix} 0 & -\beta \\ 0 & 0 \end{pmatrix}\begin{pmatrix} x_1 \\ x_2 \end{pmatrix} = \begin{pmatrix} 0 \\ 0 \end{pmatrix}$ の非自明解である．$\beta \neq 0$ の場合は $\boldsymbol{x} = c\begin{pmatrix} 1 \\ 0 \end{pmatrix}$ [c：任意定数，$c \neq 0$] となるから，A は1次独立な2個の固有ベクトルをもたない．したがって $\beta \neq 0$ の場合は A は対角化可能でない．$\beta = 0$ の場合は $A = \begin{pmatrix} \alpha & 0 \\ 0 & \alpha \end{pmatrix}$ であるから A 自身が対角行列であり，したがって対角化可能である．

以上より，条件をまとめると，$\alpha \neq \gamma$ または "$\alpha = \gamma$ かつ $\beta = 0$" となる．

4.　(1)　$F_A(\lambda) = \begin{vmatrix} \lambda - 54 & 30 \\ -100 & \lambda + 56 \end{vmatrix} = \lambda^2 + 2\lambda - 24 = (\lambda + 6)(\lambda - 4)$

より $F_A(\lambda) = 0$ の解は $\lambda = -6, 4$. よって A の固有値は $-6, 4$. したがって，固有値がすべて異なるので，A は対角化可能である．

①　固有値 -6 に対する固有ベクトル $\boldsymbol{x} = \begin{pmatrix} x_1 \\ x_2 \end{pmatrix}$ を求める．$(-6)E - A = \begin{pmatrix} -60 & 30 \\ -100 & 50 \end{pmatrix}$ より $\begin{pmatrix} -60 & 30 \\ -100 & 50 \end{pmatrix}\begin{pmatrix} x_1 \\ x_2 \end{pmatrix} = \begin{pmatrix} 0 \\ 0 \end{pmatrix}$ の非自明解を求めればよい．

$$\left(\begin{array}{cc|c} -60 & 30 & 0 \\ -100 & 50 & 0 \end{array}\right)\begin{array}{l} \times\frac{1}{30} \\ \times\frac{1}{50} \end{array} \longrightarrow \left(\begin{array}{cc|c} -2 & 1 & 0 \\ -2 & 1 & 0 \end{array}\right) \xrightarrow{\times(-1)} \left(\begin{array}{cc|c} -2 & 1 & 0 \\ 0 & 0 & 0 \end{array}\right)$$

よって方程式は $-2x_1 + x_2 = 0$ と同値．解の自由度は1であるから，$x_1 = c$ とおけば，$x_2 = 2x_1 = 2c$. したがって，固有値 -6 に対する固有ベクトルは $\boldsymbol{x} = \begin{pmatrix} c \\ 2c \end{pmatrix} = c\begin{pmatrix} 1 \\ 2 \end{pmatrix}$　[c：

任意定数, $c \neq 0$].

② 固有値 4 に対する固有ベクトル $\boldsymbol{x} = \begin{pmatrix} x_1 \\ x_2 \end{pmatrix}$ を求める. $4E - A = \begin{pmatrix} -50 & 30 \\ -100 & 60 \end{pmatrix}$ より

$\begin{pmatrix} -50 & 30 \\ -100 & 60 \end{pmatrix}\begin{pmatrix} x_1 \\ x_2 \end{pmatrix} = \begin{pmatrix} 0 \\ 0 \end{pmatrix}$ の非自明解を求めればよい.

$$\left(\begin{array}{cc:c} -50 & 30 & 0 \\ -100 & 60 & 0 \end{array}\right)\begin{array}{l} \times\frac{1}{10} \\ \times\frac{1}{20} \end{array} \longrightarrow \left(\begin{array}{cc:c} -5 & 3 & 0 \\ -5 & 3 & 0 \end{array}\right) \overset{\times(-1)}{\longrightarrow} \left(\begin{array}{cc:c} -5 & 3 & 0 \\ 0 & 0 & 0 \end{array}\right).$$

よって方程式は $-5x_1 + 3x_2 = 0$ と同値. 解の自由度は 1 であるから, $x_2 = 5c$ とおけば, $-5x_1 + 15c = 0$ となって $x_1 = 3c$. したがって, 固有値 4 に対する固有ベクトルは

$\boldsymbol{x} = \begin{pmatrix} 3c \\ 5c \end{pmatrix} = c\begin{pmatrix} 3 \\ 5 \end{pmatrix}$ [c : 任意定数, $c \neq 0$].

①, ② より, $\boldsymbol{p}_1 = \begin{pmatrix} 1 \\ 2 \end{pmatrix}$, $\boldsymbol{p}_2 = \begin{pmatrix} 3 \\ 5 \end{pmatrix}$ として $P = \begin{pmatrix} \boldsymbol{p}_1 & \boldsymbol{p}_2 \end{pmatrix} = \begin{pmatrix} 1 & 3 \\ 2 & 5 \end{pmatrix}$ とおけば, P は

正則行列で $P^{-1} = \begin{pmatrix} -5 & 3 \\ 2 & -1 \end{pmatrix}$ であり, A は P を用いて

$$P^{-1}AP = \begin{pmatrix} -6 & 0 \\ 0 & 4 \end{pmatrix}$$

と対角化される. よって

$$P^{-1}A^nP = (P^{-1}AP)^n = \begin{pmatrix} -6 & 0 \\ 0 & 4 \end{pmatrix}^n = \begin{pmatrix} (-6)^n & 0 \\ 0 & 4^n \end{pmatrix}$$

となり,

$$\begin{aligned} A^n &= P\begin{pmatrix} (-6)^n & 0 \\ 0 & 4^n \end{pmatrix}P^{-1} = \begin{pmatrix} 1 & 3 \\ 2 & 5 \end{pmatrix}\begin{pmatrix} (-6)^n & 0 \\ 0 & 4^n \end{pmatrix}\begin{pmatrix} -5 & 3 \\ 2 & -1 \end{pmatrix} \\ &= \begin{pmatrix} -5\cdot(-6)^n + 6\cdot 4^n & 3\cdot(-6)^n - 3\cdot 4^n \\ -10\cdot(-6)^n + 10\cdot 4^n & 6\cdot(-6)^n - 5\cdot 4^n \end{pmatrix} \end{aligned}$$

が得られる.

$$\text{(2)}\quad F_A(\lambda) = \begin{vmatrix} \overset{\times 6}{\lambda - 4} & \overset{\times 1}{-1} & \overset{\curvearrowleft}{1} \\ 6 & \lambda + 3 & -1 \\ 4 & 4 & \lambda - 2 \end{vmatrix} = \begin{vmatrix} \lambda + 2 & 0 & 1 \\ 0 & \lambda + 2 & -1 \\ 6\lambda - 8 & \lambda + 2 & \lambda - 2 \end{vmatrix}$$

$$\overset{\text{共通因子}}{=} (\lambda + 2)\begin{vmatrix} \lambda + 2 & \overset{\curvearrowright}{0} & \overset{\times 1}{1} \\ 0 & 1 & -1 \\ 6\lambda - 8 & 1 & \lambda - 2 \end{vmatrix} = (\lambda + 2)\begin{vmatrix} \lambda + 2 & 0 & 1 \\ 0 & 1 & 0 \\ 6\lambda - 8 & 1 & \lambda - 1 \end{vmatrix}$$

$$\overset{2\text{ 行展開}}{=} (\lambda + 2)\begin{vmatrix} \lambda + 2 & 1 \\ 6\lambda - 8 & \lambda - 1 \end{vmatrix} = (\lambda + 2)(\lambda^2 - 5\lambda + 6) = (\lambda + 2)(\lambda - 2)(\lambda - 3)$$

より $F_A(\lambda) = 0$ の解は $\lambda = -2, 2, 3$. よって A の固有値は $-2, 2, 3$. したがって, 固有値がすべて異なるので, A は対角化可能である.

① 固有値 -2 に対する固有ベクトル $\boldsymbol{x} = \begin{pmatrix} x_1 \\ x_2 \\ x_3 \end{pmatrix}$ を求める.

$$(-2)E - A = \begin{pmatrix} -6 & -1 & 1 \\ 6 & 1 & -1 \\ 4 & 4 & -4 \end{pmatrix}$$

より $\begin{pmatrix} -6 & -1 & 1 \\ 6 & 1 & -1 \\ 4 & 4 & -4 \end{pmatrix}\begin{pmatrix} x_1 \\ x_2 \\ x_3 \end{pmatrix} = \begin{pmatrix} 0 \\ 0 \\ 0 \end{pmatrix}$ の非自明解を求めればよい.

$$\left(\begin{array}{ccc:c} -6 & -1 & 1 & 0 \\ 6 & 1 & -1 & 0 \\ 4 & 4 & -4 & 0 \end{array}\right) \begin{matrix} \times 1 \\ \\ \times \frac{1}{4} \end{matrix} \longrightarrow \left(\begin{array}{ccc:c} 0 & 0 & 0 & 0 \\ -6 & -1 & 1 & 0 \\ 1 & 1 & -1 & 0 \end{array}\right)$$

$$\longrightarrow \left(\begin{array}{ccc:c} 1 & 1 & -1 & 0 \\ -6 & -1 & 1 & 0 \\ 0 & 0 & 0 & 0 \end{array}\right) \begin{matrix} \times 6 \\ \\ \\ \end{matrix} \longrightarrow \left(\begin{array}{ccc:c} 1 & 1 & -1 & 0 \\ 0 & 5 & -5 & 0 \\ 0 & 0 & 0 & 0 \end{array}\right) \begin{matrix} \\ \times \frac{1}{5} \\ \\ \end{matrix}$$

$$\longrightarrow \left(\begin{array}{ccc:c} 1 & 1 & -1 & 0 \\ 0 & 1 & -1 & 0 \\ 0 & 0 & 0 & 0 \end{array}\right) \begin{matrix} \times(-1) \\ \\ \\ \end{matrix} \longrightarrow \left(\begin{array}{ccc:c} 1 & 0 & 0 & 0 \\ 0 & 1 & -1 & 0 \\ 0 & 0 & 0 & 0 \end{array}\right).$$

よって方程式は $\begin{cases} x_1 \phantom{{}-x_3} = 0 & \cdots \quad \text{(i)} \\ x_2 - x_3 = 0 & \cdots \quad \text{(ii)} \end{cases}$ と同値. (i) より $x_1 = 0$. ここで, 解の自由度は 1 であるから, $x_3 = c$ とおけば, (ii) より $x_2 = x_3 = c$. したがって, 固有値 -2 に対する固有ベクトルは $\boldsymbol{x} = \begin{pmatrix} 0 \\ c \\ c \end{pmatrix} = c\begin{pmatrix} 0 \\ 1 \\ 1 \end{pmatrix}$　[c : 任意定数, $c \neq 0$].

② 固有値 2 に対する固有ベクトル $\boldsymbol{x} = \begin{pmatrix} x_1 \\ x_2 \\ x_3 \end{pmatrix}$ を求める.

$$2E - A = \begin{pmatrix} -2 & -1 & 1 \\ 6 & 5 & -1 \\ 4 & 4 & 0 \end{pmatrix}$$

より $\begin{pmatrix} -2 & -1 & 1 \\ 6 & 5 & -1 \\ 4 & 4 & 0 \end{pmatrix}\begin{pmatrix} x_1 \\ x_2 \\ x_3 \end{pmatrix} = \begin{pmatrix} 0 \\ 0 \\ 0 \end{pmatrix}$ の非自明解を求めればよい.

$$\left(\begin{array}{ccc|c} -2 & -1 & 1 & 0 \\ 6 & 5 & -1 & 0 \\ 4 & 4 & 0 & 0 \end{array}\right)\begin{matrix}\times 3 \\ \\ \times\frac{1}{4}\end{matrix} \longrightarrow \left(\begin{array}{ccc|c} -2 & -1 & 1 & 0 \\ 0 & 2 & 2 & 0 \\ 1 & 1 & 0 & 0 \end{array}\right)$$

$$\longrightarrow \left(\begin{array}{ccc|c} 1 & 1 & 0 & 0 \\ 0 & 2 & 2 & 0 \\ -2 & -1 & 1 & 0 \end{array}\right)\begin{matrix} \\ \times\frac{1}{2} \\ \end{matrix} \longrightarrow \left(\begin{array}{ccc|c} 1 & 1 & 0 & 0 \\ 0 & 1 & 1 & 0 \\ 0 & 1 & 1 & 0 \end{array}\right)\begin{matrix}\times(-1) \\ \\ \times(-1)\end{matrix}$$

（左の矢印: $\times 2$）

$$\longrightarrow \left(\begin{array}{ccc|c} 1 & 0 & -1 & 0 \\ 0 & 1 & 1 & 0 \\ 0 & 0 & 0 & 0 \end{array}\right).$$

よって方程式は $\begin{cases} x_1 \quad\quad - x_3 = 0 & \cdots \text{(i)} \\ \quad\quad x_2 + x_3 = 0 & \cdots \text{(ii)} \end{cases}$ と同値．解の自由度は 1 であるから，$x_3 = c$ とおけば，(ii) より $x_2 = -x_3 = -c$ が得られ，(i) より $x_1 = x_3 = c$ が得られる．したがって，固有値 2 に対する固有ベクトルは $\boldsymbol{x} = \begin{pmatrix} c \\ -c \\ c \end{pmatrix} = c\begin{pmatrix} 1 \\ -1 \\ 1 \end{pmatrix}$　[c：任意定数，$c \neq 0$]．

③　固有値 3 に対する固有ベクトル $\boldsymbol{x} = \begin{pmatrix} x_1 \\ x_2 \\ x_3 \end{pmatrix}$ を求める．

$$3E - A = \begin{pmatrix} -1 & -1 & 1 \\ 6 & 6 & -1 \\ 4 & 4 & 1 \end{pmatrix}$$

より $\begin{pmatrix} -1 & -1 & 1 \\ 6 & 6 & -1 \\ 4 & 4 & 1 \end{pmatrix}\begin{pmatrix} x_1 \\ x_2 \\ x_3 \end{pmatrix} = \begin{pmatrix} 0 \\ 0 \\ 0 \end{pmatrix}$ の非自明解を求めればよい．

$$\left(\begin{array}{ccc|c} -1 & -1 & 1 & 0 \\ 6 & 6 & -1 & 0 \\ 4 & 4 & 1 & 0 \end{array}\right)\begin{matrix} \\ \times 6 \\ \times 4\end{matrix} \longrightarrow \left(\begin{array}{ccc|c} -1 & -1 & 1 & 0 \\ 0 & 0 & 5 & 0 \\ 0 & 0 & 5 & 0 \end{array}\right)\begin{matrix} \\ \times\frac{1}{5} \\ \times\frac{1}{5}\end{matrix}$$

$$\longrightarrow \left(\begin{array}{ccc|c} -1 & -1 & 1 & 0 \\ 0 & 0 & 1 & 0 \\ 0 & 0 & 1 & 0 \end{array}\right)\begin{matrix}\times(-1) \\ \\ \times(-1)\end{matrix} \longrightarrow \left(\begin{array}{ccc|c} -1 & -1 & 0 & 0 \\ 0 & 0 & 1 & 0 \\ 0 & 0 & 0 & 0 \end{array}\right)$$

よって方程式は $\begin{cases} -x_1 - x_2 \quad = 0 & \cdots \text{(i)} \\ \quad\quad\quad x_3 = 0 & \cdots \text{(ii)} \end{cases}$ と同値．(ii) より $x_3 = 0$．ここで，解の自由度は 1 であるから，$x_2 = c$ とおけば，(i) より $x_1 = -x_2 = -c$．したがって，固有値 3 に対する固有ベクトルは $\boldsymbol{x} = \begin{pmatrix} -c \\ c \\ 0 \end{pmatrix} = c\begin{pmatrix} -1 \\ 1 \\ 0 \end{pmatrix}$　[c：任意定数，$c \neq 0$]．

①，②，③ より，$\boldsymbol{p}_1 = \begin{pmatrix} 0 \\ 1 \\ 1 \end{pmatrix}$，$\boldsymbol{p}_2 = \begin{pmatrix} 1 \\ -1 \\ 1 \end{pmatrix}$，$\boldsymbol{p}_3 = \begin{pmatrix} -1 \\ 1 \\ 0 \end{pmatrix}$ として

$$P = \begin{pmatrix} \boldsymbol{p}_1 & \boldsymbol{p}_2 & \boldsymbol{p}_3 \end{pmatrix} = \begin{pmatrix} 0 & 1 & -1 \\ 1 & -1 & 1 \\ 1 & 1 & 0 \end{pmatrix}$$

とおけば, P は正則行列で $P^{-1} = \begin{pmatrix} 1 & 1 & 0 \\ -1 & -1 & 1 \\ -2 & -1 & 1 \end{pmatrix}$ であり, A は P を用いて

$$P^{-1}AP = \begin{pmatrix} -2 & 0 & 0 \\ 0 & 2 & 0 \\ 0 & 0 & 3 \end{pmatrix}$$

と対角化される．よって

$$P^{-1}A^nP = (P^{-1}AP)^n = \begin{pmatrix} -2 & 0 & 0 \\ 0 & 2 & 0 \\ 0 & 0 & 3 \end{pmatrix}^n = \begin{pmatrix} (-2)^n & 0 & 0 \\ 0 & 2^n & 0 \\ 0 & 0 & 3^n \end{pmatrix}$$

となり,

$$\begin{aligned} A^n &= P \begin{pmatrix} (-2)^n & 0 & 0 \\ 0 & 2^n & 0 \\ 0 & 0 & 3^n \end{pmatrix} P^{-1} \\ &= \begin{pmatrix} 0 & 1 & -1 \\ 1 & -1 & 1 \\ 1 & 1 & 0 \end{pmatrix} \begin{pmatrix} (-2)^n & 0 & 0 \\ 0 & 2^n & 0 \\ 0 & 0 & 3^n \end{pmatrix} \begin{pmatrix} 1 & 1 & 0 \\ -1 & -1 & 1 \\ -2 & -1 & 1 \end{pmatrix} \\ &= \begin{pmatrix} -2^n + 2\cdot 3^n & -2^n + 3^n & 2^n - 3^n \\ (-2)^n + 2^n - 2\cdot 3^n & (-2)^n + 2^n - 3^n & -2^n + 3^n \\ (-2)^n - 2^n & (-2)^n - 2^n & 2^n \end{pmatrix} \end{aligned}$$

が得られる．

(3)
$$F_A(\lambda) = \begin{vmatrix} \lambda & -2 & 2 \\ -2 & \lambda+3 & -4 \\ -2 & 4 & \lambda-5 \end{vmatrix} \overset{\times 2,\ \times(-2)}{=} \begin{vmatrix} \lambda & 2\lambda-2 & -2\lambda+2 \\ -2 & \lambda-1 & 0 \\ -2 & 0 & \lambda-1 \end{vmatrix}$$

$$\overset{\text{共通因子}}{=} (\lambda-1)^2 \begin{vmatrix} \lambda & 2 & -2 \\ -2 & 1 & 0 \\ -2 & 0 & 1 \end{vmatrix} \overset{\times 2}{=} (\lambda-1)^2 \begin{vmatrix} \lambda-4 & 2 & 0 \\ -2 & 1 & 0 \\ -2 & 0 & 1 \end{vmatrix}$$

$$\overset{3\text{列展開}}{=} (\lambda-1)^2 \begin{vmatrix} \lambda-4 & 2 \\ -2 & 1 \end{vmatrix} = \lambda(\lambda-1)^2$$

より $F_A(\lambda) = 0$ の解は $\lambda = 0, 1$. よって A の固有値は 0, 1.

①　固有値 0 に対する固有ベクトル $\boldsymbol{x} = \begin{pmatrix} x_1 \\ x_2 \\ x_3 \end{pmatrix}$ を求める．

$$0E - A = \begin{pmatrix} 0 & -2 & 2 \\ -2 & 3 & -4 \\ -2 & 4 & -5 \end{pmatrix}$$

より $\begin{pmatrix} 0 & -2 & 2 \\ -2 & 3 & -4 \\ -2 & 4 & -5 \end{pmatrix}\begin{pmatrix} x_1 \\ x_2 \\ x_3 \end{pmatrix} = \begin{pmatrix} 0 \\ 0 \\ 0 \end{pmatrix}$ の非自明解を求めればよい.

$$\left(\begin{array}{ccc|c} 0 & -2 & 2 & 0 \\ -2 & 3 & -4 & 0 \\ -2 & 4 & -5 & 0 \end{array}\right) \longrightarrow \left(\begin{array}{ccc|c} -2 & 3 & -4 & 0 \\ 0 & -2 & 2 & 0 \\ -2 & 4 & -5 & 0 \end{array}\right) \begin{matrix} \times \frac{1}{2} \\ \times(-1) \end{matrix}$$

$$\longrightarrow \left(\begin{array}{ccc|c} -2 & 3 & -4 & 0 \\ 0 & -1 & 1 & 0 \\ 0 & 1 & -1 & 0 \end{array}\right) \begin{matrix} \times 3 \\ \times 1 \end{matrix} \longrightarrow \left(\begin{array}{ccc|c} -2 & 0 & -1 & 0 \\ 0 & -1 & 1 & 0 \\ 0 & 0 & 0 & 0 \end{array}\right)$$

よって方程式は $\begin{cases} -2x_1 \qquad - x_3 = 0 & \cdots \quad \text{(i)} \\ \qquad -x_2 + x_3 = 0 & \cdots \quad \text{(ii)} \end{cases}$ と同値. $x_1 = c$ とおけば, (i) より $x_3 = -2x_1 = -2c$ が得られ, さらに (ii) から $x_2 = x_3 = -2c$ が得られる. したがって, 固有値 0 に対する固有ベクトルは $\boldsymbol{x} = \begin{pmatrix} c \\ -2c \\ -2c \end{pmatrix} = c\begin{pmatrix} 1 \\ -2 \\ -2 \end{pmatrix}$　[c : 任意定数, $c \neq 0$].

② 固有値 1 に対する固有ベクトル $\boldsymbol{x} = \begin{pmatrix} x_1 \\ x_2 \\ x_3 \end{pmatrix}$ を求める.

$$1E - A = \begin{pmatrix} 1 & -2 & 2 \\ -2 & 4 & -4 \\ -2 & 4 & -4 \end{pmatrix}$$

より $\begin{pmatrix} 1 & -2 & 2 \\ -2 & 4 & -4 \\ -2 & 4 & -4 \end{pmatrix}\begin{pmatrix} x_1 \\ x_2 \\ x_3 \end{pmatrix} = \begin{pmatrix} 0 \\ 0 \\ 0 \end{pmatrix}$ の非自明解を求めればよい.

$$\left(\begin{array}{ccc|c} 1 & -2 & 2 & 0 \\ -2 & 4 & -4 & 0 \\ -2 & 4 & -4 & 0 \end{array}\right) \begin{matrix} \times 2 \\ \times 2 \end{matrix} \longrightarrow \left(\begin{array}{ccc|c} 1 & -2 & 2 & 0 \\ 0 & 0 & 0 & 0 \\ 0 & 0 & 0 & 0 \end{array}\right)$$

よって方程式は $x_1 - 2x_2 + 2x_3 = 0$ と同値. $x_2 = c_1$, $x_3 = c_2$ とおけば, $x_1 = 2x_2 - 2x_3 = 2c_1 - 2c_2$. したがって, 固有値 1 に対する固有ベクトルは $\boldsymbol{x} = \begin{pmatrix} 2c_1 - 2c_2 \\ c_1 \\ c_2 \end{pmatrix} = c_1\begin{pmatrix} 2 \\ 1 \\ 0 \end{pmatrix} + c_2\begin{pmatrix} -2 \\ 0 \\ 1 \end{pmatrix}$　[c_1, c_2 : 任意定数, $(c_1, c_2) \neq (0, 0)$].

①, ② より, $\boldsymbol{p}_1 = \begin{pmatrix} 1 \\ -2 \\ -2 \end{pmatrix}$, $\boldsymbol{p}_2 = \begin{pmatrix} 2 \\ 1 \\ 0 \end{pmatrix}$, $\boldsymbol{p}_3 = \begin{pmatrix} -2 \\ 0 \\ 1 \end{pmatrix}$ として

$$P = \begin{pmatrix} \boldsymbol{p}_1 & \boldsymbol{p}_2 & \boldsymbol{p}_3 \end{pmatrix} = \begin{pmatrix} 1 & 2 & -2 \\ -2 & 1 & 0 \\ -2 & 0 & 1 \end{pmatrix}$$

とおけば, P は正則行列で $P^{-1} = \begin{pmatrix} 1 & -2 & 2 \\ 2 & -3 & 4 \\ 2 & -4 & 5 \end{pmatrix}$ であり, A は P を用いて

$$P^{-1}AP = \begin{pmatrix} 0 & 0 & 0 \\ 0 & 1 & 0 \\ 0 & 0 & 1 \end{pmatrix}$$

と対角化される．よって

$$P^{-1}A^nP = (P^{-1}AP)^n = \begin{pmatrix} 0 & 0 & 0 \\ 0 & 1 & 0 \\ 0 & 0 & 1 \end{pmatrix}^n = \begin{pmatrix} 0 & 0 & 0 \\ 0 & 1 & 0 \\ 0 & 0 & 1 \end{pmatrix}$$

となり,

$$\begin{aligned} A^n &= P \begin{pmatrix} 0 & 0 & 0 \\ 0 & 1 & 0 \\ 0 & 0 & 1 \end{pmatrix} P^{-1} \\ &= \begin{pmatrix} 1 & 2 & -2 \\ -2 & 1 & 0 \\ -2 & 0 & 1 \end{pmatrix} \begin{pmatrix} 0 & 0 & 0 \\ 0 & 1 & 0 \\ 0 & 0 & 1 \end{pmatrix} \begin{pmatrix} 1 & -2 & 2 \\ 2 & -3 & 4 \\ 2 & -4 & 5 \end{pmatrix} \\ &= \begin{pmatrix} 0 & 2 & -2 \\ 2 & -3 & 4 \\ 2 & -4 & 5 \end{pmatrix} = A \end{aligned}$$

が得られる．(直接計算でも $A^2 = A$ がわかるから, 任意の $n \in \mathbb{N}$ に対して $A^n = A$ が成り立つ.)

§ 2.12　対称行列の対角化

解説　実対称行列の対角化の演習に必要な準備を行う.

実対称行列の固有値・固有ベクトル　$\mathbb{C} \ni z = x + yi$ に対して, $\overline{z} := x - yi$ を z の共役複素数というのであった (定義 1.4, p.2). そこで, 行列 $A \in M(m, n, \mathbb{C})$ に対して, 次を定義しておく.

定義 2.36　$M(m, n, \mathbb{C}) \ni A = (a_{ij})$ に対して, A の各成分 a_{ij} を複素共役 $\overline{a_{ij}}$ にした行列 $\overline{A} := (\overline{a_{ij}})$ を A の**共役**(きょうやく)**行列** (または, 単に, 複素共役) という.

$M(m, n, \mathbb{C}) \ni A, B$ に対して, $\overline{A + B} = \overline{A} + \overline{B}$, $M(\ell, m, \mathbb{C}) \ni A, M(m, n, \mathbb{C}) \ni B$ に対して, $\overline{AB} = \overline{A}\,\overline{B}$ が成り立つ. また, $M(m, n, \mathbb{R}) \ni A$ に対して, $\overline{A} = A$ である.

$A \in M_n(\mathbb{R})$ が ${}^tA = A$ を満たすとき, A を実対称行列という. 実対称行列の固有値・固有ベクトルの性質について, 次の定理 2.24 でまとめておく.

定理 2.24　$M_n(\mathbb{R}) \ni A$ が対称行列であるとき, 次の (1), (2) が成り立つ.

(1)　A の固有値はすべて実数である.

(2)　A の異なる固有値に対する固有ベクトルは互いに直交する.

定理 2.25　n 次対称行列 $A \in M_n(\mathbb{R})$ は, 適当な直交行列 $P \in M_n(\mathbb{R})$ によって, A の固有値を対角成分にもつ対角行列に対角化される :

$$P^{-1}AP = \begin{pmatrix} \lambda_1 & & & O \\ & \lambda_2 & & \\ & & \ddots & \\ O & & & \lambda_n \end{pmatrix}.$$

ここで, 直交行列 P は, P を構成するときの固有ベクトルのならべ方によりいくつも考えることができ, 一意的に定まらない. また, $P^{-1}AP$ の対角成分にならぶ A の固有値の順番は, P を構成する固有ベクトルの順に, その対応する固有値がならぶ.

例題 2.37　次の対称行列を適当な直交行列によって対角化せよ.

(1) $\begin{pmatrix} 0 & 2 \\ 2 & 3 \end{pmatrix}$　　(2) $\begin{pmatrix} 1 & 1 & 2 \\ 1 & 2 & 1 \\ 2 & 1 & 1 \end{pmatrix}$

解答　(1)　$A = \begin{pmatrix} 0 & 2 \\ 2 & 3 \end{pmatrix}$ とおく.

$$F_A(\lambda) = \begin{vmatrix} \lambda & -2 \\ -2 & \lambda - 3 \end{vmatrix} = \lambda^2 - 3\lambda - 4 = (\lambda + 1)(\lambda - 4)$$

より $F_A(\lambda) = 0$ の解は $\lambda = -1, 4$. よって A の固有値は $-1, 4$.

① 固有値 -1 に対する固有ベクトル $\boldsymbol{x} = \begin{pmatrix} x_1 \\ x_2 \end{pmatrix}$ を求める．$(-1)E - A = \begin{pmatrix} -1 & -2 \\ -2 & -4 \end{pmatrix}$ より $\begin{pmatrix} -1 & -2 \\ -2 & -4 \end{pmatrix}\begin{pmatrix} x_1 \\ x_2 \end{pmatrix} = \begin{pmatrix} 0 \\ 0 \end{pmatrix}$ の非自明解を求めればよい．

$$\left(\begin{array}{cc|c} -1 & -2 & 0 \\ -2 & -4 & 0 \end{array}\right) \overset{\times(-2)}{\longrightarrow} \left(\begin{array}{cc|c} -1 & -2 & 0 \\ 0 & 0 & 0 \end{array}\right).$$

よって方程式は $-x_1 - 2x_2 = 0$ と同値．$x_2 = c$ とおけば，$x_1 = -2x_2 = -2c$．したがって，固有値 -1 に対する固有ベクトルは $\boldsymbol{x} = \begin{pmatrix} -2c \\ c \end{pmatrix} = c\begin{pmatrix} -2 \\ 1 \end{pmatrix}$　[c : 任意定数，$c \neq 0$]．

①′ $\boldsymbol{p}_1{}' = \begin{pmatrix} -2 \\ 1 \end{pmatrix}$ とおき，$\boldsymbol{p}_1 = \dfrac{1}{\|\boldsymbol{p}_1{}'\|}\boldsymbol{p}_1{}'$ を求める．$\|\boldsymbol{p}_1{}'\| = \sqrt{(-2)^2 + 1^2} = \sqrt{5}$ より $\boldsymbol{p}_1 = \dfrac{1}{\sqrt{5}}\begin{pmatrix} -2 \\ 1 \end{pmatrix}$．

② 固有値 4 に対する固有ベクトル $\boldsymbol{x} = \begin{pmatrix} x_1 \\ x_2 \end{pmatrix}$ を求める．$4E - A = \begin{pmatrix} 4 & -2 \\ -2 & 1 \end{pmatrix}$ より $\begin{pmatrix} 4 & -2 \\ -2 & 1 \end{pmatrix}\begin{pmatrix} x_1 \\ x_2 \end{pmatrix} = \begin{pmatrix} 0 \\ 0 \end{pmatrix}$ の非自明解を求めればよい．

$$\left(\begin{array}{cc|c} 4 & -2 & 0 \\ -2 & 1 & 0 \end{array}\right) \times\tfrac{1}{2} \longrightarrow \left(\begin{array}{cc|c} 2 & -1 & 0 \\ -2 & 1 & 0 \end{array}\right) \overset{\times 1}{\longrightarrow} \left(\begin{array}{cc|c} 2 & -1 & 0 \\ 0 & 0 & 0 \end{array}\right).$$

よって方程式は $2x_1 - x_2 = 0$ と同値．$x_1 = c$ とおけば，$x_2 = 2x_1 = 2c$．したがって，固有値 4 に対する固有ベクトルは $\boldsymbol{x} = \begin{pmatrix} c \\ 2c \end{pmatrix} = c\begin{pmatrix} 1 \\ 2 \end{pmatrix}$　[c : 任意定数，$c \neq 0$]．

②′ $\boldsymbol{p}_2{}' = \begin{pmatrix} 1 \\ 2 \end{pmatrix}$ とおき，$\boldsymbol{p}_2 = \dfrac{1}{\|\boldsymbol{p}_2{}'\|}\boldsymbol{p}_2{}'$ を求める．$\|\boldsymbol{p}_2{}'\| = \sqrt{1^2 + 2^2} = \sqrt{5}$ より $\boldsymbol{p}_2 = \dfrac{1}{\sqrt{5}}\begin{pmatrix} 1 \\ 2 \end{pmatrix}$．

①′，②′ で求めた $\boldsymbol{p}_1, \boldsymbol{p}_2$ を用いて $P = \begin{pmatrix} \boldsymbol{p}_1 & \boldsymbol{p}_2 \end{pmatrix} = \dfrac{1}{\sqrt{5}}\begin{pmatrix} -2 & 1 \\ 1 & 2 \end{pmatrix}$ とおけば，P は直交行列で $P^{-1} = {}^tP = \dfrac{1}{\sqrt{5}}\begin{pmatrix} -2 & 1 \\ 1 & 2 \end{pmatrix}$ であり，A は P を用いて

$$P^{-1}AP = \begin{pmatrix} -1 & 0 \\ 0 & 4 \end{pmatrix}$$

と対角化される．

(2)　$A = \begin{pmatrix} 1 & 1 & 2 \\ 1 & 2 & 1 \\ 2 & 1 & 1 \end{pmatrix}$ とおく．

$$F_A(\lambda) = \begin{vmatrix} \lambda - 1 & -1 & -2 \\ -1 & \lambda - 2 & -1 \\ -2 & -1 & \lambda - 1 \end{vmatrix} \begin{matrix} \times(-2) \\ \\ \times(-2) \end{matrix} = \begin{vmatrix} \lambda + 1 & -2\lambda + 3 & 0 \\ -1 & \lambda - 2 & -1 \\ 0 & -2\lambda + 3 & \lambda + 1 \end{vmatrix}$$

$$\overset{1\text{ 列展開}}{=} (\lambda + 1)\begin{vmatrix} \lambda - 2 & -1 \\ -2\lambda + 3 & \lambda + 1 \end{vmatrix} + \begin{vmatrix} -2\lambda + 3 & 0 \\ -2\lambda + 3 & \lambda + 1 \end{vmatrix}$$

$$= (\lambda + 1)(\lambda^2 - 3\lambda + 1) + (-2\lambda + 3)(\lambda + 1) = (\lambda + 1)(\lambda^2 - 5\lambda + 4)$$

$= (\lambda+1)(\lambda-1)(\lambda-4)$

より $F_A(\lambda)=0$ の解は $\lambda=-1,\ 1,\ 4$. よって A の固有値は $-1,\ 1,\ 4$.

① 固有値 -1 に対する固有ベクトル $\boldsymbol{x}=\begin{pmatrix}x_1\\x_2\\x_3\end{pmatrix}$ を求める. $(-1)E-A=\begin{pmatrix}-2&-1&-2\\-1&-3&-1\\-2&-1&-2\end{pmatrix}$ より

$\begin{pmatrix}-2&-1&-2\\-1&-3&-1\\-2&-1&-2\end{pmatrix}\begin{pmatrix}x_1\\x_2\\x_3\end{pmatrix}=\begin{pmatrix}0\\0\\0\end{pmatrix}$ の非自明解を求めればよい.

$$\left(\begin{array}{ccc:c}-2&-1&-2&0\\-1&-3&-1&0\\-2&-1&-2&0\end{array}\right)\longrightarrow\left(\begin{array}{ccc:c}-1&-3&-1&0\\-2&-1&-2&0\\-2&-1&-2&0\end{array}\right)\begin{array}{l}\\ \times(-2)\\ \times(-2)\end{array}$$

$$\longrightarrow\left(\begin{array}{ccc:c}-1&-3&-1&0\\0&5&0&0\\0&5&0&0\end{array}\right)\begin{array}{l}\\ \times\frac{1}{5}\\ \times\frac{1}{5}\end{array}\longrightarrow\left(\begin{array}{ccc:c}-1&-3&-1&0\\0&1&0&0\\0&1&0&0\end{array}\right)\begin{array}{l}\times 3\\ \\ \times(-1)\end{array}$$

$$\longrightarrow\left(\begin{array}{ccc:c}-1&0&-1&0\\0&1&0&0\\0&0&0&0\end{array}\right).$$

よって方程式は $\begin{cases}-x_1-x_3=0 & \cdots\ \text{(i)}\\ x_2=0 & \cdots\ \text{(ii)}\end{cases}$ と同値. (ii) より $x_2=0$. $x_3=c$ とおけば,

(i) より $x_1=-x_3=-c$. したがって, 固有値 -1 に対する固有ベクトルは $\boldsymbol{x}=\begin{pmatrix}-c\\0\\c\end{pmatrix}=c\begin{pmatrix}-1\\0\\1\end{pmatrix}$

[c : 任意定数, $c\neq 0$].

①′ $\boldsymbol{p}_1{}'=\begin{pmatrix}-1\\0\\1\end{pmatrix}$ とおき, $\boldsymbol{p}_1=\dfrac{1}{\|\boldsymbol{p}_1{}'\|}\boldsymbol{p}_1{}'$ を求める. $\|\boldsymbol{p}_1{}'\|=\sqrt{2}$ より $\boldsymbol{p}_1=\dfrac{1}{\sqrt{2}}\begin{pmatrix}-1\\0\\1\end{pmatrix}$.

② 固有値 1 に対する固有ベクトル $\boldsymbol{x}=\begin{pmatrix}x_1\\x_2\\x_3\end{pmatrix}$ を求める. $1E-A=\begin{pmatrix}0&-1&-2\\-1&-1&-1\\-2&-1&0\end{pmatrix}$ より

$\begin{pmatrix}0&-1&-2\\-1&-1&-1\\-2&-1&0\end{pmatrix}\begin{pmatrix}x_1\\x_2\\x_3\end{pmatrix}=\begin{pmatrix}0\\0\\0\end{pmatrix}$ の非自明解を求めればよい.

$$\left(\begin{array}{ccc:c}0&-1&-2&0\\-1&-1&-1&0\\-2&-1&0&0\end{array}\right)\longrightarrow\left(\begin{array}{ccc:c}-1&-1&-1&0\\0&-1&-2&0\\-2&-1&0&0\end{array}\right)\begin{array}{l}\\ \\ \times(-2)\end{array}$$

$$\longrightarrow\left(\begin{array}{ccc:c}-1&-1&-1&0\\0&-1&-2&0\\0&1&2&0\end{array}\right)\begin{array}{l}\times(-1)\\ \\ \times 1\end{array}\longrightarrow\left(\begin{array}{ccc:c}-1&0&1&0\\0&-1&-2&0\\0&0&0&0\end{array}\right).$$

よって方程式は $\begin{cases}-x_1+x_3=0 & \cdots\ \text{(i)}\\ -x_2-2x_3=0 & \cdots\ \text{(ii)}\end{cases}$ と同値. $x_3=c$ とおけば, (ii) より $x_2=-2x_3=-2c$ が得られ, (i) より $x_1=x_3=c$ が得られる. したがって, 固有値 1 に対する固有ベクトル

は $\boldsymbol{x} = \begin{pmatrix} c \\ -2c \\ c \end{pmatrix} = c\begin{pmatrix} 1 \\ -2 \\ 1 \end{pmatrix}$ [c : 任意定数, $c \neq 0$].

②′　$\boldsymbol{p}_2{}' = \begin{pmatrix} 1 \\ -2 \\ 1 \end{pmatrix}$ とおき, $\boldsymbol{p}_2 = \dfrac{1}{\|\boldsymbol{p}_2{}'\|}\boldsymbol{p}_2{}'$ を求める. $\|\boldsymbol{p}_2{}'\| = \sqrt{6}$ より $\boldsymbol{p}_2 = \dfrac{1}{\sqrt{6}}\begin{pmatrix} 1 \\ -2 \\ 1 \end{pmatrix}$.

③　固有値 4 に対する固有ベクトル $\boldsymbol{x} = \begin{pmatrix} x_1 \\ x_2 \\ x_3 \end{pmatrix}$ を求める. $4E - A = \begin{pmatrix} 3 & -1 & -2 \\ -1 & 2 & -1 \\ -2 & -1 & 3 \end{pmatrix}$ より

$\begin{pmatrix} 3 & -1 & -2 \\ -1 & 2 & -1 \\ -2 & -1 & 3 \end{pmatrix}\begin{pmatrix} x_1 \\ x_2 \\ x_3 \end{pmatrix} = \begin{pmatrix} 0 \\ 0 \\ 0 \end{pmatrix}$ の非自明解を求めればよい.

$$\left(\begin{array}{ccc:c} 3 & -1 & -2 & 0 \\ -1 & 2 & -1 & 0 \\ -2 & -1 & 3 & 0 \end{array}\right) \longrightarrow \left(\begin{array}{ccc:c} -1 & 2 & -1 & 0 \\ 3 & -1 & -2 & 0 \\ -2 & -1 & 3 & 0 \end{array}\right)\begin{matrix} \\ \times 3 \\ \times(-2) \end{matrix}$$

$$\longrightarrow \left(\begin{array}{ccc:c} -1 & 2 & -1 & 0 \\ 0 & 5 & -5 & 0 \\ 0 & -5 & 5 & 0 \end{array}\right)\begin{matrix} \\ \times\frac{1}{5} \\ \times\frac{1}{5} \end{matrix} \longrightarrow \left(\begin{array}{ccc:c} -1 & 2 & -1 & 0 \\ 0 & 1 & -1 & 0 \\ 0 & -1 & 1 & 0 \end{array}\right)\begin{matrix} \times(-2) \\ \\ \times 1 \end{matrix}$$

$$\longrightarrow \left(\begin{array}{ccc:c} -1 & 0 & 1 & 0 \\ 0 & 1 & -1 & 0 \\ 0 & 0 & 0 & 0 \end{array}\right).$$

よって方程式は $\begin{cases} -x_1 \qquad + x_3 = 0 & \cdots \text{(i)} \\ \qquad x_2 - x_3 = 0 & \cdots \text{(ii)} \end{cases}$ と同値. $x_3 = c$ とおけば, (ii) より $x_2 = x_3 = c$ が得られ, (i) より $x_1 = x_3 = c$ が得られる. したがって, 固有値 4 に対する固有ベクトルは $\boldsymbol{x} = \begin{pmatrix} c \\ c \\ c \end{pmatrix} = c\begin{pmatrix} 1 \\ 1 \\ 1 \end{pmatrix}$ [c : 任意定数, $c \neq 0$].

③′　$\boldsymbol{p}_3{}' = \begin{pmatrix} 1 \\ 1 \\ 1 \end{pmatrix}$ とおき, $\boldsymbol{p}_3 = \dfrac{1}{\|\boldsymbol{p}_3{}'\|}\boldsymbol{p}_3{}'$ を求める. $\|\boldsymbol{p}_3{}'\| = \sqrt{3}$ より $\boldsymbol{p}_3 = \dfrac{1}{\sqrt{3}}\begin{pmatrix} 1 \\ 1 \\ 1 \end{pmatrix}$.

①′, ②′, ③′ で求めた $\boldsymbol{p}_1, \boldsymbol{p}_2, \boldsymbol{p}_3$ を用いて

$$P = \begin{pmatrix} \boldsymbol{p}_1 & \boldsymbol{p}_2 & \boldsymbol{p}_3 \end{pmatrix} = \begin{pmatrix} -\dfrac{1}{\sqrt{2}} & \dfrac{1}{\sqrt{6}} & \dfrac{1}{\sqrt{3}} \\ 0 & -\dfrac{2}{\sqrt{6}} & \dfrac{1}{\sqrt{3}} \\ \dfrac{1}{\sqrt{2}} & \dfrac{1}{\sqrt{6}} & \dfrac{1}{\sqrt{3}} \end{pmatrix}$$

とおけば, P は直交行列で $P^{-1} = {}^tP = \begin{pmatrix} -\frac{1}{\sqrt{2}} & 0 & \frac{1}{\sqrt{2}} \\ \frac{1}{\sqrt{6}} & -\frac{2}{\sqrt{6}} & \frac{1}{\sqrt{6}} \\ \frac{1}{\sqrt{3}} & \frac{1}{\sqrt{3}} & \frac{1}{\sqrt{3}} \end{pmatrix}$ であり, A は P を用いて

$$P^{-1}AP = \begin{pmatrix} -1 & 0 & 0 \\ 0 & 1 & 0 \\ 0 & 0 & 4 \end{pmatrix}$$

と対角化される. ∎

例題 2.38　直交行列の固有値の絶対値は 1 であることを示せ.

解答　$A\ (\in M_n)$ は直交行列であるとする. $\lambda = \lambda_1 + i\lambda_2$ は A の固有値であるとし $(\lambda_1, \lambda_2 \in \mathbb{R})$, λ に対する A の固有ベクトルを 1 つとり, それを $\boldsymbol{x} = \boldsymbol{x}_1 + i\boldsymbol{x}_2$ とおく $(\boldsymbol{x} \neq \boldsymbol{o},\ \boldsymbol{x}_1,\ \boldsymbol{x}_2 \in \mathbb{R}^n)$. $A\boldsymbol{x} = \lambda\boldsymbol{x}$ より $A(\boldsymbol{x}_1 + i\boldsymbol{x}_2) = (\lambda_1 + i\lambda_2)(\boldsymbol{x}_1 + i\boldsymbol{x}_2)$ すなわち $A\boldsymbol{x}_1 + iA\boldsymbol{x}_2 = (\lambda_1\boldsymbol{x}_1 - \lambda_2\boldsymbol{x}_2) + i(\lambda_1\boldsymbol{x}_2 + \lambda_2\boldsymbol{x}_1)$. よって, この式の両辺における実部と虚部を比較することによって

(1)　$A\boldsymbol{x}_1 = \lambda_1\boldsymbol{x}_1 - \lambda_2\boldsymbol{x}_2$,

(2)　$A\boldsymbol{x}_2 = \lambda_1\boldsymbol{x}_2 + \lambda_2\boldsymbol{x}_1$

が得られる. (1) より $(A\boldsymbol{x}_1, A\boldsymbol{x}_1) = (\lambda_1\boldsymbol{x}_1 - \lambda_2\boldsymbol{x}_2, \lambda_1\boldsymbol{x}_1 - \lambda_2\boldsymbol{x}_2) = {\lambda_1}^2(\boldsymbol{x}_1, \boldsymbol{x}_1) - 2\lambda_1\lambda_2(\boldsymbol{x}_1, \boldsymbol{x}_2) + {\lambda_2}^2(\boldsymbol{x}_2, \boldsymbol{x}_2) = {\lambda_1}^2\|\boldsymbol{x}_1\|^2 - 2\lambda_1\lambda_2(\boldsymbol{x}_1, \boldsymbol{x}_2) + {\lambda_2}^2\|\boldsymbol{x}_2\|^2$. 一方, 一般に $(A\boldsymbol{x}_1, A\boldsymbol{x}_1) = (\boldsymbol{x}_1, {}^tAA\boldsymbol{x}_1)$ であり, いまの場合は A が直交行列であることより ${}^tAA = E$ が成り立つから, $(A\boldsymbol{x}_1, A\boldsymbol{x}_1) = (\boldsymbol{x}_1, E\boldsymbol{x}_1) = (\boldsymbol{x}_1, \boldsymbol{x}_1) = \|\boldsymbol{x}_1\|^2$. したがって

(1)′　${\lambda_1}^2\|\boldsymbol{x}_1\|^2 - 2\lambda_1\lambda_2(\boldsymbol{x}_1, \boldsymbol{x}_2) + {\lambda_2}^2\|\boldsymbol{x}_2\|^2 = \|\boldsymbol{x}_1\|^2$

となる. 同様の議論により (2) から

(2)′　${\lambda_1}^2\|\boldsymbol{x}_2\|^2 + 2\lambda_1\lambda_2(\boldsymbol{x}_1, \boldsymbol{x}_2) + {\lambda_2}^2\|\boldsymbol{x}_1\|^2 = \|\boldsymbol{x}_2\|^2$

が得られる. (1)′, (2)′ の辺々を加えあわせて

$$({\lambda_1}^2 + {\lambda_2}^2)(\|\boldsymbol{x}_1\|^2 + \|\boldsymbol{x}_2\|^2) = (\|\boldsymbol{x}_1\|^2 + \|\boldsymbol{x}_2\|^2).$$

$\boldsymbol{x} \neq \boldsymbol{o}$ より $\|\boldsymbol{x}_1\|^2 + \|\boldsymbol{x}_2\|^2 \neq 0$ であるから, したがって上式より ${\lambda_1}^2 + {\lambda_2}^2 = 1$ すなわち $|\lambda|^2 = 1$ が得られ, $|\lambda| = 1$ が成り立つ. ∎

例題 2.39　対称行列 $A = \begin{pmatrix} 2 & 2 \\ 2 & 5 \end{pmatrix}$ に対し, 以下の問に答えよ.

(1)　直交行列 P を求め A を対角化せよ.

(2)　A^n (n は自然数) を求めよ.

解答

(1)　A の固有多項式 $F_A(\lambda)$ を求めると,

$$F_A(\lambda) = |\lambda E - A| = \begin{vmatrix} \lambda - 2 & -2 \\ -2 & \lambda - 5 \end{vmatrix} = (\lambda - 2)(\lambda - 5) - 4 = \lambda^2 - 7\lambda + 6 = (\lambda - 6)(\lambda - 1)$$

であるから, $F_A(\lambda) = 0$ を解いて, A の固有値は, $\lambda = 1, 6$ となる.

(i)　$\lambda = 1$ に対する A の固有ベクトルを $\boldsymbol{x} = \begin{pmatrix} x_1 \\ x_2 \end{pmatrix}$ とすると, $\boldsymbol{x}$ は $(E - A)\boldsymbol{x} = \boldsymbol{o}$ の非自

明解である．$E-A$ を行基本変形すると，

$$E-A=\begin{pmatrix} -1 & -2 \\ -2 & -4 \end{pmatrix} \underset{\times(-2)}{\longrightarrow} \begin{pmatrix} -1 & -2 \\ 0 & 0 \end{pmatrix}$$

となる．よって，$\mathrm{rank}\,(E-A)=1$ であるから，解の自由度は 1．$-x_1-2x_2=0$ において，$x_2=c$ とおけば，$x_1=-2c$ となる．よって，$\lambda=1$ に対する A の固有ベクトルは，$\boldsymbol{x}=c\begin{pmatrix} -2 \\ 1 \end{pmatrix}$　[c : 任意定数, $c\neq 0$] となる．

(ii)　$\lambda=6$ に対する A の固有ベクトルを $\boldsymbol{x}$ とすると，$\boldsymbol{x}$ は，$(6E-A)\boldsymbol{x}=\boldsymbol{o}$ の非自明解である．そこで，$6E-A$ を行基本変形によって変形すると，

$$6E-A=\begin{pmatrix} 4 & -2 \\ -2 & 1 \end{pmatrix} \overset{\times 2}{\longrightarrow} \begin{pmatrix} 0 & 0 \\ -2 & 1 \end{pmatrix} \longrightarrow \begin{pmatrix} -2 & 1 \\ 0 & 0 \end{pmatrix}$$

となる．よって，$\mathrm{rank}\,(6E-A)=1$ であるから，解の自由度は $2-\mathrm{rank}\,(6E-A)=1$．ここで，$-2x_1+x_2=0$ において，$x_1=c$ とおけば，$x_2=2c$ となる．したがって，$\lambda=6$ に対する A の固有ベクトル $\boldsymbol{x}$ は，$\boldsymbol{x}=c\begin{pmatrix} 1 \\ 2 \end{pmatrix}$　[c : 任意定数, $c\neq 0$] となる．

次に，$\lambda=1$ に対応する A の固有ベクトルを使って，$\boldsymbol{p}_1{}'=\begin{pmatrix} -2 \\ 1 \end{pmatrix}$，として，$\boldsymbol{p}_1=\dfrac{\boldsymbol{p}_1{}'}{\|\boldsymbol{p}_1{}'\|}=\dfrac{1}{\sqrt{5}}\begin{pmatrix} -2 \\ 1 \end{pmatrix}$ のように単位ベクトルを準備する．同様に，$\lambda=6$ に対する A の固有ベクトルを使って，$\boldsymbol{p}_2=\dfrac{1}{\sqrt{5}}\begin{pmatrix} 1 \\ 2 \end{pmatrix}$ のように単位ベクトルを得る．$P=\begin{pmatrix} \boldsymbol{p}_1 & \boldsymbol{p}_2 \end{pmatrix}=\dfrac{1}{\sqrt{5}}\begin{pmatrix} -2 & 1 \\ 1 & 2 \end{pmatrix}$ とすれば，定理 2.24 によって，P は直交行列で，$P^{-1}={}^tP=\dfrac{1}{\sqrt{5}}\begin{pmatrix} -2 & 1 \\ 1 & 2 \end{pmatrix}=P$ であるから，A は，$P^{-1}AP=PAP=\begin{pmatrix} 1 & 0 \\ 0 & 6 \end{pmatrix}$ のように対角化される．

(2)　(1) より，$P^{-1}AP=\begin{pmatrix} 1 & 0 \\ 0 & 6 \end{pmatrix}$ であるから，辺々 n 乗すると，

$$(\text{左辺})=(P^{-1}AP)^n=P^{-1}A^nP$$

$$(\text{右辺})=\begin{pmatrix} 1 & 0 \\ 0 & 6 \end{pmatrix}^n=\begin{pmatrix} 1^n & 0 \\ 0 & 6^n \end{pmatrix}=\begin{pmatrix} 1 & 0 \\ 0 & 6^n \end{pmatrix}$$

となる．よって，

$$A^n=P\begin{pmatrix} 1 & 0 \\ 0 & 6^n \end{pmatrix}P^{-1}=P\begin{pmatrix} 1 & 0 \\ 0 & 6^n \end{pmatrix}P=\frac{1}{5}\begin{pmatrix} -2 & 1 \\ 1 & 2 \end{pmatrix}\begin{pmatrix} 1 & 0 \\ 0 & 6^n \end{pmatrix}\begin{pmatrix} -2 & 1 \\ 1 & 2 \end{pmatrix}$$

$$=\frac{1}{5}\begin{pmatrix} -2 & 6^n \\ 1 & 2\cdot 6^n \end{pmatrix}\begin{pmatrix} -2 & 1 \\ 1 & 2 \end{pmatrix}=\frac{1}{5}\begin{pmatrix} 4+6^n & -2+2\cdot 6^n \\ -2+2\cdot 6^n & 1+4\cdot 6^n \end{pmatrix}$$

を得る．∎

例題 2.40　行列 $A=\begin{pmatrix} 0 & 1 & -1 \\ 1 & 0 & 1 \\ -1 & 1 & 0 \end{pmatrix}$ について以下に答えよ．

(1)　A の固有値を求めよ．

(2)　A の各固有値に対する固有ベクトルを求めよ．

(3)　A を直交行列によって対角化せよ．

解答

(1)　A の固有多項式 $F_A(\lambda)$ を求めると，

$$F_A(\lambda) = \begin{vmatrix} \lambda & -1 & 1 \\ -1 & \lambda & -1 \\ 1 & -1 & \lambda \end{vmatrix} = \begin{vmatrix} \lambda-1 & -1 & 1 \\ \lambda-1 & \lambda & -1 \\ 0 & -1 & \lambda \end{vmatrix} \overset{\text{共通因子}}{=} (\lambda-1)\begin{vmatrix} 1 & -1 & 1 \\ 1 & \lambda & -1 \\ 0 & -1 & \lambda \end{vmatrix}$$

$$= (\lambda-1)\begin{vmatrix} 1 & -1 & 1 \\ 0 & \lambda+1 & -2 \\ 0 & -1 & \lambda \end{vmatrix} \overset{\text{次数下げ}}{=} (\lambda-1)\begin{vmatrix} \lambda+1 & -2 \\ -1 & \lambda \end{vmatrix}$$

$$= (\lambda-1)\begin{vmatrix} \lambda+1 & \lambda-1 \\ -1 & \lambda-1 \end{vmatrix} \overset{\text{共通因子}}{=} (\lambda-1)^2\begin{vmatrix} \lambda+1 & 1 \\ -1 & 1 \end{vmatrix} = (\lambda-1)^2(\lambda+2)$$

となる．よって，$F_A(\lambda)=0$ から，A の固有値は，$\lambda=-2, 1$ (重複度 2) である．

(2)　(i)　$\lambda=-2$ に対する A の固有ベクトルを $\boldsymbol{x} = \begin{pmatrix} x_1 \\ x_2 \\ x_3 \end{pmatrix}$ とすると，$\boldsymbol{x}$ は，$(-2E-A)\boldsymbol{x}=\boldsymbol{o}$ の非自明解である．そこで，$-2E-A$ を行基本変形で変形すると，

$$-2E-A = \begin{pmatrix} -2 & -1 & 1 \\ -1 & -2 & -1 \\ 1 & -1 & -2 \end{pmatrix} \longrightarrow \begin{pmatrix} 0 & -3 & -3 \\ 0 & -3 & -3 \\ 1 & -1 & -2 \end{pmatrix}$$

$$\longrightarrow \begin{pmatrix} 1 & -1 & -2 \\ 0 & -3 & -3 \\ 0 & -3 & -3 \end{pmatrix} \longrightarrow \begin{pmatrix} 1 & -1 & -2 \\ 0 & -3 & -3 \\ 0 & 0 & 0 \end{pmatrix} \times\left(\frac{-1}{3}\right)$$

$$\longrightarrow \begin{pmatrix} 1 & -1 & -2 \\ 0 & 1 & 1 \\ 0 & 0 & 0 \end{pmatrix} \longrightarrow \begin{pmatrix} 1 & 0 & -1 \\ 0 & 1 & 1 \\ 0 & 0 & 0 \end{pmatrix}$$

となるから，$\mathrm{rank}\,(-2E-A)=2$ である．解の自由度は，$3-\mathrm{rank}\,(-2E-A)=1$ であるから，

$$\begin{cases} x_1 \quad\quad - x_3 = 0 \\ \quad\quad x_2 + x_3 = 0 \end{cases}$$

において，$x_3=c$ とすれば，$x_1=c$, $x_2=-c$ を得るから，$\lambda=-2$ に対する A の固有ベクトルは，$\boldsymbol{x} = c\begin{pmatrix} 1 \\ -1 \\ 1 \end{pmatrix}$　$[c：任意定数, c \neq 0]$ となる．

(ii)　$\lambda=1$ (重複度 2) に対する A の固有ベクトル $\boldsymbol{x}$ は，$(E-A)\boldsymbol{x}=\boldsymbol{o}$ の非自明解である．$E-A$ を行基本変形すると，

$$E-A=\begin{pmatrix}1&-1&1\\-1&1&-1\\1&-1&1\end{pmatrix}\begin{matrix}\\ \swarrow\times1\\ \swarrow\times(-1)\end{matrix}\longrightarrow\begin{pmatrix}1&-1&1\\0&0&0\\0&0&0\end{pmatrix}$$

となるから, $\mathrm{rank}\,(E-A)=1$ である．よって, 解の自由度は $3-\mathrm{rank}\,(E-A)=2$ となるから, $x_1-x_2+x_3=0$ において, $x_2=c_1$, $x_3=c_2$ とおけば, $x_1=x_2-x_3=c_1-c_2$ となる．よって, $\lambda=1$ に対する A の固有ベクトル $\boldsymbol{x}$ は, $\boldsymbol{x}=c_1\begin{pmatrix}1\\1\\0\end{pmatrix}+c_2\begin{pmatrix}-1\\0\\1\end{pmatrix}$ $[c_1,c_2:$ 任意定数, $(c_1,c_2)\neq(0,0)]$ となる．

(3)　まず, 固有値 $\lambda=-2$ に対する A の固有ベクトルとして, (2) の (i) における任意定数 c を 1 にとり, $\boldsymbol{p}_1{}'=\begin{pmatrix}1\\-1\\1\end{pmatrix}$ とする．このベクトルを使って, $\boldsymbol{p}_1$ を $\boldsymbol{p}_1=\dfrac{\boldsymbol{p}_1{}'}{\|\boldsymbol{p}_1{}'\|}$ とおくと,

$\boldsymbol{p}_1=\dfrac{1}{\sqrt{1+1+1}}\begin{pmatrix}1\\-1\\1\end{pmatrix}=\dfrac{1}{\sqrt{3}}\begin{pmatrix}1\\-1\\1\end{pmatrix}$ のように単位ベクトル $\boldsymbol{p}_1$ が構成できる．

次に, 固有値 $\lambda=1$ に対する A の固有ベクトルとして, (2) の (ii) における, 任意定数 c_1,c_2 がそれぞれ, $(c_1,c_2)=(1,0),(0,1)$ の場合を考え, $\boldsymbol{u}_1=\begin{pmatrix}1\\1\\0\end{pmatrix}$, $\boldsymbol{u}_2=\begin{pmatrix}-1\\0\\1\end{pmatrix}$ とすると, $\boldsymbol{u}_1,\boldsymbol{u}_2$ は, いずれも固有値 $\lambda=-2$ の固有ベクトルと直交する．そこで, $\boldsymbol{u}_1,\boldsymbol{u}_2$ にグラム-シュミットの直交化法を使って, 計算をする．$\boldsymbol{p}_2=\dfrac{\boldsymbol{u}_1}{\|\boldsymbol{u}_1\|}$ とすると, $\boldsymbol{p}_2=\dfrac{1}{\sqrt{1+1+0}}\begin{pmatrix}1\\1\\0\end{pmatrix}=\dfrac{1}{\sqrt{2}}\begin{pmatrix}1\\1\\0\end{pmatrix}$ を得る．ここで, $\boldsymbol{p}_3{}'=\boldsymbol{u}_2-(\boldsymbol{u}_2,\boldsymbol{p}_2)\boldsymbol{p}_2$ を計算すると,

$$\begin{aligned}\boldsymbol{p}_3{}'&=\begin{pmatrix}-1\\0\\1\end{pmatrix}-\left(\begin{pmatrix}-1\\0\\1\end{pmatrix},\frac{1}{\sqrt{2}}\begin{pmatrix}1\\1\\0\end{pmatrix}\right)\cdot\frac{1}{\sqrt{2}}\begin{pmatrix}1\\1\\0\end{pmatrix}\\&=\frac{1}{2}\left(\begin{pmatrix}-2\\0\\2\end{pmatrix}-(-1+0+0)\begin{pmatrix}1\\1\\0\end{pmatrix}\right)=\frac{1}{2}\left(\begin{pmatrix}-2\\0\\2\end{pmatrix}+\begin{pmatrix}1\\1\\0\end{pmatrix}\right)\\&=\frac{1}{2}\begin{pmatrix}-1\\1\\2\end{pmatrix}\end{aligned}$$

となる．これを単位ベクトルとするために, $\boldsymbol{p}_3=\dfrac{\boldsymbol{p}_3{}'}{\|\boldsymbol{p}_3{}'\|}$ とおけば, $\boldsymbol{p}_3=\dfrac{1}{\sqrt{1+1+4}}\begin{pmatrix}-1\\1\\2\end{pmatrix}=\dfrac{1}{\sqrt{6}}\begin{pmatrix}-1\\1\\2\end{pmatrix}$ となる．定理 2.14 (p.234) により, $\boldsymbol{p}_2,\boldsymbol{p}_3$ は直交する単位ベクトルとなる．また,

$$P = \begin{pmatrix} \boldsymbol{p}_1 & \boldsymbol{p}_2 & \boldsymbol{p}_3 \end{pmatrix} = \begin{pmatrix} 1/\sqrt{3} & 1/\sqrt{2} & -1/\sqrt{6} \\ -1/\sqrt{3} & 1/\sqrt{2} & 1/\sqrt{6} \\ 1/\sqrt{3} & 0 & 2/\sqrt{6} \end{pmatrix}$$ とおけば, 定理 2.24 により, P は直交行列となり, A は, $P^{-1}AP = {}^tPAP = \begin{pmatrix} -2 & 0 & 0 \\ 0 & 1 & 0 \\ 0 & 0 & 1 \end{pmatrix}$ のように対角化される. ∎

◆◆演習問題 § 2.12◆◆

1. 次の対称行列 A を適当な直交行列を使って対角化せよ.

(1) $A = \begin{pmatrix} 4 & -8 \\ -8 & 16 \end{pmatrix}$　(2) $A = \begin{pmatrix} -57 & -12 \\ -12 & -47 \end{pmatrix}$

(3) $A = \begin{pmatrix} 7 & 5 & -8 \\ 5 & 7 & 8 \\ -8 & 8 & 10 \end{pmatrix}$　(4) $A = \begin{pmatrix} 2 & 2 & -4 \\ 2 & 5 & 2 \\ -4 & 2 & 2 \end{pmatrix}$

(5) $A = \begin{pmatrix} 1 & 0 & 5 & 0 \\ 0 & 1 & 0 & 8 \\ 5 & 0 & 1 & 0 \\ 0 & 8 & 0 & 1 \end{pmatrix}$　(6) $A = \begin{pmatrix} 1 & 4 & 0 & 0 \\ 4 & 1 & 0 & 0 \\ 0 & 0 & 3 & 2 \\ 0 & 0 & 2 & 3 \end{pmatrix}$

(7) $A = \begin{pmatrix} 3 & 1 & 1 & -1 \\ 1 & 5 & 1 & 1 \\ 1 & 1 & 3 & -1 \\ -1 & 1 & -1 & 5 \end{pmatrix}$　(8) $A = \begin{pmatrix} 3 & -2 & 1 & -1 \\ -2 & 0 & 2 & -2 \\ 1 & 2 & 3 & 1 \\ -1 & -2 & 1 & 3 \end{pmatrix}$

2. 2 次の対称行列 A が $A\begin{pmatrix} 2 \\ 3 \end{pmatrix} = \begin{pmatrix} 8 \\ -2 \end{pmatrix}$ と $|A| = -6$ を満たすとする. A を求め, さらに適当な直交行列を使って A を対角化せよ.

3. 2 次の対称行列 A が $A\begin{pmatrix} 1 \\ -2 \end{pmatrix} = \begin{pmatrix} 11 \\ 3 \end{pmatrix}$ を満たし, かつ $\begin{pmatrix} 1 \\ 3 \end{pmatrix}$ を固有ベクトルにもつとする. A を求め, さらに適当な直交行列を使って A を対角化せよ.

◇演習問題の解答◇

1. (1) $F_A(\lambda)=\begin{vmatrix}\lambda-4 & 8\\ 8 & \lambda-16\end{vmatrix}=\lambda^2-20\lambda=\lambda(\lambda-20)$

より $F_A(\lambda)=0$ の解は $\lambda=0,\,20$. よって A の固有値は 0, 20.

① 固有値 0 に対する固有ベクトル $\boldsymbol{x}=\begin{pmatrix}x_1\\x_2\end{pmatrix}$ を求める. $0E-A=\begin{pmatrix}-4 & 8\\ 8 & -16\end{pmatrix}$ より

$\begin{pmatrix}-4 & 8\\ 8 & -16\end{pmatrix}\begin{pmatrix}x_1\\x_2\end{pmatrix}=\begin{pmatrix}0\\0\end{pmatrix}$ の非自明解を求めればよい.

$$\left(\begin{array}{cc:c}-4 & 8 & 0\\ 8 & -16 & 0\end{array}\right)\begin{matrix}\times\frac{1}{4}\\ \times\frac{1}{8}\end{matrix}\longrightarrow\left(\begin{array}{cc:c}-1 & 2 & 0\\ 1 & -2 & 0\end{array}\right)\begin{matrix}\\ \times 1\end{matrix}\longrightarrow\left(\begin{array}{cc:c}-1 & 2 & 0\\ 0 & 0 & 0\end{array}\right).$$

よって方程式は $-x_1+2x_2=0$ と同値. $x_2=c$ とおけば, $x_1=2x_2=2c$. したがって, 固有値 0 に対する固有ベクトルは $\boldsymbol{x}=\begin{pmatrix}2c\\c\end{pmatrix}=c\begin{pmatrix}2\\1\end{pmatrix}$ 　$[c$：任意定数, $c\neq 0]$.

①′ $\boldsymbol{p}_1{}'=\begin{pmatrix}2\\1\end{pmatrix}$ とおき, $\boldsymbol{p}_1=\dfrac{1}{\|\boldsymbol{p}_1{}'\|}\boldsymbol{p}_1{}'$ を求める. $\|\boldsymbol{p}_1{}'\|=\sqrt{5}$ より $\boldsymbol{p}_1=\dfrac{1}{\sqrt{5}}\begin{pmatrix}2\\1\end{pmatrix}$.

② 固有値 20 に対する固有ベクトル $\boldsymbol{x}=\begin{pmatrix}x_1\\x_2\end{pmatrix}$ を求める. $20E-A=\begin{pmatrix}16 & 8\\ 8 & 4\end{pmatrix}$ より

$\begin{pmatrix}16 & 8\\ 8 & 4\end{pmatrix}\begin{pmatrix}x_1\\x_2\end{pmatrix}=\begin{pmatrix}0\\0\end{pmatrix}$ の非自明解を求めればよい.

$$\left(\begin{array}{cc:c}16 & 8 & 0\\ 8 & 4 & 0\end{array}\right)\begin{matrix}\times\frac{1}{8}\\ \times\frac{1}{4}\end{matrix}\longrightarrow\left(\begin{array}{cc:c}2 & 1 & 0\\ 2 & 1 & 0\end{array}\right)\begin{matrix}\\ \times(-1)\end{matrix}\longrightarrow\left(\begin{array}{cc:c}2 & 1 & 0\\ 0 & 0 & 0\end{array}\right).$$

よって方程式は $2x_1+x_2=0$ と同値. $x_1=c$ とおけば, $x_2=-2x_1=-2c$. したがって, 固有値 20 に対する固有ベクトルは $\boldsymbol{x}=\begin{pmatrix}c\\-2c\end{pmatrix}=c\begin{pmatrix}1\\-2\end{pmatrix}$ 　$[c$：任意定数, $c\neq 0]$.

②′ $\boldsymbol{p}_2{}'=\begin{pmatrix}1\\-2\end{pmatrix}$ とおき, $\boldsymbol{p}_2=\dfrac{1}{\|\boldsymbol{p}_2{}'\|}\boldsymbol{p}_2{}'$ を求める. $\|\boldsymbol{p}_2{}'\|=\sqrt{5}$ より $\boldsymbol{p}_2=\dfrac{1}{\sqrt{5}}\begin{pmatrix}1\\-2\end{pmatrix}$.

①′, ②′ で求めた $\boldsymbol{p}_1, \boldsymbol{p}_2$ を用いて $P=\begin{pmatrix}\boldsymbol{p}_1 & \boldsymbol{p}_2\end{pmatrix}=\dfrac{1}{\sqrt{5}}\begin{pmatrix}2 & 1\\ 1 & -2\end{pmatrix}$ とおけば, P は直交行列で $P^{-1}={}^tP=\dfrac{1}{\sqrt{5}}\begin{pmatrix}2 & 1\\ 1 & -2\end{pmatrix}$ であり, A は P を用いて

$$P^{-1}AP=\begin{pmatrix}0 & 0\\ 0 & 20\end{pmatrix}$$

と対角化される.

(2) $F_A(\lambda)=\begin{vmatrix}\lambda+57 & 12\\ 12 & \lambda+47\end{vmatrix}=\lambda^2+104\lambda+2535=(\lambda+65)(\lambda+39)$

より $F_A(\lambda)=0$ の解は $\lambda=-65,\,-39$. よって A の固有値は $-65,\,-39$.

① 固有値 -65 に対する固有ベクトル $\boldsymbol{x}=\begin{pmatrix} x_1 \\ x_2 \end{pmatrix}$ を求める. $(-65)E-A=\begin{pmatrix} -8 & 12 \\ 12 & -18 \end{pmatrix}$ より $\begin{pmatrix} -8 & 12 \\ 12 & -18 \end{pmatrix}\begin{pmatrix} x_1 \\ x_2 \end{pmatrix}=\begin{pmatrix} 0 \\ 0 \end{pmatrix}$ の非自明解を求めればよい.

$$\left(\begin{array}{cc|c} -8 & 12 & 0 \\ 12 & -18 & 0 \end{array}\right)\begin{matrix}\times\frac{1}{4} \\ \times\frac{1}{6}\end{matrix} \longrightarrow \left(\begin{array}{cc|c} -2 & 3 & 0 \\ 2 & -3 & 0 \end{array}\right) \times 1 \longrightarrow \left(\begin{array}{cc|c} -2 & 3 & 0 \\ 0 & 0 & 0 \end{array}\right).$$

よって方程式は $-2x_1+3x_2=0$ と同値. $x_2=2c$ とおけば, $-2x_1+6c=0$ となって $x_1=3c$. したがって, 固有値 -65 に対する固有ベクトルは $\boldsymbol{x}=\begin{pmatrix} 3c \\ 2c \end{pmatrix}=c\begin{pmatrix} 3 \\ 2 \end{pmatrix}$ [c : 任意定数, $c\neq 0$].

①′ $\boldsymbol{p}_1{}'=\begin{pmatrix} 3 \\ 2 \end{pmatrix}$ とおき, $\boldsymbol{p}_1=\dfrac{1}{\|\boldsymbol{p}_1{}'\|}\boldsymbol{p}_1{}'$ を求める. $\|\boldsymbol{p}_1{}'\|=\sqrt{13}$ より $\boldsymbol{p}_1=\dfrac{1}{\sqrt{13}}\begin{pmatrix} 3 \\ 2 \end{pmatrix}$.

② 固有値 -39 に対する固有ベクトル $\boldsymbol{x}=\begin{pmatrix} x_1 \\ x_2 \end{pmatrix}$ を求める. $(-39)E-A=\begin{pmatrix} 18 & 12 \\ 12 & 8 \end{pmatrix}$ より $\begin{pmatrix} 18 & 12 \\ 12 & 8 \end{pmatrix}\begin{pmatrix} x_1 \\ x_2 \end{pmatrix}=\begin{pmatrix} 0 \\ 0 \end{pmatrix}$ の非自明解を求めればよい.

$$\left(\begin{array}{cc|c} 18 & 12 & 0 \\ 12 & 8 & 0 \end{array}\right)\begin{matrix}\times\frac{1}{6} \\ \times\frac{1}{4}\end{matrix} \longrightarrow \left(\begin{array}{cc|c} 3 & 2 & 0 \\ 3 & 2 & 0 \end{array}\right) \times(-1) \longrightarrow \left(\begin{array}{cc|c} 3 & 2 & 0 \\ 0 & 0 & 0 \end{array}\right).$$

よって方程式は $3x_1+2x_2=0$ と同値. $x_2=3c$ とおけば, $3x_1+6c=0$ となって $x_1=-2c$. したがって, 固有値 -39 に対する固有ベクトルは $\boldsymbol{x}=\begin{pmatrix} -2c \\ 3c \end{pmatrix}=c\begin{pmatrix} -2 \\ 3 \end{pmatrix}$ [c : 任意定数, $c\neq 0$].

②′ $\boldsymbol{p}_2{}'=\begin{pmatrix} -2 \\ 3 \end{pmatrix}$ とおき, $\boldsymbol{p}_2=\dfrac{1}{\|\boldsymbol{p}_2{}'\|}\boldsymbol{p}_2{}'$ を求める. $\|\boldsymbol{p}_2{}'\|=\sqrt{13}$ より $\boldsymbol{p}_2=\dfrac{1}{\sqrt{13}}\begin{pmatrix} -2 \\ 3 \end{pmatrix}$.

①′, ②′ で求めた $\boldsymbol{p}_1$, $\boldsymbol{p}_2$ を用いて $P=\begin{pmatrix} \boldsymbol{p}_1 & \boldsymbol{p}_2 \end{pmatrix}=\dfrac{1}{\sqrt{13}}\begin{pmatrix} 3 & -2 \\ 2 & 3 \end{pmatrix}$ とおけば, P は直交行列で $P^{-1}={}^tP=\dfrac{1}{\sqrt{13}}\begin{pmatrix} 3 & 2 \\ -2 & 3 \end{pmatrix}$ であり, A は P を用いて

$$P^{-1}AP=\begin{pmatrix} -65 & 0 \\ 0 & -39 \end{pmatrix}$$

と対角化される.

(3) $$F_A(\lambda)=\begin{vmatrix} \lambda-7 & -5 & 8 \\ -5 & \lambda-7 & -8 \\ 8 & -8 & \lambda-10 \end{vmatrix} \times 1 = \begin{vmatrix} \lambda-7 & -5 & 8 \\ \lambda-12 & \lambda-12 & 0 \\ 8 & -8 & \lambda-10 \end{vmatrix}$$

$$\overset{\text{共通因子}}{=}(\lambda-12)\begin{vmatrix} \lambda-7 & -5 & 8 \\ 1 & 1 & 0 \\ 8 & -8 & \lambda-10 \end{vmatrix}\times(-1)=(\lambda-12)\begin{vmatrix} \lambda-2 & -5 & 8 \\ 0 & 1 & 0 \\ 16 & -8 & \lambda-10 \end{vmatrix}$$

$$\overset{2\text{行展開}}{=} (\lambda-12)\begin{vmatrix} \lambda-2 & 8 \\ 16 & \lambda-10 \end{vmatrix} = (\lambda-12)(\lambda^2-12\lambda-108)$$
$$= (\lambda+6)(\lambda-12)(\lambda-18)$$

より $F_A(\lambda)=0$ の解は $\lambda=-6,\ 12,\ 18$. よって A の固有値は $-6,\ 12,\ 18$.

① 固有値 -6 に対する固有ベクトル $\boldsymbol{x}=\begin{pmatrix} x_1 \\ x_2 \\ x_3 \end{pmatrix}$ を求める.

$(-6)E-A=\begin{pmatrix} -13 & -5 & 8 \\ -5 & -13 & -8 \\ 8 & -8 & -16 \end{pmatrix}$ より $\begin{pmatrix} -13 & -5 & 8 \\ -5 & -13 & -8 \\ 8 & -8 & -16 \end{pmatrix}\begin{pmatrix} x_1 \\ x_2 \\ x_3 \end{pmatrix}=\begin{pmatrix} 0 \\ 0 \\ 0 \end{pmatrix}$ の非自明解を求めればよい.

$$\left(\begin{array}{ccc|c} -13 & -5 & 8 & 0 \\ -5 & -13 & -8 & 0 \\ 8 & -8 & -16 & 0 \end{array}\right)_{\times\frac{1}{8}} \longrightarrow \left(\begin{array}{ccc|c} -13 & -5 & 8 & 0 \\ -5 & -13 & -8 & 0 \\ 1 & -1 & -2 & 0 \end{array}\right)$$

$$\longrightarrow \left(\begin{array}{ccc|c} 1 & -1 & -2 & 0 \\ -5 & -13 & -8 & 0 \\ -13 & -5 & 8 & 0 \end{array}\right) \begin{matrix} \\ \times 5 \\ \times 13 \end{matrix} \longrightarrow \left(\begin{array}{ccc|c} 1 & -1 & -2 & 0 \\ 0 & -18 & -18 & 0 \\ 0 & -18 & -18 & 0 \end{array}\right) \begin{matrix} \\ \times\left(\frac{-1}{18}\right) \\ \times\left(\frac{-1}{18}\right) \end{matrix}$$

$$\longrightarrow \left(\begin{array}{ccc|c} 1 & -1 & -2 & 0 \\ 0 & 1 & 1 & 0 \\ 0 & 1 & 1 & 0 \end{array}\right) \begin{matrix} \times 1 \\ \\ \times(-1) \end{matrix} \longrightarrow \left(\begin{array}{ccc|c} 1 & 0 & -1 & 0 \\ 0 & 1 & 1 & 0 \\ 0 & 0 & 0 & 0 \end{array}\right).$$

よって方程式は $\begin{cases} x_1 \quad - x_3 = 0 & \cdots \quad \text{(i)} \\ \quad x_2 + x_3 = 0 & \cdots \quad \text{(ii)} \end{cases}$ と同値. $x_3=c$ とおけば, (ii) より $x_2=-x_3=-c$ が得られ, (i) より $x_1=x_3=c$ が得られる. したがって, 固有値 -6 に対する固有ベクトルは $\boldsymbol{x}=\begin{pmatrix} c \\ -c \\ c \end{pmatrix}=c\begin{pmatrix} 1 \\ -1 \\ 1 \end{pmatrix}$ 　$[c:$ 任意定数, $c\neq 0]$.

①′ $\boldsymbol{p}_1{}'=\begin{pmatrix} 1 \\ -1 \\ 1 \end{pmatrix}$ とおき, $\boldsymbol{p}_1=\dfrac{1}{\|\boldsymbol{p}_1{}'\|}\boldsymbol{p}_1{}'$ を求める. $\|\boldsymbol{p}_1{}'\|=\sqrt{3}$ より $\boldsymbol{p}_1=\dfrac{1}{\sqrt{3}}\begin{pmatrix} 1 \\ -1 \\ 1 \end{pmatrix}$.

② 固有値 12 に対する固有ベクトル $\boldsymbol{x}=\begin{pmatrix} x_1 \\ x_2 \\ x_3 \end{pmatrix}$ を求める. $12E-A=\begin{pmatrix} 5 & -5 & 8 \\ -5 & 5 & -8 \\ 8 & -8 & 2 \end{pmatrix}$

より $\begin{pmatrix} 5 & -5 & 8 \\ -5 & 5 & -8 \\ 8 & -8 & 2 \end{pmatrix}\begin{pmatrix} x_1 \\ x_2 \\ x_3 \end{pmatrix}=\begin{pmatrix} 0 \\ 0 \\ 0 \end{pmatrix}$ の非自明解を求めればよい.

$$\left(\begin{array}{ccc|c} 5 & -5 & 8 & 0 \\ -5 & 5 & -8 & 0 \\ 8 & -8 & 2 & 0 \end{array}\right) \begin{matrix} \times 1 \\ \\ \times\frac{1}{2} \end{matrix} \longrightarrow \left(\begin{array}{ccc|c} 5 & -5 & 8 & 0 \\ 0 & 0 & 0 & 0 \\ 4 & -4 & 1 & 0 \end{array}\right) \begin{matrix} \times(-1) \\ \\ \\ \end{matrix}$$

$$\longrightarrow\left(\begin{array}{ccc|c}1&-1&7&0\\0&0&0&0\\4&-4&1&0\end{array}\right)\times(-4)\longrightarrow\left(\begin{array}{ccc|c}1&-1&7&0\\0&0&0&0\\0&0&-27&0\end{array}\right)\times\left(\frac{-1}{27}\right)$$

$$\longrightarrow\left(\begin{array}{ccc|c}1&-1&7&0\\0&0&0&0\\0&0&1&0\end{array}\right)\times(-7)\longrightarrow\left(\begin{array}{ccc|c}1&-1&0&0\\0&0&0&0\\0&0&1&0\end{array}\right)$$

$$\longrightarrow\left(\begin{array}{ccc|c}1&-1&0&0\\0&0&1&0\\0&0&0&0\end{array}\right).$$

よって方程式は $\begin{cases} x_1 - x_2 \quad = 0 & \cdots \text{(i)} \\ \qquad\quad x_3 = 0 & \cdots \text{(ii)} \end{cases}$ と同値. (ii) より $x_3 = 0$. $x_2 = c$ とおけば, (i) より $x_1 = x_2 = c$. したがって, 固有値 12 に対する固有ベクトルは $\boldsymbol{x} = \begin{pmatrix} c \\ c \\ 0 \end{pmatrix} = c\begin{pmatrix} 1 \\ 1 \\ 0 \end{pmatrix}$

[c : 任意定数, $c \neq 0$].

②′　$\boldsymbol{p}_2{}' = \begin{pmatrix} 1 \\ 1 \\ 0 \end{pmatrix}$ とおき, $\boldsymbol{p}_2 = \dfrac{1}{\|\boldsymbol{p}_2{}'\|}\boldsymbol{p}_2{}'$ を求める. $\|\boldsymbol{p}_2{}'\| = \sqrt{2}$ より $\boldsymbol{p}_2 = \dfrac{1}{\sqrt{2}}\begin{pmatrix} 1 \\ 1 \\ 0 \end{pmatrix}$.

③　固有値 18 に対する固有ベクトル $\boldsymbol{x} = \begin{pmatrix} x_1 \\ x_2 \\ x_3 \end{pmatrix}$ を求める. $3E - A = \begin{pmatrix} 11 & -5 & 8 \\ -5 & 11 & -8 \\ 8 & -8 & 8 \end{pmatrix}$

より $\begin{pmatrix} 11 & -5 & 8 \\ -5 & 11 & -8 \\ 8 & -8 & 8 \end{pmatrix}\begin{pmatrix} x_1 \\ x_2 \\ x_3 \end{pmatrix} = \begin{pmatrix} 0 \\ 0 \\ 0 \end{pmatrix}$ の非自明解を求めればよい.

$$\left(\begin{array}{ccc|c}11&-5&8&0\\-5&11&-8&0\\8&-8&8&0\end{array}\right)\times\frac{1}{8}\longrightarrow\left(\begin{array}{ccc|c}11&-5&8&0\\-5&11&-8&0\\1&-1&1&0\end{array}\right)$$

$$\longrightarrow\left(\begin{array}{ccc|c}1&-1&1&0\\-5&11&-8&0\\11&-5&8&0\end{array}\right)\begin{array}{l}\times 5\\ \times(-11)\end{array}\longrightarrow\left(\begin{array}{ccc|c}1&-1&1&0\\0&6&-3&0\\0&6&-3&0\end{array}\right)\begin{array}{l}\times\frac{1}{3}\\ \times\frac{1}{3}\end{array}$$

$$\longrightarrow\left(\begin{array}{ccc|c}1&-1&1&0\\0&2&-1&0\\0&2&-1&0\end{array}\right)\times(-1)\longrightarrow\left(\begin{array}{ccc|c}1&-1&1&0\\0&2&-1&0\\0&0&0&0\end{array}\right).$$

よって方程式は $\begin{cases} x_1 - \ x_2 + x_3 = 0 & \cdots \text{(i)} \\ \qquad 2x_2 - x_3 = 0 & \cdots \text{(ii)} \end{cases}$ と同値. $x_2 = c$ とおけば, (ii) より $x_3 = 2x_2 = 2c$ が得られ, さらに (i) より $x_1 - c + 2c = 0$ となって $x_1 = -c$ が得られる. したがって, 固有値 18 に対する固有ベクトルは $\boldsymbol{x} = \begin{pmatrix} -c \\ c \\ 2c \end{pmatrix} = c\begin{pmatrix} -1 \\ 1 \\ 2 \end{pmatrix}$　[c : 任意定数, $c \neq 0$].

③′　$\mathbb{p}_3{}' = \begin{pmatrix} -1 \\ 1 \\ 2 \end{pmatrix}$ とおき, $\mathbb{p}_3 = \dfrac{1}{\|\mathbb{p}_3{}'\|}\mathbb{p}_3{}'$ を求める. $\|\mathbb{p}_3{}'\| = \sqrt{6}$ より $\mathbb{p}_3 = \dfrac{1}{\sqrt{6}}\begin{pmatrix} -1 \\ 1 \\ 2 \end{pmatrix}$.

①′, ②′, ③′ で求めた $\mathbb{p}_1$, $\mathbb{p}_2$, $\mathbb{p}_3$ を用いて

$$P = \begin{pmatrix} \mathbb{p}_1 & \mathbb{p}_2 & \mathbb{p}_3 \end{pmatrix} = \begin{pmatrix} \dfrac{1}{\sqrt{3}} & \dfrac{1}{\sqrt{2}} & -\dfrac{1}{\sqrt{6}} \\ -\dfrac{1}{\sqrt{3}} & \dfrac{1}{\sqrt{2}} & \dfrac{1}{\sqrt{6}} \\ \dfrac{1}{\sqrt{3}} & 0 & \dfrac{2}{\sqrt{6}} \end{pmatrix} = \frac{1}{\sqrt{6}}\begin{pmatrix} \sqrt{2} & \sqrt{3} & -1 \\ -\sqrt{2} & \sqrt{3} & 1 \\ \sqrt{2} & 0 & 2 \end{pmatrix}$$

とおけば, P は直交行列で

$$P^{-1} = {}^tP = \begin{pmatrix} \dfrac{1}{\sqrt{3}} & -\dfrac{1}{\sqrt{3}} & \dfrac{1}{\sqrt{3}} \\ \dfrac{1}{\sqrt{2}} & \dfrac{1}{\sqrt{2}} & 0 \\ -\dfrac{1}{\sqrt{6}} & \dfrac{1}{\sqrt{6}} & \dfrac{2}{\sqrt{6}} \end{pmatrix} = \frac{1}{\sqrt{6}}\begin{pmatrix} \sqrt{2} & -\sqrt{2} & \sqrt{2} \\ \sqrt{3} & \sqrt{3} & 0 \\ -1 & 1 & 2 \end{pmatrix}$$

であり, A は P を用いて

$$P^{-1}AP = \begin{pmatrix} -6 & 0 & 0 \\ 0 & 12 & 0 \\ 0 & 0 & 18 \end{pmatrix}$$

と対角化される.

(4)　$$F_A(\lambda) = \begin{vmatrix} \lambda-2 & -2 & 4 \\ -2 & \lambda-5 & -2 \\ 4 & -2 & \lambda-2 \end{vmatrix} \overset{\times 2}{=} \begin{vmatrix} \lambda-2 & -2 & 4 \\ -2 & \lambda-5 & -2 \\ 0 & 2\lambda-12 & \lambda-6 \end{vmatrix}$$

$$\overset{\text{共通因子}}{=} (\lambda-6)\begin{vmatrix} \lambda-2 & -2 & 4 \\ -2 & \lambda-5 & -2 \\ 0 & 2 & 1 \end{vmatrix} \overset{\times(-2)}{=} (\lambda-6)\begin{vmatrix} \lambda-2 & -10 & 4 \\ -2 & \lambda-1 & -2 \\ 0 & 0 & 1 \end{vmatrix}$$

$$\overset{3\text{ 行展開}}{=} (\lambda-6)\begin{vmatrix} \lambda-2 & -10 \\ -2 & \lambda-1 \end{vmatrix} = (\lambda-6)(\lambda^2-3\lambda-18) = (\lambda+3)(\lambda-6)^2$$

より $F_A(\lambda) = 0$ の解は $\lambda = -3, 6$. よって A の固有値は -3, 6.

①　固有値 -3 に対する固有ベクトル $\boldsymbol{x} = \begin{pmatrix} x_1 \\ x_2 \\ x_3 \end{pmatrix}$ を求める. $(-3)E-A = \begin{pmatrix} -5 & -2 & 4 \\ -2 & -8 & -2 \\ 4 & -2 & -5 \end{pmatrix}$

より $\begin{pmatrix} -5 & -2 & 4 \\ -2 & -8 & -2 \\ 4 & -2 & -5 \end{pmatrix}\begin{pmatrix} x_1 \\ x_2 \\ x_3 \end{pmatrix} = \begin{pmatrix} 0 \\ 0 \\ 0 \end{pmatrix}$ の非自明解を求めればよい.

$$\overset{\times 1}{\curvearrowright}\left(\begin{array}{rrr:r} -5 & -2 & 4 & 0 \\ -2 & -8 & -2 & 0 \\ 4 & -2 & -5 & 0 \end{array}\right)\overset{\times \frac{1}{2}}{\longrightarrow}\left(\begin{array}{rrr:r} -1 & -4 & -1 & 0 \\ -1 & -4 & -1 & 0 \\ 4 & -2 & -5 & 0 \end{array}\right)\overset{\times(-1)}{\underset{\times 4}{\curvearrowleft}}$$

$$\longrightarrow\left(\begin{array}{rrr:r} -1 & -4 & -1 & 0 \\ 0 & 0 & 0 & 0 \\ 0 & -18 & -9 & 0 \end{array}\right)\overset{\times(-1)}{\underset{\times\left(\frac{-1}{9}\right)}{\longrightarrow}}\left(\begin{array}{rrr:r} 1 & 4 & 1 & 0 \\ 0 & 0 & 0 & 0 \\ 0 & 2 & 1 & 0 \end{array}\right)\curvearrowright$$

$$\longrightarrow\left(\begin{array}{rrr:r} 1 & 4 & 1 & 0 \\ 0 & 2 & 1 & 0 \\ 0 & 0 & 0 & 0 \end{array}\right)\overset{\times(-2)}{\curvearrowleft}\longrightarrow\left(\begin{array}{rrr:r} 1 & 0 & -1 & 0 \\ 0 & 2 & 1 & 0 \\ 0 & 0 & 0 & 0 \end{array}\right).$$

よって方程式は $\begin{cases} x_1 & -\ x_3 = 0 & \cdots & \text{(i)} \\ & 2x_2 + x_3 = 0 & \cdots & \text{(ii)} \end{cases}$ と同値. $x_2 = c$ とおけば, (ii) より

$x_3 = -2x_2 = -2c$ が得られ, さらに (i) より $x_1 = x_3 = -2c$ が得られる. したがって, 固有値

-3 に対する固有ベクトルは $\boldsymbol{x} = \begin{pmatrix} -2c \\ c \\ -2c \end{pmatrix} = c\begin{pmatrix} -2 \\ 1 \\ -2 \end{pmatrix}$ 　[c : 任意定数, $c \neq 0$].

① $'$ 　$\boldsymbol{p_1}' = \begin{pmatrix} -2 \\ 1 \\ -2 \end{pmatrix}$ とおき, $\boldsymbol{p_1} = \dfrac{1}{\|\boldsymbol{p_1}'\|}\boldsymbol{p_1}'$ を求める. $\|\boldsymbol{p_1}'\| = 3$ より $\boldsymbol{p_1} = \dfrac{1}{3}\begin{pmatrix} -2 \\ 1 \\ -2 \end{pmatrix}$.

② 　固有値 6 に対する固有ベクトル $\boldsymbol{x} = \begin{pmatrix} x_1 \\ x_2 \\ x_3 \end{pmatrix}$ を求める. $6E - A = \begin{pmatrix} 4 & -2 & 4 \\ -2 & 1 & -2 \\ 4 & -2 & 4 \end{pmatrix}$

より $\begin{pmatrix} 4 & -2 & 4 \\ -2 & 1 & -2 \\ 4 & -2 & 4 \end{pmatrix}\begin{pmatrix} x_1 \\ x_2 \\ x_3 \end{pmatrix} = \begin{pmatrix} 0 \\ 0 \\ 0 \end{pmatrix}$ の非自明解を求めればよい.

$$\left(\begin{array}{rrr:r} 4 & -2 & 4 & 0 \\ -2 & 1 & -2 & 0 \\ 4 & -2 & 4 & 0 \end{array}\right)\overset{\times\frac{1}{2}}{\underset{\times\frac{1}{2}}{\longrightarrow}}\left(\begin{array}{rrr:r} 2 & -1 & 2 & 0 \\ -2 & 1 & -2 & 0 \\ 2 & -1 & 2 & 0 \end{array}\right)\overset{\times 1}{\underset{\times(-1)}{\curvearrowleft}}$$

$$\longrightarrow\left(\begin{array}{rrr:r} 2 & -1 & 2 & 0 \\ 0 & 0 & 0 & 0 \\ 0 & 0 & 0 & 0 \end{array}\right).$$

よって方程式は $2x_1 - x_2 + 2x_3 = 0$ と同値. $x_1 = c_1$, $x_3 = c_2$ とおけば, $x_2 = 2x_1 + 2x_3 = 2c_1 + $

$2c_2$. したがって, 固有値 6 に対する固有ベクトルは $\boldsymbol{x} = \begin{pmatrix} c_1 \\ 2c_1 + 2c_2 \\ c_2 \end{pmatrix} = c_1\begin{pmatrix} 1 \\ 2 \\ 0 \end{pmatrix} + c_2\begin{pmatrix} 0 \\ 2 \\ 1 \end{pmatrix}$

[c_1, c_2 : 任意定数, $(c_1, c_2) \neq (0, 0)$].

② $'$ 　$\boldsymbol{u_2} = \begin{pmatrix} 1 \\ 2 \\ 0 \end{pmatrix}$, $\boldsymbol{u_3} = \begin{pmatrix} 0 \\ 2 \\ 1 \end{pmatrix}$ とおき, グラム-シュミットの直交化法によって $\boldsymbol{u_2}, \boldsymbol{u_3}$ を正規

直交化する.

②′-(I)　$\boldsymbol{p}_2 = \dfrac{1}{\|\boldsymbol{u}_2\|}\boldsymbol{u}_2$：　$\|\boldsymbol{u}_2\| = \sqrt{5}$ より $\boldsymbol{p}_2 = \dfrac{1}{\sqrt{5}}\begin{pmatrix}1\\2\\0\end{pmatrix}$.

②′-(II)　$\boldsymbol{p}_3{}' = \boldsymbol{u}_3 - (\boldsymbol{u}_3, \boldsymbol{p}_2)\boldsymbol{p}_2$：　$(\boldsymbol{u}_3, \boldsymbol{p}_2) = \dfrac{4}{\sqrt{5}}$ より

$$\boldsymbol{p}_3{}' = \begin{pmatrix}0\\2\\1\end{pmatrix} - \frac{4}{\sqrt{5}}\cdot\frac{1}{\sqrt{5}}\begin{pmatrix}1\\2\\0\end{pmatrix} = \frac{1}{5}\begin{pmatrix}-4\\2\\5\end{pmatrix}.$$

②′-(II)′　$\boldsymbol{p}_3 = \dfrac{1}{\|\boldsymbol{p}_3{}'\|}\boldsymbol{p}_3{}'$：　$\|\boldsymbol{p}_3{}'\| = \dfrac{3\sqrt{5}}{5}$ より

$$\boldsymbol{p}_3 = \frac{5}{3\sqrt{5}}\cdot\frac{1}{5}\begin{pmatrix}-4\\2\\5\end{pmatrix} = \frac{1}{3\sqrt{5}}\begin{pmatrix}-4\\2\\5\end{pmatrix}.$$

①′, ②′ で求めた $\boldsymbol{p}_1, \boldsymbol{p}_2, \boldsymbol{p}_3$ を用いて

$$P = \begin{pmatrix}\boldsymbol{p}_1 & \boldsymbol{p}_2 & \boldsymbol{p}_3\end{pmatrix} = \begin{pmatrix}-\dfrac{2}{3} & \dfrac{1}{\sqrt{5}} & -\dfrac{4}{3\sqrt{5}}\\[2mm] \dfrac{1}{3} & \dfrac{2}{\sqrt{5}} & \dfrac{2}{3\sqrt{5}}\\[2mm] -\dfrac{2}{3} & 0 & \dfrac{5}{3\sqrt{5}}\end{pmatrix} = \frac{1}{3\sqrt{5}}\begin{pmatrix}-2\sqrt{5} & 3 & -4\\ \sqrt{5} & 6 & 2\\ -2\sqrt{5} & 0 & 5\end{pmatrix}$$

とおけば, P は直交行列で

$$P^{-1} = {}^tP = \begin{pmatrix}-\dfrac{2}{3} & \dfrac{1}{3} & -\dfrac{2}{3}\\[2mm] \dfrac{1}{\sqrt{5}} & \dfrac{2}{\sqrt{5}} & 0\\[2mm] -\dfrac{4}{3\sqrt{5}} & \dfrac{2}{3\sqrt{5}} & \dfrac{5}{3\sqrt{5}}\end{pmatrix} = \frac{1}{3\sqrt{5}}\begin{pmatrix}-2\sqrt{5} & \sqrt{5} & -2\sqrt{5}\\ 3 & 6 & 0\\ -4 & 2 & 5\end{pmatrix}$$

であり, A は P を用いて

$$P^{-1}AP = \begin{pmatrix}-3 & 0 & 0\\ 0 & 6 & 0\\ 0 & 0 & 6\end{pmatrix}$$

と対角化される.

(5)　$F_A(\lambda) = \begin{vmatrix}\lambda-1 & 0 & -5 & 0\\ 0 & \lambda-1 & 0 & -8\\ -5 & 0 & \lambda-1 & 0\\ 0 & -8 & 0 & \lambda-1\end{vmatrix}$

$$\overset{1\text{列展開}}{=} (\lambda-1)\begin{vmatrix}\lambda-1 & 0 & -8\\ 0 & \lambda-1 & 0\\ -8 & 0 & \lambda-1\end{vmatrix} - 5\begin{vmatrix}0 & -5 & 0\\ \lambda-1 & 0 & -8\\ -8 & 0 & \lambda-1\end{vmatrix}$$

$$\overset{\substack{1\text{列展開}\\2\text{列展開}}}{=} (\lambda-1)\left\{(\lambda-1)\begin{vmatrix}\lambda-1 & 0\\ 0 & \lambda-1\end{vmatrix} - 8\begin{vmatrix}0 & -8\\ \lambda-1 & 0\end{vmatrix}\right\}$$

$$-5\cdot 5\begin{vmatrix} \lambda-1 & -8 \\ -8 & \lambda-1 \end{vmatrix}$$

$$\begin{aligned}
&= (\lambda-1)\{(\lambda-1)^3 - 64(\lambda-1)\} - 25(\lambda^2-2\lambda-63) \\
&= (\lambda-1)^2(\lambda^2-2\lambda-63) - 25(\lambda^2-2\lambda-63) = (\lambda^2-2\lambda-24)(\lambda^2-2\lambda-63) \\
&= (\lambda+7)(\lambda+4)(\lambda-6)(\lambda-9)
\end{aligned}$$

より $F_A(\lambda)=0$ の解は $\lambda=-7,\ -4,\ 6,\ 9$. よって A の固有値は $-7,\ -4,\ 6,\ 9$.

① 固有値 -7 に対する固有ベクトル $\boldsymbol{x}=\begin{pmatrix} x_1 \\ x_2 \\ x_3 \\ x_4 \end{pmatrix}$ を求める.

$$(-7)E-A=\begin{pmatrix} -8 & 0 & -5 & 0 \\ 0 & -8 & 0 & -8 \\ -5 & 0 & -8 & 0 \\ 0 & -8 & 0 & -8 \end{pmatrix} \text{ より } \begin{pmatrix} -8 & 0 & -5 & 0 \\ 0 & -8 & 0 & -8 \\ -5 & 0 & -8 & 0 \\ 0 & -8 & 0 & -8 \end{pmatrix}\begin{pmatrix} x_1 \\ x_2 \\ x_3 \\ x_4 \end{pmatrix}=\begin{pmatrix} 0 \\ 0 \\ 0 \\ 0 \end{pmatrix}$$

の非自明解を求めればよい.

$$\left(\begin{array}{cccc|c} -8 & 0 & -5 & 0 & 0 \\ 0 & -8 & 0 & -8 & 0 \\ -5 & 0 & -8 & 0 & 0 \\ 0 & -8 & 0 & -8 & 0 \end{array}\right)\begin{matrix} \times(-5) \\ \times\left(\frac{-1}{8}\right) \\ \times 8 \\ \times\frac{1}{8} \end{matrix} \longrightarrow \left(\begin{array}{cccc|c} 40 & 0 & 25 & 0 & 0 \\ 0 & 1 & 0 & 1 & 0 \\ -40 & 0 & -64 & 0 & 0 \\ 0 & -1 & 0 & -1 & 0 \end{array}\right)\begin{matrix} \times 1 \\ \\ \\ \times 1 \end{matrix}$$

$$\longrightarrow \left(\begin{array}{cccc|c} 40 & 0 & 25 & 0 & 0 \\ 0 & 1 & 0 & 1 & 0 \\ 0 & 0 & -39 & 0 & 0 \\ 0 & 0 & 0 & 0 & 0 \end{array}\right)\begin{matrix} \times\frac{1}{5} \\ \\ \times\left(\frac{-1}{39}\right) \\ \\ \end{matrix} \longrightarrow \left(\begin{array}{cccc|c} 8 & 0 & 5 & 0 & 0 \\ 0 & 1 & 0 & 1 & 0 \\ 0 & 0 & 1 & 0 & 0 \\ 0 & 0 & 0 & 0 & 0 \end{array}\right)\begin{matrix} \times(-5) \\ \\ \\ \\ \end{matrix}$$

$$\longrightarrow \left(\begin{array}{cccc|c} 8 & 0 & 0 & 0 & 0 \\ 0 & 1 & 0 & 1 & 0 \\ 0 & 0 & 1 & 0 & 0 \\ 0 & 0 & 0 & 0 & 0 \end{array}\right)\begin{matrix} \times\frac{1}{8} \\ \\ \\ \\ \end{matrix} \longrightarrow \left(\begin{array}{cccc|c} 1 & 0 & 0 & 0 & 0 \\ 0 & 1 & 0 & 1 & 0 \\ 0 & 0 & 1 & 0 & 0 \\ 0 & 0 & 0 & 0 & 0 \end{array}\right).$$

よって方程式は $\begin{cases} x_1 = 0 & \cdots \quad \text{(i)} \\ x_2 + x_4 = 0 & \cdots \quad \text{(ii)} \\ x_3 = 0 & \cdots \quad \text{(iii)} \end{cases}$ と同値. (i), (iii) より $x_1=x_3=0$.
$x_4=c$ とおけば, (ii) より $x_2=-x_4=-c$. したがって, 固有値 -7 に対する固有ベクトルは

$$\boldsymbol{x}=\begin{pmatrix} 0 \\ -c \\ 0 \\ c \end{pmatrix}=c\begin{pmatrix} 0 \\ -1 \\ 0 \\ 1 \end{pmatrix} \qquad [c:\ \text{任意定数},\ c\neq 0].$$

①′ $\boldsymbol{p}_1{}'=\begin{pmatrix} 0 \\ -1 \\ 0 \\ 1 \end{pmatrix}$ とおき, $\boldsymbol{p}_2=\dfrac{1}{\|\boldsymbol{p}_1{}'\|}\boldsymbol{p}_1{}'$ を求める. $\|\boldsymbol{p}_1{}'\|=\sqrt{2}$ より $\boldsymbol{p}_1=\dfrac{1}{\sqrt{2}}\begin{pmatrix} 0 \\ -1 \\ 0 \\ 1 \end{pmatrix}$.

② 固有値 -4 に対する固有ベクトル $\boldsymbol{x}=\begin{pmatrix} x_1 \\ x_2 \\ x_3 \\ x_4 \end{pmatrix}$ を求める.

$$(-4)E-A=\begin{pmatrix} -5 & 0 & -5 & 0 \\ 0 & -5 & 0 & -8 \\ -5 & 0 & -5 & 0 \\ 0 & -8 & 0 & -5 \end{pmatrix} \text{ より } \begin{pmatrix} -5 & 0 & -5 & 0 \\ 0 & -5 & 0 & -8 \\ -5 & 0 & -5 & 0 \\ 0 & -8 & 0 & -5 \end{pmatrix}\begin{pmatrix} x_1 \\ x_2 \\ x_3 \\ x_4 \end{pmatrix}=\begin{pmatrix} 0 \\ 0 \\ 0 \\ 0 \end{pmatrix}$$

の非自明解を求めればよい.

$$\left(\begin{array}{cccc:c} -5 & 0 & -5 & 0 & 0 \\ 0 & -5 & 0 & -8 & 0 \\ -5 & 0 & -5 & 0 & 0 \\ 0 & -8 & 0 & -5 & 0 \end{array}\right)\begin{matrix} \times\left(\frac{-1}{5}\right) \\ \times(-8) \\ \times\frac{1}{5} \\ \times 5 \end{matrix} \longrightarrow \left(\begin{array}{cccc:c} 1 & 0 & 1 & 0 & 0 \\ 0 & 40 & 0 & 64 & 0 \\ -1 & 0 & -1 & 0 & 0 \\ 0 & -40 & 0 & -25 & 0 \end{array}\right)\begin{matrix} \times 1 \\ \\ \\ \times 1 \end{matrix}$$

$$\longrightarrow \left(\begin{array}{cccc:c} 1 & 0 & 1 & 0 & 0 \\ 0 & 40 & 0 & 64 & 0 \\ 0 & 0 & 0 & 0 & 0 \\ 0 & 0 & 0 & 39 & 0 \end{array}\right)\begin{matrix} \\ \times\frac{1}{8} \\ \\ \times\frac{1}{39} \end{matrix} \longrightarrow \left(\begin{array}{cccc:c} 1 & 0 & 1 & 0 & 0 \\ 0 & 5 & 0 & 8 & 0 \\ 0 & 0 & 0 & 0 & 0 \\ 0 & 0 & 0 & 1 & 0 \end{array}\right)\begin{matrix} \\ \times(-8) \\ \\ \\ \end{matrix}$$

$$\longrightarrow \left(\begin{array}{cccc:c} 1 & 0 & 1 & 0 & 0 \\ 0 & 5 & 0 & 0 & 0 \\ 0 & 0 & 0 & 0 & 0 \\ 0 & 0 & 0 & 1 & 0 \end{array}\right)\begin{matrix} \\ \times\frac{1}{5} \\ \\ \\ \end{matrix} \longrightarrow \left(\begin{array}{cccc:c} 1 & 0 & 1 & 0 & 0 \\ 0 & 1 & 0 & 0 & 0 \\ 0 & 0 & 0 & 1 & 0 \\ 0 & 0 & 0 & 0 & 0 \end{array}\right).$$

よって方程式は $\begin{cases} x_1 + x_3 = 0 & \cdots \text{(i)} \\ x_2 = 0 & \cdots \text{(ii)} \\ x_4 = 0 & \cdots \text{(iii)} \end{cases}$ と同値. (ii), (iii) より $x_2=x_4=0$. $x_3=c$ とおけば, (i) より $x_1=-x_3=-c$. したがって, 固有値 -4 に対する固有ベクトルは

$$\boldsymbol{x}=\begin{pmatrix} -c \\ 0 \\ c \\ 0 \end{pmatrix}=c\begin{pmatrix} -1 \\ 0 \\ 1 \\ 0 \end{pmatrix} \quad [c:\text{任意定数}, c\neq 0].$$

②′ $\boldsymbol{p}_2{}'=\begin{pmatrix} -1 \\ 0 \\ 1 \\ 0 \end{pmatrix}$ とおき, $\boldsymbol{p}_2=\dfrac{1}{\|\boldsymbol{p}_2{}'\|}\boldsymbol{p}_2{}'$ を求める. $\|\boldsymbol{p}_2{}'\|=\sqrt{2}$ より $\boldsymbol{p}_2=\dfrac{1}{\sqrt{2}}\begin{pmatrix} -1 \\ 0 \\ 1 \\ 0 \end{pmatrix}$.

③ 固有値 6 に対する固有ベクトル $\boldsymbol{x}=\begin{pmatrix} x_1 \\ x_2 \\ x_3 \\ x_4 \end{pmatrix}$ を求める. $6E-A=\begin{pmatrix} 5 & 0 & -5 & 0 \\ 0 & 5 & 0 & -8 \\ -5 & 0 & 5 & 0 \\ 0 & -8 & 0 & 5 \end{pmatrix}$

より $\begin{pmatrix} 5 & 0 & -5 & 0 \\ 0 & 5 & 0 & -8 \\ -5 & 0 & 5 & 0 \\ 0 & -8 & 0 & 5 \end{pmatrix}\begin{pmatrix} x_1 \\ x_2 \\ x_3 \\ x_4 \end{pmatrix}=\begin{pmatrix} 0 \\ 0 \\ 0 \\ 0 \end{pmatrix}$ の非自明解を求めればよい.

$$\overset{\times 1}{\curvearrowright}\left(\begin{array}{cccc:c} 5 & 0 & -5 & 0 & 0 \\ 0 & 5 & 0 & -8 & 0 \\ -5 & 0 & 5 & 0 & 0 \\ 0 & -8 & 0 & 5 & 0 \end{array}\right)\begin{matrix}\\ \times 8 \\ \\ \times 5\end{matrix} \longrightarrow \left(\begin{array}{cccc:c} 5 & 0 & -5 & 0 & 0 \\ 0 & 40 & 0 & -64 & 0 \\ 0 & 0 & 0 & 0 & 0 \\ 0 & -40 & 0 & 25 & 0 \end{array}\right)\begin{matrix}\times \frac{1}{5} \\ \\ \\ \times 1\end{matrix}$$

$$\longrightarrow \left(\begin{array}{cccc:c} 1 & 0 & -1 & 0 & 0 \\ 0 & 40 & 0 & 64 & 0 \\ 0 & 0 & 0 & 0 & 0 \\ 0 & 0 & 0 & -39 & 0 \end{array}\right)\times\left(\frac{-1}{39}\right) \longrightarrow \left(\begin{array}{cccc:c} 1 & 0 & -1 & 0 & 0 \\ 0 & 40 & 0 & 64 & 0 \\ 0 & 0 & 0 & 0 & 0 \\ 0 & 0 & 0 & 1 & 0 \end{array}\right)\times(-64)$$

$$\longrightarrow \left(\begin{array}{cccc:c} 1 & 0 & -1 & 0 & 0 \\ 0 & 40 & 0 & 0 & 0 \\ 0 & 0 & 0 & 0 & 0 \\ 0 & 0 & 0 & 1 & 0 \end{array}\right)\times\frac{1}{40} \longrightarrow \left(\begin{array}{cccc:c} 1 & 0 & -1 & 0 & 0 \\ 0 & 1 & 0 & 0 & 0 \\ 0 & 0 & 0 & 1 & 0 \\ 0 & 0 & 0 & 0 & 0 \end{array}\right).$$

よって方程式は $\begin{cases} x_1 - x_3 = 0 & \cdots \quad \text{(i)} \\ x_2 = 0 & \cdots \quad \text{(ii)} \\ x_4 = 0 & \cdots \quad \text{(iii)} \end{cases}$ と同値. (ii), (iii) より $x_2 = x_4 = 0$. $x_3 = c$ とおけば, (i) より $x_1 = x_3 = c$. したがって, 固有値 6 に対する固有ベクトルは

$$\boldsymbol{x} = \begin{pmatrix} c \\ 0 \\ c \\ 0 \end{pmatrix} = c\begin{pmatrix} 1 \\ 0 \\ 1 \\ 0 \end{pmatrix} \quad [c: \text{任意定数}, c \neq 0].$$

③′ $\boldsymbol{p}_3{}' = \begin{pmatrix} 1 \\ 0 \\ 1 \\ 0 \end{pmatrix}$ とおき, $\boldsymbol{p}_3 = \dfrac{1}{\|\boldsymbol{p}_3{}'\|}\boldsymbol{p}_3{}'$ を求める. $\|\boldsymbol{p}_3{}'\| = \sqrt{2}$ より $\boldsymbol{p}_3 = \dfrac{1}{\sqrt{2}}\begin{pmatrix} 1 \\ 0 \\ 1 \\ 0 \end{pmatrix}$.

④ 固有値 9 に対する固有ベクトル $\boldsymbol{x} = \begin{pmatrix} x_1 \\ x_2 \\ x_3 \\ x_4 \end{pmatrix}$ を求める. $9E-A = \begin{pmatrix} 8 & 0 & -5 & 0 \\ 0 & 8 & 0 & -8 \\ -5 & 0 & 8 & 0 \\ 0 & -8 & 0 & 8 \end{pmatrix}$

より $\begin{pmatrix} 8 & 0 & -5 & 0 \\ 0 & 8 & 0 & -8 \\ -5 & 0 & 8 & 0 \\ 0 & -8 & 0 & 8 \end{pmatrix}\begin{pmatrix} x_1 \\ x_2 \\ x_3 \\ x_4 \end{pmatrix} = \begin{pmatrix} 0 \\ 0 \\ 0 \\ 0 \end{pmatrix}$ の非自明解を求めればよい.

$$\times 1\left(\begin{array}{cccc|c} 8 & 0 & -5 & 0 & 0 \\ 0 & 8 & 0 & -8 & 0 \\ -5 & 0 & 8 & 0 & 0 \\ 0 & -8 & 0 & 8 & 0 \end{array}\right)\begin{matrix}\times 5 \\ \\ \times 8 \\ \\ \end{matrix} \longrightarrow \times 1\left(\begin{array}{cccc|c} 40 & 0 & -25 & 0 & 0 \\ 0 & 8 & 0 & -8 & 0 \\ -40 & 0 & 64 & 0 & 0 \\ 0 & 0 & 0 & 0 & 0 \end{array}\right)\times \frac{1}{8}$$

$$\longrightarrow \left(\begin{array}{cccc|c} 40 & 0 & -25 & 0 & 0 \\ 0 & 1 & 0 & -1 & 0 \\ 0 & 0 & 39 & 0 & 0 \\ 0 & 0 & 0 & 0 & 0 \end{array}\right)\times \frac{1}{39} \longrightarrow \left(\begin{array}{cccc|c} 40 & 0 & -25 & 0 & 0 \\ 0 & 1 & 0 & -1 & 0 \\ 0 & 0 & 1 & 0 & 0 \\ 0 & 0 & 0 & 0 & 0 \end{array}\right)\times 25$$

$$\longrightarrow \left(\begin{array}{cccc|c} 40 & 0 & 0 & 0 & 0 \\ 0 & 1 & 0 & -1 & 0 \\ 0 & 0 & 1 & 0 & 0 \\ 0 & 0 & 0 & 0 & 0 \end{array}\right)\times \frac{1}{40} \longrightarrow \left(\begin{array}{cccc|c} 1 & 0 & 0 & 0 & 0 \\ 0 & 1 & 0 & -1 & 0 \\ 0 & 0 & 1 & 0 & 0 \\ 0 & 0 & 0 & 0 & 0 \end{array}\right).$$

よって方程式は $\begin{cases} x_1 \qquad\qquad\qquad = 0 & \cdots \quad \text{(i)} \\ \quad x_2 \qquad - x_4 = 0 & \cdots \quad \text{(ii)} \\ \qquad\quad x_3 \qquad = 0 & \cdots \quad \text{(iii)} \end{cases}$ と同値. (i), (iii) より $x_1 = x_3 = 0$.
$x_4 = c$ とおけば, (ii) より $x_2 = x_4 = c$. したがって, 固有値 9 に対する固有ベクトルは

$$\boldsymbol{x} = \begin{pmatrix} 0 \\ c \\ 0 \\ c \end{pmatrix} = c\begin{pmatrix} 0 \\ 1 \\ 0 \\ 1 \end{pmatrix} \qquad [c: \text{任意定数}, c \neq 0].$$

④′ $\boldsymbol{p}_4{}' = \begin{pmatrix} 0 \\ 1 \\ 0 \\ 1 \end{pmatrix}$ とおき, $\boldsymbol{p}_4 = \dfrac{1}{\|\boldsymbol{p}_4{}'\|}\boldsymbol{p}_4{}'$ を求める. $\|\boldsymbol{p}_4{}'\| = \sqrt{2}$ より $\boldsymbol{p}_4 = \dfrac{1}{\sqrt{2}}\begin{pmatrix} 0 \\ 1 \\ 0 \\ 1 \end{pmatrix}$.

①′, ②′, ③′, ④′ で求めた $\boldsymbol{p}_1, \boldsymbol{p}_2, \boldsymbol{p}_3\ \boldsymbol{p}_4$ を用いて

$$P = \begin{pmatrix} \boldsymbol{p}_1 & \boldsymbol{p}_2 & \boldsymbol{p}_3 & \boldsymbol{p}_4 \end{pmatrix} = \frac{1}{\sqrt{2}}\begin{pmatrix} 0 & -1 & 1 & 0 \\ -1 & 0 & 0 & 1 \\ 0 & 1 & 1 & 0 \\ 1 & 0 & 0 & 1 \end{pmatrix}$$

とおけば, P は直交行列で $P^{-1} = {}^tP = \dfrac{1}{\sqrt{2}}\begin{pmatrix} 0 & -1 & 0 & 1 \\ -1 & 0 & 1 & 0 \\ 1 & 0 & 1 & 0 \\ 0 & 1 & 0 & 1 \end{pmatrix}$ であり, A は P を用いて

$$P^{-1}AP = \begin{pmatrix} -7 & 0 & 0 & 0 \\ 0 & -4 & 0 & 0 \\ 0 & 0 & 6 & 0 \\ 0 & 0 & 0 & 9 \end{pmatrix}$$

と対角化される.

(6) $F_A(\lambda) = \begin{vmatrix} \lambda - 1 & -4 & 0 & 0 \\ -4 & \lambda - 1 & 0 & 0 \\ 0 & 0 & \lambda - 3 & -2 \\ 0 & 0 & -2 & \lambda - 3 \end{vmatrix}$

$$= \begin{vmatrix} \lambda-1 & -4 \\ -4 & \lambda-1 \end{vmatrix} \cdot \begin{vmatrix} \lambda-3 & -2 \\ -2 & \lambda-3 \end{vmatrix} = (\lambda^2-2\lambda-15)(\lambda^2-6\lambda+5)$$

$$= (\lambda+3)(\lambda-1)(\lambda-5)^2$$

より $F_A(\lambda)=0$ の解は $\lambda=-3,\ 1,\ 5$. よって A の固有値は $-3,\ 1,\ 5$.

① 固有値 -3 に対する固有ベクトル $\boldsymbol{x}=\begin{pmatrix} x_1 \\ x_2 \\ x_3 \\ x_4 \end{pmatrix}$ を求める.

$$(-3)E-A=\begin{pmatrix} -4 & -4 & 0 & 0 \\ -4 & -4 & 0 & 0 \\ 0 & 0 & -6 & -2 \\ 0 & 0 & -2 & -6 \end{pmatrix} \text{ より } \begin{pmatrix} -4 & -4 & 0 & 0 \\ -4 & -4 & 0 & 0 \\ 0 & 0 & -6 & -2 \\ 0 & 0 & -2 & -6 \end{pmatrix}\begin{pmatrix} x_1 \\ x_2 \\ x_3 \\ x_4 \end{pmatrix}=\begin{pmatrix} 0 \\ 0 \\ 0 \\ 0 \end{pmatrix}$$

の非自明解を求めればよい.

$$\left(\begin{array}{cccc:c} -4 & -4 & 0 & 0 & 0 \\ -4 & -4 & 0 & 0 & 0 \\ 0 & 0 & -6 & -2 & 0 \\ 0 & 0 & -2 & -6 & 0 \end{array}\right)\begin{matrix} \times\left(\frac{-1}{4}\right) \\ \times\left(\frac{-1}{4}\right) \\ \times\left(\frac{-1}{2}\right) \\ \times\left(\frac{-1}{2}\right) \end{matrix} \longrightarrow \left(\begin{array}{cccc:c} 1 & 1 & 0 & 0 & 0 \\ 1 & 1 & 0 & 0 & 0 \\ 0 & 0 & 3 & 1 & 0 \\ 0 & 0 & 1 & 3 & 0 \end{array}\right)\begin{matrix} \\ \times(-1) \\ \times(-3) \\ \\ \end{matrix}$$

$$\longrightarrow \left(\begin{array}{cccc:c} 1 & 1 & 0 & 0 & 0 \\ 0 & 0 & 0 & 0 & 0 \\ 0 & 0 & 0 & -8 & 0 \\ 0 & 0 & 1 & 3 & 0 \end{array}\right)\times\left(\frac{-1}{8}\right) \longrightarrow \left(\begin{array}{cccc:c} 1 & 1 & 0 & 0 & 0 \\ 0 & 0 & 1 & 3 & 0 \\ 0 & 0 & 0 & 1 & 0 \\ 0 & 0 & 0 & 0 & 0 \end{array}\right)\times(-3)$$

$$\longrightarrow \left(\begin{array}{cccc:c} 1 & 1 & 0 & 0 & 0 \\ 0 & 0 & 1 & 0 & 0 \\ 0 & 0 & 0 & 1 & 0 \\ 0 & 0 & 0 & 0 & 0 \end{array}\right).$$

よって方程式は $\begin{cases} x_1+x_2 & =0 \quad \cdots \quad \text{(i)} \\ x_3 & =0 \quad \cdots \quad \text{(ii)} \\ x_4 & =0 \quad \cdots \quad \text{(iii)} \end{cases}$ と同値. (ii), (iii) より $x_3=x_4=0$. $x_2=c$ とおけば, (i) より $x_1=-x_2=-c$. したがって, 固有値 -3 に対する固有ベクトルは

$$\boldsymbol{x}=\begin{pmatrix} -c \\ c \\ 0 \\ 0 \end{pmatrix}=c\begin{pmatrix} -1 \\ 1 \\ 0 \\ 0 \end{pmatrix} \quad [c:\text{任意定数},\ c\neq 0].$$

①′ $\boldsymbol{p}_1{}'=\begin{pmatrix} -1 \\ 1 \\ 0 \\ 0 \end{pmatrix}$ とおき, $\boldsymbol{p}_1=\dfrac{1}{\|\boldsymbol{p}_1{}'\|}\boldsymbol{p}_1{}'$ を求める. $\|\boldsymbol{p}_1{}'\|=\sqrt{2}$ より $\boldsymbol{p}_1=\dfrac{1}{\sqrt{2}}\begin{pmatrix} -1 \\ 1 \\ 0 \\ 0 \end{pmatrix}$.

② 固有値 1 に対する固有ベクトル $\boldsymbol{x}=\begin{pmatrix} x_1 \\ x_2 \\ x_3 \\ x_4 \end{pmatrix}$ を求める. $1E-A=\begin{pmatrix} 0 & -4 & 0 & 0 \\ -4 & 0 & 0 & 0 \\ 0 & 0 & -2 & -2 \\ 0 & 0 & -2 & -2 \end{pmatrix}$

より $\begin{pmatrix} 0 & -4 & 0 & 0 \\ -4 & 0 & 0 & 0 \\ 0 & 0 & -2 & -2 \\ 0 & 0 & -2 & -2 \end{pmatrix}\begin{pmatrix} x_1 \\ x_2 \\ x_3 \\ x_4 \end{pmatrix} = \begin{pmatrix} 0 \\ 0 \\ 0 \\ 0 \end{pmatrix}$ の非自明解を求めればよい.

$$\left(\begin{array}{cccc:c} 0 & -4 & 0 & 0 & 0 \\ -4 & 0 & 0 & 0 & 0 \\ 0 & 0 & -2 & -2 & 0 \\ 0 & 0 & -2 & -2 & 0 \end{array}\right)\begin{array}{l} \times\left(\frac{-1}{4}\right) \\ \times\left(\frac{-1}{4}\right) \\ \times\left(\frac{-1}{2}\right) \\ \times\left(\frac{-1}{2}\right) \end{array} \longrightarrow \left(\begin{array}{cccc:c} 0 & 1 & 0 & 0 & 0 \\ 1 & 0 & 0 & 0 & 0 \\ 0 & 0 & 1 & 1 & 0 \\ 0 & 0 & 1 & 1 & 0 \end{array}\right)\times(-1)$$

$$\longrightarrow \left(\begin{array}{cccc:c} 1 & 0 & 0 & 0 & 0 \\ 0 & 1 & 0 & 0 & 0 \\ 0 & 0 & 1 & 1 & 0 \\ 0 & 0 & 0 & 0 & 0 \end{array}\right).$$

よって方程式は $\begin{cases} x_1 & = 0 \quad \cdots \quad \text{(i)} \\ \quad x_2 & = 0 \quad \cdots \quad \text{(ii)} \\ \qquad x_3 + x_4 & = 0 \quad \cdots \quad \text{(iii)} \end{cases}$ と同値. (i), (ii) より $x_1 = x_2 = 0$.
$x_4 = c$ とおけば, (iii) より $x_3 = -x_4 = -c$. したがって, 固有値 1 に対する固有ベクトルは

$$\boldsymbol{x} = \begin{pmatrix} 0 \\ 0 \\ -c \\ c \end{pmatrix} = c\begin{pmatrix} 0 \\ 0 \\ -1 \\ 1 \end{pmatrix} \quad [c : \text{任意定数}, \ c \neq 0].$$

②′ $\boldsymbol{p}_2{}' = \begin{pmatrix} 0 \\ 0 \\ -1 \\ 1 \end{pmatrix}$ とおき, $\boldsymbol{p}_2 = \dfrac{1}{\|\boldsymbol{p}_2{}'\|}\boldsymbol{p}_2{}'$ を求める. $\|\boldsymbol{p}_2{}'\| = \sqrt{2}$ より $\boldsymbol{p}_2 = \dfrac{1}{\sqrt{2}}\begin{pmatrix} 0 \\ 0 \\ -1 \\ 1 \end{pmatrix}$.

③ 固有値 5 に対する固有ベクトル $\boldsymbol{x} = \begin{pmatrix} x_1 \\ x_2 \\ x_3 \\ x_4 \end{pmatrix}$ を求める. $5E - A = \begin{pmatrix} 4 & -4 & 0 & 0 \\ -4 & 4 & 0 & 0 \\ 0 & 0 & 2 & -2 \\ 0 & 0 & -2 & 2 \end{pmatrix}$

より $\begin{pmatrix} 4 & -4 & 0 & 0 \\ -4 & 4 & 0 & 0 \\ 0 & 0 & 2 & -2 \\ 0 & 0 & -2 & 2 \end{pmatrix}\begin{pmatrix} x_1 \\ x_2 \\ x_3 \\ x_4 \end{pmatrix} = \begin{pmatrix} 0 \\ 0 \\ 0 \\ 0 \end{pmatrix}$ の非自明解を求めればよい.

$$\left(\begin{array}{cccc:c} 4 & -4 & 0 & 0 & 0 \\ -4 & 4 & 0 & 0 & 0 \\ 0 & 0 & 2 & -2 & 0 \\ 0 & 0 & -2 & 2 & 0 \end{array}\right)\begin{array}{l} \times\frac{1}{4} \\ \times\frac{1}{4} \\ \times\frac{1}{2} \\ \times\frac{1}{2} \end{array} \longrightarrow \left(\begin{array}{cccc:c} 1 & -1 & 0 & 0 & 0 \\ -1 & 1 & 0 & 0 & 0 \\ 0 & 0 & 1 & -1 & 0 \\ 0 & 0 & -1 & 1 & 0 \end{array}\right)\begin{array}{l} \\ \times 1 \\ \\ \times 1 \end{array}$$

$$\longrightarrow \left(\begin{array}{cccc:c} 1 & -1 & 0 & 0 & 0 \\ 0 & 0 & 0 & 0 & 0 \\ 0 & 0 & 1 & -1 & 0 \\ 0 & 0 & 0 & 0 & 0 \end{array}\right) \longrightarrow \left(\begin{array}{cccc:c} 1 & -1 & 0 & 0 & 0 \\ 0 & 0 & 1 & -1 & 0 \\ 0 & 0 & 0 & 0 & 0 \\ 0 & 0 & 0 & 0 & 0 \end{array}\right).$$

よって方程式は $\begin{cases} x_1 - x_2 = 0 & \cdots \text{(i)} \\ x_3 - x_4 = 0 & \cdots \text{(ii)} \end{cases}$ と同値. $x_2 = c_1$, $x_4 = c_2$ とおけば, (i) より $x_1 = x_2 = c_1$, (ii) より $x_3 = x_4 = c_2$. したがって, 固有値 5 に対する固有ベクトルは $\boldsymbol{x} = \begin{pmatrix} c_1 \\ c_1 \\ c_2 \\ c_2 \end{pmatrix} = c_1 \begin{pmatrix} 1 \\ 1 \\ 0 \\ 0 \end{pmatrix} + c_2 \begin{pmatrix} 0 \\ 0 \\ 1 \\ 1 \end{pmatrix}$ $[c_1, c_2$: 任意定数, $(c_1, c_2) \neq (0,0)]$.

③′ $\boldsymbol{u}_3 = \begin{pmatrix} 1 \\ 1 \\ 0 \\ 0 \end{pmatrix}, \boldsymbol{u}_4 = \begin{pmatrix} 0 \\ 0 \\ 1 \\ 1 \end{pmatrix}$ とおき, グラム-シュミットの直交化法によって $\boldsymbol{u}_3$, $\boldsymbol{u}_4$ を正規直交化する.

③′-(I) $\boldsymbol{p}_3 = \dfrac{1}{\|\boldsymbol{u}_3\|}\boldsymbol{u}_3$: $\|\boldsymbol{u}_3\| = \sqrt{2}$ より $\boldsymbol{p}_3 = \dfrac{1}{\sqrt{2}} \begin{pmatrix} 1 \\ 1 \\ 0 \\ 0 \end{pmatrix}$.

③′-(II) $\boldsymbol{p}_4{}' = \boldsymbol{u}_4 - (\boldsymbol{u}_4, \boldsymbol{p}_3)\boldsymbol{p}_3$: $(\boldsymbol{u}_4, \boldsymbol{p}_3) = 0$ より

$$\boldsymbol{p}_4{}' = \begin{pmatrix} 0 \\ 0 \\ 1 \\ 1 \end{pmatrix} - 0 \cdot \frac{1}{\sqrt{2}} \begin{pmatrix} 1 \\ 1 \\ 0 \\ 0 \end{pmatrix} = \begin{pmatrix} 0 \\ 0 \\ 1 \\ 1 \end{pmatrix}.$$

③′-(II)′ $\boldsymbol{p}_4 = \dfrac{1}{\|\boldsymbol{p}_4{}'\|}\boldsymbol{p}_4{}'$: $\|\boldsymbol{p}_4{}'\| = \sqrt{2}$ より $\boldsymbol{p}_4 = \dfrac{1}{\sqrt{2}} \begin{pmatrix} 0 \\ 0 \\ 1 \\ 1 \end{pmatrix}$.

①′, ②′, ③′ で求めた $\boldsymbol{p}_1$, $\boldsymbol{p}_2$, $\boldsymbol{p}_3$ $\boldsymbol{p}_4$ を用いて

$$P = \begin{pmatrix} \boldsymbol{p}_1 & \boldsymbol{p}_2 & \boldsymbol{p}_3 & \boldsymbol{p}_4 \end{pmatrix} = \frac{1}{\sqrt{2}} \begin{pmatrix} -1 & 0 & 1 & 0 \\ 1 & 0 & 1 & 0 \\ 0 & -1 & 0 & 1 \\ 0 & 1 & 0 & 1 \end{pmatrix}$$

とおけば, P は直交行列で $P^{-1} = {}^tP = \dfrac{1}{\sqrt{2}} \begin{pmatrix} -1 & 1 & 0 & 0 \\ 0 & 0 & -1 & 1 \\ 1 & 1 & 0 & 0 \\ 0 & 0 & 1 & 1 \end{pmatrix}$ であり, A は P を用いて

$$P^{-1}AP = \begin{pmatrix} -3 & 0 & 0 & 0 \\ 0 & 1 & 0 & 0 \\ 0 & 0 & 5 & 0 \\ 0 & 0 & 0 & 5 \end{pmatrix}$$

と対角化される.

(7) $F_A(\lambda) = \begin{vmatrix} \lambda-3 & -1 & -1 & 1 \\ -1 & \lambda-5 & -1 & -1 \\ -1 & -1 & \lambda-3 & 1 \\ 1 & -1 & 1 & \lambda-5 \end{vmatrix}$ (1行目 $\times 1$ → 2行目, 1行目 $\times(-1)$ → 3行目)

$$
= \begin{vmatrix} \lambda-3 & -1 & -1 & 1 \\ \lambda-4 & \lambda-6 & -2 & 0 \\ -\lambda+2 & 0 & \lambda-2 & 0 \\ 1 & -1 & 1 & \lambda-5 \end{vmatrix} \overset{\text{共通因子}}{=} (\lambda-2)\begin{vmatrix} \lambda-3 & -1 & -1 & 1 \\ \lambda-4 & \lambda-6 & -2 & 0 \\ -1 & 0 & 1 & 0 \\ 1 & -1 & 1 & \lambda-5 \end{vmatrix}
$$

$$
= (\lambda-2)\begin{vmatrix} \lambda-3 & 0 & 0 & 1 \\ \lambda-4 & \lambda-6 & -2 & 0 \\ -1 & 0 & 1 & 0 \\ 1 & \lambda-6 & \lambda-4 & \lambda-5 \end{vmatrix}
$$

$$
\overset{\text{共通因子}}{=} (\lambda-2)(\lambda-6)\begin{vmatrix} \lambda-3 & 0 & 0 & 1 \\ \lambda-4 & 1 & -2 & 0 \\ -1 & 0 & 1 & 0 \\ 1 & 1 & \lambda-4 & \lambda-5 \end{vmatrix}
$$

$$
= (\lambda-2)(\lambda-6)\begin{vmatrix} \lambda-3 & 0 & 0 & 1 \\ \lambda-4 & 1 & -2 & 0 \\ -1 & 0 & 1 & 0 \\ -\lambda+5 & 0 & \lambda-2 & \lambda-5 \end{vmatrix}
$$

$$
\overset{\text{2 列展開}}{=} (\lambda-2)(\lambda-6)\begin{vmatrix} \lambda-3 & 0 & 1 \\ -1 & 1 & 0 \\ -\lambda+5 & \lambda-2 & \lambda-5 \end{vmatrix}
$$

$$
= (\lambda-2)(\lambda-6)\begin{vmatrix} \lambda-3 & 0 & 1 \\ 0 & 1 & 0 \\ 3 & \lambda-2 & \lambda-5 \end{vmatrix} \overset{\text{2 行展開}}{=} (\lambda-2)(\lambda-6)\begin{vmatrix} \lambda-3 & 1 \\ 3 & \lambda-5 \end{vmatrix}
$$

$$
= (\lambda-2)(\lambda-6)(\lambda^2-8\lambda+12) = (\lambda-2)^2(\lambda-6)^2
$$

より $F_A(\lambda)=0$ の解は $\lambda=2,\,6$. よって A の固有値は 2, 6.

① 固有値 2 に対する固有ベクトル $\boldsymbol{x}=\begin{pmatrix} x_1 \\ x_2 \\ x_3 \\ x_4 \end{pmatrix}$ を求める. $2E-A=\begin{pmatrix} -1 & -1 & -1 & 1 \\ -1 & -3 & -1 & -1 \\ -1 & -1 & -1 & 1 \\ 1 & -1 & 1 & -3 \end{pmatrix}$

より $\begin{pmatrix} -1 & -1 & -1 & 1 \\ -1 & -3 & -1 & -1 \\ -1 & -1 & -1 & 1 \\ 1 & -1 & 1 & -3 \end{pmatrix}\begin{pmatrix} x_1 \\ x_2 \\ x_3 \\ x_4 \end{pmatrix}=\begin{pmatrix} 0 \\ 0 \\ 0 \\ 0 \end{pmatrix}$ の非自明解を求めればよい.

$$
\left(\begin{array}{cccc:c} -1 & -1 & -1 & 1 & 0 \\ -1 & -3 & -1 & -1 & 0 \\ -1 & -1 & -1 & 1 & 0 \\ 1 & -1 & 1 & -3 & 0 \end{array}\right) \longrightarrow \left(\begin{array}{cccc:c} -1 & -1 & -1 & 1 & 0 \\ 0 & -2 & 0 & -2 & 0 \\ 0 & 0 & 0 & 0 & 0 \\ 0 & -2 & 0 & -2 & 0 \end{array}\right) \times\left(\frac{-1}{2}\right)
$$

$$
\longrightarrow \left(\begin{array}{cccc:c} -1 & -1 & -1 & 1 & 0 \\ 0 & 1 & 0 & 1 & 0 \\ 0 & 0 & 0 & 0 & 0 \\ 0 & -2 & 0 & -2 & 0 \end{array}\right) \longrightarrow \left(\begin{array}{cccc:c} -1 & 0 & -1 & 2 & 0 \\ 0 & 1 & 0 & 1 & 0 \\ 0 & 0 & 0 & 0 & 0 \\ 0 & 0 & 0 & 0 & 0 \end{array}\right).
$$

よって方程式は $\begin{cases} -x_1 \quad - x_3 + 2x_4 = 0 & \cdots \quad \text{(i)} \\ \quad\quad x_2 \quad + x_4 = 0 & \cdots \quad \text{(ii)} \end{cases}$ と同値. $x_3 = c_1,\ x_4 = c_2$ とおけば, (ii) より $x_2 = -x_4 = -c_2$, (i) より $x_1 = -x_3 + 2x_4 = -c_1 + 2c_2$. したがって, 固有値 2 に対する固有ベクトルは $\boldsymbol{x} = \begin{pmatrix} -c_1 + 2c_2 \\ -c_2 \\ c_1 \\ c_2 \end{pmatrix} = c_1 \begin{pmatrix} -1 \\ 0 \\ 1 \\ 0 \end{pmatrix} + c_2 \begin{pmatrix} 2 \\ -1 \\ 0 \\ 1 \end{pmatrix}$ $[c_1,\ c_2$: 任意定数, $(c_1, c_2) \neq (0,0)]$.

①′　$\boldsymbol{u}_1 = \begin{pmatrix} -1 \\ 0 \\ 1 \\ 0 \end{pmatrix}, \boldsymbol{u}_2 = \begin{pmatrix} 2 \\ -1 \\ 0 \\ 1 \end{pmatrix}$ とおき, グラム-シュミットの直交化法によって $\boldsymbol{u}_1, \boldsymbol{u}_2$ を正規直交化する.

①′-(I)　$\boldsymbol{p}_1 = \dfrac{1}{\|\boldsymbol{u}_1\|}\boldsymbol{u}_1$:　$\|\boldsymbol{u}_1\| = \sqrt{2}$ より $\boldsymbol{p}_1 = \dfrac{1}{\sqrt{2}} \begin{pmatrix} -1 \\ 0 \\ 1 \\ 0 \end{pmatrix}$.

①′-(II)　$\boldsymbol{p}_2{}' = \boldsymbol{u}_2 - (\boldsymbol{u}_2, \boldsymbol{p}_1)\boldsymbol{p}_1$:　$(\boldsymbol{u}_2, \boldsymbol{p}_1) = -\sqrt{2}$ より

$$\boldsymbol{p}_2{}' = \begin{pmatrix} 2 \\ -1 \\ 0 \\ 1 \end{pmatrix} - (-\sqrt{2}) \cdot \frac{1}{\sqrt{2}} \begin{pmatrix} -1 \\ 0 \\ 1 \\ 0 \end{pmatrix} = \begin{pmatrix} 1 \\ -1 \\ 1 \\ 1 \end{pmatrix}.$$

①′-(II)′　$\boldsymbol{p}_2 = \dfrac{1}{\|\boldsymbol{p}_2{}'\|}\boldsymbol{p}_2{}'$:　$\|\boldsymbol{p}_2{}'\| = 2$ より $\boldsymbol{p}_2 = \dfrac{1}{2} \begin{pmatrix} 1 \\ -1 \\ 1 \\ 1 \end{pmatrix}$.

②　固有値 6 に対する固有ベクトル $\boldsymbol{x} = \begin{pmatrix} x_1 \\ x_2 \\ x_3 \\ x_4 \end{pmatrix}$ を求める. $6E-A = \begin{pmatrix} 3 & -1 & -1 & 1 \\ -1 & 1 & -1 & -1 \\ -1 & -1 & 3 & 1 \\ 1 & -1 & 1 & 1 \end{pmatrix}$ より $\begin{pmatrix} 3 & -1 & -1 & 1 \\ -1 & 1 & -1 & -1 \\ -1 & -1 & 3 & 1 \\ 1 & -1 & 1 & 1 \end{pmatrix} \begin{pmatrix} x_1 \\ x_2 \\ x_3 \\ x_4 \end{pmatrix} = \begin{pmatrix} 0 \\ 0 \\ 0 \\ 0 \end{pmatrix}$ の非自明解を求めればよい.

$$\left(\begin{array}{cccc|c} 3 & -1 & -1 & 1 & 0 \\ -1 & 1 & -1 & -1 & 0 \\ -1 & -1 & 3 & 1 & 0 \\ 1 & -1 & 1 & 1 & 0 \end{array}\right) \begin{matrix} \times 3 \\ \\ \times(-1) \\ \times 1 \end{matrix} \longrightarrow \left(\begin{array}{cccc|c} 0 & 2 & -4 & -2 & 0 \\ -1 & 1 & -1 & -1 & 0 \\ 0 & -2 & 4 & 2 & 0 \\ 0 & 0 & 0 & 0 & 0 \end{array}\right) \begin{matrix} \times \frac{1}{2} \\ \\ \times \frac{1}{2} \\ \\ \end{matrix}$$

$$\longrightarrow \left(\begin{array}{cccc|c} 0 & 1 & -2 & -1 & 0 \\ -1 & 1 & -1 & -1 & 0 \\ 0 & -1 & 2 & 1 & 0 \\ 0 & 0 & 0 & 0 & 0 \end{array}\right) \begin{matrix} \times 1 \\ \times(-1) \\ \\ \\ \end{matrix} \longrightarrow \left(\begin{array}{cccc|c} 0 & 1 & -2 & -1 & 0 \\ -1 & 0 & 1 & 0 & 0 \\ 0 & 0 & 0 & 0 & 0 \\ 0 & 0 & 0 & 0 & 0 \end{array}\right)$$

$$\longrightarrow \left(\begin{array}{cccc|c} -1 & 0 & 1 & 0 & 0 \\ 0 & 1 & -2 & -1 & 0 \\ 0 & 0 & 0 & 0 & 0 \\ 0 & 0 & 0 & 0 & 0 \end{array}\right).$$

よって方程式は $\left\{\begin{array}{rcrcrcl} -x_1 & & + & x_3 & & = 0 & \cdots \ \text{(i)} \\ & x_2 & - & 2x_3 & - \ x_4 & = 0 & \cdots \ \text{(ii)} \end{array}\right.$ と同値. $x_3 = c_1$, $x_4 = c_2$ とおけば, (ii) より $x_2 = 2x_3 + x_4 = 2c_1 + c_2$, (i) より $x_1 = x_3 = c_1$. したがって, 固有値 6 に対する固有ベクトルは $\boldsymbol{x} = \begin{pmatrix} c_1 \\ 2c_1 + c_2 \\ c_1 \\ c_2 \end{pmatrix} = c_1 \begin{pmatrix} 1 \\ 2 \\ 1 \\ 0 \end{pmatrix} + c_2 \begin{pmatrix} 0 \\ 1 \\ 0 \\ 1 \end{pmatrix}$ [c_1, c_2 : 任意定数, $(c_1, c_2) \neq (0, 0)$].

②′ $\boldsymbol{u}_3 = \begin{pmatrix} 1 \\ 2 \\ 1 \\ 0 \end{pmatrix}$, $\boldsymbol{u}_4 = \begin{pmatrix} 0 \\ 1 \\ 0 \\ 1 \end{pmatrix}$ とおき, グラム-シュミットの直交化法によって $\boldsymbol{u}_3$, $\boldsymbol{u}_4$ を正規直交化する.

②′-(I) $\boldsymbol{p}_3 = \dfrac{1}{\|\boldsymbol{u}_3\|}\boldsymbol{u}_3$: $\|\boldsymbol{u}_3\| = \sqrt{6}$ より $\boldsymbol{p}_3 = \dfrac{1}{\sqrt{6}} \begin{pmatrix} 1 \\ 2 \\ 1 \\ 0 \end{pmatrix}$.

②′-(II) $\boldsymbol{p}_4{}' = \boldsymbol{u}_4 - (\boldsymbol{u}_4, \boldsymbol{p}_3)\boldsymbol{p}_3$: $(\boldsymbol{u}_4, \boldsymbol{p}_3) = \dfrac{2}{\sqrt{6}}$ より

$$\boldsymbol{p}_4{}' = \begin{pmatrix} 0 \\ 1 \\ 0 \\ 1 \end{pmatrix} - \frac{2}{\sqrt{6}} \cdot \frac{1}{\sqrt{6}} \begin{pmatrix} 1 \\ 2 \\ 1 \\ 0 \end{pmatrix} = \frac{1}{3} \begin{pmatrix} -1 \\ 1 \\ -1 \\ 3 \end{pmatrix}.$$

②′-(II)′ $\boldsymbol{p}_4 = \dfrac{1}{\|\boldsymbol{p}_4{}'\|}\boldsymbol{p}_4{}'$: $\|\boldsymbol{p}_4{}'\| = \dfrac{2\sqrt{3}}{3}$ より $\boldsymbol{p}_4 = \dfrac{1}{2\sqrt{3}} \begin{pmatrix} -1 \\ 1 \\ -1 \\ 3 \end{pmatrix}$.

①′, ②′ で求めた $\boldsymbol{p}_1$, $\boldsymbol{p}_2$, $\boldsymbol{p}_3$, $\boldsymbol{p}_4$ を用いて

$$P = \begin{pmatrix} \boldsymbol{p}_1 & \boldsymbol{p}_2 & \boldsymbol{p}_3 & \boldsymbol{p}_4 \end{pmatrix}$$

$$= \begin{pmatrix} -\dfrac{1}{\sqrt{2}} & \dfrac{1}{2} & \dfrac{1}{\sqrt{6}} & -\dfrac{1}{2\sqrt{3}} \\ 0 & -\dfrac{1}{2} & \dfrac{2}{\sqrt{6}} & \dfrac{1}{2\sqrt{3}} \\ \dfrac{1}{\sqrt{2}} & \dfrac{1}{2} & \dfrac{1}{\sqrt{6}} & -\dfrac{1}{2\sqrt{3}} \\ 0 & \dfrac{1}{2} & 0 & \dfrac{3}{2\sqrt{3}} \end{pmatrix} = \frac{1}{2\sqrt{6}} \begin{pmatrix} -2\sqrt{3} & \sqrt{6} & 2 & -\sqrt{2} \\ 0 & -\sqrt{6} & 4 & \sqrt{2} \\ 2\sqrt{3} & \sqrt{6} & 2 & -\sqrt{2} \\ 0 & \sqrt{6} & 0 & 3\sqrt{2} \end{pmatrix}$$

とおけば，P は直交行列で $P^{-1} = {}^tP = \dfrac{1}{2\sqrt{6}} \begin{pmatrix} -2\sqrt{3} & 0 & 2\sqrt{3} & 0 \\ \sqrt{6} & -\sqrt{6} & \sqrt{6} & \sqrt{6} \\ 2 & 4 & 2 & 0 \\ -\sqrt{2} & \sqrt{2} & -\sqrt{2} & 3\sqrt{2} \end{pmatrix}$ であり，A は P を用いて

$$P^{-1}AP = \begin{pmatrix} 2 & 0 & 0 & 0 \\ 0 & 2 & 0 & 0 \\ 0 & 0 & 6 & 0 \\ 0 & 0 & 0 & 6 \end{pmatrix}$$

と対角化される．

(8) $$F_A(\lambda) = \begin{vmatrix} \lambda-3 & 2 & -1 & 1 \\ 2 & \lambda & -2 & 2 \\ -1 & -2 & \lambda-3 & -1 \\ 1 & 2 & -1 & \lambda-3 \end{vmatrix} \begin{matrix} \\ \leftarrow \times(-2) \\ \leftarrow \times 1 \\ \\ \end{matrix}$$

$$= \begin{vmatrix} \lambda-3 & 2 & -1 & 1 \\ -2\lambda+8 & \lambda-4 & 0 & 0 \\ \lambda-4 & 0 & \lambda-4 & 0 \\ 1 & 2 & -1 & \lambda-3 \end{vmatrix} \overset{\text{共通因子}}{=} (\lambda-4)^2 \begin{vmatrix} \lambda-3 & 2 & -1 & 1 \\ -2 & 1 & 0 & 0 \\ 1 & 0 & 1 & 0 \\ 1 & 2 & -1 & \lambda-3 \end{vmatrix} \begin{matrix} \leftarrow \times 1 \\ \\ \\ \leftarrow \times 1 \end{matrix}$$

$$= (\lambda-4)^2 \begin{vmatrix} \lambda-2 & 2 & 0 & 1 \\ -2 & 1 & 0 & 0 \\ 1 & 0 & 1 & 0 \\ 2 & 2 & 0 & \lambda-3 \end{vmatrix} \overset{3\text{ 列展開}}{=} (\lambda-4)^2 \begin{vmatrix} \lambda-2 & 2 & 1 \\ -2 & 1 & 0 \\ 2 & 2 & \lambda-3 \end{vmatrix} \begin{matrix} \leftarrow \times(-2) \\ \\ \leftarrow \times(-2) \end{matrix}$$

$$= (\lambda-4)^2 \begin{vmatrix} \lambda+2 & 0 & 1 \\ -2 & 1 & 0 \\ 6 & 0 & \lambda-3 \end{vmatrix} \overset{2\text{ 列展開}}{=} (\lambda-4)^2 \begin{vmatrix} \lambda+2 & 1 \\ 6 & \lambda-3 \end{vmatrix}$$

$$= (\lambda-4)^2(\lambda^2-\lambda-12) = (\lambda+3)(\lambda-4)^3$$

より $F_A(\lambda) = 0$ の解は $\lambda = -3, 4$. よって A の固有値は $-3, 4$.

① 固有値 -3 に対する固有ベクトル $\boldsymbol{x} = \begin{pmatrix} x_1 \\ x_2 \\ x_3 \\ x_4 \end{pmatrix}$ を求める．

$(-3)E - A = \begin{pmatrix} -6 & 2 & -1 & 1 \\ 2 & -3 & -2 & 2 \\ -1 & -2 & -6 & -1 \\ 1 & 2 & -1 & -6 \end{pmatrix}$ より $\begin{pmatrix} -6 & 2 & -1 & 1 \\ 2 & -3 & -2 & 2 \\ -1 & -2 & -6 & -1 \\ 1 & 2 & -1 & -6 \end{pmatrix} \begin{pmatrix} x_1 \\ x_2 \\ x_3 \\ x_4 \end{pmatrix} = \begin{pmatrix} 0 \\ 0 \\ 0 \\ 0 \end{pmatrix}$

の非自明解を求めればよい．

$$
\left(\begin{array}{cccc|c} -6 & 2 & -1 & 1 & 0 \\ 2 & -3 & -2 & 2 & 0 \\ -1 & -2 & -6 & -1 & 0 \\ 1 & 2 & -1 & -6 & 0 \end{array}\right) \longrightarrow \left(\begin{array}{cccc|c} 1 & 2 & -1 & -6 & 0 \\ 2 & -3 & -2 & 2 & 0 \\ -1 & -2 & -6 & -1 & 0 \\ -6 & 2 & -1 & 1 & 0 \end{array}\right)
$$

$$
\longrightarrow \left(\begin{array}{cccc|c} 1 & 2 & -1 & -6 & 0 \\ 0 & -7 & 0 & 14 & 0 \\ 0 & 0 & -7 & -7 & 0 \\ 0 & 14 & -7 & -35 & 0 \end{array}\right) \longrightarrow \left(\begin{array}{cccc|c} 1 & 2 & -1 & -6 & 0 \\ 0 & 1 & 0 & -2 & 0 \\ 0 & 0 & 1 & 1 & 0 \\ 0 & 2 & -1 & -5 & 0 \end{array}\right)
$$

$$
\longrightarrow \left(\begin{array}{cccc|c} 1 & 0 & -1 & -2 & 0 \\ 0 & 1 & 0 & -2 & 0 \\ 0 & 0 & 1 & 1 & 0 \\ 0 & 0 & -1 & -1 & 0 \end{array}\right) \longrightarrow \left(\begin{array}{cccc|c} 1 & 0 & 0 & -1 & 0 \\ 0 & 1 & 0 & -2 & 0 \\ 0 & 0 & 1 & 1 & 0 \\ 0 & 0 & 0 & 0 & 0 \end{array}\right).
$$

よって方程式は $\begin{cases} x_1 - x_4 = 0 & \cdots \text{(i)} \\ x_2 - 2x_4 = 0 & \cdots \text{(ii)} \\ x_3 + x_4 = 0 & \cdots \text{(iii)} \end{cases}$ と同値. $x_4 = c$ とおけば, (iii) より $x_3 = -x_4 = -c$, (ii) より $x_2 = 2x_4 = 2c$, (i) より $x_1 = x_4 = c$ が得られる. したがって,

固有値 -3 に対する固有ベクトルは $\boldsymbol{x} = \begin{pmatrix} c \\ 2c \\ -c \\ c \end{pmatrix} = c\begin{pmatrix} 1 \\ 2 \\ -1 \\ 1 \end{pmatrix}$　[c : 任意定数, $c \neq 0$].

①′　$\boldsymbol{p}_1{}' = \begin{pmatrix} 1 \\ 2 \\ -1 \\ 1 \end{pmatrix}$ とおき, $\boldsymbol{p}_1 = \dfrac{1}{\|\boldsymbol{p}_1{}'\|}\boldsymbol{p}_1{}'$ を求める. $\|\boldsymbol{p}_1{}'\| = \sqrt{7}$ より $\boldsymbol{p}_1 = \dfrac{1}{\sqrt{7}}\begin{pmatrix} 1 \\ 2 \\ -1 \\ 1 \end{pmatrix}$.

②　固有値 4 に対する固有ベクトル $\boldsymbol{x} = \begin{pmatrix} x_1 \\ x_2 \\ x_3 \\ x_4 \end{pmatrix}$ を求める. $4E - A = \begin{pmatrix} 1 & 2 & -1 & 1 \\ 2 & 4 & -2 & 2 \\ -1 & -2 & 1 & -1 \\ 1 & 2 & -1 & 1 \end{pmatrix}$

より $\begin{pmatrix} 1 & 2 & -1 & 1 \\ 2 & 4 & -2 & 2 \\ -1 & -2 & 1 & -1 \\ 1 & 2 & -1 & 1 \end{pmatrix}\begin{pmatrix} x_1 \\ x_2 \\ x_3 \\ x_4 \end{pmatrix} = \begin{pmatrix} 0 \\ 0 \\ 0 \\ 0 \end{pmatrix}$ の非自明解を求めればよい.

$$
\left(\begin{array}{cccc|c} 1 & 2 & -1 & 1 & 0 \\ 2 & 4 & -2 & 2 & 0 \\ -1 & -2 & 1 & -1 & 0 \\ 1 & 2 & -1 & 1 & 0 \end{array}\right) \longrightarrow \left(\begin{array}{cccc|c} 1 & 2 & -1 & 1 & 0 \\ 0 & 0 & 0 & 0 & 0 \\ 0 & 0 & 0 & 0 & 0 \\ 0 & 0 & 0 & 0 & 0 \end{array}\right).
$$

よって方程式は $x_1 + 2x_2 - x_3 + x_4 = 0$ と同値. $x_2 = c_1$, $x_3 = c_2$, $x_4 = c_3$ とおけば, $x_1 = -2x_2 + x_3 - x_4 = -2c_1 + c_2 - c_3$. したがって, 固有値 4 に対する固有ベクトルは

$\boldsymbol{x} = \begin{pmatrix} -2c_1 + c_2 - c_3 \\ c_1 \\ c_2 \\ c_3 \end{pmatrix} = c_1\begin{pmatrix} -2 \\ 1 \\ 0 \\ 0 \end{pmatrix} + c_2\begin{pmatrix} 1 \\ 0 \\ 1 \\ 0 \end{pmatrix} + c_3\begin{pmatrix} -1 \\ 0 \\ 0 \\ 1 \end{pmatrix}$　[c_1, c_2, c_3 : 任意定数,

$(c_1, c_2, c_3) \neq (0, 0, 0)$].

②′　$\boldsymbol{u}_2 = \begin{pmatrix} -2 \\ 1 \\ 0 \\ 0 \end{pmatrix}, \boldsymbol{u}_3 = \begin{pmatrix} 1 \\ 0 \\ 1 \\ 0 \end{pmatrix}, \boldsymbol{u}_4 = \begin{pmatrix} -1 \\ 0 \\ 0 \\ 1 \end{pmatrix}$ とおき, グラム-シュミットの直交化法によって $\boldsymbol{u}_2, \boldsymbol{u}_3, \boldsymbol{u}_4$ を正規直交化する.

②′-(I)　$\mathbb{p}_2 = \dfrac{1}{\|\boldsymbol{u}_2\|}\boldsymbol{u}_2$:　$\|\boldsymbol{u}_2\| = \sqrt{5}$ より $\mathbb{p}_2 = \dfrac{1}{\sqrt{5}}\begin{pmatrix} -2 \\ 1 \\ 0 \\ 0 \end{pmatrix}$.

②′-(II)　${\mathbb{p}_3}' = \boldsymbol{u}_3 - (\boldsymbol{u}_3, \mathbb{p}_2)\mathbb{p}_2$:　$(\boldsymbol{u}_3, \mathbb{p}_2) = -\dfrac{2}{\sqrt{5}}$ より

$$ {\mathbb{p}_3}' = \begin{pmatrix} 1 \\ 0 \\ 1 \\ 0 \end{pmatrix} - \left(-\frac{2}{\sqrt{5}}\right) \cdot \frac{1}{\sqrt{5}}\begin{pmatrix} -2 \\ 1 \\ 0 \\ 0 \end{pmatrix} = \frac{1}{5}\begin{pmatrix} 1 \\ 2 \\ 5 \\ 0 \end{pmatrix}. $$

②′-(II)′　$\mathbb{p}_3 = \dfrac{1}{\|{\mathbb{p}_3}'\|}{\mathbb{p}_3}'$:　$\|{\mathbb{p}_3}'\| = \dfrac{\sqrt{30}}{5}$ より $\mathbb{p}_3 = \dfrac{1}{\sqrt{30}}\begin{pmatrix} 1 \\ 2 \\ 5 \\ 0 \end{pmatrix}$.

②′-(III)　${\mathbb{p}_4}' = \boldsymbol{u}_4 - (\boldsymbol{u}_4, \mathbb{p}_2)\mathbb{p}_2 - (\boldsymbol{u}_4, \mathbb{p}_3)\mathbb{p}_3$:　$(\boldsymbol{u}_4, \mathbb{p}_2) = \dfrac{2}{\sqrt{5}}, (\boldsymbol{u}_4, \mathbb{p}_3) = -\dfrac{1}{\sqrt{30}}$ より

$$ {\mathbb{p}_3}' = \begin{pmatrix} -1 \\ 0 \\ 0 \\ 1 \end{pmatrix} - \frac{2}{\sqrt{5}} \cdot \frac{1}{\sqrt{5}}\begin{pmatrix} -2 \\ 1 \\ 0 \\ 0 \end{pmatrix} - \left(-\frac{1}{\sqrt{30}}\right) \cdot \frac{1}{\sqrt{30}}\begin{pmatrix} 1 \\ 2 \\ 5 \\ 0 \end{pmatrix} = \frac{1}{6}\begin{pmatrix} -1 \\ -2 \\ 1 \\ 6 \end{pmatrix}. $$

②′-(III)′　$\mathbb{p}_4 = \dfrac{1}{\|{\mathbb{p}_4}'\|}{\mathbb{p}_4}'$:　$\|{\mathbb{p}_4}'\| = \dfrac{\sqrt{42}}{6}$ より $\mathbb{p}_3 = \dfrac{1}{\sqrt{42}}\begin{pmatrix} -1 \\ -2 \\ 1 \\ 6 \end{pmatrix}$.

①′, ②′ で求めた $\mathbb{p}_1, \mathbb{p}_2, \mathbb{p}_3, \mathbb{p}_4$ を用いて

$$ P = \begin{pmatrix} \mathbb{p}_1 & \mathbb{p}_2 & \mathbb{p}_3 & \mathbb{p}_4 \end{pmatrix} = \begin{pmatrix} \frac{1}{\sqrt{7}} & -\frac{2}{\sqrt{5}} & \frac{1}{\sqrt{30}} & -\frac{1}{\sqrt{42}} \\ \frac{2}{\sqrt{7}} & \frac{1}{\sqrt{5}} & \frac{2}{\sqrt{30}} & -\frac{2}{\sqrt{42}} \\ -\frac{1}{\sqrt{7}} & 0 & \frac{5}{\sqrt{30}} & \frac{1}{\sqrt{42}} \\ \frac{1}{\sqrt{7}} & 0 & 0 & \frac{6}{\sqrt{42}} \end{pmatrix} $$

$$ = \frac{1}{\sqrt{210}}\begin{pmatrix} \sqrt{30} & -2\sqrt{42} & \sqrt{7} & -\sqrt{5} \\ 2\sqrt{30} & \sqrt{42} & 2\sqrt{7} & -2\sqrt{5} \\ -\sqrt{30} & 0 & 5\sqrt{7} & \sqrt{5} \\ \sqrt{30} & 0 & 0 & 6\sqrt{5} \end{pmatrix} $$

とおけば, P は直交行列で $P^{-1} = {}^tP = \dfrac{1}{\sqrt{210}}\begin{pmatrix} \sqrt{30} & 2\sqrt{30} & -\sqrt{30} & \sqrt{30} \\ -2\sqrt{42} & \sqrt{42} & 0 & 0 \\ \sqrt{7} & 2\sqrt{7} & 5\sqrt{7} & 0 \\ -\sqrt{5} & -2\sqrt{5} & \sqrt{5} & 6\sqrt{5} \end{pmatrix}$ であり, A は P を用いて

$$P^{-1}AP = \begin{pmatrix} -3 & 0 & 0 & 0 \\ 0 & 4 & 0 & 0 \\ 0 & 0 & 4 & 0 \\ 0 & 0 & 0 & 4 \end{pmatrix}$$

と対角化される.

2. $A = \begin{pmatrix} p & q \\ q & r \end{pmatrix}$ とおく. $\begin{pmatrix} p & q \\ q & r \end{pmatrix}\begin{pmatrix} 2 \\ 3 \end{pmatrix} = \begin{pmatrix} 8 \\ -2 \end{pmatrix}$ より p, q, r についての連立1次方程式 $\begin{cases} 2p + 3q = 8 & \cdots \text{(i)} \\ 2q + 3r = -2 & \cdots \text{(ii)} \end{cases}$ が得られる. $q = 6k$ とおけば, (ii) より $12k+3r = -2$ となって $r = -4k - 2/3$ が得られ, (i) より $2p + 18k = 8$ となって $p = -9k + 4$ が得られる. よって $A = \begin{pmatrix} -9k+4 & 6k \\ 6k & -4k-2/3 \end{pmatrix}$. 次に

$$|A| = \begin{vmatrix} -9k+4 & 6k \\ 6k & -4k-2/3 \end{vmatrix} = (-9k+4)\left(-4k - \frac{2}{3}\right) - 6k \cdot 6k = -10k - \frac{8}{3}$$

と $|A| = -6$ から $-10k - \dfrac{8}{3} = -6$ となり, これを解いて $k = \dfrac{1}{3}$. したがって

$$A = \begin{pmatrix} 1 & 2 \\ 2 & -2 \end{pmatrix}.$$

次に A を対角化する.

$$F_A(\lambda) = \begin{vmatrix} \lambda - 1 & -2 \\ -2 & \lambda + 2 \end{vmatrix} = \lambda^2 + \lambda - 6 = (\lambda + 3)(\lambda - 2)$$

より $F_A(\lambda) = 0$ の解は $\lambda = -3, 2$. よって A の固有値は $-3, 2$.

① 固有値 -3 に対する固有ベクトル $\boldsymbol{x} = \begin{pmatrix} x_1 \\ x_2 \end{pmatrix}$ を求める. $(-3)E - A = \begin{pmatrix} -4 & -2 \\ -2 & -1 \end{pmatrix}$ より $\begin{pmatrix} -4 & -2 \\ -2 & -1 \end{pmatrix}\begin{pmatrix} x_1 \\ x_2 \end{pmatrix} = \begin{pmatrix} 0 \\ 0 \end{pmatrix}$ の非自明解を求めればよい.

$$\left(\begin{array}{cc:c} -4 & -2 & 0 \\ -2 & -1 & 0 \end{array}\right) \circlearrowright \longrightarrow \left(\begin{array}{cc:c} -2 & -1 & 0 \\ -4 & -2 & 0 \end{array}\right) \xrightarrow{\times(-2)} \left(\begin{array}{cc:c} -2 & -1 & 0 \\ 0 & 0 & 0 \end{array}\right).$$

よって方程式は $-2x_1 - x_2 = 0$ と同値. $x_1 = c$ とおけば, $x_2 = -2x_1 = -2c$. したがって, 固有値 -3 に対する固有ベクトルは $\boldsymbol{x} = \begin{pmatrix} c \\ -2c \end{pmatrix} = c\begin{pmatrix} 1 \\ -2 \end{pmatrix}$　[c：任意定数, $c \neq 0$].

①′ $\boldsymbol{p}_1{}' = \begin{pmatrix} 1 \\ -2 \end{pmatrix}$ とおき, $\boldsymbol{p}_1 = \dfrac{1}{\|\boldsymbol{p}_1{}'\|}\boldsymbol{p}_1{}'$ を求める. $\|\boldsymbol{p}_1{}'\| = \sqrt{5}$ より $\boldsymbol{p}_1 = \dfrac{1}{\sqrt{5}}\begin{pmatrix} 1 \\ -2 \end{pmatrix}$.

② 固有値 2 に対する固有ベクトル $\boldsymbol{x} = \begin{pmatrix} x_1 \\ x_2 \end{pmatrix}$ を求める. $2E - A = \begin{pmatrix} 1 & -2 \\ -2 & 4 \end{pmatrix}$ より

$\begin{pmatrix} 1 & -2 \\ -2 & 4 \end{pmatrix}\begin{pmatrix} x_1 \\ x_2 \end{pmatrix} = \begin{pmatrix} 0 \\ 0 \end{pmatrix}$ の非自明解を求めればよい.

$$\left(\begin{array}{cc|c} 1 & -2 & 0 \\ -2 & 4 & 0 \end{array}\right) \overset{\times 2}{\longrightarrow} \left(\begin{array}{cc|c} 1 & -2 & 0 \\ 0 & 0 & 0 \end{array}\right).$$

よって方程式は $x_1 - 2x_2 = 0$ と同値. $x_2 = c$ とおけば, $x_1 = 2x_2 = 2c$. したがって, 固有値 2 に対する固有ベクトルは $\boldsymbol{x} = \begin{pmatrix} 2c \\ c \end{pmatrix} = c\begin{pmatrix} 2 \\ 1 \end{pmatrix}$　[c : 任意定数, $c \neq 0$].

②′　$\boldsymbol{p}_2{}' = \begin{pmatrix} 2 \\ 1 \end{pmatrix}$ とおき, $\boldsymbol{p}_2 = \dfrac{1}{\|\boldsymbol{p}_2{}'\|}\boldsymbol{p}_2{}'$ を求める. $\|\boldsymbol{p}_2{}'\| = \sqrt{5}$ より $\boldsymbol{p}_2 = \dfrac{1}{\sqrt{5}}\begin{pmatrix} 2 \\ 1 \end{pmatrix}$.

①′, ②′ で求めた $\boldsymbol{p}_1, \boldsymbol{p}_2$ を用いて $P = \begin{pmatrix} \boldsymbol{p}_1 & \boldsymbol{p}_2 \end{pmatrix} = \dfrac{1}{\sqrt{5}}\begin{pmatrix} 1 & 2 \\ -2 & 1 \end{pmatrix}$ とおけば, P は直交行列で $P^{-1} = {}^tP = \dfrac{1}{\sqrt{5}}\begin{pmatrix} 1 & -2 \\ 2 & 1 \end{pmatrix}$ であり, A は P を用いて

$$P^{-1}AP = \begin{pmatrix} -3 & 0 \\ 0 & 2 \end{pmatrix}$$

と対角化される.

3. $A = \begin{pmatrix} p & q \\ q & r \end{pmatrix}$ とおく. $\begin{pmatrix} p & q \\ q & r \end{pmatrix}\begin{pmatrix} 1 \\ -2 \end{pmatrix} = \begin{pmatrix} 11 \\ 3 \end{pmatrix}$ より p, q, r についての連立 1 次方程式
$\begin{cases} p - 2q = 11 & \cdots \text{(i)} \\ q - 2r = 3 & \cdots \text{(ii)} \end{cases}$ が得られる. $r = k$ とおけば, (ii) より $q = 2r + 3 = 2k + 3$ が得られ, さらに (i) より $p = 2q + 11 = 2(2k+3) + 11 = 4k + 17$ が得られる. よって $A = \begin{pmatrix} 4k+17 & 2k+3 \\ 2k+3 & k \end{pmatrix}$. 次に $\begin{pmatrix} 1 \\ 3 \end{pmatrix}$ が A のある固有値 λ_0 に対する固有ベクトルであることから $\begin{pmatrix} 4k+17 & 2k+3 \\ 2k+3 & k \end{pmatrix}\begin{pmatrix} 1 \\ 3 \end{pmatrix} = \lambda_0\begin{pmatrix} 1 \\ 3 \end{pmatrix}$ となり, k, λ_0 についての連立 1 次方程式
$\begin{cases} 10k - \lambda_0 = -26 \\ 5k - 3\lambda_0 = -3 \end{cases}$ が得られる. これを解いて $k = -3, \lambda_0 = -4$. したがって

$$A = \begin{pmatrix} 5 & -3 \\ -3 & -3 \end{pmatrix}.$$

次に A を対角化する.

$$F_A(\lambda) = \begin{vmatrix} \lambda - 5 & 3 \\ 3 & \lambda + 3 \end{vmatrix} = \lambda^2 - 2\lambda - 24 = (\lambda + 4)(\lambda - 6)$$

より $F_A(\lambda) = 0$ の解は $\lambda = -4, 6$. よって A の固有値は $-4, 6$.

①　固有値 -4 に対する固有ベクトル $\boldsymbol{x} = \begin{pmatrix} x_1 \\ x_2 \end{pmatrix}$ を求める. $(-4)E - A = \begin{pmatrix} -9 & 3 \\ 3 & -1 \end{pmatrix}$ より $\begin{pmatrix} -9 & 3 \\ 3 & -1 \end{pmatrix}\begin{pmatrix} x_1 \\ x_2 \end{pmatrix} = \begin{pmatrix} 0 \\ 0 \end{pmatrix}$ の非自明解を求めればよい.

$$\left(\begin{array}{cc|c} -9 & 3 & 0 \\ 3 & -1 & 0 \end{array}\right) \longrightarrow \left(\begin{array}{cc|c} 3 & -1 & 0 \\ -9 & 3 & 0 \end{array}\right) \overset{\times 3}{\longrightarrow} \left(\begin{array}{cc|c} 3 & -1 & 0 \\ 0 & 0 & 0 \end{array}\right).$$

よって方程式は $3x_1 - x_2 = 0$ と同値. $x_1 = c$ とおけば, $x_2 = 3x_1 = 3c$. したがって, 固有値 -4 に対する固有ベクトルは $\boldsymbol{x} = \begin{pmatrix} c \\ 3c \end{pmatrix} = c\begin{pmatrix} 1 \\ 3 \end{pmatrix}$　[c : 任意定数, $c \neq 0$].

①′　$\boldsymbol{p}_1{}' = \begin{pmatrix} 1 \\ 3 \end{pmatrix}$ とおき, $\boldsymbol{p}_1 = \dfrac{1}{\|\boldsymbol{p}_1{}'\|}\boldsymbol{p}_1{}'$ を求める. $\|\boldsymbol{p}_1{}'\| = \sqrt{10}$ より $\boldsymbol{p}_1 = \dfrac{1}{\sqrt{10}}\begin{pmatrix} 1 \\ 3 \end{pmatrix}$.

②　固有値 6 に対する固有ベクトル $\boldsymbol{x} = \begin{pmatrix} x_1 \\ x_2 \end{pmatrix}$ を求める. $6E - A = \begin{pmatrix} 1 & 3 \\ 3 & 9 \end{pmatrix}$ より $\begin{pmatrix} 1 & 3 \\ 3 & 9 \end{pmatrix}\begin{pmatrix} x_1 \\ x_2 \end{pmatrix} = \begin{pmatrix} 0 \\ 0 \end{pmatrix}$ の非自明解を求めればよい.

$$\left(\begin{array}{cc:c} 1 & 3 & 0 \\ 3 & 9 & 0 \end{array}\right) \xrightarrow{\times(-3)} \left(\begin{array}{cc:c} 1 & 3 & 0 \\ 0 & 0 & 0 \end{array}\right).$$

よって方程式は $x_1 + 3x_2 = 0$ と同値. $x_2 = c$ とおけば, $x_1 = -3x_2 = -3c$. したがって, 固有値 6 に対する固有ベクトルは $\boldsymbol{x} = \begin{pmatrix} -3c \\ c \end{pmatrix} = c\begin{pmatrix} -3 \\ 1 \end{pmatrix}$　[c : 任意定数, $c \neq 0$].

②′　$\boldsymbol{p}_2{}' = \begin{pmatrix} -3 \\ 1 \end{pmatrix}$ とおき, $\boldsymbol{p}_2 = \dfrac{1}{\|\boldsymbol{p}_2{}'\|}\boldsymbol{p}_2{}'$ を求める. $\|\boldsymbol{p}_2{}'\| = \sqrt{10}$ より $\boldsymbol{p}_2 = \dfrac{1}{\sqrt{10}}\begin{pmatrix} -3 \\ 1 \end{pmatrix}$.

①′, ②′ で求めた $\boldsymbol{p}_1, \boldsymbol{p}_2$ を用いて $P = \begin{pmatrix} \boldsymbol{p}_1 & \boldsymbol{p}_2 \end{pmatrix} = \dfrac{1}{\sqrt{10}}\begin{pmatrix} 1 & -3 \\ 3 & 1 \end{pmatrix}$ とおけば, P は直交行列で $P^{-1} = {}^tP = \dfrac{1}{\sqrt{10}}\begin{pmatrix} 1 & 3 \\ -3 & 1 \end{pmatrix}$ であり, A は P を用いて

$$P^{-1}AP = \begin{pmatrix} -4 & 0 \\ 0 & 6 \end{pmatrix}$$

と対角化される.

◆◆章末問題 2.1◆◆

1. 3つのベクトル $\mathbb{a} = \begin{pmatrix} 2 \\ -1 \\ 4 \end{pmatrix}, \mathbb{b} = \begin{pmatrix} -3 \\ 2 \\ -1 \end{pmatrix}, \mathbb{c} = \begin{pmatrix} -1 \\ 1 \\ 2 \end{pmatrix} \in \mathbb{R}^3$ について, 以下を計算せよ.

(1) 内積 $(\mathbb{a}, \mathbb{b})$, (2) $\mathbb{a}, \mathbb{b}$ のなす角 θ に対する $\cos\theta$, (3) 外積 $\mathbb{a} \times \mathbb{b}$,
(4) $\mathbb{a}, \mathbb{b}$ からつくられる平行四辺形の面積 S, (5) $\mathbb{a}, \mathbb{b}, \mathbb{c}$ からつくられる平行六面体の体積 V.

2. 線形空間 $W = \left\{ \begin{pmatrix} x \\ y \\ z \\ w \end{pmatrix} \in \mathbb{R}^4 \;\middle|\; \begin{matrix} 2x & - & 4y & + & 3z & - & 2w & = & 0 \\ -x & + & 2y & - & z & + & 3w & = & 0 \end{matrix} \right\}$ の1組の基底と次元を求めよ.

3. 2つのベクトル $\mathbb{a}, \mathbb{b} \in \mathbb{R}^n$ が $(\mathbb{a}, \mathbb{a}) = 11$, $(\mathbb{b}, \mathbb{b}) = 5$, $(\mathbb{a}, \mathbb{b}) = -3$ を満たすとき, 内積 $(5\mathbb{a} + 3\mathbb{b}, -\mathbb{a} + 2\mathbb{b})$ を求めよ.

4. 3次対称行列 $A = \begin{pmatrix} 1 & 1 & -1 \\ 1 & 1 & 1 \\ -1 & 1 & 1 \end{pmatrix}$ について, 以下の問いに答えよ.

(1) A の固有値を求めよ.

(2) (1) で求めた A の固有値に対する固有ベクトルを求めよ.

(3) (2) で求めた固有ベクトルから3次直交行列 P を構成し, P を用いて行列 A を対角化せよ.

◇章末問題 2.1 の解答◇

1. (1) $(\boldsymbol{a}, \boldsymbol{b}) = \left(\begin{pmatrix} 2 \\ -1 \\ 4 \end{pmatrix}, \begin{pmatrix} -3 \\ 2 \\ -1 \end{pmatrix} \right) = -6 - 2 - 4 = -12.$

(2) $\cos\theta = \dfrac{(\boldsymbol{a}, \boldsymbol{b})}{\|\boldsymbol{a}\| \cdot \|\boldsymbol{b}\|} = \dfrac{-12}{\sqrt{4+1+16}\sqrt{9+4+1}} = \dfrac{-12}{\sqrt{21} \cdot \sqrt{14}} = \dfrac{-12}{7\sqrt{6}} = \dfrac{-2}{7}\sqrt{6}.$

(3) $\boldsymbol{a} \times \boldsymbol{b} = \begin{pmatrix} 2 \\ -1 \\ 4 \end{pmatrix} \times \begin{pmatrix} -3 \\ 2 \\ -1 \end{pmatrix} = \begin{pmatrix} 1-8 \\ -(-2+12) \\ 4-3 \end{pmatrix} = \begin{pmatrix} -7 \\ -10 \\ 1 \end{pmatrix}.$

(4) $S = \|\boldsymbol{a} \times \boldsymbol{b}\| = \sqrt{7^2 + 10^2 + 1^2} = \sqrt{49 + 100 + 1} = \sqrt{150} = 5\sqrt{6}.$

(5) $V = |\det(\boldsymbol{a}\ \boldsymbol{b}\ \boldsymbol{c})| = \left\| \begin{matrix} 2 & -3 & -1 \\ -1 & 2 & 1 \\ 4 & -1 & 2 \end{matrix} \right\| = |8 - 12 - 1 - (-8 - 2 + 6)| = |-1| = 1.$

2. $W \ni \forall \boldsymbol{x} = \begin{pmatrix} x \\ y \\ z \\ w \end{pmatrix}$ は, $\begin{cases} 2x - 4y + 3z - 2w = 0 \\ -x + 2y - z + 3w = 0 \end{cases}$ の解である.

拡大係数行列 $A = \left(\begin{array}{cccc|c} 2 & -4 & 3 & -2 & 0 \\ -1 & 2 & -1 & 3 & 0 \end{array} \right)$ を行基本変形で変形すると,

$$\left(\begin{array}{cccc|c} 2 & -4 & 3 & -2 & 0 \\ -1 & 2 & -1 & 3 & 0 \end{array} \right) \curvearrowleft^{\times 2} \longrightarrow \left(\begin{array}{cccc|c} 0 & 0 & 1 & 4 & 0 \\ -1 & 2 & -1 & 3 & 0 \end{array} \right) \circlearrowright$$

$$\longrightarrow \left(\begin{array}{cccc|c} -1 & 2 & -1 & 3 & 0 \\ 0 & 0 & 1 & 4 & 0 \end{array} \right) \curvearrowleft^{\times 1} \longrightarrow \left(\begin{array}{cccc|c} -1 & 2 & 0 & 7 & 0 \\ 0 & 0 & 1 & 4 & 0 \end{array} \right)^{\times(-1)}$$

$$\longrightarrow \left(\begin{array}{cccc|c} 1 & -2 & 0 & -7 & 0 \\ 0 & 0 & 1 & 4 & 0 \end{array} \right)$$

となるから, $\operatorname{rank} A = 2$ となり, 解の自由度は 2 である.

$$\begin{cases} x - 2y \qquad - 7w = 0 \\ \qquad\qquad z + 4w = 0 \end{cases}$$

において, $y = c_1$, $w = c_2$ とおけば, $x = 2c_1 + 7c_2$, $z = -4c_2$ を得るから, $\boldsymbol{x}$ は,

$$\boldsymbol{x} = \begin{pmatrix} 2c_1 + 7c_2 \\ c_1 \\ -4c_2 \\ c_2 \end{pmatrix} = c_1 \begin{pmatrix} 2 \\ 1 \\ 0 \\ 0 \end{pmatrix} + c_2 \begin{pmatrix} 7 \\ 0 \\ -4 \\ 1 \end{pmatrix} \quad [c_1, c_2 : \text{任意定数}]$$

と書くことができる. よって, $\boldsymbol{a}_1 = \begin{pmatrix} 2 \\ 1 \\ 0 \\ 0 \end{pmatrix}$, $\boldsymbol{a}_2 = \begin{pmatrix} 7 \\ 0 \\ -4 \\ 1 \end{pmatrix}$ とすれば, $\boldsymbol{x} \in \langle \boldsymbol{a}_1, \boldsymbol{a}_2 \rangle$ が成り立つ. また,

$$(\boldsymbol{a}_1 \quad \boldsymbol{a}_2) = \begin{pmatrix} 2 & 7 \\ 1 & 0 \\ 0 & -4 \\ 0 & 1 \end{pmatrix} \overset{\times(-2)}{\longrightarrow} \begin{pmatrix} 0 & 7 \\ 1 & 0 \\ 0 & -4 \\ 0 & 1 \end{pmatrix}$$

$$\longrightarrow \begin{pmatrix} 1 & 0 \\ 0 & 7 \\ 0 & -4 \\ 0 & 1 \end{pmatrix} \longrightarrow \begin{pmatrix} 1 & 0 \\ 0 & 1 \\ 0 & -4 \\ 0 & 7 \end{pmatrix} \underset{\times(-7)}{\overset{\times 4}{\longrightarrow}} \begin{pmatrix} 1 & 0 \\ 0 & 1 \\ 0 & 0 \\ 0 & 0 \end{pmatrix}$$

であるから, rank $(\boldsymbol{a}_1 \ \boldsymbol{a}_2) = 2$. つまり $\boldsymbol{a}_1$ と $\boldsymbol{a}_2$ は 1 次独立となるから, $\{\boldsymbol{a}_1, \boldsymbol{a}_2\}$ は W の 1 組の基底である. また, $\dim W = 2$ である.

3. 内積の性質 (定理 2.11) を使って計算すると,

$$\begin{aligned}(5\boldsymbol{a}+3\boldsymbol{b}, -\boldsymbol{a}+2\boldsymbol{b}) &= (5\boldsymbol{a}, -\boldsymbol{a}) + (5\boldsymbol{a}, 2\boldsymbol{b}) + (3\boldsymbol{b}, -\boldsymbol{a}) + (3\boldsymbol{b}, 2\boldsymbol{b}) \\ &= -5(\boldsymbol{a}, \boldsymbol{a}) + 10(\boldsymbol{a}, \boldsymbol{b}) - 3(\boldsymbol{b}, \boldsymbol{a}) + 6(\boldsymbol{b}, \boldsymbol{b}) \\ &= -5(\boldsymbol{a}, \boldsymbol{a}) + 10(\boldsymbol{a}, \boldsymbol{b}) - 3(\boldsymbol{a}, \boldsymbol{b}) + 6(\boldsymbol{b}, \boldsymbol{b}) \\ &= -5(\boldsymbol{a}, \boldsymbol{a}) + 7(\boldsymbol{a}, \boldsymbol{b}) + 6(\boldsymbol{b}, \boldsymbol{b}) \\ &= -5 \cdot 11 + 7 \cdot (-3) + 6 \cdot 5 = -55 - 21 + 30 = -46 \end{aligned}$$

となる.

4. (1)　A の固有多項式 $F_A(\lambda)$ は,

$$F_A(\lambda) = |\lambda E - A| = \begin{vmatrix} \lambda-1 & -1 & 1 \\ -1 & \lambda-1 & -1 \\ 1 & -1 & \lambda-1 \end{vmatrix} \overset{\times(-\lambda+1),\ \times 1}{=} \begin{vmatrix} 0 & \lambda-2 & -\lambda^2+2\lambda \\ 0 & \lambda-2 & \lambda-2 \\ 1 & -1 & \lambda-1 \end{vmatrix}$$

$$\overset{\text{第 1 列で展開}}{=} \begin{vmatrix} \lambda-2 & -\lambda(\lambda-2) \\ \lambda-2 & \lambda-2 \end{vmatrix} \overset{\text{共通因子}}{=} (\lambda-2)^2 \begin{vmatrix} 1 & -\lambda \\ 1 & 1 \end{vmatrix}$$

$$= (\lambda-2)^2(\lambda+1) = 0.$$

よって, $\lambda = -1, 2$ となり, A の固有値 $-1, 2$ を得る.

(2)　$\lambda = -1$ に対する固有ベクトル $\boldsymbol{x} = \begin{pmatrix} x_1 \\ x_2 \\ x_3 \end{pmatrix}$ は, $(-E-A)\boldsymbol{x} = \boldsymbol{o}$ の自明でない解である.

そこで, $-E-A$ に行基本変形を行うと,

$$-E-A = \begin{pmatrix} -2 & -1 & 1 \\ -1 & -2 & -1 \\ 1 & -1 & -2 \end{pmatrix} \overset{\times 2,\ \times 1}{\longrightarrow} \begin{pmatrix} 0 & -3 & -3 \\ 0 & -3 & -3 \\ 1 & -1 & -2 \end{pmatrix}$$

$$\longrightarrow \begin{pmatrix} 1 & -1 & -2 \\ 0 & -3 & -3 \\ 0 & -3 & -3 \end{pmatrix} \overset{\times(-1)}{\longrightarrow} \begin{pmatrix} 1 & -1 & -2 \\ 0 & -3 & -3 \\ 0 & 0 & 0 \end{pmatrix} \times \left(\frac{-1}{3}\right)$$

$$\longrightarrow \begin{pmatrix} 1 & -1 & -2 \\ 0 & 1 & 1 \\ 0 & 0 & 0 \end{pmatrix} \overset{\times 1}{\longrightarrow} \begin{pmatrix} 1 & 0 & -1 \\ 0 & 1 & 1 \\ 0 & 0 & 0 \end{pmatrix}$$

となるから, $\mathrm{rank}\,(-E-A)=2$ となり, 解の自由度は, 1 である. よって, $x_3=c$ とおくと, $x_1=x_3=c$, $x_2=-x_3=-c$ となるから, $\lambda=-1$ に対する固有ベクトルは,

$\boldsymbol{x}=c\begin{pmatrix}1\\-1\\1\end{pmatrix}$ 　$[c:$ 任意定数$, c\neq 0]$ となる.

同様に, $\lambda=2$ に対する固有ベクトル $\boldsymbol{x}$ は, $(2E-A)\boldsymbol{x}=\boldsymbol{o}$ の自明でない解である. ここで,

$$2E-A=\begin{pmatrix}1&-1&1\\-1&1&-1\\1&-1&1\end{pmatrix}\begin{matrix}\\ \times 1\\ \times(-1)\end{matrix}\longrightarrow\begin{pmatrix}1&-1&1\\0&0&0\\0&0&0\end{pmatrix}$$

と行基本変形できるから, $\mathrm{rank}\,(2E-A)=1$ となり, $(2E-A)\boldsymbol{x}=\boldsymbol{o}$ の解の自由度は 2 である. そこで, $x_2=c_1$, $x_3=c_2$ とおくと, $x_1=x_2-x_3=c_1-c_2$. したがって, $\lambda=2$ に対する固有ベクトルは, $\boldsymbol{x}=c_1\begin{pmatrix}1\\1\\0\end{pmatrix}+c_2\begin{pmatrix}-1\\0\\1\end{pmatrix}$ 　$[c_1, c_2:$ 任意定数$, (c_1, c_2)\neq(0,0)]$

となる.

(3)　(2) で求めた固有ベクトルにおいて, $\boldsymbol{p}_1{}'=\begin{pmatrix}1\\-1\\1\end{pmatrix}$ として, $\boldsymbol{p}_1{}'$ の大きさを 1 にしたベクトル $\boldsymbol{p}_1$ は, $\boldsymbol{p}_1=\dfrac{\boldsymbol{p}_1{}'}{\|\boldsymbol{p}_1{}'\|}=\dfrac{1}{\sqrt{3}}\begin{pmatrix}1\\-1\\1\end{pmatrix}$ となる. 次に, $\boldsymbol{u}=\begin{pmatrix}1\\1\\0\end{pmatrix}$, $\boldsymbol{v}=\begin{pmatrix}-1\\0\\1\end{pmatrix}$ とおき, グラム-シュミットの直交化法 (定理 2.14) により, $\boldsymbol{u}, \boldsymbol{v}$ を正規直交化する. $\boldsymbol{p}_2=\dfrac{\boldsymbol{u}}{\|\boldsymbol{u}\|}=\dfrac{1}{\sqrt{2}}\begin{pmatrix}1\\1\\0\end{pmatrix}$ は, 大きさが 1 の固有値 $\lambda=2$ に対する固有ベクトルである. そこで, $\boldsymbol{v}'=\boldsymbol{v}-(\boldsymbol{v}, \boldsymbol{p}_2)\boldsymbol{p}_2$ とおくと, $\boldsymbol{v}'=\begin{pmatrix}-1\\0\\1\end{pmatrix}+\dfrac{1}{2}\begin{pmatrix}1\\1\\0\end{pmatrix}=\dfrac{1}{2}\begin{pmatrix}-1\\1\\2\end{pmatrix}$ となる. $\boldsymbol{p}_3=\dfrac{\boldsymbol{v}'}{\|\boldsymbol{v}'\|}$ とおくと, $\boldsymbol{p}_3=\dfrac{1}{\sqrt{6}}\begin{pmatrix}-1\\1\\2\end{pmatrix}$ となる. よって, $P=(\boldsymbol{p}_1\ \boldsymbol{p}_2\ \boldsymbol{p}_3)=$

$\begin{pmatrix}\dfrac{1}{\sqrt{3}}&\dfrac{1}{\sqrt{2}}&-\dfrac{1}{\sqrt{6}}\\-\dfrac{1}{\sqrt{3}}&\dfrac{1}{\sqrt{2}}&\dfrac{1}{\sqrt{6}}\\\dfrac{1}{\sqrt{3}}&0&\dfrac{2}{\sqrt{6}}\end{pmatrix}$ とすると, P は直交行列となり, このとき, $P^{-1}AP={}^tPAP=$

$\begin{pmatrix}-1&0&0\\0&2&0\\0&0&2\end{pmatrix}$ のように対角化される.

◆◆章末問題 2.2 ◆◆

1. $\boldsymbol{a} = \begin{pmatrix} 3 \\ 1 \\ -2 \end{pmatrix}$, $\boldsymbol{b} = \begin{pmatrix} 1 \\ -1 \\ 2 \end{pmatrix}$ について次を求めよ.

(1) $2\boldsymbol{a} - \boldsymbol{b}$　(2) $\|\boldsymbol{a} + 3\boldsymbol{b}\|$　(3) $(2\boldsymbol{a} - \boldsymbol{b}, \boldsymbol{a} + 3\boldsymbol{b})$　(4) $\boldsymbol{a} \times \boldsymbol{b}$

2. $\mathbb{R}^3$ の部分空間 W_1, W_2 を次のように定義する.

$$W_1 = \left\{ \begin{pmatrix} x_1 \\ x_2 \\ x_3 \end{pmatrix} \in \mathbb{R}^3 \;\middle|\; x_1 + x_2 - 2x_3 = 0 \right\}, W_2 = \left\{ \begin{pmatrix} x_1 \\ x_2 \\ x_3 \end{pmatrix} \in \mathbb{R}^3 \;\middle|\; 2x_2 = 3x_3 \right\}$$

(1) W_1 の基底を 1 組求め，次元 $\dim W_1$ を求めよ.

(2) W_2 の基底を 1 組求め，次元 $\dim W_2$ を求めよ.

(3) $W_1 \cap W_2$ の基底を 1 組求め，次元 $\dim(W_1 \cap W_2)$ を求めよ.

3. $\mathbb{R}^3$ の基底 $\left\{ \boldsymbol{v}_1 = \begin{pmatrix} 1 \\ 2 \\ 0 \end{pmatrix}, \boldsymbol{v}_2 = \begin{pmatrix} -2 \\ -1 \\ 3 \end{pmatrix}, \boldsymbol{v}_3 = \begin{pmatrix} 0 \\ 5 \\ 4 \end{pmatrix} \right\}$ に対して, グラム-シュミットの直交化法を行い, 正規直交基底をつくれ.

4. 行列 $A = \begin{pmatrix} -1 & 1 & 0 \\ 3 & 0 & 1 \\ 3 & -1 & 2 \end{pmatrix}$ について次の問いに答えよ.

(1) A の固有値を求めよ.

(2) A の固有ベクトルを求めよ.

(3) A は対角化可能かどうかを調べ, 対角化可能なら正則行列 P を求めて対角化せよ.

◇章末問題 2.2 の解答◇

1. (1) $2\boldsymbol{a}-\boldsymbol{b}=2\begin{pmatrix}3\\1\\-2\end{pmatrix}-\begin{pmatrix}1\\-1\\2\end{pmatrix}=\begin{pmatrix}6-1\\2+1\\-4-2\end{pmatrix}=\begin{pmatrix}5\\3\\-6\end{pmatrix}.$

(2) $\boldsymbol{a}+3\boldsymbol{b}=\begin{pmatrix}6\\-2\\4\end{pmatrix}$ であるから, $\|\boldsymbol{a}+3\boldsymbol{b}\|=\sqrt{36+4+16}=\sqrt{4(9+1+4)}=2\sqrt{14}.$

(3) (1), (2) より, $(2\boldsymbol{a}-\boldsymbol{b},\boldsymbol{a}+3\boldsymbol{b})=\left(\begin{pmatrix}5\\3\\-6\end{pmatrix},\begin{pmatrix}6\\-2\\4\end{pmatrix}\right)=5\cdot 6+3\cdot(-2)+(-6)\cdot 4=$ $30-6-24=0.$

(4) $\boldsymbol{a}\times\boldsymbol{b}=\begin{vmatrix}1&-1\\-2&2\end{vmatrix}\boldsymbol{e}_1-\begin{vmatrix}3&1\\-2&2\end{vmatrix}\boldsymbol{e}_2+\begin{vmatrix}3&1\\1&-1\end{vmatrix}\boldsymbol{e}_3=(2-2)\boldsymbol{e}_1-(6+2)\boldsymbol{e}_2+(-3-1)\boldsymbol{e}_3=\begin{pmatrix}0\\-8\\-4\end{pmatrix}.$

2. (1) $\forall\boldsymbol{x}=\begin{pmatrix}x_1\\x_2\\x_3\end{pmatrix}\in W_1$ に対して, $x_1+x_2-2x_3=0$ を満たす. これを同次連立方程式とみたときの係数行列 A は, $A=\begin{pmatrix}1&1&-2\end{pmatrix}$ となり, $\operatorname{rank}A=1$ であるから, 方程式は, 解の自由度が 2 の非自明解をもつ. そこで, $x_2=c_1$, $x_3=c_2$ とおけば, $x_1=-c_1+2c_2$ であるから, $\forall\boldsymbol{x}\in W_1$ は, $\boldsymbol{x}=\begin{pmatrix}-c_1+2c_2\\c_1\\c_2\end{pmatrix}=c_1\begin{pmatrix}-1\\1\\0\end{pmatrix}+c_2\begin{pmatrix}2\\0\\1\end{pmatrix}$ $[c_1,c_2,:$ 任意定数$]$ となる. つまり, $W_1=\left\langle\begin{pmatrix}-1\\1\\0\end{pmatrix},\begin{pmatrix}2\\0\\1\end{pmatrix}\right\rangle$ である. さらに, $\begin{pmatrix}-1&2\\1&0\\0&1\end{pmatrix}\longrightarrow\begin{pmatrix}1&0\\0&1\\0&0\end{pmatrix}$ となり, $\operatorname{rank}\begin{pmatrix}-1&2\\1&0\\0&1\end{pmatrix}=2$ であるから, $\begin{pmatrix}-1\\1\\0\end{pmatrix},\begin{pmatrix}2\\0\\1\end{pmatrix}$ は 1 次独立となる. よって, W_1 の 1 組の基底は, $\left\{\begin{pmatrix}-1\\1\\0\end{pmatrix},\begin{pmatrix}2\\0\\1\end{pmatrix}\right\}$ であり, $\dim W_1=2$ を得る.

(2) (1) と同様にして, $\forall\boldsymbol{x}\in W_2$ は, $2x_2-3x_3=0$ の解であるから, 係数行列 $A=\begin{pmatrix}0&2&-3\end{pmatrix}$ を考えると, $\operatorname{rank}A=1$ である. よって, この解は, 解の自由度が 2 の非自明解である. そこで, $x_1=c_1$, $x_3=2c_2$ とおくと, $x_2=3c_2$ となるから, $\boldsymbol{x}\in W_2$ は, $\boldsymbol{x}=c_1\begin{pmatrix}1\\0\\0\end{pmatrix}+c_2\begin{pmatrix}0\\3\\2\end{pmatrix}$ $[c_1,c_2:$ 任意定数$]$ である. つまり, $W_2=\left\langle\begin{pmatrix}1\\0\\0\end{pmatrix},\begin{pmatrix}0\\3\\2\end{pmatrix}\right\rangle$ となる. また, (1) と同様に $\operatorname{rank}\begin{pmatrix}1&0\\0&3\\0&2\end{pmatrix}=2$ であるから, $\begin{pmatrix}1\\0\\0\end{pmatrix},\begin{pmatrix}0\\3\\2\end{pmatrix}$ は 1 次独立

である. ゆえに, W_2 の 1 組の基底は, $\left\{ \begin{pmatrix} 1 \\ 0 \\ 0 \end{pmatrix}, \begin{pmatrix} 0 \\ 3 \\ 2 \end{pmatrix} \right\}$ であり, $\dim W_2 = 2$ となる.

(3)　$\forall \boldsymbol{x} \in W_1 \cap W_2$ は, 同次連立 1 次方程式 $\left\{ \begin{array}{rcrcrcl} x_1 & + & x_2 & - & 2x_3 & = & 0 \\ & & 2x_2 & - & 3x_3 & = & 0 \end{array} \right.$ の解である. この方程式の係数行列 $A = \begin{pmatrix} 1 & 1 & -2 \\ 0 & 2 & -3 \end{pmatrix}$ は, $\operatorname{rank} A = 2$ であり, 解の自由度は 1 である. そこで, $x_3 = 2c$ とおくと, $x_2 = 3c$, $x_1 = -3c + 4c = c$. 以上より, $\boldsymbol{x} = c \begin{pmatrix} 1 \\ 3 \\ 2 \end{pmatrix}$　[c : 任意定数] となる. したがって, $W_1 \cap W_2 = \left\langle \begin{pmatrix} 1 \\ 3 \\ 2 \end{pmatrix} \right\rangle$ であるから, 1 組の基底は, $\left\{ \begin{pmatrix} 1 \\ 3 \\ 2 \end{pmatrix} \right\}$ であり, $\dim (W_1 \cap W_2) = 1$ を得る.

3. $\boldsymbol{v}_1$, $\boldsymbol{v}_2$, $\boldsymbol{v}_3$ に対して, グラム-シュミットの直交化法を適用する. まず, $\boldsymbol{u}_1 = \dfrac{1}{\|\boldsymbol{v}_1\|}\boldsymbol{v}_1 = \dfrac{1}{\sqrt{1+4}}\boldsymbol{v}_1 = \dfrac{1}{\sqrt{5}} \begin{pmatrix} 1 \\ 2 \\ 0 \end{pmatrix}$ とする. 次に, $\boldsymbol{u}_2{}' = \boldsymbol{v}_2 - (\boldsymbol{v}_2, \boldsymbol{u}_1)\boldsymbol{u}_1$ として, $\boldsymbol{u}_2{}'$ を計算すると,

$$\boldsymbol{u}_2{}' = \boldsymbol{v}_2 - \left(\boldsymbol{v}_2, \frac{1}{\sqrt{5}}\boldsymbol{v}_1\right) \frac{1}{\sqrt{5}}\boldsymbol{v}_1 = \boldsymbol{v}_2 - \frac{1}{5}(-2-2+0)\boldsymbol{v}_1 = \boldsymbol{v}_2 - \frac{-4}{5}\boldsymbol{v}_1 = \begin{pmatrix} -2 \\ -1 \\ 3 \end{pmatrix} - \frac{-4}{5}\begin{pmatrix} 1 \\ 2 \\ 0 \end{pmatrix} = \frac{1}{5}\begin{pmatrix} -10+4 \\ -5+8 \\ 15+0 \end{pmatrix} = \frac{1}{5}\begin{pmatrix} -6 \\ 3 \\ 15 \end{pmatrix} = \frac{3}{5}\begin{pmatrix} -2 \\ 1 \\ 5 \end{pmatrix}$$

となるから, $\boldsymbol{u}_2 = \dfrac{1}{\|\boldsymbol{u}_2{}'\|}\boldsymbol{u}_2{}' = \dfrac{5}{3\sqrt{4+1+25}} \cdot \dfrac{3}{5}\begin{pmatrix} -2 \\ 1 \\ 5 \end{pmatrix} = \dfrac{1}{\sqrt{30}}\begin{pmatrix} -2 \\ 1 \\ 5 \end{pmatrix}$ とおく. さらに, $\boldsymbol{u}_3{}' = \boldsymbol{v}_3 - (\boldsymbol{v}_3, \boldsymbol{u}_1)\,\boldsymbol{u}_1 - (\boldsymbol{v}_3, \boldsymbol{u}_2)\boldsymbol{u}_2$ を計算して,

$$\boldsymbol{u}_3{}' = \boldsymbol{v}_3 - \frac{1}{5}(0+10+0)\boldsymbol{v}_1 - \frac{1}{30}(0+5+20)\begin{pmatrix} -2 \\ 1 \\ 5 \end{pmatrix} = \boldsymbol{v}_3 - 2\boldsymbol{v}_1 - \frac{5}{6}\begin{pmatrix} -2 \\ 1 \\ 5 \end{pmatrix} = \begin{pmatrix} 0 \\ 5 \\ 4 \end{pmatrix} - 2\begin{pmatrix} 1 \\ 2 \\ 0 \end{pmatrix} - \frac{5}{6}\begin{pmatrix} -2 \\ 1 \\ 5 \end{pmatrix} = \frac{1}{6}\begin{pmatrix} 0-12+10 \\ 30-24-5 \\ 24-0-25 \end{pmatrix} = \frac{1}{6}\begin{pmatrix} -2 \\ 1 \\ -1 \end{pmatrix}$$

となる. よって, $\boldsymbol{u}_3 = \dfrac{1}{\|\boldsymbol{u}_3{}'\|}\boldsymbol{u}_3{}' = \dfrac{6}{\sqrt{4+1+1}}\dfrac{1}{6}\begin{pmatrix} -2 \\ 1 \\ -1 \end{pmatrix} = \dfrac{1}{\sqrt{6}}\begin{pmatrix} -2 \\ 1 \\ -1 \end{pmatrix}$ とすれば, $\boldsymbol{u}_1, \boldsymbol{u}_2, \boldsymbol{u}_3$ はいずれも大きさが 1 のベクトルで, どの 2 つも直交するから, 求める正規直交基底は, $\left\{ \dfrac{1}{\sqrt{5}}\begin{pmatrix} 1 \\ 2 \\ 0 \end{pmatrix}, \dfrac{1}{\sqrt{30}}\begin{pmatrix} -2 \\ 1 \\ 5 \end{pmatrix}, \dfrac{1}{\sqrt{6}}\begin{pmatrix} -2 \\ 1 \\ -1 \end{pmatrix} \right\}$ である.

4. (1)　A の固有多項式 $F_A(\lambda)$ を計算すると,

$$F_A(\lambda) = |\lambda E - A| = \begin{vmatrix} \lambda+1 & -1 & 0 \\ -3 & \lambda & -1 \\ -3 & 1 & \lambda-2 \end{vmatrix} \overset{\times 1}{=} \begin{vmatrix} \lambda-2 & 0 & \lambda-2 \\ -3 & \lambda & -1 \\ -3 & 1 & \lambda-2 \end{vmatrix}$$

$$\overset{\text{共通因子}}{=} (\lambda-2) \begin{vmatrix} 1 & 0 & 1 \\ -3 & \lambda & -1 \\ -3 & 1 & \lambda-2 \end{vmatrix} \overset{\times(-1)}{=} (\lambda-2) \begin{vmatrix} 1 & 0 & 0 \\ -3 & \lambda & 2 \\ -3 & 1 & \lambda+1 \end{vmatrix}$$

$$\overset{\text{次数下げ}}{=} (\lambda-2) \begin{vmatrix} \lambda & 2 \\ 1 & \lambda+1 \end{vmatrix} \overset{\times(-1)}{=} (\lambda-2) \begin{vmatrix} \lambda-1 & -\lambda+1 \\ 1 & \lambda+1 \end{vmatrix}$$

$$\overset{\text{共通因子}}{=} (\lambda-2)(\lambda-1) \begin{vmatrix} 1 & -1 \\ 1 & \lambda+1 \end{vmatrix} \overset{\times 1}{=} (\lambda-2)(\lambda-1) \begin{vmatrix} 1 & 0 \\ 1 & \lambda+2 \end{vmatrix}$$

$$\overset{\text{サラス}}{=} (\lambda-2)(\lambda-1)(\lambda+2).$$

よって, 求める固有値は, $F_A(\lambda) = 0$ を解いて $\lambda = -2, 1, 2$ となる.

(2)

i) $\lambda = -2$ のとき, A の固有ベクトル $\boldsymbol{x} = \begin{pmatrix} x_1 \\ x_2 \\ x_3 \end{pmatrix} \neq \boldsymbol{o}$ は, $(-2E - A)\boldsymbol{x} = \boldsymbol{o}$ の非自明解である. $-2E - A$ を行基本変形すると,

$$-2E - A = \begin{pmatrix} -1 & -1 & 0 \\ -3 & -2 & -1 \\ -3 & 1 & -4 \end{pmatrix} \xrightarrow{\times(-3),\ \times(-3)} \begin{pmatrix} -1 & -1 & 0 \\ 0 & 1 & -1 \\ 0 & 4 & -4 \end{pmatrix} \xrightarrow{\times(-4)} \begin{pmatrix} -1 & -1 & 0 \\ 0 & 1 & -1 \\ 0 & 0 & 0 \end{pmatrix}$$

となる. よって, $\mathrm{rank}\,(-2E - A) = 2$ であるから, $(-2E - A)\boldsymbol{x} = \boldsymbol{o}$ は, 解の自由度 1 の非自明解をもつ. そこで, $\begin{cases} -x_1 - x_2 = 0 \\ x_2 - x_3 = 0 \end{cases}$ において, $x_3 = c$ とすれば, $x_2 = c$, $x_1 = -c$ であるから, $\lambda = -2$ に対する A の固有ベクトルは,

$$\boldsymbol{x} = \begin{pmatrix} -c \\ c \\ c \end{pmatrix} = c \begin{pmatrix} -1 \\ 1 \\ 1 \end{pmatrix} \quad [c : \text{任意定数}, c \neq 0] \text{ である.}$$

ii) $\lambda = 1$ のとき, A の固有ベクトル $\boldsymbol{x} \neq \boldsymbol{o}$ は, $(E - A)\boldsymbol{x} = \boldsymbol{o}$ の非自明解である. $E - A$ について行基本変形を行うと,

$$E - A = \begin{pmatrix} 2 & -1 & 0 \\ -3 & 1 & -1 \\ -3 & 1 & -1 \end{pmatrix} \xrightarrow{\times(-1)} \begin{pmatrix} 2 & -1 & 0 \\ -3 & 1 & -1 \\ 0 & 0 & 0 \end{pmatrix} \xrightarrow{\times 1}$$

$$\begin{pmatrix} 2 & -1 & 0 \\ -1 & 0 & -1 \\ 0 & 0 & 0 \end{pmatrix} \xrightarrow{\times 2} \begin{pmatrix} 0 & -1 & -2 \\ -1 & 0 & -1 \\ 0 & 0 & 0 \end{pmatrix}$$

$$\longrightarrow \begin{pmatrix} -1 & 0 & -1 \\ 0 & -1 & -2 \\ 0 & 0 & 0 \end{pmatrix}$$

となり, rank $(E-A)=2$ であるから, $(E-A)\boldsymbol{x}=\boldsymbol{o}$ は解の自由度が 1 の非自明解をもつ. $\begin{cases} -x_1 \quad - x_3 = 0 \\ \quad - x_2 - 2x_3 = 0 \end{cases}$ において, $x_3=c$ とすれば, $x_2=-2c$, $x_1=-c$ であるから, $\lambda=1$ に対する A の固有ベクトルは, $\boldsymbol{x}=c\begin{pmatrix} -1 \\ -2 \\ 1 \end{pmatrix}$ $[c:$ 任意定数, $c \neq 0]$.

iii) $\lambda=2$ のとき, A の固有値 $\boldsymbol{x} \neq \boldsymbol{o}$ は, $(2E-A)\boldsymbol{x}=\boldsymbol{o}$ の非自明解である. $2E-A$ について行基本変形を行うと,

$$2E-A=\begin{pmatrix} 3 & -1 & 0 \\ -3 & 2 & -1 \\ -3 & 1 & 0 \end{pmatrix} \begin{matrix} \\ \times 1 \\ \times 1 \end{matrix} \longrightarrow \begin{pmatrix} 3 & -1 & 0 \\ 0 & 1 & -1 \\ 0 & 0 & 0 \end{pmatrix}$$

であるから, rank $(2E-A)=2$ となり, $(2E-A)\boldsymbol{x}=\boldsymbol{o}$ は, 解の自由度が 1 の非自明解をもつ. $\begin{cases} 3x_1 - x_2 \quad = 0 \\ \quad x_2 - x_3 = 0 \end{cases}$ において, $x_3=3c$ とおくと, $x_2=3c$, $x_1=c$ であるから, $\lambda=2$ に対する A の固有値は, $\boldsymbol{x}=c\begin{pmatrix} 1 \\ 3 \\ 3 \end{pmatrix}$ $[c:$ 任意定数, $c \neq 0]$ となる.

(3) (1) より, A の固有値はすべて異なるから, A は対角化可能である. 実際, $P=\begin{pmatrix} -1 & -1 & 1 \\ 1 & -2 & 3 \\ 1 & 1 & 3 \end{pmatrix}$ とすれば, $P^{-1}AP=\begin{pmatrix} -2 & 0 & 0 \\ 0 & 1 & 0 \\ 0 & 0 & 2 \end{pmatrix}$ のように対角化される.

◆◆章末問題 2.3◆◆

1. 空間ベクトル $\boldsymbol{a} = \begin{pmatrix} -1 \\ 1 \\ 3 \end{pmatrix}, \boldsymbol{b} = \begin{pmatrix} 0 \\ 1 \\ -3 \end{pmatrix}, \boldsymbol{c} = \begin{pmatrix} 1 \\ 1 \\ 2 \end{pmatrix}$ について次を求めよ.

(1)　$(3\boldsymbol{a} + 2\boldsymbol{b}, \boldsymbol{b} - 2\boldsymbol{a})$　　(2)　$||3\boldsymbol{a} - \boldsymbol{b} - 2\boldsymbol{c}||$　　(3)　$\boldsymbol{a} \times (\boldsymbol{b} \times \boldsymbol{c})$

2. 3つのベクトル $\begin{pmatrix} 1 \\ 1 \\ -2 \end{pmatrix}, \begin{pmatrix} 4 \\ 2 \\ 2 \end{pmatrix}, \begin{pmatrix} -1 \\ 0 \\ a \end{pmatrix}$. が1次従属となるとき, a の値を求めよ.

3. 線形写像 $f : \mathbb{R}^2 \to \mathbb{R}^2$ を $f(\begin{pmatrix} x_1 \\ x_2 \end{pmatrix}) = \begin{pmatrix} x_1 + x_2 \\ 3x_1 - x_2 \end{pmatrix}$ で定める. 次の $\mathbb{R}^2$ の基底 $\left\{\begin{pmatrix} 1 \\ 1 \end{pmatrix}, \begin{pmatrix} 1 \\ -2 \end{pmatrix}\right\}$ についての f の像を $\boldsymbol{u} = f(\begin{pmatrix} 1 \\ 1 \end{pmatrix}), \boldsymbol{v} = f(\begin{pmatrix} 1 \\ -2 \end{pmatrix})$ とするとき, $\begin{pmatrix} \boldsymbol{u} & \boldsymbol{v} \end{pmatrix} = \begin{pmatrix} 1 & 1 \\ 1 & -2 \end{pmatrix} A$ を満たす行列 A を求めよ (これを, 基底 $\left\{\begin{pmatrix} 1 \\ 1 \end{pmatrix}, \begin{pmatrix} 1 \\ -2 \end{pmatrix}\right\}$ に関する f の**表現行列**という).

4. $\mathbb{R}^3$ の部分空間 W_1, W_2 が次のように定義されているとき, $W_1, W_2, W_1 \cap W_2$ の1組の基底と次元を求めよ.

$$W_1 = \left\{ \begin{pmatrix} x \\ y \\ z \end{pmatrix} \in \mathbb{R}^3 \;\middle|\; x + 2y + 3z = 0 \right\},\ W_2 = \left\{ \begin{pmatrix} x \\ y \\ z \end{pmatrix} \in \mathbb{R}^3 \;\middle|\; 2x - y + z = 0 \right\}.$$

5. 行列 $A = \begin{pmatrix} 3 & -1 & 2 \\ -1 & 3 & -2 \\ 2 & -2 & 6 \end{pmatrix}$ について以下の問いに答えよ.

(1)　A の固有値をすべて求めよ.

(2)　(1) で求めた A の固有値に対する固有ベクトルを求めよ.

(3)　(2) で求めた固有ベクトルから直交行列 P を構成し, P を用いて行列 A を対角化せよ.

◇章末問題 2.3 の解答◇

1. (1) $(3\boldsymbol{a}+2\boldsymbol{b},\boldsymbol{b}-2\boldsymbol{a}) = (3\boldsymbol{a},\boldsymbol{b})+(2\boldsymbol{b},\boldsymbol{b})+(3\boldsymbol{a},-2\boldsymbol{a})+(2\boldsymbol{b},-2\boldsymbol{a}) = 3(\boldsymbol{a},\boldsymbol{b})+2\|\boldsymbol{b}\|^2-6\|\boldsymbol{a}\|^2-4(\boldsymbol{b},\boldsymbol{a}) = -6\|\boldsymbol{a}\|^2-(\boldsymbol{a},\boldsymbol{b})+2\|\boldsymbol{b}\|^2 = -6(1+1+9)-(0+1-9)+2(0+1+9) = -66+8+20 = -38.$

(2) $3\boldsymbol{a}-\boldsymbol{b}-2\boldsymbol{c} = \begin{pmatrix} -3 \\ 3 \\ 9 \end{pmatrix} - \begin{pmatrix} 0 \\ 1 \\ -3 \end{pmatrix} - \begin{pmatrix} 2 \\ 2 \\ 4 \end{pmatrix} = \begin{pmatrix} -3-0-2 \\ 3-1-2 \\ 9+3-4 \end{pmatrix} = \begin{pmatrix} -5 \\ 0 \\ 8 \end{pmatrix}$ であるから, $\|3\boldsymbol{a}-\boldsymbol{b}-2\boldsymbol{c}\| = \sqrt{25+0+64} = \sqrt{89}$ となる.

(3) $\boldsymbol{b}\times\boldsymbol{c} = \begin{vmatrix} 1 & 1 \\ -3 & 2 \end{vmatrix}\boldsymbol{e}_1 - \begin{vmatrix} 0 & 1 \\ -3 & 2 \end{vmatrix}\boldsymbol{e}_2 + \begin{vmatrix} 0 & 1 \\ 1 & 1 \end{vmatrix}\boldsymbol{e}_3 = (2+3)\boldsymbol{e}_1-(0+3)\boldsymbol{e}_2+(0-1)\boldsymbol{e}_3 = \begin{pmatrix} 5 \\ -3 \\ -1 \end{pmatrix}$ であるから, $\boldsymbol{a}\times(\boldsymbol{b}\times\boldsymbol{c}) = \begin{vmatrix} 1 & -3 \\ 3 & -1 \end{vmatrix}\boldsymbol{e}_1 - \begin{vmatrix} -1 & 5 \\ 3 & -1 \end{vmatrix}\boldsymbol{e}_2 + \begin{vmatrix} -1 & 5 \\ 1 & -3 \end{vmatrix}\boldsymbol{e}_3 = (-1+9)\boldsymbol{e}_1-(1-15)\boldsymbol{e}_2+(3-5)\boldsymbol{e}_3 = 8\boldsymbol{e}_1+14\boldsymbol{e}_2-2\boldsymbol{e}_3 = \begin{pmatrix} 8 \\ 14 \\ -2 \end{pmatrix}$ となる.

2. 3 つのベクトルが 1 次従属であるための必要十分条件は, 3 つのベクトルをならべた行列 $A = \begin{pmatrix} 1 & 4 & -1 \\ 1 & 2 & 0 \\ -2 & 2 & a \end{pmatrix}$ に対して, $A\boldsymbol{x}=\boldsymbol{o}$ が自明でない解をもてばよいから, $|A|=0$ であればよい. $|A|$ を計算すると, $|A| = \begin{vmatrix} 1 & 4 & -1 \\ 1 & 2 & 0 \\ -2 & 2 & a \end{vmatrix}$ (×(−1), ×2) $= \begin{vmatrix} 0 & 2 & -1 \\ 1 & 2 & 0 \\ 0 & 6 & a \end{vmatrix} \overset{\text{サラス}}{=} -6-2a=0$ となるから, $a=-3$ となればよい.

3. $\boldsymbol{a} = \begin{pmatrix} 1 \\ 1 \end{pmatrix}$, $\boldsymbol{b} = \begin{pmatrix} 1 \\ -2 \end{pmatrix}$ とすれば, $\boldsymbol{u} = f(\boldsymbol{a}) = \begin{pmatrix} 1+1 \\ 3-1 \end{pmatrix} = \begin{pmatrix} 2 \\ 2 \end{pmatrix}$, $\boldsymbol{b}$ についても同様にして, $f(\boldsymbol{b}) = \begin{pmatrix} 1+(-2) \\ 3+2 \end{pmatrix} = \begin{pmatrix} -1 \\ 5 \end{pmatrix}$ であるから, $\begin{pmatrix} 2 & -1 \\ 2 & 5 \end{pmatrix} = \begin{pmatrix} 1 & 1 \\ 1 & -2 \end{pmatrix}A$ を満たす行列 A を求ればよい. ここで, $\boldsymbol{a},\boldsymbol{b}$ は基底であるから, $\boldsymbol{a},\boldsymbol{b}$ の 2 つのベクトルは 1 次独立であるから, $\begin{pmatrix} 1 & 1 \\ 1 & -2 \end{pmatrix}$ は正則行列である. よって, $\begin{pmatrix} 1 & 1 \\ 1 & -2 \end{pmatrix}^{-1} = \dfrac{1}{3}\begin{pmatrix} 2 & 1 \\ 1 & -1 \end{pmatrix}$ であるから,

$$A = \begin{pmatrix} 1 & 1 \\ 1 & -2 \end{pmatrix}^{-1}\begin{pmatrix} 2 & -1 \\ 2 & 5 \end{pmatrix} = \frac{1}{3}\begin{pmatrix} 2 & 1 \\ 1 & -1 \end{pmatrix}\begin{pmatrix} 2 & -1 \\ 2 & 5 \end{pmatrix} = \frac{1}{3}\begin{pmatrix} 4+2 & -2+5 \\ 2-2 & -1-5 \end{pmatrix} = \frac{1}{3}\begin{pmatrix} 6 & 3 \\ 0 & -6 \end{pmatrix} = \begin{pmatrix} 2 & 1 \\ 0 & -2 \end{pmatrix}$$ である.

4. $\boldsymbol{x} = \begin{pmatrix} x \\ y \\ z \end{pmatrix} \in W_1$ とすると, $\boldsymbol{x}$ は, 同次連立方程式 $x+2y+3z=0$ の解である. これは, 解の自由度 2 の非自明解をもつから, $y=c_1$, $z=c_2$ とおけば, $x=-2c_1-3c_2$ となり, $\boldsymbol{x} = c_1\begin{pmatrix} -2 \\ 1 \\ 0 \end{pmatrix} + c_2\begin{pmatrix} -3 \\ 0 \\ 1 \end{pmatrix}$ $[c_1, c_2$: 任意定数$]$ となる. ゆえに $\boldsymbol{x} \in \left\langle \begin{pmatrix} -2 \\ 1 \\ 0 \end{pmatrix}, \begin{pmatrix} -3 \\ 0 \\ 1 \end{pmatrix} \right\rangle$

である．また，$\begin{pmatrix} -2 & -3 \\ 1 & 0 \\ 0 & 1 \end{pmatrix} \longrightarrow \begin{pmatrix} 0 & 0 \\ 1 & 0 \\ 0 & 1 \end{pmatrix} \longrightarrow \begin{pmatrix} 1 & 0 \\ 0 & 0 \\ 0 & 1 \end{pmatrix} \longrightarrow \begin{pmatrix} 1 & 0 \\ 0 & 1 \\ 0 & 0 \end{pmatrix}$

より，$\mathrm{rank}\begin{pmatrix} -2 & -3 \\ 1 & 0 \\ 0 & 1 \end{pmatrix} = 2$ であるから，$\left\{ \begin{pmatrix} -2 \\ 1 \\ 0 \end{pmatrix}, \begin{pmatrix} -3 \\ 0 \\ 1 \end{pmatrix} \right\}$ は，W_1 の1組の基底となり，$\dim W_1 = 2$ を得る．同様に，$\boldsymbol{x} \in W_2$ とすると，$\boldsymbol{x}$ は，$2x - y + z = 0$ の解であり，この方程式も，解の自由度2の非自明解をもつ．そこで，$x = c_1$, $y = c_2$ とおけば，$z = -2c_1 + c_2$ となるから，$\boldsymbol{x} = c_1 \begin{pmatrix} 1 \\ 0 \\ -2 \end{pmatrix} + c_2 \begin{pmatrix} 0 \\ 1 \\ 1 \end{pmatrix}$　$[c_1, c_2$: 任意定数$]$ と書くことができる．すなわち，$\boldsymbol{x} \in \left\langle \begin{pmatrix} 1 \\ 0 \\ -2 \end{pmatrix}, \begin{pmatrix} 0 \\ 1 \\ 1 \end{pmatrix} \right\rangle$ である．さらに，$\begin{pmatrix} 1 & 0 \\ 0 & 1 \\ -2 & 1 \end{pmatrix} \longrightarrow \begin{pmatrix} 1 & 0 \\ 0 & 1 \\ 0 & 0 \end{pmatrix}$ となるから，$\mathrm{rank}\begin{pmatrix} 1 & 0 \\ 0 & 1 \\ 0 & 0 \end{pmatrix} = 2$ であり，$\left\{ \begin{pmatrix} 1 \\ 0 \\ -2 \end{pmatrix}, \begin{pmatrix} 0 \\ 1 \\ 1 \end{pmatrix} \right\}$ は W_2 の1組の基底である．よって，$\dim W_2 = 2$ である．最後に，$\boldsymbol{x} \in W_1 \cap W_2$ は，$\begin{cases} x + 2y + 3z = 0 \\ 2x - y + z = 0 \end{cases}$ の解である．拡大係数行列 $(A\ \boldsymbol{o}) = \left(\begin{array}{ccc|c} 1 & 2 & 3 & 0 \\ 2 & -1 & 1 & 0 \end{array}\right)$ を行基本変形によって変形すると，

$$\left(\begin{array}{ccc|c} 1 & 2 & 3 & 0 \\ 2 & -1 & 1 & 0 \end{array}\right) \xrightarrow{\times(-2)} \left(\begin{array}{ccc|c} 1 & 2 & 3 & 0 \\ 0 & -5 & -5 & 0 \end{array}\right) \times\left(\frac{-1}{5}\right)$$

$$\longrightarrow \left(\begin{array}{ccc|c} 1 & 2 & 3 & 0 \\ 0 & 1 & 1 & 0 \end{array}\right) \xrightarrow{\times(-2)} \left(\begin{array}{ccc|c} 1 & 0 & 1 & 0 \\ 0 & 1 & 1 & 0 \end{array}\right)$$

となるから，$\mathrm{rank}\,(A\ \boldsymbol{o}) = 2$ である．よって，この方程式は，解の自由度1の非自明解をもつから，$z = c$ とおけば，$y = -c$, $x = -c$ となるから，$\boldsymbol{x} = c \begin{pmatrix} -1 \\ -1 \\ 1 \end{pmatrix}$　$[c$: 任意定数$]$ と書くことができる．ゆえに，$\left\{ \begin{pmatrix} -1 \\ -1 \\ 1 \end{pmatrix} \right\}$ は，$W_1 \cap W_2$ の1組の基底であり，$\dim(W_1 \cap W_2) = 1$ である．

5. (1)　固有方程式 $F_A(\lambda) = |\lambda E - A| = 0$ を解けばよい．

$$|\lambda E - A| = \begin{vmatrix} \lambda - 3 & 1 & -2 \\ 1 & \lambda - 3 & 2 \\ -2 & 2 & \lambda - 6 \end{vmatrix} = \begin{vmatrix} \lambda - 3 & 1 & 0 \\ 1 & \lambda - 3 & 2(\lambda - 2) \\ -2 & 2 & \lambda - 2 \end{vmatrix}$$

$$= \begin{vmatrix} \lambda - 2 & 1 & 0 \\ \lambda - 2 & \lambda - 3 & 2(\lambda - 2) \\ 0 & 2 & \lambda - 2 \end{vmatrix} \overset{\text{共通因子}}{=} (\lambda - 2)^2 \begin{vmatrix} 1 & 1 & 0 \\ 1 & \lambda - 3 & 2 \\ 0 & 2 & 1 \end{vmatrix}$$

$$= (\lambda-2)^2 \begin{vmatrix} 1 & 0 & 0 \\ 1 & \lambda-4 & 2 \\ 0 & 2 & 1 \end{vmatrix} \overset{\text{次数下げ}}{=} (\lambda-2)^2 \begin{vmatrix} \lambda-4 & 2 \\ 2 & 1 \end{vmatrix}$$

$$= (\lambda-2)^2(\lambda-4-4) = (\lambda-2)^2(\lambda-8)$$

であるから, 固有値は, $\lambda = 8, 2$ (重複度 2) である.

(2)　$\lambda = 2$ に対する A の固有ベクトルを $\boldsymbol{x} = \begin{pmatrix} x_1 \\ x_2 \\ x_3 \end{pmatrix}$ とすると, $\boldsymbol{x}$ は, $(2E-A)\boldsymbol{x} = \boldsymbol{o}$ の非自明解である. $2E-A$ を行基本変形すると,

$$2E - A = \begin{pmatrix} -1 & 1 & -2 \\ 1 & -1 & 2 \\ -2 & 2 & -4 \end{pmatrix} \begin{matrix} \\ \times 1 \\ \times(-2) \end{matrix} \longrightarrow \begin{pmatrix} -1 & 1 & -2 \\ 0 & 0 & 0 \\ 0 & 0 & 0 \end{pmatrix}$$

となるから, $\operatorname{rank}(2E-A) = 1$ である. よって, $(2E-A)\boldsymbol{x} = \boldsymbol{o}$ は, 解の自由度が 2 の非自明解をもつ. そこで, $x_2 = c_1$, $x_3 = c_2$ とおくと, $x_1 = c_1 - 2c_2$ となるから, 求める固有ベクトルは, $\boldsymbol{x} = c_1 \begin{pmatrix} 1 \\ 1 \\ 0 \end{pmatrix} + c_2 \begin{pmatrix} -2 \\ 0 \\ 1 \end{pmatrix}$　$[c_1, c_2 : \text{任意定数}, (c_1, c_2) \neq (0,0)]$ である.

同様に, $\lambda = 8$ に対する A の固有ベクトル $\boldsymbol{x}$ は, $(8E-A)\boldsymbol{x} = \boldsymbol{o}$ の非自明解である.

$$8E - A = \begin{pmatrix} 5 & 1 & -2 \\ 1 & 5 & 2 \\ -2 & 2 & 2 \end{pmatrix} \longrightarrow \begin{pmatrix} 1 & 5 & 2 \\ 5 & 1 & -2 \\ -2 & 2 & 2 \end{pmatrix} \begin{matrix} \\ \times(-5) \\ \times 2 \end{matrix}$$

$$\longrightarrow \begin{pmatrix} 1 & 5 & 2 \\ 0 & -24 & -12 \\ 0 & 12 & 6 \end{pmatrix} \times \frac{1}{12} \longrightarrow \begin{pmatrix} 1 & 5 & 2 \\ 0 & -2 & -1 \\ 0 & 12 & 6 \end{pmatrix} \times 6 \longrightarrow \begin{pmatrix} 1 & 5 & 2 \\ 0 & -2 & -1 \\ 0 & 0 & 0 \end{pmatrix}.$$

よって, $\operatorname{rank}(8E-A) = 2$ であるから, $(8E-A)\boldsymbol{x} = \boldsymbol{o}$ は, 解の自由度 が 1 の非自明解をもつ. そこで, $x_2 = c$ とおくと, $x_3 = -2c$, $x_1 = -5x_2 - 2x_3 = -5c + 4c = -c$ であるから, 求める固有ベクトルは, $\boldsymbol{x} = c \begin{pmatrix} -1 \\ 1 \\ -2 \end{pmatrix}$　$[c : \text{任意定数}, c \neq 0]$ となる.

(3)　A の固有ベクトルについて, グラム-シュミットの直交化法を適用する. $\boldsymbol{u}_1 = \begin{pmatrix} 1 \\ 1 \\ 0 \end{pmatrix}$, $\boldsymbol{u}_2 = \begin{pmatrix} -2 \\ 0 \\ 1 \end{pmatrix}$, $\boldsymbol{u}_3 = \begin{pmatrix} -1 \\ 1 \\ -2 \end{pmatrix}$ に対して, $\boldsymbol{p}_1 = \dfrac{1}{\|\boldsymbol{u}_1\|}\boldsymbol{u}_1$ とすると, $\boldsymbol{p}_1 = \dfrac{1}{\sqrt{2}} \begin{pmatrix} 1 \\ 1 \\ 0 \end{pmatrix}$ である. $\boldsymbol{p}_2{}' = \boldsymbol{u}_2 - (\boldsymbol{u}_2, \boldsymbol{p}_1)\boldsymbol{p}_1$ とおくと, $\boldsymbol{p}_2{}' = \boldsymbol{u}_2 - \dfrac{-2}{2}\boldsymbol{u}_1 = \begin{pmatrix} -2 \\ 0 \\ 1 \end{pmatrix} + \begin{pmatrix} 1 \\ 1 \\ 0 \end{pmatrix} =$

$\begin{pmatrix} -1 \\ 1 \\ 1 \end{pmatrix}$. そこで，$\boldsymbol{p}_2 = \dfrac{1}{\|\boldsymbol{p}_2{}'\|}\boldsymbol{p}_2{}' = \dfrac{1}{\sqrt{3}}\begin{pmatrix} -1 \\ 1 \\ 1 \end{pmatrix}$ とすると，$(\boldsymbol{p}_1, \boldsymbol{p}_2) = 0$ となる．また，$\boldsymbol{p}_3 = \dfrac{1}{\|\boldsymbol{u}_3\|}\boldsymbol{u}_3$ とすると，$\boldsymbol{p}_3 = \dfrac{1}{\sqrt{6}}\begin{pmatrix} -1 \\ 1 \\ -2 \end{pmatrix}$ となり，$\boldsymbol{p}_3$ は，$\boldsymbol{p}_1$ および $\boldsymbol{p}_2$ とは異なる固有値に対する A の固有ベクトルから構成したので，$\boldsymbol{p}_1$，$\boldsymbol{p}_2$，$\boldsymbol{p}_3$ はどの 2 つのベクトルも互いに直交して，いずれも大きさが 1 のベクトルである．ゆえに，

$P = \begin{pmatrix} \boldsymbol{p}_1 & \boldsymbol{p}_2 & \boldsymbol{p}_3 \end{pmatrix} = \begin{pmatrix} \dfrac{1}{\sqrt{2}} & \dfrac{-1}{\sqrt{3}} & \dfrac{-1}{\sqrt{6}} \\ \dfrac{1}{\sqrt{2}} & \dfrac{1}{\sqrt{3}} & \dfrac{1}{\sqrt{6}} \\ 0 & \dfrac{1}{\sqrt{3}} & \dfrac{-2}{\sqrt{6}} \end{pmatrix}$ とおくと，P は直交行列で，A は，

${}^tPAP = \begin{pmatrix} 2 & 0 & 0 \\ 0 & 2 & 0 \\ 0 & 0 & 8 \end{pmatrix}$ のように対角化される．

索　引

執筆者一覧

冨田（とみた） 耕史（こうし） 名城大学理工学部
長郷（ながさと） 文和（ふみかず） 名城大学理工学部
日比野（ひびの） 正樹（まさき） 名城大学理工学部

理工系（りこうけい）のための［詳解（しょうかい）］線形代数演習（せんけいだいすうえんしゅう）

2021 年 10 月 31 日 第 1 版 第 1 刷 発行
2023 年 2 月 10 日 第 1 版 第 2 刷 発行

著 者 冨 田 耕 史
長 郷 文 和
日 比 野 正 樹
発 行 者 発 田 和 子
発 行 所 株式会社 学術図書出版社
〒113−0033 東京都文京区本郷 5 丁目 4 の 6
TEL 03−3811−0889 振替 00110−4−28454
印刷 三美印刷 (株)

定価は表紙に表示してあります.

ISBN 978−4−7806−1068−0 C3041